现代伴生金属冶金

周松林　谢祥添　著

北　京
冶　金　工　业　出　版　社
2024

内 容 提 要

本书共 7 章，全面系统地阐述了现代伴生金属冶金理论、工艺、技术、主要设备及生产实践，主要内容包括铜冶炼伴生金属和铅锌冶炼伴生金属的综合提取，书中还特别介绍了铜冶炼现代伴生金属提取冶金的新工艺、新技术及新研究。

本书可供从事冶金及相关领域科研、设计、生产和管理工作的科技人员、工程技术人员及管理人员阅读参考，也可作为高等院校相关专业师生的教学参考书。

图书在版编目（CIP）数据

现代伴生金属冶金 / 周松林，谢祥添著. -- 北京 : 冶金工业出版社，2024. 12. -- ISBN 978-7-5240-0034-1

Ⅰ. TF8

中国国家版本馆 CIP 数据核字第 202428EY13 号

现代伴生金属冶金

出版发行	冶金工业出版社	**电　　话**	(010)64027926
地　　址	北京市东城区嵩祝院北巷 39 号	**邮　　编**	100009
网　　址	www. mip1953. com	**电子信箱**	service@ mip1953. com

责任编辑　张熙莹　美术编辑　彭子赫　版式设计　郑小利

责任校对　王永欣　责任印制　禹　蕊

三河市双峰印刷装订有限公司印刷

2024 年 12 月第 1 版，2024 年 12 月第 1 次印刷

787mm×1092mm　1/16；24. 75 印张；599 千字；384 页

定价 148. 00 元

投稿电话　(010)64027932　投稿信箱　tougao@cnmip. com. cn

营销中心电话　(010)64044283

冶金工业出版社天猫旗舰店　yjgycbs. tmall. com

（本书如有印装质量问题，本社营销中心负责退换）

前　言

有色金属矿一般为多金属伴生矿，常伴生有大量的稀贵金属、稀散金属及其他有价金属，特别是铜、铅、锌等有色金属矿床的伴生金属品种数量最多，可达数十种，世界33%的金、90%的银、95%的铂族金属、80%的稀散金属与铜、铅、锌等有色金属矿共伴生。稀贵和稀散金属属于国家紧缺型战略资源，具有很高的回收价值，而且稀贵和稀散金属在自然条件下储量较低，极为分散，不具备直接从原矿中提取的价值，所以，高效绿色提取回收伴生金属，是国家资源战略和高质量发展的重大需求，对有色金属工业资源高效利用、循环经济、节能减排及绿色发展具有重大意义。

过去，大多数有色金属冶炼厂除了主要回收伴生贵金属金、银外，原料中其他不计价的伴生金属元素基本上都不回收，造成伴生金属资源严重浪费和环境污染。近年来，随着我国有色金属工业持续高速发展，伴生金属资源的高效提取和综合利用越来越受到业界的高度重视，特别是许多有色金属冶炼企业已开始提取回收伴生稀散金属和其他有价金属，与此同时，也涌现出一批伴生金属提取冶金新工艺、新技术及新装备并实现产业化应用，使得现代伴生金属冶金取得了长足进步与发展。

作者结合长期从事有色金属科研和生产积累的理论知识、实践经验及研究成果，编写了本书。本书全面阐述了现代伴生金属冶金理论、生产工艺、主要设备及工业应用实践，重点介绍了铜、铅、锌冶炼伴生贵金属、稀散金属、重金属提取冶金和铜冶炼伴生砷元素综合回收，还特别介绍了铜冶炼现代伴生金属提取冶金新工艺、新技术及新研究。希望本书的出版对推动有色金属行业技术进步、资源高效利用及绿色可持续发展有所帮助。

本书可供从事冶金及相关领域科研、设计、生产和管理的广大科技人员、工程技术人员及管理人员参考，也可作为高等院校相关专业本科生或研究生的教学参考书。本书编写过程中参考了大量文献资料，在此谨向文献作者及出版单位致以诚挚的谢意。

由于作者水平所限，书中不足之处恳请读者批评指正。

作　者

2024 年 10 月

目 录

1 绪论 …… 1

1.1 伴生金属资源情况 …… 1

1.1.1 金、银资源与储量 …… 1

1.1.2 铂、钯资源与储量 …… 2

1.1.3 硒、碲资源与储量 …… 3

1.1.4 铼资源与储量 …… 4

1.1.5 铋资源与储量 …… 4

1.2 伴生金属综合回收现状 …… 5

1.2.1 概述 …… 5

1.2.2 有色金属冶炼伴生金属回收现状与意义 …… 6

1.3 有色冶炼过程伴生金属分布走向 …… 6

1.3.1 铜冶炼过程伴生金属分布走向 …… 6

1.3.2 铅冶炼伴生金属的走向分布 …… 22

1.3.3 锌冶炼伴生金属的走向分布 …… 25

1.3.4 阳极泥的概念 …… 29

1.4 伴生金属回收的基本原则 …… 29

1.4.1 元素普查 …… 30

1.4.2 工艺设计 …… 30

1.4.3 环境保护 …… 31

参考文献 …… 31

2 铜冶炼伴生贵金属提取冶金 …… 33

2.1 伴生贵金属的性质与用途 …… 33

2.1.1 金的性质与用途 …… 33

2.1.2 银的性质与用途 …… 35

2.1.3 铂的性质与用途 …… 36

2.1.4 钯的性质与用途 …… 38

2.1.5 铑的性质与用途 …… 38

2.1.6 钌的性质与用途 …… 39

2.1.7 锇的性质与用途 …… 40

2.1.8 铱的性质与用途 …… 40

2.2 铜阳极泥的性质及处理工艺现状 …… 41

2.2.1 铜阳极泥的形成 …… 41
2.2.2 铜阳极泥的化学组成 …… 41
2.2.3 铜阳极泥的物相组成 …… 43
2.2.4 铜阳极泥处理工艺现状 …… 45
2.3 铜阳极泥贵金属火法冶金提取 …… 47
2.3.1 阳极泥浸出脱铜 …… 48
2.3.2 熔炼和吹炼 …… 58
2.3.3 银的电解 …… 77
2.3.4 金的精炼 …… 91
2.3.5 铂族金属的提取 …… 99
2.4 铜阳极泥贵金属湿法冶金提取 …… 118
2.4.1 贱金属脱除 …… 119
2.4.2 分金 …… 121
2.4.3 分银 …… 122
2.4.4 湿法冶炼的特点 …… 125
2.5 铜阳极泥贵金属选冶联合提取 …… 126
2.5.1 铜阳极泥贵金属选冶联合流程及工艺特点 …… 126
2.5.2 阳极泥预处理 …… 128
2.5.3 浮选 …… 130
2.5.4 熔炼 …… 131
参考文献 …… 132

3 铜冶炼伴生稀散金属提取冶金 …… 134

3.1 概论 …… 134
3.1.1 铼的性质、用途及工艺现状 …… 134
3.1.2 硒的性质、用途及工艺现状 …… 136
3.1.3 碲的性质、用途及工艺现状 …… 138
3.1.4 铟的性质、用途及工艺现状 …… 141
3.2 铼的综合提取 …… 142
3.2.1 冶炼废酸中回收铼 …… 143
3.2.2 冶炼砷滤饼中回收铼 …… 149
3.2.3 铼粉和铼条的制备 …… 151
3.3 硒的综合提取 …… 155
3.3.1 硫酸化焙烧法回收硒 …… 156
3.3.2 卡尔多炉烟气回收硒 …… 160
3.3.3 铜阳极泥氧化焙烧法回收硒 …… 165
3.3.4 苏打烧结焙烧法回收硒 …… 166
3.3.5 真空蒸馏法提硒 …… 167
3.3.6 湿法回收硒 …… 167

3.3.7　粗硒制二氧化硒 …… 170
3.3.8　粗硒制精硒 …… 173
3.4　碲的综合提取 …… 175
3.4.1　精炼渣中回收碲 …… 175
3.4.2　碲化铜中回收碲 …… 178
3.4.3　沉银硒后液中制取高纯碲 …… 181
3.4.4　分碲液中回收碲 …… 192
3.5　铟的综合提取 …… 193
3.5.1　铜冶炼过程中铟的分布 …… 193
3.5.2　铟的分离与富集方法 …… 193
3.5.3　铜冶炼烟尘中回收铟 …… 194
3.5.4　铜冶炼废渣中回收铟 …… 198
参考文献 …… 199

4　铜冶炼伴生重金属提取冶金 …… 201

4.1　概论 …… 201
4.1.1　铋的性质、用途及生产工艺 …… 201
4.1.2　铅的性质、用途及生产工艺 …… 204
4.1.3　锌的性质、用途及生产工艺 …… 208
4.1.4　锑的性质、用途及生产工艺 …… 209
4.1.5　锡的性质、用途及生产工艺 …… 213
4.1.6　镍的性质、用途及生产工艺 …… 215
4.1.7　钴的性质、用途及生产工艺 …… 219
4.1.8　汞的性质、用途及生产工艺 …… 222
4.2　铅、铋的综合提取 …… 222
4.2.1　铅铋合金冶炼 …… 223
4.2.2　铅铋合金精炼 …… 225
4.2.3　铅的提取 …… 229
4.2.4　铋的提取 …… 234
4.3　锌的综合提取 …… 237
4.3.1　铜冶炼烟灰中回收硫酸锌 …… 237
4.3.2　转底炉从铜渣中回收锌 …… 239
4.4　锑的综合提取 …… 240
4.4.1　分银渣中回收锑 …… 240
4.4.2　净化渣中回收锑 …… 240
4.4.3　贵金属冶炼烟尘中提取锑 …… 241
4.5　锡的综合提取 …… 242
4.5.1　杂铜冶炼废渣中提取锡 …… 242
4.5.2　贵金属还原渣中提取锡 …… 246

4.6 镍的综合提取 …… 246
4.6.1 电热浓缩法生产硫酸镍 …… 248
4.6.2 冷冻结晶法生产硫酸镍 …… 251
4.6.3 蒸发浓缩结晶法生产硫酸镍 …… 253
4.6.4 传统法粗硫酸镍精制 …… 253
4.6.5 萃取法粗硫酸镍精制 …… 255
4.7 钴的综合提取 …… 258
4.7.1 含钴转炉渣中回收钴 …… 258
4.7.2 还原熔炼法从转炉渣中回收钴 …… 261
4.8 汞的综合提取 …… 262
4.8.1 铜冶炼过程汞的分布 …… 262
4.8.2 汞对矿铜冶炼过程的影响 …… 262
4.8.3 铅滤饼中回收汞 …… 263
4.8.4 冶炼烟气脱汞 …… 264
参考文献 …… 265

5 铜冶炼现代伴生金属提取冶金新工艺 …… 268

5.1 阳极泥铋捕收贵金属新工艺 …… 268
5.1.1 工艺原理 …… 268
5.1.2 工艺过程 …… 272
5.1.3 主要技术经济指标 …… 274
5.1.4 工艺特点 …… 274
5.2 铜阳极泥真空蒸馏处理新工艺 …… 275
5.2.1 工艺原理 …… 275
5.2.2 工艺过程 …… 278
5.2.3 主要技术经济指标 …… 279
5.2.4 工艺特点 …… 280
5.3 铜冶炼多型固废整体回收新工艺 …… 280
5.3.1 工艺原理 …… 280
5.3.2 工艺过程 …… 281
5.3.3 主要技术经济指标 …… 284
5.3.4 工艺特点 …… 284
5.4 贵金属冶炼渣湿法回收金、银新工艺 …… 285
5.4.1 工艺原理 …… 285
5.4.2 工艺过程 …… 286
5.4.3 主要技术经济指标 …… 287
5.4.4 工艺特点 …… 288
5.5 阳极泥冶炼动力学及数值仿真新研究 …… 288
5.5.1 动力学模型研究 …… 289

5.5.2 卡尔多炉熔池气-渣-金多相流数值仿真 …… 307
5.5.3 卡尔多炉贵金属捕集模拟基础理论研究 …… 317
参考文献 …… 324

6 铜冶炼伴生砷元素综合回收 …… 325

6.1 概论 …… 325
6.1.1 砷的物理性质 …… 325
6.1.2 砷的化学性质 …… 325
6.1.3 砷的主要用途 …… 326
6.1.4 砷的主要生产工艺及现状 …… 326
6.2 铜冶炼过程砷元素的走向 …… 328
6.2.1 砷的来源及其化合物形态 …… 328
6.2.2 砷在冶炼过程中的行为 …… 328
6.3 闪速炉高砷烟尘的除砷工艺 …… 330
6.3.1 概述 …… 330
6.3.2 工艺原理 …… 330
6.3.3 工艺过程 …… 332
6.4 艾萨炉高砷烟灰的除砷工艺 …… 336
6.4.1 概述 …… 336
6.4.2 工艺流程 …… 336
6.4.3 工艺过程 …… 336
6.4.4 工艺特点 …… 338
6.5 砷滤饼中回收砷工艺 …… 338
6.5.1 概述 …… 338
6.5.2 砷滤饼制备三氧化二砷法 …… 338
6.5.3 砷滤饼矿化稳定化技术 …… 340
6.5.4 砷滤饼资源化生产金属砷法 …… 341
6.6 黑铜泥的砷处理工艺 …… 342
6.6.1 碱浸液和酸浸液中和制备砷酸铜法 …… 342
6.6.2 电解法 …… 343
6.6.3 碱浸制备三氧化二砷法 …… 343
6.6.4 直接生产砷酸铜法 …… 344
6.7 高砷废酸的处理 …… 344
6.7.1 概述 …… 344
6.7.2 石灰铁盐法 …… 344
6.7.3 硫化法+石灰铁盐法 …… 345
6.7.4 废酸废水资源化处理法 …… 345
6.7.5 废酸中的砷直接矿化稳定化法 …… 348
6.8 高纯砷的生产工艺 …… 349

6.8.1 氯化—还原法 …… 349
6.8.2 升华蒸馏法 …… 351
6.8.3 热分解法 …… 352
6.8.4 硫化—还原法 …… 352
6.8.5 蒸气区域精制法和单结晶法 …… 352
6.8.6 高纯砷的制备技术发展趋势 …… 352
6.9 含砷废弃物的无害化处理 …… 353
6.9.1 含砷废弃物的稳定化 …… 353
6.9.2 含砷废弃物的固化 …… 353
参考文献 …… 354

7 铅锌冶炼伴生金属综合提取 …… 356

7.1 铅冶炼伴生金属提取 …… 356
7.1.1 伴生贵金属的提取 …… 356
7.1.2 伴生铟金属的提取 …… 374
7.1.3 伴生铊金属的提取 …… 374
7.1.4 伴生硒、碲的提取 …… 376
7.1.5 伴生铋金属的提取 …… 376
7.1.6 伴生锑金属的提取 …… 376
7.1.7 伴生锌金属的提取 …… 376
7.1.8 伴生铜金属的提取 …… 377
7.2 锌冶炼伴生金属提取 …… 377
7.2.1 伴生贵金属的提取 …… 377
7.2.2 伴生铟、锗、镓的提取 …… 378
7.2.3 伴生汞、硒的提取 …… 381
7.2.4 伴生锑的提取 …… 382
7.2.5 伴生铋的提取 …… 382
7.2.6 伴生铜的提取 …… 383
参考文献 …… 384

1 绪　论

矿产资源是人类生存和社会发展的物质基础，自然界的金属矿床大多以共生或伴生矿形式存在，有色金属主体矿中一般都共生或伴生有各种成分复杂、含量不一的伴生金属，特别是铜、铅、锌等有色金属矿床就伴生有大量的稀贵金属、稀散金属及其他有价元素，品种可达几十种。

我国共伴生矿产多，单一矿种少，据对全国600余个大型矿区统计，含两种或两种以上可利用矿产的矿区占统计矿总数的95%以上，已开发利用的140种矿产中，有87种是共伴生矿，占总数的62%。全国有色金属矿区，有85%以上是共伴生矿产，铜铅锌矿床伴生矿产最多，可达50余种[1]。

贵金属很大一部分以伴生形式存在，全国金储量的20%、银储量的90%、铂族金属储量的95%是以共伴生形式产出的[1]。有色金属矿床是贵金属矿的重要来源，国内外有色金属矿床普遍含银；据统计，国外99个有色金属矿床平均含Ag 79.2 g/t，国内362个有色金属矿床平均含Ag 67.5 g/t[1]。铂族矿产资源以伴生为主，大部分铂族矿产伴生在铜、镍硫化物矿床中，单独的铂族矿床中铂族金属保有储量仅占铂族金属总储量的27%[2]。

稀散金属大部分以伴生矿产出，铼资源80%伴生在钼矿床和铜矿床中；硒、碲资源储量的2/3伴生在铜、镍矿床和多金属矿床中；镓资源储量的一半分布于铝土矿中；铟资源储量的50%以上伴生在铅锌矿床中。

由于伴生金属综合回收存在提取工艺复杂、流程长、回收率低、成本高、二次污染重等系列问题，再加上有色金属冶炼企业在采购主金属原料时大多数伴生金属都不计价，因此，以前铜、铅、锌冶炼工厂除了回收伴生金、银等贵金属外，其他伴生金属元素基本上都不回收，而且伴生金、银回收工艺技术及装备也相对比较落后，造成伴生金属资源严重浪费和环境污染。特别是稀贵、稀散金属属于国家紧缺型战略资源，而且有些稀贵、稀散金属在自然条件下储量很低，极为分散，不具备直接从原矿中提取的价值。所以，高效清洁提取回收伴生金属，是国家资源战略和高质量发展的重大需求，对促进有色金属工业资源高效利用、循环经济、节能减排及绿色发展具有重大意义。

近十几年来，随着我国有色金属冶炼企业持续高速发展，对伴生金属资源的综合提取逐渐受到人们的高度重视，纷纷开展伴生金属提取冶金的理论研究、工艺技术开发、先进装备研制及工业化应用，涌现出一批伴生金属提取冶金新工艺、新技术及新装备，现代伴生金属冶金取得了长足进步与发展。

1.1　伴生金属资源情况

1.1.1　金、银资源与储量

1.1.1.1　金资源与储量

世界金资源主要有两种：一是金矿本身，金矿包括砂金矿和岩金矿；二是伴生金，即作为其他有色金属矿产品加工过程中的副产品，据估计，这种副产品能占到世界金资源的

15%~20%[3]。

中国伴生金储量占全国金矿总储量的20%，且绝大部分来自铜矿，少量来自铅锌矿，主要集中于江西、甘肃、安徽、湖北、湖南五省，约占伴生金储量的67%，其中江西居第一位[4]。伴生金在中国占有非常重要的地位，其储量所占比例大于世界伴生金的平均数，因此伴生金是中国金矿资源的一大特点。

1.1.1.2　银资源与储量

根据《美国地质调查矿物概览》的数据统计，2021年全球银矿产资源的金属储量约为50万吨。其中，秘鲁、澳大利亚、波兰、俄罗斯和中国的白银储量分别为9.1万吨、8.8万吨、7万吨、4.5万吨和4.1万吨，全球占比分别为18.2%、17.6%、14%、9%和8.2%。世界规模前30的银矿，有12座在南美、12座在北美，其他分布在亚洲3座、欧洲2座、澳大利亚1座[5]。

白银矿物主要以硫化物的形式存在，全球约1/3银资源是以银为主的独立银矿床，2/3是与铜、铅、锌、金等有色金属矿床伴生或共生[6]。虽然银很大一部分来自金矿伴生，但存在于铜和铅锌矿中的银仍将占未来资源的重要份额，预计未来银的资源和储量仍主要来自副产银的贱金属矿床，而银从这些矿床中的提取将主要取决于贱金属市场的需求。

目前，中国银产量中至少有60%~80%来自铅、锌、铜矿产开发的副产品，伴生银资源的开发是中国白银资源供应的主力军[6]。

1.1.2　铂、钯资源与储量

铂、钯属于铂族元素，铂族金属在地壳中含量稀少，铂为 $2\times10^{-4}\%$、钯为 $0.1\times10^{-4}\%$[7]。在基性岩中，铂族矿物常与硫、砷、锑、铋和碲等形成复杂的化合物。在超基性岩中，铂族金属的形态可以是天然合金，也可以是单独铂矿物，还可以固溶体的形式出现在硫化物之中。另外，在较年轻的砂矿床中发现的铂大都伴生有铱锇矿。

在自然界中，已发现的铂矿物有200余种，铂族金属的资源分布极不均匀，主要集中在南非、俄罗斯、美国、加拿大和中国，其余少量分布在哥伦比亚、澳大利亚、缅甸、巴西、智利、埃塞俄比亚等国。世界著名的铂矿床中铂族金属的相对比例及储量见表1-1[8]。

表1-1　世界著名铂矿床中铂族金属的相对比例和储量[9]

国家	南非						俄罗斯		美国		加拿大	
矿名	梅伦斯基矿脉		UG-2矿脉		普拉特矿脉		诺里尔斯克		静水矿		萨德贝里	
参数	相对比例/%	储量/t	相对比例/%	储量/t	相对比例/%	储量/t	相对比例/%	储量/t	相对比例/%	储量/t	相对比例/%	储量/t
铂	59	10356	42	13591	42	4976	25	1655	19	218	33	106
钯	25	4885	35	11352	46	5443	71	4416	66.5	715	40	112
钌	8	1400	12	3888	4	476	1	62	4	44	29	<31.1
铑	8	529	8	2581	3	373	3	187	7.6	84	3.3	<31.1
铱	1	187	23	746	0.8	92	—	—	2.4	—	1.2	<31.1
锇	0.8	166	—	—	0.6	62	—	—	—	—	1.2	<31.1
金	3.2	569	0.7	213	3.4	404	—	—	—	—	13.5	<37
合计	—	17523	—	32158	—	11422	—	6320	—	1061	—	—

铂族金属矿石品位低，除极少数可通过重选得到精矿外，一般都需要经过复杂、冗长处理才能获得铂族金属富集物。

95%以上的铂族金属与铜、镍等矿共生，目前开采的铂族金属矿主要是含铂族金属硫化铜镍矿，铜冶炼过程中铂族金属最终在铜阳极泥中富集。

1.1.3 硒、碲资源与储量

1.1.3.1 硒资源与储量

硒是一种稀散元素，在地壳中呈分散状态，其在地壳中的含量仅为 $0.05\times10^{-4}\%$，通常在自然界极难形成工业富集[10]。天然硒很少，常与天然硫共生，主要以重金属的硒化物形式存在。

硒是一种非常活泼、易于迁移、既易分散也会在某种情况下高度富集的元素。中国湖北省恩施被誉为“中国硒都”，是中国也是世界上著名的高硒地区，硒的储量大、易开采。同样，中国陕西省紫阳县、贵州省开阳县和安徽省石台县也属于比较罕见的富硒地区[11]。

世界各地都有硒的分布，目前已探明硒的储量为 9.1 万吨，储量基础为 13.1 万吨，但分布极不均匀，其中美洲最多，占 52.7%；其次是亚洲、非洲，约各占 15.4%；欧洲和大洋洲分别占 12.2%和 4.4%。中国是世界主要硒资源国之一，硒产量占全球硒资源的 1/3 以上，保有工业储量居世界第四位，仅次于加拿大、美国和比利时。

在已探明的硒储量中，岩浆型铜镍硫化物矿占硒总储量的一半以上，从目前已探明的硒矿储量看，大多是伴生在铜、镍等矿中。工业提硒的主要原料 90%是铜电解精炼所产生的阳极泥，其余来自铅、钴、镍精炼产出的焙砂及硫酸生产的酸泥等。

1.1.3.2 碲资源与储量

碲是一种稀散元素，它在地壳中平均丰度为 $1\times10^{-7}\%$，全世界碲的远景储量约为 16 万吨，主要分布在美国、加拿大、中国和智利等国家。碲主要与贵金属及铜、铅、锌、铋、镍、铁等金属元素形成碲化物、碲硫（硒）化物及碲的氧化物和含氧盐等。碲矿物主要有碲金矿（$AuTe_2$）、辉碲铋矿（Bi_2TeS_2）和碲铜矿等，都很稀少，无工业开采价值[12]。碲主要是从铜和铅电解精炼的阳极泥中回收。

中国已探明伴生碲储量位居世界第三，伴生碲资源较为丰富，已发现伴生碲矿产地约 30 处，保有储量近 1.4 万吨，碲矿区散布于全国 16 个省（区）。广东曲江大宝山矿、江西九江城门山铜矿、甘肃金川白家嘴子为中国三个特大型伴生碲矿床，三者储量之和为全国伴生碲储量的 94%。其中，江西九江城门山铜矿占全国伴生碲储量的 23.6%，碲矿石品位为 0.0028%[13]。

除了达到工业品位的已查明铜矿床中所含有的大量副产品碲储量基础以外，还有一些其他矿床副产品中含有碲，如铅矿床含有的碲是工业铜矿床碲中的 25%，金碲化物矿石中也能回收少量碲，未开发的、不够工业品位的或尚未发现的铜及其他金属资源中所含碲的数量是已查明工业铜矿中碲的数倍。据估计，煤矿中平均含碲 $1.5\times10^{-5}\%$，即煤矿中所含的碲是工业铜矿中碲的 4 倍，因品位太低，短期内从煤中回收碲仍是非常困难和不现实的。

1.1.4 铼资源与储量

铼属于在地壳中分布最少的元素之一，仅在硫化钼矿、硫化铜矿、含碳铀矿、含沥青岩石中铼的含量超过其克拉克值。铼在矿石中的含量与其铜和钼的富集度有关，在水热矿床中按规模和富集度最有前景的是辉钼矿-黄铜矿斑岩矿。铼在辉钼矿中的含量与矿石中钼和铜的含量成正比，在富含铜的辉钼矿-黄铜矿斑岩矿中，铼含量可达 800 g/t 以上，而在其余的辉钼矿-黄铜矿斑岩矿中，铼含量减少到 400~445 g/t[14]。在中国产出的钼精矿中，江西德兴铜矿生产的钼精矿铼含量约 500 g/t，而河南栾川产出的钼精矿铼含量相对较低，仅 11~30 g/t。

根据现有数据，世界上铼的储量为 1.4 万吨，其中钼矿中有 0.35 万吨、铜矿中有 0.95 万吨。按目前的年需求量为 50~55 t 估计，钼矿和铜矿中的铼还可用约 250 年，但此估算未考虑铼的回收率情况。通常认为，当钼精矿中铼含量高于 50 g/t 时，就应该可以经济地提取回收铼。硫化铜矿中铼以 ReS_2 和 $CuReS_4$ 两种化合物形式存在，铼在硫化铜原矿中的含量为 1~4 g/t，经选矿后铼在铜精矿中的含量为 5~35 g/t，铼富集到铜精矿中的回收率不超过 70%。

当前，以工业规模生产原铼的重要原料是钼精矿和硫化铜精矿，在总的铼生产量中它们占 80%以上，其余的铼主要来自各种含铼二次资源的回收。

1.1.5 铋资源与储量

铋是一种“绿色”金属，在地壳中的含量与银相当，为 8×10^{-7}%左右，铋的主要矿物有自然铋（Bi）、辉铋矿（Bi_2S_3）、铋华（Bi_2O_3）、泡铋矿（$n Bi_2O_3 \cdot m H_2O$）、菱铋矿（$n Bi_2O_3 \cdot m CO_2 \cdot H_2O$）和铜铋矿（$3Cu_2S \cdot 4Bi_2S_3$）等[15]，其中辉铋矿和铋华最为重要。自然界中极少见到单独的原生天然铋矿床，铋矿物大多与其他矿物如铅、锌、铜、锡、钼、钨、铁等金属矿物共生，很少形成单独开采价值的矿床。此外，铋也常进入其他主金属提炼过程的副产物中，如铅阳极泥、铜阳极泥、铜熔炼及吹炼的烟尘，作为铅、铜冶炼过程中的副产品而回收[16]。据统计，有 85%~90%的铋来自铅、铜、锡、钨生产的副产品。

中国铋资源非常丰富，已探明储量总计约 50 万吨，占世界总储量 70%以上，集中分布在湖南、广东、江西、云南四省，主要伴生在钨锡多金属矿和钨矿中，与铅、铜伴生的次之，少量在铁及钼、铌、钽等稀有金属矿床中。目前中国铋金属的年产量约占世界总产量的 25%，是主要产铋国之一。此外，秘鲁、墨西哥、玻利维亚和澳大利亚也是世界主要的铋矿产地。世界铋储量见表 1-2。

表 1-2 世界铋储量和基础储量 （万吨）

国家	储量	基础储量
中国	24	47
墨西哥	1	2
秘鲁	1.1	4.2
加拿大	0.5	3
哈萨克斯坦	0.5	1
玻利维亚	0.1	0.2
美国	0.9	1.4
其他国家	3.9	7.4

1.2 伴生金属综合回收现状

1.2.1 概述

有色金属矿大多为伴生金属矿，特别是有色金属铜、铅、锌、镍矿床中伴生有大量稀贵金属，是伴生稀贵金属的主力资源，世界33%的金、90%的银、95%的铂族金属与铜、铅、锌等有色金属矿伴生。此外，铜、铅、锌矿床中还伴生有几十种稀散金属、重金属及其他有价元素。

伴生金属综合回收主要在铜、铅、锌等矿的选矿和冶炼两个阶段进行，我国有色金属矿产资源综合利用水平相对较高，但与国外先进水平相比，仍有一定差距。

铜矿伴生的元素很多，现有选矿技术条件下通常仅能综合回收金、银、锌、镍、铋、钴、硫、铁等矿物元素，在冶炼阶段可以回收的有硫、金、银、铂、钯、铼、铋、硒、碲等。铅锌矿石类型复杂，伴生组分多达50余种，其中主要有铜、金、银、锡、锑、镉、铋、镓、铟、锗、汞、硫、萤石等，具有极大的综合利用价值，也给选冶生产增加了一定的难度。

铅锌矿伴生组分铜、硫、锡、铋、锑、氟化钙等，在选矿过程中可以分离出单独的精矿产品，而其他伴生元素一般都在选矿时进入铅精矿或锌精矿，在冶炼过程回收，不同的伴生组分需要不同的选矿分离手段。例如，铜一般在浮选过程中通过铜铅分离获得合格的铜精矿；锡则需要采用重—浮联合流程加以回收[17]；锑的回收采用浮选获得铅锑精矿，再通过进一步的冶炼加以回收；铅锌矿中金的主要载体矿物为铜矿物、黄铁矿，金的回收是在主要载体矿物回收的同时加以回收；铅锌矿中的硫主要以黄铁矿形式存在，回收比较简单，一般大中型企业都有回收黄铁矿的浮选流程，浮选获得硫精矿。铅锌矿中的锗、硒、镉、铟一般通过浮选的方法富集在精矿中，再在冶炼中加以回收。例如，白银小铁山矿中的镉、硒两种元素通过浮选富集在铜精矿及铅锌精矿中，在冶炼中加以回收[18]；云南会泽铅锌矿中的铟、锗也是通过浮选富集到精矿后，在冶炼中加以回收。

镍矿床共伴生组分多，基本上全是共伴生矿床，一般情况是铜镍共生，伴生有硫、钴、金、银、铂族元素等，也有硫镍共生，伴生有铜、钴、金、银等，可综合利用的组分多达20余种。目前，镍矿在选矿过程中富集回收的主要是铜、钴、硫、金、银、铂、钯元素，在冶炼中能回收的有铜、硫、钴、金、银、铂、钯、铑、钌、锇、铱、砷、碲、铋、硒等15种元素。与大矿山形成对比的是，中小型矿山的综合利用情况较差。例如，中型矿山在9种共伴生组分中可以回收7种（铜、钴、硫、金、银、铂、钯），有2种（硒、碲）没有回收；小型矿山一般只回收3种（铜、钴、硫），其他组分均没有回收[19]。

绝大多数铜、铅、锌、镍矿山资源综合利用工作已开展，但发展不平衡，相对而言，伴生银的选矿回收率较高，可达70%~85%，其他伴生金属的选矿回收率较低，并且开展资源综合利用的科研工作深度和广度不够；多数矿山对资源的综合回收，还没有形成系统的科学管理体系，缺乏从矿物原料到加工利用各环节的综合利用研究[20]。

铜、铅、锌、镍冶炼企业对伴生金银的综合回收一直比较重视，大多数铜、铅、锌、镍冶炼厂基本上都自建阳极泥处理工序，综合提取回收稀贵金属，伴生金和伴生银的冶炼回收率达到了95%以上。其他伴生金属综合回收也引起冶炼行业高度重视，近年来，一些先进大型冶炼企业也逐步开始对铂、钯、硒、碲、铼、铋、铟等伴生矿物元素进行提取回收。

铜、铅、锌、镍等有色金属主体矿中，伴生金属种类多数基本相同，综合提取回收工艺技术也基本类似，因此，本书重点以铜冶炼的伴生金属综合提取回收为主，全面介绍现代伴生金属提取冶金理论、工艺、技术及应用。

1.2.2 有色金属冶炼伴生金属回收现状与意义

有色金属铜、铅、锌的冶炼规模大，与之伴生的稀贵金属和其他有价金属的量也很大，因此，有色金属冶金工艺的选择、生产过程控制等，必须全面权衡和考虑稀贵金属及其他有价金属的高效提取回收。伴生金属元素的综合回收是有色金属冶炼企业的一项重要课题，对于提高企业资源利用率和经济效益、减少环境污染有着重要的意义。有色金属冶炼过程中伴生有价元素综合回收的关键是通过元素普查找到回收有价值的资源，根据其特点并结合工厂实际，确定最优的回收工艺。

目前，有色金属冶炼过程伴生的可回收有价矿物元素主要有金、银、铂、钯、铑、钌、锇、铱、硒、碲、铼、铟、铋、铅、锌、镍、锡、锑、钴、汞、砷等。

金、银、铂、钯、铑、钌、锇、铱等贵金属具有许多独特、优异的物化性质，在国民经济及高新技术产业中具有广泛的应用；硒、碲、铼、铟等稀散矿物元素是当代高新技术的支撑材料，应用于计算机、数字通信、宇航、农业、医药、医疗、军工及高科技装备等国民经济的各个领域；铋、铅、锌、镍、锡、锑、钴、汞等重金属是各行各业的基础金属材料，依据其特性不同，这些重有色金属都具有特殊的应用范围与用途。另外，冶炼过程中的部分伴生元素是有害杂质元素，例如，一方面铜冶炼过程中砷元素对铜的生产和质量有很大的影响，另一方面砷元素有毒，若不回收处理，将会对环境、人身安全造成极大威胁。因此，研究与开发有色冶炼过程中伴生金属元素的高效绿色提取技术对提高资源综合利用率、变废为宝、提高产品质量、保护环境和提高铜企业经济效益具有非常重大的意义。

我国是世界有色金属生产和消费大国，有色金属原料中含有大量的伴生金属元素，这些伴生金属元素具有非常重大的经济价值。在很长一段时间里，很多有色金属冶炼企业特别是中小型企业重点仅关注主产品的生产和发展，对伴生金属元素综合回收利用重视程度不够，对有色金属冶炼过程中有价伴生金属元素提取回收品种少，大多数铜、铅、锌冶炼厂一般只回收一些金、银等稀贵金属，其他伴生金属元素基本上都不回收，而且稀贵金属综合回收技术和装备水平相对落后，生产效率低、成本高，综合回收率低，资源没有实现高效利用，还易于造成环境二次污染。

近年来，随着中国有色金属冶炼行业的快速高质量发展，为满足国家资源高效利用、循环经济、绿色发展及国家紧缺战略资源需求，有色金属冶炼行业逐步重视伴生金属的清洁绿色高效提取，通过产学研联合攻关，一些有色金属冶炼厂不仅提升现有伴生稀贵金属提取工艺技术与装备水平，而且大幅增加了提取回收伴生金属的品种和数量。目前，有色金属冶炼过程中可以提取回收的有价元素有 20 多种，分别是铜、硫、金、银、铂、钯、硒、碲、铼、铟、铅、铋、锡、镍、钴、砷等。除铜、硫元素外，其他元素在冶炼过程中最后分别富集到了阳极泥、浸出渣、烟尘、酸泥、铅滤饼、砷滤饼、弃渣等物料中，然后分别对这些物料进行高效处理和清洁回收，最终形成高价值产品。

1.3 有色冶炼过程伴生金属分布走向

1.3.1 铜冶炼过程伴生金属分布走向

1.3.1.1 铜冶炼工艺简介

铜冶炼技术的发展经历了漫长的过程，铜冶炼工艺分为火法冶炼和湿法冶炼两大类。目前，以火法冶炼为主，以湿法冶炼为辅，火法冶炼产量占世界铜总产量的 80%以上。

火法冶炼工艺：先将含铜百分之几或千分之几的原矿石通过选矿浮选得到含铜20%~50%的铜精矿；然后在各种熔炼炉内进行造锍熔炼，产出含铜50%~75%的铜锍（冰铜）；接着送入各种吹炼炉进行吹炼，生成含铜98%~99%的粗铜；之后送入阳极炉内进行氧化还原精炼，铸成含铜99.3%~99.6%的阳极板；再送到电解车间进行电解精炼，最终获得含铜99.9935%以上的高纯阴极铜。火法冶炼工艺主要是处理硫化铜精矿，是当今世界主流铜冶炼工艺。

湿法冶炼工艺：主要有硫酸化焙烧—浸出—电积、浸出—萃取—电积、细菌浸出等工艺。湿法冶炼主要适于低品位复杂矿、氧化铜矿、含铜废矿石冶炼回收铜。随着铜矿资源连续不断开采挖掘，铜矿品位越来越低，成分越来越复杂，未来湿法冶炼工艺具有较好的应用市场前景。

A 火法炼铜

火法炼铜有“熔炼—吹炼—精炼—电解”四大工序。一百多年来，熔炼工序一直采用鼓风炉熔炼、反射炉熔炼、电炉熔炼等传统工艺，吹炼工序一直采用PS转炉工艺，精炼工序主要采用反射式阳极精炼工艺，电解工序主要采用始极片电解工艺。

20世纪80年代开始，熔炼和吹炼工艺取得飞速发展，特别是熔炼工艺变革非常活跃，涌现出十几种强化熔炼工艺，逐步替代传统熔炼工艺。强化熔炼工艺归纳起来分为两大类：一是悬浮熔炼，也称闪速熔炼；二是熔池熔炼。闪速熔炼包括奥托昆普闪速熔炼、因科闪速熔炼、祥光旋浮熔炼等，熔池熔炼包括瓦纽科夫熔炼、诺兰达熔炼、白银法熔炼、艾萨熔炼、奥斯麦特熔炼、侧吹熔炼、底吹熔炼等。吹炼工艺近十几年来也取得显著性进步，先后出现闪速吹炼、悬浮吹炼、顶吹吹炼、底吹吹炼等强化吹炼工艺。

精炼工艺的主要变化是回转式阳极炉替代反射式阳极炉、无氧化还原精炼技术及稀氧燃烧技术的应用。

电解工艺的主要变化是不锈钢阴极取代始极片，重大突破是祥光铜业在世界首次开发应用的平行流电解新技术。

强化熔炼和吹炼工艺的最大特点是富氧和氧气的应用，主要优点是效率高、能耗低、回收率高、环保好、自动化程度强。进入21世纪，传统熔炼工艺已被淘汰，彻底退出历史舞台。目前，PS转炉吹炼还是主流吹炼工艺，随着世界环保政策越来越严格，未来PS转炉吹炼工艺应优化升级或被淘汰。

a 火法冶炼工艺流程

火法冶炼过程包括四个主要步骤：造锍熔炼—冰铜吹炼—火法精炼—电解精炼，工艺流程如图1-1所示。

（1）造锍熔炼（铜精矿→冰铜）。主要是使用铜精矿造冰铜熔炼，目的是使铜精矿部分铁氧化造渣除去，硫氧化进入烟气，产出含铜较高的冰铜。

（2）冰铜吹炼（冰铜→粗铜）。将冰铜进一步氧化和造渣，脱除冰铜中的铁和硫，生产粗铜。

（3）火法精炼（粗铜→阳极铜）。将粗铜通过氧化和还原进一步脱除杂质元素，生产阳极铜。

（4）电解精炼（阳极铜→阴极铜）。通入直流电，使阳极铜溶解，在阴极析出纯铜，杂质进入阳极泥或电解液，从而实现铜和杂质的完全分离，产出阴极铜。

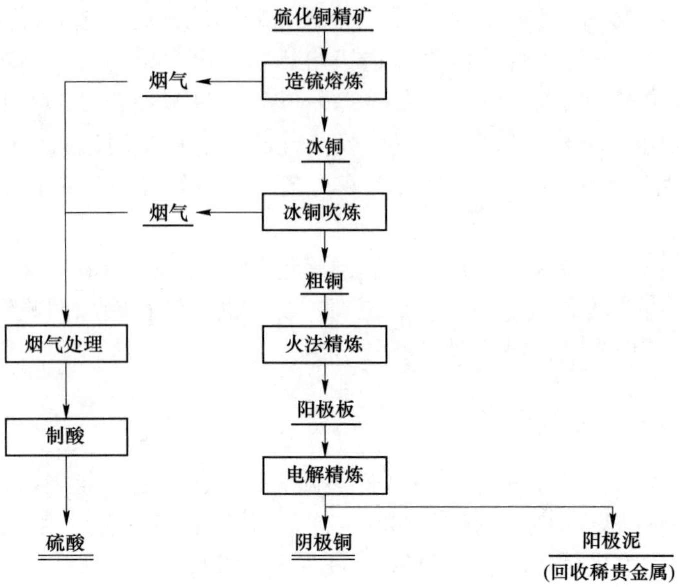

图 1-1　火法炼铜工艺流程图

b　火法冶炼工艺种类

现代火法炼铜工艺种类较多，各铜冶炼企业采用工艺方法也不完全相同，主要区别是在熔炼和吹炼两个工序，火法精炼和电解精炼工序区别不大。熔炼工艺种类最多，有十几种工艺方法，主要分为闪速熔炼和熔池熔炼两大类，闪速熔炼是当今世界主流熔炼工艺，占世界铜产量的60%。吹炼工艺以PS转炉吹炼为主，占世界铜产量的80%，目前比较成熟的吹炼工艺还有闪速吹炼和顶吹吹炼等，有替代PS转炉吹炼的趋势。主要熔炼和吹炼工艺种类见表1-3，国内主要铜企业冶炼工艺见表1-4，国外主要铜企业冶炼工艺见表1-5。

表 1-3　主要熔炼和吹炼工艺种类

工序	种类	工艺方法	应用时间	研发国家	备注
熔炼	悬浮熔炼	奥托昆普闪速熔炼	1949 年	芬兰	
		因科闪速熔炼	1952 年	加拿大	
		旋涡顶吹熔炼	1980 年	德国	
		祥光旋浮熔炼	2009 年	中国	
	熔池熔炼	诺兰达熔炼	1973 年	加拿大	
		三菱法熔炼	1974 年	日本	
		特尼恩特熔炼	1977 年	智利	
		瓦纽科夫熔炼	1977 年	苏联	侧吹法
		白银法熔炼	1981 年	中国	侧吹法
		艾萨法熔炼	1992 年	澳大利亚	顶吹法
		奥斯麦特熔炼	1992 年	澳大利亚	顶吹法
		底吹法熔炼	2008 年	中国	
		侧吹法熔炼	2009 年	中国	

续表 1-3

工序	种类	工艺方法	应用时间	研发国家	备注
吹炼	悬浮吹炼	闪速吹炼	1995 年	美国、芬兰	
		祥光旋浮吹炼	2011 年	中国	
	熔池吹炼	PS 转炉吹炼	1909 年	美国	
		三菱顶吹吹炼	1974 年	日本	
		奥斯麦特吹炼	2006 年	澳大利亚	

表 1-4　国内主要铜企业冶炼工艺

序号	公司名称	铜冶炼工艺			
		熔炼	吹炼	火法精炼	电解精炼
1	江西铜业贵溪冶炼厂	闪速熔炼	PS 转炉	回转式阳极炉	不锈钢阴极电解
2	铜陵有色金隆铜业公司	闪速熔炼	PS 转炉	回转式阳极炉	不锈钢阴极电解
3	铜陵有色金冠铜业公司	闪速熔炼，奥斯麦特熔炼	闪速吹炼，PS 转炉	回转式阳极炉	不锈钢阴极电解
4	山东祥光铜业公司	旋浮熔炼	旋浮吹炼	回转式阳极炉	平行流电解
5	中铜东南铜业公司	旋浮熔炼	旋浮吹炼	回转式阳极炉	双向平行流电解
6	中国黄金集团河南中原冶炼厂	底吹熔炼	悬浮吹炼	回转式阳极炉	平行流电解
7	湖北大冶有色冶炼厂	奥斯麦特熔炼	PS 转炉	回转式阳极炉	不锈钢阴极电解
8	中色集团大冶弘盛铜业公司	悬浮熔炼	悬浮吹炼	回转式阳极炉	不锈钢阴极电解
9	中铜云南铜业公司	艾萨熔炼	PS 转炉	回转式阳极炉	不锈钢阴极电解
10	内蒙古赤峰云铜公司	侧吹熔炼	顶吹吹炼	固定式阳极炉	不锈钢阴极电解
11	广西金川有色公司	闪速熔炼	闪速吹炼	回转式阳极炉	不锈钢阴极电解
12	山东东营方圆有色集团	底吹熔炼	火精炉	火精炉	传统始极片电解
13	甘肃白银有色公司	悬浮熔炼	PS 转炉	回转式阳极炉	不锈钢阴极电解
14	山西中条山侯马冶炼厂	奥斯麦特熔炼	奥斯麦特吹炼	固定式阳极炉	传统始极片电解
15	云南锡业股份有限公司	奥斯麦特熔炼	奥斯麦特吹炼	回转式阳极炉	不锈钢阴极电解
16	福建省紫金铜业公司	闪速熔炼	PS 转炉	回转式阳极炉	不锈钢阴极电解
17	广西南国铜业公司	侧吹熔炼	顶吹吹炼	回转式阳极炉	双向平行流电解
18	浙江和鼎铜业公司	侧吹熔炼	PS 转炉	回转式阳极炉	不锈钢阴极电解
19	山东烟台恒邦冶炼厂	底吹熔炼	PS 转炉	回转式阳极炉	不锈钢阴极电解
20	河南豫光玉川铜冶炼厂	底吹熔炼	底吹吹炼	固定式阳极炉	传统始极片电解
21	山东烟台国兴铜业公司	侧吹熔炼	顶吹吹炼	回转式阳极炉	不锈钢阴极电解

表 1-5　国外主要铜企业冶炼工艺

序号	公司名称	铜冶炼工艺			
		熔炼	吹炼	精炼	电解
1	美国肯尼柯特冶炼厂	闪速熔炼	旋浮吹炼	回转式阳极炉	不锈钢阴极电解
2	日本三菱公司直岛冶炼厂	三菱熔炼	三菱顶吹炼	回转式阳极炉	不锈钢阴极电解
3	日本住友东予冶炼厂	闪速熔炼	PS 转炉	回转式阳极炉	不锈钢阴极电解
4	日本佐贺关冶炼厂	闪速熔炼	PS 转炉	回转式阳极炉	不锈钢阴极电解
5	韩国温山冶炼厂	闪速熔炼，三菱熔炼	PS 转炉	回转式阳极炉	不锈钢阴极电解
6	智利国家铜业公司特尼恩特冶炼厂	特尼恩特熔炼	特尼恩特改良转炉	回转式阳极炉	始极片电解
7	西班牙大西洋铜业公司	闪速熔炼	PS 转炉	回转式阳极炉	不锈钢阴极电解
8	俄罗斯诺里尔斯克冶炼厂	瓦纽科夫熔炼	PS 转炉	回转式阳极炉	不锈钢阴极电解
9	比利时霍博肯冶炼厂	艾萨熔炼	艾萨吹炼	回转式阳极炉	始极片电解
10	德国奥鲁比斯冶炼厂	闪速熔炼	PS 转炉	回转式阳极炉	不锈钢阴极电解

造锍熔炼

（1）悬浮熔炼：是指干燥粉状精矿物料和富氧空气在空间悬浮过程中进行接触和反应，属于空间冶炼范畴。由于反应速度非常迅速，在反应塔内 1~2 s 完成整个熔炼反应过程，因此业界通常称之为“闪速熔炼”。目前运行的闪速熔炼包括奥托昆普闪速熔炼、祥光旋浮熔炼、因科闪速熔炼、德国旋涡熔炼 4 种。

闪速熔炼是将含水小于 0.3%的粉状铜精矿混合物通过精矿喷嘴与富氧空气混合后，从闪速炉反应塔顶部高速喷入反应塔内，精矿颗粒被气体包围，处于悬浮状态，在 2 s 内就基本完成了硫化物的加热、分解、氧化和熔化等熔炼过程，熔融混合熔体下落到反应塔底部的沉淀池中进行澄清分离，炉渣经过冷却和选矿后获得渣精矿，返回闪速熔炼炉作为原料之一，冰铜进入下一道吹炼炉工序进行吹炼作业，烟气经过上升烟道、余热锅炉、电收尘、高温风机送到制酸工序生产硫酸产品。

闪速熔炼 1949 年开始工业应用，目前已在世界五十多家企业推广应用，占世界铜产量的 60%，它克服了传统方法未能充分利用铜精矿的巨大表面积、将焙烧和熔炼分阶段进行的缺点，从而大大减少了能源消耗，提高了硫的利用率，改善了环境。该工艺技术具有生产效率高、产能大、能耗低、环保好、自动化程度高等诸多优点。目前，世界运行的闪速炉单炉最大矿铜产能可达 50 万吨/年，适用于 20 万吨/年规模以上的大型冶炼工厂。闪速熔炼潜能很大，未来闪速熔炼单炉产能有望突破 100 万吨/年。闪速熔炼工艺流程如图 1-2 所示。

（2）熔池熔炼：包括瓦纽科夫法、特尼恩特法、三菱法、奥斯麦特法、艾萨法、诺兰达法、白银法、顶吹法、底吹法和侧吹法等。熔池熔炼是将铜精矿和熔剂等混合物料加入熔池的熔体中，向熔体鼓入高压富氧空气，在剧烈搅拌的熔池内进行强化熔炼。熔池熔炼的鼓风方式有顶吹、侧吹、底吹三种，炉型有卧式、立式、固定式、回转式等。

熔池熔炼是 20 世纪 70 年代开始工业应用，由于熔池熔炼过程中的传热与传质效果

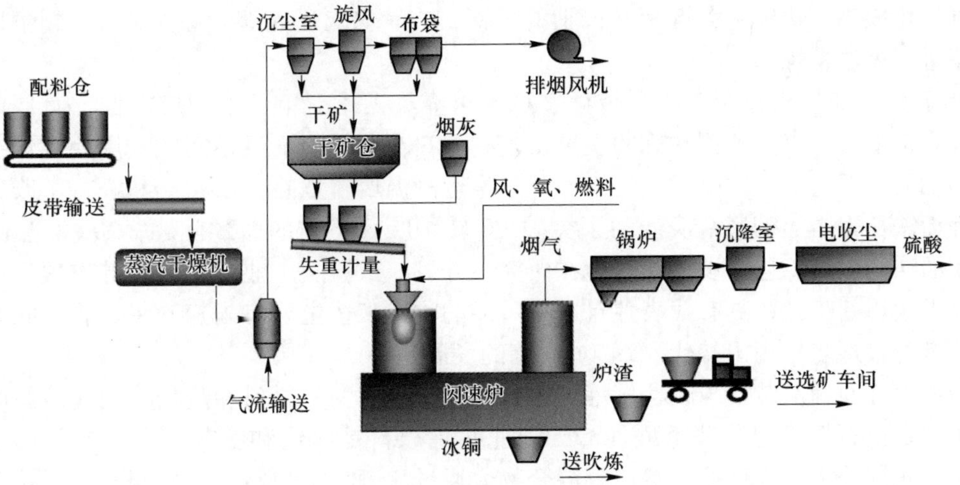

图 1-2 闪速熔炼工艺流程图

好，能强化冶金过程，达到了提高设备生产率和降低冶炼过程能耗的目的，而且对炉料的要求不高，各种类型的精矿（干的、湿的、块状的、粉状的）都适用，且烟尘率明显低于闪速熔炼，所以熔池熔炼也具有一定的竞争优势。目前，熔池熔炼的生产规模普遍在10 万~30 万吨/年，有进一步提升空间。熔池熔炼的艾萨炉如图 1-3 所示。

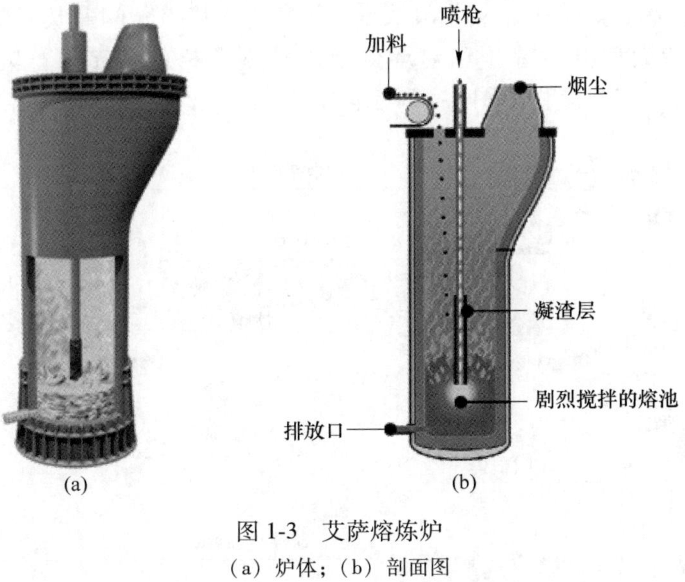

图 1-3 艾萨熔炼炉

（a）炉体；（b）剖面图

冰铜吹炼

冰铜吹炼是指将冰铜经过氧化造渣脱除铁和硫后产出粗铜的冶炼过程，目前，冰铜吹炼大多数是在 PS 转炉中进行。吹炼作业过程分为造渣期和造铜期两个阶段。在第一阶段造渣期，向转炉熔融冰铜中鼓入空气或富氧空气，使冰铜中的硫化亚铁被氧化成氧化亚铁和二氧化硫，氧化亚铁和二氧化硅熔剂反应造渣除去，二氧化硫进入烟气送去制硫酸。铁被基本除去后，形成较纯的白冰铜（Cu_2S）；进入造铜期，继续鼓入空气或富氧空气，使白冰铜氧化成二氧化硫和含铜 98%以上的粗铜，二氧化硫进入烟气送去制酸，粗铜进入下道工序进行火法精炼。

PS 转炉吹炼历史悠久、工艺成熟、稳定可靠、操作简单、生产成本低，而且可以处理各种废杂铜，一直是冰铜吹炼的主导工艺；但存在明显的不足是间歇式周期性作业、烟气量波动大、低空二氧化硫烟气污染、行车吊运高温熔体危险，虽然不断进行了改进和优化，都无法从根本上彻底解决。为了突破 PS 转炉吹炼工艺的瓶颈问题，20 世纪 80 年代后，新的连续吹炼工艺和设备不断地在研究、开发、试验及工业应用，相继出现了高效连续化冰铜吹炼新工艺，具有代表性且成熟可靠的吹炼工艺主要有闪速吹炼、旋浮吹炼、三菱顶吹炼等，逐步呈现出替代 PS 转炉吹炼的发展趋势。

闪速吹炼原理及装备与闪速熔炼大体相同，所不同的是原料和渣型。闪速熔炼原料是铜精矿和石英石、渣型是硅系酸性渣，闪速吹炼原料是冰铜和石灰石、渣型是钙系碱性渣。闪速吹炼是将干燥后的粉状冰铜混合物，通过冰铜喷嘴与富氧空气混合后，从闪速炉反应塔顶部高速喷入反应塔内，快速完成冰铜的氧化脱硫造渣等系列冶炼过程，熔体下落到反应塔底部的沉淀池中，进行澄清分离。炉渣经过冷却后返回闪速熔炼炉，作为闪速熔炼的原料之一，粗铜进入下一道阳极炉精炼工序，烟气通过上升烟道、余热锅炉、电收尘、高温风机送到制酸工序生产硫酸。

同 PS 转炉相比，闪速吹炼可以连续作业，同时将熔炼和吹炼生产在时间上和空间上分开，没有直接的关联和相互影响，具有生产能力大、效率高、工艺先进、技术成熟、环保好、自动化程度高、烟气中二氧化硫浓度高且稳定等优点。闪速吹炼单炉年产能可达 50 万吨，尤其适于特大型铜冶炼厂和对环保要求特别严格的铜工厂。闪速熔炼和闪速吹炼（简称“双闪”）工艺流程如图 1-4 所示。

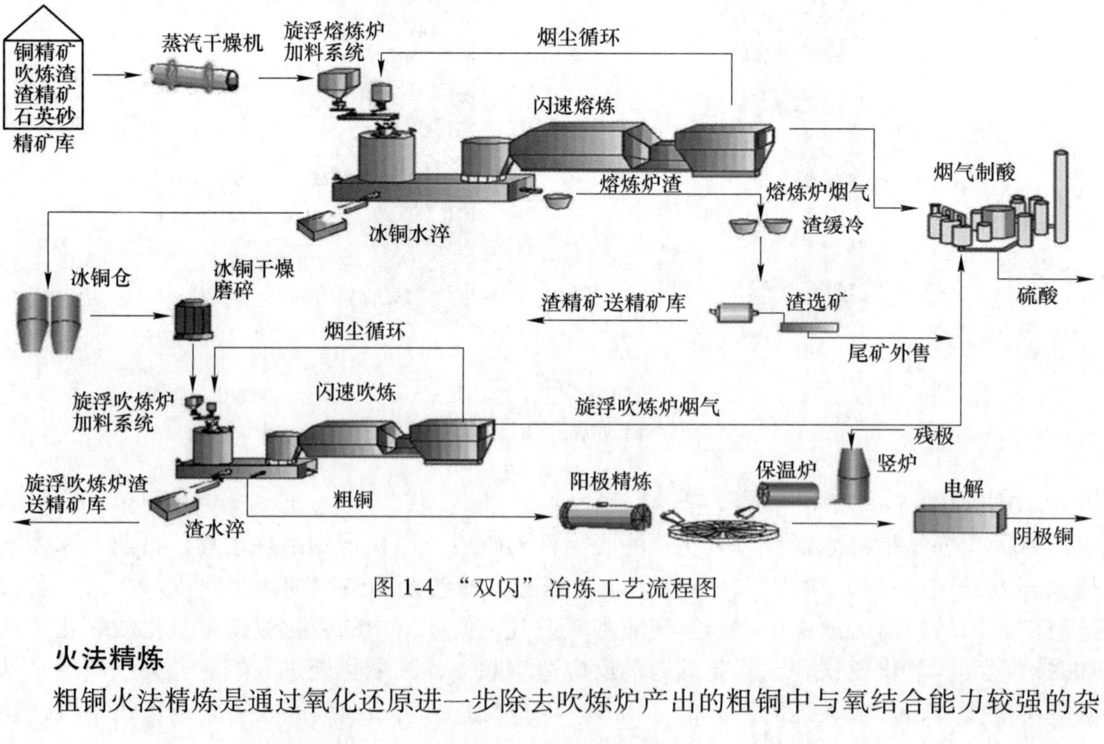

图 1-4　“双闪”冶炼工艺流程图

火法精炼

粗铜火法精炼是通过氧化还原进一步除去吹炼炉产出的粗铜中与氧结合能力较强的杂

质，再经过圆盘浇铸系统浇铸出合格的铜阳极板，供电解工序作阳极使用。火法精炼工序分为氧化、还原、浇铸三个过程，首先将空气或富氧空气通入阳极炉内的熔融粗铜中，在1140~1200 ℃下进行氧化脱除杂质作业，这些杂质包括硫、铁、铅、锌、砷、锑、铋、镍、锡等，然后再用碳氢还原剂进行还原作业除去铜液中的氧，获得含铜99%以上的阳极铜，最后浇铸出表面平整、厚薄均匀、无飞边毛刺、物理规格满足电解工艺要求的阳极板。

粗铜火法精炼的炉型有反射炉、回转炉、倾动炉三种。反射炉是传统的火法精炼炉，由于存在生产效率低、人工劳动强度大、现场环境差、辅材和耐火材料消耗大、难以实现机械化和自动化等不足，已逐渐被淘汰，目前大多数铜冶炼厂都是采用回转式阳极炉。

粗铜火法精炼工艺问世以来，一直采用氧化还原精炼法。随着现代铜冶炼技术的不断发展，熔炼和吹炼两道工序都采用了富氧强化冶炼技术，使铜精矿原料中的大多数伴生杂质元素在熔炼和吹炼工序中都已基本脱除，进入阳极炉精炼工序的杂质含量比较少，所以，现代阳极精炼工序主要作用是脱硫除氧并浇铸出合格阳极板。

只要阳极铜中杂质含量不是过多，通过电解精炼和电解液净化同样可以获得高质量的高纯阴极铜。然而，对于杂质含量过多的发泡粗铜在火法精炼过程中需要进行深氧化还原作业去除大部分杂质，特殊情况下，氧化阶段需加入适当的助熔剂，助熔剂可通过风口吹入或在装料前加入炉内。

电解精炼

电解精炼工艺就是将阳极炉浇铸的阳极铜板作为阳极，用不锈钢板作阴极，以硫酸和硫酸铜的水溶液作为电解液，通入直流电后，铜从阳极溶解成铜离子进入电解液后向阴极电迁移，到达阴极后获得电子而在阴极析出高纯铜。阳极铜中的杂质元素，例如比铜活泼的负电性铁、锌、钴、镍、锡等元素也会随铜一起溶解为 Fe^{3+} 和 Zn^{2+} 等，由于这些离子电极电位比铜离子要负得多，故很难在阴极上析出。电解时只要适当调节电位差即可避免这些离子在阴极上析出，比铜不活泼的正电性金、银、铂族等元素不溶解，沉积在电解槽的底部形成阳极泥。

电解过程的主要反应：

阳极反应

$$Cu - 2e \longequal Cu^{2+} \qquad E^{\ominus}_{Cu/Cu^{2+}} = 0.34\ V$$

$$H_2O - 2e \longequal 2H^+ + \frac{1}{2}O_2 \qquad E^{\ominus}_{H_2O/O_2} = 1.229\ V$$

$$SO_4^{2-} - 2e \longequal SO_3 + \frac{1}{2}O_2 \qquad E^{\ominus}_{SO_4^{2-}/O_2} = 2.42\ V$$

H_2O 和 SO_4^{2-} 标准电位比铜正得多，正常情况下是不可能在阳极上发生放电反应的。

阴极反应

$$Cu^{2+} + 2e \longequal Cu \qquad E^{\ominus}_{Cu/Cu^{2+}} = 0.34\ V$$

$$2H^+ + 2e \longequal H_2 \qquad E^{\ominus}_{H_2/H^+} = 0\ V$$

$$M'^{2+} + 2e \longequal M' \qquad E^{\ominus}_{M'/M'^{2+}} < 0.34\ V$$

氢的标准电位比铜低，且在阳极上的超电压使氢的电极电位更负，所以，在正常电解条件下，阴极不会析出氢气，而只有铜的析出。同样，标准电位比铜低而浓度又小的负电性金属 M′，也不会在阴极析出。铜阳极板的电解工艺流程如图 1-5 所示。

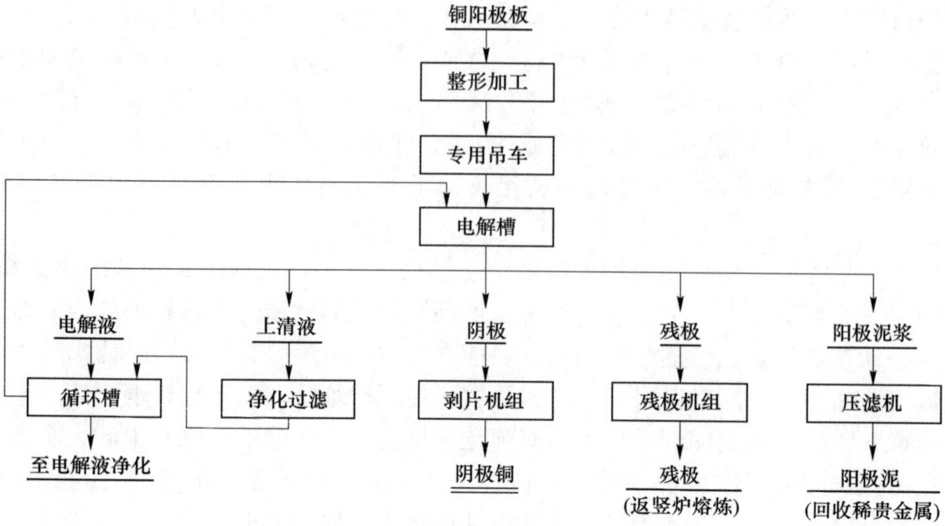

图 1-5　铜阳极板的电解工艺流程图

B　湿法炼铜

湿法炼铜是用溶剂浸出铜矿石或铜精矿，使铜进入溶液，溶液经过净化后，再用电积或置换方法获得金属铜，该法主要用于处理低品位铜矿石、氧化铜矿和一些复杂难处理的铜矿石。

湿法炼铜设备简单，在矿山附近就近生产，生产成本低，不生产硫酸，无二氧化硫烟气污染；但存在铜产品杂质含量较高、周期长、效率低、产能规模小、贵金属回收困难、回收率不确定等问题。

目前湿法炼铜在铜生产中占比不大，但从今后资源发展趋势看，随着铜矿石资源逐步贫化枯竭，低品位难选矿、氧化矿、多金属复杂铜矿的开采利用会日益增多，湿法炼铜工艺将成为处理这些原料的有效途径。

a　湿法炼铜工艺流程

湿法炼铜工艺过程主要包括四个步骤：浸出—萃取—反萃—电积或置换。氧化铜矿可以直接进行浸出，低品位氧化铜矿采用堆浸，富矿采用搅浸。硫化矿在一般情况下需要先焙烧后再浸出，也可在高压下直接浸出，浸出过程常用的溶剂有硫酸、氨、硫酸高铁溶液等。湿法炼铜的典型工艺流程如图 1-6 所示。

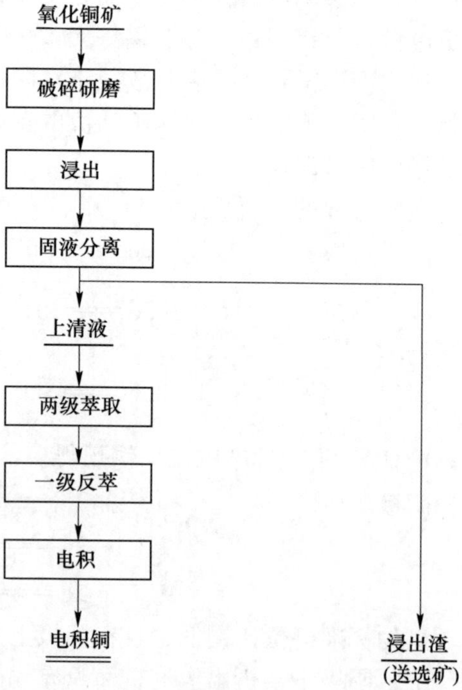

图 1-6　湿法炼铜典型工艺流程图

b　湿法炼铜生产过程简述

某厂采用氧化铜矿石湿法“浸出—萃取—电积”工艺，生产流程图如图 1-7 所示。

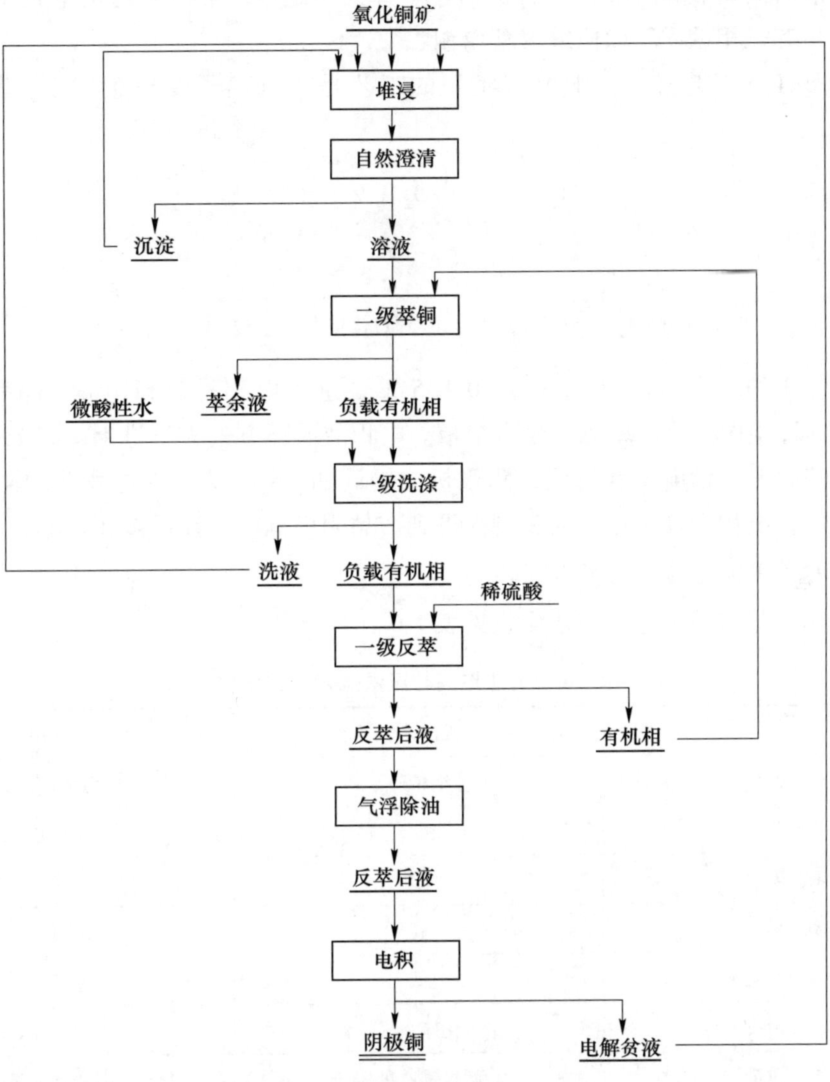

图 1-7 湿法炼铜生产工艺流程图

（1）浸出工序工艺过程。用破碎机将氧化铜矿进行破碎，破碎后的氧化铜矿石运至浸出池浸出，然后泵送稀硫酸、萃余液进行循环浸出，浸出液与矿石发生反应，生成的硫酸铜溶液靠自重向底层渗透，由矿层底部的排液管流出，进入集液池，经自然澄清后用耐酸泵送至萃取工段进行萃取生产。

（2）萃取工序工艺过程。根据料液情况，萃取工艺一般选用 Lix984 或 M5640 为萃取剂、260 号煤油为稀释剂。萃取流程为二级萃取、一级洗涤、一级反萃。浸出硫酸铜溶液由泵送至萃取高位池，然后流入铜萃取箱经二级萃取，铜经萃取进入有机相，萃余液自流回浸出段。为减少杂质进入电积槽，在负载有机相反萃前进行洗涤，洗去其中夹带的部分铁及水相。洗涤液采用微酸性水循环使用，当杂质积累较多时，外排部分到浸出段使用，再补充一部分新液。洗涤后的有机相经反萃铜进入反萃液，反萃液自流到电积液地下循环贮槽，经除油后使硫酸铜溶液中的有机物含量降到一定值，然后泵送至电积车间高位槽。反萃后的再生有机相返回萃取段继续萃取铜[21]。

(3) 电积工序工艺过程。铜电解沉积的工艺是将铜离子变成金属铜，其化学反应如下：

阳极反应：　$H_2O \longrightarrow \frac{1}{2}O_2 + 2H^+ + 2e$

阴极反应：　$Cu^{2+} + 2e \longrightarrow Cu$

总反应：　$CuSO_4 + H_2O = Cu + H_2SO_4 + \frac{1}{2}O_2 \uparrow$

由萃取送来的硫酸铜溶液加热至 30～35 ℃，进入电积槽进行电积。电积用阴极为 316L 不锈钢板，阳极为铅-锡-钙压延合金板。电积液循环方式为下进上出，控制一定的循环流量、电流密度、槽电压和槽温，阴极析出铜周期 7～10 天。在电积槽中阴极析出铜，阳极放出氧气，电积铜经洗涤、人工剥板得到产品阴极铜，经计量包装入库。

C　火法炼铜工艺与湿法炼铜工艺比较

火法炼铜工艺与湿法炼铜工艺比较见表 1-6。

表 1-6　火法炼铜与湿法炼铜工艺比较

类别	火法冶炼	湿法冶炼
原料	铜精矿	低品位矿石
设备	复杂	简单
工艺流程	复杂	简单
能耗	高	低
吨铜冶炼成本	低	高
环境污染	二氧化硫大气污染	溶剂地下水污染
产品质量	阴极铜质量高	阴极铜质量低

1.3.1.2　伴生金属元素的分布走向

按照火法炼铜工艺“熔炼、吹炼、精炼、电解”四大工序，分别介绍铜冶炼过程中伴生金属元素的分布走向。

A　熔炼过程伴生金属元素分布

a　闪速熔炼

闪速熔炼过程中，可以通过控制冰铜品位、反应氧势、铁硅比、渣温等工艺参数，使各种伴生元素分别进入冰铜、炉渣、烟尘、烟气，金、银、铂、钯等贵金属进入冰铜，铋、镍、硒、碲等元素大多数也进入冰铜，其他伴生元素分别进入炉渣、烟尘及烟气。烟尘返闪速炉循环处理，炉渣浮选后的渣精矿返闪速炉，浮选后的尾渣出厂销售给下游企业。闪速熔炼的伴生元素主要开路出口只有浮选尾渣和砷滤饼。主要伴生元素在冰铜、炉渣、烟尘及烟气的分布见表 1-7。

表 1-7 闪速熔炼的伴生元素分布 (%)

元素	冰铜	炉渣	烟尘气
Au	99	1	0
Ag	99	1	0
Sb	36	55	9
As	20	50	30
Bi	85	9	6
Zn	10	61	29
Pb	45	47	8

b 艾萨法熔炼

在艾萨炼铜炉中，砷、铅、锌、铋和锑等伴生元素的脱除率较高，而金、银则存留于冰铜中。在铜精矿含砷 0.2%～0.8%的情况下，艾萨炼铜炉能将冰铜中的砷脱除 90%以上，80%～90%铋、70%～80%锌、60%～80%锑和 50%～75%铅能从艾萨炼铜炉的冰铜中脱除[22]。铅和铋主要进入烟气，可用收尘装置回收它们，锌主要进入炉渣。物料中 99%以上的金、95%以上的银存留于艾萨炼铜炉的冰铜中[22]。艾萨法炼铜过程中在冰铜品位 59%和喷入空气量 4.75 m^3/s 的情况下具体各元素分布见表 1-8。

表 1-8 艾萨炼铜炉熔炼的伴生元素分布[23] (%)

元素	冰铜	炉渣	烟尘气
Au	99	0	1
Ag	95	0	5
Sb	20.5	33.9	45.6
As	5	7.2	87.8
Bi	15.9	0	84.1
Zn	21.2	64.3	14.5
Pb	31.3	14.5	54.2

c 侧吹炉熔炼

侧吹炉炼铜法熔炼过程中伴生元素的分布见表 1-9。

表 1-9 侧吹炉熔炼的伴生元素分布[24] (%)

元素	冰铜	炉渣	烟尘气
Au	98～99	0～0.5	0～0.5
Ag	95～99	0～1	0.5
Sb	40～50	45～55	0～3
As	30～40	40～50	20～30
Bi	35～45	50～60	0～0.2
Pb	25～35	40～60	1～5
Zn	35～45	40～50	1～5

d　诺兰达熔炼

诺兰达熔炼过程中伴生元素的分布见表 1-10。

表 1-10　诺兰达熔炼的伴生元素分布[22]　　(%)

元素	冰铜	炉渣	烟尘气
Au	99	1	0
Ag	99	1	0
Sb	15	31	54
As	8	12	80
Bi	9	12	79
Ni	77	22	1
Pb	13	13	74
Zn	9	81	10

B　吹炼过程伴生金属元素分布

a　转炉吹炼

转炉吹炼分为造渣期和造铜期。从冰铜中脱除的主要元素是铁和硫，铁元素基本全部进入渣中除去，硫元素基本全部进入烟气送去制酸，其他伴生元素也会被部分去除，进入烟气或炉渣中。一般来说，转炉吹炼过程进入粗铜中的杂质含量随冰铜品位的增加而显著增加，这是因为含铜高的冰铜，吹炼它们的鼓风量少，形成的渣也少的缘故。表 1-11 给出了国内某厂在冰铜品位为 53%、富氧浓度为 25%条件下的 PS 转炉吹炼期一些伴生元素的分布。

表 1-11　国内某厂 PS 转炉吹炼的伴生元素分布　　(%)

元素	粗铜	转炉渣	烟尘气
Au	99	1	0
Ag	99	1	0
Sb	19	17	64
As	17	13	70
Bi	9	6	85
Pb	4	10	86
Zn	2	72	26
Ni	73	22	5

金、银等贵金属非常容易被铜捕集，在转炉吹炼过程中，金、银等贵金属基本上都是以金属形态进入粗铜中，仅有极少量随铜进入转炉渣中。

铅容易挥发和氧化造渣，在转炉吹炼过程中，进入粗铜中很少，除部分进入炉渣外，大部分铅进入烟气，并被炉气氧化成 PbO、PbO_2 和 $PbSO_4$。经过余热锅炉和电收尘收集后形成烟尘，余热锅炉和电收尘一、二电场收集的烟尘通常含铅偏低呈黑褐色，返回熔炼工序循环处理；电收尘三、四电场收集的烟尘含铅较高呈灰白色，又称白烟尘，一般不在熔炼系统循环处理，需外售或另外单独处理。

锌在冰铜中以 ZnS 形态存在，非常容易氧化造渣，在转炉吹炼过程中，冰铜中 70%~80%的锌进入炉渣。另外，由于锌易于挥发，20%~30%的锌以金属锌和硫化锌的形态进入烟气，经收集形成烟尘后返熔炼。

镍在冰铜中以 Ni_3S_2 形态存在，Ni_3S_2 是稳定的化合物，在吹炼的高温下可以氧化成 NiO，但氧化反应速度很慢，而且在熔体中有 FeS 存在时，NiO 又能被 FeS 硫化成 Ni_3S_2。因此，在转炉吹炼过程中，难以将镍大量造渣除去，70%以上的镍进入粗铜。

铋在冰铜中以 Bi_2S_3 形态存在，在转炉吹炼过程中，Bi_2S_3 被氧化成 Bi_2O_3；在 1100 ℃高温条件下，Bi_2S_3 和 Bi_2O_3 可以进一步反应生成金属铋，由于铋及其化合物容易挥发，所以，在转炉吹炼过程中，90%以上的铋进入烟尘，少量进入粗铜中。

锑在冰铜中以 Sb_2S_3 形态存在，硫化锑在吹炼过程中大部分被氧化成 Sb_2O_3 挥发进入烟气，少量被氧化成 Sb_2O_5 进入炉渣，还有少量锑以铜的锑化物形态留在粗铜中。

砷在吹炼过程中的行为走向与锑的类似，大部分被氧化成 As_2O_3 挥发进入烟气，少量被氧化成 As_2O_5 进入炉渣，少量以铜的砷化物形态进入粗铜中。

除了白烟尘外，转炉吹炼的烟尘一般都是直接返回熔炼炉处理，也有一些冶炼厂在烟尘返回熔炼炉之前，要对烟尘进行预处理，去除里边的杂质元素，尤其是铋需要去除。这是因为：一是铋会引起铜阳极的脆性，影响铜电解工序；二是铋是一种有较高价值的副产品。

转炉吹炼的炉渣中含有 3%~5%的铜，为了进一步回收转炉渣中的铜、提高工厂的铜总回收率，现在新建铜冶炼厂大多配套有炉渣选矿处理车间。转炉渣经过选矿车间浮选后，获得的渣精矿再作为铜原料之一返回熔炼循环处理，转炉渣中的其他伴生元素也参与这一循环过程。

b 闪速吹炼

闪速吹炼是在反应塔中进行，可以实现高强化吹炼反应，工艺富氧浓度可高达 70%~95%，冰铜品位可高达 68%~75%。而转炉吹炼由于受风口耐火材料寿命制约，工艺富氧浓度一般只能控制在 21%~35%，为了满足吹炼热平衡需要，冰铜品位一般选择在 50%~55%。因闪速吹炼与转炉吹炼的工况不同，所以伴生元素在粗铜、炉渣和烟尘气之间的分布走向也有所区别，国内某厂闪速吹炼过程的伴生元素分布情况见表 1-12。

表 1-12 国内某厂闪速炉吹炼的伴生元素分布 （%）

元素	粗铜	炉渣	烟尘气
Au	98.5	1.5	0
Ag	98.5	1.5	0
Sb	60	22	18
As	30	60	10
Bi	50	45	5
Pb	28	39	33
Zn	11	59	30
Ni	70	20	10

与转炉吹炼加 SiO_2 溶剂造酸性渣不同，闪速吹炼采用加 CaO 溶剂造碱性渣，闪速吹炼渣含铜达 18%～22%，不需要选矿浮选处理，直接返回熔炼系统处理。

C　火法精炼伴生金属元素分布

粗铜火法精炼过程中，金、银、铂、钯、硒和碲等伴生稀贵金属很难氧化，仍然保留在阳极铜中，这也是人们所希望的，以便在电解精炼时全部进入阳极泥予以回收。砷、锑在液态时与铜互溶并生成化合物及固溶体，火法精炼过程中，小部分氧化生成的三价氧化砷 As_2O_3 和三价氧化锑 Sb_2O_3 被挥发除去，大部分被氧化成五价氧化砷 As_2O_5 和五价氧化锑 Sb_2O_5，与其他金属氧化物形成各种不同组分的化合物溶解于铜液中，在不加碱性溶剂的情况下，砷、锑很难脱除。铋在液态时与铜能互溶，但与铜不生成化合物及固溶体，氧化后形成 Bi_2O_3，并与砷、锑、铅的氧化物生成化合物溶解于铜液中，而且 Bi_2O_3 既不易造酸性渣，也不易造碱性渣，铋在火法精炼过程中难以除去。

铅、锡、镍在火法精炼过程中氧化趋势较大，相对容易造渣除去，有些企业为了回收镍产品，精炼时采取保镍操作，尽量将镍保留在阳极铜中，以便在后续的电解工序中以 $NiSO_4$ 形式回收。铁是最容易氧化造渣除去的金属，精炼时阳极铜中铁含量可以降至 2×10^{-3}%以下。锌沸点较低，在精炼时大部分挥发进入炉气，少量的锌氧化成 ZnO 后造渣除去，锌也是很容易脱除的，可以降低到 2×10^{-3}%以下。

目前，大多数矿铜冶炼厂的粗铜火法精炼工序都不添加造渣溶剂，氧化造渣除去杂质金属元素能力很弱，火法精炼主要作用是脱硫除氧，精炼渣量很少。国内某厂火法精炼伴生金属元素分布和全年阳极铜化学成分分别见表 1-13 和表 1-14。

表 1-13　国内某厂火法精炼的伴生元素分布　(%)

金属	阳极铜	渣	挥发
Au	99.5	0.5	0
Ag	99.5	0.5	0
Sb	76.5	14.5	9
As	75.1	14.9	10
Bi	85.8	9.2	5
Pb	58.8	33.2	8
Zn	31.3	28.7	40

表 1-14　2021 年国内某厂阳极铜化学成分　(%)

元素	Cu	O	S	Fe	Sb	Bi
含量	99.33	0.10	0.0030	0.0016	0.0104	0.16
元素	As	Pb	Zn	Ni	Sn	Se
含量	0.13	0.21	0.0019	0.017	<0.001	0.03
元素	Te	Au	Ag	Pt	Pd	
含量	0.013	18.45 g/t	502.4 g/t	0.1 g/t	0.4 g/t	

D　电解精炼伴生金属元素分布

阳极铜中所含主要伴生杂质元素为：金、银、砷、铋、钴、铁、镍、铅、锑、硒和碲等，在电解过程中，必须防止这些伴生杂质元素进入阴极铜产品。铜电解精炼时阳极中各种元素的分布见表1-15。

表1-15 铜电解精炼的各种元素分布 (%)

元素	电解液	阳极泥	阴极铜
Cu	1~2	0.01~0.05	98~99
Ag	0.5	98~99	<1.5
Au	—	99.9	<0.1
Pt,Pd	—	约100	—
Se,Te	0.5	约99	0.5
Pb,Sn	0.5	约99	0.5
Ni	98~99	1~2	—
Fe	100	—	—
Zn	100	—	—
Al	75	25	—
As	60~80	20~40	<1
Sb	10~30	70~90	<1
Bi	20~30	70~80	<1
S	—	99~100	<1
SiO_2	—	100	—

在电解过程中，各种金属杂质的行为主要取决于它们本身的电位及在电解液中的溶解度。杂质元素的行为决定了杂质在各电解产物（电解液、阴极铜、阳极泥）间的分布关系，另外阳极中的杂质含量、氧的含量和电解技术条件等因素都对杂质的行为产生影响。无论是净液还是日常管理，都需要掌握杂质在电解过程中的行为。根据杂质元素在电解时的行为，可将它们分为三类：

（1）正电性金属和以化合物存在的元素。金、银和铂族金属为正电性金属，它们不进行电化学溶解而落入槽底，阴极铜中含有这些金属主要是由于阳极泥机械夹带的结果。硫酸银可溶于电解液中，但当加入少量氯离子（以盐酸形式存在）时，则形成氯化银进入阳极泥。

氧、硫、硒、碲为稳定化合物存在的元素，它们以 Cu_2S、Cu_2O、Cu_2Te、Cu_2Se、Ag_2Se、Ag_2Te 等存在阳极板内，电解时也进入阳极泥中。

（2）负电性的镍、铁、锌等金属。火法精炼很容易将铁和锌脱除，一般阳极铜中铁和锌的含量仅0.001%~0.003%，阳极中的铁以二价铁离子形式进入电解液，在电解过程中部分被氧化成三价铁离子进而降低阳极电流效率。当三价铁离子移向阴极时，又被还原成二价铁离子，降低阴极电流效率。铁在阴阳极间发生氧化还原反应使电流效率下降。同时，锌和铁在阳极的溶解会增加硫酸消耗，在电解液中积累导致电解液电阻增大，还会增大电解液的黏度。铅在阳极溶解时形成不溶性的硫酸铅沉淀。阳极中的锡首先以二价锡离子形式进入电解液，之后逐渐被氧化成四价锡，再水解生成溶解度较小的碱式盐沉入槽底成为阳极泥。

$$SnSO_4 + 0.5O_2 + H_2SO_4 = Sn(SO_4)_2 + H_2O$$

$$Sn(SO_4)_2 + 2H_2O = H_2SO_4 + Sn(OH)_2SO_4 \downarrow$$

阳极氧含量对镍的溶解有很大影响：阳极含氧低，则镍绝大部分溶解进入电解液；阳极含氧高，则由于生成难溶化合物，镍很大一部分进入阳极泥。

（3）电位与铜相近的砷、锑、铋。电解时，它们可能在阴极上析出。它们还生成极细的絮状砷酸锑和砷酸铋，漂浮在电解液中，机械地黏附在阴极上，其黏附量相当于砷锑放电析出的2倍，而且锑进入阴极的数量比砷大，因此锑的危害更为突出。

1.3.2 铅冶炼伴生金属的走向分布

以某冶炼厂为例介绍铅冶炼过程中伴生金属的走向分布。该厂生产工艺流程：底吹炉氧化熔炼→侧吹炉还原熔炼→烟化炉烟化提锌→粗铅火法除铜→火法精炼→电解精炼→阴极铅，其工艺流程如图1-8所示。

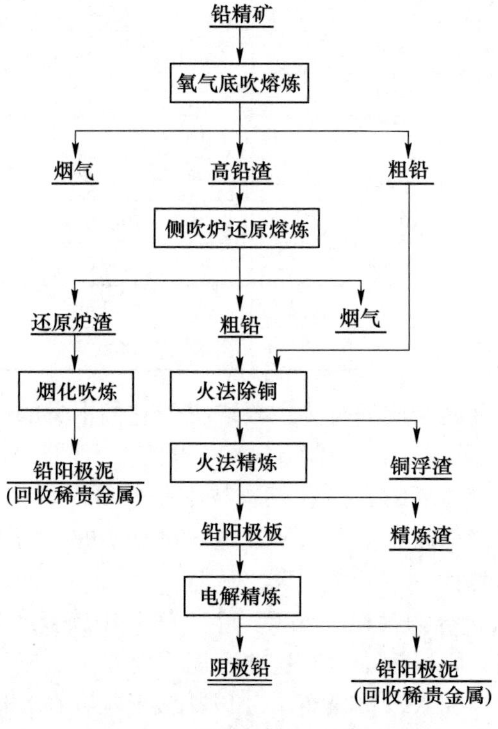

图1-8 底吹炼铅工艺流程图

1.3.2.1 底吹氧化熔炼工序伴生金属走向分布

在底吹氧化熔炼过程中，铅精矿中各伴生元素在高铅渣、烟尘和酸泥之间的分布见表1-16。

表1-16 底吹氧化工序伴生金属分布 （%）

金属	高铅渣	烟灰	酸泥
Cu	97.25	2.75	—
Zn	99.46	0.54	—
Sb	98.17	1.83	—

续表 1-16

金属	高铅渣	烟灰	酸泥
Bi	61.73	38.27	—
Sn	97.90	2.10	—
Cd	11.43	88.55	0.02
In	88.25	11.75	—
Se	39.68	50.35	9.97
Te	32.19	67.81	—
Tl	7.00	93.00	—

底吹炉氧化熔炼工序，铜、锌、锑、锡90%以上分布于高铅渣中；镉、铊则高度分布于烟灰中；铋、硒、碲、铟的分布则较为分散，铋和铟较多进入高铅渣中，硒和碲较多进入烟灰中。

1.3.2.2 侧吹还原熔炼工序伴生金属走向分布

在侧吹还原熔炼过程中，高铅渣中各伴生元素在粗铅、烟尘和炉渣之间的分布见表1-17。

表1-17 侧吹还原工序伴生金属分布 (%)

金属	粗铅	烟灰	炉渣
Cu	95.70	0.24	4.06
Zn	0.05	33.65	66.30
Sb	93.82	1.07	5.11
Bi	96.77	1.72	1.51
Sn	44.09	12.34	43.57
Cd	1.86	97.85	0.29
In	4.52	34.94	60.54
Se	22.31	20.78	56.91
Te	72.80	21.34	5.86
Tl	5.18	25.57	69.25

高铅渣的侧吹炉还原熔炼工序，铜、锑、铋90%以上分布于粗铅，锌、碲60%以上分布于粗铅，镉90%以上分布于烟灰，锡、硒、铟、铊分布则较为分散。

1.3.2.3 烟化提锌工序伴生金属走向分布

在烟化炉烟化提锌过程中，侧吹还原工序产出的炉渣中各伴生元素在锅炉灰、布袋尘和炉渣之间的分布见表1-18。

表1-18 烟化工序伴生金属分布 (%)

金属	锅炉灰	布袋尘	炉渣
Cu	0	0.81	99.19
Zn	14.72	75.39	9.89

续表 1-18

金属	锅炉灰	布袋尘	炉渣
Sb	28. 12	37. 50	34. 38
Bi	6. 49	23. 38	70. 13
Sn	5. 75	22. 99	71. 26
Cd	4. 98	44. 98	50. 04
In	2. 57	12. 50	84. 93
Se	4. 02	16. 28	79. 70
Te	3. 36	16. 42	80. 22
Tl	1. 34	6. 25	92. 41

烟化炉烟化提锌工序，锌富集于次氧化锌烟尘，铜、铟、硒、碲、铊则仍在炉渣中难以挥发富集，锑、铋、锡、镉则分布分散。

1. 3. 2. 4　粗铅火法除铜工序伴生金属走向分布

在火法除铜过程中，粗铅中各伴生元素在阳极板和除铜渣之间的分布见表 1-19。

表 1-19　除铜工序伴生金属分布　　(%)

金属	阳极板	除铜渣
Cu	1. 88	98. 12
Zn	4. 44	95. 56
Sb	86. 13	13. 87
Bi	92. 93	7. 07
Sn	15. 77	84. 23
Cd	1. 91	98. 09
In	50	50
Se	14. 95	85. 05
Te	73. 26	26. 74
Tl	30. 77	69. 23

粗铅火法除铜工序，铜、锌、锡、镉、硒、铊富集于除铜渣中，锑、铋、碲分布于阳极板中，铟分布分散。

1. 3. 2. 5　火法精炼和电解精炼工序伴生金属走向分布

在铅火法精炼和电解精炼过程中，铅阳极中各伴生元素在精铅、阳极泥和精炼渣之间的分布见表 1-20。

表 1-20　火法精炼和电解精炼工序伴生金属分布　　(%)

金属	精铅	阳极泥	精炼渣
Cu	0. 27	85. 41	14. 32
Zn	15. 00	9. 00	76. 00
Sb	0	99. 50	0. 50

续表 1-20

金属	精铅	阳极泥	精炼渣
Bi	0.13	99.82	0.05
Sn	0.68	25.00	74.32
Cd	0.01	78.68	21.31
In	0	72.10	27.90
Se	0	85.14	14.86
Te	0	99.78	0.22
Tl	27.16	50.62	22.22

铅的火法精炼和电解精炼工序，铜、锑、铋、镉、硒、碲分布于阳极泥，锌和锡分布于精炼渣，铊分布不集中。

1.3.3 锌冶炼伴生金属的走向分布

1.3.3.1 湿法炼锌工艺及伴生金属走向分布

湿法冶炼工艺包括硫化锌精矿焙烧、锌焙砂浸出、浸出液净化除杂、锌电解沉积。锌精矿焙烧采用沸腾焙烧炉，在空气或富氧气氛及高温下，锌精矿（ZnS）氧化成氧化锌和硫酸锌，得到锌焙砂，并产生含二氧化硫的烟气，烟气经净化后生产硫酸或液态二氧化硫。锌焙砂浸出分为中性浸出和酸性浸出，中性浸出产出的矿浆经浓密分离，上清液送净化除杂，净化合格液送电积生产电锌，底流返回酸性浸出段浸出，上清液返回浆化槽，底流过滤，滤饼为弃渣，送渣场[25]。浸出渣含锌一般为16%~20%，浸出渣产率为53%。浸出液净化是加锌粉置换除去铜、镉，再加黄药（磺酸盐）除钴，也可采用白砷（As_2O_3）代替黄药除钴。

浸出液净化过程产生净化渣，净化渣是回收伴生有价金属的重要原料，一般含有铜、镉、钴、砷、锑、镍、锗等。净化除杂后的硫酸锌溶液经过高位槽连续送入电积槽进行电解沉积，析出、清洗后剥离的锌片，经低频感应炉或反射炉熔化后浇铸成锌锭。电解沉积与熔铸过程产生的固体废物主要为更换的废旧电解槽内衬及熔化浮渣。湿法炼锌工艺产生的含锌浸出渣一般采用回转窑还原挥发工艺回收其中的锌。将浸出渣配以50%的碎焦，在900~1000 ℃温度下，渣中的锌被还原并以蒸气形式逸出，并在气相中再被氧化为氧化锌，在收尘器中回收。

湿法处理浸出渣的方法主要有黄钾铁矾法、针铁矿法、赤铁矿法，其中黄钾铁矾法最为普遍。黄钾铁矾法采用热浓硫酸浸出渣中的难溶锌，然后再以黄钾铁矾的形式从溶液中除去有害的铁，得到富含锌的浸出液。该过程产生黄钾铁矾渣。除此之外，烟气净化制酸过程产生烟尘和酸泥，废水处理过程产生废水污泥。采用湿法炼锌的企业主要有株洲冶炼集团、白银集团西北铅锌冶炼厂、西部矿业等。湿法炼锌工艺流程如图1-9所示。

（1）经过热酸浸出黄钾铁矾法（或针铁矿法）之后，铜、镉、铅的富集回收率可达85%~90%，铟、镓、铊、锗的富集回收率也大幅度提高[26]。

（2）在流态化焙烧过程中，90%以上的汞进入烟气，冷凝后进入酸泥，可从酸泥回收金属汞，其余有价金属几乎都留在焙砂中。

（3）在焙砂中性或酸性浸出过程中，99%的镉与钴、80%~85%的锌、50%的铜及一

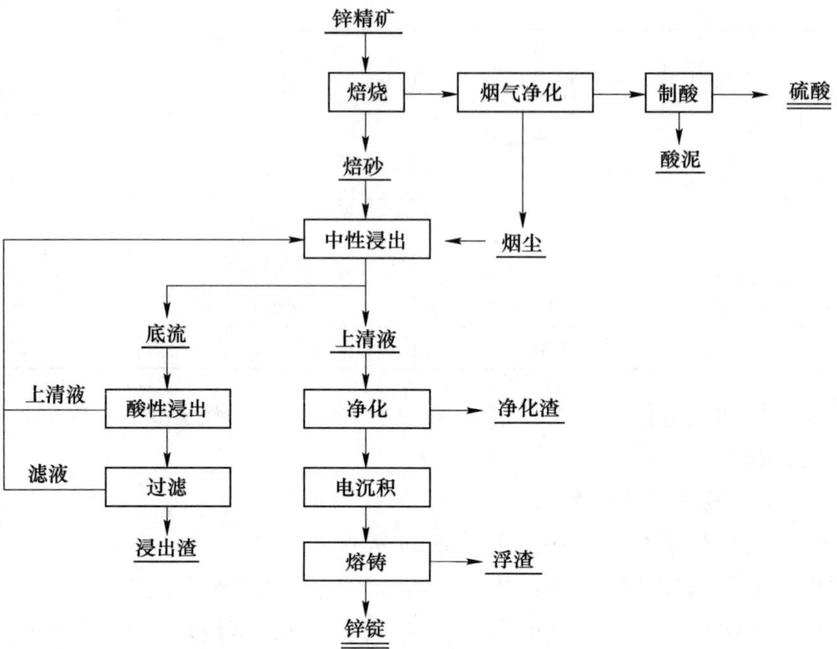

图 1-9　湿法炼锌工艺流程图

部分稀散金属进入溶液，其余则留在渣中[26]。

（4）在浸出液净化过程中，铜、镉富集于锌粉置换所得的铜镉渣中，铜镉渣是提镉的主要原料，在提镉过程中可同时综合回收铜、铊和锌。浸出液净化过程使用黄药除钴时，钴和剩余的铜、镉富集于黄酸钴渣中，其可以作为提取钴的原料，在钴渣提钴过程中，可综合回收铜、镉、锌。

（5）在浸出渣回转窑烟化处理过程中，铅、镉、铟、锗、镓、铊和锌挥发进入氧化锌烟尘，有价金属的挥发率为：锌 85%、铅 95%、铟 72%、锗 31%、镓 14%、铊 87%、镉 91%，从收集的氧化锌烟尘中可以回收相关金属，窑渣则可以回收铜、银、金。

（6）回转窑氧化锌在多膛炉内焙烧脱氟、氯时，铊富集于烟尘中，收集到的烟尘可作为提取铊的原料。焙烧后的氧化锌经两次浸出，铟、锗、镓等富集于酸性浸出液中，以锌粉置换，得到的置换渣是回收铟、锗、镓的原料，氧化锌浸出渣可回收铅。

1.3.3.2　火法炼锌工艺及伴生金属走向分布

A　竖罐炼锌

竖罐炼锌工艺由硫化锌精矿氧化焙烧、焙砂制团和竖罐蒸馏三部分构成，竖罐炼锌工艺流程如图 1-10 所示。我国采用竖罐炼锌的企业有葫芦岛有色金属公司、陕西东岭锌业有限公司等。

硫化锌精矿在 1000 ℃ 以上的温度下进行氧化焙烧，精矿中的硫化锌转化为氧化锌，同时除去其中的硫、铅、镉、砷、锑等，98%的镉挥发去除，铅的脱除率为 70%。焙烧产生的含二氧化硫烟气经收尘净化后生产硫酸。该过程所产生的固体废物主要为烟尘及硫酸生产过程产生的酸泥，收集得到的烟尘及酸泥可以从中回收有价金属。硫化锌精矿焙烧所用的设备为沸腾炉，沸腾焙烧锌的回收率为 99. 5%，脱硫率为 90%，镉回收率为 85%，烟

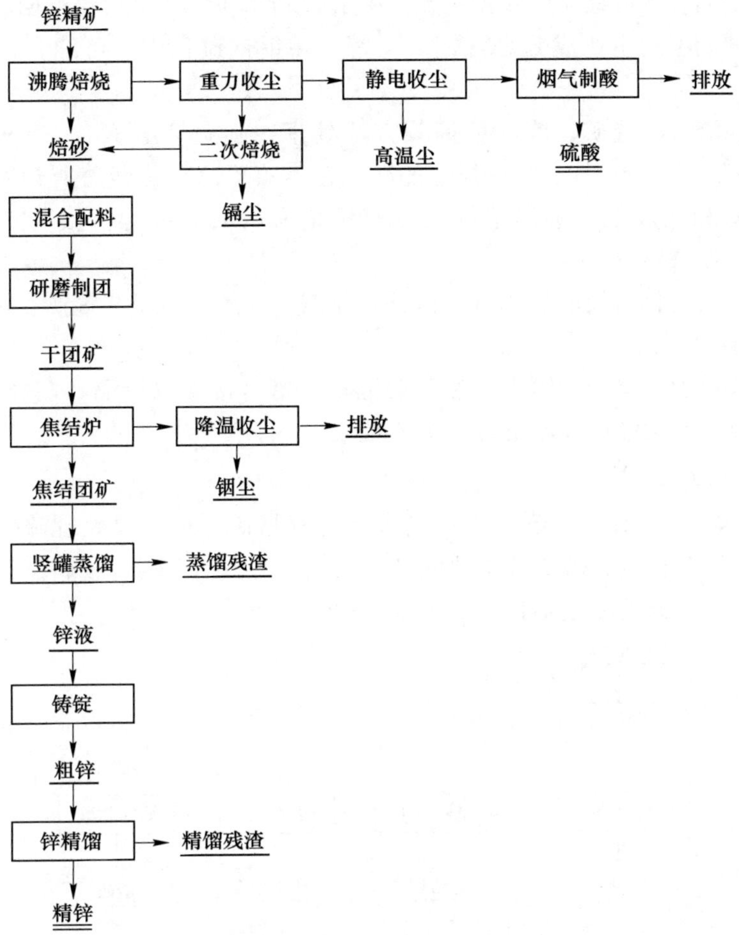

图 1-10 竖罐炼锌工艺流程图

尘率为 23%。焙烧所得锌焙砂与还原煤粉、胶黏剂充分混合、碾磨、压制成团块，干燥后送入焦结炉在 800 ℃下进行焦结处理，得到焦结团矿。焦结过程产生的烟气经收尘得到烟尘，可回收有价金属。来自焦结炉的热团矿经密封料钟加入罐顶，在下降过程中被加热至 1000 ℃以上并发生还原反应，产生气态锌，锌蒸气经冷凝器冷凝转变成液态锌，定时从冷凝器中放出液态锌并浇铸成锌锭。得到的粗锌经精馏后可获得精锌和粗铅。竖罐蒸馏过程所产生的固体废物主要为蒸馏残渣。

竖罐炼锌的流态化焙烧过程中，90%以上的镉、30%的铅、20%的铊、10%的铟、5%的银进入烟尘；约 95%的汞、5%的镉和铅进入烟气，其余有价金属留在焙砂中。在团矿焦结过程中，50%以上的铟、10%~15%的镉、5%的铅进入焦结烟尘，其余有价金属留在焦结矿中。在锌蒸馏过程中，90%以上的金、银，80%~90%的铜、锗、镓，60%~70%的铊，10%的铟、铅留在残渣中；15%~20%的铅，5%~10%的镉、铟进入粗锌。在锌精馏过程中，粗锌中的铅、铟进入粗铅，镉进入高镉锌[26]。

（1）流态化焙烧烟气含有汞，经冷凝形成汞炱，用蒸馏法精馏后，再经过滤得到金属汞。

（2）镉尘提镉时，可综合回收铟、铊、硫酸锌和铅泥，并可从铅泥回收铅、银、铋。

（3）焦结炉烟尘的主要成分是含铟氧化锌，在提铟过程中，可综合回收镉、铅和硫酸锌。

（4）蒸馏残渣可用选矿、旋涡熔炼等方法处理。旋涡炉熔炼时，97%的铅、90%的锌、82%的锗挥发富集于烟尘；70%以上的铜和钴富集于冰铜。残渣所含固定碳可在旋涡熔炼中用作燃料和还原剂。旋涡熔炼过程有价金属的回收率为：银 93%，锌 91%，铜 75%，铅 98%，锗 88%。

（5）含铟粗铅熔化后鼓风氧化时，铟进入浮渣。浮渣经酸浸、置换、熔炼、电解得金属铟，酸浸渣可回收铅。

（6）高镉锌可返回蒸馏炉富集，然后在镉精馏塔直接提取精镉。在竖罐炼锌过程中，锌精矿中 95%以上的汞经过高温焙烧后进入烟气。

B　密闭鼓风炉炼锌

密闭鼓风炉熔炼（ISP）工艺既可以处理硫化锌精矿，也可以处理硫化铅锌精矿，还可以处理次生含铅锌物料。密闭鼓风炉炼铅锌工艺主要包括含铅锌物料烧结焙烧、密闭鼓风炉还原挥发熔炼和铅雨冷凝器冷凝，其工艺流程如图 1-11 所示。我国中金岭南韶关冶

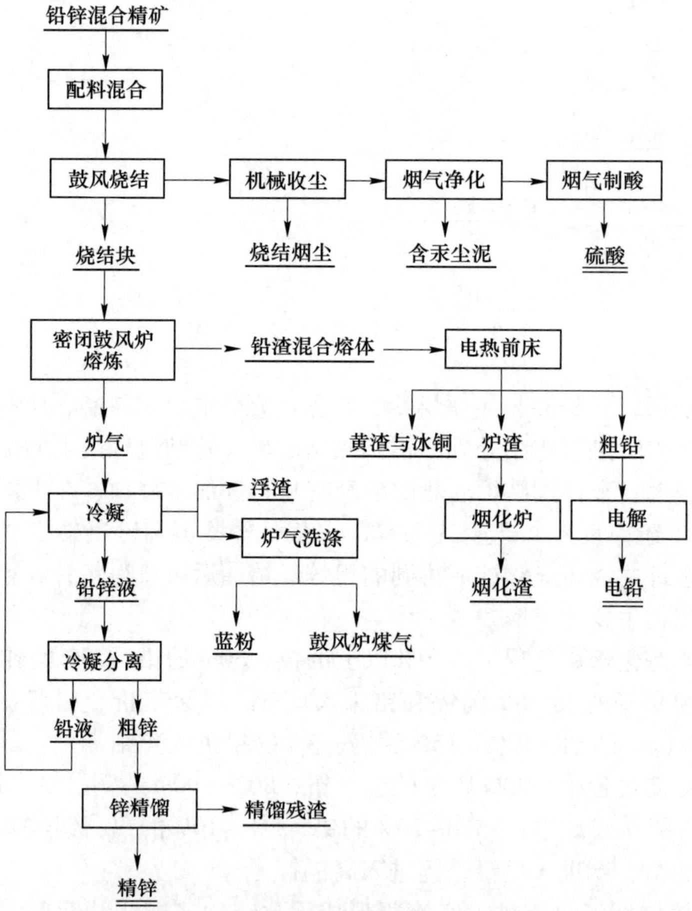

图 1-11　密闭鼓风炉炼铅锌工艺流程图

炼厂、陕西东岭锌业有限公司、辽宁葫芦岛锌厂等采用ISP工艺进行生产。

含铅+锌为45%~60%铅锌精矿，经烧结机脱硫烧结得到烧结块，与石灰熔剂和经预热的焦炭一起分批加入密闭鼓风炉内，铅锌被还原，锌蒸气随烟气进入冷凝器，熔炼产物经炉缸流进电热前床进行分离，获得粗铅、铜锍和炉渣。粗铅经电解获得电铅，炉渣经烟化回收锌。烧结烟气经收尘、烟气净化后生产硫酸。该过程产生的固体废物包括烧结烟尘、含汞尘泥、黄渣与冰铜及烟化渣。锌蒸气经铅雨飞溅冷凝器冷凝为液态锌，其位于液态铅上部，控制一定深度使其不断流出，浇铸成锌锭即粗锌，粗锌再经精馏获得精锌。该过程产生的固体废物主要为冷凝炉气洗涤过程收集到的蓝粉和粗锌精馏过程剩余的精馏残渣，以及冷凝过程形成的浮渣。

(1) 烧结机的烟尘、冷凝器的浮渣、洗涤器收集的蓝粉（也称返粉），一般都返回配料工序，使一部分镉、锑、砷等金属在熔炼过程中循环。

(2) 铅锌混合精矿烧结时，原料中大部分镉、铊和小部分铅挥发进入烟尘。当烟尘中镉、铊富集至一定量时，可集中回收。原料含汞较高时，可从烧结机烟气中回收。

(3) 熔炼时，烧结矿中的金、银、铜、铋、锑等金属大部分富集于粗铅，在粗铅精炼时分别回收；熔炼过程中产出砷冰铜（黄渣）或冰铜时，铜和小部分金、银进入其中，可在处理时回收。

(4) 烧结矿中的镉有50%进入粗锌，粗锌还含有少量铅，均可在精馏过程中回收。

(5) 铅锌鼓风炉渣含锌6%~8%，含铅0.8%~1.5%，并含有少量镉、锑、锡等金属，用烟化炉处理炉渣，使这些金属进入烟尘，再从其中回收。

(6) 铟主要富集于粗铅和粗锌，部分锗也进入粗锌，可在粗铅精炼和粗锌精馏过程中回收。镓和部分锗进入炉渣，可从炉渣烟化的烟尘中回收。

1.3.4 阳极泥的概念

阳极泥通常是指在有色金属水溶液电化学冶金过程中，附着于残阳极表面或沉淀在电解槽底的不溶性泥状物，一般为灰色，粒度为0.074~0.147 mm，其中各组分多以金属、硫化物、硒碲化合物、氧化物、单质硫和碱式盐形态存在。阳极泥富集了精矿和熔剂中绝大部分贵金属和大部分的稀有稀散金属，因而具有很高的综合回收价值。例如铜、铅电解精炼产出阳极泥中的金、银价值足可抵消电解精炼整个过程的加工费用。阳极泥是在铜、铅等主体金属电解精炼过程中产出的一种副产品。

在重有色金属矿中，由于金、银等贵金属与其共生关系密切，如铜、镍、铅、锌、锑等矿石中一般或多或少地含有金、银。铜矿一般含金较多，铅锌矿含银较多，镍矿除金、银外，还含有较多的铂族元素。铜、镍、铅等精矿中的贵金属，在整个火法冶炼过程中，都随主体金属进入相应的半成品或成品之中，直到最终在电解精炼时，贵金属才与主体金属分离而进入阳极泥。也就是说，重金属火法冶炼过程，也就是金、银等贵金属的富集过程，阳极泥是提取贵金属的主要原料。

1.4 伴生金属回收的基本原则

冶炼过程中伴生金属元素的绿色高效提取回收，重点需注意三点：一是定期开展元素普查，查清伴生金属元素的分布和走向，查清楚有价伴生金属元素富集的位置；二是系统地优化伴生金属综合提取回收工艺，做到“吃干榨尽”；三是在综合提取回收过程的各个阶段，做好环境保护，避免二次污染。

1.4.1　元素普查

冶炼的精矿成分和工艺条件一般是波动和变化的，进行综合回收伴生金属的原料，其金属的含量也是不断变化的，物料批次与批次之间也是不同的。通过进行元素普查，发现和找到具有回收价值和潜在回收价值的伴生金属，也可以对目标伴生金属走向进行分析，有针对性地调整生产流程，使之在特定目标物料中实现富集，为进一步的回收做好准备。

1.4.2　工艺设计

工艺设计包括：

（1）根据物料特性选择最优工艺。应根据物料特性选择伴生金属提取回收最优工艺，以铜阳极泥处理工艺为例，关键看阳极泥的处理量和化学成分组成。每种工艺对于阳极泥经济处理量都有要求，低于这个量投资运行就不经济，通常以年处理阳极泥 2000 t 为分界点，量小采用湿法工艺、量大采用火法工艺。阳极泥的成分组成也是工艺选择的重要因素，如铅、铋元素，湿法工艺更适合低铅、铋原料，而火法工艺则铅、铋越高越有利，火法冶炼过程需要有足够的铅、铋产出贵铅、铋来捕集金、银，阳极泥中铅少了还需额外配入铅或氧化铅。对于砷、锑、锡等元素，含量高会影响湿法工艺浸出和固液分离，造成渣含金、银高，火法工艺则不惧。总体来说，湿法工艺适宜于中小企业采用，返料量小，循环负荷小，综合回收好。火法工艺适宜大型企业采用，原料适应性好，但返料多、投资多，火法冶炼系统也较复杂[27]。

（2）与主工艺相结合。伴生金属综合回收工艺要与企业的主工艺生产实际相结合，做到流程短、双向物流衔接好，共用公辅设施和“三废”处理系统，使经济效益和社会效益最大化。综合回收过程产生的中间产品和废料，如湿法工艺产出的渣和火法工艺产出的渣要返回工厂主工艺系统进一步回收有价金属，综合回收产出的废水和废气尽量能与工厂主工艺废水和废气处理系统相结合，需要集中达标排放。

如果一些物料伴生金属含量少或伴生金属含量达不到提取回收的经济品位，应出售给其他企业。对于既有铜冶炼系统又有铅冶炼系统的企业，白烟尘的处理可以采用协同回收的方法。比如，火法工艺将粗铅、烟尘等含铅、铋、锑为主的物料返回铅冶炼系统，冰铜返回铜冶炼系统；湿法工艺类似，将脱除铜后的含铅物料返回铅冶炼系统，海绵铜等返回铜冶炼系统。

（3）子系统模块化。有色金属冶炼企业伴生金属的综合回收是一个系统工程，每种元素的回收和每种物料的处理都是企业生产的一个子系统。要把它们做成若干个工艺模块，确定每个模块的技术经济指标，包括产品规格、工艺流程、工艺控制参数、原料和辅料消耗，以及运行成本等。根据企业实际，把回收工艺模块进行组合，确定和优化总体工艺流程。

1.4.3 环境保护

伴生金属综合回收工程设计应在全厂范围内统筹考虑“三废”的产出和处理方式，可研阶段要做好环评、安评和职业健康评价，初步设计阶段和施工图设计阶段严格按照环评、安评和职业健康评价进行设计，做到同时设计、同时施工、同时投产使用，不给环境带来二次污染。

参 考 文 献

[1] 王静纯．加强共伴生矿产综合研究，走资源节约型道路［J］．矿床地质，2002，21（S1）：63-66.

[2] 王静纯，余大良．伴生金属和二次资源利用与环境和谐［C］//中国地质学会地质学史专业委员会、中国地质大学地质学史研究所．地质学史论丛（5）．中国地质学会地质学史研究会，2009：7.

[3] 韩美玲．全球经济变革中黄金的地位与趋势［D］．北京：中国地质大学（北京），2011.

[4] 王斌，李景朝，王成锡，等．中国金矿资源特征及勘查方向概述［J］．高校地质学报，2020，26（2）：121-131.

[5] 奚甡．中外银矿资源现状分析［J］．世界有色金属，2012（6）：60-63.

[6] 戴自希．世界白银资源和开发利用现状［J］．世界有色金属，2004（7）：29-34，28.

[7] 董海刚，汪云华，范兴祥，等．近年全球铂族金属资源及铂、钯、铑供需状况浅析［J］．资源与产业，2012，14（2）：138-142.

[8] 张苺．世界铂族金属矿产资源及开发［J］．矿产勘查，2010，1（2）：114-121.

[9] 刘时杰．铂族金属矿冶学［M］．北京：冶金工业出版社，2001.

[10] 刘建林，何新乡，何智斌，等．我国硒资源产业现状及创建产业发展基金构想［J］．资源开发与市场，2003（3）：135-138.

[11] 葛清海，陈后兴，谢明辉，等．硒的资源、用途与分离提取技术研究现状［J］．四川有色金属，2005，3：7-11，15.

[12] 谢明辉，王兴明，陈后兴，等．碲的资源、用途与提取分离技术研究现状［J］．四川有色金属，2005，1：5-8.

[13] 焦圣兵．地质样品中碲的分离富集研究进展［J］．化学工程师，2011，25（4）：44-46.

[14] 陈喜峰，陈秀法，李娜，等．全球铼矿资源分布特征与开发利用形势及启示［J］．中国矿业，2019，28（5）：7-12，23.

[15] 李双杰．以辉铋矿为原料制备 Bi_2S_3 电极材料及其性能研究［D］．成都：成都理工大学，2016.

[16] 王成彦，邵爽，马保中，等．中国锑铋冶金现状及进展［J］．有色金属（冶炼部分），2019，8：11-17.

[17] 李茜，毕如田．“两型社会”建设下资源型县域经济发展模式——以山西省保德县为例［J］．中国农业信息，2012，21：142-143.

[18] 毕献武，董少花．我国矿产资源高效清洁利用进展与展望［J］．矿物岩石地球化学通报，2014，33（1）：14-22.

[19] 吴荣庆，张燕如．加强有色矿产综合利用充分回收贵金属和稀有金属［J］．中国金属通报，2007，35：4-9.

[20] 白猛．铜冶炼伴生元素砷、锑、铋、铼的增值冶金新方法研究［D］．长沙：中南大学，2013.

[21] 邓孟俐．萃取电积生产阴极铜的工艺设计［J］．湖南有色金属，2004，5：17-19，59.

[22] 陈知若．在炼铜过程中次要元素的分布［C］//中国首届熔池熔炼技术及装备专题研讨会论文集，中国有色金属学会重冶学委会，2007：280-297.
[23] FOUNTAIN C R, et al. 在艾萨熔炼法炼铜过程中次要元素的分布［J］．那富智译．有色冶炼，1992，5：43-50.
[24] 张云．As、Sb、Bi、Pb 在铜富氧熔池熔炼中分布规律及行为研究［D］．沈阳：东北大学，1995.
[25] 李敦华．湿法炼锌浸出渣含锌的影响因素分析与控制［J］．中国有色冶金，2019，48（6）：13-16.
[26] 姚芝茂，赵丽娜，徐成．锌冶炼工业有价金属回收潜力与现状分析［J］．中国有色冶金，2011，40（1）：49-54.
[27] 李明．铜冶炼过程中有价元素的综合回收工艺［J］．中国有色冶金，2014，43（2）：71-73，4.

2　铜冶炼伴生贵金属提取冶金

贵金属主要是指金、银和铂族金属铂、钯、钌、铑、锇、铱等 8 种金属元素。这些金属大多数拥有美丽的色泽，对化学药品的抵抗力相当人，在一般条件下不易发生化学反应。铜冶炼过程伴生的贵金属主要是以金、银、铂、钯为主，钌、铑、锇、铱相对含量较少。铜冶炼过程中贵金属绝大部分都富集于铜阳极泥中，本章重点介绍从铜阳极泥中提取回收贵金属。

2.1　伴生贵金属的性质与用途

2.1.1　金的性质与用途

2.1.1.1　金的物理性质

金的主要物理性能见表 2-1。

表 2-1　金的物理性质

性质	数值
化学元素符号	Au
原子序数	79
相对原子质量	196.97
熔点/℃	1064
沸点/℃	2807
莫氏硬度	2.5
密度/$g \cdot cm^{-3}$	19.31

纯金为金黄色，具有瑰丽的色泽、良好的延性和展性，在大气及水中稳定，金能与任何比例的银和铜形成合金。当金中含有杂质时，颜色会随之改变，银含量增加颜色变淡，铜含量增加颜色变深。金粉碎成粉末或碾成超薄金箔时，颜色可呈青紫色、红色、紫色乃至深褐色到黑色。

金的延展性在任何温度下都比其他金属好，它的伸长率为 30%、抗拉强度为 0.23 MPa，金可碾成 0.001 mm 的金箔，拉成比头发丝还细的金丝，但当其中含有铅、铋、碲、镉、砷、锑、锡等杂质时会变脆，如金箔中含铋达 0.05%时，甚至可以用手将其搓碎。

2.1.1.2　金的化学性质

金是元素周期表中ⅠB 族元素，元素符号 Au。金是最稳定的元素，在自然界中，仅与碲形成天然化合物碲化金。金可溶于王水，也可与氯或碱金属氰化物（氰化钾、氰化钠等）作用生成氯或氰的化合物。此外，同时含有硝酸和硫酸的酸性溶液也可以溶解金，碱金属硫化物也会与金作用生成可溶性硫化金。碱对金无显著的侵蚀作用，单独的硫酸、盐酸或硝酸对金都不起作用。

金在化合物中通常以一价和三价的状态存在。与提取金有关的主要化合物是金的氯化物和氰化物。

金的氯化物有氯化金和三氯化金，它们可呈固态存在，但在水溶液中都不稳定，会分解生成络合物。

金粉与氯气作用生成三氯化金，三氯化金溶于水而生成含氧的一水合三氯化金，这是水溶液氯化法（简称液氯化法）提取金的基础。

$$2Au + 3Cl_2 \xlongequal{} 2AuCl_3$$

$$AuCl_3 + H_2O \xlongequal{} H_2AuCl_3O$$

$$H_2AuCl_3O + HCl \xlongequal{} HAuCl_4 + H_2O$$

将金溶于王水，并加稀盐酸让其缓慢蒸发，就很容易获得四氯金酸。故王水分解法也是提取金的重要方法，其主要反应式为：

$$Au + HNO_3 + 4HCl \xlongequal{} HAuCl_4 + 2H_2O + NO\uparrow$$

金的氰化物有氰化金和三氰化金，但三氰化金不稳定，没有实际应用意义。在氧存在下，氰化物盐类可以溶解金。例如：

$$4Au + 8NaCN + 2H_2O + O_2 \xlongequal{} 4NaAu(CN)_2 + 4NaOH$$

这个反应是氰化法从矿石中提取金的基础。用同样的方法，还可以使金生成氰的钾盐 $KAu(CN)_2$ 和钙盐 $Ca[Au(CN)_2]_2$。

当将这些络盐溶于盐酸并加热后，便可生成氰化金沉淀，如：

$$NaAu(CN)_2 + HCl \xlongequal{} HAu(CN)_2 + NaCl$$

$$HAu(CN)_2 \xrightarrow{\text{加热至 60 ℃}} AuCN\downarrow + HCN\uparrow$$

值得提出的是，金的化合物在溶液中几乎都以络阴离子的状态存在，如 $[AuClO]^{2-}$、$[AuCl_2]^-$、$[AuCl_4]^-$ 和 $[Au(CN)_2]^-$ 等。从化学观点来看，金似乎比其他金属更像非金属。

金与银可以任何比例形成合金。但在合金中的银含量只有在接近或大于 70%时，用硫酸或硝酸才可以溶解其中的全部银，残留的是呈海绵状的金。当用王水溶解金银合金时，由于所生成的氯化银覆盖于合金表面，而使金的溶解停止。

金与铜也可以任何比例形成合金，此合金的弹性强，但延展性较差。向金铜合金中加入银，还可以制成金银铜合金。

金与汞在任何比例下都能形成合金。其中因金、汞比例不同，合金可呈固体或液体状态，这是混汞法提金的基础[1]。

2.1.1.3　金的主要用途

由于金能和很多金属生成不同颜色的化合物，因此金最广泛地被用作饰品。

工业上金广泛应用于电气和电子工业，其中主要用于半导体（镀金零件、金丝、联络器）、印刷电路（镀金零件）、集成电路中电路的电镀、可控硅整流器的基盘和电子设备的接触点等。

另外，金还是货币的主要形式。尽管金是理想的货币材质，但今天很少用金币作为流通货币，而是大量用作储备、支付手段。一个国家库藏黄金的拥有量，可以作为其国家财力的衡量标志之一。

2.1.2 银的性质与用途

2.1.2.1 银的物理性质

银的主要物理性能见表 2-2。

表 2-2 银的物理性质

性质	数值
化学元素符号	Ag
原子序数	47
相对原子质量	107.87
熔点/℃	960.8
沸点/℃	2210
莫氏硬度	2.7
密度/g·cm^{-3}	10.50

银呈白色，具有良好的耐磨性和延展性，在常温下对空气稳定，在所有金属中具有最高的导电性及对白色光最强的反射性质。银能与任何比例的金或铜形成合金，当合金中含金或铜比例增高时，颜色随之变黄[1]。银与铜、锌共熔时，也极易形成合金，与汞接触可生成汞齐。

银的延展性仅次于金，在所有金属中位于第二位。纯银可碾成 0.025 mm 的银箔，拉成头发丝般的银丝。但当其中含有少量砷、锑、铋时，银即显得很脆。

2.1.2.2 银的化学性质

银是元素周期表中ⅠB 族元素，元素符号 Ag。银在金属中属于较稳定的元素，常温下不氧化。银易溶于硝酸，生成硝酸银，也易溶于热的浓硫酸。银微溶于热的稀硫酸，但不溶于冷的稀硫酸。盐酸和王水都只能使银的表面生成氯化银薄膜。银粉易溶于含氧的氰化物溶液，与食盐共热易生成氯化银。银与硫化物接触时会生成黑色硫化银。

化合物中的银通常呈一价，银可与多种物质作用生成化合物。在提银工艺中出现的银化合物主要有硝酸银、氯化银、硫酸银和氰化银。硝酸银是最重要的一种银盐。从含银物料中提取银，常常利用银易溶于硝酸而生成硝酸银的反应。

$$3Ag + 4HNO_3(\text{稀}) = 3AgNO_3 + NO\uparrow + 2H_2O$$

$$Ag + 2HNO_3(\text{浓}) = AgNO_3 + NO_2\uparrow + H_2O$$

无色、呈菱形状的结晶硝酸银易溶于水。硝酸银溶液中的银离子可在加热条件下用金属置换还原，还可以用亚硫酸钠等还原剂使其还原。向硝酸银溶液中加入氨水，使银转化为银氨络盐后，可用葡萄糖、甲醛或氯化亚铁，把银还原成致密的银层，此反应称为银镜反应。向硝酸银溶液中加入盐酸或氯化钠，立即生成氯化银沉淀；如向硝酸银溶液中加入硫化钠或通入硫化氢，立即生成硫化银沉淀。

硫酸银是一种易溶于水的无色化合物，可从它的水溶液中制备结晶硫酸银。银易溶于热的浓硫酸而生成硫酸银。

$$2Ag + 2H_2SO_4(浓) \xrightarrow{加热} Ag_2SO_4 + 2H_2O + SO_2 \uparrow$$

银易溶于浓硫酸，还可结晶出酸式硫酸银（$AgHSO_4$），此盐遇水极易分解成硫酸银。这些反应常发生于浓硫酸浸煮作业中，在加热的稀硫酸浸出过程中，部分银也会溶解。进入溶液中的银离子可用金属置换法或氯化物沉淀法回收。

氯化银为白色粉状物，当加热生成沉淀的氯化银水溶液时，这些沉淀便会凝聚成块，便于过滤。沉淀物在空气中长时间暴露后，其表面会因氧化而变黑。氯化银与碳酸钠共熔时，即分解获得金属银。

$$AgCl + NaCO_3 \xrightarrow{\triangle} Ag + NaCl + CO_2 \uparrow + 0.5O_2$$

这一反应广泛用于火法还原氯化银的过程中。

氰化银也是银的一种重要化合物，在氧存在时，银可与碱金属氰化物作用生成复盐。

$$4Ag + 8NaCN + O_2 + 2H_2O = 4NaAg(CN)_2 + 4NaOH$$

此反应是用氰化法从矿石中提取银的基础，类似的反应可生成 $KAg(CN)_2$。

2.1.2.3　银的主要用途

纯银和银为主要组分的银合金被广泛应用于工业中，在化学工业领域用作保护的覆盖层，在电气工业中用作仪表的接点和电阻材质。

银及其合金是目前最重要且较经济的电接触材质，适用于中等负荷的电器中。例如，银-氧化镉合金是理想的高负荷电接触材质。银及其合金作为电阻材质，如银-锰（锡）合金的电阻系数适中、电阻温度系数低、对铜热电势小，可用作标准电阻。银及其合金作为重要的焊接材质，其熔点低、强度高、塑性和加工性能好，在各种介质中有良好的耐腐蚀性及良好的导电性。银还是重要的感光材质，大量银及银盐用于电影制片和医疗、科技、出版、民用摄影等方面。此外，银还大量用于制造首饰和装饰用品。银作为货币功能，具有与金一样的重要作用。

随着现代工业的不断发展，银及其合金更加广泛地应用于电子、电器、摄影、轻工和电镀等部门及行业。

2.1.3　铂的性质与用途

2.1.3.1　铂的物理性质

铂是银白色金属，密度为 21.450 g/cm^3，熔点为 1770 ℃，沸点为 3824 ℃，原子序数 78，相对原子质量 195.09。铂是唯一能抗氧化剂到熔点的金属。铂耐高温、抗氧化、耐腐蚀性强、稳定性好，具有很好的热学、热力学、电学、热电、磁学、光学、力学、催化、电化学性能，铂具有良好的可锻性和延展性等加工性能。海绵铂或铂粉可以经高温熔炼、铸锭；铂锭可以压成板状、片状，可以拉成不同直径的丝材，满足不同工业需求。例如，纯铂可冷轧成厚为 0.0025 mm 的箔，可以拉制成直径 1 mm 的丝[1]。

2.1.3.2　铂的化学性质

铂位于元素周期表中第 5 周期Ⅷ族，元素符号 Pt。铂抗氧化性很强，在常温下对空气和氧十分稳定，具有优良的抗酸、碱腐蚀性能，不溶于常见的盐酸、硫酸、硝酸、氢氧化钠、氨水等，但粉末或海绵铂耐腐蚀性明显下降，在强氧化条件下可以溶于盐酸（如盐酸+氯气、盐酸+双氧水等）。和钯一样，铂也能溶于王水，不过块状的铂溶解得很慢，在空气中加热铂不生成氧化膜，可以制得多种形态的铂。

2.1.3.3 铂的主要用途

在现代工业中，铂主要应用于汽车工业、化学工业、电气和电子工业、玻璃制造工业、石油化工工业、首饰制造和投资产业等。在汽车工业中，铂主要用作尾气净化催化剂、点火火花塞和氧传感器等。在无机化工工业中，铂合金催化剂用于制造硝酸和氢氰酸。在石油化工工业中，铂催化剂用于石油重整和加氢，生产高辛烷值高级汽油和石油化工产品。在电气和电子工业中使用实体、薄膜、涂层、纳米材料等各种形态的铂材料，制备各种高精密、高可靠电子仪器和仪表装置，广泛用于军事装备、国防建设、航空航天事业等。表 2-3 列出了铂的各种材料在各工业领域中的主要应用。

表 2-3 铂的各种材料在工业领域中的主要应用

工业领域	铂材料或元器件	代表性铂材料	加工铂材料所用铂原材料的形态	制备产物和应用特性
冶金工业	测温材料、容器、坩埚等	Pt 温度计和热电偶、Pt 合金等	铂丝、铂板	过程监控，物料分析
无机化工	催化剂、催化网	Pt-Rh、Pt-Pd-Rh 等合金催化剂	铂化合物、铂丝	硝酸、氢氰酸、化肥等
有机化工	催化剂	Pt 均相和非均相催化剂	铂化合物	有机合成、不对称催化反应等
石油化工	催化剂	Pt/Al_2O_3、$Pt\text{-}Re/Al_2O_3$，催化剂等	铂化合物	石油化工、硅酮工业产品
氯碱工业	电解电极	镀 Pt/Ti 阳极、Pt-Ir 电极等	铂化合物、铂片	氢氧化钠、氢氧化钾生产
玻璃工业	坩埚、漏板、搅拌器等	Pt、弥散强化 Pt、Pt 合金、Pt 涂层	铂板、铂丝、铂粉	光学玻璃与纤维制造
晶体生产	坩埚	Pt、弥散强化 Pt、Pt-Rh 合金	铂片	生产铁氧体、钽酸锂等晶体
化学纤维	喷丝头	Pt-Au、Pt-Rh、Pt-Au-Rh 合金	铂锭	生产尼龙、丙烯酸系化学纤维
能源工业	催化剂、催化电极	Pt、Pt 合金电极或载体催化剂	铂粉、海绵铂、铂化合物	石油重整、燃料电池、氢能等
汽车工业	催化剂、火花塞、传感器	三效催化剂、Pt 合金与 Pt 涂层	铂化合物、铂丝	尾气净化、点火装置、氧传感器
环境保护	催化剂	Pt/载体催化剂、Pt/半导体催化剂等	铂化合物	治理温室气体、酸雨、废气、污水
电气工业	各种精密 Pt 合金	Pt 合金与金属间化合物等	铂化合物	制造各种精密电气仪表等
电子工业	薄膜电路、电子浆料等	Pt 薄膜、Pt 硅化物、Pt 电子浆料等	铂化合物、铂粉	制造微电子装置和光电子装置
信息产业	磁性和磁-光存储器件	Co/Pt、Cr/Pt、Co/Cr/Pt 多层膜等	铂化合物	计算机用磁光存储和光电装置
航空航天	仪表材料、保护涂层等	精密 Pt 合金、铂-铝化物涂层等	铂化合物	精密仪表、保护涂层、核包覆

续表 2-3

工业领域	铂材料或元器件	代表性铂材料	加工铂材料所用铂原材料的形态	制备产物和应用特性
航海	仪表材料、阴极保护电极	精密 Pt 合金、镀 Pt 电极、Pt 涂层	铂丝、铂化合物	精密仪表、舰艇船舶阴极保护
医药工业	抗癌药物、抑制烟草疾病	顺铂、卡铂、奥沙利铂等	铂化合物	治疗肺癌、胃癌等恶性肿瘤
医用	牙科材料、置入材料	Pt、Pt-Ir 等合金	铂锭、铂丝	牙科与神经修复、心脏起搏器
饰品、投资	铂锭、首饰、饰品、铂币	Pt 和 Pt 合金	铂锭、铂条	装饰与投资产品、藏铂于民

2.1.4 钯的性质与用途

2.1.4.1 钯的物理性质

钯是银白色过渡金属，较软，有良好的延展性和可塑性，能锻造、压延和拉丝。块状金属钯能吸收大量氢气，使体积显著胀大，变脆乃至破裂成碎片。常温下，1 体积海绵钯可吸收 900 体积氢气，1 体积胶体钯可吸收 1200 体积氢气[2]。加热到 40～50 ℃，钯吸收的氢气即大部分释出，广泛地用作气体反应，特别是氢化或脱氢催化剂，还可制作电阻线、钟表用合金等。

2.1.4.2 钯的化学性质

钯是第五周期Ⅷ族铂系元素，元素符号 Pd，主要化合物有二氯化钯（$PdCl_2$）、四氯钯酸钠（Na_2PdCl_4）和二氯四氨合钯（$Pd(NH_3)_4Cl_2$）。钯化学性质不活泼，常温下在空气和潮湿环境中稳定，加热至 800 ℃钯表面形成一层氧化钯薄膜。钯能耐氢氟酸、磷酸、高氯酸、盐酸和硫酸蒸气的侵蚀，但易溶于王水和热的浓硫酸及浓硝酸。熔融的氢氧化钠、碳酸钠、过氧化钠对钯有腐蚀作用。钯的氧化态为+2、+3、+4。钯容易形成配位化合物，如 $K_2[PdCl_4]$、$K_4[Pd(CN)_4]$ 等。

2.1.4.3 钯的主要用途

钯是航天、航空、航海、兵器和核能等高科技领域，以及汽车制造业不可缺少的关键材料，也是国际贵金属投资市场上不容忽略的投资品种。氯化钯还用于电镀，氯化钯及其有关的氯化物用于循环精炼并作为热分解法制造纯海绵钯的来源，一氧化钯（PdO）和氢氧化钯（$Pd(OH)_2$）可作钯催化剂的来源，四硝基钯酸钠（$Na_2Pd(NO_3)_4$）和其他络盐用作电镀液的主要成分[4]。

钯在化学中主要用作催化剂；钯与钌、铱、银、金、铜等熔成合金，可提高钯的电阻率、硬度和强度，用于制造精密电阻、珠宝饰物等。目前市面上流行的钯首饰主要有 Pd950 和 Pd990。

2.1.5 铑的性质与用途

2.1.5.1 铑的物理性质

铑是银白色金属，熔点为 1966 ℃±3 ℃，沸点为 3727 ℃±100 ℃，密度为 12.4 g/cm^3；质极硬，耐磨，有延展性，在热的状态下十分柔韧，可加工成细丝或薄片，铑还有良好的导电和导热性能。

2.1.5.2 铑的化学性质

铑是第五周期Ⅷ族铂系元素，元素符号 Rh。铑能耐酸和王水的侵蚀，但在 200~600 ℃时与热的浓硫酸和氢溴酸发生反应。铑的氧化态为-1、+1、+2、+3、+4，以+3 和+4 价化合物最稳定。铑容易形成配位化合物，如 $Cs[Rh(SO_4)_2]$。用王水溶解经处理后的铂精矿或电解有色金属时产生的阳极泥，经一系列化学处理后可得六氯合铑酸铵，经灼烧后在氢气流中加热至 1000 ℃，便被还原为海绵状金属铑。

铑的化学性质不活泼，在空气中加热时表面形成二氧化铑薄膜，加热至 300 ℃与氯、溴发生反应。

2.1.5.3 铑的主要用途

铑用作高质量科学仪器的防磨涂料和催化剂，铑铂合金用于生产热电偶。除了制造合金外，铑可用作其他金属的光亮而坚硬的镀膜，例如，镀在银器或照相机零件上，以及车前灯反射镜、电话中继器、钢笔尖、探照灯和反射镜上。将铑蒸发至玻璃表面上，形成一层薄膜，便制成一种特别优良的反射镜面，还用来作为宝石的加光抛光剂和电的接触部件。

纯铑用于制作电触头、低接触电阻的电接触器、高强度弹簧、高温电热丝、坩埚、电极等，铂铑合金用作电热丝、高温发热材料、热电偶及氨氧化制硝酸、氢氰酸合成中的催化剂。

2.1.6 钌的性质与用途

2.1.6.1 钌的物理性质

钌是一种硬而脆、呈浅灰色的多价金属元素，属铂族金属中的一员，密度为 12.30 g/cm^3，熔点为 2310 ℃，沸点为 3900 ℃。钌在地壳中含量仅为十亿分之一，是世界上最稀有的金属之一，可是钌确实是铂族金属中最便宜的一种金属，尽管铂、钯等其他金属都比钌丰富一些[5-6]。

2.1.6.2 钌的化学性质

钌是第五周期Ⅷ族铂系元素，元素符号 Ru，化合价为+2、+3、+4 和+8。第一电离能 7.37 eV，化学性质很稳定。在温度达 100 ℃时，对普通的酸包括王水在内均有抗御力，对氢氟酸和磷酸也有抗御力。在室温时，氯水、溴水和醇中的碘能轻微地腐蚀钌。钌对很多熔融金属包括铅、锂、钾、钠、铜、银和金有抗御力，与熔融的碱性氢氧化物、碳酸盐和氰化物起作用。

2.1.6.3 钌的主要用途

钌的用途主要由钌的物理化学性质决定，主要应用如下：

（1）合金。纯金属钌用途很少，它是铂和钯的有效硬化剂，用它制造电接触合金、硬磨硬质合金等。以铑为基含钌的二元合金，钌在铑中的最大溶解度大于 20%，RhRu10 合金的铸态维氏硬度为 1344。铑钌合金用高频感应加热炉氩气保护熔炼，铸锭经热轧和少量的冷加工成材，常用作催化剂。

（2）钌系电阻浆料。钌系电阻浆料是由钌和其他材料（如二氧化钌、钌酸铋、钌酸铅等）与玻璃黏结剂、有机载体等组成的使用最广泛的一种电阻浆料，具有阻值范围宽、电阻温度系数低、阻值重现性好、环境稳定性好等优点，用于制作高性能电阻和高可靠精密电阻网络。

（3）超细水合二氧化钌粉。它用于生产厚膜电阻浆料或催化剂用黑色或蓝黑色超细粉末，其中钌的质量分数为60%～71%。粉末的平均粒度小于1.0 μm，松装密度为0.5～0.9 g/cm³、振实密度为1.0～1.4 g/cm³。

（4）钌基厚膜电阻浆料。它是由二氧化钌粉、钌酸盐、无机添加物和有机载体组成的一种满足于印制或涂敷的膏状物，用于厚膜混合集成电路、电阻网络。钌电阻浆料的烧成条件为烧成峰值温度840～860 ℃，峰值温度保温时间8～10 min，烧结周期30～60 min。

（5）催化剂，用于氢化、异构化、氧化和重整反应中。

2.1.7　锇的性质与用途

2.1.7.1　锇的物理性质

锇是元素周期表中铂族金属成员之一，原子序数76，相对原子质量190.2，属重铂族金属，是目前已知的密度最大的金属。其密度达到22.59 g/cm³，熔点为3045 ℃，沸点在5300 ℃以上。

锇是第六周期Ⅷ族铂系元素，元素符号Os，反射色为锡白带浅蓝；反射率为67.5（绿光）、66（橙光）、67（红光），平行c轴切面双反射清楚；非均质弱到中强，由浅粉红、红、古铜色和灰到深蓝。

2.1.7.2　锇的化学性质

锇是灰蓝色金属，质硬而脆，放在铁臼里捣，就会很容易地变成粉末，锇粉呈蓝黑色，且锇金属粉末可自燃。锇的蒸气有剧毒，会强烈地刺激人的眼部黏膜，严重时会造成失明。

金属锇在空气中十分稳定，粉末状的锇易氧化，浓硝酸、浓硫酸、次氯酸钠溶液都可以使其氧化。在室温下锇易与氧气反应生成氧化锇（OsO_2），加热可生成易挥发且有剧毒的四氧化锇（OsO_4）。

2.1.7.3　锇的主要用途

锇在工业中可以用作催化剂。合成氨或进行加氢反应时用锇作催化剂，就可以在不太高的温度下获得较高的转化率。如果在铂里掺进一点锇，就可做成硬度大且锋利的锇铂合金手术刀。利用锇与一定量的铱可制成锇铱合金，比如某些高级金笔的笔尖上那颗银白色的小圆点即锇铱合金，锇铱合金坚硬耐磨，可以作钟表和重要仪器的轴承，使用年限很长。

2.1.8　铱的性质与用途

2.1.8.1　铱的物理性质

铱和铂一样呈白色，另带少许黄色。铱坚硬易碎，熔点也非常高，所以很难铸造和塑形，因此制造工序一般使用粉末冶金。铱是唯一一种在1600 ℃以上的空气中仍保持优良力学性质的金属[7]，其沸点极高，在所有元素中排第10位。铱在0.14 K以下会呈现超导体性质。

铱的密度为（22.562±0.011）g/cm³，在所有元素中排第二位，仅比锇稍低（低约0.12%）。

铱的弹性模量在锇以下，为所有金属中第二高。其剪切模量很高，泊松比很低，因此具有很高的刚度，使得铱的加工生产过程非常困难。尽管生产不易，价格昂贵，但铱还是有多项应用，包括在极端条件下加强机械的强度。

2.1.8.2 铱的化学性质

铱是第六周期Ⅷ族铂系元素，元素符号 Ir。铱是抗腐蚀性最强的金属之一，它能够在高温下抵御几乎所有酸、王水、熔融金属，甚至是硅酸盐。但是某些熔融盐，如氰化钠和氰化钾，以及氧和卤素（特别是氟）在高温下还是可以侵蚀铱的。

2.1.8.3 铱的主要用途

铱的应用大部分运用其高熔点、高硬度和抗腐蚀性质。铱金属及铱-铂合金和锇-铱合金的耗损很低，可用来制造多孔喷丝板。喷丝板用于把塑料聚合物挤压成纤维，例如人造丝。另外，锇-铱合金也可以用于指南针轴承和计重秤。

铱的耐腐蚀、耐高温性质很强，所以非常适合作为合金添加物。飞机引擎中的一些长期使用部件是由铱合金组成的，铱-钛合金也被用作水底管道材料。加入铱可提升铂合金的硬度。纯铂的维氏硬度（HV）为 56，而含 50% 铱的铂合金硬度（HV）可超过 500。

铱也常被用于须承受高温的仪器中。铱合金能够抵御电弧侵蚀，所以是火花塞电触头的理想材料。

2.2 铜阳极泥的性质及处理工艺现状

2.2.1 铜阳极泥的形成

铜阳极泥是在铜电解精炼过程中产出的一种副产品。铜精矿经过熔炼、吹炼、精炼至产出铜阳极板的过程中，由于各种杂质和贱金属的互相作用或与加入的熔剂作用，绝大部分被氧化造渣而除去，精矿中所含的金、银及铂族金属（简称贵金属）则几乎全部与铜一道进入粗铜中，得到富集。在可溶阳极的电解精炼或电解提取时，阳极中除主体金属外，还含有少量或微量的其他金属或元素，它们以单质、合金或化合物形态存在于阳极中，当阳极发生极化时，这些金属或元素由于下述原因而成为阳极泥：

（1）其平衡电位正于阳极电位，因而不能离子化进入电解液中。

（2）虽然能离子化进入电解液中，但立即与电解液形成不溶的盐而从电解液中析出。

（3）部分氧化形成不溶的化合物或单质元素。生成的阳极泥均以分散状的细粒粉末存在，或黏附在阳极表面上，或借重力作用沉淀于电解槽底部，或悬浮于电解液中。

因此，为使电解过程能正常进行，一般需要定期从阳极上刷洗下黏附的阳极泥，从槽底掏出沉淀的阳极泥和将电解液过滤分离出悬浮的阳极泥。所得阳极泥质量除以相应阳极质量的百分数，即为阳极泥率。

2.2.2 铜阳极泥的化学组成

2.2.2.1 不同原料阳极泥的化学组成

常见的铜阳极泥可分为三类：一是硫化铜矿电解阳极泥，二是铜镍硫化矿电解阳极泥，三是杂铜电解阳极泥。与硫化铜矿电解阳极泥相比，铜镍硫化矿电解阳极泥含铜、镍较高，含金、银较少；而杂铜电解阳极泥则含锡高，含金、银也较少。其化学组成实例见表 2-4。

表 2-4　铜阳极泥化学组成实例　　(%)

元素	硫化铜矿阳极泥			铜镍硫化矿阳极泥		杂铜阳极泥
	一厂	二厂	三厂	一厂	二厂	一厂
Au	0.5~3.5	0.4	0.8~1.2	0.0074	0.0365	0.28
Ag	15~30	5~11	15~28	0.5	4.518	4.05
Cu	15~20	22~28	8	53.91	45.55	34.86
Pb	7~20	6~12	5	0.0011	0.0067	6.15
Se	2~5	4~10	1~1.5	1.94	9.81	1.42
Te	0.3~1.5	6~10	0.5	—	—	0.14
Bi	1.0	3~5	0.5	—	—	0.83
As	3.0	4~7	1.0	—	—	0.45
Sb	2.0	4~6	5	—	—	0.98
Ni	—	—	—	15.88	13.74	0.38
Sn	—	—	1~4	—	—	8.06
S	—	—	—	12.2	6.10	—
Pt/$g \cdot t^{-1}$	—	—	15~20	23.5	151	11
Pd/$g \cdot t^{-1}$	—	—	10	23.6	125	48

硫化铜矿电解与杂铜电解的阳极泥产率一般为电溶解阳极质量的0.6%~1.2%。铜镍硫化矿电解的阳极泥因含镍高，其产率一般为2%~5%。

2.2.2.2　国内主要铜冶炼厂阳极泥的化学组成

阳极泥的成分与精矿的成分和冶炼工艺有关，不同工厂产出的阳极泥成分差异较大。国内主要铜冶炼厂阳极泥化学组成见表2-5。祥光铜业铜阳极泥含铜相对较低，只有12%，其余阳极泥铜含量在20%左右；国内C厂和祥光铜业银含量较低，只有3%~5%，国内A厂和国内B厂相对较高达到10%以上；祥光铜业阳极泥锑含量较低，不到1%，而其余冶炼厂阳极泥锑含量在4%~6%；国内A厂阳极泥碲含量较高，达6%，而其余在0.5%~2.5%；国内B厂阳极泥金含量相对较低，不到0.1%，国内C厂和祥光铜业在0.15%~0.25%，国内A厂相对较高，能达到近0.4%；祥光铜业阳极泥铅含量达到28%，国内A厂达到14%左右、国内B厂和C厂在6%左右；祥光铜业和国内B厂阳极泥铋含量较高，达到7.5%~10%，国内A厂和C厂含量较低在1.5%~3%。

表 2-5　国内主要铜冶炼厂阳极泥的化学组成　　(%)

企业名称	Al	Si	S	Cl	Fe	Ni	Cu	Zn	As
祥光铜业	0.038	0.296	7.779	0.363	0.048	0.217	12.097	0.007	4.676
国内A厂	0.033	0.127	4.392	0.816	0.132	0.447	20.248	0.25	3.822
国内B厂	0.049	0.096	6.651	0.317	0.293	7.401	20.286	0.05	6.405
国内C厂	0.13	0.333	6.173	1.09	0.136	0.8622	21.43	0.0423	5.569
企业名称	Se	Ag	Sb	Te	Ba	Au	Pb	Bi	
祥光铜业	6.14	3.74	0.849	1.198	5.852	0.145	27.962	9.517	
国内A厂	7.384	14.142	4.693	5.963	4.9	0.378	13.977	1.419	
国内B厂	4.773	10.535	4.061	0.78	4.9	0.088	5.904	7.886	
国内C厂	5.195	5.125	5.805	2.09	5.62	0.234	6.062	2.868	

2.2.3 铜阳极泥的物相组成

矿铜阳极泥多半呈灰黑色，杂铜阳极泥呈浅灰色。铜阳极泥粒度一般为 0.74~0.15 mm，含水 20%~30%，阳极泥密度约为 1.25 g/cm^3，干阳极泥密度 1.5~2.0 g/cm^3，堆积密度 1.45~1.5 g/cm^3。其物相组成见表 2-6。

表 2-6 铜阳极泥主要元素的物相存在形态

元素	物相存在形态
Au	Au、$(Ag,Au)Te_2$
Ag	Ag、Ag_2Se、Ag_2Te、$(Ag,Au)Te_2$
Cu	Cu、Cu_2S、Cu_2Se、Cu_2Te、Cu_2O
Pb	$PbSO_4$、$PbSb_2O_6$
Bi	Bi_2O_3、$BiAsO_4$
Sb	Sb_2O_3、$SbAsO_4$
As	As_2O_3、$BiAsO_4$、$SbAsO_4$
Se	Ag_2Se、Cu_2Se、CuAgSe、Se
Te	Ag_2Te、Cu_2Te、$(Ag,Cu)Te_2$、Te
Ni	NiO_2、NiO、NiS
Pt、Pd	金属或合金状态

铜阳极泥是相当稳定的，在室温下铜阳极泥氧化不显著，在没有空气的情况下，不与稀硫酸和盐酸作用，但能与硝酸发生强烈反应；而当有氧化剂、空气存在时，铜即慢慢溶解。

在空气中加热阳极泥时，其中一些成分即被氧化形成氧化物（亚硒酸盐和亚碲酸盐），同时也形成一些挥发性的二氧化硒、二氧化碲。

将阳极泥与浓硫酸共热时，则发生氧化及硫酸化反应，铜、银及其他贱金属形成相应的硫酸盐，金则不变化，硒、碲氧化成氧化物及硫酸盐[8]。硒的硫酸盐随温度的升高，会进一步分解成二氧化硒而挥发。

2.2.3.1 国内主要铜冶炼厂阳极泥 SEM 分析

国内主要铜冶炼厂铜阳极泥 SEM 分析如图 2-1~图 2-4 所示。

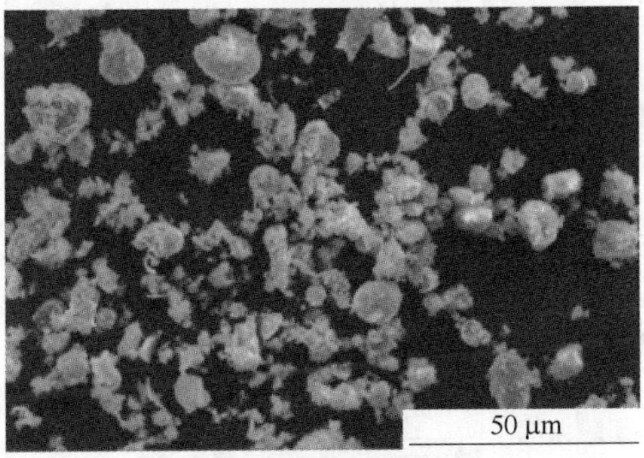

图 2-1 祥光铜业阳极泥

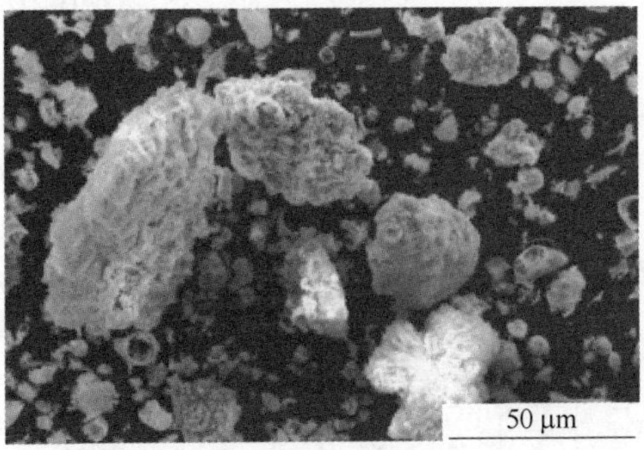

图 2-2 国内 A 厂阳极泥

图 2-3 国内 B 厂阳极泥

图 2-4 国内 C 厂阳极泥

2.2.3.2 阳极泥化学物相分析

在铜阳极泥原料中，铜主要以氧化铜、硫酸铜和硫化铜的形式存在，硒和碲主要以硒碲化物的形式存在，铋和锑主要以氧化物的形式存在，砷主要以砷酸盐的形式存在，铅主要以硫酸铅的形式存在。对于贵金属，金主要以单质及碲化金的形式存在，银主要以硒化银和硫化银的形式存在。祥光铜业铜阳极泥的物相分析见表 2-7，XRD 谱图如图 2-5 所示，铜阳极泥元素的面扫描图如图 2-6 所示。

表 2-7 祥光铜业的阳极泥物相分析

元素	相态	分布/%	元素	相态	分布/%
Cu	CuO	51.5	Bi	Bi	17
	$CuSO_4$	23.4		Bi_2O_3	73.9
	CuS	21		Bi_2S_3	9.2
	Cu	3.3		ΣBi	100
	Cu(Se,Te)	0.9	Au	Au	65.39
	ΣCu	100		Au_2Se	5.86
Se	Se	33.3		Au_2Te	28.76
	Ag_2Se	39.3		ΣAu	100
	SeO_2+$MeSeO_4$	1.9	Sb	Sb	7.1
	$PbSeO_4$+$MeSeO_4$	13.6		Sb_2O_3	72.8
	Cu_2Se+PbSe	10.9		Sb_2S_3	1.5
	Au_2Se	1		金属固溶体	18.6
	ΣSe	100		ΣSb	100
Ag	Ag	2.03	As	As_2O_3	1.1
	Ag_2O	2.34		As_2S_3	8.6
	$AgSO_4$	0.13		$MeAsO_4$	87.7
	Ag_2S	53.92		残渣	2.7
	Ag_2Se	35.17		ΣAs	100
	Ag_2Te	6.41	Pb	Pb	12.35
	ΣAg	100		PbO	3.7
Te	Ag_2Te	6.1		$PbSO_4$	79.26
	CuTe	9.6		PbS	4.69
	Te+$AuTe_2$	84.3		ΣPb	100
	ΣTe	100			

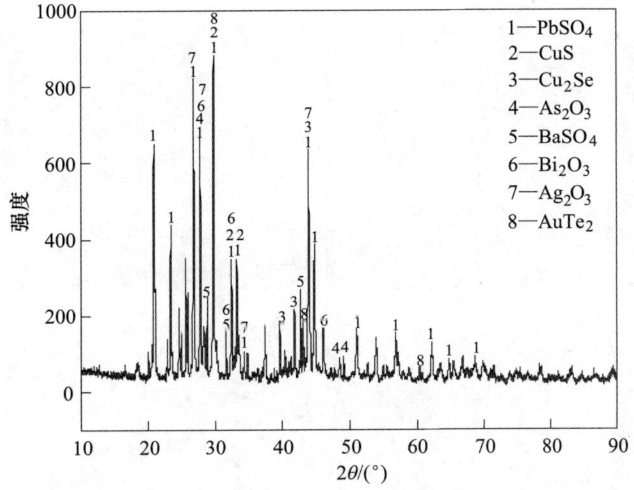

图 2-5 祥光铜业铜阳极泥原料的 XRD 谱图

祥光铜业铜阳极泥中的铅、钡与硫、金、银、氧结合形成硫酸铅和硫酸钡，铜与硒、碲形成金属化合物。

2.2.4 铜阳极泥处理工艺现状

铜阳极泥是工业铜电解时产生于电解槽底部的沉积物，是含有贵金属及可供回收有价金属的电解副产品。铜阳极泥的成分波动很大，一般银、铅、铜、锑、砷、铋等主要元素总含量达到 70%以上。阳极泥的处理究竟采用何种工艺流程，要根据企业的生产规模、场地、资金周转条件、阳极泥成分等具体情况抉择。总体来说，火法工艺具有生产效率高、工艺简单、设备少等优点，湿法工艺具有生产占用少、直收率高等优点。

铜阳极泥处理传统工艺为还原熔炼—精炼—电解，其核心内容为：阳极泥配入纯碱、萤石、焦炭等辅料，在弱还原性气氛下，进行还原熔炼采用铅富集金银[9]，得到金银品位在 20%~30%的贵铅，贵铅进一步氧化精炼除去锑、砷、铋，氧化造碲渣回收碲、氧化渣回收铜，然后得到金银品位在 97%以上的合金板；合金板电解精炼得到电解银粉和电解阳极泥，电解银粉经过洗涤、烘干、铸锭产出品位在 99.99%以上的银锭；电解阳极泥经过硝酸浸煮、氯化分金、萃取、金还原、洗涤、烘干、铸锭产出品位在 99.99%以上的金锭。这是阳极泥的主要处理流程，在全国广泛应用，但传统火法工艺具有锑、铋、铜等金属回收能力差、综合回收的工艺过程复杂、物料在系统内滞留时间长、生产占用大等一系列问题。近年来，国外有企业采用氧气底吹转炉技术和卡尔多炉技术，该方法在还原熔炼—氧化精炼阶段采用氧气底吹、顶吹技术，大大提高了冶炼效率，降低了生产成本。

目前世界铜阳极泥处理工艺主要有三大类：火法—电解工艺，为传统工艺；湿法工艺；火法—湿法联合工艺。国内大多数厂家以湿法为主：硫酸化焙烧蒸硒—稀酸分铜—氯化分金—亚钠分银—金银电解[10]。国外以瑞典波立登公司为代表的火法工艺为：加压浸出铜碲—卡尔多炉火法熔炼、吹炼—银电解—银阳极泥处理提金[11]，2009 年该火法工艺在中国被阳谷祥光铜业公司率先采用，随后铜陵有色金属公司、福建紫金铜业公司等也相继引进使用了波立登、奥托昆普卡尔多炉技术。国内如江铜贵溪冶炼厂、大冶有色金属公司、杭州富冶集团及云铜股份公司等都采用湿法和湿法—火法联合工艺。

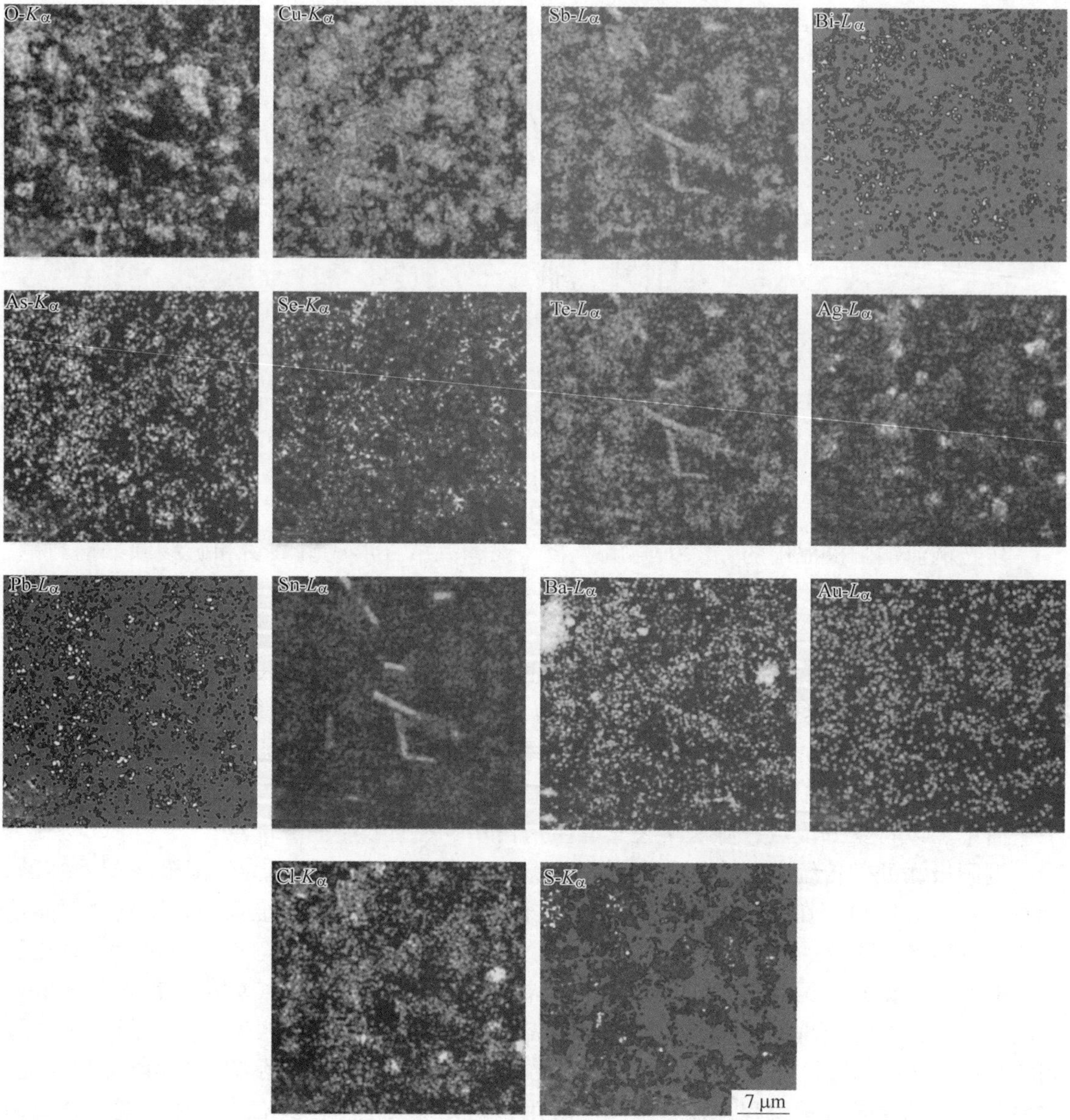

图 2-6　祥光铜业铜阳极泥的元素面扫描图

（1）阳极泥火法处理工艺。阳极泥火法处理工艺的常规方法是火法还原熔炼—氧化精炼—电解。对于硒、碲含量高的阳极泥，火法熔炼前通常先脱除硒和碲，阳极泥含铜高时，也需要在熔炼前先脱铜。经熔炼产出的贵铅鼓空气氧化精炼得到金银合金，金银品位达到 97%以上。再经电解精炼得到金、银产品。

阳极泥的火法工艺，一般采取转炉或电炉，也有采用小平炉的。除电炉外，燃料多用重油或柴油，有条件的地方也可以使用煤气或天然气。阳极泥的还原熔炼—氧化精炼工艺除了收尘与烟尘技术上有了很大发展外，富氧底吹技术和熔池熔炼技术、卡尔多炉强化冶炼技术及电解精炼新技术等都已在生产上达到应用，取得了很大成效。

(2) 阳极泥湿法处理工艺。阳极泥湿法处理工艺的基本流程是浸出—氯化—还原，基本模式是：阳极泥堆存7~10天，硫酸促使其自然氧化；然后用盐酸浸出，脱除其中的贱金属，使铜、锑、铋、砷等全部或大部分进入溶液，大部分铅沉淀到浸出渣中，然后浸出渣投入氯化釜氯化分金，金进入氯化液，银进入氯化渣，氯化液还原得到粗金粉；氯化渣用亚硫酸钠或氨水浸出，使银进入分银液中，分银液还原得到银粉[12]。采用分步水解沉淀法，从脱除贱金属的浸出液中回收锑、铋等中间产物[13]。金粉和银粉经熔铸得到金锭和银锭，锑、铋等中间产物经处理达到最终锑、铋产品，实现综合回收。

(3) 阳极泥湿法—火法联合处理工艺。该工艺的要点是对阳极泥进行控电氯化浸出贱金属，或自然堆存氧化后盐酸浸出除杂，氯化银碱转化脱铅—熔炼，银阳极板电解，银电解阳极泥提取金。该工艺比较适合处理量大、金银含量低的阳极泥。

该工艺的关键工序是浸出和碱转化。控电位氯化或浸出除去阳极泥中的杂质（除铅外），使金、银得到富集。该工序的金、银富集均在3倍以上，锑、铋、铜主要杂质浸出率均可达97%以上，达到了进一步除杂的效果。碱转化是将浸出渣中氯化银转化为氧化银，对氧化银进行火法熔炼和氧化精炼得到粗银阳极板。在溶液中的贱金属通过分步水解沉淀等方法，以半成品的形式加以回收。

综上所述，目前阳极泥数量在不断增加，其处理方式也多种多样，但各种方法各有利弊，如何寻找一种物料适应性强，同时能处理其他稀贵金属物料、处理能力大、智能控制、金属综合回收率高、成本低、绿色环保、快捷的阳极泥处理方法，是今后阳极泥处理的发展方向。

2.3 铜阳极泥贵金属火法冶金提取

近年来在铜阳极泥火法冶炼方面，随着富氧熔炼技术和熔池熔炼技术、侧吹和卡尔多炉强化冶炼技术，以及电解精炼新技术的发展，阳极泥的熔炼—氧化精炼技术及收尘与烟尘处理技术也有了很大发展，阳极泥火法处理工艺日臻完善，正向装备大型化、连续化、智能化方向发展。

在阳极泥还原熔炼方面，国外企业研究得较多，而国内企业研究得较少。日本日立冶炼厂根据阳极泥的金属导电和金属易熔性，研究了电炉熔炼法，具有耗能少、烟气量小、环境污染轻的特点。日本直岛冶炼厂的焙烧—熔炼法则根据铅阳极泥含锑高、锑氧化物易挥发的特点，先焙烧挥发除锑，后还原熔炼贵铅，使贵金属最大限度地富集回收[14]。近二十年来，以瑞典波立登公司为代表发展起来的卡尔多炉是自动控制技术发展到一定水平的集中体现，是集自动控制、熔炼、还原于一体的先进炉型，强化了金银生产过程。

卡尔多炉以高效、环保、自动化等方面的显著优势，成为当今世界阳极泥火法处理的主流工艺，特别是中国对卡尔多炉处理阳极泥工艺进行了优化和改造升级，实现了国产化，近年来新建的大型阳极泥处理工厂基本都是采用卡尔多炉处理阳极泥工艺。下面就以目前主流火法处理工艺——卡尔多炉处理阳极泥工艺做全面详细介绍。

卡尔多炉贵金属生产技术采用先进、迅捷的金属分离方法，可以用于处理铜、镍、铅阳极泥和富含金、银废料，其生产工艺与同行业其他工艺相比，主要具有以下特点：物料处理量大；生产周期短；金属分离迅捷，回收率高；中间物料循环量小，积压、占用贵金属量低；环保、回收系统齐全，贵金属损失低。

该工艺优点是主干流程短、工艺设备较少、占地面积小、生产周期短、能耗低、生产成本低、对原料适应性好，且卡尔多炉生产潜力大、环境条件好、废水处理量小。

卡尔多炉阳极泥工艺流程如图2-7所示，流程图中的旋转顶吹炉是指优化改进的国产卡尔多炉，该工艺主要分为以下几个工序：

（1）铜阳极泥浸出脱铜。铜阳极泥通过常压稀酸预浸、高压氧化稀酸浸出以脱除杂质，主要是脱除铜、砷、镍和碲。

（2）熔炼、吹炼。脱铜渣干燥后入卡尔多炉熔炼、吹炼，产出多尔合金及炉渣，物料中的硒被挥发，卡尔多炉烟气湿法净化及回收硒。

（3）银电解精炼。多尔合金阳极进行银电解精炼产出99.99%的高纯阴极银，同时得到含金的银阳极泥。

（4）金精炼。采用氯化浸出分金、亚硫酸氢钠还原沉金，可从金泥中获得99.99%的高纯金，并从沉金后液中回收铂族金属。

（5）铂族金属回收。从铂族金属精矿中回收铂族金属。

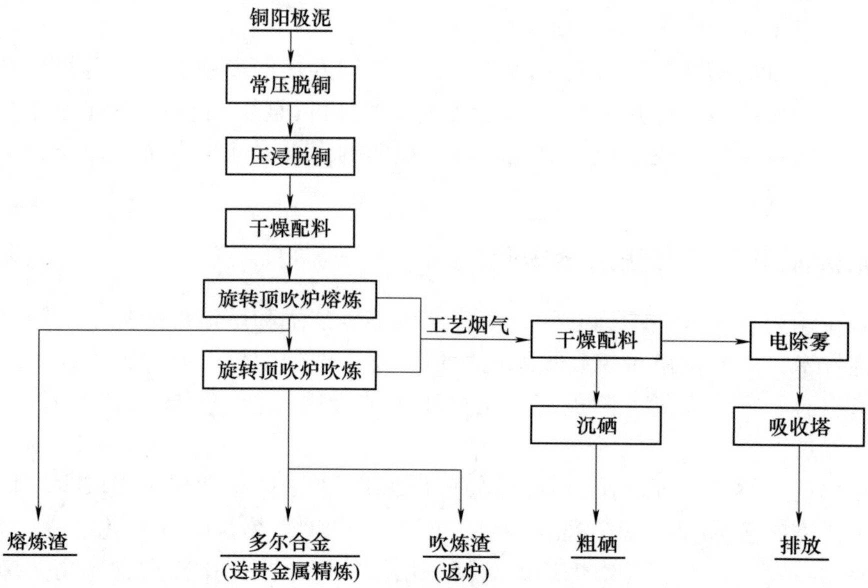

图2-7　卡尔多炉阳极泥处理工艺流程图

2.3.1　阳极泥浸出脱铜

2.3.1.1　概述

铜阳极泥化学成分实例见表2-8。铜阳极泥一般含铜10%～25%，都比较高，在入卡尔多炉提炼贵金属之前必须先行除去，主要是因为：铜具有回收价值，应加以回收。如果不预先将阳极泥中铜除去，在卡尔多炉中进行提炼金、银时，一方面铜会形成冰铜，冰铜能溶解金银，从而降低金银的回收率；铜也能进入多尔合金中，影响合金的质量。另一方面卡尔多炉在进行吹炼、精炼时，会需要很长的时间进行吹风氧化，而且还会由于生产周期延长，消耗大量的燃料和原材料及增加劳动强度。

表 2-8 铜阳极泥化学成分实例 (%)

元素	Ag	Au	Cu	Pb	Bi	As
含量	5.0	0.35	12.0	30.0	6.6	4.7
元素	Se	Te	Ba	SiO_2	Sb	
含量	4.4	1.4	10.0	1.5	2.0	

铜阳极泥中，铜主要以金属铜和化合物状态存在，且以金属态为多。金属状态的铜，有以较大的粒状、块状存在的，可用简单的机械方法如筛选法等除去；呈高度分散的粉末或化合物存在的，则需要借助化学方法除去。

铜阳极泥浸出脱铜工艺流程如图 2-8 所示，主要包括常压浸出、高压浸出、沉银硒、沉碲四个部分。

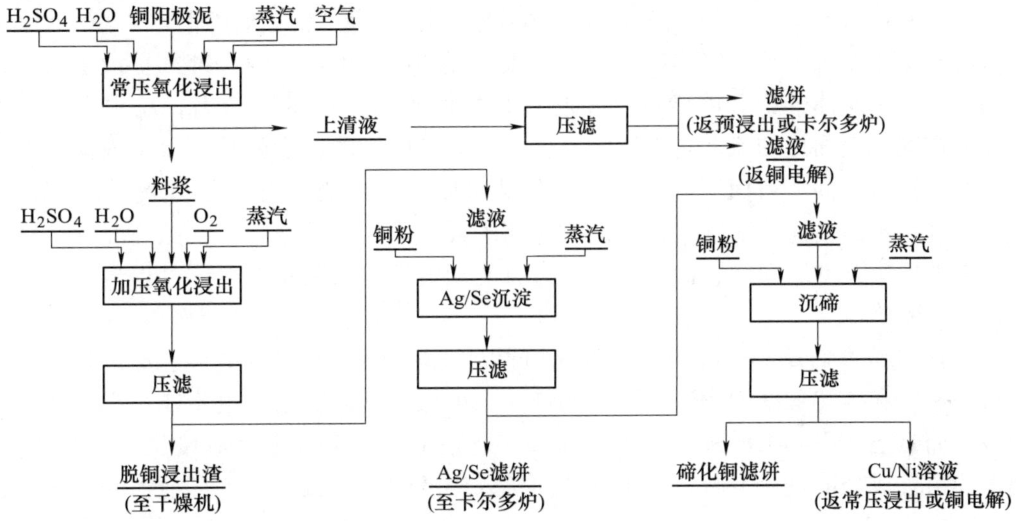

图 2-8 铜阳极泥浸出脱铜工艺流程图

2.3.1.2 基本原理

A 浸出的概念

浸出就是利用适当的溶剂，在一定的条件下使物料中的一种或几种有价成分溶出，而与其中的杂质分离；或是利用适当的溶剂，在一定的条件下有选择性地使物料中的某些成分溶解，从而达到分离某些杂质、富集主体有价金属的目的。例如，在一定条件下，用一定浓度的稀硫酸浸出铜阳极泥，其主要目的是使铜、镍等溶出，但同时还要保证贵金属银不溶或少溶，而留在残渣中。

浸出所用的溶剂，应具备以下一些性质：能选择性地迅速溶解物料中的目标成分，不与物料中的其他成分发生作用，价格低廉并能大量获得，没有危险，便于使用，能够再生使用。

根据物料的组成和性质，浸出过程一般分为常压浸出和高压浸出。在湿法冶金中，用溶剂来提取物料中的有用成分或是分离杂质时，一般在 1 atm(101325 Pa) 的压力下进行时，就叫常压浸出；当所用的压力是在 1 atm 以上时就称为高压或加压浸出。冶金工业中，如在反应容器内进行常压浸出，则必须配有机械搅拌。此外，将物料放到密闭的容器中升温加压可以使某些金属浸出效果变好。

在生产实践中，为获得良好的经济技术指标，如提高浸出率、加快浸出速度、缩短过程时间等，可以将两种浸出方式配合使用。

影响浸出速度的主要因素有：物料粒度的大小、浸出过程的温度、矿浆的搅拌速度和溶剂的浓度。若采用加压浸出，那么压力也是影响浸出速度的重要因素。

（1）物料粒度大小对浸出速度的影响。浸出是液-固之间的多相反应过程，在其他条件相同的情况下，浸出速度与液-固接触表面成正比，因此，浸出过程的速度随着粒度的减小而增大。但应当指出，物料粒度不宜过分细小，否则将会使矿浆的黏度增大，这样又会降低浸出速度。

（2）搅拌在浸出过程中的作用。在大多数情况下，浸出时都要将矿浆进行搅拌，搅拌的目的在于使扩散层厚度减小。这是因为搅拌时，会产生具有高速的涡流，这种涡流能迅速地将扩散层厚度减小至一定程度。但即使很激烈的搅拌也不能将全部的扩散层去掉，这是因为靠近矿物晶体的饱和溶液层与矿物晶体之间有着牢固的附着力；从水力学原理知道，液体在固体表面层的流动是与整个液体的运动有区别的，也就是当整个液体已处在相当剧烈的紊流时，固体表面层附近的液体仍然可以处于层流状态[15]。当搅拌速度达到一定值后，进一步提高搅拌速度，也不能加速离子或分子的扩散速度，在此情况下，反应的进行不再受扩散条件的限制，而是受反应进行的动力学因素限制。浸出过程最合适的搅拌速度须由实验确定。

（3）溶剂浓度对反应速度和溶解程度的影响。溶剂浓度对反应速度和溶解程度影响很大，溶解速度和溶解程度均随溶剂浓度的增大而增加。但溶剂浓度也不能过高，过高不仅不经济，而且还会引起杂质进入溶液的量增多。最适当的溶剂浓度应该是，在此浓度下，被提取的目标成分能迅速溶解，而主体金属进入溶液的数量又最少。最适当的浓度，也须由实验确定。

B　常压酸浸基本原理

把铜阳极泥加入稀硫酸溶液中，在机械搅拌和蒸汽加热条件下，鼓入空气或富氧空气，使阳极泥中的部分铜氧化且溶解。其主要反应如下：

$$Cu + 0.5O_2 + H_2SO_4 \longrightarrow CuSO_4 + H_2O$$

C　加压酸浸基本原理

a　加压酸浸基础反应

把阳极泥与稀硫酸溶液置于高压釜中加热，通入氧气加压氧化，阳极泥中的铜、镍等迅速溶解。其主要反应方程如下：

$$Cu + 0.5O_2 + H_2SO_4 \longrightarrow CuSO_4 + H_2O$$

$$NiO + H_2SO_4 \longrightarrow NiSO_4 + H_2O$$

$$Ag_2Se + 1.5O_2 + H_2SO_4 \longrightarrow Ag_2SO_4 + H_2SeO_3$$

$$Ag_2Te + 1.5O_2 + H_2SO_4 \longrightarrow Ag_2SO_4 + H_2TeO_3$$

$$Cu_2Se + 2O_2 + 2H_2SO_4 \longrightarrow 2CuSO_4 + H_2SeO_3 + H_2O$$

$$Cu_2Te + 2O_2 + 2H_2SO_4 \longrightarrow 2CuSO_4 + H_2TeO_3 + H_2O$$

此法的优点是脱铜、脱镍效果好，同时还能脱除砷、锑等，且硒溶解很少。硫酸铜与温度、硫酸浓度三者之间的关系如图 2-9 所示。

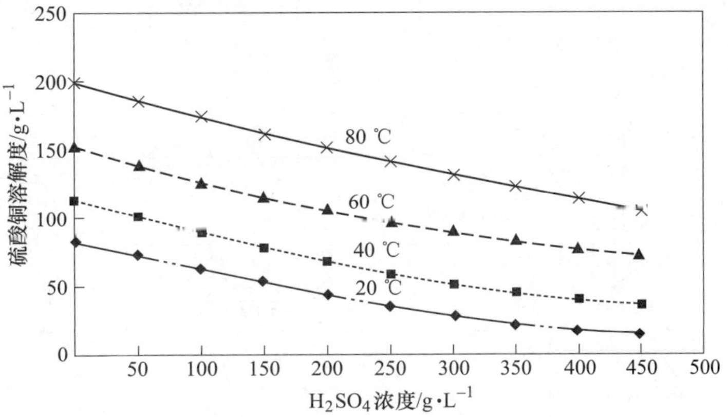

图 2-9 硫酸铜与温度、硫酸浓度三者之间的关系

图 2-9 中，硫酸铜的溶解度随着温度上升而增大。但在一定温度下，硫酸铜的溶解度随着硫酸浓度增加而呈降低趋势。

b 铜阳极泥加压浸出的热力学

加压浸出脱铜是在密闭的反应容器——高压釜中进行，与常压浸出相比，可使反应温度升高到溶液的沸点以上，使反应气体氧气在浸出过程中具有较高的分压，让反应能在更有效的条件下进行，使浸出过程得到强化。另外，在加压条件下反应温度允许升高，对反应的热力学和动力学都是相当有利的。

溶剂与有价矿物作用的可能性取决于反应的吉布斯自由能变化。如果反应体系是吉布斯自由能减少，即反应吉布斯自由能为负值，此反应能自动进行，且负值量越大，反应越易进行，反应得越充分；若反应进行时体系的吉布斯自由能增大，即反应吉布斯自由能为正值，该反应就不能自动进行，也就是说溶剂不能使有价成分溶解。

铜阳极泥加压浸出预处理的目的是在加压浸出过程中脱除其中的金属铜、镍、碲等，使其进入浸出液中，贵金属及部分稀散金属等不被浸出而留在浸出渣中，从而达到贱金属与贵金属的分离，使贵金属得到初步富集。

铜及其某些化合物与常用的一些溶剂在标准状态下进行浸出反应的情况见表 2-9，并说明了浸出反应的可能性。

表 2-9 铜及其某些化合物与一些溶剂进行的浸出反应[16]

反应	$\Delta G^{\ominus}_{298}$/kJ · mol^{-1}	反应进行的可能性
$Cu+H_2SO_4 = CuSO_4+H_2$	80.33	不进行
$Cu+2H_2SO_4 = CuSO_4+H_2+H_2SO_4$	46.44	不进行
$Cu+H_2SO_4+0.5O_2 = CuSO_4+H_2O$	−156.48	容易进行
$Cu+2HCl = CuCl_2+H_2$	86.61	不进行
$Cu+2HCl+0.5O_2 = CuCl_2+H_2O$	−150.62	容易进行
$Cu+3HNO_3 = Cu(NO_3)_2+H_2+HNO_3$	−73.22	能进行

续表 2-9

反应	$\Delta G^{\ominus}_{298}$/kJ · mol^{-1}	反应进行的可能性
$Cu+FeCl_3 = CuCl+FeCl_2$	-83.68	能进行
$Cu+2FeCl_3 = CuCl_2+2FeCl_2$	-106.69	能进行
$Cu+CuCl_2 = 2CuCl$	-60.25	能进行
$CuO+H_2SO_4 = CuSO_4+H_2O$	-29.71	可能
$3CuO+2FeCl_3+3H_2O = 3CuCl_2+2Fe(OH)_3$	-150.62	容易进行
$3CuO+2FeCl_3+3H_2O = 3CuCl_2+2Fe(OH)_3$	-35.15	可能
$CuO+H_2SO_4+0.5O_2 = CuSO_4+H_2O$	-167.78	容易进行
$Cu_2O+H_2SO_4 = CuSO_4+H_2O+Cu$	-10.46	可能
$Cu_2O+2H_2SO_4 = 2CuSO_4+H_2O+H_2$	69.45	不进行
$3CuO+2FeCl_3 = 3CuCl_2+Fe_2O_3$	-58.58	能进行
$CuS+CuCl_2 = 2CuCl+S$	-15.48	可能
$Cu_2S+2CuCl_2 = 4CuCl+S$	-36.82	可能
$CuS+H_2SO_4+0.5O_2 = CuSO_4+H_2O+S$	-108.37	容易进行
$CuS+H_2SO_4 = CuSO_4+H_2+S$	128.87	不进行
$2CuS+2H_2SO_4+O_2 = 2CuSO_4+2H_2O+2S$	-228.45	容易进行

铜在以硫酸作浸出剂、氧气作氧化剂的情况下，由反应的 $\Delta G^{\ominus}_{298}$ 来看，其值为负值，而且绝对值较大，说明反应在常温下即可自发进行。

D　沉银硒

加压浸出不仅将铜阳极泥中绝大部分铜溶解进入溶液，并且阳极泥中部分银、硒、碲等在高温、高压、强氧化条件下也溶解进入溶液，这些有价金属需要进行回收，通常采用加铜粉置换方式进行回收。

将含银、硒溶液加入置换槽中，启动机械搅拌，通入蒸汽加热后，加入铜粉或通入二氧化硫进行置换，银即被还原为粒状沉淀。采用何种还原剂主要取决于溶液中的银、硒摩尔比。

（1）银：硒摩尔比不小于 1，用铜粉作还原剂，其反应如下：

$$Cu + 2Ag^+ \longrightarrow 2Ag + Cu^{2+}$$

$$4H^+ + H_2SeO_3 + 2Cu \longrightarrow Se + Cu^{2+} + 3H_2O$$

为了提高铜粉的利用率，只能根据溶液中的可溶 Ag 量来计算所需铜粉量（kg），计算公式如下：

$$所需铜粉量 = V \times c_{Ag} \times \frac{A_{Cu} \times 1.05}{2 \times A_{Ag}} \tag{2-1}$$

式中，V 为溶液体积，m^3；c_{Ag} 为溶液中的含 Ag 量，g/L；A_{Cu} 为 Cu 的相对原子质量，63.54；A_{Ag} 为 Ag 的相对原子质量，107.87；1.05 为 Ag：Se 摩尔比。

（2）银：硒摩尔比小于 1，通入二氧化硫作还原剂，其反应如下：

$$SO_3^{2-} + H_2O + 2Ag^+ \longrightarrow SO_4^{2-} + 2Ag + 2H^+$$

$$SO_2 + H_2O + H_2SeO_3 \longrightarrow H_2SO_4 + Se$$

E 沉碲

将含碲溶液加入置换槽中，启动机械搅拌，通入蒸汽加热至 100 ℃，加入铜粉置换，铜与溶液中亚碲酸反应生成碲化铜沉淀。其主要反应如下：

$$H_2TeO_3 + 4Cu + 2H_2SO_4 \longrightarrow Cu_2Te + 2CuSO_4 + 3H_2O$$

沉碲反应所需铜粉量（kg），参照下式计算：

$$所需铜粉量 = \frac{V \times c_{Te} \times 4A_{Cu} \times F}{A_{Te}} \tag{2-2}$$

式中，V 为溶液体积，m^3；c_{Te} 为溶液中的含 Te 量，g/L；A_{Cu} 为 Cu 的相对原子质量，63.54；A_{Te} 为 Te 的相对原子质量，127.60；F 为当量比，取 1.10。

2.3.1.3 主要设备

A 高压釜

耐腐蚀夹套式机械搅拌槽，是在高压下操作的一种反应容器。高压反应釜由反应容器、搅拌器及传动系统、冷却装置、安全装置等组成；其结构形式是碳钢外壳内衬钛板，釜盖上分别设有氧气、蒸汽、加料、测温和维修等管口，搅拌桨和转轴采用包钛；搅拌桨转速按物料不沉底（即强力搅拌）的要求选定。

主要参数：总容积 23.4 m^3，有效容积 15 m^3，设计温度 180 ℃，设计压力 1.2 MPa，有搅拌器，有挡板，有加热/冷却，材质为钢壳内衬钛。

B 浸出、置换、缓冲槽

铜阳极泥浸出脱铜工序有 6 个槽，它们分别是预浸槽、缓冲槽、银硒置换槽、沉碲槽、铜镍溶液储槽；其中缓冲槽有 2 个，一个用于储存预浸槽上清液的滤液，另一个是用于高压釜出来物料的冷却。

预浸槽、银硒置换槽、沉碲槽是不锈钢机械搅拌槽，槽盖上分别设有蒸汽、测温、通风、加料、维修等管口。沉碲槽内设有 2 个盘管，分别用于加热和冷却，其他 2 个槽子均采用直接蒸汽加热。搅拌桨和转轴采用不锈钢材质，搅拌转速按强力搅拌和物料不沉底来设计。两个缓冲槽中，其中一个是不锈钢储存槽，另一个是不锈钢机械搅拌槽，槽内设有一个冷却盘管。

C 压滤机

压滤机用于固体和液体的分离。与其他固液分离设备相比，压滤机过滤后的泥饼有更高的含固率和优良的分离效果。固液分离的基本原理是：混合液流经过滤介质（滤布），固体停留在滤布上，并逐渐在滤布上堆积形成过滤泥饼；滤液部分则渗透过滤布，成为不含固体的清液。

随着过滤过程的进行，滤饼过滤开始，泥饼厚度逐渐增加，过滤阻力加大；过滤时间越长，分离效率越高。压滤机除了优良的分离效果和泥饼高含固率外，还可提供进一步的分离过程，在过滤的过程中可同时结合对过滤泥饼进行有效的洗涤、吹干等作业。

浸出工序的过滤设备是 4 台压滤机，第一台用于预浸出上清液的固液分离，第二台用于高压釜浸出后物料的固液分离，第三台用于银硒沉淀物的固液分离，第四台用于碲沉淀物的固液分离。

2.3.1.4　浸出技术操作

A　常压酸浸脱铜

铜电解车间产出含水 20%~30%的铜阳极泥送入贵金属车间，经过磅、取样后送入生产工序进行贵金属（金、银）提炼和分离铜、铅、硒、碲等杂质作业。

a　配制浸出液

预浸槽内的稀酸液主要由三部分组成：水、沉碲工序尾液（铜：30~60 g/L，硫酸：250~300 g/L）、浓硫酸。

配好的浸出液浓度一般为铜 15 g/L，硫酸 100 g/L，特别是要求铜能达到 15 g/L 是最佳操作参数。如果用水和浓硫酸来配置稀酸浸出液，采用这种浸出液来处理铜阳极泥，浸出过程时间会长一些。

b　常压浸出

在 20 m^3 预浸槽内配好稀酸浸出液（16~18 m^3），加入约 6.7 t 铜阳极泥干量。当配液、加料作业完成后，启动机械搅拌，打开蒸汽阀门直接通入蒸汽加热阳极泥浆液，当温度显示升至 70~85 ℃时，开启压缩空气阀门往浆液中通入空气搅拌浆液，加快氧化脱铜进程。

预浸过程中通入压缩空气中的氧气利用率一般在 15%~25%，按照氧气利用率 20%计算，处理一批阳极泥物料需要空气量（标态）1200 m^3。经过常压氧化浸出，可将铜阳极泥含铜 12%降至 7%~8%。

预浸作业结束后，关闭蒸汽、压缩空气阀门及停机械搅拌。预浸槽内浆液静置(1 h)，目的是使阳极泥浆液能充分固液分离。沉降过程结束后，开启预浸槽侧放液阀门，用泵将上清液泵入压滤机处理，滤饼可返常压浸出作业，也可干燥后返卡尔多炉处理。滤液流入缓冲槽储存，根据储量及时用泵将溶液送往铜电解车间。

当液位控制信号显示预浸槽内浆液剩至 3~6 m^3 时，关闭相关阀门及泵。启动酸泵和开启加水阀门，向预浸槽内加入浓硫酸和水重新配制稀酸液（铜：15 g/L，硫酸：350~425 g/L），直到液位显示预浸槽内浆液达到 12.5~12.6 m^3，开启预浸槽下部放液阀门，用泵将阳极泥浆液泵入高压釜中；同时，开启高压釜通往冷凝器的手动阀门，目的是避免阳极泥浆液在泵向高压釜过程中，釜内压力增长过快而导致浆液溢出。

主要操作控制条件：铜阳极泥处理量（干）为 6.7 t/d，日处理量为 2 批，温度控制为 70~85 ℃，作业周期为 12 h/批。

B　加压酸浸脱铜

当高压釜内已充满阳极泥浆液（约 12.6 m^3）时，则可以进行加压浸出作业。

a　加压浸出

加料作业结束，启动机械搅拌和直接通入蒸汽（高压蒸汽，1 MPa）加热浆液，当浆液温度升至预设值 120~140 ℃时（温度预设值大小主要依据预浸后阳极泥料量和铜含量高低来综合考虑），关闭蒸汽阀门停止加热。此时，高压釜内压力在 0.2~0.3 MPa，溶液表面上部空间充满了大量空气（主要是氮气），开启相关减压阀将多余空气排出釜外（排入缓冲槽去冷凝）；此时，高压釜内浆液体积会增至 14.5~15 m^3。

阳极泥加热所需蒸汽量 1000 kg/h，加热时间 1.5~2 h。加热作业完成后，开启高压釜通氧管线上所有手动阀门，向高压釜内通入氧气（1 MPa），开始通氧量（标态）40~60 m^3/h(1 h)，之后把通氧量降至20~30 m^3/h；通氧时间取决于高压釜内阳极泥量和铜含量高低，一般来说通氧时间在4~7 h。由于氧化反应是放热反应，高压釜内浆液温度会继续上升，直到釜内压力到达预设值0.86 MPa、温度达到150~170 ℃，则表明到达作业终点，釜内阳极泥浆液体积增至15~15.5 m^3，至此加压氧化作业结束。

预浸后阳极泥（铜：8%）经加压浸出处理后，含铜不大于0.2%、镍不大于0.1%。阳极泥中绝大部分铜、30%~80%碲、50%~70%砷和少量的硒被浸出（主要取决于阳极泥中硒的组成：CuAgSe、Ag_2Se、Cu_2Se 等）进入溶液，此外还有少量银被浸出进入溶液，一般在3~12 g/L。

加压浸出作业结束时，高压釜内浆液处于沸腾状态，温度过高，需要冷却后才能进行下一步作业；冷却方式采用水冷，冷却时间30~45 min，直到信号显示釜内温度降至115~125 ℃，再进行清空高压釜作业。

阳极泥浆液从高压釜排出一般采用两种措施配合使用，先用抽液管抽出釜内大部分浆液，然后开启釜底排液阀门将剩余浆液排出。浆液排至缓冲槽进一步循环水冷却，直到信号显示浆液温度从105~110 ℃降至70~75 ℃，即刻关闭循环冷却水管线上相关阀门，结束冷却作业。开启缓冲槽底部排液阀门，用泵将阳极泥浆液泵往压滤机压滤，滤饼脱铜浸出渣干燥后送卡尔多炉工序处理，滤液中由于含有银、硒、碲等有价金属，需要送入置换槽进一步回收。加压浸出作业的时间控制为10.5 h/批。

b 加压浸出的安全操作

由于加压浸出作业是在高温、高压的密闭容器高压釜中完成，因此高压釜的正确安全操作是完成加压浸出作业过程的关键。在加压浸出生产过程中，有时会出现一些疑难问题，需要技术人员、管理者和在岗职工能够进行正确判断分析和处理。

(1) 高压釜内的通蒸汽管突然停止工作：

1) 釜内起始阳极泥浆液量过大（>12.6 m^3），加上作业过程中的水蒸气量，则釜内浆液量很快达到最大值（作业过程尚未完成），控制系统则自动关闭通蒸汽阀门。

2) 蒸汽压力较低（<1 MPa）所致。

3) 通蒸汽管线出现了意外事故，如管线泄漏、阀门损坏等。

4) 釜内蒸汽管的喷嘴被堵塞。

(2) 加压浸出作业时，釜外的蒸汽管线、氧气管线、冷凝排汽管线，如突然出现泄漏事故，操作者要针对不同情况来采取应对措施。

1) 蒸汽管突然发生泄漏。发生这种故障时，操作者一定要镇定，不要先急于关闭通蒸汽阀门。因为此时釜内正处于高压状态，一旦先关闭通蒸汽阀门，那么釜内浆液（含砷化物有毒气体的酸气）会顺着蒸汽管的漏洞突然散发出去；既污染工作环境，又有可能对人身造成伤害。

正确应对操作是：先开启釜体相关阀门，将釜内蒸汽通过冷凝器排入釜下部的缓冲槽中，进行减压、浆液降温冷却处理后，再关闭通蒸汽阀门，停止作业，进行相应的维修工作。

2) 氧气管突然发生泄漏。应对措施与蒸汽管相同，先对高压釜减压，尽快将阳极泥浆液冷却降温处理后，再关闭相应氧气阀门，进行维修工作。

3）冷凝排汽管突然发生泄漏。发生这种故障时，釜内的酸气不可避免会顺着管线上的漏洞散发到工作环境中。操作者此时动作一定要快，对高压釜减压，尽快将阳极泥浆液冷却降温处理。应急措施花费时间越短，那么跑、冒到工作环境中的酸气量会越低，危害也就随之降低。

（3）加压浸出作业时，如高压釜发生爆炸重大事故，所有的操作者要立刻撤离到安全区域，以免遭受人身伤害。

（4）加压浸出作业时，如控制系统显示釜内阳极泥浆液温度超过 170 ℃，但通蒸汽或氧气阀门没有联动关闭，仍在继续工作，那么就表明控制系统有可能出现问题，此时，操作者要立刻采用手动来关闭这两个阀门。

（5）加压浸出作业时，如控制系统显示釜内压力超过 0.9 MPa，那么操作者要立刻关闭通蒸汽或氧气阀门。

（6）加压浸出作业时，当釜内通氧管的氧气压力小于 1 MPa、达不到浸出作业要求时，按照控制系统的程序设定，通氧气阀门会自动切断转向，将釜内多余氧气排往厂房外。如釜内通氧管的氧气压力小于 1 MPa，但通氧阀门没有自动切断转向；此时，操作者要立刻采用手动操作，将通氧气阀门切断转向，将釜内多余氧气排往厂房外，并且要立刻将这个现象上报给管理层，便于尽快核查、排除故障。

（7）操作者在进入加压浸出工作区域时，一定要穿戴好必要的防护用具（防护服、防护镜等）后，才能进入现场。

C　沉银硒

从置换槽内及时提取液样送去化验分析，根据溶液所含银、硒量来判断采用何种还原剂及计算加入还原剂量。如银：硒摩尔比不小于 1，还原剂采用铜粉；如银：硒摩尔比小于 1，还原剂采用二氧化硫。

（1）铜粉作还原剂。通常情况下，采用铜粉作还原剂。启动机械搅拌和直接通蒸汽加热，人工缓慢往置换槽内溶液加入铜粉，当铜粉加入量达到计算量的 80%时，从置换槽内提取液样，简单过滤处理，往澄清液样中加入几滴 NaCl 溶液（100 g/L）查看白色沉淀物氯化银产生量的多少。如白色沉淀物多，则后期加入铜粉量多一些；如白色沉淀物少，则后期铜粉加入量少一些。后期铜粉加入量控制在 1～5 kg/批，直到提取液样中不再有白色沉淀产生，就表明到达作业终点。

（2）二氧化硫作还原剂。根据多年生产实践经验，每年都会有 10～20 次使用到二氧化硫。操作、取样过程与加铜粉操作相似，但需要注意二氧化硫通入量的控制，溶液内硒含量以每 15 min 下降 0.2 g/L 为二氧化硫通入量的控制依据。

无论采用哪种还原剂，在作业末期都要及时从置换槽提取液样送去快速化验分析，化验结果要求要在 15 min 内反馈回来。如化验结果显示溶液含硒、银都不大于 10 mg/L，则表明到达作业终点后，关闭蒸汽阀门和搅拌器，打开置换槽底排放阀门，用泵将浆液泵入厢式压滤机压滤、洗涤、吹干，滤液泵入沉碲槽进一步处理，硒、银置换滤饼过磅、取样、烘干后返卡尔多炉处理。

每次操纵厢式压滤机进行洗涤作业时，一定要将滤饼中夹杂的铜粉洗涤干净。如没有洗涤干净，在进行吹干作业时，滤饼中夹杂的铜粉会与空气发生反应生成氧化铜或氧化亚铜，反应过程属于放热反应，会对压滤机滤板造成损害，从而缩短滤板的使用寿命。此外，银、硒置换滤饼夹杂有铜粉，在进卡尔多炉冶炼时，铜会进入多尔金银合金板，不利于银电解精炼生产。

D 沉碲

在置换铜、硒作业末期，提取液样快速化验分析时，当化验结果显示溶液含硒、银都不大于 10 mg/L 时，则可进一步化验溶液碲含量来计算沉碲作业所需铜粉量；同时，要估算出溶液体积。

启动机械搅拌，沉碲槽内蒸汽盘管加热将含碲液加热至约 100 ℃，保持此温度 30 min，主要目的是降低溶液中的氧含量，避免多消耗铜粉。之后，采用人工方式从沉碲槽顶部人孔往溶液内添加铜粉，添加铜粉操作一定要小心、缓慢，如果铜粉加入量过多，铜粉中夹带有大量空气会导致溶液发生沸腾现象，大量酸蒸气会突然从人孔处冲出，酸蒸气既污染生产环境又会对操作者身心健康造成伤害。沉碲作业过程中要每隔 0.5 h 提取一次液样送去快速化验分析来判断作业情况，化验结果要在 15 min 内反馈回来，如果化验结果显示溶液含银、硒和碲都小于 5 mg/L，则表示到达作业终点。在整个沉碲作业过程中，含碲液温度控制在 100 ℃。

关闭蒸汽阀门，打开通水阀门，利用沉碲槽内水冷盘管对溶液进行降温处理，直至沉碲尾液温度降到 75~80 ℃。关闭机械搅拌，开启沉碲槽底部排液阀门，浆液排入厢式压滤机压滤、洗涤、吹干，碲化铜置换滤饼过磅、取样、包装后可出售，滤液一部分返回常压浸出工序用于配制浸出液，一部分返回铜电解。

银、硒、碲置换作业的时间控制为 14 h。

E 产物

（1）浸出渣。铜阳极泥脱铜浸出渣的化学成分实例见表 2-10，浸出渣干燥后送卡尔多炉处理。

表 2-10 浸出脱铜渣的化学成分实例 （%）

成分	Ag	Au	Cu	Pb	Bi	As	Sb
含量	18.36	0.696	0.46	10	4.5	1.8	2.4
成分	Se	Te	Ba	SiO_2	Cl	S	H_2SO_4
含量	11	1.6	13	1.9	0.63	7.6	0

（2）银硒渣。银硒渣的化学成分实例见表 2-11，银硒渣干燥后送卡尔多炉处理。

表 2-11 银硒渣的化学成分实例 （%）

成分	Ag	Au	Cu	Pb	Bi	As	Sb
含量	81	0	1.8	0	0	0	0
成分	Se	Te	Ba	SiO_2	Cl	S	H_2SO_4
含量	16	1.7	0	0	0	0	0

（3）碲化铜。碲化铜化学成分实例见表 2-12，碲化铜可包装出售。

表 2-12　碲化铜化学成分实例　　(%)

成分	Ag	Au	Cu	Pb	Bi	As	Sb
含量	0.062	0	45	0	0.01	0.1	0.005
成分	Se	Te	Ba	SiO_2	Cl	S	H_2SO_4
含量	0.025	35	0	0	0	0.75	2.3

（4）沉碲后液。沉碲后液的成分实例见表 2-13，沉碲后液一部分返常压浸出工序，大部分返铜电解。

表 2-13　沉碲后液的成分实例　　(g/L)

成分	Ag	Au	Cu	Pb	Bi	As	Sb
浓度	0.001	0	51	0	0.21	11	0.1
成分	Se	Te	Ba	SiO_2	Cl	S	H_2SO_4
浓度	0.003	0.002	0	0	0	81	146

2.3.2　熔炼和吹炼

2.3.2.1　概述

铜阳极泥经过脱铜浸出后，浸出渣的铜含量已大为降低，可以混合配入熔剂送入卡尔多炉进行熔炼和吹炼。

还原熔炼：由于贵铅的形成是氧化铅被焦粉还原的结果，炉内呈微还原气氛，故熔炼贵铅的过程，称为还原熔炼。还原熔炼的目的是把脱铜浸出渣中的金、银富集起来，形成贵铅，使杂质进入渣中或挥发进入烟尘中而除去，达到金、银与杂质的初步分离，并为金、银与杂质的进一步分离做好准备。熔炼所得的贵铅，含金、银一般在 35%～50%，其余为铅、铜、硒等杂质。

氧化精炼：就是在高于主体金属（铅）氧化物熔点的温度下，进行氧化熔炼的方法。氧化精炼的目的是利用氧化法把贵铅中的铅和除金、银以外的杂质通过氧化造渣除去或使其挥发，得到含（金+银）不小于 98%的多尔金银合金板，以便进一步通过电解分离金、银。卡尔多炉冶炼工艺流程如图 2-10 所示。

2.3.2.2　基本原理

熔炼是指通过配入适当、适量的熔剂，将物料和熔剂混合后送入冶金炉内，在一定的条件下（加热高温、鼓风通氧等），经过一系列各种冶金化学反应，使物料中的主体有价金属富集沉积，杂质与熔剂形成炉渣浮于熔体表面或是挥发进入烟气，从而达到提炼有价金属、分离杂质的目的。

金属元素在自然界很少以单质形态存在，有色金属矿物大多数是硫化物或氧化物，炼铜、铅、锌、铁所用矿物及很多冶金中间产品主要以氧化物形态存在，因此还原反应在从这些矿物提取金属的过程中起着重要作用。

还原反应通常分为气体还原剂还原（一氧化碳、氢气等）、固体碳作还原剂还原金属氧化物、金属热还原（铝、硅、钙、镁等作还原剂）。

金属化合物还原过程通式为：

$$MeA + X = Me + XA$$

式中，MeA 为待还原的原料（A 为氧、氯、氟等）；Me 为还原产品（金属、合金等）；X 为还原剂（碳、一氧化碳、氢气、金属还原剂）；XA 为还原剂的化合物（一氧化碳、二氧化碳、水等）。

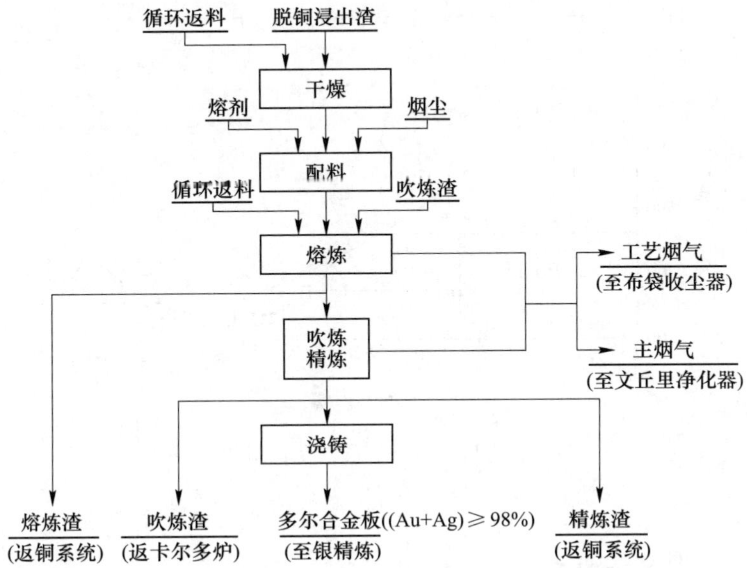

图 2-10 卡尔多炉冶炼工艺流程图

（循环返料：Ag/Se 滤饼、文丘里泥、二次沉硒物、置换银粉；熔剂：焦粉、$NaCO_3$、SiO_2、Pb 或 PbO）

氧化精炼是指通过向冶金炉内鼓入空气、富氧、纯氧和氯气等氧化剂，利用氧化反应来脱去物料中的铁、锌、钴、锡、铅、硫等杂质。氧化精炼反应通式为：

$$2Me + O_2 = 2MeO$$

式中，Me 为杂质金属，化学反应生成的杂质氧化物 MeO 通过造渣除去。

实际上，在工业生产实践中，无论是还原熔炼，还是氧化精炼，具体反应过程都非常复杂。

A 还原熔炼的基本原理

a 还原过程

浸出脱铜后的铜阳极泥浸出脱铜渣的杂质主要由氧化物或含氧化物的盐类组成，这些氧化物有呈酸性的、碱性的或中性的。在熔炼时，它们有的相互作用或与加入的熔剂作用，生成炉渣，浮在金属熔体表面而被除去；还有一些金属氧化物，其沸点较低，在冶炼温度下，挥发进入烟气。在熔炼过程中，浸出渣中含铅化合物具有特殊作用，由于它们可被加入的焦粉直接还原成金属铅，而铅熔体是金、银的良好捕收剂，且铅和金、银的密度均较大，故在沉淀过程中，铅与金、银颗粒一起形成贵铅，而沉积在炉子底部，从而达到金、银与炉渣分离。

以单体存在的金、银熔化后，其熔融的金属珠滴在下落过程中，被铅熔体捕集形成贵铅，金、银之所以被铅富集，主要是铅的作用。铅具有较低的熔点，同时，铅在熔融状态下，能无限溶解金、银，故可以起到捕集金、银的作用。铅在还原期间，应使之保持一定的黏度，在金、银尚未完全暴露之前，使铅滴成悬浮状态；铅滴在下沉过程中，不捕集金属氧化物，而只具有选择性地捕集呈金属状态的金、银。

对于铅在液态时，对金、银有无限的溶解度这一点，可用 Au-Pb 系二元状态图（见图 2-11）和 Ag-Pb 系二元状态图（见图 2-12）来解释。

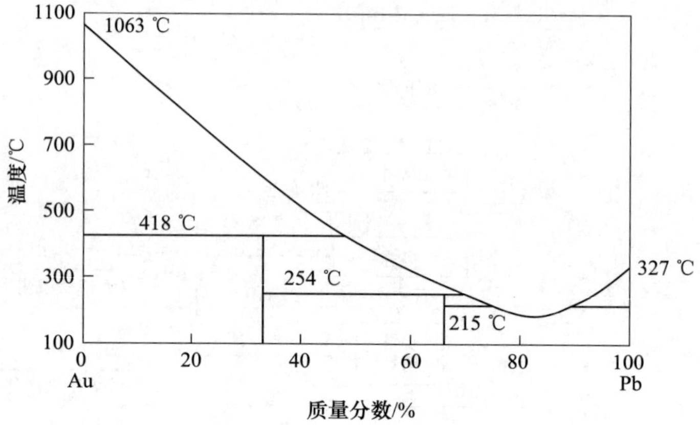

图 2-11　Au-Pb 系二元状态图

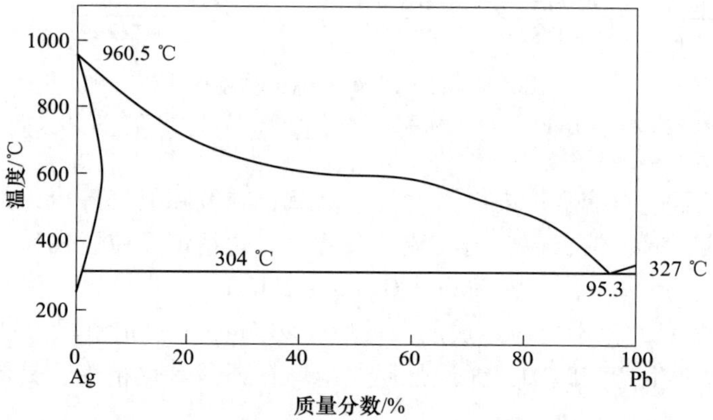

图 2-12　Ag-Pb 系二元状态图

由图 2-11 和图 2-12 可知，Au-Pb 系包含两种不稳定化合物，因而既有共晶体，又有包晶体。包晶温度为 254~418 ℃，共晶温度为 215 ℃。相对于 Au-Pb 而言，阳极泥中铅占 90%时，则共晶温度为 280 ℃。相对于 Ag-Pb 而言，阳极泥中铅占 50%，此时最低共晶温度可达到 600 ℃。为使金、银完全溶解在铅液中，熔炼时必须控制温度在 1100~1200 ℃范围内。

b　还原熔炼渣型选择

由于熔炼过程是贵金属和杂质的分离过程，而富集贱金属杂质的熔炼炉渣产量是贵金属（金、银）量的数倍。因此，熔炼过程的技术经济指标在很大程度上与炉渣有关，故选择良好的炉渣成分和性质，就具有特别重要的意义。炉渣的密度、熔点、黏度对贵金属的溶解性及熔炼效果有决定性的影响，如果炉渣性质选择不好，使其熔点高、密度大、黏度大及对贵金属溶解度大，就会造成炉渣的流动性不好，导致作用时间长，贵金属损失增大。因此，必须选择良好的渣型。而准确配料，则是获得良好熔炼效果的重要前提条件。

与炼铜、炼铅一样，渣型成分的选择原则要遵循以下几点：熔点要低，但不应低于贵铅的熔点和造渣反应所必须的温度；密度越小，越有利于分离；渣量要少，以减少贵金属的绝对损失量；对贵金属溶解度要小；对炉衬耐火材质的侵蚀性要小。

卡尔多炉熔炼铜阳极泥浸出脱铜渣所用熔剂为：焦粉、苏打（Na_2CO_3）、硅石（SiO_2）、精铅或氧化铅。

（1）焦粉：主要是用作还原剂，把阳极泥中的氧化铅还原为金属铅。焦粉的用量，要以能还原适量的金属铅为准，不宜过多。过多时，易造成过强的还原气氛，使其他杂质氧化物也被还原而进入贵铅，降低贵铅的质量；焦粉多，灰分多，也会影响炉渣性质并增加炉渣量。

（2）苏打（Na_2CO_3）：是碱性熔剂，能与砷、锑等高价氧化物形成盐类造渣，还能降低炉渣熔点，改善炉渣的流动性，便于炉渣与熔体分离。

（3）硅石（SiO_2）：是酸性熔剂，可与炉料中的碱性氧化物（如氧化铅等）造渣。

（4）精铅或氧化铅：贵金属（金、银等）捕集剂。由于铜阳极泥中铅含量不足，需要额外补充铅量才能完全捕集阳极泥中的金、银等贵金属。

c 还原熔炼过程的主要化学反应

铜阳极泥浸出脱铜渣（1%≤水≤3%）和熔剂加入卡尔多炉后，逐渐升高炉温，部分易氧化挥发的砷、锑氧化物进入炉气，少量硒氧化物挥发进入炉气，炉料逐渐熔化，并伴随着发生氧化造渣和还原分离过程。造渣反应是浸出渣的各种氧化物相互发生作用或与加入的熔剂相互作用而形成炉渣，下面介绍其主要化学反应。

（1）还原反应：

$$2PbO + C = 2Pb + CO_2\uparrow$$

（2）氧化态的银发生分解反应：

$$2Ag_2SeO_3 = 4Ag + 2SeO_2 + O_2\uparrow$$

$$2Ag_2SO_4 + 2Na_2CO_3 = 4Ag + 2Na_2SO_4 + 2CO_2\uparrow + O_2\uparrow$$

$$Ag_2SO_4 + C = 2Ag + CO_2\uparrow + SO_2\uparrow$$

$$Ag_2TeO_3 + 3C = 2Ag + Te + 3CO\uparrow$$

$$2AgCl = 2Ag + Cl_2\uparrow$$

（3）造渣反应：

$$Na_2CO_3 = Na_2O + CO_2\uparrow$$

$$Na_2O + As_2O_5 = Na_2O \cdot As_2O_5$$

$$Na_2O + Sb_2O_5 = Na_2O \cdot Sb_2O_5$$

$$Na_2O + SiO_2 = Na_2O \cdot SiO_2$$

$$PbO + SiO_2 = PbO \cdot SiO_2$$

阳极泥中的金、银被金属铅液熔体所吸收，形成贵铅，可表示为：

$$Pb + Ag + Au = Pb(Au + Ag)$$

被还原出来的银、铅及阳极泥中的单体金形成贵铅，贵铅熔体与炉渣互不溶解而分离，因其密度较大，故沉淀于炉底。被还原出来的部分铜、硒、铋和碲进入贵铅，少量锑进入贵铅。贵铅成分实例见表2-14。

表 2-14　贵铅成分实例

元素	Au	Ag	Pb	Se	Te	Cu	Bi	Sb
含量/%	0.5~5	30~50	5~10	10~25	3~15	1~5	6~10	0.5~2

B　氧化精炼的基本原理

氧化精炼的实质，就是在高于主体金属（铅）氧化物熔点的温度下，往贵铅熔体表面吹送压缩空气或富氧空气或纯氧气，通过强氧化，使金属铅和绝大部分杂质氧化成不溶于金、银熔体的氧化物。有的氧化物通过造渣除去，有的氧化物呈气态挥发物进入烟尘，金、银等贵金属则沉于炉底，从而达到与杂质分离的目的。

a　杂质的氧化过程

贵铅中杂质的氧化顺序可用热力学数据来判断，这些数据列于表 2-15。

表 2-15　一些金属氧化物的自由能变化

氧化物	$\Delta G^{\ominus}$/kJ · mol^{-1}
Ag_2O	-21.65
SeO_2	-174.85
TeO_2	-270.03
Cu_2O	-288.34
Bi_2O_3	-330.76
PbO	-376.62
As_2O_3	-393.93
Sb_2O_3	-418.54

金属氧化时，凡是与每摩尔氧生成氧化物的反应，其自由能变化小的金属易氧化，生成的氧化物稳定[10]。由表 2-15 所列数据可知，贵铅中各金属的氧化顺序为：锑、砷、铅、铋、铜、碲、硒、银，即铅、砷、锑易氧化，铜、碲较难氧化，贵金属金、银很难氧化。

氧化精炼过程中，杂质的氧化是借助鼓入炉内压缩空气中的氧来实现的。氧化反应是放热反应，反应式可以写成：

$$2Me + O_2 = 2MeO$$

式中，Me 为金属。

生成的杂质氧化物（MeO）形成炉渣浮于熔池表面，也可能有一部分挥发。因贵铅是一种组成复杂的合金，故杂质的氧化，不但发生于熔池表面与空气接触的部分，而且也发生在熔体内部。

吹炼作业时，由于炉内熔体中含铅较高，也较易氧化，因此铅先氧化。实际上主要以氧化铅充当氧的传递剂，把砷、锑氧化。

从理论上讲银是不发生氧化的。但实际上，由于氧化铅的作用，在炉渣中的银，有可能呈离解压较高的氧化态存在。

吹炼温度越高，铅越容易被氧化，但实际上不宜使操作控制的温度过高。因为温度越高，金、银损失就越大。吹炼时，银对金的损失有保护作用。在一定温度时，银含量越高，则金的损失就越小。

b 主要杂质的行为

（1）砷、锑。铜阳极泥加压氧化浸出时，阳极泥中约70%的砷已被除去，因此卡尔多炉入炉物料中的砷含量已大为降低。吹炼初期，炉内温度在900 ℃左右，此时贵铅中的砷、锑强烈地被鼓风中的氧和熔体中氧化铅所氧化，其反应为：

$$2Sb + 1.5O_2 = Sb_2O_3$$

$$2As + 1.5O_2 = As_2O_3$$

$$2Pb + O_2 = 2PbO$$

$$2As + 3PbO = As_2O_3 + 3Pb$$

$$2Sb + 3PbO = Sb_2O_3 + 3Pb$$

生成的砷、锑三氧化物，以气体状态排出，同时也发生如下反应：

$$2As + 6PbO = 3PbO \cdot As_2O_3 + 3Pb$$

$$2Sb + 6PbO = 3PbO \cdot Sb_2O_3 + 3Pb$$

生成的亚砷酸铅，一部分继续氧化，生成砷酸铅造渣。

$$3PbO \cdot As_2O_3 + O_2 = 3PbO \cdot As_2O_5$$

生成的亚锑酸铅，会使从更深熔池扩散出来的Sb氧化。其反应为：

$$3PbO \cdot Sb_2O_3 + 2Sb = 2Sb_2O_3 + 3Pb$$

生成的三氧化二锑，一部分挥发，一部分发生如下反应：

$$Sb_2O_3 + 2PbO = Sb_2O_5 + 2Pb$$

$$Sb_2O_5 + 3PbO = 3PbO \cdot Sb_2O_5$$

从以上反应式可知，吹炼时，砷、锑有一部分氧化为三价，以气体形态排出；另一部分则氧化成五氧化物，与氧化铅造渣，生成亚砷酸铅、亚锑酸铅、砷酸铅和锑酸铅。

（2）铅。铅在吹炼的强氧化气氛下，被强烈氧化成氧化铅。氧化铅有一部分挥发，另一部分还作为氧的传递剂参与造渣等，其主要反应为：

$$2Pb + O_2 = 2PbO$$

$$SiO_2 + PbO = PbO \cdot SiO_2$$

吹炼渣中氧化铅主要以硅酸铅形式造浮渣。吹炼时，无论是渣中的氧化铅，还是烟尘中的氧化铅，都含有一定数量的银，氧化铅可以溶解3%~6%的银，同时使氧化铅的熔点降到840 ℃。

（3）铋。铋在氧化过程中，开始很少被氧化，随着砷、锑氧化挥发，以及大部分铅氧化生成氧化铅，铋在合金中的含量达到最大限度时，才开始起氧化反应。

$$2Bi + 1.5O_2 = Bi_2O_3$$

三氧化二铋熔点为818 ℃，沸点较高（1980 ℃）。在吹炼温度（1130~1170 ℃）下，与氧化铅组成低熔点、流动性好的稀渣除去。

（4）铜。铜在大部分铅被氧化之后，才与铅一道除去。铜主要是靠氧化铅来氧化，反应式如下：

$$PbO + 2Cu = Cu_2O + Pb$$

所以，在大部分铅没有被排除之前，只有部分铜被氧化。从上面反应式可以看出，能把氧转用来使铜氧化，因而铜可以加速铅的排除，即可以加速过程的进行，减少铅和银的损失。从这点看，铜为有用的杂质，但是，铜的除去较为困难，只有在高温、强氧化条件下才能较完全将铜除去。

$$2Cu + [O] = Cu_2O$$

（5）硒、碲。铜阳极泥中硒主要在吹炼时除去，硒在高温（1150~1200 ℃）、强氧化条件下生成二氧化硒挥发进入烟气净化系统，去进一步回收硒；碲氧化为二氧化碲，一部分挥发进入烟气收尘系统，形成苏打烟灰返炉；一部分与苏打反应生成碲酸钠入渣。主要反应式为：

$$Se + O_2 = SeO_2(g)$$

$$Te + O_2 = TeO_2(g)$$

$$TeO_2 + Na_2CO_3 = Na_2TeO_3 + CO_2$$

（6）银。银是不易被氧化的，但在吹炼后期，在高温、强氧化条件下，也可能有氧化银形成。

2.3.2.3　主要设备

卡尔多炉是现代贵金属火法冶金最关键的核心设备，下面以 2 m^3 卡尔多炉为例进行介绍。2 m^3 卡尔多炉是一台非常灵活的冶炼装置，比如适用该设备的不同物料都可以冶炼和处理，生产出相应的产品。此冶炼装置是一台带旋转炉体的倾转炉，冶炼工艺在炉体内发生，在冶炼和还原阶段，炉子倾转到相对水平轴 28°的位置；在此位置，炉体围绕着它的水平轴以工艺所需的速度旋转，旋转速度为 0.5~15 r/min。炉体可以根据冶金工艺要求，倾转到不同的位置加料、混合和预热、冶炼/还原/精炼、出渣、出产品等。

2 m^3 卡尔多炉在不同的工艺阶段，炉子的操作不同。当炉体在 28°操作位置时，固定的工艺烟道与炉口的距离最小。炉子的旋转速度在 0~15 r/min 之间变化。只有当炉子在操作位置时，喷枪才可以伸进炉内，当喷枪在操作位置时，炉子开始旋转。在炉体的中间段有两个大滚圈，它们是通过轴向和径向的弹性元件与炉体连接的，当炉子在操作位置时，大滚圈落在 4 个回转轮上。炉子的轴向力落在两个轴向托轮上，回转轮落在倾动框架上，炉子只能在这个位置以最大的速度旋转，炉子通过底部液压马达驱动旋转。扭矩的传递是通过鼓形齿联轴器实现的，鼓形齿联轴器将扭矩通过连接轴上的端面键将扭矩传递至炉体。回转驱动的连接方式要求出渣或物料时，炉体不得旋转。

倾翻驱动包括一个主驱动装置和一个事故驱动装置。一个手动操作的联轴节将两个驱动系统连接起来。主驱动通过联轴节与电机连接，联轴节带有抱闸，抱闸鼓将倾转的安全装置的闸瓦抱住。在停电或事故停车时，喷枪自动从炉子中抽出，炉子通过事故驱动倾转到所需的位置。

A　机械设备简介

a　机械元件说明

炉体包括两部分，即锥段顶部及炉体下部，如图 2-13 所示。

为了方便拆装和搬运炉体顶部，在锥段顶部焊接了 4 个吊耳。围绕着炉体焊接了一个固定支架，固定支架上有支座，分布在不同的侧面。两个大滚圈通过炉体托架环连接，包围住炉体。径向和轴向的弹性元件将炉体连接到大滚圈和炉体托架环上，弹性元件将力从炉体传送到大滚圈上。

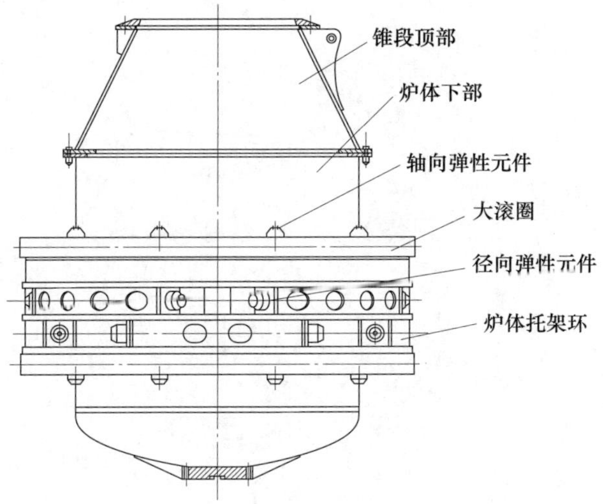

图 2-13　炉体部分

这种类型的固定保证不会因为产生热量使炉体变形，从而使大滚圈变形。在炉体和大滚圈之间有一个空气间隔，保证热传导在允许的范围内。

b　炉体支撑架

炉体总成通过炉体支撑架来支撑，炉体支撑架包括两个主动和被动倾倒轮及上、下支架，主动和被动倾倒轮与上、下支架连接。倾倒轮的支撑面（外圆面）是经过加工的，倾动轮和横向的上、下支架是焊接结构，如图 2-14 所示。

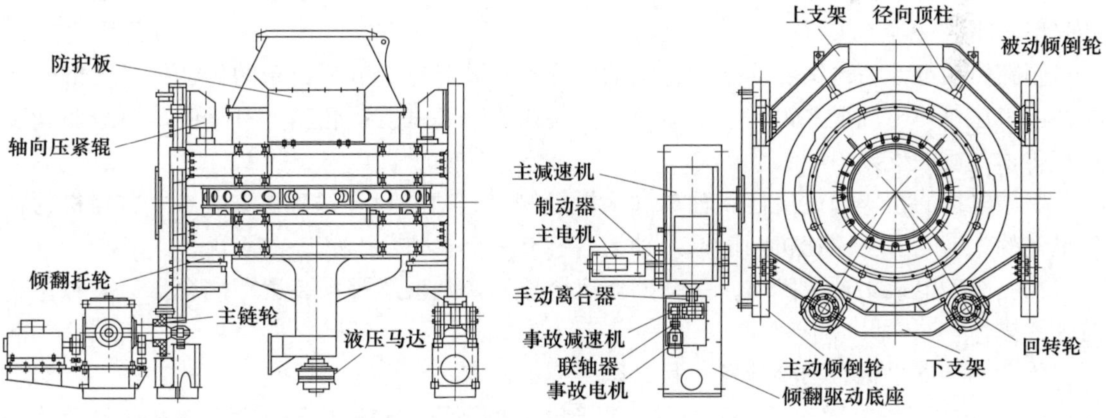

图 2-14　炉体支撑架

轴向托轮有单独的外罩，被支撑和固定到支架上，支架焊接在倾倒轮上。当炉口向下倾转、倒物料进合金包时，在对着轴向托轮的倾动轮顶上安装有轴向压紧辊。轴向压紧辊可承受倒铜时炉体的重量，炉体在这个位置不能旋转。

为了防止炉体卡住，径向顶柱伸出长度可以调节，以保证与大滚圈有一定的距离。

c　回转驱动装置

炉体通过底部液压马达驱动，围绕着它的纵向轴旋转，每个回转轮由螺栓连接到炉体下支架上；底部液压驱动系统被固定在兜梁上，兜梁与上、下支架连接在一起，如图 2-15 所示。

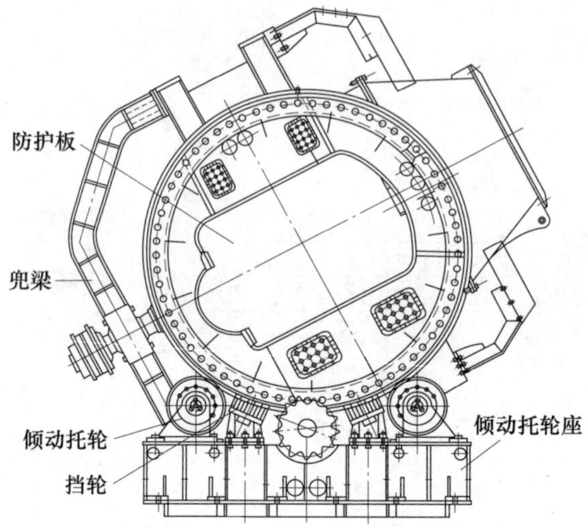

图 2-15　回转驱动装置

d　倾动驱动装置

炉体支撑架通过倾倒轮转动，每个倾倒轮由 2 个倾动托轮支撑。支撑架由 2 组挡轮导向，挡轮被固定在驱动端倾动轮的侧面。

倾动驱动包括以下主要部件：主传动装置，包含主电机、主减速机、制动器、大链轮、联轴器等；手动离合器；事故驱动装置，包含事故电机、事故减速机、联轴器等；倾翻驱动底座。

倾翻传动设计为齿销传动结构，主动倾倒轮上设置有沿节圆分布的传动销，大链轮装配在主减速机输出轴上并锁住。主减速机安装在传动底座上，底座上有抱闸、事故驱动装置和驱动电机的支架。

驱动电机的扭矩通过挠性联轴节（大链轮侧有制动鼓）传送到被安装在主减速机的输出轴上的大链轮，主减速机两侧输入轴上各装有一个。

在主驱动电机出现故障时，手动操作离合器切换到事故驱动装置，离合器只有在停止时才能操作。

手动离合器手柄有两个位置，且必须被螺栓固定：

（1）正常工作位置。正常工作时，离合器手柄在事故减速机侧，此时事故传动装置与主传动装置分离。

（2）事故工作位置。事故状态时，事故电机由 UPS 电源带动工作，工作时间 30 min，此时离合器手柄在主减速机侧。

e　保护装置

为了防止残渣物料从烟道落下，在对着炉口的上、下支架装有护板组件。护板组件通过螺栓被固定在上、下支架上，当更换炉体顶部锥帽时可以拆下。

主、被动倾倒轮中空挡部位设置有防护板，通过螺栓固定在主、被动倾倒轮上，可防止炉子工作时飞溅溅出。当更换或检修轴向托轮时，可将防护板拆下。

f 技术说明

卡尔多炉被设计为可倾转的回转炉体，炉体的加热位置固定在水平的28°倾角处。在加热位置，炉体围绕着它的纵轴旋转，回转速度为无级变速0.5~15 r/min。炉体可以倾转到它不同的工作位置：加料（混合物料的批次加料），加热（预热和熔化），排渣，出料。

炉体可以倾转到270°（卡尔多炉设计时可进行360°倾转，由于周边设备对其外形尺寸的限制，这里只按270°进行说明），没有机械倾转角度限制。

g 技术数据

（1）概要：操作容积（新炉衬）为2 m^3，炉体直径（炉壳内）为2450 mm，炉体总高为4100 mm，工作位置（相对水平方向）为28°，加料位置（相对水平方向）为56°±2°，124°±2°，炉体倾转速度为0.1~1 r/min，转速为变速，炉体旋转速度为0.5~15 r/min，回转炉倾转角度为270°。

（2）回转驱动：炉体速度范围为0.5~15 r/min，速度控制为变速，液压马达输出轴的最大操作扭矩为50000 N·m，鼓形齿联轴器扭矩为35500 N·m。

（3）倾转驱动：倾转速度为0.1~1 r/min，速度控制为变速，炉子倾转角度为270°，最大电机速度为636 r/min，主减速机速比为125∶1，齿销传动速比为5∶1。

（4）事故倾转驱动：倾转速度为0.1 r/min，电机速度（最大）为1000 r/min，事故减速机速比为15.75∶1。

B 操作说明

（1）概要。2 m^3 卡尔多炉的所有设计都是建立在可靠操作的基础上的，并且假定有合理的设备维护做支持，同时操作工必须注意：异常振动；异常噪声；泄漏；设备异常发热部位，或炉子某些部位的温度异常过高；密封状况；油脂和灰尘过多；移动部件上没有杂铜和渣。另外，如发现大滚圈和回转轮、轴向托轮之间的接触面变化，必须找到原因。

（2）倾转。通过使用2 m^3 卡尔多炉控制系统，可将炉子转至加料位置，加料后转至28°冶炼位置进行冶炼，之后旋转至出渣、出铜位置。在接近90°角度时，必须小心谨慎操作炉子。在这个位置，炉子离开回转轮，开始靠在径向压紧辊及顶柱上。在正常出渣角度以下的炉子位置处的耐火砖材料容易受到损坏。在开始倾转2 m^3 卡尔多炉之前，操作工必须确定渣包拖车已经就位。

（3）旋转。通过使用2 m^3 卡尔多炉控制系统，底部液压马达带动炉子进行绕自身轴线的旋转运动，炉子的正常速度范围是1~15 r/min。

（4）事故倾转。如果炉子掉电时间过长，炉内的熔体可能会凝固起来，为了避免这种情况的发生，可以使用事故倾转。将手动离合器手柄从正常位置转到事故位置，且必须被螺栓固定。

（5）日常点检。为了可靠而安全地操作，一些细节需要进行检查：在进行炉子点检时，使用一个点检表；检查液压马达及软管、电机和联轴节，看看有无漏油；检查炉子本体外部的发热处和高温处；检查并清除悬挂在炉口的炉渣；检查所有的倾转部分是否有炉渣，炉子的倾转平滑、没有振动。

C　预防性维护

a　维护说明

2 m^3 卡尔多炉设计为长寿命、连续运转、低维护（如果运行正常），轴向托轮与回转轮的润滑需要特别注意，需要定期检查轴向托轮和回转轮，当炉子在高温下运行时这项工作相当重要。在炉子附近进行所有的维护工作时，回转驱动必须一直锁住。

b　检查和维护清单

定期测量炉体的温度，每天对 2 m^3 卡尔多炉的检查清单见表 2-16，润滑检查清单见表 2-17。检查和维护做到：所有的回转部件上没有废料和渣，清除悬吊物料或渣，炉子回转平稳，炉子旋转没有振动，液压设备、软管和减速机没有漏油，每个月要对炉子进行一次全面的检查。检查的范围取决于运行的时间，可以是 1 个月、2 个月、6 个月或 12 个月。

表 2-16　2 m^3 卡尔多炉的检查清单

序号	名称	检查周期	检查内容	备注
1	液压马达及润滑管线	每日	泄漏情况	
2	底部传动轴承	每日	润滑情况，轴承温升	
3	鼓形齿联轴器	每日	润滑情况，异常声响	
4	回转轮	每日	润滑，磨损情况，轴承温升	
5	轴向托轮	每日	润滑，磨损情况，轴承温升	
6	主电机	每周	轴承温升，异常声响	
7	大链轮	每周	润滑，磨损情况	
8	大滚圈	每周	磨损情况	
9	弹性元件	每周	松紧状态	
10	轴向压紧辊	每周	润滑，磨损情况	
11	顶柱	每周	与大滚圈间隙	
12	齿套式离合器	每周	使用灵活与否	
13	制动器	每周	磨损情况	
14	主减速机	每月	油位，异常声响	
15	倾倒托轮	每月	润滑，磨损情况，轴承温升	
16	挡轮	每月	磨损情况	
17	主动倾倒轮	每月	磨损情况	
18	被动倾倒轮	每月	磨损情况	
19	事故电机	每月	轴承温升，异常声响	
20	事故减速机	每月	油位，异常声响	

表 2-17　2 m^3 卡尔多炉润滑检查清单

序号	名称	检查周期	备注
1	底部传动轴承	每周	也可根据检查情况确定
2	鼓形齿联轴器	每周	也可根据检查情况确定

续表 2-17

序号	名称	检查周期	备注
3	回转轮	每周	也可根据检查情况确定
4	轴向托轮	每周	也可根据检查情况确定
5	大链轮	每周	也可根据检查情况确定
6	轴向压紧辊	每周	也可根据检查情况确定
7	轴向托轮与大滚圈接触面	每周	也可根据检查情况确定
8	主减速机	每月	也可根据检查情况确定
9	倾倒托轮	每月	也可根据检查情况确定
10	大链轮支撑轴承	每月	也可根据检查情况确定
11	事故减速机	每 3 个月	也可根据检查情况确定

D 卡尔多炉润滑点

卡尔多炉由一个炉体、两个倾倒轮组成的夹持机构和装有 4 个倾动托轮的底座等几个大部件组成。夹持机构可夹持炉体在装有倾动托轮的底座上，以 0~1.0 r/min 的速度做 360°的倾翻；当炉体倾斜至与水平夹角为 28°的工作角度时，在夹持机构内，应冶炼工艺的要求绕纵向轴以一定的速度旋转，旋转速度的变化范围为 0.5~15 r/min，从而完成物料的冶炼过程。

卡尔多炉需润滑的部件如下：

（1）回转轮总成（共 4 组）。润滑点如图 2-16 所示，每组 5 处（*R*0.635 cm），油管黄油嘴（M10X1），4 组合计 20 处。

（2）倾倒托轮总成（共 4 组）。润滑点如图 2-17 所示，每组 2 处（M10X1），4 组合计 8 处。

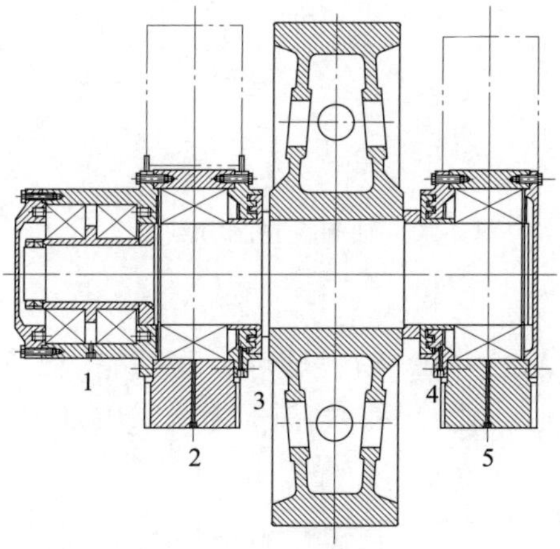

图 2-16 回转轮润滑点图

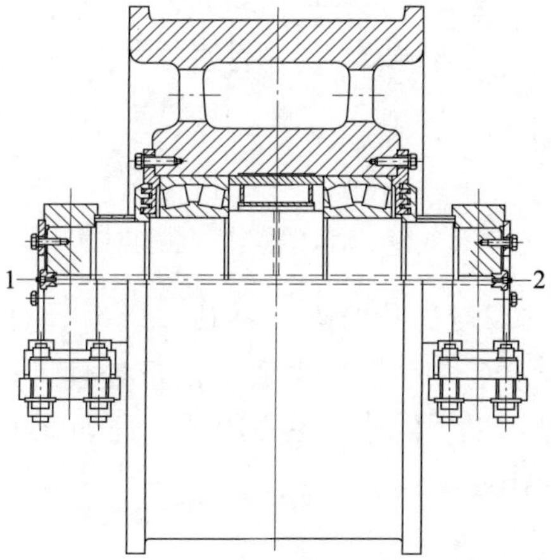

图 2-17 倾倒托轮润滑点图

（3）底部传动系统。润滑点如图 2-18 所示，合计 4 处（M10X1）。

（4）轴向压紧辊（共 2 组）。润滑点如图 2-19 所示，每组 1 处（M10X1），2 组合计 2 处。

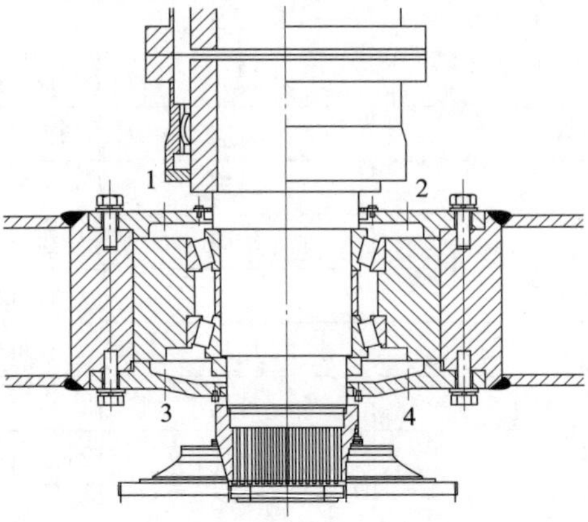

图 2-18　底部传动系统润滑点图

(5) 轴向托轮总成（共 2 组）。润滑点如图 2-20 所示，每组 5 处（M10X1），2 组合计 10 处。

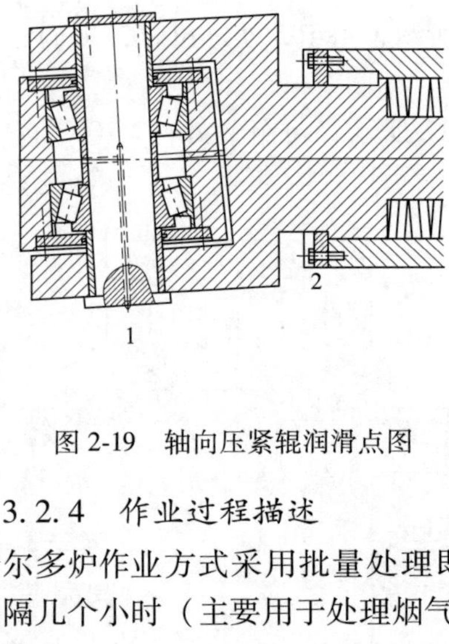

图 2-19　轴向压紧辊润滑点图

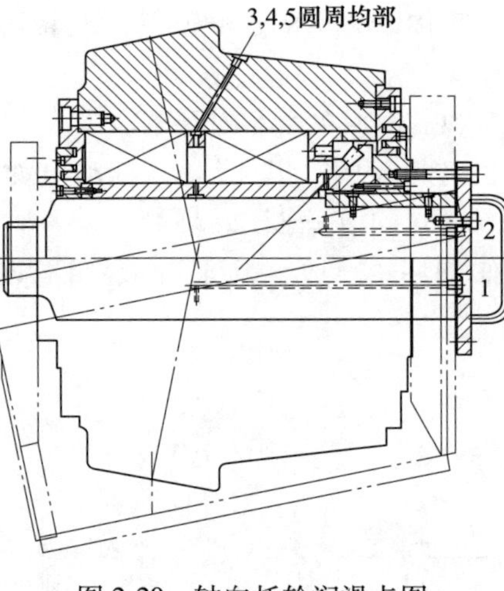

图 2-20　轴向托轮润滑点图

2.3.2.4　作业过程描述

卡尔多炉作业方式采用批量处理即间歇式操作，每炉物料熔炼、吹炼完毕，放空炉子，间隔几个小时（主要用于处理烟气中的硒回收作业）后，再进行下一炉的加料、熔炼和吹炼作业。

A　烤炉

新砌筑好的卡尔多炉，在熔炼前要进行烤炉。通过烘烤将炉砖内衬间的水分蒸发出去，使砖衬在投入生产前达到热力学平衡。烤炉是一项十分重要的操作，烤炉的好坏会直接影响到炉子寿命。烤炉必须根据耐火砖性能，决定其升温曲线及烤炉所需时间。

烤炉过程中，为控制温度分布，在砖衬内适当位置处会布置 5 个热电偶来监控温度走势，相关热电偶分布如图 2-21 所示。

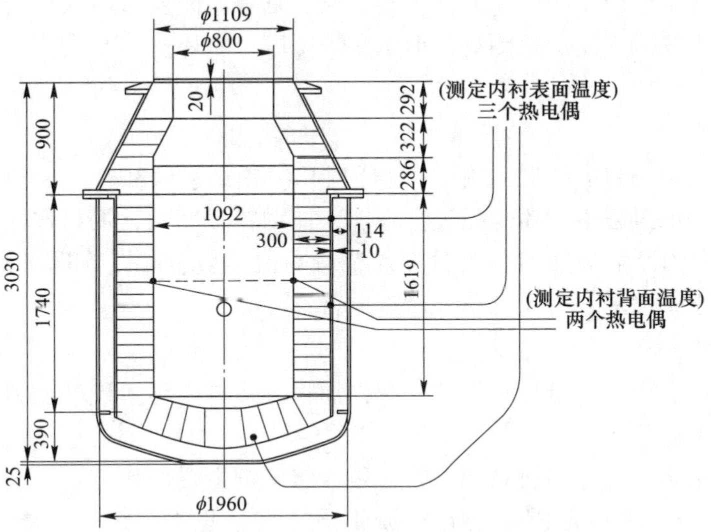

图 2-21 卡尔多炉热电偶分布图

以某厂 0.8 m^3 卡尔多炉烤炉实例，介绍烤炉步骤：

(1) 在卡尔多炉底部充满易燃物质，如木头、碎煤、废纸等。

(2) 将燃烧喷枪尽可能完全插入炉内，打开天然气阀门和启动喷枪点火开关点燃炉底易燃物质，天然气起初流量（标态）保持在 0.2~0.3 m^3/min，直至可见炉底砖衬过热变色（如发红）。此时，把喷枪位置稍微外撤。

(3) 15 min 后，关闭喷枪，将炉子缓慢旋转 90°。重新开启喷枪加热，15 min 后关闭喷枪，再将炉子旋转 90°。连续重复此过程 2 h(0~2 h)，直至砖衬内表面温度达到 600~800 ℃。

(4) 保持炉子以较低速度 1 r/min 旋转，天然气流量（标态）增至 0.3 m^3/min，持续时间 2 h(2~4 h)。

(5) 天然气流量（标态）增至 0.36 m^3/min，持续时间 4 h(4~8 h)。

(6) 天然气流量（标态）增至 0.41 m^3/min，持续时间 4 h(8~12 h)。

(7) 天然气流量（标态）增至 0.47 m^3/min，持续时间 4 h(12~16 h)。

(8) 天然气流量（标态）增至 0.52 m^3/min，持续时间 4 h(16~20 h)。

(9) 天然气流量（标态）增至 0.56 m^3/min，持续时间 4 h(20~24 h)。

(10) 天然气流量（标态）增至 0.60 m^3/min，持续时间 4 h(24~28 h)。

烤炉时间通常为 24~32 h。只要监控系统显示砖衬内表面温度达到 1100~1200 ℃，砖衬背面温度高于 200 ℃，则表明烤炉过程结束，炉子可以投入生产使用。

在烤炉升温末期，可能会发生炉温上升速度过快现象，此时，要根据实际情况将天然气流量稍微降低。通常砖衬内表面温度测量次数最少 1 次/h。

B 物料情况

卡尔多炉入炉物料主要包括以下三部分：脱铜泥（1%≤水≤3%）；熔剂：焦粉、苏打、石英砂、精铅或氧化铅；以及循环返料。

返料是指从各个生产工序产出的富含金、银、硒等，需要重新入炉冶炼的物料，主要有以下三种。浸出脱铜工序：银硒渣；卡尔多炉工序：吹炼渣、布袋尘；以及烟气净化工序：文丘里泥。

C　干燥作业

卡尔多炉对入炉物料的干湿度有着严格限制（1%≤水≤3%）。如物料过干，则粉尘量会增大，入炉冶炼过程中，粉尘损失会增加；如物料湿度大，加料作业时，炉子正处于热态，炉内高温且有金属熔体时，此时加入湿料则很容易引起爆炸现象，产生后果严重，轻则损伤炉子，重则会对人身安全造成严重危害。

D　加料作业

卡尔多炉作业采用小批量加料入炉处理，加料方式有两种：机械加料和人工加料。加料时，先加湿料，后加干料。

机械加料是指物料通过加料系统加料，是卡尔多炉主要加料方式，主要用于处理干物料（1%≤水≤3%），物料范围主要包括脱铜泥、文丘里泥、烟灰和熔剂（焦粉、苏打等）。

人工加料是指物料通过船形加料斗由炉口加入炉内，加料操作由人工操纵吊车完成，也是卡尔多炉经常使用的加料方式，主要用于处理吹炼渣、熔剂和循环返料。

E　熔炼过程

卡尔多炉熔炼实质是属于还原熔炼，主要目的是把脱铜泥中的金、银富集起来，形成贵铅，使杂质进入渣中或挥发进入烟尘中而除去，达到金、银与杂质的初步分离，并为金、银与杂质的进一步分离做好准备，如图 2-22 所示。

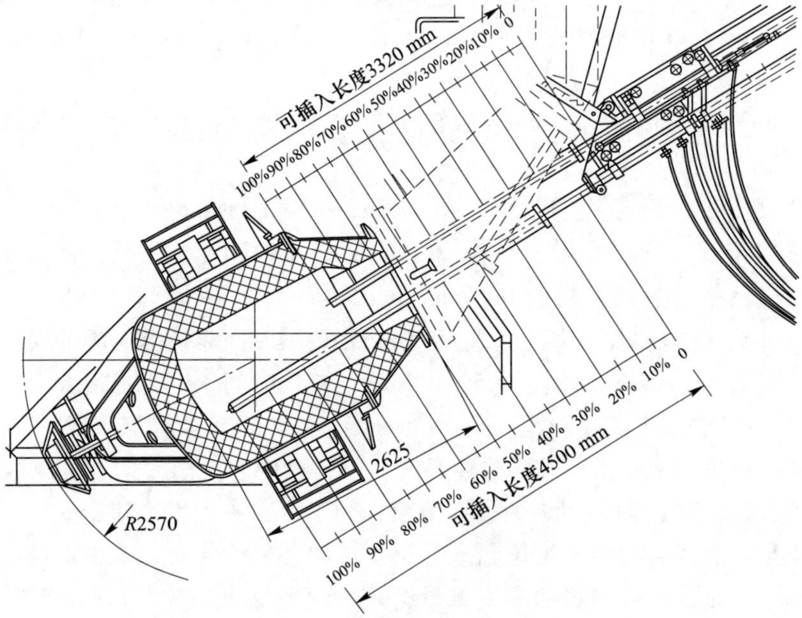

图 2-22　卡尔多炉作业简图

还原熔炼除杂过程分为三步：

（1）物料中有部分铜、硒、铋和碲被还原进入贵铅；

（2）物料中氯化银分解，氯气与铅反应形成氯化铅烟气进入净化收尘系统；

（3）物料中有 20%～30%铅进入贵铅，其余铅或进入渣中或进入烟气，少量锑进入贵铅。

熔炼过程采用分批进料、分批熔炼方式作业，每炉物料分为 3～5 批进料。卡尔多炉进料一定要遵循以下原则：湿料（置换银粉、二次沉硒物等，湿基）→吹炼渣→混合干料（脱铜泥、熔剂等）。

（1）启动燃烧喷枪先将炉内（空炉）温度升至 1000 ℃，开始进料作业，首批物料分成 4 小批入炉。湿料采用人工加料方式将返料（置换银粉、文丘里泥等，湿基）加入炉内，倾转炉体返回操作位（28°），插入、启动燃烧喷枪加热升温蒸干物料水分，炉体转速控制低速 0.5～1 r/min；当炉内物料呈半熔融、烧结状态时，关闭、撤出燃烧喷枪，炉体转至人工加料位，采用人工加料方式加入一船形料斗吹炼渣，炉体返回操作位，插入、启动燃烧喷枪加热升温进行化料，炉体转速控制低速 1 r/min，时间控制 10～20 min，直到信号显示炉内温度达到 850～900 ℃，则表示可以进行下一批加料。

其余第二、三、四批物料都是混合干料（脱铜泥、文丘里泥、焦粉、苏打、石英砂），加料方式采用机械加料，由加料系统加料，加料量 1200～1500 kg/批。化料控制相同，炉体转速控制低速 1 r/min，时间控制 10～15 min，直到炉内温度达到 850～900 ℃，则表示可以进行单批物料熔炼过程。

人工进料和加料系统进料时，卡尔多炉炉体停留在两个不同的加料位置。为避免炉内烟气大量进入工作环境，人工进料时，要尽量缩短进料时间（3～5 min）。

炉内物料化料时，炉体转速一定要控制低速 1 r/min，主要目的是尽量降低进入烟气的粉尘量。

（2）其他第二、三批物料均是混合干料，每批物料包括 2～3 小批，采用加料系统进料。进料、化料过程与首批相同，当信号显示炉内温度达到 850～900 ℃，则可以进行单批物料熔炼过程。

但是，是否加入第三批物料，主要取决于卡尔多炉的操作容积。新砌筑的炉子，炉内容积小，随着炉子使用次数增多，炉内砖衬磨损增加，操作容积会不断增大，那么加料处理量也会不断增大。到炉子使用寿命后期，炉内操作容积可以接近新炉子的 2 倍。

（3）分批熔炼。首批物料进料结束，炉内温度升至 850～900 ℃后，炉体转速逐渐增到 5～7 r/min，炉内温度持续上升进行充分化料，时间控制约 20 min。直到炉内温度升至 1130～1170 ℃，炉内物料全部转为熔融液体。随着炉体旋转 5～7 r/min、持续高温，炉内熔体混合均匀，炉内呈微还原气氛，且各物相间发生各类反应（如分解、还原和造渣等），整个熔炼过程炉内熔体温度都要维持高温（1130～1170 ℃），直至作业结束。

熔炼作业末期，为控制熔炼渣含银小于 0.45%，要及时提取渣样送去快速化验分析，化验结果要在 15 min 内反馈回来。如化验结果显示渣含银符合排放指标，则进行排渣作业；如化验结果显示，渣含银还较高，要及时根据炉渣成分进行冶金计算确定重新加入熔剂量继续进行熔炼，直至渣样化验结果显示渣含银符合排放指标，再进行熔炼渣排放作业。

排渣作业时，驶动电动包车进入渣道，使渣包位于炉口正下方：关闭、撤出燃烧喷枪，缓慢倾转炉口向下，将炉内金属熔体表面流动性好的稀渣层倒入渣包，使用吊车将装满熔炼渣的渣包送至通风烟罩下自然缓冷。排渣结束后，倾转炉口至加料位置，进行第二批物料的加料、熔炼过程，与首批物料的作业过程相同。

F　吹炼过程

熔炼作业结束，可以提取贵铅样化验分析，根据贵铅成分确定加入熔剂（苏打、石英砂）量。排出最后一批熔炼渣后，倾转卡尔多炉返回操作位置（28°）；插入、启动燃烧喷枪加热升温，插入吹炼喷枪，喷嘴与熔体表面之间距离约 15 cm，整个吹炼过程都要保持这个间距，启动吹炼风按钮，压缩空气以超声速离开喷嘴吹向熔体，开始进行吹炼作业。

a　一次吹炼

通过一次吹炼可将熔体中绝大部分铅和部分铜、锑、铋、碲强氧化入渣。吹炼过程中，由于吹炼风以高速吹向熔体，炉内熔体会剧烈翻腾、飞溅，而吹炼喷枪与熔体表面间距较近，喷枪枪体表面难免会附有冷凝黏结物，因此操作者要定时检查枪体黏结情况。

检查时，如枪体表面黏结物不多，可及时将喷枪撤出炉口，用敲击方式将枪体表面黏结物清理干净后，再重新插入喷枪继续吹炼；如枪体表面黏结物多导致喷枪不能从炉口撤出，此时要将喷枪返回吹炼位置，关闭吹炼风，依靠炉内高温可熔化部分黏结物，再重新尝试将喷枪从炉口撤出，去清理黏结物。做此项工作时，喷枪在炉内停留时间一定要短，操作一定要小心、谨慎，否则关闭吹炼风的喷枪在炉内停留时间过长会导致枪体弯曲、损坏。

一次吹炼作业结束，要将合金熔体表面渣层排出，及时从炉内提取渣样和金属样送去快速化验分析。

b　二次吹炼

在二次吹炼作业过程中，熔体中绝大部分硒氧化成二氧化硒、碲氧化为二氧化碲挥发进入烟气，部分铅、铜、锑、铋、碲强氧化入渣。直至吹炼作业末期，及时提取渣样和合金样送去快速化验分析，化验结果 15 min 内反馈回来，如合金样化验结果显示合金含铅、锑、铋等杂质都不大于 0.01%，只有少量铜、硒、碲进入合金中，则表明到达吹炼作业终点。

吹炼渣排渣作业与熔炼渣相同，但排渣时一定要将合金熔体表面渣层排除干净。必要时，可用专用扒渣工具将熔体表面的渣层扒除干净，以便于下一步精炼作业。

c　精炼作业

吹炼作业结束后，根据合金碲含量通过冶金计算确定加入熔剂量。将炉内熔体温度升至接近 1200 ℃，部分杂质碲与苏打反应生成碲酸钠入渣，剩余杂质硒、碲被强氧化挥发进入烟气。精炼作业时，一定要注意控制炉内温度不能过高，如温度过高，那么已渗入砖衬中的杂质会重新溢出进入熔体，对多尔合金质量造成不良影响。

精炼作业结束，采用人工扒渣方式，使用专用扒渣工具将熔体表面的渣层扒除干净。及时提取合金液样浇铸成样锭，水冷后送去快速化验分析，如化验结果显示合金含（金+银）不小于 98%，杂质锑、铋都不大于 0.01%，则表示到达精炼作业终点，炉内金、银合金熔体可以准备出炉浇铸。

G　出炉及多尔合金板浇铸

卡尔多炉出炉时，将电动包车驶入渣道，金属台包置于炉子正下方，启动台包加热燃烧器便于加热保温熔体，倾动炉口向下，将炉内合金熔体一次性倒入台包。倾倒熔体时，速度尽可能要快，主要是尽量避免已渗入炉衬内的杂质被冲刷溢出，进入熔体而影响合金质量。

使用吊车将装满合金熔体的台包送至浇铸台，将熔体倒入可倾动感应电炉内，启动电炉电源，重新加热熔体，当炉内温度升至1150~1200 ℃时，则表明可以出炉浇铸。往炉内熔体表面覆盖一层草木灰，主要是降低熔体氧含量；如熔体含氧过多，那么浇铸出来的合金板发脆易断，不利于银电解精炼。

合金板浇铸采用手动圆盘浇铸机，模具水平放置，浇铸出来合金板。浇铸过程多为手动操作，因此，操作工的熟练程度对合金板的物理规格、废品率有决定性影响。锭、模采用喷水冷却，手工脱模，目视检查合金板外观，剔除飞边毛刺，将合格合金板送入银电解工序进一步处理。

H 产物

a 多尔合金阳极板

卡尔多炉熔炼、吹炼、浇铸产出的多尔合金阳极板应满足技术指标：(金+银)不小于97%，杂质铜小于2%，铅、硒、碲、铋和锑都不大于0.01%。多尔合金阳极板成分实例见表2-18。多尔合金阳极板块重12 kg，送银电解精炼。

表 2-18 多尔合金阳极板成分实例 (%)

元素	Ag	Au	Cu	Pb	Bi	As	Sb
含量	95.05	3.14	0.77	<0.01	<0.01	<0.01	<0.01
元素	Se	Te	Ba	SiO_2	Na	Cl	S
含量	<0.01	<0.01	<0.01	<0.01	<0.01	<0.01	<0.01

b 炉渣

卡尔多炉排出的炉渣分为三类：熔炼渣、吹炼渣、精炼渣。熔炼渣渣量最大，渣率约为50%；吹炼渣渣率约为16%；精炼渣渣量最少，渣率约为2%。这三种渣子的主要成分见表2-19~表2-21。

表 2-19 熔炼渣成分实例 (%)

元素	Ag	Au	Cu	Pb	Bi	As	Sb
含量	0.33	0.0100	0.33	29	4.8	1.4	2.6
元素	Se	Te	Ba	SiO_2	Na	Cl	S
含量	0.28	1.2	14	5.6	2.2	0.071	5.4

表 2-20 吹炼渣成分实例 (%)

元素	Ag	Au	Cu	Pb	Bi	As	Sb
含量	2.8	0.086	1.7	51	6.9	0.44	1.2
元素	Se	Te	Ba	SiO_2	Na	Cl	S
含量	0.22	3.8	1.1	10.7	0.15	0.0056	0.16

表 2-21　精炼渣成分实例　(%)

元素	Ag	Au	Cu	Pb	Bi	As	Sb
含量	0.7	0.019	1.06	8.2	2.0	0.035	0.17
元素	Se	Te	Ba	SiO_2	Na	Cl	S
含量	0.088	15	0.40	3.9	48	0.0018	0.0005

从以上三个表可以看出，吹炼渣含金、银较高，需要返炉处理。而熔炼渣、精炼渣含金、银较低，含杂质较高，如返炉处理，成本上不合算，并且会造成卡尔多炉循环渣量增大，渣夹带金、银量增大，造成恶性循环，因此应送往铜冶炼主工艺系统处理或送独立的铅铋处理系统回收金、银、铅、铋。

熔炼渣排入渣包，用吊车将装满渣子的渣包送至通风烟罩下自然缓冷 24 h，缓冷过程中，渣内夹杂的贵金属大颗粒下沉至渣包底部。24 h 后，渣子基本凝固成块，用吊车将渣包送至碎渣处，将渣子倒出，用打渣机将渣子破碎成小块，过磅后返铜冶炼系统或单独处理。收集渣包底部贵金属沉积物，过磅后返卡尔多炉处理。

精炼渣的处理方式与熔炼渣相同。吹炼渣处理方式与熔炼渣相同，但要求破碎后的渣子粒度小于 50 mm，才能返卡尔多炉处理。

c　烟气

进入烟气净化系统的烟气成分实例见表 2-22。

表 2-22　烟气净化系统的烟气成分实例　(t/a)

元素	Ag	Au	Cu	Pb	Bi	As	Sb
含量	5.1	0.117	2	94	15	10	3.0
元素	Se	Te	Ba	SiO_2	Na	Cl	S
含量	272	20	2.6	2.7	21	11	52

进入布袋收尘器的烟气成分实例见表 2-23。

表 2-23　布袋收尘器的烟气成分实例　(t/a)

元素	Ag	Au	Cu	Pb	Bi	As	Sb
含量	2.08	0.049	0.20	6.5	1.3	0.33	0.45
元素	Se	Te	Ba	SiO_2	Na	Cl	S
含量	4.1	0.88	1.3	0.51	0.47	0.093	1.1

I　疑难问题解析

在卡尔多炉冶炼生产过程中，有时会出现一些疑难问题，需要技术人员、管理者和操作人员进行正确判断分析和处理。

(1) 阳极泥含铅、铋高。阳极泥含铅、铋高，黏性增大，在压滤过程中不易将夹杂的硫酸铜冲洗掉，影响高压釜脱铜效果。阳极泥含铅、铋高导致脱铜渣含铅、铋高，卡尔多炉处理脱铜渣时，贵铅熔体增长快，导致每炉次的投料量降低，吹炼次数增加，每炉的作业时间也会增加。同时产生吹炼渣、文丘里泥等中间物料量增大，导致卡尔多炉的返料量增大，影响卡尔多炉处理能力。

（2）阳极泥含砷、铋、锑高。阳极泥中低熔点的砷、铋、锑等的增大导致卡尔多炉烟尘率增大，烟气净化系统黏结严重，同时产生吹炼渣、文丘里泥等中间物料量增大，导致卡尔多炉的返料量增大，影响卡尔多炉处理能力。

（3）渣线控制。卡尔多炉的耐火砖最易被冲刷和腐蚀的区域称为渣线区，渣线一般位于锥部与筒体连接处，渣线区的耐火砖腐蚀程度最为严重。在实际生产中，随着炉子耐火砖的整体消耗，炉膛容积也在不断增大，如果一直保持最大投料量，会导致渣线过于集中，使得渣线区域变薄而其他部分腐蚀不大的情况发生，从而不得不提前更换炉子。通过控制每一炉期的后期投料量，使得不同炉次的渣线移动，得到的渣线区域较改造前有所扩大，从而有利于延长炉龄，使得每炉期的日均物料处理量明显增大。

（4）还原气氛的控制。卡尔多炉熔炼阶段主要是通过加入焦粉把物料中的铅还原成单质铅，而铅合金能无限溶解金、银，形成贵铅，同时加入石英砂和碳酸钠来进行造渣。对于处理的高铅铜阳极泥，有利于金银富集，但过多的铅会影响后续的吹炼阶段，尤其是高铋阳极泥，所以在熔炼阶段会根据脱铜泥中的铅铋含量来对焦粉加入量进行适当调整，在控制熔炼渣含银小于0.45%的同时，也使得大部分铅、铋进入熔炼渣。

（5）精炼阶段的控制。卡尔多炉吹炼阶段可除去大部分的铜、铅、铋、锑、硒、碲等杂质，而精炼阶段主要是进一步除去铋、硒、碲等杂质，尤其是针对高碲杂质的入炉物料，一般通过加入碳酸钠来造碲渣除碲，从而保证出炉的金银合金含量合格。通过浸出作业优化后，可脱除阳极泥中绝大部分碲，将脱铜泥中的碲含量一直维持在较低水平，并且再对入炉的中间物料——文丘里泥和烟灰进行碲的开路处理，经过正常的熔炼和吹炼造渣后，合金中杂质的碲含量容易达标，可以省去精炼操作。

（6）烟气的控制。一方面通过烟道调节阀调节主烟气和环集烟气的分配，减少进入系统的烟尘量，从而降低系统的清理频次，总体上提高了整个卡尔多炉的作业率；另一方面还通过优化中间物料（文丘里泥和吹炼渣）的入炉方式，进一步提升了炉子处理物料的能力。

2.3.3 银的电解

从卡尔多炉冶炼工序出来的多尔金银合金板需要进一步分离和提纯。银与金的分离及提纯通常采用火法、化学法和电解法。随着近代科学技术发展而产生的电解法，在一定条件下，几乎取代了火法和化学法。这是由于电解法分离和提纯金、银操作简便、原材料消耗小、生产效率高、产品纯度高而稳定、能节省大量劳动力、劳动强度低，并能分离回收其中的少量铂族金属。

2.3.3.1 概述

电解精炼银，是为了产出纯度较高的电解银。通过电解，可使多尔金银合金板中的贱金属杂质、金及铂族金属分离。

银电解精炼过程中，银呈粒状结晶析出，故阴极银呈树枝状，生长速度很快，电解过程中容易脱落。为了防止树枝状阴极银产生短路，需要安装阴极刮板装置，在阴极上析出的银，不断被刮板装置刮落于电解槽底。为保证槽底阴极银质量，必须在阳极上加阳极布袋，以免阳极泥和残极落入槽底而污染阴极银。通过银电解精炼，可在阴极上获得99.99%的阴极银。金则富集于阳极泥中，称之为“金泥”，送往金精炼工序。银电解精炼的工艺流程如图2-23所示。

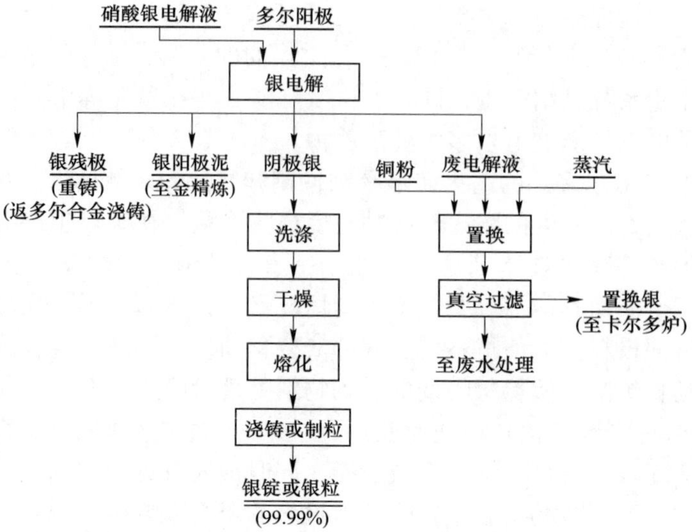

图 2-23　银电解精炼工艺流程图

2.3.3.2　基本原理

使直流电通过电解质溶液或熔融电解质而在阴、阳两极引起氧化还原反应称为电解。在电解中，电能转变成化学能，这种变化发生在电解池或电解槽中。跟直流电源负极连接的是电解池的阴极，跟直流电源正极连接的是电解池的阳极。如果电解质溶液里含有不止一种阴离子或阳离子，电解时究竟哪种离子在电极上放电，主要取决于它们的相对标准电极电势。标准电极电势大的阳离子优先在阴极上放电，小的阴离子优先在阳极上放电。

电解过程是十分复杂的，实际操作中的各种因素如电流密度、温度、搅拌情况，还有溶液中离子浓度、电极材料及表面状态等都会影响离子在电极表面的放电。温度、离子浓度的影响可以用能斯特方程式计算，通电后引起电极极化等现象可以由测定超电势估计，综合这些因素后，根据析出电势的大小才能最后判断哪种离子在电极上放电。在电解时，电解质必须先电离成能自由移动的离子，然后在通直流电后，阴、阳离子分别移向两极而放电。因此，电解质的电离是电解的基础。

A　银电解的基本反应过程

祥光铜业贵金属车间银电解精炼是以铜阳极泥熔炼所得的多尔合金阳极板为阳极，以不锈钢片为阴极，以硝酸、硝酸银的水溶液为电解液，在莫斯比电解槽中通以直流电进行电解。

银电解精炼的电解过程，可视为下列电化学系统中所发生的过程：

$$Ag(阴极)\,|\,AgNO_3、HNO_3 \cdot H_2O\,|\,Ag(阳极)$$

阳极（多尔合金阳极板）主要反应：$Ag - e \Longrightarrow Ag^+$

阴极（不锈钢板）主要反应：$Ag^+ + e \longrightarrow Ag$

电解液中的各组分，按下式进行电离：

$$AgNO_3 \Longrightarrow Ag^+ + NO_3^-$$

$$HNO_3 = H^+ + NO_3^-$$

$$H_2O \longrightarrow H^+ + OH^-$$

在直流电的作用下，阳极发生电化学溶解，阳极板中的银被氧化成一价银离子[21]。但是，当电流密度小时，也可能被氧化成半价银离子。半价银离子可自行分解生成一价银离子，并分解出一个金属银原子，进入阳极泥中，反应式如下：

$$Ag - e \longrightarrow Ag^+$$

$$2Ag - e \longrightarrow Ag_2^+$$

$$Ag_2^+ \longrightarrow Ag\downarrow + Ag^+$$

此外，阳极板中还含有其他金属杂质，如铜等贱金属，同时也被氧化而进入电解液。银、铜金属在阳极上除了电化学溶解外，还有一系列的化学溶解，反应式如下：

$$NO_3^- - e = NO_2\uparrow + [O]$$

$$2Ag + [O] = Ag_2O$$

$$Ag_2O + 2HNO_3 = 2AgNO_3 + H_2O$$

$$2NO_2 + H_2O = HNO_3 + HNO_2$$

$$HNO_2 + [O] = HNO_3$$

$$MeO + 2HNO_3 = Me(NO_3)_2 + H_2O$$

第一个反应中所生成的二氧化氮，除生成硝酸和亚硝酸外，还有一部分在过程中挥发损失掉。阳极中，由于金的原子可取代合金中若干银原子，并保持原来银的晶格，故金能以任何比例与银形成组分分布均匀且结合紧密的合金。又由于金在银电解时是不溶解的，故当阳极中金原子多到一定程度时，就会包裹银原子，而起到屏蔽（不溶解）银的作用，故合金中金含量不应过高。除金、银外，阳极中通常还含有1%~3%或更多的铜、铅、铋和硒等杂质，以及少量的铂族杂质。

在阴极上主要是银离子放电析出金属银，反应式如下：

$$Ag^+ + e \longrightarrow Ag$$

但是，阴极上除发生析出银反应外，也可能发生消耗电能和硝酸的下列有害反应：

$$H^+ + e \longrightarrow 0.5H_2$$

$$2NO_3^- + 10H^+ + 8e \longrightarrow N_2O\uparrow + 5H_2O$$

$$NO_3^- + 4H^+ + 3e \longrightarrow NO\uparrow + 2H_2O$$

$$NO_3^- + 2H^+ + e \longrightarrow NO_2\uparrow + H_2O$$

$$NO_3^- + 3H^+ + 2e \longrightarrow HNO_2\uparrow + H_2O$$

由于银的析出电位比氢正得多，因此在有银离子存在下，氢离子通常不会放电析出氢气。由于上述这些伴生反应的发生，因而常常需要往硝酸银电解液中补加硝酸。

为了缩短银电解周期，防止半价银离子的生成，银电解一般采用较高的电流密度，这样就使阴极上析出银的速度较快，沉积物疏松，形成粒状、片状、针状或树枝状。

B 银电解精炼过程中的杂质行为

阳极板中其他杂质金属在电解过程中的行为与各自的标准电极电位有关。一些金属的标准电极电位见表2-24。

表 2-24　一些金属的标准电极电位（25 ℃）

元素	阳离子	电位/V	元素	阳离子	电位/V
锌	Zn^{2+}	-0.76	砷	As^{2+}	+0.30
铁	Fe^{2+}	-0.44	铜	Cu^{2+}	+0.34
镍	Ni^{2+}	-0.25	铜	Cu^{+}	+0.52
锡	Sn^{2+}	-0.14	银	Ag^{+}	+0.80
铅	Pb^{2+}	-0.126	钯	Pd^{2+}	+0.82
氢	H^{+}	0	铂	Pt^{2+}	+1.20
锑	Sb^{2+}	+0.10	金	Au^{3+}	+1.50
铋	Bi^{2+}	+0.20			

银电解过程中，按照各元素性质和行为的不同，可将它们分为下述各类：

（1）阳极中的杂质金属，凡是比银更负电性的金属，都有可能电化学溶解，如铅、锑、砷、铋和铜等。它们进入电解液后，逐渐积累起来，从而污染电解液，消耗硝酸，降低电解液的导电性，铅有一部分溶解进入电解液，还有一部分被氧化成 PbO_2 而附在阳极上，妨碍阳极溶解，如掉进阳极泥，也会降低阳极泥质量。砷在阳极中含量很少，故对电解液污染不大。铜、铋的电极电位与银接近，如在电解液中积累到一定程度，可能在阴极上与银一起析出，这对电解银质量危害很大。铋有可能以碱式盐沉淀，进入阳极泥或进入析出阴极银中，也会对电解银质量造成很大危害。

铜是阳极中含量最多而又对银电解最为有害的杂质。阳极中含铜高还会破坏银从阳极溶解。当阳极含铜为 5%时，阴极析出的银有 84%来自阳极溶解，其余来自电解液中的银离子，从而引起电解液中银离子浓度的降低。阳极中铜的溶解生成的铜离子，可能发生下列反应：

$$Cu^{2+} + e = Cu^{+}$$

Cu^{+}的出现，不仅消耗电能，还会产生铜粉：

$$2Cu^{+} = Cu + Cu^{2+}$$

铜粉既污染阳极泥，又降低了阴极银质量。

（2）阳极中比银更正电性的金属，如金和铂族金属元素，在银电解过程中不发生电化学溶解，而以固体状态存在于阳极泥中。当阳极含这类金属不多时，对银电解精炼无不良影响，但如果含金过多，则会妨碍阳极电化学溶解。

（3）阳极中有些金属以化合物存在，如碲化银、硒化银、碲化亚铜和硒化亚铜等，它们难溶于硝酸，不发生电化学溶解，随阳极的溶解过程，以固体颗粒脱落到阳极泥中。

综上所述，阳极板上的杂质金属对银电解精炼最有害的是铜，其次是铋、锑，金无大影响，且在电解过程中富集到阳极泥中。

C　电解液

银电解精炼所使用的电解液由硝酸、硝酸银的水溶液组成。游离硝酸的作用在于改善电解液的导电性，但含量不能过高，过高会促使阴极析出银的化学溶解，放出二氧化氮，使氢离子增高而放电。因此，为提高电解液的导电性，不能过分提高硝酸浓度，可加入部分硝酸钠或硝酸钾。

电解液中银离子浓度的高低，视电流密度及阳极品位而定。电流密度大，银离子浓度要高，以保证阴极区应有的银离子浓度；阳极品位低，杂质多时，银离子浓度要高些，以压抑杂质离子在阴极析出。

a 电解液的配制

电解液的配制，生产上称之为“造液”。硝酸银溶液是银电解过程中的主要原料，目前国内外一般采用传统的造液方法，即通过银粉和浓硝酸的反应得到，反应方程式为：

$$Ag + HNO_3 \longrightarrow AgNO_3 + NO_x + H_2O$$

可见，传统的造液方法在造液过程中会使硝酸中1/3的N形成氮氧化物气体，这些气体对人体的健康有害。有的企业将这些气体直接排放，严重污染工业场所和大气环境。有的企业用吸收剂把这种气体吸收溶解，但是又会产生吸收液处理的问题，同样会对环境造成污染，而且传统的造液方式生产效率低，硝酸消耗大。

为解决传统造液中的氮氧化物污染及生产效率低、硝酸消耗大的技术难题，祥光铜业研发出一种具有自主知识产权的银电解造液系统，在不产生氮氧化物的情况下，高效生产硝酸银电解液。硝酸银造液系统如图2-24所示。

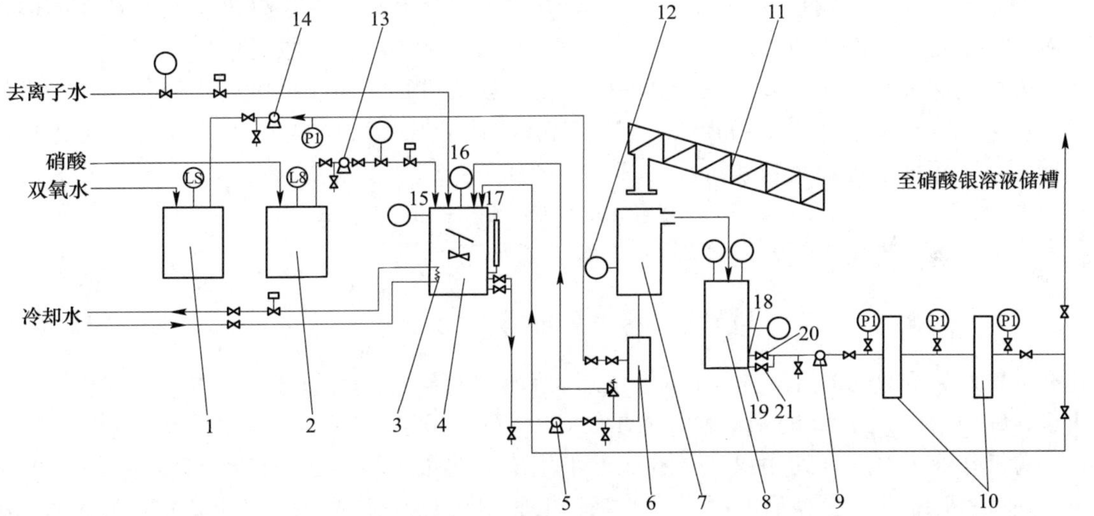

图 2-24 银电解造液系统图

1—双氧水储槽；2—浓硝酸储槽；3—冷却循环水换热器；4—混酸槽；5—混酸液计量泵；6—混液器；7—反应器；8—缓冲槽；9—硝酸银输送泵；10—过滤器；11—螺旋给料机；12—温度传感器；13—浓硝酸计量泵；14—双氧水计量泵；15—浓硝酸注入口；16—清水注入口；17—硝酸银溶液注入口；18，19—缓冲槽第一、二出口；20，21—手动阀

图2-24中装置包括：反应器、缓冲槽、浓硝酸储槽、双氧水储槽、混酸槽和控制系统。

反应器上设有注入口和溢流出口且注入口位于反应器的底部，溢出口位于反应器的上部，反应器的下方设有混液器，用于混合输入进来的硝酸和双氧水并输送至反应器上的注入口。

缓冲槽具有一个入口和第一、第二两个出口，其入口与反应器上部的溢流出口连通。

浓硝酸储槽用于储存浓硝酸，通过浓硝酸计量泵输送浓硝酸至混酸槽；双氧水储槽用于储存双氧水，通过双氧水计量泵输送双氧水并经混液器至反应器上的注入口；混酸槽具有清水注入口、浓硝酸注入口和初级硝酸银溶液注入口，并通过混酸液计量泵将混酸槽内混配完成的酸液定量匀速输出并经混液器至反应器上的注入口，清水注入口连通清水供水管路，浓硝酸注入口连通至浓硝酸储槽，初级硝酸银溶液注入口连通至缓冲槽的第一出口；缓冲槽的第二出口连通至成品硝酸银溶液输出管道，初级硝酸银溶液通过手动阀的调节输送至混酸槽或成品硝酸银溶液输出管道。

控制系统包括控制单元和计时单元，计时单元在双氧水计量泵启动信号的触发下计时开始，并在预设时间到达时由控制单元启动混酸计量泵。

反应器的下部设有的温度传感器，控制单元接收温度传感器发出的温度信号并在该温度高于 93 ℃时同时关闭双氧水计量泵和混酸液计量泵。

b　废电解液的处理

银电解精炼一段时间后，电解液中的杂质（铜、铅等）积累到一定程度，会对阴极银质量造成重大危害，必须进行净化处理。如果电解液中含铅、铋、锑等过高，可以往电解液中加入一些硫酸或硫酸钠，使铅呈硫酸铅沉淀，此时铋、锑等也呈碱式盐或氢氧化物沉淀。如果电解液中含铜超过 30~35 g/L，则应抽出部分电解液送去处理，同时补充同体积新液入电解系统，由于所抽出的电解废液中含有银，必须进行回收后再排放。

处理电解废液方法很多，现选其中的铜粉置换法进行介绍。把电解废液和其他银电解工序产生的含银废液加入置换槽中，启动机械搅拌，通蒸汽加热至 60~70 ℃，加入铜粉进行置换，银即被还原为粒状沉淀，其反应式如下：

$$2Ag^{+} + Cu = 2Ag + Cu^{2+}$$

废液置换处理所需铜粉量（kg），计算公式如下：

$$\text{所需铜粉量} = V \times c_{Ag} \times \frac{A_{Cu} \times 1.05}{2 \times A_{Ag}} \tag{2-3}$$

式中，V 为置换槽内的溶液体积，m^3；c_{Ag}为溶液中的含 Ag 量，g/L；A_{Cu}为 Cu 的相对原子质量，63.54；A_{Ag}为 Ag 的相对原子质量，107.87；1.05 为 Ag : Se 摩尔比。

置换作业一直进行到用氯离子检验，不生成氯化银沉淀为止，产出的置换银粉（98% Ag）返重铸阳极板。置换后的废液送入废水处理工序，加入碳酸钠，产出碱式碳酸铜送铜冶炼系统，残液则送废水处理系统。

2.3.3.3　银电解主要设备

银电解精炼相关主要设备包括硅整流装置、阳极吊装装置、电解槽和阴极自动刮板装置。

祥光铜业贵金属车间银电解精炼所用的电解槽是从国外进口的莫斯比立式电解槽，共 16 个，分为两组四列，每列 4 个电解槽。每个电解槽内垂直吊挂 7 块不锈钢阴极、6 个双层阳极袋和 6 组阳极。每组阳极包括 2 块多尔合金阳极板（12 kg/块），2 块阳极板分别用银钩子吊挂在导电棒上组成一组阳极。装槽作业时，使用阳极吊装装置可以将 6 组阳极同时吊装入电解槽内的阳极袋内，一组阳极对应一个双层阳极袋，每个双层阳极袋上都装有支撑杆，支撑杆悬挂在槽面上，阳极袋采用特殊合成纺织品制成，如图 2-25 所示。

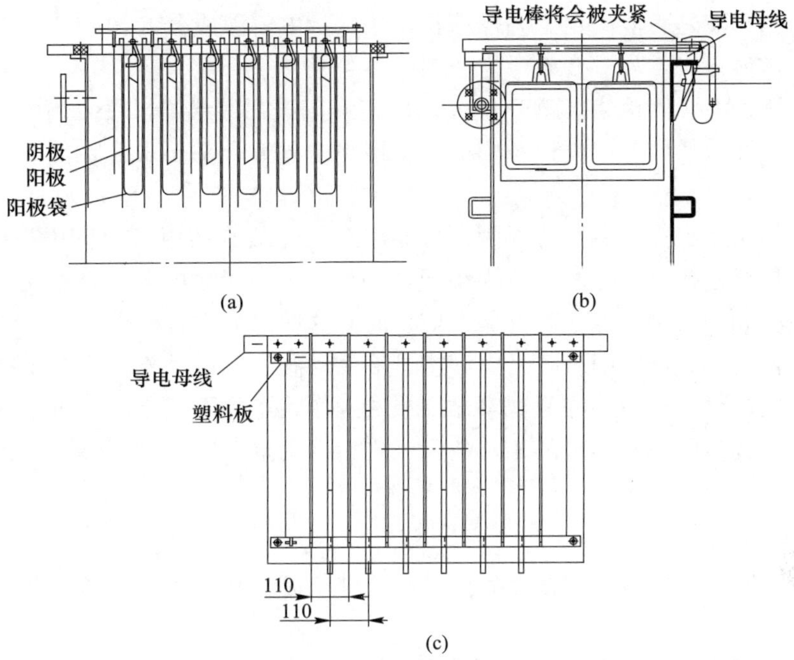

图 2-25 银电解槽简图

（a）主视图；（b）左视图；（c）俯视图

银电解以硅整流器输出直流电作为电源。电解槽内的阴极和阳极，以及电解槽间的连接方式，采用复联式。所谓复联式，是指在同一槽内阴极和阳极均采用并联，而电解槽间采用串联。阴极和阳极在槽中，均作等距离排列，每两组阳极之间放一块阴极，每个槽中阴极比阳极多一块。复联式的电流走向，是使电流从母线极流到电解槽的各组阳极上，再从每组阳极通过电解液流到相对应的阴极上，一直流回母线板返回电源。

（1）电解槽。莫斯比电解槽是矩形立式电解槽，包括槽面母线系统支撑部件、电解液循环进出法兰、电解槽底部有一个阴极银和电解液排放法兰和在电解槽底部装有槽支撑机构。在电解槽内有一系列漏电防护板。槽底排放法兰带有气动阀门，从电解槽上部操作。

（2）阴极自动刮板装置。为防止阴极上析出阴极银结晶过长，引起短路，阴极上会配备自动刮板装置。电解作业时，紧贴阴极板面的塑料刮刀来回运动，将析出的阴极银结晶及时刮落电解槽底部。每列（4 个）电解槽配备一台刮板装置。刮板装置主要包括：支撑架在槽下部中心，支撑滑动机械轴承；移动机械带轴、曲柄装置、滑动轴承、轮车释放装置和驱动装置；移动轮车，每个槽一个，包括支撑塑料刮板（刮刀）和滑动旋钮的金属框，每个轮车在运行时都可以单独断开连接。

2.3.3.4 技术操作

银电解精炼采用连续性作业，电解槽的操作是间歇式，当一列电解槽电解周期结束，需要停槽、出槽，重新装槽和做好准备工作后，才能进行该列槽的下次作业。下面介绍银电解精炼工序的主要过程。

A　电解前的准备工作

首先检查电解液是否能满足工艺操作技术条件：电解液成分（银：115~150 g/L，铜：<35 g/L），电解液 pH 值为 3~3.5。

将不锈钢阴极板、阳极袋装槽到位，用吊车和阳极吊装装置将阳极吊装入阳极袋内。多尔合金阳极板在装槽前，应先检查阳极板物理规格是否合乎要求，板面要平直，无飞边毛刺。

装槽作业结束后，操作者要确保阴极板导电头和母线板接触位之间电压降小于5 mV，阳极导电棒和母线板接触位之间电压降小于 15 mV。如果接触位电压降过大，则表明母线板阴极板导电头和阳极导电棒上有污垢，应及时对这些部分进行处理。

关闭电解槽底部气动阀门，打开电解槽进液手动阀门。启动与单列电解槽相对应的循环泵往电解槽内添加电解液，注意观察循环泵的工作状态是否正常。当电解槽内加满电解液后，需要人工调节阴极和阳极的相对位置，之后手动推动阴极刮板装置，刮板装置应运行平稳流畅。

B　电解过程

经过检查表明一切准备工作都已到位，启动硅整流器和阴极自动刮板装置开始进行电解作业。

如果是首次进行电解，循环槽、电解槽内电解液全部是新配制的，温度较低，需要进行预热升温，因此在电解初期，硅整流器直流电流输出设定值要较低（700~800 A），保持这个电流值，直到控制系统显示硅整流器输出电压达到50 V，这时表明电解槽内电解液温度接近或达到技术条件 45~55 ℃，持续这种状态几个小时，直到电解槽、循环槽内电解液温度平稳都能满足生产需要后，再将硅整流器输出电流值调节上升至正常操作电流 1200~1300 A。

a　电解作业

启动硅整流器后，操作者要及时通过控制系统监控槽电压的变化。同一列电解槽的槽电压要基本一致，偏差不能超过 0.5 V。如果偏差过大，则表明某个电解槽的阴极板导电头和母线板接触位之间电压降、阳极导电棒和母线板接触位之间电压降出了问题，操作者要立刻对这些部位进行检查，排除故障。

电解槽正常操作槽电压是 3.5~4 V，随着阳极电化学溶解，槽电压会逐渐上升。在电解末期，槽电压达到 5~6 V，则表明这个电解槽接近或达到作业终点，同时要采用人工方式及时检查阳极残余质量确定是否应该停槽。

通常来说，一列电解槽中的几个槽子不会同时停槽，首先一个槽子满足停槽条件，要进行短接停槽，其余几个槽子继续进行电解；当出现第二个槽子也满足停槽条件时，则表明整列电解槽都可以停槽，这时关闭与单列电解槽相对应的阴极自动刮板装置、循环泵和硅整流器进行停槽作业。

电解过程中，循环电解液的 pH 值控制也要特别注意，正常 pH 值为 3~3.5，可以用计量泵往循环槽内添加校准过的氢氧化钠溶液来调节电解液的 pH 值。但在添加碱液时一定要特别小心，不要出现碱液过量现象。此外，阳极含 Pd 高也会对电解液的 pH 值造成影响，如果阳极含 Pd 较低则对 pH 值影响不大。

b 出槽作业

停电停槽后，打开电解槽底部的排液气动阀门将槽内电解液、阳极袋内电解液和阴极银排往阴极银筛桶，一列电解槽的槽子要分开排放，不要同时开启，否则可能会出现阴极银堵塞排放管道现象。操作者要随时注意观察排放情况，查看阴极刮板装置的塑料刮刀是否有残缺现象。如果有塑料残片掉落于电解槽底部则可能会堵塞排放口，这时操作者要及时取出塑料残片，使排放过程能正常进行。为保证电解槽内阴极银能够排放干净，要启动循环泵将电解液重新返回电解槽，进行二次或多次排放过程。

排放过程中，阴极银和电解液的混合物同时进入阴极银筛桶，这时不要急于打开筛桶下部排液阀门，应滞留几分钟，让阴极银在筛桶内进行沉积，质量好的大颗粒阴极银会沉积在筛桶下部，此时再打开排液阀门，将筛桶内电解液排出、返回循环槽，即便如此，返回循环槽的电解液中也会夹杂有少量细粒银。排液完毕，关闭排液阀门，进行下一步洗涤工序。

阳极袋内电解液排放持续时间会长一些，排干约需要 1 h。在此时间段内，操作者采用手工方式进行残极出槽作业。待阳极袋内电解液排干，再进行阳极袋（阳极泥）出槽作业。在残极和阳极泥出槽过程中，由于是手工作业，操作者一定要小心、仔细操作，不要让阳极泥颗粒脱落掉入电解槽中，避免造成金损失。残极、阳极袋要分别放置在不同的容器中再送去进行进一步处理。此外，按照经济技术指标，阴极银含金应小于 $10\times10^{-4}\%$，如果是操作失误导致阳极泥颗粒（含金）随电解液进入阴极银中，使金最终进入产品银锭或银粒中，将金以银的价格出售，这绝对是得不偿失的。因此，阴极银含金控制小于 $10\times10^{-4}\%$。

出槽作业结束，将新阳极袋、新一批阳极板装槽到位和做好准备工作后，按照银电解精炼工序时间进程表，进行下一次电解作业。

C 阴极银洗涤和干燥

阴极银洗涤设备主要包括两个阴极银筛桶，筛桶结构分为内外两层，内层是圆形平底筛网桶，外层是圆形锥底不锈钢桶。一组（两列）电解槽共用一个筛桶，每个筛桶一次可承担一列电解槽的阴极银排放和洗涤任务。

a 洗涤作业

电解作业结束，单列电解槽内的电解液和阴极银从槽底部排放口排入阴极银筛桶，电解液从筛桶下部排出，返回电解液循环槽继续使用，阴极银滞留在筛桶内层筛网桶内，阴极银使用去离子热水进行洗涤。

通常来说，热水洗涤 3 遍就可将阴极银内酸液洗涤干净。但在洗涤过程中，操作者要随时观察洗水颜色，如果洗水无色、透明，则表明已洗好；如果洗水浑浊、有颜色，则表明阴极银需要继续洗涤。最后一遍洗涤结束，要尽量控干阴极银内水分。由于洗水含银，需要进一步处理，第一遍洗水含银较高，可以返回电解液循环槽当补水用，其余洗水送去置换沉银。

b 干燥作业

洗涤作业结束，使用吊车将筛桶内层筛网桶提起，将阴极银送去烘干。干燥设备采用电加热热风烘干器，烘干后的阴极银过磅后，送去阴极银贮仓待浇铸。

D 残极、阳极泥洗涤回收

电解槽出槽作业结束后，残极和盛装阳极泥的阳极袋分别放置在不同的容器内，需要送去洗涤回收装置进行处理。

残极和阳极泥洗涤都是手工作业，操作工一定要小心仔细地用去离子水将残极和阳极袋上阳极泥颗粒洗涤干净。洗净、阴干的残极过磅后返阳极浇铸炉重新浇铸阳极板。洗净的阳极袋要放在灯光下仔细检查，查看阳极袋是否有破损，完好的阳极袋送去阴干后继续使用，破损的阳极袋返卡尔多炉处理。

残极上和阳极袋内阳极泥被收集在洗涤回收装置内，用去离子水洗涤阳极泥中的硝酸盐，洗净后的阳极泥排入真空过滤器进行过滤，滤液返回电解液循环槽或送去置换处理，阳极泥送去金精炼工序进一步提纯。

E 银锭浇铸

银电解精炼产出的阴极银粉需要铸成成品锭后才能入库储藏、销售。合格锭过磅、记录，用钢码打上公司标记、生产日期、产品批次、产品质量和重量后，才能送入银库储藏待销售。

F 废电解液处理

废电解液处理方式采用加铜粉置换回收银作业。银电解作业时，为避免阴极银质量受到影响，当电解槽和电解液循环槽内电解液含铜、铅等杂质超标，为降低杂质浓度，需要从循环槽排出一部分电解液送去置换槽进行沉银处理，同时补充同体积新配制电解液入循环槽。此外，阴极银洗水和其他含银废液都要送入置换槽进行处理。

置换槽内废液经取样化验后，根据溶液银含量来计算加入铜粉量。启动机械搅拌和直接通蒸汽加热，溶液温度升至 60~70 ℃时，开始人工缓慢往置换槽内溶液加入铜粉，当铜粉加入量达到计算量的 80%~85%时，从置换槽内提取液样，往液样中加入几滴氯化钠溶液来查看白色沉淀物（氯化银）的多少，如白色沉淀物多，则后期加入铜粉量多一些；如白色沉淀物少，则后期铜粉加入量少一些。直到提取液样中不再有白色沉淀产生，就表明到达作业终点。浆液放入真空过滤器过滤，滤液送废水处理工序，置换银粉滤饼过磅、取样、烘干后返卡尔多炉处理。

G 主要工艺技术操作条件

a 多尔合金阳极板质量

多尔合金阳极板的杂质含量要求见表 2-25。

表 2-25 多尔阳极板中杂质含量要求 (%)

元素	Au	Pd	Pt	Cu	Pb	Se	Te	Sb	Bi
含量	<4.5	<0.6	<0.3	<2.0	<0.01	<0.01	<0.01	<0.01	<0.01

在生产实践过程中，如果浸出脱铜工序和卡尔多炉冶炼工序的操作控制出现某些偏差，都可能导致阳极板中的某些杂质超标，这些杂质超标可能会对电解过程造成不良影响。例如，阳极板中的杂质铜含量超标会导致电解液消耗量增大，甚至会对阴极银质量造成重大危害。

b 电解液组分控制

（1）电解液中银含量。电解液中银含量控制在 115~150 g/L。

（2）电解液中铜含量。铜是电解液中最多，也是最为有害的杂质。为确保阴极银质量，应控制电解液中含铜量小于 35 g/L。如电解液含铜超标，应立即抽取部分电解液送去净化处理，补充同体积新液入电解系统。

（3）电解液中铅含量。电解液中铅含量应控制小于 0.6 g/L。如电解液含铅超标，会在阴极析出脱落进入电解槽底部阴极银中，阴极银会黏成“球”状物，堵塞排放口，影响电解生产正常进行。如电解液含铅超标，应往电解液中加入适量硫酸钠，使铅以硫酸铅形式沉淀，从而降低电解液中铅含量。

（4）电解液中硫酸盐含量。电解液中硫酸盐含量应控制在 0.05~0.1 g/L。如使 1 m^3 电解液中的硫酸根离子含量达到 0.1 g/L，可将 14.6 g 硫酸钠与 0.5 L 去离子水混合、溶解均匀，采用人工添加方式从电解液循环槽顶部的人孔加入电解液中。

（5）电解液中钯及亚硝酸盐含量。电解液中钯和二氧化氮含量应控制小于 10 mg/L，正常生产时，阳极中部分钯会溶解进入电解液，形成钯复合离子，如果电解液中钯含量超标则会影响阴极银质量。

c 重要控制参数

银电解精炼时，电解槽上操作最为重要，其操作好坏直接影响阴极银质量和电能消耗等技术经济指标。槽上操作的主要任务是控制好槽压、电流密度、电解液温度、电解液 pH 值和电解液的循环。

（1）槽电压。槽电压是指电流通过一个槽的阳极导电棒和阴极导电棒之间的电压降。槽电压是影响电能消耗、阴极银产量和质量的重要因素。在电解过程中，必须经常保持阴、阳极排列整齐和接触点的清洁，经常要检查阴极析出情况，将大的银晶体剥落，以免造成短路。通过控制系统随时监控槽电压变化情况，以便发现问题及时解决。槽电压控制在 3.5~4 V。

（2）电流密度和电流强度。电流密度是确定银电解技术条件的重要依据，电解液的成分、温度、净化量等条件的控制，都要依据电流密度的变化而做出合理的调整。电流强度会由于电解液温度低或导体接触不良而降低，因而必须及时处理。电解过程中，应随时注意硅整流器的电流表和电压表的读数。当发现电流强度不正常地急剧升高或降低时，都可能发生了短路，应立即检查阴极的析出情况。必须注意，短路会使阴极银产量大大下降。在一个电解槽中，有一对阴、阳极发生短路，则大部分电流由此通过，而导致其他各对阴、阳极的电压全部下降，也就是槽电压降低，从而使电解不能正常进行，影响阴极银析出。阴极电流密度过高时，阴极附近的电解液会发生急剧浓差极化，因而引起其他贱金属阳离子或氢离子强烈的放电，所析出的阴极银粉为松软和海绵状。这种海绵状的析出银重溶时，容易氧化而增大金属损失。此外，生成海绵状析出银，电流效率会降低，电能消耗会增大，也容易造成短路。阴极电流密度过低，使电解作业时间延长，电流效率降低。阳极电流密度应大于 1000 A/m^2，电流强度为 1200~1300 A。

（3）电解液的 pH 值。正常生产时，电解液的 pH 值应控制在 3~3.5，如电解液的 pH 值过高，在电解过程中，阳极中的氧化铜会消耗电解液中的氢离子生成氢氧化铜沉淀，沉淀物会进入阳极泥使阳极泥质量下降。如电解液 pH 值过低，电解过程会产生大量酸雾，污染环境和对操作者的人身造成伤害。因此，可以通过向电解液中加入校准过的氢氧化钠溶液来调节电解液的 pH 值。

（4）电解液温度。电解液温度控制一般为 45～55 ℃，如温度过低，会大大降低电流强度，并增大电能消耗。因为电解槽内电压降的绝大部分是用来克服电解液的电阻。如温度过高，则不仅会使酸雾增大，劳动条件恶化，而且会使阴极银的溶解量大大加强，并且会影响阴极银质量。严重时，会使析出银呈海绵状。

（5）电解液循环。为确保电解液浓度、温度均匀，避免浓差极化，应采用电解液连续循环方式进行电解作业。

（6）极间距。极间距是指同一电解槽中，相邻两片阳极或阴极中心线之间的距离。一般该距离应大些，以防止短路；但极间距过大，会使槽电压升高，增加电能消耗。

H　*产物*

（1）阴极银的成分实例见表 2-26，银电解产出的阴极银送去熔化浇铸成银锭或制银粒。

表 2-26　阴极银的成分实例

元素	Ag	Au	Cu	Pb	Bi	As	Sb	Se	Te
含量/%	>99. 99	<0. 0005	<0. 002	<0. 0005	0. 0005	0. 0005	0. 0005	0. 0005	0. 0005

（2）残极的成分实例见表 2-27，银电解的残极率一般为 10%～15%，银电解残极返回重铸多尔合金阳极板。

表 2-27　残极的成分实例

元素	Ag	Au	Cu	Pb	Bi	As	Sb	Se	Te
含量/%	95. 0	3. 1	0. 77	<0. 01	<0. 01	<0. 01	<0. 01	<0. 01	<0. 01

（3）银阳极泥。银电解的阳极泥率，与多尔合金阳极板的金含量有关，金含量高，产出率高，反之则低。银电解阳极泥率一般为 5%左右。银阳极泥的成分实例见表 2-28，银电解产出的银阳极泥送金精炼工序。

表 2-28　银阳极泥的成分实例

元素	Ag	Au	Cu	Pb	Bi	As	Sb	Se	Te
含量/%	35. 1	52. 7	3. 7	0. 11	0. 12	0. 16	0. 16	0. 16	0. 16

（4）置换银粉的成分实例见表 2-29，置换银粉干燥后返卡尔多炉。

表 2-29　置换银粉的成分实例

元素	Ag	Au	Cu	Pb	Bi	As	Sb	Se	Te
含量/%	98. 5	0	1. 495	0. 005	0	0	0	0	0

（5）置换沉银尾液的成分实例见表 2-30，置换沉银尾液送废水处理工序，回收铜等有价金属。

表 2-30 尾液的成分实例

元素	Ag	Au	Cu	Pb	Bi	As	Sb	Se	Te
浓度/g · L^{-1}	0.0049	0	6.2	0.0113	0	0	0	0	0

I 电解精炼过程中的核查工作

a 电解启动前

（1）擦亮各接触部位（如母线板接触头、导电棒、挂钩等）以确保电解电流效率。

（2）阳极袋是否安装到位。

（3）多尔合金阳极板的吊挂安装是否到位。

（4）对与电解精炼有关管线上的阀门进行核查，以确定所有阀门都处于正确位置。

（5）检查电解液循环泵的工作状态。

（6）当电解槽中补满电解液后，人工调整阳极袋位置，以确保各阳极袋与阴极刮板之间保持适当间距。

（7）人工推动阴极刮板装置框架，确保刮板装置运行平稳流畅。

（8）启动阴极自动刮板装置。

（9）启动硅整流装置，将阳极电流密度升至 800~1200 A/m^2。

（10）检查各电解槽的槽电压是否相同，同一列各电解槽的槽电压偏差应小于 0.5 V。

（11）当电解运行 15~20 min 后，检查各接触部位是否开始变热、发烫，如母线板和导电棒的接触位、导电棒与挂钩的接触位等。

b 电解过程中

（1）监控电解液循环槽中电解液的液位和温度，母线板和导电棒的接触位，导电棒与挂钩的接触位等。

（2）用特殊温度计仔细检查各电路接触部位的温度。

（3）每隔 0.5 h 检查一次各电解槽的槽电压。

（4）要经常检查电解液循环泵、管线和阀门，确保没有泄漏现象。

c 电解末期

（1）当同一列各电解槽的槽电压都达到 5~6 V 时，表明到达电解作业终点，关闭硅整流装置和阴极刮板装置。

（2）卸除阴极银。

（3）排干阳极袋中电解液。

（4）取出残极，洗净残极上的阳极泥颗粒。

（5）洗净阳极袋后，将阳极袋靠近灯泡检查阳极袋是否有破损，将完好阳极袋送去阴干，如阳极袋有破损，可返回卡尔多炉处理。

（6）检查阴极板面是否光滑、平整，如需要打磨，采用人工方式打磨阴极板面。

（7）启动电解液循环泵往电解槽中添加大约半槽电解液，用电解液将电解槽底部残存的阴极银冲刷干净。

（8）关闭电解槽底部排液阀门。

（9）检查阴极刮板装置上的刮板是否有损坏，如有要及时更换。

（10）启动阴极银洗涤系统，用热去离子水将阴极银洗涤干净，洗涤 3 遍。

d　疑难问题解析

在银电解精炼生产过程中，有时会出现一些疑难问题，需要技术人员、管理者和在岗职工进行正确判断分析和处理。

（1）阴极银含金量升高。电解精炼产出的阴极银正常含金应小于 $1\times10^{-3}\%$。如出现阴极银含金超高现象，其主要原因有两点：一是阳极袋有破损（小孔），操作者事先没有检查出来，导致有少量阳极泥进入阴极银中；二是在残极、阳极袋出槽作业过程中，操作失误导致有少量阳极泥进入阴极银中。

（2）阴极银含铜量高。电解过程中，如员工操作、参数控制等都合乎规范，但出现产出的阴极银含铜超标现象，主要原因可能是电解液 pH 值检测仪器出现故障，仪器检测出的数值合乎标准，但电解液实际 pH 值高于检测值，所生成的氢氧化铜沉淀进入阴极银中导致含铜超标，通常出现这种现象的可能性很低。

（3）阴极银含铅量高。如阴极银出现含铅量高现象，则表明电解液中铅含量较高，而硫酸根不足。操作者可以通过取样化验检查电解液中铅和硫酸根离子含量，从而可以确定要加入硫酸钠的量。

（4）阳极泥银含量升高。银电解精炼产出的银阳极泥也称“金泥”，其主要成分见表 2-31。

表 2-31　银阳极泥成分

元素	Au	Ag	Pd	Pt	Cu	其他
含量/%	40~50	25~40	4~8	2~3	5~8	3~5

阳极泥出现含银升高现象，其可能主要原因有两点：一是阴极刮板装置上的刮板刮破阳极袋，阴极上析出的针状、树枝状阴极银进入阳极袋，落入阳极泥中；二是阴极板上析出的阴极银未被刮板装置刮断，导致阴极银生长过长，落入阳极袋中的阳极泥中。

（5）电解液银含量快速降低。电解过程中出现电解液银含量突然快速降低现象，主要原因有三点：一是加入电解液循环槽中的补水量（包括阴极银洗水）较大，稀释了电解液含银浓度；二是电解液的 pH 值测量有误（实际 pH 值过大）；三是多尔合金阳极板中铜含量超标，为抑制杂质铜从阴极析出，电解液中银浓度会快速降低。

（6）电解液铜含量快速降低。电解过程中出现电解液铜含量突然快速降低现象，主要原因有三点：一是电解液循环槽中刚添加部分新配制电解液；二是阳极袋中电解液 pH 值过高，导致杂质铜快速生成氢氧化铜沉淀落入阳极泥中；三是加入电解液循环槽中的补水量（包括阴极银洗水）较大，稀释了电解液含铜浓度。

（7）阳极泥产量增大。电解精炼过程中，如出现阳极泥产量突然增大现象，主要原因有两点：一是发生短路现象，导致阴极上析出的阴极银落入阳极袋中；二是电解液 pH 值过高，导致杂质铜快速生成氢氧化铜沉淀落入阳极泥中。

（8）短路现象。电解精炼出现短路现象，主要原因是阴极板上析出的阴极银未被刮板装置刮断，或是刮板装置上的塑料刮刀折断，导致阴极银生长过长与阳极接触，造成短路。

（9）电解液循环量增大。电解液循环量增大主要有两点：一是电解液循环槽内所添加阴极银洗水或补水的分配量出现错误；二是电解液温度过低，电解液蒸发量较低。

2.3.4 金的精炼

从银电解精炼产出的含金40%~70%的银阳极泥，需要进一步提纯和分离除杂。

2.3.4.1 概述

铜阳极泥经过加压氧化酸浸脱铜，卡尔多炉熔炼、吹炼，银电解精炼，所需处理物料（金泥）量已大为降低，而金泥含金却富集了数十倍以上，这有利于进行金精炼作业。

目前，国内外金精炼提纯工艺主要有三种：电解法、王水法、氯化法。电解法流程简单，污染少，提纯后金的纯度可达99.99%，但电解法技术条件要求高，生产周期长，流程中积压产品，对原料适应性差等。王水法生产周期长，环境污染大，而且需赶硝，有大量的液体需要处理，操作复杂不易掌握。氯化法操作简单，投资少，且不积压资金，对原料适用性好，是目前较先进的提纯黄金的工艺。

金泥熔炼所产的金银合金，经电解银后所得的阳极泥及处理铜、铅阳极泥所得的银电解阳极泥均可用电解精炼法来提取纯金。银电解阳极泥含金40%~60%，经过富集，使金含量达90%以上，再用电解精炼法提纯金。富集方法有硝酸蒸煮法和二次电解法。硝酸蒸煮法是利用金在硝酸中的不溶性，使它与其他金属分离。此法污染环境，采用较少。二次电解法是在银电解阳极泥中配入少量银粉，铸成含金35%左右的银阳极，再次进行银电解。二次电解产出的阳极泥含金可达90%，铸成金阳极进行电解精炼。金电解时，锇、铱、铑、钌进入阳极泥，铂和钯进入溶液，可进一步回收。由于银溶解后立即与电解液中的氯离子生成氯化银，附着在阳极上，造成阳极钝化，所以金电解精炼常采用非对称脉动电流（有的厂采用直流电周期反向电解）消除阳极钝化。金电解析出的阴极金品位可达到99.99%，经洗净、干燥后，可熔铸成重11~13 kg的金锭出售。

金电解精炼的电解液，可用氯化金溶液，也可用氰化金溶液。但前者较安全，广为各厂所使用。

金电解精炼时，是以粗金片作阳极，纯金片或钛板作阴极，氯化金、盐酸、水作电解液。电解过程可近似地用下列电化学系统来表示。

$$Au(阴极)|HAuCl_4、HCl\cdot H_2O|Au(阳极)$$

阳极主要反应：
$$Au - 3e === Au^{3+}$$

阴极主要反应：
$$Au^{3+} + 3e \longrightarrow Au$$

某厂金电解精炼的技术条件为：电解液含金250~500 g/L，盐酸150~200 g/L；电解液温度50~70 ℃；阴极电流密度400~700 A/m²，槽电压0.4~0.8 V；同极中心距80~120 mm，交流电流和直流电流的强度之比为（1.5~2）：1；阴极电流效率为95%。金电解槽用耐酸材料制成。为了防止含金溶液的漏损，槽外须有保护套槽。

祥光铜业金精炼采用氯化法，金精炼工艺流程如图2-26所示。

2.3.4.2 基本原理

金泥中金、铂、钯一般都以金属状态存在，为使它们进入溶液，一般采用水溶液氯化法，即在加温搅拌的盐酸介质中供给氯气，使金泥中98%以上的金及绝大部分铂、钯溶解，生成四氯金酸、六氯铂酸和六氯钯酸进入溶液，而其中的Ag生成AgCl进入渣中，铅、铜、硒、碲、锑和锌等杂质溶解进入溶液。其主要反应式如下：

$$2Au + 2HCl + 3Cl_2 \longrightarrow 2HAuCl_4$$

$$Pd + 2HCl + 2Cl_2 \longrightarrow H_2PdCl_6$$

$$Pt + 2HCl + 2Cl_2 \longrightarrow H_2PtCl_6$$

$$2Ag + Cl_2 \longrightarrow 2AgCl \downarrow$$

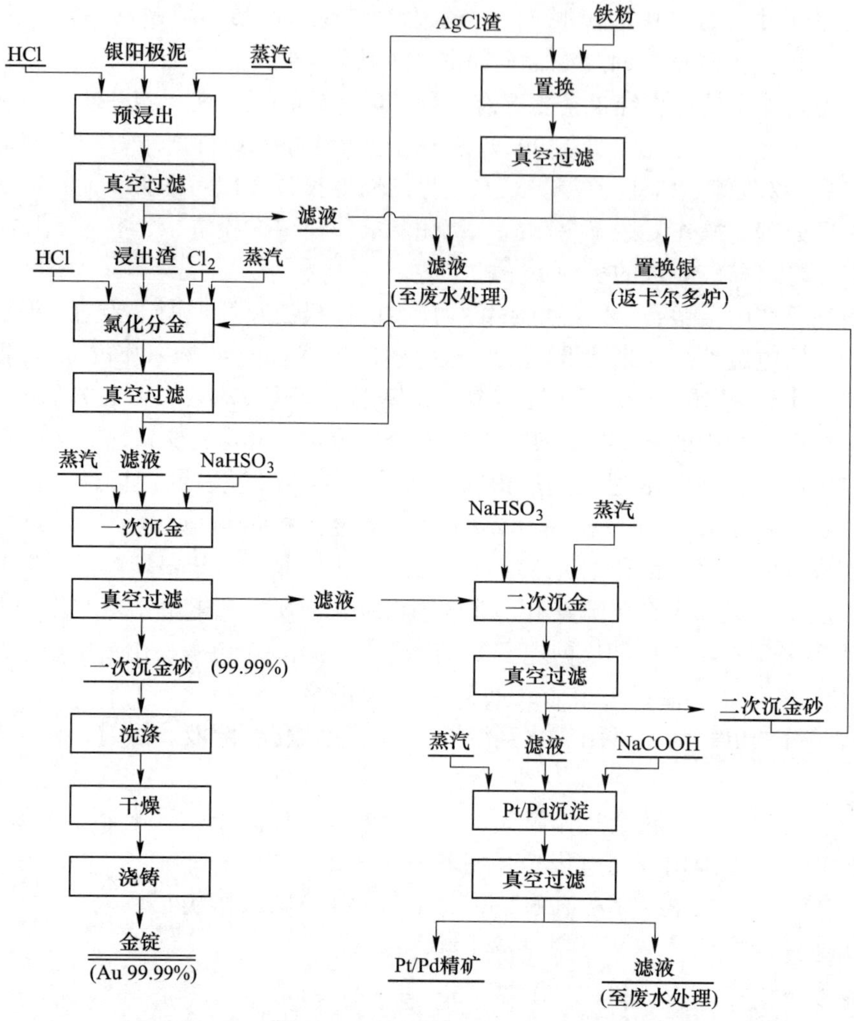

图 2-26　祥光金精炼工艺流程图

而六氯铂酸和六氯钯酸不稳定，在温度升高时，大部分会分解为四氯铂酸和四氯钯酸进入溶液。

$$H_2PtCl_6 \xrightarrow{100\ ℃} H_2PtCl_4 + Cl_2 \uparrow$$

$$H_2PdCl_6 \xrightarrow{100\ ℃} H_2PdCl_4 + Cl_2 \uparrow$$

金的氯化络合物比其氰络合物和硫脲络合物的稳定性都差得多，必须在非常强的氧化条件下才能溶解金，并且要求整个浸出过程中都保持强氧化条件，否则就会出现金的再溶。盐酸溶液可用作金络合物的氯离子来源，以氯气作强氧化剂。

金与氯反应生成何种类型离子化合物取决于溶液中氯离子浓度和 pH 值，高浓度的氯离子和低 pH 值对四氯化金阴离子的生成有利。但氯离子浓度较低时，四氯化金阴离子会分解成三氯化金。

$$AuCl_4^- = AuCl_3 + Cl^-$$

氯化分金作业中，金泥中银以氯化银形式进入渣中。进入渣中的氯化银与温度控制、溶液氯离子浓度有关，如图 2-27 和图 2-28 所示。

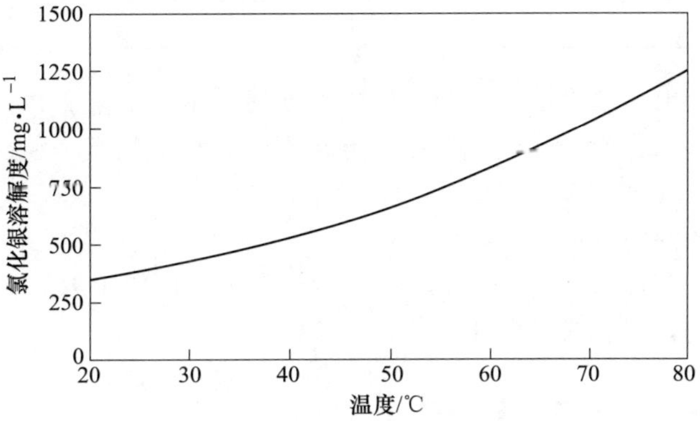

图 2-27 氯离子浓度一定时氯化银的溶解度与温度的关系
（溶液：HCl 185 g/L）

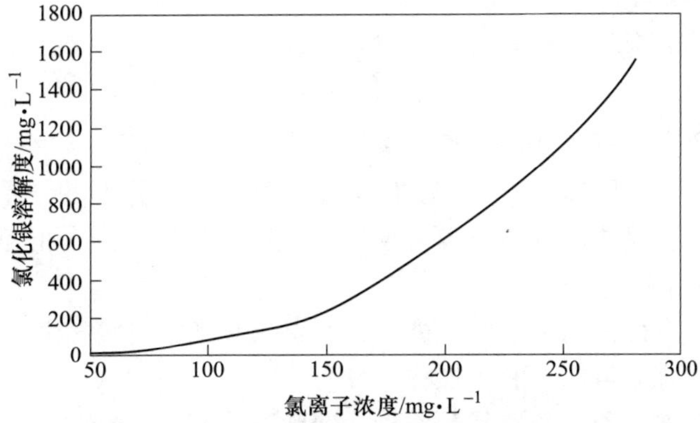

图 2-28 温度一定时氯化银的溶解度与氯离子浓度的关系

由图 2-27 可知，在氯离子浓度一定的条件下，氯化银的溶解度随着温度的增加而增大。由图 2-28 可知，在一定温度下，氯化银的溶解度随着溶液中氯离子浓度的增加而增大。因此，为避免氯化银溶解进入含金液，影响“金液”质量，要确保金泥中银绝大部分以氯化银形式入渣，在氯化分金作业后期（见表 2-32），必须控制“金液”中的氯离子浓度在一定范围内和温度降到 30~40 ℃（见表 2-33）。

表 2-32 分金液成分实例 （g/L）

元素	Ag	Au	Cu	Pb	Bi	As
浓度	0.1	172	0.56	0.025	0.10	0.023
元素	Sb	Se	Te	Na	Cl	S
浓度	0.26	0.41	0.14	0	181	0

表 2-33　氯化银残渣成分实例　(%)

元素	Ag	Au	Cu	Pb	Bi	As
含量	73.2	2.7	0	0	0	0
元素	Sb	Se	Te	Na	Cl	S
含量	0	0	0	0	24	0

氯化分金作业产出的氯化银渣需经过处理后才能返卡尔多炉，因为氯化银渣含有大量的氯，如直接加入卡尔多炉处理，氯化银会分解产生大量的氯气，氯气具有强腐蚀性会侵蚀炉内砖衬，同时氯气也是有毒气体。

处理方式采用加铁粉置换，其主要反应如下：

$$2Ag^{+} + 2Cl^{-} + Fe(s) \longrightarrow 2Ag(s) + Fe^{2+} + 2Cl^{-}$$

铁粉的需要量（kg）计算式如下：

$$铁粉需要量 = \frac{W \times w_{Ag} \times A_{Fe} \times F}{2 \times A_{Ag}} \tag{2-4}$$

式中，W 为干氯化银渣的质量，kg；w_{Ag}为氯化银渣中银的含量，%；A_{Fe}为铁的相对原子质量，取 55.847；A_{Ag}为银的相对原子质量，取 107.87；F 为过剩系数，取 1.05。

2.3.4.3　主要设备

金精炼主要设备为搪玻璃釜和过滤设备。

A　搪玻璃釜

搪玻璃釜是将含高二氧化硅的玻璃衬在钢制容器的内表面，经高温灼烧而牢固地附着于金属表面成为反应釜。所以，它具有玻璃的稳定性和金属强度的双重优点，是一种优良的耐腐蚀设备。这种釜只要玻璃内衬没有损坏，就可以抵抗腐蚀，但是当内衬损坏时就会很快腐蚀。

搪玻璃釜不但具有优良的耐腐蚀性能，而且搪玻璃表面非常光滑，不会产生贵金属物料黏结现象，并且很容易清洗，利于操作。

金精炼有 4 个搪玻璃釜，分别是预浸槽、氯化分金槽、沉金槽、铂钯沉淀槽。

B　过滤设备

金精炼的过滤设备有两种：真空过滤器、筒式过滤器。

（1）真空过滤器。真空过滤器是以真空负压为推动力实现固液分离的设备，金精炼区域共有 4 个真空过滤器，分别用于预浸出、氯化分金液、沉金作业和铂钯沉淀的固液分离。

（2）筒式过滤器。筒式过滤器是以重力为推动力实现固液分离的设备，金精炼区域有两个筒式过滤器，一个是用来过滤氯化银滤饼的洗涤液及分金槽洗涤液中细的氯化银渣。另一个是用来分离经真空过滤后的二次沉金后液中的细颗粒，其中主要是氯化银。两个筒式过滤器相同。

2.3.4.4　金精炼作业过程

金精炼作业采用批量处理即间歇式操作。银电解精炼产出的金泥（银阳极泥）送入金精炼工序，等积累到一定量后，再进行处理。金泥处理量（干基）为 250~400 kg/批，含金 125~200 kg/批。

下面介绍金精炼工序的主要作业过程。

A 金泥预浸

金泥（干基）一般含金为40%~60%、含银 20%~40%、含铜 1%~10%，此外金泥中还含有铂、钯、铅、硒、碲、锑、铋等。送入金精炼工序的金泥通常是湿量，含有 40%~50%的水。

预浸槽中加入水，启动机械搅拌，加入含金 150~200 kg/L 的湿金泥去混浆，夹套蒸汽加热，当温度控制信号显示槽内温度达到 60~70 ℃时，加入 5 L 左右浓盐酸，盐酸加入量取决于金泥含杂情况。反应 10 min 后用便携式 pH 测量仪测定溶液的 pH 值（0.5~1），此后要多次测量槽内溶液 pH 值，当 pH 值稳定在 1 时，可视为到达浸出作业终点的一个标志。及时提取一个液样送去化验分析来检测金泥脱杂情况，同时通过取样化验，技术人员、操作者能及时了解预浸作业情况。如果化验结果表明，金泥中铜、铅、硒等杂质的绝大部分已溶解进入溶液，且溶液含铂、钯、银小于 0.01 g/L，则表明到达作业终点。

浸出作业结束后，开启预浸槽底排液阀门，金泥浆液排入真空过滤器，滤液泵入废液缓冲槽储存，金泥滤饼用去离子水洗净后，用吊车加入氯化分金槽去进一步处理。

B 氯化分金

氯化分金作业时，先往氯化分金槽内加入水和浓盐酸配制浸出液，启动机械搅拌，当搅拌器转速达到最高时，加入金泥预浸渣混浆。夹套蒸汽加热，当槽内温度达到 85~90 ℃时，开启通氯气管线上相关阀门，直接往浆液中缓慢通入氯气进行反应，槽内浆液温度达到 88~90 ℃时是最佳操作温度。

氯化作业时，氯气通入量要按照“小—大—小”来操作。在开始阶段，氯化浸出率低，因此氯气通入量每小时只用几个立方米（标态）；在浸出中期，随着氯化浸出率升高，氯气通入量（标态）达到 50 m^3/h；在浸出后期，随着金泥中金含量降低，氯化浸出率逐渐降低，氯气通入量（标态）减至 2~3 m^3/h。在整个通氯气过程中，操作者一定要随时观察分金槽的防氯气泄漏检测设备（水封装置）内的水位变化情况，如果观察到水封装置内水柱有“喷出”倾向，是分金槽内压力过大所致，表明此时氯气通入量过大，操作者要立刻降低氯气通入量。

根据生产实践，氯化分金作业时，消耗 1 kg 氯气可浸出 1.2~1.4 kg 金，可以此作为氯化作业终点的判断标志。此外，可以参照另一个重要操作控制参数，氯化作业结束时，分金液中游离盐酸浓度应在 50~75 g/L，含金 150~300 g/L。

氯化作业结束，停止通入氯气，打开气体密闭阀，将槽内残余氯气排至吸收塔去净化处理。然后将槽内浆液加热到 100 ℃，保持此温度 10 min，目的是将溶液内六氯铂酸、六氯钯酸分解四氯铂酸、四氯钯酸；为使生成的氯化银沉淀不再复溶，要将槽内浆液温度降至 30~40 ℃。开启分金槽底排液阀门，将浆液排入真空过滤器去固液分离，滤饼氯化银残渣送去进一步处理；滤液送入另一个筒式过滤器进一步过滤溶液中夹杂的氯化银细粒，滤液（分金液）送入沉金槽去进一步处理。

氯化银渣返至金精炼的预浸槽，加水浆化，在搅拌、加热条件下，加入铁粉进行置换作业。还原结束后，浆液排入真空过滤器过滤，滤饼置换银粉返卡尔多炉处理，滤液送废液缓冲槽储存。

C 还原沉金

氯化分金作业结束后，要及时从分金槽内提取液样送去快速化验分析，检测分金液中的金、铜、铅、硒、碲和氯离子含量情况；操作者根据溶液含金及杂质情况来计算还原剂的用量，同时要估算出分金液的体积。

还原沉金分两次进行：一次沉金可还原沉淀分金液中85%～95%的金，产出品位为99.99%的还原金砂；二次沉金可将剩余金量全部沉淀，但二次还原金砂含金小于99.99%，含杂较高，需要返回氯化分金槽重新处理。

a 一次还原沉金

每次还原沉金作业前，操作者都要用标准液校准pH测量仪和氧化还原电位测量仪。启动机械搅拌，夹套蒸汽加热将沉金液温度升至55～57 ℃。由于起始溶液酸性过强，必须先加入氢氧化钠溶液将分金液pH值中和至0～0.5。加氢氧化钠溶液中和时会产生大量热量，如果溶液温度高于60 ℃，必须将溶液冷却（夹套循环水冷却）至55～57 ℃；如果溶液温度低于55 ℃，就必须将溶液加热至55～57 ℃。

启动计量泵往沉金槽内加入已配好的亚硫酸氢钠溶液，加入量控制在60～100 L/h。在沉金过程中，随着亚硫酸氢钠溶液加入，沉金液中产生大量的盐酸和硫酸导致溶液pH值下降，需要加入氢氧化钠溶液将沉金液pH值中和至0～0.5；碱液中和过程中，要控制好沉金液温度为55～57 ℃。此外，氢氧化钠会与盐酸、硫酸生成氯化钠和硫酸钠，如果沉金液中氯化钠和硫酸钠浓度过高，则会结晶析出，此时就必须加入水来溶解稀释结晶盐，那么沉金槽内溶液体积会增大，亚硫酸氢钠溶液消耗量也会增大。

还原沉金作业时，每隔0.5 h要从槽内提取一个液样，用氧化还原电位测量仪测定沉金液的氧化还原电位和分析溶液中的金、铜、铅、锌含量情况，这个操作便于技术人员、操作者了解沉金作业进程。当氧化还原电位达到690～700 mV、沉金液中85%～95%金量已被还原沉淀时，则表明到达作业终点。

开启沉金槽底部排液阀门，浆液排入真空过滤器去固液分离，用去离子水冲净槽内金砂，还原金砂用热去离子水洗净，干燥、取样化验分析、过磅后送去浇铸金锭。及时提取沉金残液和洗水的混合液样送去化验分析，检测残液中的金与杂质含量，同时要估算出混合溶液的体积。

b 二次沉金

混合溶液返回至沉金槽，进行二次沉金，该作业过程与一次沉金相似。首先将溶液中和到pH值接近于零，之后用同样的方法还原沉淀溶液中残余金量。由于沉金液中含有铂、钯，作业终点氧化还原电位值的确定与铂、钯铂、钯含量高低有关。参照生产实践，二次沉金作业终点时的氧化还原电位约为390 mV。

二次还原金砂品位较低，含杂较高，过磅后可与下一批物料一同加入氯化浸出槽重新处理。从真空过滤器出来的滤液送入另一个筒式过滤器进一步过滤，收集滤液中夹杂的细粒。沉金尾液中还含有少量贵金属铂、钯，要送入铂、钯沉淀槽进一步回收。

c 氧化还原电位控制

还原沉金与氧化还原电位的关系如图2-29所示。从图中可以看出，沉金液中金的初始氧化还原电位为750~800 mV。随着溶液中金含量下降，氧化还原电位也同时下降，在700 mV附近时出现拐点，则表明到达一次还原沉金作业终点；电位继续急剧下降并很快降至400 mV以下，则表明接近或到达二次沉金作业终点。

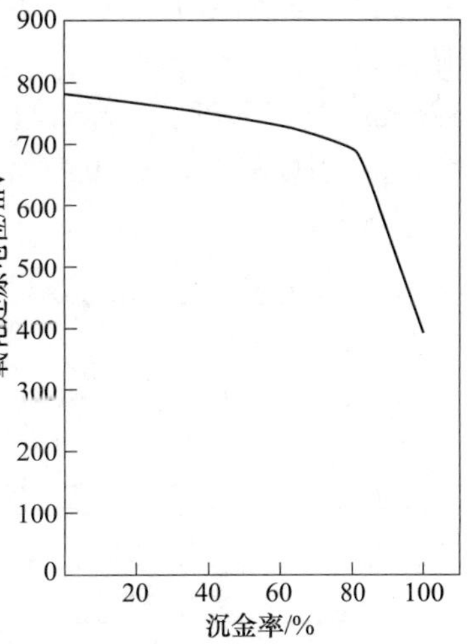

图 2-29 金的沉淀与氧化还原电位的关系

D 金锭浇铸

金锭浇铸采用小型坩埚浇铸，每个坩埚每次只能铸一块金锭（12.5 kg）。用长不锈钢铲把事先称好的12.510 kg干燥金砂（含金99.99%）和少量的苏打玻璃加入事先预热好的700 ℃坩埚中，坩埚放在电阻炉上继续加热升温熔化物料。苏打玻璃可与金砂中杂质反应生成浮渣漂浮在金熔体表面，当炉温升至1300~1325 ℃时，则表示可以出炉浇铸，一般铸一块金锭的周期大约是2 h。

金锭模采用梯形模，水平放置。在浇铸前要用乙炔燃烧喷枪进行熏模作业，脱模剂采用乙炔。通过熏模可在金锭模内表面形成一层乙炔涂层，避免在浇铸时影响金锭外观及损伤锭模。熏模作业必须在通风罩下进行，因为作业时产生许多黑烟。

浇铸时，开启乙炔燃烧喷枪烘烤模子，先用专用扒渣工具扒尽金熔体表面浮渣，从熔化炉内用特殊工具取出坩埚，将坩埚口对准模心，小心地把金液倒入模内；金液会缓慢凝固，大约2 min后关闭喷枪，浇水冷却。最后用干净毛巾擦干，视觉检查金锭物理外观是否合格。如外观合格，用专用工具在金锭表面打上公司标记、金品位、质量、生产日期及批号（便于日后查询）后，送银库储存；如外观不合格，要返炉重铸。每一块金锭都会产生一个金样（10 g），将金样送去化验分析以确定最终金锭质量。

E 铂、钯沉淀

含铂、钯溶液加入沉淀槽后，在机械搅拌、夹套蒸汽加热条件下，加入氢氧化钠溶液将含铂、钯溶液的pH值中和到2.5~3.0，由于中和反应是放热反应，在温度控制时要注意到这点。采用人工加料方式，将甲酸钠分批加入槽内，当含铂、钯溶液的氧化还原电位小于0 V时，则表明已接近或到达作业终点。此时立刻提取液样送去化验分析，如化验结果显示溶液中含铂钯小于0.01 g/L，则到达作业终点。

开启沉淀槽底排液阀门，浆液排入真空过滤器去固液分离，滤液送至废液缓冲槽内储存；滤饼即为铂钯精矿，干燥、过磅后可出售或进一步精炼。

F 工艺烟气处理

在金精炼生产过程中，各工序会产生一些有毒、有害气体，这些气体量虽然都较小，但也必须经过净化达标后才能排放。

（1）金泥预浸作业：氮氧化合物气体，如一氧化氮、二氧化氮。

（2）氯化分金作业：主要残余氯气和氯化氢。

（3）还原沉金作业：亚硫酸氢钠快速分解释放出二氧化硫，有部分随烟气排走。

这些有害气体用风机抽入吸收塔，吸收塔用碱液循环喷淋有害气体，吸收、净化二氧化硫、氯化氢和氯气等后，再用烟囱排走。金精炼作业时，操作者必须定期检查吸收塔循环碱液的 pH 值，至少每天早上检查一次。只有循环碱液 pH 值为 10 时，有毒、有害气体的净化率才能达到90%~95%或以上，通常循环碱液一周更换一次。

G　产物

（1）一次还原金砂的成分实例见表 2-34，一次还原金砂送去浇铸金锭。

表 2-34　一次还原金砂的成分实例　（%）

元素	Ag	Au	Cu	Pb	Bi
含量	0.0005	>99.99	<0.003	<0.002	0.000059
元素	As	Sb	Se	Te	
含量	<0.0005	0.00015	0.00024	0.000079	

（2）二次还原金砂的成分实例见表 2-35，二次还原金砂返氯化分金重新处理。

表 2-35　二次还原金砂的成分实例　（%）

元素	Ag	Au	Cu	Pb	Bi
含量	0.02	99.8	0.081	0.0036	0.015
元素	As	Sb	Se	Te	
含量	0.0033	0.038	0.059	0.020	

（3）置换银粉的成分实例见表 2-36，置换银粉返卡尔多炉处理。

表 2-36　置换银粉的成分实例　（%）

元素	Ag	Au	Cu	Pb	Bi
含量	95	3.6	0.062	0	0
元素	As	Sb	Se	Te	Cl
含量	0	0	0	0	0.0031

（4）尾液（沉金后液）的成分实例见表 2-37，尾液送去回收铂、钯。

表 2-37　尾液的成分实例　（g/L）

元素	Ag	Au	Cu	Pb	Bi	As
浓度	0.051	0.002	0.25	0.011	0.046	0.010
元素	Sb	Se	Te	Na	Cl	S
浓度	0.12	0.18	0.061	66	86	19.8

H　安全操作

对于金精炼来说，主要是氯气的安全使用问题。氯气常温下是一种呈淡黄绿色气体，在加压至 0.101 MPa、-34.6 ℃即可被液化，利用这一特点，通常使用的都是充入钢瓶中的液氯，常见的氯瓶规格有 50 kg、500 kg、1000 kg。氯气作为一种刺激性毒气，其毒害机理主要是刺激呼吸道和肺，最终导致肺气肿引发死亡，使用氯气的场所空气中氯气最高允许浓度 1 mg/m^3，当空气中氯气浓度达到 75 mg/m^3 时能即刻危及生命。

a　液氯的安全使用

液氯瓶属低压容器，瓶身喷草绿色漆、白色"液氯"字样。液氯瓶必须是质量合格产品，每两年由经政府相关部门资格审查，并取得资格证书的单位进行瓶检，氯瓶使用年限为 10 年。

液氯瓶充装系数为 1.25 kg/L，严禁超装。根据有关资料，超装 15%的氯瓶当温度升到 30 ℃时，液氯即已占满瓶内空间，温度上升到 40 ℃ 左右，即可能发生气瓶爆炸事故，所以严格控制充装量是安全使用液氯的一个前提[17]。

液氯瓶使用场所要充分利用自然条件换气，应具备机械通风条件，液氯瓶必须储存在专用库房内，禁止露天存放，夏季严防曝晒。

液氯瓶内每次使用不能用尽，必须留存余压，充装量为 50 kg 的钢瓶应留有 2 kg 以上余氯，充装量为 500 kg 和 1000 kg 的钢瓶，应保留 5 kg 以上余氯[17]。

液氯钢瓶存放期不得超过 3 个月，否则易产生瓶阀因腐蚀打不开的故障，对不使用的氯瓶应每隔 20 天开闭阀门 1 次，检验阀门是否正常。

液氯气化器、蒸发器必须符合《固定式压力容器安全技术监察规程》(TSG 21—2016) 的有关规定，具有产品合格证。连接氯瓶应采用经过退火处理的，并经耐压试验合格的紫铜管。液氯使用场所应有用于消氯的水池，一定数量的生石灰或烧碱备用。

b　氯气泄漏的防治

(1) 瓶阀泄漏应对方法：迅速拧紧阀体上的六角螺母。

(2) 瓶体焊缝泄漏应对方法：用内衬橡胶垫片的铁箍箍紧。

(3) 易熔塞泄漏或瓶体因腐蚀小洞泄漏应对方法：用竹签、木塞或铅块敲入做堵漏处理。

(4) 连接管道泄漏应对方法：迅速关闭氯瓶出氯总阀，查明管道原因并处理。

(5) 一旦氯瓶泄漏无法处理，应迅速组织人将氯瓶就近推入消氯水池、游泳池、污水池，同时在池中加入石灰或烧碱中和，有条件的最好采取一边注水、一边放水的方式，使氯溶于水中，降低氯气泄漏危害。预防氯气泄漏最主要的方法是防漏，无论哪种方式泄漏，如果不及时发现，空气中氯气的浓度很快就会达到人无法忍受的程度，即使戴上普通的防毒面具在高浓度氯气中人能承受的时间不会超过 5 min，所以预防是关键；另外，应急抢修器材的配备，抢险人员的抢险训练也很重要。

2.3.5　铂族金属的提取

铂族金属主要从铜镍硫化共生矿中提取，小部分从铜冶炼副产品中提取。铜镍硫化共生矿在火法冶炼时，精矿中所含的铂族金属 90%以上富集于铜镍冰铜中。再经过转炉吹炼富集成高冰镍后，缓冷、研磨、浮选和磁选分离，得到含铂族金属的铜镍合金。把这种合金硫化熔炼，细磨磁选，以分离铜、镍，产出含铂族金属更高的铜镍合金。将此合金铸成阳极，进行电解时，铂族金属进入阳极泥。阳极泥经过酸化处理后，就可得到铂族金属精矿。

在铜的火法冶金和电解精炼中，铂族金属和金、银一起进入铜阳极泥，铜阳极泥经过火法或湿法冶炼最终在金银精炼中富集到铂钯精矿中。铂族各金属的精炼十分复杂，要经过多道工序才能获得纯金属。

2.3.5.1　从铂族金属精矿中提取铂族金属

对于钌、锇品位低的铂族金属精矿，钌、锇在溶解及精炼过程中几乎全部氧化挥发，损失于废气中。因此，对钌、锇品位低但有回收价值的精矿优先进行分离钌、锇。图 2-30 为分离提纯铂族金属典型流程，主要包括钌、锇的分离与精炼，金、铂、钯的分离与精炼，铑、铱的分离与精炼。

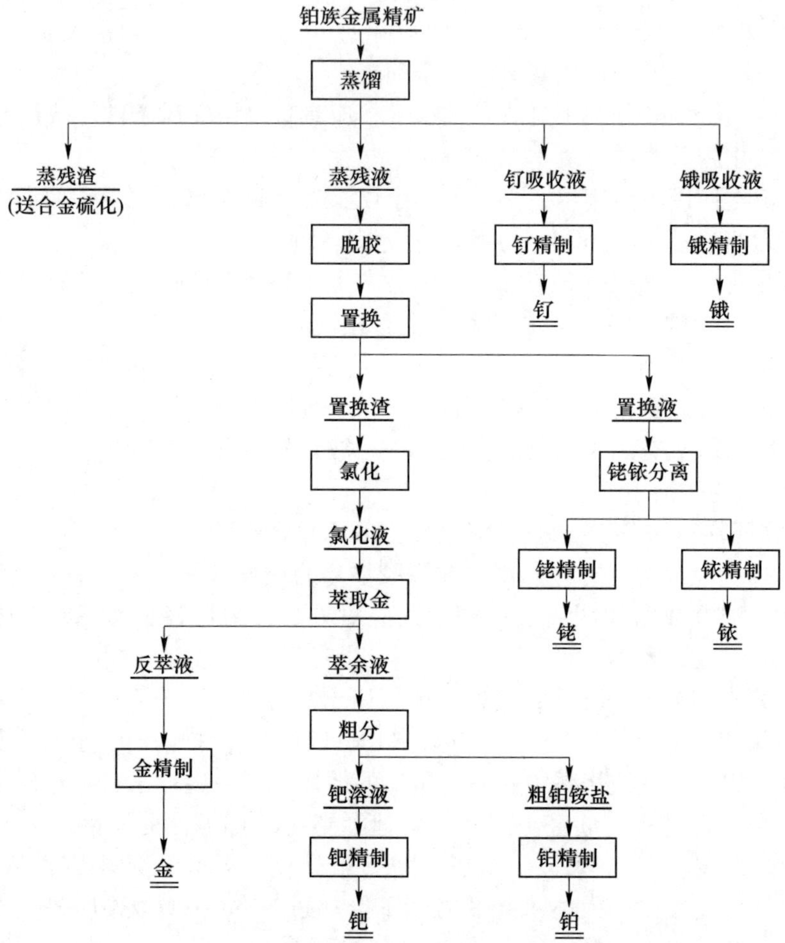

图 2-30　典型分离提纯铂族金属流程[14]

A　钌、锇的分离与精炼

a　钌、锇的分离

钌、锇的蒸馏一般是在液相中加氧化剂进行的，而悬浮态蒸馏钌、锇是将含钌、锇的固体物料在悬浮状态下直接加氧化剂进行蒸馏。它不仅能有效地从精矿中分离提取低品位钌、锇，而且蒸馏过程中能同时有效地溶解金、铂、钯、铑、铱，为下一步这些金属分离提纯创造了条件。

蒸馏钌、锇的设备一般采用搪瓷反应釜。将浆化好的精矿加入釜内，按要求的酸度加入硫酸，搅拌条件下升温至 95 ℃，缓慢加入配制好的 40%浓度的氯酸钠溶液。控制釜内负压，蒸出气体先经冷凝釜使高沸点物质用水冷凝返回蒸馏釜，冷凝后的气体依次经三段盐酸吸收罐吸收钌和三段碱液吸收罐吸收锇。蒸馏完毕，加入盐酸破坏残留的氯酸钠，并在 80 ℃温度下通氯数小时使贵金属彻底溶解。蒸馏钌、锇工序中钌、锇回收率及铂、钯、金、铑、铱溶解率见表 2-38。

表 2-38　蒸馏钌、锇工序中锇、钌回收率及铂、钯、金、铑、铱溶解率[14]　(%)

元素	Pt	Pd	Au	Rh	Ir	Ru	Os
回收率	—	—	—	—	—	86.26	90.76
溶解率	99	99	95	95	95	—	—

b　钌精炼

钌吸收液处理的主要任务是除锇。置钌吸收液于蒸馏器中，加热煮沸 40~50 min 使四氧化锇挥发并吸收，称为赶锇。直至用硫脲棉球检查不呈红色后再加入一定量双氧水，使残留的锇氧化挥发。赶锇后的钌吸收液用碱中和，使钌呈氢氧化钌沉淀，滤出沉淀物用水浆化，液固比为 1∶1，加入氯酸钠溶液，加热并加入 6 mol/L 硫酸，在 100 ℃下蒸馏。用 3∶7 盐酸加 0.5%乙醇进行三级吸收，吸收液仍需赶锇、浓缩。热态下加入固体氯化铵生成黑红色氯钌酸铵沉淀，沉淀后用无水乙醇洗至滤液无色，烘干、煅烧、氢还原，得到品位 99.90%的海绵钌。钌精炼直收率约 90%。

钌产品标准（YS/T 682—2008）见表 2-39。

表 2-39　钌产品标准

牌号			SM-Ru99.95	SM-Ru99.90
化学成分/%	钌含量		≥99.95	≥99.90
	杂质元素含量	Pt	≤0.005	≤0.01
		Pd	≤0.005	≤0.01
		Rh	≤0.003	≤0.008
		Ir	≤0.008	≤0.01
		Au	≤0.005	≤0.005
		Ag	≤0.0005	≤0.001
		Cu	≤0.0005	≤0.001
		Ni	≤0.005	≤0.01
		Fe	≤0.005	≤0.01
		Pb	≤0.005	≤0.01
		Al	≤0.005	≤0.01
		Si	≤0.01	≤0.02
	杂质元素总量		≤0.05	≤0.1

c　锇精炼

锇精炼即锇吸收液处理，其方法有还原沉淀法、硫化钠沉淀→吹氧灼烧→盐酸吸收→氯化铵沉淀法、二次蒸馏法。

（1）还原沉淀法：是在四氧化锇的碱吸收液中加入还原剂使锇转变成锇酸钠，冷态下加入固体氯化铵生成浅黄色的弗氏盐。滤出后用稀盐酸洗涤，烘干后在 700～800 ℃下煅烧、氢还原得海绵锇。

（2）硫化钠沉淀→吹氧灼烧→盐酸吸收→氯化铵沉淀法：向锇吸收液加入 Na_2S，将锇沉出，在 700 ℃下煅烧氢还原，然后在 500～550 ℃下吹氧灼烧，四氧化锇用盐酸吸收，吸收液放置 24 h 后加入固体氯化铵，沉淀经煅烧还原得海绵锇。

（3）二次蒸馏法：先采用传统的二氧化硫沉淀法，二次吸收液用水合肼还原得锇黑，经煅烧还原得到品位大于 99.95%的锇粉。

锇产品标准（YS/T 681—2008）见表 2-40。

表 2-40　锇产品标准

牌号			SM-Os99.95	SM-Os99.90
化学成分/%	锇含量		≥99.95	≥99.90
	杂质元素含量	Au	≤0.001	≤0.001
		Mg	≤0.002	≤0.005
		Si	≤0.02	≤0.03
		Fe	≤0.02	≤0.03
		Pt	≤0.001	≤0.001
		Ni	≤0.002	≤0.005
		Al	≤0.01	≤0.02
		Ir	≤0.001	≤0.002
		Pd	≤0.002	≤0.002
		Cu	≤0.002	≤0.008
		Ag	≤0.001	≤0.001
		Rh	≤0.002	≤0.002
	杂质元素总量		≤0.05	≤0.1

B　金、铂、钯的分离与精炼

富集了 99.5%以上铂、钯、金的一次置换渣先进行水溶液氯化，使铂、钯、金转入溶液。水溶液氯化的条件为：液固比 5∶1，盐酸浓度 3 mol/L，温度 85～90 ℃，时间 12 h。

a　分金

由于金极易还原析出，因此首先分金，其方法有还原沉淀法和溶剂萃取法。

（1）还原沉淀法的还原剂有亚硫酸氢钠、二氧化硫、硫酸亚铁、草酸等，其中硫酸亚铁和二氧化硫经济简便，效果较好。

（2）萃取金有多种萃取剂，目前用于生产的是二丁基卡必醇，它具有挥发率低、闪点高、在水中溶解率低等优点。萃取作业条件为：有机相∶水相＝1∶4，6 级萃取，4 级洗涤，洗涤相比 1∶1，洗涤液为 0.5～1 mol/L 盐酸，室温下进行。用草酸反萃，反萃草酸浓度 5%，温度 80～85 ℃，中和剂为氢氧化钠，反萃产出的金粉用稀盐酸洗涤，品位可达 99.99%[14]。

b　铂、钯分离

分金后液加热煮沸，控制铂浓度 50~60 g/L，加入氯化铵，铂呈氯铂酸铵沉淀。钯在加热情况下变为二价不被氯化铵沉淀，留于溶液中。此法沉淀得氯铂酸铵，铂的直收率可达 99%以上。

c　铂精炼

铂的精制有多种方法，目前广泛采用的是氯化铵反复沉淀法和氧化水解法。

（1）氯化铵反复沉淀法是古老的传统方法。首先将粗氯铂酸铵用王水溶解，溶解时王水要多次加入，溶解完毕蒸发赶硝，蒸至黏糊状稍冷加入 1∶1 盐酸赶硝，反复 3 次后加入 1%盐酸加热溶解、过滤、滤液煮沸，加入理论量 1.5 倍的氯化铵沉铂。所得氯铂酸铵再用王水溶解，反复沉淀 3 次。最后一次的氯铂酸铵放入烘箱在 80 ℃下烘 12 h，然后放入马弗炉逐渐升温 700 ℃至恒温 2 h，产出的海绵铂品位 99.95%。

（2）氧化水解法是利用在碱性介质中，氧化剂使某些杂质氧化至更易水解的高价状态而被彻底除去。此法能可靠地得到品位为 90%~99.90%的粗铂，经一次水解及一次氧化铵沉淀可得到 99.90%~99.99%的铂[14]。

铂产品标准（GB/T 1419—2015）见表 2-41。

表 2-41　铂产品标准

牌号			SM-Pt99.99	SM-Pt99.95	SM-Pt99.90
化学成分/%	铂含量		≥99.99	≥99.95	≥99.90
	杂质元素含量	Pd	≤0.003	≤0.01	≤0.03
		Rh	≤0.003	≤0.02	≤0.03
		Ir	≤0.003	≤0.02	≤0.03
		Ru	≤0.003	≤0.02	≤0.04
		Au	≤0.003	≤0.01	≤0.03
		Ag	≤0.001	≤0.005	≤0.01
		Cu	≤0.001	≤0.005	≤0.01
		Fe	≤0.001	≤0.005	≤0.01
		Ni	≤0.001	≤0.005	≤0.01
		Al	≤0.003	≤0.005	≤0.01
		Pb	≤0.002	≤0.003	≤0.01
		Mn	≤0.002	≤0.005	≤0.01
		Cr	≤0.002	≤0.005	≤0.01
		Mg	≤0.002	≤0.005	≤0.01
		Sn	≤0.002	≤0.005	≤0.01
		Si	≤0.003	≤0.005	≤0.01
		Zn	≤0.002	≤0.005	≤0.01
		Bi	≤0.002	≤0.005	≤0.01
	杂质元素总量		≤0.01	≤0.05	≤0.1

d　钯精炼

钯传统的精制方法是氯铂酸铵沉淀—二氯二氨络亚钯法。原料为沉铂后液，含钯约 20 g/L，还含有较高的铜、镍等贱金属和一定量的其他贵金属。首先通氯气氧化，使钯从二价转变为四价，然后加氯化铵沉钯。沉钯时加入理论量 1.05 倍的氯化铵，所得氯钯酸铵沉淀用 10%氯化铵溶液洗至滤液无色。沉淀加 6~7 倍的蒸馏水通蒸汽加热溶解，过滤，滤液再次沉钯。此过程共循环 4 次。第四次水溶后，冷却，加氨水络合溶解。严格控制 pH 值为 8，络合溶解后加热，待铵盐全部溶解后冷却过滤，沉淀用 1%氨水洗涤。络合溶液加浓盐酸酸化，控制 pH 值为 1，存放 2 h 后过滤，即得鸡蛋黄色的二氯二氨络亚钯沉淀，然后用 1%盐酸洗至洗液无色，用水合肼直接还原得到品位 99.90%~99.99%的海绵钯。

钯产品标准（GB/T 1420—2015）见表 2-42，钯锭产品标准（GB/T 39987—2021）见表 2-43。

表 2-42　钯产品标准

牌号			SM-Pd99.99	SM-Pd99.95	SM-Pd99.90
化学成分/%	钯含量		≥99.99	≥99.95	≥99.90
	杂质元素含量	Pt	≤0.003	≤0.02	≤0.03
		Rh	≤0.002	≤0.02	≤0.03
		Ir	≤0.002	≤0.02	≤0.03
		Ru	≤0.003	≤0.02	≤0.04
		Au	≤0.002	≤0.01	≤0.03
		Ag	≤0.001	≤0.005	≤0.01
		Cu	≤0.001	≤0.005	≤0.01
		Fe	≤0.001	≤0.005	≤0.01
		Ni	≤0.001	≤0.005	≤0.01
		Al	≤0.003	≤0.005	≤0.01
		Pb	≤0.002	≤0.003	≤0.01
		Mn	≤0.002	≤0.005	≤0.01
		Cr	≤0.002	≤0.005	≤0.01
		Mg	≤0.002	≤0.005	≤0.01
		Sn	≤0.002	≤0.005	≤0.01
		Si	≤0.003	≤0.005	≤0.01
		Zn	≤0.002	≤0.005	≤0.01
		Bi	≤0.002	≤0.005	≤0.01
	杂质元素总量		≤0.01	≤0.05	≤0.1

表 2-43 钯锭产品标准

牌号			IC-Pd99.99	IC-Pd99.95	IC-Pd99.90
化学成分/%	钯含量		≥99.99	≥99.95	≥99.90
	杂质元素含量	Pt	≤0.003	≤0.005	≤0.02
		Rh	≤0.002	≤0.005	≤0.01
		Ir	≤0.002	≤0.005	≤0.01
		Ru	≤0.002	≤0.005	≤0.01
		Au	≤0.002	≤0.005	≤0.01
		Ag	≤0.001	≤0.003	≤0.01
		Cu	≤0.001	≤0.003	≤0.01
		Fe	≤0.001	≤0.003	≤0.01
		Ni	≤0.001	≤0.002	≤0.005
		Al	≤0.002	≤0.003	≤0.005
		Pb	≤0.002	≤0.003	≤0.005
		Mn	≤0.001	≤0.001	≤0.005
		Cr	≤0.001	≤0.001	≤0.005
		Mg	≤0.002	≤0.005	≤0.01
		Sn	≤0.001	≤0.005	≤0.01
		Si	≤0.001	≤0.003	≤0.01
		Zn	≤0.002	≤0.0025	≤0.005
		Bi	≤0.002	≤0.005	≤0.01
	杂质元素总量		≤0.01	≤0.05	≤0.1

C 铑、铱的分离与精炼

a 铑、铱分离

一次铜置换的置换后液富集了精矿中95%以上的铱和85%以上的铑。将此置换后液加入40%的氢氧化钠溶液调pH值为1.5~2，加热煮沸，加入活性铜粉，其加入量为一次置换加入铜粉量的1/2。煮沸2 h，冷却过滤、沉淀即为铑富集物，铱留于溶液中。二次铜置换铑的置换率大于94%，96%以上的铱留于溶液中。

b 铑精炼

首先用中温氯化法将铑富集物中的铑溶解，以制取铑氯络合物。将铑的富集物与NaCl（其量为铑量的30%）混合并装入石英舟内，然后在管式炉中于750~850 ℃下通氯进入氯化，得到氯铑酸钠用稀盐酸浸出，即得到铑的氯络合物。

铑精炼包括纯铑化合物制取和还原制取金属两个步骤。

(1) 纯化合物制备。主要有亚硝酸钠络合、氨络合、萃取和离子交换法。

1) 亚硝酸钠络合法。含铑 40~50 g/L 的氯铑酸溶液用稀氢氧化钠液调 pH 值约为 1.5，加入亚硝酸钠煮沸，生成淡黄绿色至无色的六亚硝基铑酸钠，反应为：

$$2H_3RhCl_6 + 18NaNO_2 \xlongequal{} 2Na_3Rh(NO_2)_6 + 12NaCl + 3NO + 3NO_2 + 3H_2O$$

反应完毕再用碱液调 pH 值为 9~10 并煮沸，使贱金属和铱中和水解为氢氧化物沉淀。过滤后含铑溶液加入氯化氨生成白色的铑络合物沉淀，反应为：

$$Na_3Rh(NO_2)_6 + 2NH_4Cl \xlongequal{} (NH_4)_2NaRh(NO_2)_6\downarrow + 2NaCl$$

反应完毕立即过滤，沉淀再用氨络合提纯。

2) 氨络合法。氨络合法分五氨化法和三氨化法。

五氨化法是基于氯铑酸铵与氢氧化钠生成二氯化五氨合氯铑沉淀，滤出后用氯化钠溶液洗涤，再溶于氢氧化钠中，铑溶液用盐酸酸化并用硝酸处理，使铑生成三硝基化五氨合氯铑溶液，将此溶液浓缩赶硝，转变成铑氯络合物，煅烧后用稀王水洗去可溶性杂质，在氢气流中还原。

三氨化法亚硝酸钠络合法生成的 $(NH_4)_2NaRh(NO_2)_6$ 沉淀可用氢氧化钠溶液溶解重新转化为六亚硝基铑酸钠溶液，贱金属及铱仍保持为氢氧化物沉淀状态与铑分离，溶解反应为：

$$(NH_4)_2NaRh(NO_2)_6 + 2NaOH \xlongequal{} Na_3Rh(NO_2)_6 + 2NH_4OH$$

过滤出含铑溶液，加热后加入氨水和氯化铵，沉淀出三亚硝基三氨络铑沉淀，反应为：

$$Na_3Rh(NO_2)_6 + 3NH_4OH \xlongequal{} Rh(NH_3)_3(NO_2)_3\downarrow + 3NaNO_2 + 3H_2O$$

过滤后，沉淀物用5%浓度氯化铵洗涤，用 4 mol/L 浓度盐酸煮沸 4~6 h 溶解贱金属杂质，同时使铑的亚硝基络合物转化为较纯的鲜黄色三氯三氨络铑沉淀，反应为：

$$2Rh(NH_3)_3(NO_2)_3 + 6HCl \xlongequal{} 2Rh(NH_3)_3Cl_3\downarrow + 3NO_2 + 3NO + 3H_2O$$

3) 萃取法。氯铑酸溶液用稀碱液中和生成 $Rh(OH)_3$ 黄色沉淀，过滤后沉淀用盐酸溶解并调 pH 值约为 1，使 Rh(Ⅲ) 转化为水合阳离子，溶液中实际上是多价态阳离子平衡，通式表示为 $[RhCl_n(H_2O)_{6-n}]^{3-n}(n=0\sim2)$，以 $[Rh(H_2O)_6]^{3+}$ 为主。然后用酸性萃取剂，如 P204、二壬基萘磺酸、单烷基磷酸 (P538) 等萃取铑的阳离子，其他贵金属配阴离子留在水相，从有机相中用稀盐酸反萃获得氯铑酸溶液。铑的萃取流程如图 2-31 所示。

4) 离子交换法。酸性氯铑酸溶液流过阳离子交换树脂柱，树脂吸附溶液中的贱金属阳离子杂质，流出液即为纯氯铑酸溶液。

(2) 金属制备。常用煅烧还原法和甲酸还原法从铑化合物中制备金属铑。

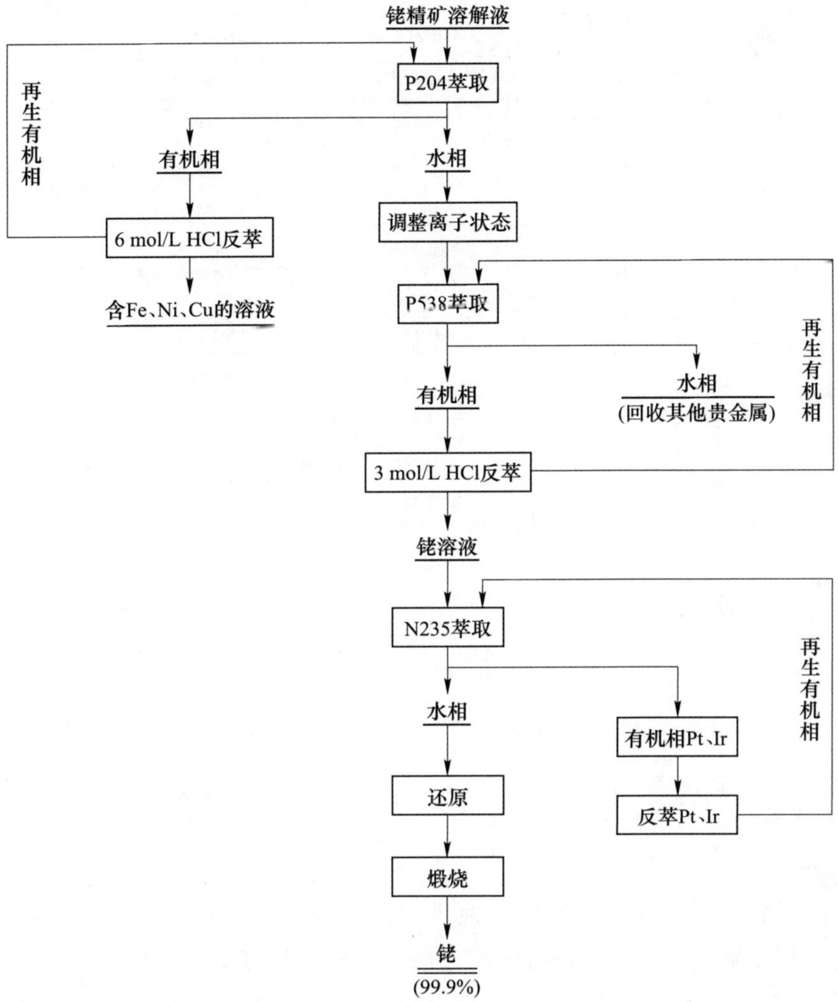

图 2-31 铑的萃取流程图

1）煅烧法。纯氯铑酸溶液加入氯化铵沉淀出纯氯铑酸铵，装入瓷坩埚在马弗炉中低温烘干后，升温至 500~600 ℃煅烧至氯化铵白烟排尽获得海绵铑，反应为：

$$2H_3RhCl_6 \xlongequal{} Rh + 6HCl\uparrow$$

高温煅烧时部分铑发生氧化生成氧化铑，因此冷却后需转入氢还原炉在 800 ℃下用氢气还原，惰性气氛下冷却至室温获得金属铑粉。

2）还原法。纯氯铑酸溶液用碱液中和至 pH 值为 7~8，煮沸，缓慢加入甲酸或水合肼并调整和维持 pH 值为 7~8 至铑还原完全，获得黑色细微粉状金属铑，反应式为：

$$2H_3RhCl_6 + 3HCOOH \xlongequal{} 2Rh\downarrow + 12HCl + 3CO_2\uparrow$$

微细铑粉会吸附大量气体，同样需在氢还原炉中于 800 ℃温度下用氢气还原制取金属铑粉。

铑产品标准（GB/T 1421—2018）见表 2-44。

表 2-44　铑产品标准

牌号			SM-Rh99.99	SM-Rh99.95	SM-Rh99.90
化学成分/%	铑含量		≥99.99	≥99.95	≥99.90
	杂质元素含量	Pt	≤0.003	≤0.02	≤0.03
		Ru	≤0.003	≤0.02	≤0.04
		Ir	≤0.003	≤0.02	≤0.03
		Pd	≤0.001	≤0.01	≤0.02
		Au	≤0.001	≤0.02	≤0.03
		Ag	≤0.001	≤0.005	≤0.01
		Cu	≤0.001	≤0.005	≤0.01
		Fe	≤0.002	≤0.005	≤0.01
		Ni	≤0.001	≤0.005	≤0.01
		Al	≤0.003	≤0.005	≤0.01
		Pb	≤0.001	≤0.005	≤0.01
		Mn	≤0.002	≤0.005	≤0.01
		Mg	≤0.002	≤0.005	≤0.01
		Sn	≤0.001	≤0.005	≤0.01
		Si	≤0.003	≤0.005	≤0.01
		Zn	≤0.002	≤0.005	≤0.01
	杂质元素总量		≤0.01	≤0.05	≤0.1

c　铱精炼

将铑铱分离后得到的含铱溶液以置换法制得粗铱粉，然后用碱熔法制取铱的氯络合物。碱熔法即将粗铱粉与 3 倍铱量的熔剂混合并装入刚玉坩埚中，在 800 ℃左右熔融 1~2 h。熔剂为过氧化钠与氢氧化钠，其比例为过氧化钠：氢氧化钠=1：4。熔融得到的熔块经冷却后用水溶解，此时铱以三氧化二铱留在渣中，再用盐酸溶解即得到铱的氯络合物。从铱氯配盐溶液分离杂质的方法有溶剂萃取法、离子交换法和沉淀法，往往采用几种方法相互配合的工艺。沉淀法又分为亚硝酸钠络合法、硫化沉淀法、氯铱酸铵沉淀法等。

（1）亚硝酸钠络合法。将氯铱酸溶液调整至弱酸性（pH 值为 6），加入 $NaNO_2$ 溶液后加热至 333~363 K，氯铱酸溶液中的铱便和亚硝酸钠作用生成可溶性的 $Na_3[Ir(NO_2)_6]$，溶液由红色变为浅黄色，冷却后滤去杂质沉淀物。往滤液中加入浓盐酸，煮沸破坏亚硝酸盐，得到纯氯亚铱酸钠溶液，反应为：

$$Na_3Ir(NO_2)_6 + 6HCl \longrightarrow Na_3IrCl_6 + 3H_2O + 3NO + 3NO_2$$

氯铱酸铵煅烧、还原得铱粉。

（2）硫化沉淀法。用溶剂萃取或亚硝酸钠络合法分离部分杂质后的氯铱酸溶液，加入硫化铵、硫化钠或通入硫化氢，使微量杂质生成硫化物沉淀。当溶液中含贵金属杂质时，需加温使溶液中的铂、钯、铑等生成硫化物滤除，过滤以得到纯净的氯铱酸，氯铱酸铵煅烧、还原得铱粉。

（3）氯铱酸铵沉淀法。经分离杂质制得较纯的氯铱酸溶液，加入氯化铵，在氧化剂硝酸或氯气存在下加热，生成黑色丝绢光泽的氯铱酸铵结晶，微量贱金属留于母液中除去。共存在氯铱酸溶液中的铂、钌可生成和铱同类型盐，需用其他方法预先除去，可利用氯铑酸铵有较大溶解度的性质使之与铱分离，氯铱酸铵煅烧、还原得铱粉。

上述方法均需经反复操作才能获得品位99.9%的产品，过程长，回收率低。萃取法不仅能得到品位99.95%~99.99%的产品，并且直收率可达93%~96%，其流程如图2-32所示。

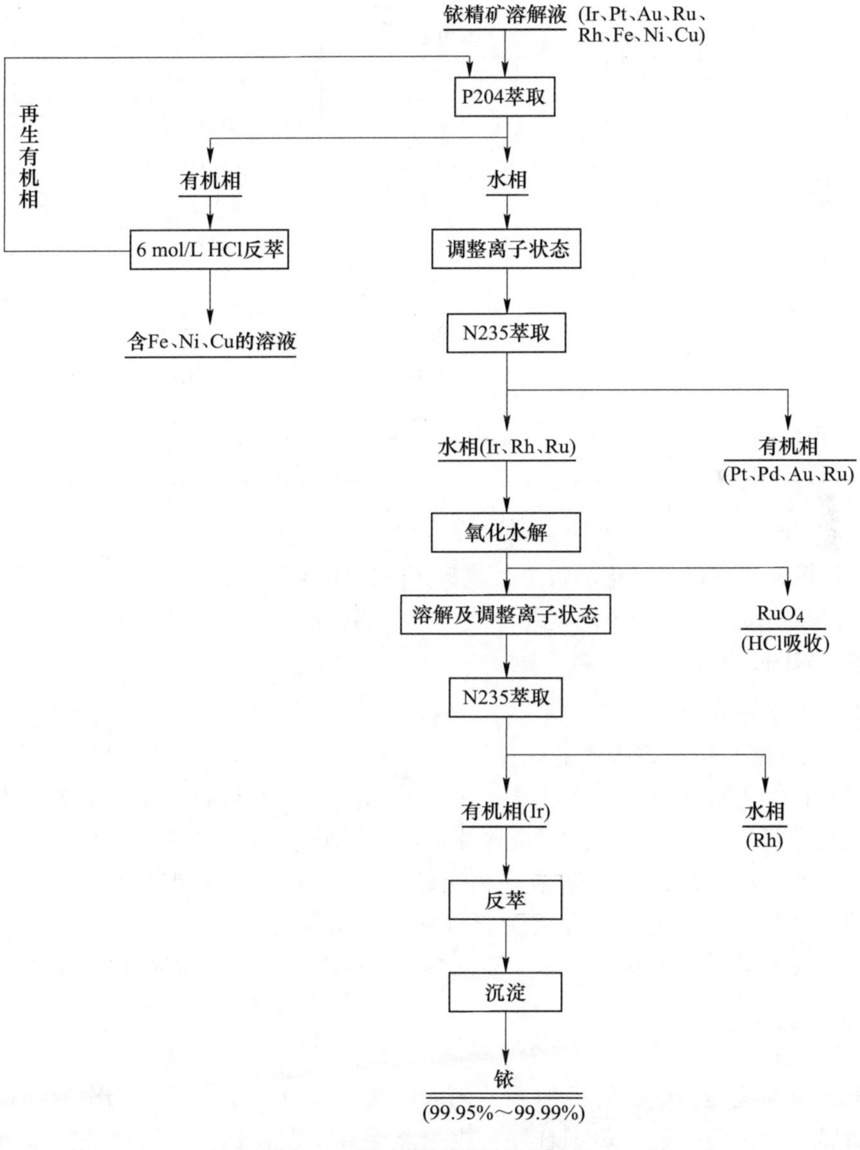

图2-32 铱的萃取精炼流程图

铱产品标准（GB/T 1422—2018）见表 2-45。

表 2-45　铱产品标准

牌号			SM-Ir99. 99	SM-Ir99. 95	SM-Ir99. 90
化学成分/%	铱含量		≥99. 99	≥99. 95	≥99. 90
	杂质元素含量	Pt	≤0. 003	≤0. 02	≤0. 03
		Ru	≤0. 003	≤0. 02	≤0. 04
		Rh	≤0. 003	≤0. 02	≤0. 03
		Pd	≤0. 001	≤0. 01	≤0. 02
		Au	≤0. 001	≤0. 01	≤0. 02
		Ag	≤0. 001	≤0. 005	≤0. 01
		Cu	≤0. 002	≤0. 005	≤0. 01
		Fe	≤0. 002	≤0. 005	≤0. 01
		Ni	≤0. 001	≤0. 005	≤0. 01
		Al	≤0. 003	≤0. 005	≤0. 01
		Pb	≤0. 001	≤0. 005	≤0. 01
		Mn	≤0. 002	≤0. 005	≤0. 01
		Mg	≤0. 002	≤0. 005	≤0. 01
		Sn	≤0. 001	≤0. 005	≤0. 01
		Si	≤0. 003	≤0. 005	≤0. 01
		Zn	≤0. 002	≤0. 005	≤0. 01
	杂质元素总量		≤0. 01	≤0. 05	≤0. 1

2. 3. 5. 2　从贵金属原料中回收铂族金属

以某厂从铜镍硫化矿中富集的贵金属原料回收铂族金属为例，其工艺采用贵金属原料→钌、锇分离提纯→金、铂、钯分离提纯→铑、铱分离精制工艺回收铂族金属。铂族金属分离提纯工艺流程如图 2-33 所示。

A　钌、锇分离提纯工艺

a　钌、锇蒸馏及锇、钌吸收液处理

贵金属原料加入蒸馏釜中，而后按一定的液固比加入浓硫酸，在一定温度下缓慢加入氯酸钠氧化剂进行氧化蒸馏，钌、锇反应生成的氧化物容易挥发进而被蒸馏出来，然后分别用一定浓度的盐酸、氢氧化钠溶液作为吸收剂进行吸收，分别得到钌吸收液和锇吸收液，从而使钌、锇与其他贵金属分离。通过向钌吸收液中加入硫化钠溶液，生成钌盐沉淀，向锇吸收液中通入二氧化硫，反应沉淀生成锇钠盐，钌盐与锇钠盐分别送钌精制和锇精制工序[15]。

b　钌、锇精制

铂族金属分离提纯得到的钌盐加入试剂浓硫酸和纯氯酸钠，进行二次蒸馏得到钌吸收液，经过滤后，酸性吸收液经蒸干赶酸生成三氯化钌，在管式炉中煅烧并通氢气还原得到品位不小于 99. 95%的钌粉。铂族金属分离提纯得到的锇钠盐加入试剂盐酸和双氧水进行

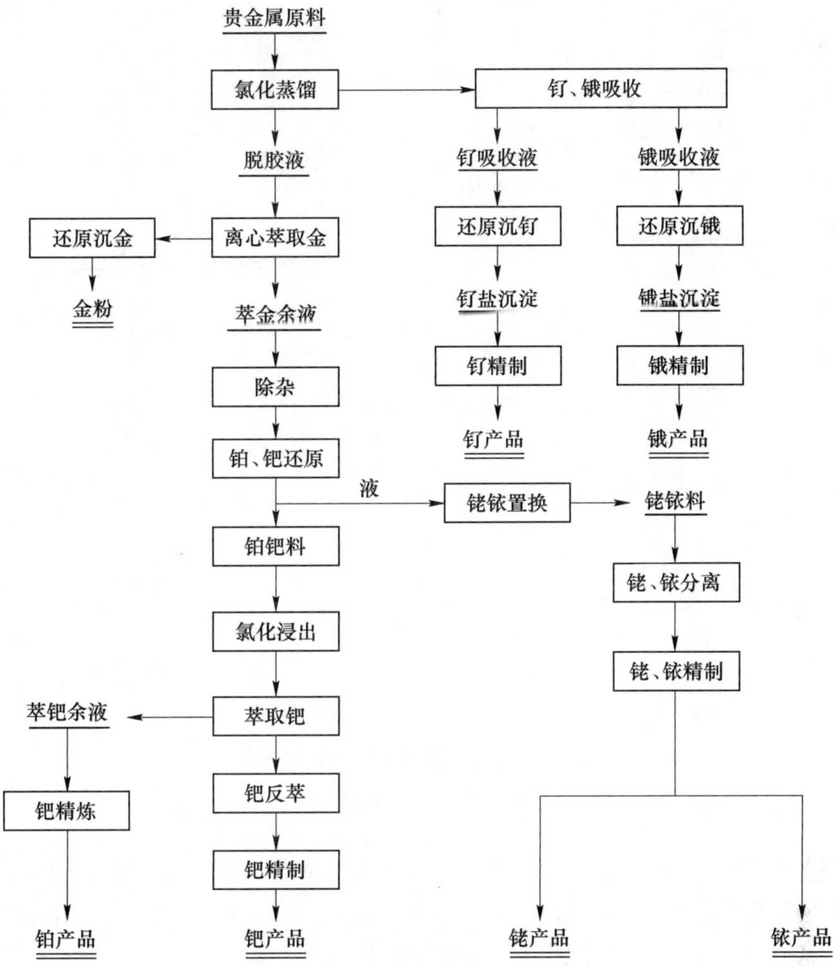

图 2-33 铂族金属分离提纯工艺流程图[15]

二次蒸馏，经试剂氢氧化钠溶液吸收后，锇吸收液经水合肼还原、洗涤烘干生成锇黑，在管式炉中通入氢气还原得到品位不小于 99.95%的锇粉。

锇钌精制工艺流程如图 2-34 所示。

B 金、铂、钯分离提纯

a 金萃取及提纯

由蒸馏工序过滤后得到的脱胶液，经试剂盐酸在釜中调酸后，用计量泵泵入串联的离心萃取器中，用双丁酰环腺苷酸（DBC）进行连续逆流萃取。萃金余液中含有钯、铂、铑和铱，送入铂、钯预处理工序，而负载有机相洗涤后用草酸还原，得到的含金料送入金粉旋转反应釜内加酸洗煮，然后烘干，得到金粉产品。还原后液用锌粉置换以回收其中的微量金。

b 铂、钯的分离及铂提纯

由萃金工序转来的萃金余液经调整好 pH 值和温度后，加入草酸沉淀贱金属（铜、镍等），过滤后向溶液中加入定量的异抗坏血酸钠还原剂还原铂钯，过滤后得到高品位铂钯

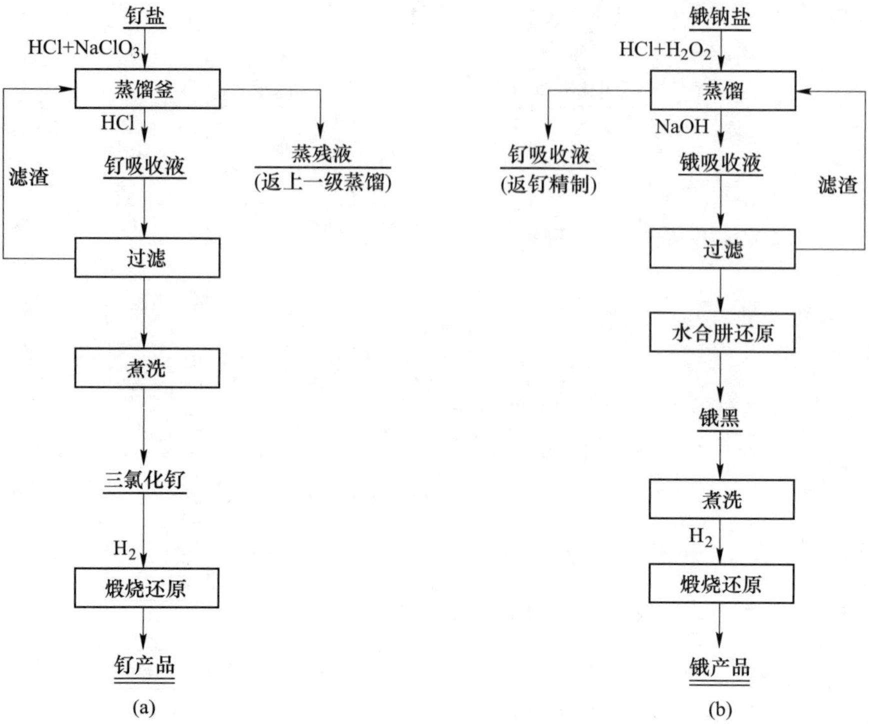

图 2-34　锇、钌精制工艺流程图[15]
（a）钌产品；（b）锇产品

精矿，铂钯精矿采用水溶液氯化法溶解造液后送钯萃取及精制工序。异抗坏血酸钠还原铂钯后的滤液经锌镁粉置换，产出铑铱料，送铑铱精制工序。钯萃余液加入氯化铵沉铂，产生的含铂沉淀中加入硝酸、盐酸和氯化铵等进行精制。

c　钯萃取及提纯

含铂、钯的氯化液经氯气氧化后在萃取箱中用 S201 进行逆流连续萃取。萃钯余液送往铂精制工序；负载有机相经洗涤、反萃，反萃有机相经再生、平衡后返回钯萃取工序循环使用；反萃液除油后进入钯精制工序。

钯反萃液经除油、浓缩、加氨水络合后用盐酸酸化产出粗二氯二氨络亚钯，再采用氯钯酸铵反复沉淀法和二氯二氨络亚钯法相结合的联合工艺进一步精制得到纯二氯二氨络亚钯，再经水合肼还原、煅烧氢还原得到钯产品。上述过程中产生的沉钯后液及各种洗液用锌粉置换回收其中少量的钯。钯精制过程中产生的置换后液送废水处理，得到的固体料集中送回收料处理。

C　铑、铱精制

a　铑、铱预处理及铑、铱分离

二次沉铂钯后液经过锌镁粉置换后，得到富集铑、铱的铑铱料，铑铱料加入盐酸、氯气等进行水溶液氯化溶解。浸出后浆料过滤，滤液加入 DBC 萃取金，萃金余液加入草酸沉铜镍，过滤后滤液加入固体异抗坏血酸钠沉淀铂、钯；过滤后滤液进行水解并过滤，得到的铑铱水解渣用盐酸溶解；水解后的铑铱水解渣溶解液加入 TBP 有机相进行萃取、洗涤、反萃、再生，分别得到含铑萃余液及含铱反萃液，分别送铑精制与铱精制。水解过滤后产生的废液送废液置换工序，产生的铜镍尾料送火法处理。过程化学反应为：

$$H_2MCl_6 + 3N \longrightarrow M + 3NCl_2 + H_2\uparrow$$

式中，M 为 Rh、Ir；N 为 Zn、Mg。

铑铱分离工艺流程如图 2-35 所示。

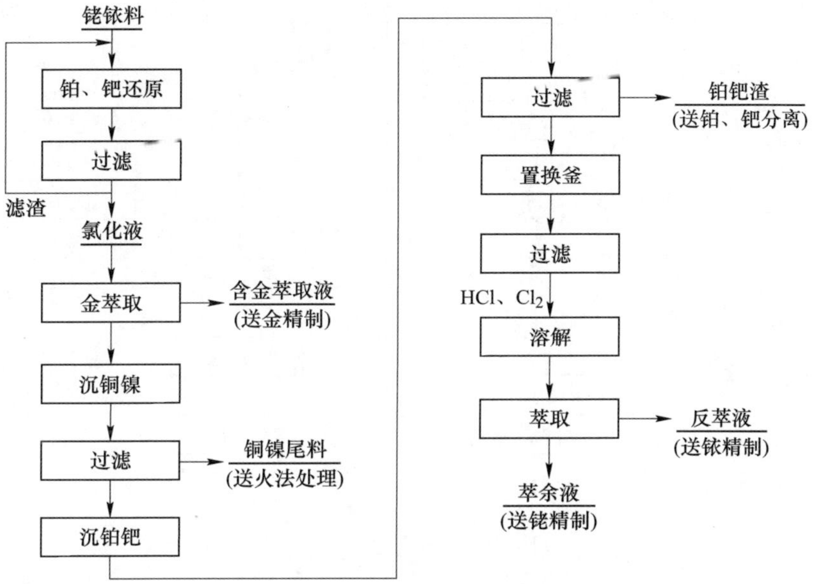

图 2-35 铑铱分离工艺流程图

b 铑精制

首先含铑萃余液通过反复浓缩过滤，产生的浓缩液经进一步水解后加入氯酸钠除钌，而水解后液送废液置换，除钌后的物质进行第二次水解、过滤得到水解渣，进入下一步工序；此过程产生水解后液送废液置换，加入盐酸将水解渣溶解后浓缩赶酸，产生一定的酸性气体，经浓缩赶酸后用 732 号树脂进行离子交换，用盐酸调整酸度后进行 TBP 萃取后经洗涤、反萃得到反萃液；此过程产生的滤渣全部返回上一道工序，洗涤后液循环使用后进行锌镁粉置换，反萃后产生的反萃液进入铱精制工序。萃余液用氯化铵沉铑后用王水溶解—赶酸，之后再用氯化铵沉铑反复几次后得到纯氯铑酸铵，此过程中产生沉铑母液，然后煅烧及通氢气还原，并用王水和氟化氢反复煮洗烘干得到品位不小于 99.95%的铑粉，煮洗过程中产生煮洗液送废液置换。

铑精制工艺流程如图 2-36 所示。

c 铱的精制

含铱反萃液通过浓缩、水解、过滤后产生的滤渣进入下一步，产生的滤液送废液置换；滤渣经盐酸溶解后，得到铱水解渣溶解液，过滤后加入双氧水、饱和氯化铵溶液后进行氧化沉铱，洗涤过滤后得到粗氯铱酸铵。粗氯铱酸铵加入水合肼、盐酸和氨水进行还原溶解，过滤后滤渣送至铑铱料处理工艺，滤液加入硫化铵，净化过滤反复精炼后得到纯氯铱酸铵，过滤洗涤产生的母液送废液置换处。然后纯氯铱酸铵通过煅烧及通氢气还原，并

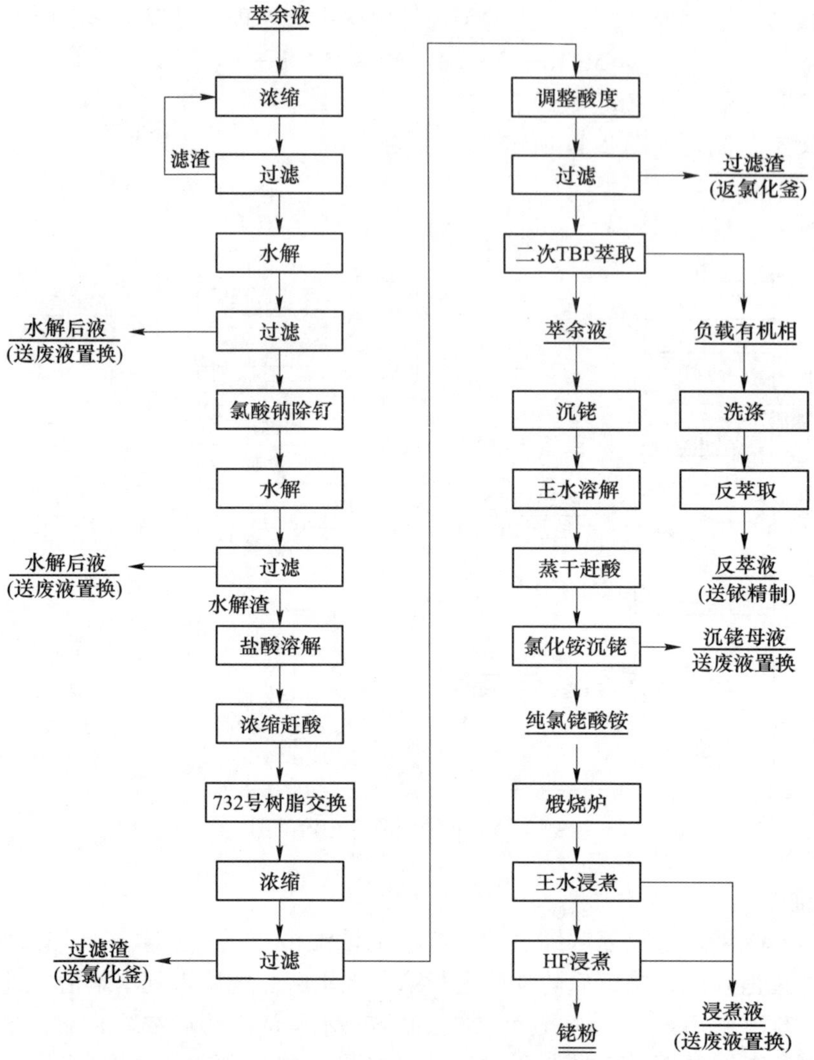

图 2-36 铑精制工艺流程图

用王水、盐酸和氢氟酸反复煮洗烘干得到品位不小于 99. 95%的铱粉。

上述过程所得到的各类废液均经锌镁置换回收残存的贵金属，氯铑酸铵经煅烧氢还原后得到海绵铑。铱精制与铑精制类似。

铱精制工艺流程如图 2-37 所示。

2. 3. 5. 3 从铂钯精矿中提取铂、钯

下面以祥光铜业从铜阳极泥中富集的铂钯精矿提取铂、钯为例。

A 概述

铂钯精矿经过氯化浸出、亚硫酸钠沉金、氯化铵沉铂、氨水沉钯的湿法处理工艺，产出海绵铂和海绵钯。祥光铜业铂钯精矿提取铂钯工艺流程如图 2-38 所示。

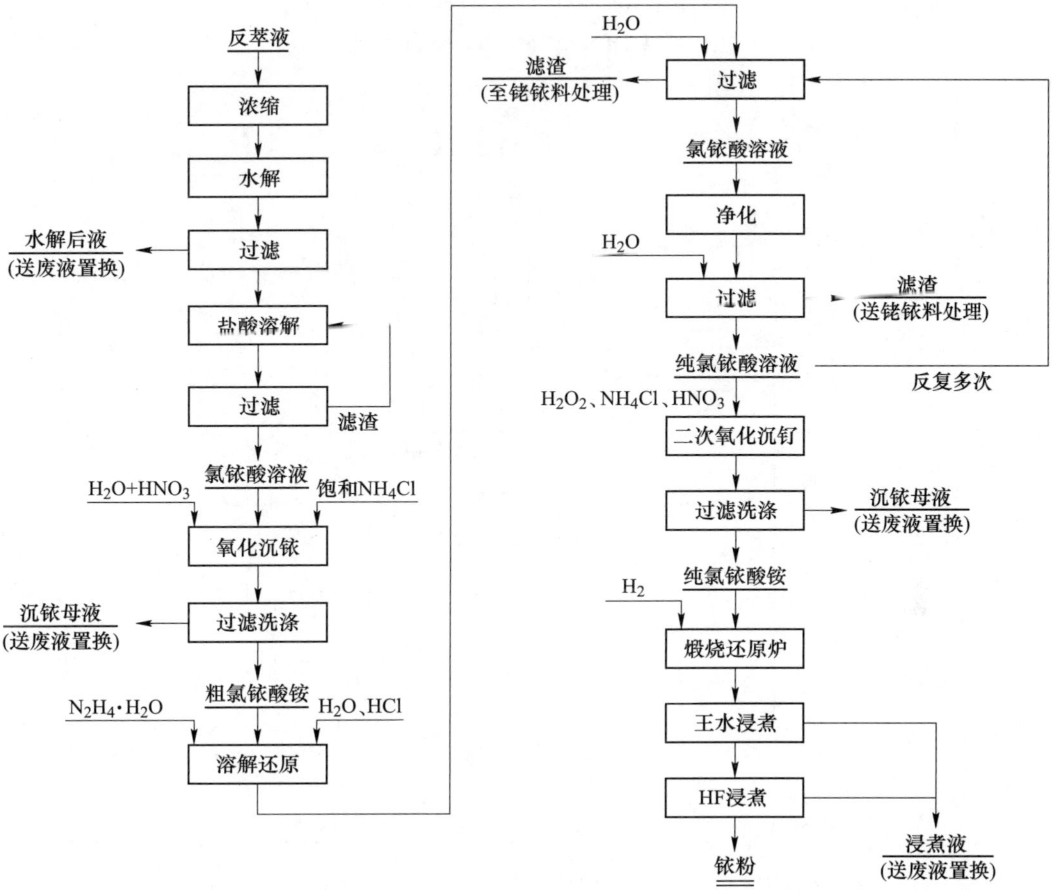

图 2-37 铱精制工艺流程图[15]

B 基本原理

a 氯化浸出原理

溶解贵金属主要有王水溶解和水溶液氯化法溶解。由于王水溶解酸耗量大，且会产生大量的氮氧化物有害气体，生产环境较差，故在大规模生产中较少使用，只有在贵金属的精炼中采用王水溶解。水溶液氯化浸出由于具有相对比较简单、经济、适用能力强等优点而被广泛用于贵金属的浸出，特别是用于处理阳极泥时所得的贵金属精矿。

水溶液氯化法一般在常压和酸性介质中通氯气或氯酸钠，在硫酸和盐酸（或氯化钠）混合介质中加热至 80~90 ℃，使大多数金属元素生成可溶性氯络合物或氯化物进入溶液。硫酸和盐酸的加入可抑制铅和银的浸出，使银、铅转化为溶解度较小的 AgCl、$PbSO_4$ 进入浸出渣，以纯化铂钯金等贵金属液[16]。

氯酸盐在酸性介质中发生如下化学反应：

$$2ClO_3^- + H_2SO_4 = SO_4^{2-} + 6[O] + 2HCl$$

$$2HCl + [O] = 2[Cl] + H_2O$$

新生成的氯［Cl］与氧［O］具有极强的氧化性，它将原料中的铂钯等贵金属氧化络合而溶解，反应式如下：

$$Pt + 2HCl + 4[Cl] = H_2PtCl_6$$

$$Pd + 2HCl + 4[Cl] = H_2PdCl_6$$

$$Au + HCl + 3[Cl] = HAuCl_4$$

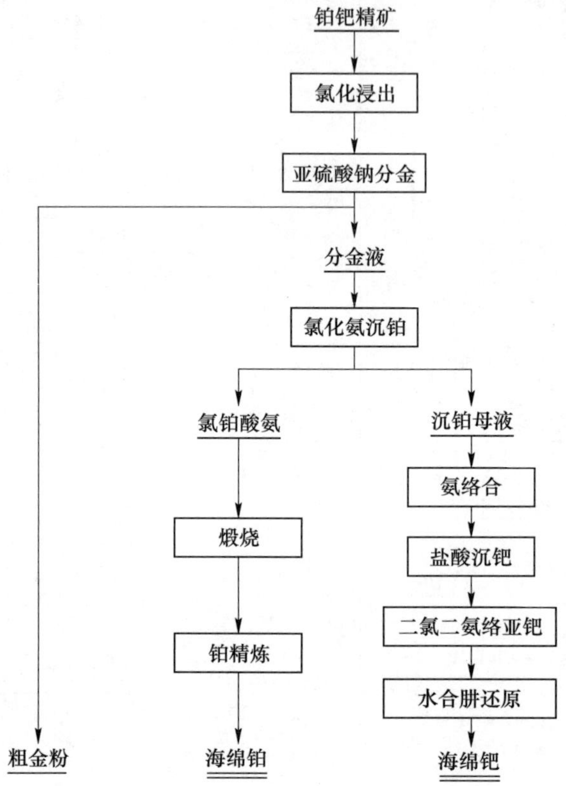

图 2-38　铂钯精矿提取铂钯工艺流程图

b　亚硫酸钠还原沉金

金比铂、钯易还原沉淀，先分离可避免后续铂、钯分离时出现金的分散及沉淀干扰。同时还原金可使溶液中的钯、铱还原为低价态，以减少分离铂时钯、铱共沉淀。此外，传统工艺中用氨络合法分离钯时，如果溶液中含有大量的金会生成易爆的“雷金”（$Au_2O_3 \cdot 4NH_3$）带来危险操作。

还原剂的选择以不同时还原铂、钯为前提，目前生产中常用的还原剂有硫酸亚铁、二氧化硫、甲醛、亚硝酸钠、双氧水、亚硫酸钠等。用硫酸亚铁还原时可以得到满意的分金效果，同时硫酸亚铁经济、易得，但使用贵金属溶解中带进了铁离子，影响铂族贵金属的相互分离；用甲醛作还原剂也是一种分离效果很好的方法，但溶液要求控制一定的酸度，过量的甲醛残留于沉金母液中，影响铂族金属的分离；二氧化硫也是工业上常用的良好的金还原剂，且经济简便、效果好，还原过程主要控制溶液中金的浓度、酸度、温度和二氧化硫通入的速度，但是用二氧化硫还原金时，溶液中的 Pt(Ⅳ)、Pd(Ⅳ)、Ir(Ⅳ) 会还原成 Pt(Ⅱ)、Pd(Ⅱ)、Ir(Ⅱ)，不利于后段的氯化铵沉铂。

c　氯化铵沉铂原理

分金后液加入氯化铵，沉淀出蛋黄色的氯铂酸铵，反应为：

$$H_2PtCl_6 + 2NH_4Cl = (NH_4)_2PtCl_6 \downarrow + 2HCl$$

氯铂酸铵在水中溶解度为 0.77%，但在 17.7%浓度的氯化铵溶液中溶解度降至 0.003%。因此，沉铂时需按生成氯铂酸铵的化学计量及溶液体积加入过量的氯化铵。贱金属不与氯化铵形成类似的难溶盐，多数残留在溶液中过滤分离，但氯铂酸铵沉淀时会吸收少量的贱金属，精炼铂时再深度分离。

溶液中低价态 Pd(Ⅱ)、Ir(Ⅲ)，生成的 $(NH_4)_2PdCl_4$ 和 $(NH_4)_3IrCl_6$ 可溶。当呈高价态 Pd(Ⅳ)、Ir(Ⅳ) 时，生成的 $(NH_4)_2PdCl_6$ 和 $(NH_4)_2IrCl_6$ 共沉淀，很难用洗涤沉淀的方法与氯铂酸铵分离。为了能使钯和铱保持低价，可采用煮沸或加入还原剂（如抗坏血酸、食糖等）的方法。

d 海绵铂的制取原理

精制获得的纯氯铂酸铵沉淀，烘干后用煅烧法产出海绵铂。煅烧用纯净的专用瓷坩埚，装入纯净的氯铂酸铵后加盖置马弗炉中缓慢升温，温度升至 350 ℃保温 2~3 h，此时沉淀开始分解。当白烟减少后，升温至 450 ℃恒温 2 h 后，再升温至 750~800 ℃恒温 1~3 h，生成浅灰色的海绵铂。

$$3(NH_4)_2PtCl_6 = 3Pt + 16HCl + 2NH_4Cl + 2N_2$$

煅烧温度不宜过高，否则易引起海绵铂烧结成块。煅烧时升温也不能太快，因为分解反应会产生大量的气体，易造成喷溅损失，严重时可引起容器炸裂。

e 氨水沉钯原理

沉铂后的滤液加热并加入氨水，贱金属水解为氢氧化物沉淀，同时沉淀出桃红色的二氯二氨络亚钯盐 [$Pd(NH_3)_2Cl_2$]，反应为：

$$2H_2PdCl_4 + 8NH_4OH = Pd(NH_3)_4PdCl_4 + 4NH_4Cl + 8H_2O$$

这个性质是钯特有的，过滤即可分离其他可溶性贵金属杂质。沉淀中继续加入氨水，二氯二氨络亚钯盐转变为可溶的二氯四氨络亚钯盐，反应为：

$$2Pd(NH_3)_2Cl_2 + 4NH_4OH = 2Pd(NH_3)_4Cl_2 + 4H_2O$$

同时贱金属也水解为氢氧化物沉淀，过滤分离后，含铂滤液用盐酸缓慢中和至 pH 值为 0.5，重新沉淀出黄色粉末状的二氯二氨络亚钯盐，将沉淀过滤洗涤，二氯二氨络亚钯盐重新用氨水溶解，再酸化沉淀。将上述步骤反复 3~4 次，最后用水合肼还原，即可得到纯度大于 99.95%的海绵钯产品。

f 海绵钯制取原理

海绵钯的提纯方法是基于二氯二氨络亚钯盐悬浮液用水合肼还原，制成质地疏松呈海绵状的金属钯粉，制备的海绵钯纯度大于 99.95%。其反应方程式为：

$$Pd(NH_3)_2Cl_2 + 2N_2H_4 \cdot H_2O = Pd \downarrow + 2NH_4Cl + N_2 \uparrow + 2NH_3 \cdot H_2O$$

C 技术操作

a 氯化浸出作业

(1) 往反应釜中配置一定浓度的盐酸溶液，启动机械搅拌器，缓慢加入铂钯精矿（干料），液固比 1∶5，溶液是由水和盐酸配制各 50%。

(2) 加热温度 80 ℃，反应时间 3.5 h，再沸腾 0.5 h。

(3) 过滤：渣液分离，渣收集做二次浸出，二次浸出渣烘干入库，二次浸出液和一次浸出液准备沉金，取样化验。

b　沉金作业

（1）加热温度控制在 50~60 ℃。加入金质量 1.4 倍的亚硫酸钠，反应 1 h，过滤。

（2）王水溶渣（液固比 1∶6）赶硝。

（3）赶硝完毕，取样化验，加热 50~60 ℃，二次沉金，亚硫酸钠为金的 1.15 倍。

c　沉铂作业

（1）分金后液取样化验后浓缩至 150 L，加热至 70~80 ℃时加氯化铵，用量为铂的 1.5 倍，反应 1 h，过滤。

（2）精炼：按液固比 1∶8 配王水，加热赶硝，赶硝完后加水至铂 80 g/L 左右，于 70~80 ℃加入氯化铵，用量为铂量的 1.1 倍；共重复精炼 3 次。

d　沉钯作业

（1）沉铂后液加热至 50~60 ℃，加氯酸钠和氯化铵，氯酸钠用量为浸出时用量的 85%，氯化铵用量为钯量的 1.3 倍，反应温度 70~80 ℃，反应 3 h。

（2）过滤，滤渣收集，将滤渣烘干后煅烧。

（3）按液固比 1∶4 加入反应釜，煮沸，注意泡沫上涌，浓缩至 150 L，冷却至低于 50 ℃，加氨水调制 pH 值为 9，50~60 ℃反应 1 h，过滤。

（4）钯精炼：酸化，加盐酸调 pH 值为 0.5~1.0，控制温度低于 40 ℃，过滤，滤渣准备酸化，洗液配比为盐酸 10%。

（5）氨化：将滤渣按液固比 1∶2 加水，搅匀，加入氨水调 pH 值为 9.0，于温度 50~60 ℃反应 1 h。过滤，滤液进行下一次酸化，共重复 3 次。

（6）将最后一次滤饼再次氨化，加入水合肼还原，用量为钯质量的 1.1 倍，过滤，热水冲洗，海绵钯烘干，取样化验。

D　主要设备

从铂钯精矿中提取铂的主要设备包括用于反应的 300 L 钛反应釜、300 L 搪瓷反应釜、100 L 钛反应釜、100 L 搪瓷反应釜，用于固液分离的真空过滤装置，用于煅烧的 SX2-10-13 马弗炉，用于干燥的电热鼓风干燥箱等。

2.4　铜阳极泥贵金属湿法冶金提取

国内外对铜阳极泥处理方法的研究，在完善改进传统火法流程的同时也发展了湿法工艺。目前，尽管火法流程在国内外大型生产中仍占重要地位，但为了克服传统火法流程的缺点和着眼节能、环保和提高金银直收率，湿法流程的研究已取得突破性进展。

铜阳极泥中铜、铅、硒、碲、铋、砷、锑等贱金属及化合物，约占阳极泥质量的 70% 以上，阳极泥湿法处理须先脱除贱金属，以保证得到高品位的贵金属物料和高的贵金属回收率，并综合回收有价金属。

铜阳极泥湿法工艺包括以下主要工序：

（1）脱除贱金属杂质以富集贵金属，为金、银的回收创造条件；

（2）分金，一般用氯化法浸出金，并还原得金粉；

（3）分银，即从脱除贱金属的渣中浸出银，并从银浸出液中还原出银粉。

分银、分金两个工序的组合顺序由银的存在形态决定，如果银的氯化程度（AgCl 的比例）不够高，则分金放在分银之前。湿法典型工艺流程如图 2-39 所示。

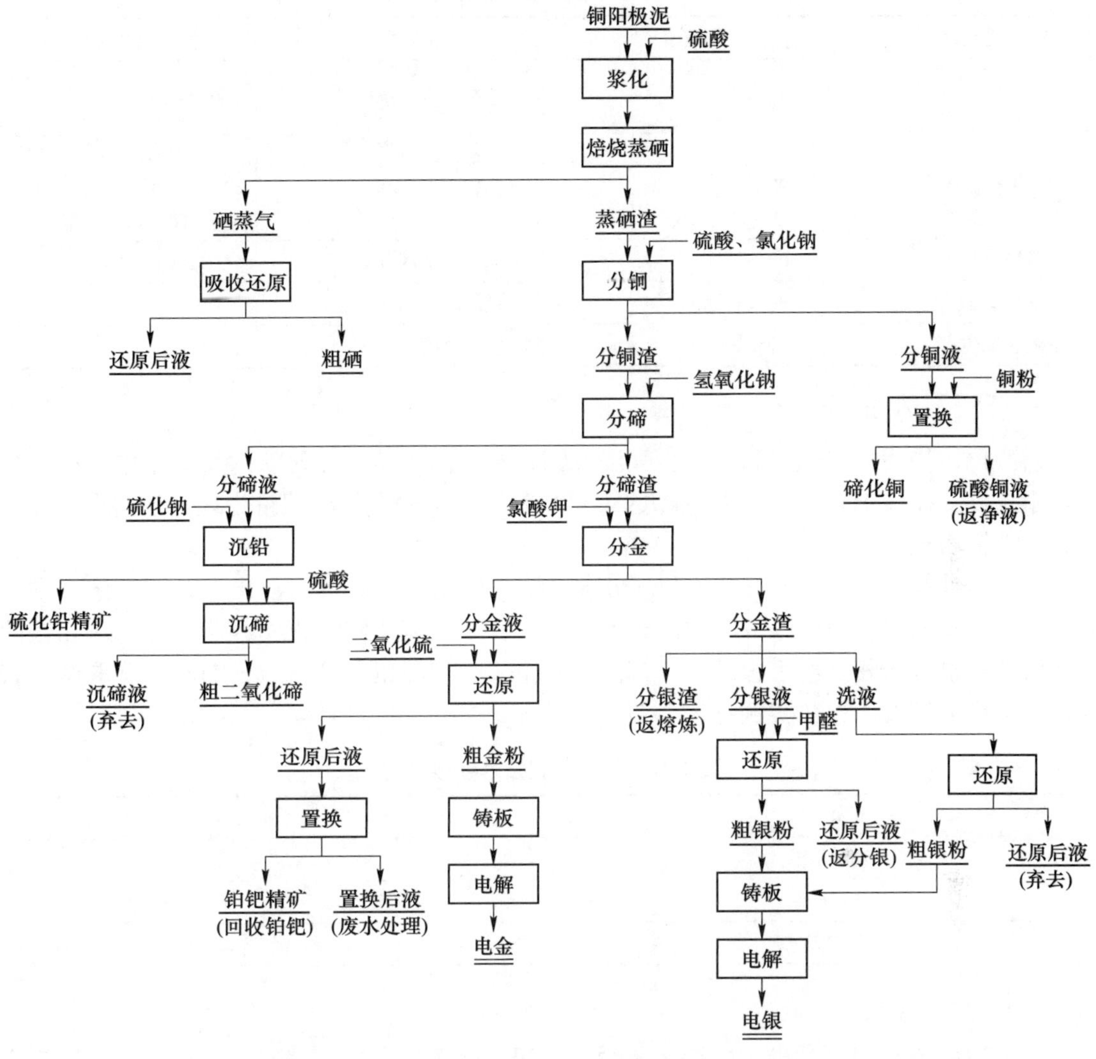

图 2-39　湿法典型工艺流程图

2.4.1　贱金属脱除

脱除贱金属杂质以富集贵金属，主要包括硫酸化焙烧脱硒、分铜、分碲产出富含金银的分碲渣。

2.4.1.1　硫酸化焙烧

铜阳极泥硫酸焙烧工艺：铜阳极泥与浓硫酸按一定比例混合浆化，再经回转窑高温焙烧，产出蒸硒渣。其中，铜阳极泥中硒化合物转化为易挥发的二氧化硒，进入烟气。经窑内蒸发出的二氧化硒通过真空泵产生的抽力抽取随炉气进入装有水的吸收塔后就生成了亚硒酸，硫酸化焙烧过程中产生的二氧化硫随炉气进入装有水的吸收塔后，二氧化硫就将亚硒酸还原成单质硒混合于吸收塔液中，吸收塔液经粗硒压滤机压滤回收粗硒。流程中铜阳极泥拌浓硫酸焙烧蒸硒与火法工艺中的相同。某厂硫酸化蒸硒技术参数见表2-46。

表 2-46 某厂硫酸化蒸硒技术参数[17]

技术参数	数值	技术参数	数值
阳极泥处理量/t·(d·台)$^{-1}$	3.14	铜阳极泥与浓硫酸比	0.8~1
回转窑作业率/%	90	回转窑温度/℃	一段 610~630，二段 620~640，三段 650~680，四段 680~730
蒸硒渣含硒/%	0.40	回转窑负压/Pa	-1200~-1000
硒直收率/%	90	蒸硒渣含硒/%	<0.4
蒸硒渣率/%	115	粗硒含硒/%	96

2.4.1.2 分铜

硫酸化焙烧后的焙烧渣需进一步酸浸分铜，浸铜作业通常在衬钛的反应釜中进行。分铜技术条件：硫酸 120~300 g/L，温度 80~90 ℃，氯化钠或盐酸用量为理论量的 1.2~1.5 倍，渣含铜小于 0.7%。

在稀酸分铜过程中，98%的铜及部分砷、碲也以离子形式进入浸出液，同时溶液中还会浸出一定量的银。为使分铜渣中的银不被溶出，采用氯化钠沉银的办法使银以氯化银的形式沉淀，进入渣相。经沉银后的分铜液中残余了一定量的氯离子，分铜后液制取碱式碳酸铜。某厂分铜技术参数实例见表 2-47。

表 2-47 某厂分铜技术参数实例 (%)

技术参数	数值
铜浸出率	90
分铜渣率	85
分铜渣含铜	0.7

2.4.1.3 分碲

蒸硒渣中 50%以上的碲留在浸铜渣中。当浸铜渣含碲高时，将影响金银的直收率和金银的质量，因此有必要加一个脱碲工序。

从浸铜渣中脱碲有氢氧化钠法和盐酸法。采用氢氧化钠溶液浸碲时，铅、碲转变成亚铅酸钠和亚碲酸钠，反应式如下：

$$TeO_2 + 2NaOH = Na_2TeO_3 + H_2O$$

$$PbSO_4 + 4NaOH = Na_2PbO_2 + Na_2SO_4 + 2H_2O$$

Na_2TeO_3 溶液用 H_2SO_4 或 HCl 中和沉淀出 TeO_2，反应式如下：

$$Na_2TeO_3 + H_2SO_4 = TeO_2 + Na_2SO_4 + H_2O$$

浸碲通常用 120~160 g/L 氢氧化钠溶液，在 80~90 ℃下浸出 3~4 h，碲浸出率 60%~70%。

盐酸浸碲反应式为：

$$TeO_2 + 4HCl = TeCl_4 + 2H_2O$$

技术条件：盐酸 5 mol/L，硫酸 0.5 mol/L，室温，液固比 3∶1，浸出时间 2~3 h。

在室温下，往 $TeCl_4$ 溶液中通二氧化硫沉淀碲，反应式如下：

$$TeCl_4 + 2SO_2 + 4H_2O = Te + 2H_2SO_4 + 4HCl$$

盐酸脱碲过程中铅、砷、锑也进入浸出液，某厂分碲技术参数见表 2-48。

表 2-48 某厂分碲技术参数 (%)

技术参数	设计值
碲浸出率	80
分碲渣率	90
分碲渣含碲	1.3

2.4.2 分金

湿法处理铜阳极泥中，分碲后渣进入分金工序，分金所用的方法无一例外的是用氯化法，氯化法主要包括氯化浸出和还原两个工序。

2.4.2.1 氯化浸出

在氯化物体系中，在有氧化剂存在的情况下，金与氯离子形成四氯化金阴离子而进入溶液，使用的氧化剂有氯气、氯酸钾（钠）、次氯酸盐等，下面介绍氯化浸出反应。

用氯酸盐作氧化剂，主要反应式为：

$$2Au + ClO_3^- + 6H^+ + 7Cl^- = 2AuCl_4^- + 3H_2O$$

用氯气作氧化剂，主要反应式为：

$$2Au + 3Cl_2 + 2Cl^- = 2AuCl_4^-$$

工业上一般采用氯酸钾、氯酸钠和氯气作氧化剂，以氯酸钾氯化为例，浸出条件：酸度大于 0.5 mol/L（一船用硫酸），氯化钠浓度大于 1 mol/L，温度 80~90 ℃，时间 3~4 h，氯酸钾用量为 4 倍溶金的理论量；浸出率：金在 99%以上。

2.4.2.2 还原

氯化浸出液的还原，还原剂工业上一般采用二氧化硫（也可采用亚硫酸氢钠、亚硫酸钠代替）或草酸。

（1）二氧化硫还原法。二氧化硫还原反应式如下：

$$2AuCl_4^- + SO_2 + 6H_2O = 2Au + 3HSO_4^- + 9H^+ + 8Cl^-$$

得到的金粉质量较高，可在较高的酸度下进行。

（2）草酸还原法有以下三种：

在 pH<1.27 时，溶液中主要以草酸形式存在，反应式如下：

$$2AuCl_4^- + 3H_2C_2O_4 = 2Au + 6CO_2 + 6H^+ + 8Cl^-$$

在 pH 值为 1.27~4.27 时，溶液中主要以 $HC_2O_4^-$ 的形式存在，反应式如下：

$$2AuCl_4^- + 3HC_2O_4^- = 2Au + 6CO_2 + 3H^+ + 8Cl^-$$

在 pH>4.27 时，溶液中主要以 $C_2O_4^{2-}$ 的形式存在，反应式如下：

$$2AuCl_4^- + C_2O_4^{2-} = 2Au + 6CO_2 + 8Cl^-$$

两种还原方法相比，二氧化硫还原法金的还原率较低。草酸还原法先将 pH 值调到 2~3，以第二个反应为主。某厂分金技术参数见表 2-49。

表 2-49　某厂分金技术参数实例

技术参数	设计值
金浸出率/%	99.4
分金渣率/%	100
分金渣含金/g · t^{-1}	80
金直收率/%	99.4

2.4.3　分银

分银工艺根据使用浸出剂的不同及后面还原方法的不同，目前主要采用氨浸分银—水合肼还原法和亚硫酸钠浸银—甲醛还原法。

2.4.3.1　氨浸分银—水合肼还原法

A　基本原理

氨浸分银的基本原理是氨与银离子能形成稳定的 $Ag(NH)_2^+$ 络离子而进入溶液，后选用水合还原得到粗银粉，其反应式如下：

$$AgCl + 2NH_3 = Ag(NH_3)_2^+ + Cl^-$$

$$4Ag(NH_3)_2^+ + N_2H_4 = 4Ag\downarrow + N_2\uparrow + 4NH_3 + 4NH_4^+$$

氨水浓度与溶液中银总浓度的关系如图 2-40 所示，氯化银在氨水中的溶解度与 pH 值的关系如图 2-41 所示，pH = 11 时氯化银在氨水中的溶解度与 Cl^-浓度的关系如图 2-42 所示，银总量与游离氯总量关系图如图 2-43 所示。

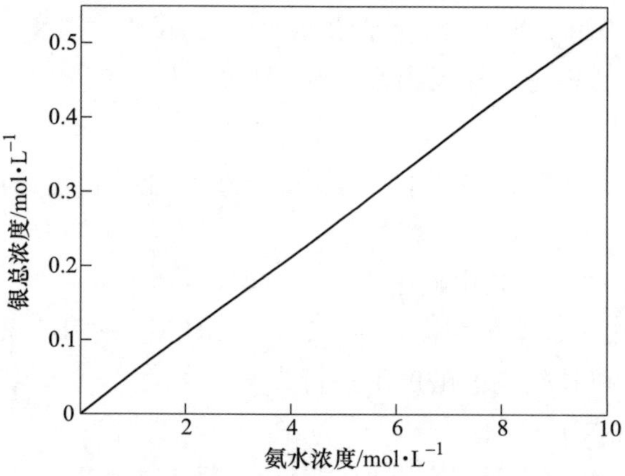

图 2-40　氨水浓度与溶液中银总浓度的关系[18]

B　浸出条件

浸出条件为：温度为常温，氨浓度为 9%~10%，液固比按进溶液后银的浓度为 35 g/L 计，时间为 3~4 h。

铜离子和镍离子等可能与氨形成络离子，进入溶液。消除的方法应在浸银前尽量把铜除净。如果杂质太多，所得氨浸液可在存在氯离子的条件下加酸处理，使银重新沉淀出来。

$$Ag(NH_3)_2^+ + Cl^- + 2H^+ = AgCl + 2NH_4^+$$

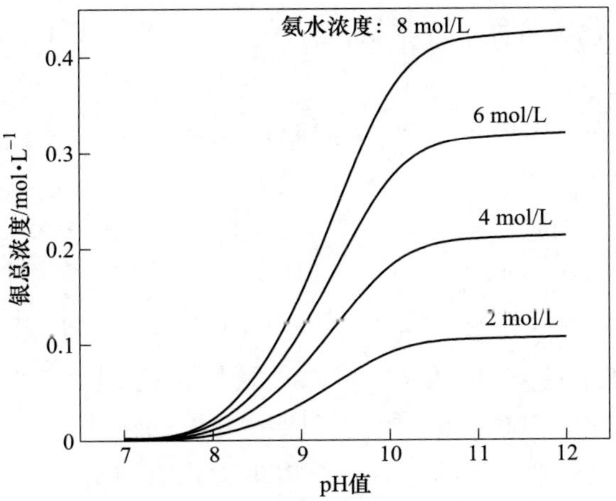

图 2-41 氯化银在氨水中的溶解度与 pH 值的关系[18]

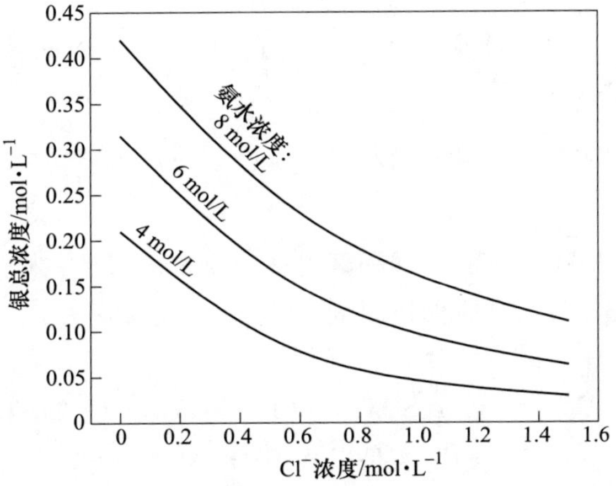

图 2-42 pH = 11 时氯化银在氨水中的溶解度与 Cl^- 浓度的关系[18]

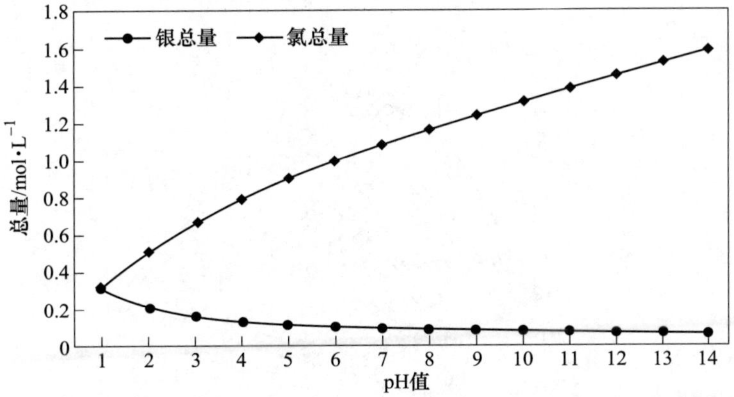

图 2-43 银总量与游离氯总量的关系图

C　水合肼还原

还原剂为水合肼，化学名称水合联氨，分子式为 $N_2H_4 \cdot H_2O$，联氨在碱性溶液中可被氧化成氮气，反应式如下：

$$N_2H_4 + 4OH^- = N_2 + 4H_2O + 4e \qquad E^{\ominus} = -1.16\ V$$

银氨络离子的还原电位为：

$$Ag(NH_3)_2^+ + e = Ag + 2NH_3 \qquad E^{\ominus} = 0.373\ V$$

联氨还原银氨络离子的反应为：

$$4Ag(NH_3)_2^+ + N_2H_4 + 4OH^- = 4Ag + N_2 + 4H_2O + 8NH_3$$

联氨还原的条件如下：pH 值为 8~10，联氨用量为理论量的 2 倍，还原时间大于 30 min，氯化银的浓度为 5~100 g/L，银的还原率大于 99%。

希望得到较粗的银粉，要求温度为 60 ℃以上，水合肼分次加入，以防冒槽。可以用水合肼直接还原氯化银，其还原反应式为：

$$4AgCl + N_2H_4 + 4OH^- = 4Ag + N_2 + 4H_2O + 4Cl^-$$

D　氨浸法的特点

氨浸法的主要优点：工艺成熟，浸出和还原效果好，产出的银粉质量高。主要缺点：浸出过程使用 NH_3，气味大。

2.4.3.2　亚硫酸钠浸银—甲醛还原法

A　基本原理

亚硫酸钠浸银—甲醛还原法的原理和氨浸银—联氨还原是一样的，用亚硫酸钠代替氨作浸银的试剂，用甲醛代替水合肼作还原剂。

浸出反应式如下：

$$AgCl + 2SO_3^{2-} = Ag(SO_3)_2 + Cl^- \qquad \Delta G^{\ominus} = -21.45\ kJ/mol$$

在工业浸出的条件下，溶液中主要是以 $Ag(SO_3^{2-})_2^{3-}$ 的形式存在，而 $Ag(SO_3^{2-})^-$ 则可以认为不生成。Ag 总浓度随 pH 值、SO_3^{2-} 总浓度变化的平衡曲面如图 2-44 所示，Ag 总浓度随 Cl^- 浓度、SO_3^{2-} 总浓度变化的平衡曲面如图 2-45 所示。

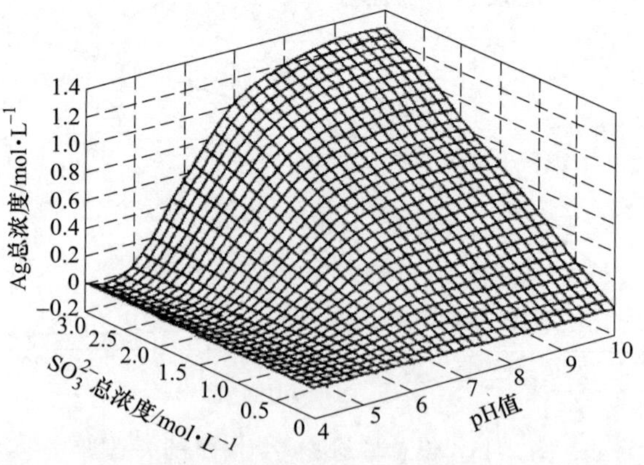

图 2-44　Ag 总浓度随 pH 值、SO_3^{2-} 总浓度变化的平衡曲面[18]

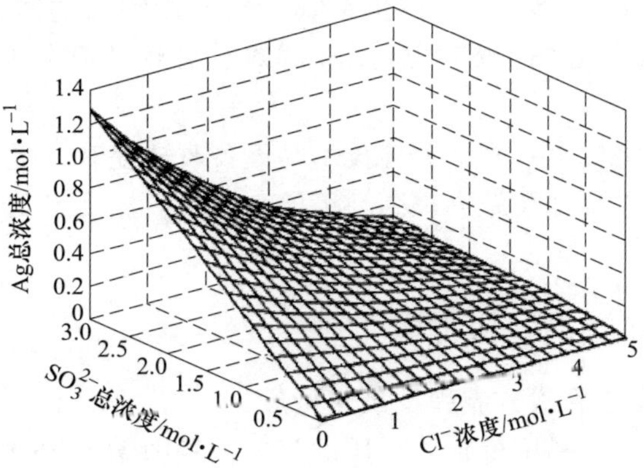

图 2-45 Ag 总浓度随 Cl^-浓度、SO_3^{2-} 总浓度变化的平衡曲面[18]

B 浸出条件

浸出条件为：常温 30~40 ℃，pH 值在 8 左右（HSO_3^- 的电离常数为 $10^{-7.2}$），$Na_2SO_3^{2-}$ 浓度为 250 g/L(2 mol/L)，时间为 2~3 h，液固比：控制进入溶液中银的浓度为 35 g/L 左右。

C 还原

浸出液的还原剂为甲醛、联氨、连二亚硫酸钠（$Na_2S_2O_4$，又称保险粉），工业上常用甲醛，因它较其他两种便宜。还原反应式如下：

$$4Ag(SO_3)_2^{3-} + HCOH + 6OH^- = 4Ag\downarrow + 8SO_3^{2-} + 4H_2O + CO_3^{2-}$$

还原条件如下：NaOH 为 30 g/L，甲醛用量为理论用量的 1.3 倍，即甲醛与银的质量比为 1∶2.5，时间为 2 h，还原结束时，通入二氧化硫使 pH 值恢复到 8 左右。

2.4.4 湿法冶炼的特点

与传统火法流程相比较，湿法流程具有如下特点：

(1) 金、银直收率高。一般可达 97%~98%，好的可达 99%以上，比传统火法流程高出 5~10 个百分点。

(2) 生产周期短。一般为 5~10 天，这表明金银积压量湿法流程比传统火法流程短。

(3) 能耗较低。以处理每吨干铜阳极泥计，湿法流程比传统火法流程的能耗低 30~40 GJ，相当于节约标准煤 1~1.37 t。

(4) 工序少，流程短。湿法流程可产出高质量金、银粉，熔铸成阳极后即可进行电解精炼；有的经简易化学处理后可直接熔铸成商品金锭和银锭，从而取消了金、银电解工序，这对提高金银回收率和降低成本有利。

(5) 劳动条件较好。取消了火法冶金炉，避免了铅蒸气和铅尘的危害，省去了相应的收尘及其烟尘处理系统的设施与作业，改善了操作环境和劳动条件。

(6) 处理量可大可小。适用于各种规模的铜冶炼企业，尤其是中小型冶炼厂，而火法流程需有一定的处理规模，否则炉子过小，操作不便，经济性差。

(7) 湿法流程适用范围为：对用硫化铜精矿、硫化铜精矿加金精矿，以及铜镍硫化矿和杂铜等生产电铜所副产的阳极泥处理均具有适应性。

（8）碲在分铜、分碲两个工序各溶出约50%，既影响碲的回收率，又不利于碲的深度分离提纯；分银操作、分银渣漂洗过滤较困难，分银渣残银偏高，对直收率有一定影响。

湿法流程尚待改进之处有：固液分离技术与设备改进提升；提高设备、建筑的防腐质量与降低防腐造价；改进环保设施，提高环境治理效果；提高工艺过程自动化程度、设备效率和劳动生产率等。

2.5　铜阳极泥贵金属选冶联合提取

2.5.1　铜阳极泥贵金属选冶联合流程及工艺特点

铜阳极泥选冶联合工艺是国外首先采用的工艺，我国于1976年正式应用于工业生产。该工艺特点：铜阳极泥首先采用湿法分离铜、硒、碲，再用浮选法初步分离贵、贱金属[19]，富集比可达3以上；浮选所得含银40%～50%的精矿经分银炉熔炼，铸成金银合金阳极板进行银电解，得到电解银[20]；从银电解阳极泥中再提取金、铂、钯。当处理的阳极泥是铅锡含量较高、贵金属品位较低的杂铜阳极泥时，贵金属富集比达10～20[21]，浮选所得的尾矿可进一步提取铅、锡等金属。

选冶联合工艺流程如图2-46所示。

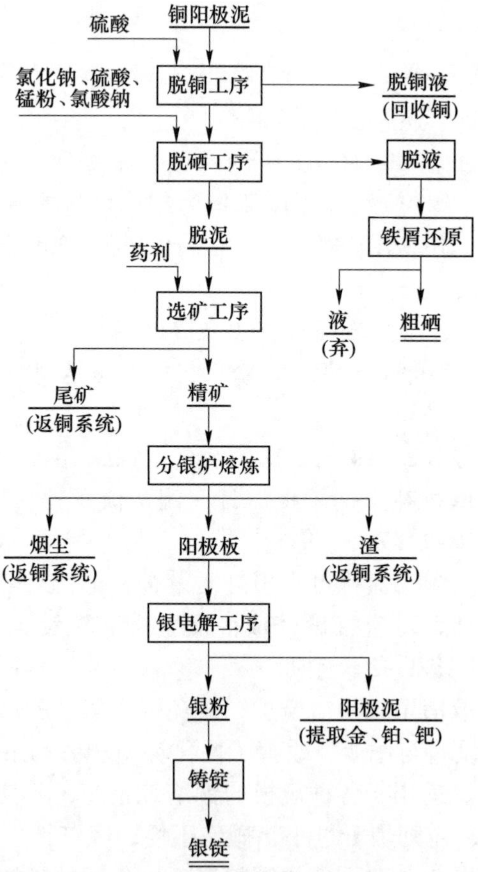

图2-46　选冶联合工艺流程图

目前我国采用选冶联合流程处理阳极泥的金、银直收率为93%~95%，回收率分别达到98.84%和98.94%。各工序回收率见表2-50，选冶联合法提炼贵金属与传统火法冶炼工艺的比较见表2-51。

表2-50　各工序回收率[22]　　(%)

工序	Au	Ag
脱铜、硒、碲	约99	约99
浮选	约97	98~99
熔炼	97~99	95~97
粗炼总收率	93~95	93~95

表2-51　选冶联合法与传统火法工艺的比较[22]

项目	选冶联合法	传统火法工艺	对比结果
脱铜、硒、碲	湿法 设备简单，操作方便，费用低，脱硒率低	回转窑 设备复杂，费用高，脱硒率高	各有优势
银直收率	选矿直收率97%~99%，熔炼直收率95%~96%，总直收率大于93%	贵铅炉、分银炉的总直收率为75%~85%	银直收率提高5%~10%
熔炼设备与生产能力	一台2 t转动分银炉日产合金阳极550~600 kg	1台贵铅炉，1台分银炉，平均日产450 kg	省去贵铅炉并提高生产能力
主要原材料消耗（每吨阳极泥）	重油3 t，苏打0.5 t，少量浮选药剂	重油7 t，苏打1.2 t，硝石0.27 t	加工费可省30%左右
劳动条件	由于90%铅经选矿脱除，冶炼炉时缩短，改善了工人劳动条件	全部铅均由分银炉灰吹除去，火法作业周期长，铅尘量大，铅害大	铅烟尘污染减少85%以上

采用选冶联合流程处理铜阳极泥具有以下优点：

(1) 火法炉子处理能力增加。原料中含有大量的铅，经过浮选处理基本上进入尾矿，选出的精矿为原阳极泥的一半左右，使炉子处理量大幅度降低，设备处理能力大幅增加[23]。

(2) 改善工艺流程。阳极泥经浮选处理产出的精矿，由于含铅和其他杂质极少，熔炼过程中仅添加少量溶剂和还原剂，且粗银的品位较高，从而工艺过程得到较大的改善[24]。

(3) 降低铅烟尘危害。采用浮选处理，大部分铅进入尾矿，在熔炼过程中，烟尘的生成量大大减少，铅污染得到改善。

(4) 尾矿可以综合回收有价金属。浮选尾矿可送铅冶炼厂回收铅，而且尾矿中含有的微量金、银、硒、碲等有价金属可在铅冶炼中进一步得到富集和回收。

采用选冶联合流程，不仅提高了金银直收率，而且降低了生产成本，减少了火法生产的固定资产投入和维修费用。

国内铜阳极泥浮选前采用湿法冶金预处理，即在硫酸介质中采用氯酸钠、氧气或双氧水氧化浸出铜、硒、碲的办法。浮选精矿中贵金属实收率虽然比较高，但脱铜、硒、碲液体处理较复杂。尾矿含金一般在100 g/t左右，有时高达250 g/t，银0.3%~0.8%，含量还比较高。浮选精矿中铅、锑、铋等杂质分离不彻底[25]。

目前，国内外采用选冶联合流程处理铜阳极泥的国家有日本、美国、俄罗斯、德国、中国等。

2.5.2　阳极泥预处理

2.5.2.1　概述

为提取阳极泥中贵金属，需脱除铜、硒、碲。选冶联合流程主要增设了湿法脱铜、硒、碲与浮选两个工序，省去了传统流程中回转窑焙烧与贵铅炉熔炼两个工序。用湿法将阳极泥中铜、硒、碲与贵金属分离，并改变阳极泥组分的表面形态，为浮选创造必要的条件，溶液中硒、碲、铜分段还原予以回收，脱铜、硒、碲滤渣经调浆后进行浮选。

来自铜电解的阳极泥含铜 10%~12%，含水约 30%，经湿式过筛并浆化分级，颗粒铜返回铜冶炼车间，细泥在一定温度下借助于压缩空气在常温、常压、低酸的条件下进行预脱铜。铜溶解率达 91%以上，经压滤得到含铜低于 3%的滤饼，滤液返回铜电解车间生产硫酸铜[26]。

预脱铜的滤饼调浆后在反应釜中用二氧化锰、氯化钠与硫酸进行脱硒、碲和脱残存的铜，以少量氯酸钠调整作业终点，为不使贵金属分散，再加入少量黄铜屑和活性炭粉使转入液相的贵金属沉淀，经过滤后从其滤液中回收硒、碲和铜，除铜硒碲渣经洗涤浆化后送浮选工段进行选矿。

浸出液脱硒、碲，脱硒率大于 80%，脱碲率大于 50%，浸出渣中含硒 0.5%~1%，含铜小于 2%。浸出渣率 70%~85%，浸出液中含金 0.0003~0.0055 g/L[26]。

浸出液用铁屑或亚硫酸钠还原析出硒、碲，尾液含硒、碲均低于 0.1 g/L，尾液用铁屑置换铜后送废水处理。

2.5.2.2　原料

我国某选冶联合流程处理铜阳极泥的工厂，其阳极泥典型成分见表 2-52。

表 2-52　铜阳极泥的典型成分实例

成分	Au	Ag	Pt	Pd	Cu	Pb	Se	Te	Bi
含量/%	0.42	14.95	0.0006	0.002	12.12	16.35	3.22	2.13	2.12

2.5.2.3　技术操作条件

A　浆化及分级

铜阳极泥经湿式过筛，在机械搅拌槽中配成液固比为（2.5~3）：1 的浆料。

B　空气氧化除铜

始液含酸：50 g/L H_2SO_4，液固比为（2.5~3）：1，反应温度为室温，反应时间为 8~15 h，除铜后液含铜大于 35 g/L，含 H_2SO_4 不大于 50 g/L，操作终点要求：除铜后阳极泥含铜小于 2%。

C　氯酸盐除铜、硒、碲

始液含酸为 400 g/L 硫酸，液固比为（3~4）：1，反应温度为 80~90 ℃（反应热升温至 80~125 ℃），药剂加入量：氯酸钠加入量为银量的 40%~50%或干泥量的 4%~8%。氯酸钠也可以大部分用二氧化锰和氯化钠来代替，控制终点时用少量氯酸钠来调整。当溶液含金大于 1 g/L 时，即为终点。

从溶液中回收溶解的金、铂、钯，用黄铜屑作还原剂，其加入量为 1.5~2 g/kg，以活性炭粉作吸附剂，其加入量为 3~4 g/kg，要求终点溶液含金不大于 0.1 mg/L。

D 除铜、硒、碲液的处理

（1）二氧化硫还原沉硒、碲，在用二氧化硫或亚硫酸钠作还原剂之前先加一部分铁粉。

还原剂加入量为每千克硒 3 kg 二氧化硫（也可以用铁屑加亚硫酸氢钠作还原剂），反应温度不低于 80 ℃，反应时间为 8~24 h/(槽 · 次)，沉硒、碲后液含硒、碲不大于 0.1 g/L，用硫脲检验无红色沉淀物生成即为终点。所得粗硒、粗碲外售或用于生成精硒、精碲，少量金也进入粗硒、粗碲中。

（2）铁粉置换沉铜。沉硒、碲后的溶液冷却降温，在机械搅拌下缓慢加入按铜含量计算的铁粉量，控制仅发生置换反应。

滤饼粗铜粉含铜大于 50%，粗铜粉返铜熔炼系统。沉铜后液含铜不大于 0.5 g/L，沉铜后液送污水站处理。

2.5.2.4 产物

酸浸脱铜、硒、碲产物成分实例见表 2-53。

表 2-53 脱铜、硒、碲产物成分实例

名称	Au	Ag	Se	Cu	Pb	Pt	Pd
脱铜、硒、碲滤渣	0.0798%	26.13%	0.5%~1.02%	约 1%	11.9%	13 g/t	90 g/t
脱铜、硒、碲滤液	0.0003 g/L	<0.3 g/L	5~10 g/L	5~10 g/L			

2.5.2.5 技术经济指标

阳极泥预处理的主要技术经济指标见表 2-54。

表 2-54 主要技术经济指标

指标	数值	指标	数值
酸浸脱铜率/%	≥92	酸浸液含金/g · L^{-1}	<0.0003
酸浸脱硒率/%	75~85	酸浸渣率/%	80~85
酸浸脱碲率/%	≥50	每千克硒的二氧化硫消耗量/kg	3
硒还原率/%	≥98	每吨湿阳极泥的黄铜屑消耗量/kg	1.5~2
浸渣含硒/%	0.5~1	每吨湿阳极泥的活性炭粉消耗量/kg	3~4
浸渣含铜/%	<2		

2.5.2.6 主要设备

（1）浆化槽。浆化槽用作配制一定浓度的料浆以满足浸出条件的要求，配酸后的阳极泥带有弱酸性，设备要求防腐，常选用不锈钢机械搅拌槽。

浆化槽为间断操作，其容积应与浸出槽相配合，以能供给一个浸出槽的矿浆用量为准；但浆化槽的容积应比浸出槽大 10%~20%。

（2）空气氧化除铜槽。除铜槽采用防腐的机械搅拌槽，内设通压缩空气的管道，一般选用钢槽内衬软聚氯乙烯作脱铜槽。除铜槽的容积按下式计算：

$$V_{总} = \frac{V_{泥}}{t\eta} \tag{2-5}$$

式中，$V_{总}$为所需槽总体积，m^3；t 为浸出总作业时间，t 取 15~24 h；η 为槽体容积利用系数，η 取 0.8~0.85；$V_{泥}$ 为每天所需处理的矿浆总体积，m^3，$V_{泥}$可按下式计算：

$$V_{泥} = \frac{Q + TQ}{1.4} \tag{2-6}$$

式中，Q 为每天处理阳极泥量，t；T 为液固比，一般取 4；1.4 为矿浆密度，t/m^3。

除铜槽槽数的确定：确定适合的槽体容积，为了减少操作次数，宜选择容积较大的槽，再根据计算的总容积确定槽数并考虑备用槽 1 个。

（3）氯酸盐除铜、硒、碲槽，一般选用与前述规格相同的搅拌槽。

（4）沉硒碲、沉铜槽，一般选用与前述规格相同的搅拌槽。

2.5.3　浮选

2.5.3.1　概述

浮选效果与酸浸渣质量密切相关，如果脱铜、硒渣含硒过高，则尾矿含金、银和精矿含铅均随之增高。另外，即使是正常的脱铜、硒渣，如果放置时间过长也会显著恶化浮选指标。

向脱铜、硒渣中加入硫酸和水调成浓度为 30%的矿浆，其中含酸 30 g/L 左右，进行机械搅拌“擦洗”，并同时按还原氯化银的理论量加入铸铁屑，使氯化银转变成金属银。2 h 后用水稀释矿浆到 10%~12%。终点酸为 10 g/L 左右，往此矿浆中加入六偏磷酸钠 3.5 kg/t 以抑制脉石和铅。临选前按每吨脱铜、硒渣加入丁基铵黑药 0.5 kg、丁基黄药 0.5 kg 等捕收剂，另需加入少量松醇油。经一粗二精五扫的选矿作业，所得精矿经板框压滤机过滤后含水 25%~30%、金 0.1%~0.3%、银 40%~50%、铅 4%~8%。尾矿含金小于 200 g/t、银小于 0.6%，返回铜熔炼系统。

2.5.3.2　原料

浮选的原料为脱铜、硒、碲滤渣，典型成分见表 2-53。

2.5.3.3　技术操作条件

A　还原调浆

脱铜、硒、碲渣含硒小于 1%，调浆浓度为 30%，硫酸含量为 30 g/L，铁粉用量为银∶铁=1∶(0.5~0.8)，反应时间为 2~2.5 h，调浆矿浆浓度为 10%，含硫酸 10 g/L，六偏磷酸钠加入量为 5 kg/t，配成 10%溶液加入，为总加入量的 1/2。

B　浮选

浮选制度为一粗、二精、五扫，粗选矿浆浓度为 10%，粗选矿浆含硫酸为 10 g/L，单槽浮选时间约 2.5 h，药剂加入制度以单选一槽矿浆计。六偏磷酸钠耗量为每吨干矿 10 kg，浓度为 10%，其中 1/2 先加入调浆槽，另 1/2 加入粗选槽；丁基黄药耗量为每吨干矿2.1 kg，浓度为 2%，分别加入粗、扫选各槽中。在粗选槽加入松醇油 2~3 滴/min。

2.5.3.4　产物

浮选产物的成分实例见表 2-55。

表 2-55 浮选产物的成分实例 (%)

元素	Au	Ag	Se	Te	Cu	Pb	Bi
银精矿	0.16	43.49	2.44	0.72	1.0	12.0	0.90
尾矿	0.023	0.57	0.11	0.56		20.17	

2.5.3.5 技术经济指标

浮选的主要技术经济指标见表 2-56。

表 2-56 浮选的主要技术经济指标

指标	数值	指标	数值
精矿产率/%	40~45	每吨干矿丁基黄药/kg	0.5
金回收率/%	98~99.5	每吨干矿丁基铵黑药/kg	0.5
银回收率/%	98~99.5	每吨干矿松醇油/kg	0.34
尾矿产率/%	55~60	每吨干矿硫酸消耗/t	1.8~2.1
铅回收率/%	97~98	每吨干矿铁屑消耗/t	0.3~0.35
每吨干矿六偏磷酸钠消耗/kg	5		

2.5.3.6 主要设备

浮选的主要设备为浮选机，浮选机容积的大小和浮选指标的好坏对浮选时间的长短影响很大，通常根据试验结果并参照类似生产厂实例确定浮选时间。

浮选矿浆的体积按下式计算：

$$V_{矿} = \frac{K_1 Q\left(R + \frac{1}{\rho}\right)}{60} \tag{2-7}$$

式中，$V_{矿}$ 为计算矿浆体积，m^3/min；Q 为设计作业流程量（包括返矿量），t/h；R 为矿浆液固比，取 10；ρ 为矿石密度，t/m^3；K_1 为处理料不均衡系数，一般 K_1 取 1~1.3。

浮选机槽数按下式计算：

$$n = \frac{V_{矿} t}{V K_2} \tag{2-8}$$

式中，n 为浮选机计算槽数；$V_{矿}$ 为计算矿浆体积，m^3/min；t 为浮选时间，一般取 10~15 min；V 为选用浮选槽的几何体积，m^3；K_2 为浮选槽有效容积与几何容积之比，K_2 一般取 0.8~0.85。

铜阳极泥浮选机一般选用 XJK 型，由于浮选的矿浆为酸性介质，因此浮选机由硬塑料或不锈钢材料制成。

2.5.4 熔炼

2.5.4.1 概述

根据浮选精矿的杂质含量，配入适当的苏打、炭粉、石英砂、萤石等，在转动式分银炉中熔炼。分银炉冶炼在同一炉子内分两个阶段进行，第一阶段熔炼得到含金银 70%以上的粗合金，除去熔炼渣后进入第二阶段。第二阶段吹风氧化进行氧化精炼，当合金中含金银大于98%时停止氧化，调整熔体温度后浇铸成合金阳极板。氧化渣扒出后集中堆放，在停炉前经配料返回分银炉进行贫化熔炼，所得合金精炼成阳极板，贫化渣与第一阶段的熔炼渣一起返回铜熔炼处理。烟气经除尘，所得烟尘可单独处理，也可返回铜系统处理。

2.5.4.2　原料

熔炼处理的原料为浮选所得银精矿，典型成分见表2-55。

2.5.4.3　技术操作条件

银精矿熔炼配比：每100 kg精矿按比例配入表2-57中的辅料。

表2-57　银精矿熔炼配比

辅料	碳酸钠	炭粉	铁粉	石英砂	萤石
配比/%	15~20	1~5	2~5	2~5	1~3

熔炼温度为1200~1250 ℃，熔炼时间为36~48 h/炉（每炉处理2.5~3 t银精矿），熔炼渣率小于20%，渣含金50~55 g/t，渣含银0.3%~0.4%。

2.5.4.4　产物

熔炼所得的各种产物及成分见表2-58。

表2-58　熔炼所得的各种产物及成分　　(%)

元素	Au	Ag	Se	Cu	Pb	Bi
合金阳极板	0.3~3	95.64	0.01	0.6	0.1	0.097
分银炉烟尘	0.0146	3.24	5.80	0.27	23.86	0.87
分银炉渣	0.01~0.03	0.1~0.5	0.5	1.16	26.24	0.57

2.5.4.5　技术经济指标

熔炼的主要技术经济指标见表2-59。

表2-59　熔炼的主要技术经济指标[26]

指标	数值	指标	数值
金直收率/%	96.8	银回收率/%	98.94
金回收率/%	98.94	每吨银消耗柴油/t	4~4.5
银直收率/%	95	每吨泥消耗苏打/t	0.5

参 考 文 献

[1] 宾万达，卢宜源．贵金属冶金学［M］．长沙：中南大学出版社，2011.

[2] 王瑞．金属镍和钯表面氢吸附动力学的Monte Carlo模拟研究［D］．长沙：湖南大学，2007.

[3] 赵巧玲．Pd-TiO_2/Ti和Pt/CNTs燃料电池催化剂研究［D］．重庆：重庆大学，2011.

[4] 完玲中．钯化学蒸气发生方法及其在原子光谱中的应用研究［D］．合肥：中国科学技术大学，2010.

[5] 卢珂．负载贵金属（Pt，Au，Ru）的BiOBr光催化剂的制备及性能研究［D］．太原：太原理工大学，2015.

[6] 王猛．新型过渡金属碳化物（Re_2C、RuC和IrC）的实验合成与理论研究［D］．秦皇岛：燕山大

学，2011.
[7] 李红彦．过渡金属氧化物 Sr_2IrO_4 及掺杂的制备和电磁特性的研究［D］．天津：河北科技大学，2016.
[8] 汪蓓．铜阳极泥预处理富集金银新工艺研究［D］．长沙：中南大学，2009.
[9] 王光忠．铅阳极泥富氧底吹还原熔炼—氧化精炼新工艺的生产实践［D］．长沙：中南大学，2011.
[10] 谢祥添，左东平，余华清．阳极泥绿色冶金新技术［J］．世界有色金属，2018，24：1-2，4.
[11] 王永录．我国贵金属冶金工程技术的进展［J］．贵金属，2011，32（4）：59-71.
[12] 周洪武．铅阳极泥冶炼技术简评和电热连续熔炼的可行性［J］．有色冶炼，2002，4：7-11，44.
[13] 孔祥峰，邓聚海．铜阳极泥处理研究现状［J］．世界有色金属，2019，19：169，171.
[14]《重有色金属冶炼设计手册》编委会．重有色金属冶炼设计手册：锡锑汞贵金属卷［M］．北京：冶金工业出版社，1995.
[15] 兰州大学应用技术研究院有限责任公司．金川集团铜业有限公司 贵金属一、二次资源综合回收利用项目环境影响报告书［R］．金川集团铜业有限公司，2019.
[16] 赵家春，汪云华，王靖坤，等．从铂钯精矿中氯化浸出 Au、Pt、Pd［J］．贵金属，2012，33（1）：45-48.
[17] 洪波．漂浮阳极泥富集金银及回收锑铋工艺研究［D］．长沙：中南大学，2010.
[18] 张杜超，杜新玲，杨天足，等．氯化银在含氯离子的亚硫酸钠溶液中的浸出研究［J］．贵金属，2007，3：10-14.
[19] 钟先林．高镍铜阳极泥中硒、碲、铜的脱除研究［D］．沈阳：东北大学，2013.
[20] 张博亚，王吉坤．用选冶联合流程处理铜阳极泥的生产实践［J］．中国有色冶金，2007，3：59-62.
[21] 沙梅．铜阳极泥浮选处理工艺及实践［J］．有色冶炼，2003，5：27-29.
[22] 钟菊芽．大冶铜阳极泥处理过程中有价金属元素物质流分析研究［D］．长沙：中南大学，2010.
[23] 王敏．稀贵厂分银渣综合回收利用［D］．长沙：中南大学，2010.
[24] 王天丰．铜阳极泥中贵金属的分离提纯［D］．沈阳：东北大学，2013.
[25] 杨崇方．铅铜冶金中含金、银物料综合回收工艺的研究［D］．昆明：昆明理工大学，2017.
[26] 杨勇，陈鹤群．铜阳极泥选冶联合流程的特点与展望［J］．昆明：昆明理工大学学报（理工版），2002，1：31-33，45.

3 铜冶炼伴生稀散金属提取冶金

3.1 概论

稀有金属在地壳中含量低，分布极为分散，是难以从原矿料中提取的金属。稀有金属按照物理、化学性质及生产方法上的不同可分为：（1）稀有轻金属，包括锂（Li）、铷（Rb）、铯（Cs）、铍（Be），密度较小，化学活性强。（2）稀有分散金属，简称稀散金属，包括镓（Ga）、铟（In）、铊（Tl）、锗（Ge）、铼（Re）、硒（Se）、碲（Te），大部分伴生于其他元素的矿物中。（3）稀有难熔金属，包括钛（Ti）、锆（Zr）、铪（Hf）、钒（V）、铌（Nb）、钽（Ta）、钼（Mo）、钨（W），熔点较高，与碳、氮、硅、硼等生成的化合物熔点也较高，它们的化学性质非常相似，在矿物中相互伴生。（4）稀土金属，包括钪、钇及镧系元素，它们的化学性质非常相似，在矿物中相互伴生。（5）稀有放射性金属，包括天然存在的钫、镭、钋和锕系金属中的锕、钍、镤、铀，以及人工制造的锝、钷、锕系其他元素和104~107号元素[1]。

铜精矿原料中伴生的镓、铊、锗等稀散金属含量极低，不具备经济回收价值，所以，铜冶炼过程能回收的主要稀散金属为铼、硒、碲、铟等，本章重点介绍铜冶炼过程中伴生稀散金属铼、硒、碲、铟的综合提取回收。

3.1.1 铼的性质、用途及工艺现状

3.1.1.1 铼的物理性质

铼是一种稀散难熔金属。铼资源很少，世界探明的铼矿物储量只有7300~10300 t，而铼金属产量更少，全球铼年产量仅为50~60 t，而铼的消耗量随着高新材料技术水平的快速发展，呈同步发展趋势，目前我国铼的保有储量仅为237 t[2]。

铼是银白色金属，但粉状的铼，颜色在灰色与咖啡色之间变化。铼的熔点为3186 ℃、沸点5596 ℃，在金属中仅次于钨，与钼、钨一样，都是良好的难熔金属；铼的密度为20.53 g/cm^3，只有铂、铱、锇的密度比铼高，这一特性使铼成为铂族金属以外最致密的金属，具有硬度非常大、耐磨、耐腐蚀等性能；铼的电阻率是钨的3.84倍，它的弹性模数与力学性能和铁差不多[3]。天然铼由^{187}Re和^{185}Re两种同位素组成，^{187}Re为放射性同位素，在天然铼中占62.6%；^{185}Re为非放射性同位素，占37.2%。^{187}Re的半衰期为4300万年，放出的射线很弱，不能穿透皮肤，对人体没有危害。铼的主要物理性质见表3-1。

表3-1 铼的主要物理性质

物理性质	数　值
化学元素符号	Re
原子序数	75

续表 3-1

相对原子质量	186.31
熔点/℃	3186
沸点/℃	5596
莫氏硬度	7
密度/g · cm^{-3}	20.53

3.1.1.2　铼的化学性质

铼在常温下稳定，300 ℃时开始被氧化。高温下与硫蒸气化合成二硫化铼，与氟、氯、溴形成卤化物。铼不溶于盐酸，可溶于硝酸和热的浓硫酸，生成高铼酸（$HReO_4$）。铼亲氧性很强，其氧化态为+1、+2、+3、+4、+5、+6、+7，氧化物有氧化二铼、三氧化二铼、二氧化铼、三氧化铼、七氧化二铼。铼的高价氧化物（Re_2O_7）易溶于水，通常加工成稳定的盐类和铼酸铵（NH_4ReO_4），铼酸铵含铼 69.2%~69.4%[4]。铼不与碳发生反应，是难熔金属中唯一不与碳生成碳化物的元素。铼最突出的化学性质是它的七氧化物的挥发性很高，而且很容易溶解于水和含氧溶剂中，铼在提取回收中广泛利用这两种性质。铼的水溶液呈酸性，其电动势在铜与铊之间，因此铁和锌可使铼在水溶液中沉淀。

3.1.1.3　铼的主要用途

铼不仅具有良好的塑性、力学性能和抗蠕变性能，还具有良好的耐磨损、抗腐蚀性能，对除氧气之外的大部分燃气能保持比较好的化学惰性。铼及其合金被广泛应用到航空航天、电子工业、石油化工等领域。高温合金为铼最大的消费领域，约占铼总消费量的80%，催化剂为铼的第二大消费领域[5]。

（1）铼合金。铼的全球储量很少，同时价格也比较昂贵，在应用上多采用含铼的合金。作为合金添加元素，铼能够大幅度改善、提高合金的性能。铼能与钨、钼、铂、镍、钍、铁、铜等多种金属形成一系列合金，其中铼钨、铼钼、铼镍系高温合金是铼最重要的合金，被广泛应用于航空航天、电子等工业部门[6]。

（2）铼效应。铼能够同时提高钨、钼、铬的强度和塑性，人们把这种现象称为“铼效应”。例如，添加少量（3%~5%）的铼能够使钨的再结晶起始温度升高 300~500 ℃[7]。W-Re 和 Mo-Re 合金具有良好的高温强度和塑性，可加工成板、片、线、丝、棒，用于航天、航空的高温结构件（喷口、喷管、防热屏等）、弹性元件及电子元件等[8]。

（3）催化剂。铼及其化合物具有优异的催化活性，铼对很多化学反应具有高度选择性的催化功能，因而常被用作石油化工等领域的催化剂。催化重整是石油炼制过程之一，是提高汽油质量和生产石油化工原料的重要手段[9]。

（4）定年。铼有两种同位素，分别是^{185}Re 和^{187}Re，在地质学上有重要的用途，即铼-锇同位素体系被广泛应用于研究矿床成因、岩浆形成、地幔演化、天体演化及同位素定年，该同位素体系具有不同于其他常用同位素体系的特性[10]。

（5）其他用途。^{188}Re 和^{186}Re 同位素具有放射性，可用于肝癌的治疗。铼在高温下十分稳定，耐磨损，且能够抵御电弧腐蚀，是很好的触头材料。高铼酸钾可用作制备彩色照相胶片的敏化剂等。

3.1.1.4　铼的生产工艺及现状

铼的生产原料主要来自铜、钼冶炼过程的副产品。一般辉钼精矿中的铼含量在0.001%~0.031%之间，斑岩铜矿选出的钼精矿含铼可达0.16%[11]。此外，某些铂族金属矿、铌矿、闪锌矿的冶炼烟尘、渣及处理低品位钼矿的废液和诸如铂铼催化剂、含铼废合金等含铼废料也都可以作为铼的生产原料。

铼的提取方法需要根据含铼原料及铼产品确定。提取铼时先从含铼原料中制取含铼溶液，溶液经分离净化提取纯铼化合物，然后用氢还原法、水溶液电解法、卤化物热离解法制取铼粉，再用粉末冶金的方法加工成材。铼的提取冶金过程主要包括含铼原料制取、铼钼分离、铼中间化合物制取、粗铼粉制取和铼的精炼致密化等步骤。

致密铼制取工业上生产铼锭或铼条的方法有高温烧结法和熔炼法两种。高温烧结法又称粉末冶金法，先将铼粉在6 MPa压力下制成坯条，坯条在真空或氨气中于1200 ℃下烧结，再将预烧条在垂熔炉中于2700~2850 ℃下进行高温烧结，最后在锤熔炉冶炼得到理论密度超过90%的铼条。熔炼法以烧结铼条作原料，用电弧熔炼、电子束熔炼和区域熔炼法对粗铼进行提纯精制。电子束熔炼采用水冷铜坩埚，真空度1×10^{-6} Pa，所得铼锭为柱状结晶体，纯度99.99%。区域熔炼也采用电子束加热，以铼条作阳极，电子枪作阴极进行悬浮区域熔炼，产品为光谱纯度的铼单晶。

3.1.2　硒的性质、用途及工艺现状

3.1.2.1　硒的物理性质

硒是一种非常稀有的非金属元素，因其稀少、分散，而被称为稀散元素。硒的性质介于金属与非金属之间，是一种较为珍稀的微量元素。通常，人们大都是从铜厂的阳极泥、硫酸厂的硫黄燃烧炉的烟道灰中提取硒。伴生于重金属硫化矿中的硒，通过选矿—火法冶炼—电解精炼，进一步富集于电解阳极泥中。全球的原生硒大多从铜、铅等重金属电解阳极泥中回收，约90%的硒来自铜电解阳极泥。其物理性质见表3-2。

表3-2　硒的物理性质

物理性质	数　值
化学元素符号	Se
原子序数	34
相对原子质量	78.96
熔点/℃	217
沸点/℃	684.9
莫氏硬度	2
密度/g · cm^{-3}	4.81

3.1.2.2　硒的化学性质

硒与硫、碲在元素周期表中同处一列，因此在化学性方面很相似，而常常以类质同象的形式存在。硒在空气中燃烧发出蓝色火焰，生成二氧化硒（SeO_2）。与氢、卤素直接作用，与金属能直接化合，生成硒化物；不能与非氧化性的酸作用，但它溶于浓硫酸、硝酸和强碱中。硒经氧化作用得到二氧化硒。溶于水的硒化氢能使许多重金属离子沉淀成为微

粒的硒化物。硒与氧化态为+1价的金属可生成两种硒化物，即正硒化物（M_2Se）和酸式硒化物（MHSe）[12]。正的碱金属和碱土金属硒化物的水溶液会使元素硒溶解，生成多硒化合物［$M_2(Se)_n$］，和硫能形成多硫化物相似。

硒有毒，它的所有化合物均有剧毒。硒的化合物掉在皮肤上会产生斑疹，硒中毒后人会感到头痛，若长期接触会丧失嗅觉。

3.1.2.3 硒的主要用途

硒被广泛应用于电子、玻璃、冶金、化工、医疗保健、农业等领域，具体见表3-3。

表3-3 硒的应用领域

应用领域	主要利用形式	占总需求量比例/%	主要用途
电子工业	高纯硒或硒合金	约30	感光器、光电池、红外控制器
玻璃工业	纯硒、亚硒酸钠、硫化硒	约35	着色或去色，改进工艺性能
化学颜料工业	纯硒、硫硒化镉	约10	催化剂、硫化剂、抗氧化剂
冶金工业	单质硒	约10	添加剂、改善加工性能
农业和生物	硒化合物	约5	生长促进剂、复合肥添加
化妆品工业	有机硒化合物、硫化硒	约1	抗衰老、杀菌剂
医疗、食品工业	天然有机硒化合物	约5	保健饮料、食品添加
饲料工业	亚硒酸钠	约3	饲料添加剂
其他	硒化合物	约1	改良剂

3.1.2.4 硒的生产工艺及现状

提硒的原料主要有铜冶炼产的铜阳极泥、硫酸工业产的酸泥和含硒废料。铜阳极泥的成分除了硒外，还有金、银和碲等稀贵金属。因此，在回收铜阳极泥中硒的同时，必须同时考虑碲、金和银等有价金属的综合回收。从阳极泥中回收硒的主要方法有四种：硫酸化焙烧法、苏打烧结法、氧化法和萃取法。

（1）硫酸化焙烧法。硫酸化焙烧法回收铜阳极泥中的硒、碲，其回收硒的工艺流程是：将铜阳极泥与浓硫酸混合并加入回转窑内进行硫酸化焙烧，当窑内温度达到250 ℃时发生下列反应：

$$Cu_2Se + 6H_2SO_4 \longrightarrow 2CuSO_4 + SeO_2 + 4SO_2 + 6H_2O$$

当温度升高到700~750 ℃时，二氧化硒挥发进入烟气，二氧化碲因挥发性较差而与硫酸盐一起残留在焙烧渣中[13]。从焙烧炉出来的含二氧化硒的烟气进入吸收塔后，二氧化硒被水吸收生成亚硒酸，并被烟气中的二氧化硫还原成单质硒，反应式如下：

$$H_2SeO_3 + 2SO_2 + H_2O \longrightarrow Se\downarrow + 2H_2SO_4$$

含单质硒的沉淀物经过滤、洗涤和干燥之后，得到98%~99%的粗硒。此外，吸收液中还有占原料硒含量3%~10%的硒，可采用置换法先将其转化为置换渣沉淀后再返回硫酸化焙烧工序处理，或用二氧化硫还原法直接从吸收液中沉淀出粗硒。硫酸化焙烧法提硒流程的特点是工艺简单，硒回收率大于93%，经济效益好，但存在需处理微量二氧化硫烟气的问题。

（2）苏打烧结法。苏打烧结法回收硒的工艺流程为：向铜阳极泥加入其质量25%~

50%的碳酸钠混合后，在 450 ℃的氧化气氛中进行烧结，使 90%以上的硒氧化为水溶性的亚硒酸钠和少量硒酸钠，而碲则大部分转化为不溶于水的碲酸钠。随后，用 80 ℃热水浸出烧结物，得到含亚硒酸钠和少量亚碲酸钠的溶液。溶液用盐酸中和，分离析出二氧化碲后，继续酸化并通入二氧化硫使单质硒析出。因硒酸钠不能被二氧化硫还原，析出红硒之前，需向溶液中加入硫酸亚铁并煮沸使六价硒还原为四价硒。

（3）氧化法。氧化法工艺流程为：先用硫酸对铜阳极泥进行预浸出以降低铜含量，继而采用双氧水或纯氧作氧化剂，在弱酸性硫酸和氯化钠溶液体系中将硒和碲分别氧化成亚硒酸盐和亚碲酸盐而留在溶液中。固液分离后用氢氧化钠调节滤液的 pH 值，使碲形成亚碲酸盐沉淀物，过滤即可分离硒和碲。最后，将亚硒酸钠溶液以盐酸酸化并用二氧化硫或亚硫酸钠还原成元素硒，这种方法可使硒和碲回收率分别达到 99%和 98%。

（4）萃取法。萃取法一般采用乙酰胺作为萃取剂，从盐酸体系中萃取硒，萃取宜在 25 ℃±0. 5 ℃下完成。根据文献资料，从盐酸体系中萃取分离四价硒的最佳条件是：以 20%~6%正辛醇-煤油为萃取剂，萃取酸度为 3. 0~4. 0 mol/L，萃取时间为 40 s[14]。按此条件萃取，可使硒达到最佳分离效果，提纯后硒的纯度可达 99. 998%。

3. 1. 3　碲的性质、用途及工艺现状

3. 1. 3. 1　碲的物理性质

碲是稀散金属之一，由德国矿物学家 F. J. Müllervon Reichenstein 于 1782 年在研究德国金矿石时发现。

碲有两种同素异形体，一种为结晶型，具有银白色金属光泽，与锑相似；另一种为无定型的黑色粉末，具有十分良好的传热和导电性。结晶碲具有银白色的金属外观，密度为 6. 25 g/cm^3，熔点为 452 ℃，沸点为 1390 ℃，硬度为 2. 5（莫氏硬度）。无定型碲密度为 6. 00 g/cm^3，熔点为 449. 5 ℃±0. 3 ℃，沸点为 989. 8 ℃±3. 8 ℃，性脆[15]。其物理性质见表 3-4。

表 3-4　碲的物理性质

物理性质	数　值
化学元素符号	Te
原子序数	52
相对原子质量	127. 6
熔点/℃	452（结晶碲），449. 5±0. 3（无定型碲）
沸点/℃	1390（结晶碲），989. 8±3. 8（无定型碲）
莫氏硬度	2. 5（结晶碲）
密度/g · cm^{-3}	6. 25（结晶碲），6. 00（无定型碲）

3. 1. 3. 2　碲的化学性质

碲的化学性质与硒相似，碲在空气或氧中燃烧带有蓝色火焰，并散发出腐烂的萝卜气味，生成二氧化碲，在常温下不与氧反应；可与卤素反应，但不与硫、硒反应，在高温下不与氢作用；溶于硫酸、硝酸、氢氧化钾和氰化钾溶液；易传热和导电。碲比硒有较高的导电性，且其电阻在高压下能猛烈增大，并随温度升高而下降。

碲与氧化合时失去电子，表现为+4 价，如二氧化碲。在复碲铅石（$Pb_3H_2(TeO_3)(TeO_6)$）中碲甚至呈+6 价[16]。由于氧化带中，碲化物通常稳定，因此它们常见于砂矿床中，且距原生矿床露头较近，故可作为寻找金、银贵金属矿床的重要的地球化学标志之一。

3.1.3.3 碲的主要用途

碲早期应用比较局限，直到 20 世纪 50 年代后期才成为一种具有工业实用价值的元素。碲及其化合物应用广泛，其下游行业包括太阳能、合金、热电制冷、电子、橡胶等行业。

（1）冶金工业。碲在冶金工业中的应用占其应用总量的 42%，主要用作有色金属及钢铁的合金元素。在有色金属行业，碲用于改善铜合金的切削加工性能，在锡、铝及铅基合金中添加碲能增加合金的硬度和可塑性，在铅中添加碲可用于制作电缆的护套，如石油潜孔泵[17]。

（2）化学工业。化学工业占碲应用总量的 21%左右，碲与碲化合物用作催化剂的添加剂，也可作为橡胶工业的分散剂，提高橡胶的强度与弹性。碲催化剂在石油裂化、煤的氢化等方面得以应用，加碲还可以防止聚甲基硅氧化烷的氧化。在摄影、印刷业用作调色剂和固体润滑剂等方面，碲也展现了良好的应用效果[18]。此外，由于碲的化合物碲化铋具有良好的制冷特性，还是人类制冷业（电冰箱、空调机等）原用的氟氯烃物质 CFC-11、CFC-12（简称氟利昂）的理想替代物质。

（3）电子电气工业。碲在电子电气工业的用量约占 8%，在光电子行业涉及红外线到紫外线光谱的激光器、光二极管、光接收器等均采用半导体部件碲化锌、碲化镉、碲化汞等。铅、锡、汞及镉的碲化物对红外线辐射灵敏，碲化锡铅和碲化汞镉化合物是重要的红外光电材料，碲是生产红外材料的重要原材料。由于硒碲和硒砷合金在单位时间内的感光量较高，碲镉汞化合物是用于军事和航天系统红外探测器的主要光敏材料，碲化镉则以良好的吸光特性而被应用于光电系统，美国在军事上使用的高纯度碲达 99.99999%[17]。

（4）碲化镉薄膜太阳能电池。碲化镉薄膜太阳能电池简称碲化镉电池，它是一种以 p 型碲化镉和 n 型镉的异质结为基础的薄膜太阳能电池。一般标准的碲化镉薄膜太阳能电池由 5 层结构组成：背电极、背接触层、碲化镉吸收层、碲化镉窗口层、TCO 层。目前的碲化镉电池可以采用多种方法制备，近空间升华法、化学水浴沉积（CBD）、丝网印刷、溅射、蒸发等。一般的工业化和实验室都采用 CBD 法，这是因为 CBD 法的成本低和生成的硫化镉能够与 TCO 形成良好的致密接触。

（5）其他。碲还可以用作玻璃和陶瓷的着色剂，通过添加含碲的物质能生产出不同颜色的玻璃和陶瓷，还可以使银制器皿、铅和黄铜表面生成一层永久的精美黑色；加入碲可使瓷釉呈粉红色。

此外，碲可以用于半导体元件、抗肿瘤、杀虫剂、杀菌剂，用于生产放射性同位素，还可以用于治疗脱发、梅毒等疾病[18]。

3.1.3.4 碲的生产工艺及现状

工业上提取碲的主要原料是铜电解阳极泥，生产 1 t 电解铜约可回收 50 g 碲；其次为有色金属冶炼厂的烟尘及硫酸厂酸泥。此外，碲材加工后的边角料是重要的碲二次资源。

碲回收方法因所用原料不同而异，一般分为粗二氧化碲制备、二氧化碲精制、碲生产三个工序。

A 碲冶金技术

工业生产的碲主要来源于铜阳极泥，铜阳极泥通常含碲 0.5%~8%，绝大多数以碲化银、碲化亚铜、碲化金等形式存在。其他可能的来源主要有硫酸厂的泥浆、铅阳极泥、铋碲精矿和硫酸厂与冶炼厂的静电集尘器中的烟尘等。

由于各铜冶炼厂采用的铜原料不同，铜阳极泥的碲含量有较大差异，高的可达 5%~6%，低的仅 0.5%~0.8%，甚至更低，但大多数含量在 1%左右。碲的化学性质比较特殊，具有较明显的两性特征，易分散，回收率较低。鉴于此，各冶炼厂从经济效益考虑，在工艺流程选择上存在差异，部分冶炼厂在铜阳极泥处理中增加了分碲工序回收碲，同时也为了减轻碲对银锭质量的影响。

从阳极泥中富集碲主要有三种方法，取决于阳极泥中的碲含量。阳极泥含碲在 2%以上时，为提高碲的回收率，避免碲在阳极泥处理过程中碲分散，应选择碱浸法或加压强化浸出法[19]。采用的回收方法是将阳极泥先经硫酸化焙烧脱硒、水浸除铜，水浸后阳极泥再用 10%氢氧化钠浸出碲；或通过加压氧化酸浸后从酸浸液中回收碲。阳极泥含碲少时，采用在分银炉氧化精炼的后期加入苏打，使碲富集于苏打渣中进行回收。

碱浸法、加压强化浸出法和苏打造渣法是从阳极泥中富集碲的主要方法。但对于采用全湿法流程或采用选冶联合流程方法处理阳极泥的厂家来说，不希望专门设立工序提取碲而使流程复杂化。在提取碲之前采用酸浸进行阳极泥的预处理，预处理后还需对阳极泥进行热水洗涤，洗去大量的残酸后才能进行碱浸，否则消耗的氢氧化钠量较大，造成浸出成本较高。苏打造渣法工艺流程较复杂，需要对苏打渣进行破碎、磨细处理，因为浸出时对磨矿时间和粒度有一定要求，磨矿时间一般在 4~6 h 才能达到符合碱浸的粒度。碱浸后液一般通过制取二氧化碲后电解得碲粉。

B 高纯碲制备技术

高纯碲是制备红外探测材料、射线探测材料、致冷材料、温差热电材料和光磁盘记录材料等的主要原料。由于碲的纯度直接影响所制取材料的性能，因此高纯碲的制备在新材料研制过程中显得异常重要。

高纯碲的制备通常是以工业碲为原料，制备方法主要有化学法和物理法。

(1) 化学法。化学法有水溶液还原法、电积法、萃取法等。化学提纯法虽然存在工序多、试剂污染产品、所需设备较多、产品纯度不高和废液量大等缺点，但化学法具有设备装备水平要求不高、制备成本低，特别是除硒效果好的优点，这是物理法所没有的。

(2) 物理法。物理法有真空蒸馏法、区域熔炼法、升华法、拉晶法等。物理法制取高纯碲其实质是利用金属相变时杂质与碲在两相中分配的差异达到纯化金属的目的，物理法制取高纯碲，在纯度方面比化学法更有优势，是半导体领域广为采用的提纯方法。

对于制备高纯碲，化学法和物理法各具特点，应该根据原料成分、设备条件和对产品纯度的要求选择确定合适的工艺流程。一般情况下，单一地采用某一种方法获得高纯碲，效果并不理想，采用多种工艺相结合的方法可弥补单一方法的不足。

3.1.4 铟的性质、用途及工艺现状

3.1.4.1 铟的物理性质

铟属于稀散金属，是稀缺资源。全球预估铟储量仅 5 万吨，其中可开采的占 50%。由于未发现独立铟矿，工业通过提纯废锌、废锡的方法生产金属铟，回收率为 50%~60%，这样真正能得到的铟只有 1.5 万~1.6 万吨。

铟的熔点为 156.61 ℃，沸点为 2060 ℃，密度为 7.31 g/cm^3，是银白色并略带淡蓝色光泽的金属，质地非常软，用指甲可以轻易地在其表面留下划痕，可塑性强，延展性好，可压成片。纯铟棒弯曲时能发出一种吱吱的叫声。液态铟能浸润玻璃，并且会黏附在接触过的表面上留下黑色的痕迹。液态铟流动性极好，可用于铸造高品质量铸件。铟比锌或镉的挥发性小，但在氢气或真空中加热能够升华。铟有微弱的放射性，在使用中尽可能避免直接接触[20]。天然铟有两种主要同位素，^{113}In 为稳定核素，^{115}In 为 β-衰变。

3.1.4.2 铟的化学性质

常温下金属铟不易被空气氧化，从常温到熔点 156.61 ℃之间，在 100 ℃左右时铟开始氧化，表面形成极薄的氧化膜：温度更高时，能与氧、卤素、硫、硒、碲、磷反应，铟能与汞形成汞齐[21]。在强热下（温度高于 800 ℃）铟发生燃烧生成氧化铟，火焰为蓝红色。

大块金属铟不与沸水和碱反应，但粉末状的铟可与水作用，生成氢氧化铟。铟与冷的稀酸作用缓慢，易溶于浓热的无机酸和乙酸、草酸[22]。铟能与许多金属形成合金，尤其是铁，黏有铁的铟会显著地被氧化。

铟有+1、+2、+3 三种价态，主要氧化态为+1 价和+3 价，三价的铟在水溶液中是稳定的，而一价化合物受热通常发生歧化反应[23]。铟的主要化合物有氧化铟、氢氧化铟、氯化铟，与卤素化合时，能分别形成一卤化物和三卤化物。

3.1.4.3 铟的主要用途

金属铟具有延展性好、可塑性强、熔点低、沸点高、低电阻、抗腐蚀等优良特性，且具有较好的光渗透性和导电性，被广泛应用于宇航、无线电和电子工业、医疗、国防、高新技术、能源等领域。

（1）ITO 靶材。由于铟锭具有较好的光渗透性和导电性，由高纯氧化铟和氧化锡的玻璃态复合物（ITO）在等离子电视和液晶电视屏工业中用来制作透明导电的电极，还用作某些气体测量的敏感元件。全球铟消费的 70%都用来生产 ITO 靶材[24]。

（2）电子半导体和无线电领域。铟具有沸点高、低电阻和抗腐蚀等特性，在电子半导体和无线电行业也有广泛应用。在无线电和电子工业中，铟用于制造特殊的接触装置，即将铟和银的氧化物经混合后压制而成。

（3）焊料和合金领域。由于铟的熔点较低，因此用它可制造出多种易熔合金，铟的许多易熔合金用作钎焊料。熔点在 47~122 ℃范围内的这类含铟合金多用于制造各式各样的保险丝、熔断器、控温器及信号装置等。

许多合金在掺入少量的铟之后，可以提高合金的强度、延展性、抗磨损与抗腐蚀性能等，从而使铟得到“合金的维生素”这样的美名，也有人称之为“奇妙的铟效应”[25]。

铟合金可以用作太阳能电池的生产。铜铟镓硒薄膜太阳能电池具有生产成本低、污染

小、不衰退、弱光性能好等特点，光电转换效率居各种薄膜太阳能电池之首，接近晶体硅太阳能电池，而成本则是晶体硅电池的1/3，被国际上称为“下一时代非常有前途的新型薄膜太阳能电池”[26]。

由于延展性（可塑性）极好、蒸气压低，又能够黏附在多种材料之上，因此它被广泛用作高空仪器和宇航设备中的垫片或内衬层材料。

3.1.4.4 铟的生产工艺及现状

铟的提取工艺以萃取—电解法为主，这也是现今世界上铟生产的主流工艺。其原则工艺流程为：含铟原料→富集→化学溶解→净化→萃取→反萃取→置换→海绵铟→电解精炼→精铟。

世界上铟产量的90%来自铅锌冶炼厂的副产物，铟的冶炼回收方法主要是从铜、铅、锌的冶炼浮渣、熔渣及阳极泥中通过富集加以回收[27]。根据回收原料的来源及铟含量的差别，采用不同的提取工艺，达到最佳配置和最大收益，常用的工艺方法有氧化造渣法、金属置换法、电解富集法、酸浸萃取法、萃取电解法、离子交换法、电解精炼法等。当前较为广泛应用的是溶剂萃取法，它是一种高效分离提取工艺。

3.2 铼的综合提取

铼不能从矿石中直接提取，一般是先从辉钼矿或硫化铜矿焙烧的烟尘中浸出，再用离子交换法、溶剂萃取法、沉淀法等提取，或从铜冶炼的砷滤饼中提取，也可从硫化铜精矿冶炼烟气废酸中直接提取。

以前，世界上只有日本等极少数国家从铜冶炼厂砷滤饼处理工序中提取回收部分铼，中国江西铜业贵溪冶炼厂也引进了日本砷滤饼处理技术并生产铼酸铵。由于砷滤饼是危险固废，再加上砷产品市场萎缩、难以销售，因此绝大部分铜冶炼厂都没有设立砷滤饼处理车间，也没有回收铼，造成铜冶炼伴生的铼资源的严重浪费。2008 年祥光铜业自主研发出铜冶炼废酸提铼新技术，并成功应用于工业生产，率先在世界铜冶炼厂中实现从铜冶炼烟气废酸中直接提取回收铼工艺。随后许多大学、冶炼企业及科研院所也开展各种铜冶炼废酸提铼工艺技术研究，当前从铜冶炼废酸提取铼的工艺主要有化学沉淀法、溶剂萃取法、离子交换法。由于铼资源稀缺、价格昂贵，目前各铜冶炼厂都很重视从冶炼废酸中回收铼，大多数新建和改扩建的铜冶炼厂都建有冶炼废酸提铼工序。

铜精矿中的铼主要以铜铼矿与辉铼矿形式存在，在铜熔炼过程中，铼绝大部分以七氧化二铼形式挥发进入烟气，在制取硫酸的烟气淋洗时，铼以铼酸形式存在于废酸中。铜冶炼过程中，废酸含铼为3~20 mg/L，通过采用废酸除砷、重金属及碱性物质中和处理过程，铼绝大部分进入砷滤饼中，少部分随废水排放而损失。某铜冶炼企业铼在铜冶炼过程中的分布见表3-5。

表 3-5 铼在铜熔炼过程的分布[28]

类别	物料名称	占铼总量/%
投入	铜精矿	99.54
	渣精矿	0.46

续表 3-5

类别	物料名称	占铼总量/%
产出	白烟尘	1.25
	废酸	93.48
	酸泥	0.27
	其他	5

由表 3-5 可知，在铜冶炼过程中，铼相对富集于废酸或废酸处理的砷滤饼中，而具体从上述几种中间物料的哪种物料回收，采用何种工艺回收铼则与冶炼厂生产工艺、基建投资的大小及生产成本的高低等密切相关，需根据各冶炼厂的实际情况确定。

目前从铜冶炼过程中回收铼的方法主要有化学沉淀法、溶剂萃取法和离子交换法，其中以化学沉淀法为主。

（1）化学沉淀法。相对而言，化学沉淀法显得比较简单，关键在于沉淀剂，沉淀剂需选择性好，使铼能与原料溶液中的大量杂质分离，令铼能富集数百倍，且不改变废酸溶液的基本性质，便于利用铜冶炼企业原有的废酸处理工艺和设备。自祥光铜业成功开发出废酸沉铼特效沉淀剂后，采用沉淀法回收铼的企业越来越多，目前已成为铜冶炼废酸提铼的主流工艺。

（2）溶剂萃取法。溶剂萃取法是分离富集铼的一种比较成熟的方法，但萃取工艺复杂，萃取废液对环境污染大。其基本过程就是：在萃取器中的含铼液体中加入萃取溶剂，经过搅拌、振动等措施，使铼进入与另一不互溶的液相之中。溶于水的铼通过不溶于水的有机溶剂的作用，使得与有机溶剂发生离子交换反应而进入有机相，然后采用无机反萃取剂，再从有机相中转入无机相。所用萃取剂可为胺类、冠醚类、中性磷类、胺醇类、酮类或几种萃取剂协同作用，应用较多的是叔胺萃取剂。高志正完成了从铜冶炼烟气净化洗涤废酸中提取金属铼的试验研究，成功地将含铼 20 mg/L 左右的废酸溶液，通过萃取→纯水洗涤→氨水反萃→浓缩结晶→溶解脱色→重结晶工艺，获得品位达 99%的铼酸铵产品，该工艺实现的总回收率在 85%以上[28]。江西铜业集团有限公司以铜冶炼过程氧化砷生产中产出的高酸、高砷、多杂质含铼约 50 mg/L 的还原终液为原料，使用对铼有良好的萃取性能，且萃铼饱和容量较大的叔胺类萃取剂，用抑制剂仲辛醇有效地抑制了杂质的共萃，煤油作稀释剂，用氨水作为反萃剂，建立了四级串级逆流萃取→反萃→净化→深冷结晶工艺流程回收铼。

（3）离子交换法。离子交换法按树脂交换机理分为：交换型树脂分离法、大孔径凝胶树脂分离铼、合成功能型树脂、反应型树脂分离法。在提铼过程中，需要控制好废液流经树脂床层的速度、洗脱液及再生剂的浓度和流速等。不过，离子交换过程中易发生树脂中毒，回收铼试剂成本大幅增加，同时脱除杂质过程中产出的废渣含大量的铜、砷，必须再次处理。

3.2.1 冶炼废酸中回收铼

铜冶炼过程中，烟气废酸中含有高浓度的硫酸及砷等有毒有害物质。因此，从含铼的冶炼废酸中分离提取铼既能够提高资源的综合利用率，又能够有效治理废酸造成的污染，具有非常重要的市场价值和环境效益。

3.2.1.1　化学沉淀法提取铼

A　工艺原理

a　制备铼精矿反应原理

沉淀剂A从聚合物基体上先释放出螯合剂，螯合剂与铜、砷等重金属离子亲和性较差，与铼有较好的亲和性，可以形成比较稳定的配位体，将铼进行捕捉。铼的配位体再与沉淀剂释放出的硫代硫酸钠进行相应的化学反应，该反应为沉淀和还原反应，具体表现为：铼与硫代硫酸根中的负价硫离子形成稳定的硫化铼沉淀，被吸附在沉淀剂中聚合物表面，形成铼精矿。其主要反应化学方程式如下：

$$HReO_4 + A \longrightarrow Re_2S_7\downarrow + Na_2SO_4 + H_2O$$

b　制备铼酸铵原理

（1）氧化浸出原理。利用双氧水强氧化性，将铼精矿中硫化铼及少量铜和砷等贱金属氧化浸出。其主要反应化学方程式如下：

$$Cu_2S + H_2O_2 + H_2SO_4 \longrightarrow CuSO_4 + S + H_2O$$

$$Re_2S_7 + 7H_2O_2 \longrightarrow 2HReO_4 + 7S + 6H_2O$$

$$As_2S_3 + 5H_2O_2 \longrightarrow 2H_3AsO_4 + 3S + 2H_2O$$

（2）除杂的原理。在浸出液中加入氧化钙，氧化钙溶于水后生成氢氧化钙，氢氧化钙与砷酸生成砷酸钙；氢氧化钙与硫酸铜作用生成氢氧化铜，铼酸与氢氧化钙可生成铼酸钙。砷酸钙、氢氧化铜在中性和碱性条件下为难溶物质，而铼酸钙为易溶物，从而达到铼与砷、铜重金属元素分离的目的。其主要反应化学方程式如下：

$$CaO + H_2O \longrightarrow Ca(OH)_2$$

$$CuSO_4 + Ca(OH)_2 \longrightarrow CaSO_4\downarrow + Cu(OH)_2\downarrow$$

$$2H_3AsO_4 + 3Ca(OH)_2 \longrightarrow Ca_3(AsO_4)_2\downarrow + 6H_2O$$

$$2HReO_4 + Ca(OH)_2 \longrightarrow Ca(ReO_4)_2 + 2H_2O$$

（3）离子交换和浓缩结晶原理。由于除杂液中的铼以铼酸根形式存在，溶液中含有多种阴离子，如硫酸根、砷酸根等。为了得到纯度更高的铼酸铵，选择的树脂必须要有较好的选择性，同时，树脂的交换容量要高，易于洗脱、再生。对同一牌号的树脂而言，其凝胶型对铼的吸附大于大孔型，同时树脂对铼的吸附选择性要远大于其他元素，而强碱性凝胶型阴树脂对铼的吸附性能又比弱碱性凝胶型阴树脂要好。

201树脂属于苯乙烯系强碱性凝胶型阴离子交换树脂，树脂以聚苯乙烯作骨架，在苯环上引入氯甲基，再引入季胺基而生成，季胺基是强碱性基团。因此，该树脂具有极强的碱性，树脂发生如下的交换反应[29]：

$$R—N(CH_3)_3Cl + ReO_4^- \longrightarrow R—N(CH_3)_3ReO_4 + Cl^-$$

由于钼元素与铼化学性质相近，201树脂会吸附少量的钼。生产过程中可根据除杂液中钼含量的多少，增加解吸除钼作业，即用氯化氨和氨水的混合液解吸钼，而铼不被解吸。利用硫氰酸铵解吸铼饱和树脂，解吸后液即得到铼酸铵。

由于铼酸铵溶液中铼的浓度为20~30 g/L，达不到结晶要求，因此将铼酸铵溶液加热浓缩，铼的浓度控制在100 g/L。再根据铼酸铵在不同温度下溶解度差的原理，将浓缩后的铼酸铵溶液低温结晶析出，得到品质高的铼酸铵。铼酸铵在不同温度下的溶解度见表3-6。

表 3-6 不同温度下的铼酸铵溶解度

项目	每 100 mL 的溶解度/g			
	0 ℃	30 ℃	50 ℃	100 ℃
铼酸铵	1.03×10^{-3}	3.35×10^{-2}	5.9×10^{-1}	—

B 烟气废酸中回收铼工艺

废酸提铼工艺过程为：烟气废酸→选择捕捉→铼精矿→铼精炼制取铼酸铵，工艺流程如图 3-1 所示。该工艺主要分为铼精矿工序、铼酸铵工序。

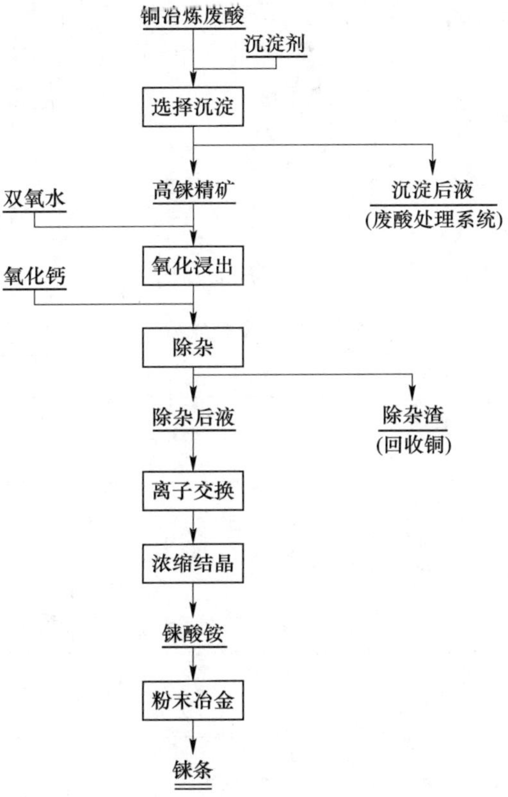

图 3-1 废酸提铼工艺流程图

a 铼精矿工序

首先将硫酸车间的洗涤废酸打入铼精矿工序大储酸罐内，开启搅拌桨，通入蒸汽进行加热待温度达到 60~70 ℃，通过耐腐蚀耐高温的钢衬四氟泵打入反应槽；根据废酸中的铼含量加入相应倍数的沉淀剂 A，开启搅拌桨反应 40~60 min 后，通过压滤机进行固液分离，得到铼精矿。过滤后液含有铜、砷等重金属，进入废酸处理系统，脱出铜砷等重金属后，再中和沉淀，达标排放。

b 铼酸铵工序

铼酸铵工序分为浸出、除杂、离子交换、浓缩结晶 4 个子工序。首先加入适量的双氧水，将铼精矿浸出，反应过滤得到浸出液和浸出渣；向浸出液里加入适量的生石灰除杂反应，过滤得到除杂液和除杂渣；除杂液上树脂进行离子交换，交换后液直接排放；解吸作业用硝酸解吸所得铼酸溶液，再加入氨水，得到铼酸铵溶液；铼酸铵溶液加热浓缩到一定体积后，浓缩液控制铼浓度 100 g/L，将浓缩液放入冷藏柜冷冻结晶，最后烘干。

（1）浸出。采用双氧水氧化浸出铼精矿，利用双氧水强氧化性，将铼精矿中硫化铼及少量铜和砷等贱金属氧化浸出。结束后，浸出液送至一次除杂工序，浸出渣回收硒。

（2）除杂作业。在温度 70~80 ℃下加入适量的生石灰，开启搅拌桨反应 1 h 后开始过滤得到除杂液和除杂渣，一次除杂液送至二次除杂釜，一次除杂渣洗涤后返回铜熔炼系统。

（3）树脂交换、浓缩结晶。将除杂液经离子交换，铼被吸附到离子交换树脂上，交换后液直接外排，用硫氰酸铵解吸离子交换树脂，得到纯铼酸铵解吸液，解吸液中铼含量 20~30 g/L。将解吸液加热到 100 ℃、体积浓缩至 1/3，浓缩液低温结晶，得到 99.99%纯铼酸铵。

C　烟气废酸中提取铼工业实践

a　主要原料

铜冶炼烟气制酸工序的废酸，废酸主要参考成分见表 3-7。

表 3-7　废酸成分

成分	H_2SO_4/%	Cu/g · L^{-1}	As/g · L^{-1}	F/g · L^{-1}	Re/g · L^{-1}
平均含量	10.107	0.0513	0.8497	0.7297	0.0063
含量范围	5~15	0~1	0~1.5	0~1	0~15

b　产品产量和规格标准

废酸提铼产品产量和规格标准见表 3-8。

表 3-8　废酸提铼产品产量和规格标准

产品名称	年产量/t	产品规格（含铼）/%
铼精矿	100	2~5
铼酸铵	4	99.99
铼粉、铼条	1	99.99

c　技术经济指标

废酸提铼工艺综合技术经济指标见表 3-9。

表 3-9　综合技术经济指标　　（%）

指标	数值	指标	数值
作业率	95	浸出率	98.5
废酸到铼精矿回收率	96	铼酸铵品位	99.99
铼精矿到铼酸铵回收率	95	铼酸铵合格率	100
铼酸铵到铼回收率	98	铼品位	99.99
浸出渣平均品位	0.1	铼合格率	98

3.2.1.2 离子交换法提取铼

离子交换法一般采用阴离子树脂，是利用铼酸根离子与阴离子树脂上的阴离子发生离子交换反应，在树脂上形成离子络合物，使铼酸根离子有选择地被吸附在树脂上，然后用解吸液使铼酸根离子从树脂上解吸出来。虽然离子交换操作简单，铼吸附率高，但其交换树脂饱吸附容量、再生次数有限，吸附速度慢。

离子交换法从废酸中提铼采用的树脂种类很多，张小林等人[30]采用 D990 作为吸附树脂，从铜冶炼烟气淋洗废酸废液中回收铼。

A 废酸成分

某厂某批次废酸组成见表 3-10。原料含铼低，杂质元素多且含量高，该原料采用 D990 吸附、氨水解吸工艺进行处理。

表 3-10 某厂某批次废酸组成

成分	Re	Cu	As	Pb	Si	Bi	H_2SO_4
含量/%	0.012	0.020	8.00	0.005	1.5	0.005	80

B 工艺原理

辉铜矿或辉钼矿冶炼过程中，铼以氧化二铼的形态挥发进入烟气，经过淋洗系统，铼以高铼酸根离子形式进入废酸，反应式如下：

$$R_2O_7 + H_2O \longrightarrow 2H^+ + 2ReO_4^-$$

用 D990 阴离子交换树脂从废酸中吸附铼。阴离子交换树脂含有季胺基［—$N(CH_3)_3OH$］、胺基［—NH_2］等碱性基团，它们在水中生成 OH^-，与各种阴离子发生交换，然后用氨水解吸，其原理为：

$$R—N(CH_3)_3OH + ReO_4^-(a) \longrightarrow R—N(CH_3)_3ReO_4(a) + OH^-$$

$$R—N(CH_3)_3ReO_4(a) + NH_4OH(a) \longrightarrow R—N(CH_3)_3OH(a) + NH_4ReO_4(a)$$

C 工艺过程

工艺过程如下：

(1) 树脂的预处理。D990 用 1.0 mol/L 的 HCl 浸泡 24 h，用清水洗至接近中性，然后用 1.5 mol/L 的氢氧化钠溶液浸出 12 h，再用清水洗至中性，按此步骤再重复操作一遍。

(2) 吸附。预处理结束，控制流速为 8 cm/min，吸附 6 h 后，检测各主要元素的吸附率，结果见表 3-11。

表 3-11 主要元素的吸附率

元素	Re	Cu	As	Pb	Si	Bi
吸附率/%	86.3	0.2	4.5	0.1	12.5	0.45

由表 3-11 可知，流速为 8 cm/min、吸附 6 h 时，D990 树脂对铼的吸附率达 86.3%，并且其对硅、砷等杂质元素也有吸附作用，硅的吸附率高达 12.5%，因此杂质离子对树脂交换吸附影响不可忽视。综合考虑铼吸附率及杂质离子的影响，D990 树脂从废酸中吸附铼对铜、硅、砷有较强的选择性[30]。

(3) 解吸。吸附后树脂饱和后采用氨水进行解吸，氨水浓度越高，铼解吸得越彻底，当氨水浓度达到 6%时，铼的解吸率达 97.1%，解吸的流速越低，解吸越彻底，流速为 4 cm/min 时铼的解吸率达 97.1%，随着解吸液流速增大，砷解吸率下降，硅的解吸率一直较低。

（4）浓缩结晶。解吸后液进一步净化后浓缩结晶即得铼酸铵。

3.2.1.3　溶剂萃取法提取铼

溶剂萃取法回收铼元素的萃取体系及流程繁多，有一些工艺获得工业实践应用。下面以大冶有色冶炼厂房孟钊等人[31]的萃取法提取废酸中铼的研究为例进行介绍。

根据废酸中铼含量及杂质组分，以废酸为原料，选用 N235 作为主要萃取剂，进行了萃取技术的工业化应用研究。萃取—反萃取法回收铼工艺流程如图 3-2 所示。

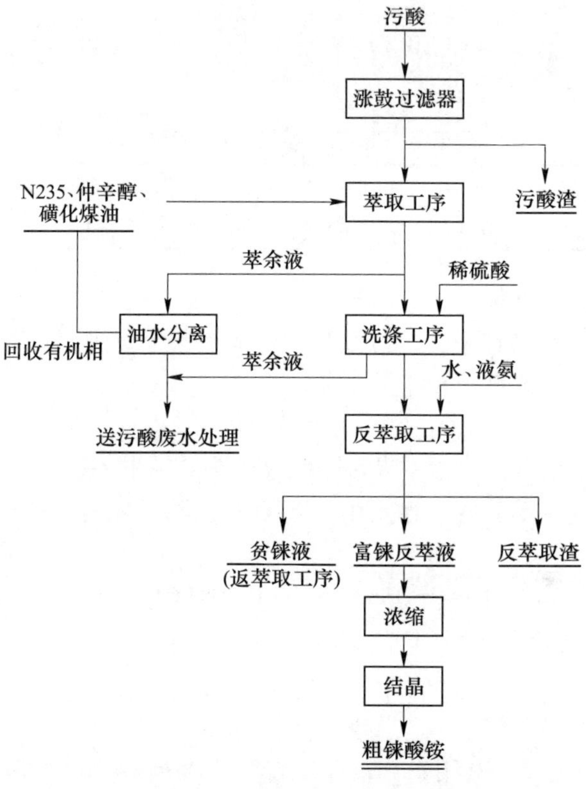

图 3-2　萃取—反萃取法回收铼的工艺流程

以 N235、仲辛醇、磺化煤油的混合有机相为萃取剂，氨水为反萃剂，通过萃取—反萃取法得到含铼的反萃液，经除油浓缩结晶后得到高铼酸铵粗结晶。废酸中主要成分含量见表 3-12。

表 3-12　废酸中主要成分及含量

成分	Re	Cu	As	Pb	Si	Se	H_2SO_4
质量浓度/g · L^{-1}	0.003～0.006	0.005～0.02	8～15	0.001～0.005	0.8～3.0	0.001～0.005	50～150

（1）萃取。该工艺选择 N235、仲辛醇、煤油质量比为 20∶20∶60 的混合液作为萃取剂，用新配制的有机相对废酸料液进行 5 级萃取，每级萃取强烈振荡 5 min，再静置10 min，待分相清晰后进行下一级萃取。5 级萃取完成后，取负载有机相与萃余液检测铼的浓度[31]。以 c(Re) 为 0.019 g/L 废酸为原料，萃取结果见表 3-13。铼萃取率达到 88.42%。

表 3-13 5 级萃取结果

有机相质量比	负载有机相 $c(Re)/g \cdot L^{-1}$	萃余液 $c(Re)/g \cdot L^{-1}$	Re 萃取率（按负载有机相计算）/%	Re 萃取率（按萃余液计算）/%
20 ∶ 20 ∶ 60	0.66	0.0022	138.9	88.42

（2）反萃。工业实践中，氨水浓度高易造成油水分离不清、操作环境恶劣等问题。考虑负载有机相铼的反萃取率，该试验选择质量分数为 12%的氨水来进行生产试验，相比 O/A=5/2，时间 30 min，静置 4 h[31]，结果见表 3-14。铼的反萃取率达到 98.6%。

表 3-14 氨水对负载有机相反萃取的结果 （%）

项目	数值
铼反萃取率	98.6
反萃取渣体积分数	10
油损	18

（3）反萃取渣洗涤。冶炼废酸中回收铼元素，在反萃取过程中产生大量的反萃取渣。反萃取渣以铼与铋为主要成分，w(Re) 为 0.5%~1.8%，铼含量占废酸中含铼总量 45%~55%，w(Bi) 为 40%~70%，反萃取渣中夹杂着不少有机相。考虑到后续工艺及铼元素的直收率，必须对反萃取渣进行回收有机相及铼铋分离的处理。试验用热水对反萃取渣进行洗涤，使其中 Re 以离子的形式转入溶液中，铋则留在固相中，从而达到铼铋分离的目的。取 1 kg 反萃取渣（w(Re) 为 0.87%，w(Bi) 为 42.61%）置于 3 L 烧杯中，加入 2 L 清水，加热至 75~90 ℃，搅拌洗铼 2 h 后，抽滤得滤液 1450 mL。取水样与渣样分析铼、铋含量，其结果见表 3-15。铼的浸出率为 17.83%，洗涤效果不佳[31]。

表 3-15 反萃取渣洗涤结果

洗涤液中 $c(Re)/g \cdot L^{-1}$	滤渣 $w(Re)/\%$	滤渣 $w(Bi)/\%$	Re 浸出率/%
1.07	0.79	58.98	17.83

（4）浓缩结晶。富铼反萃液经除油后，进入浓缩反应釜进行浓缩结晶，结晶液过滤即得铼酸铵晶体。

3.2.2 冶炼砷滤饼中回收铼

以江西铜业集团公司贵溪冶炼厂砷滤饼还原终液提铼为例，该厂自 1991 年开始对铼在闪速炼铜中的分布及回收方法进行探讨和研究[32]。从砷滤饼还原终液中回收铼，采用的是溶剂萃取法。

3.2.2.1 原料

还原终液是贵溪冶炼厂亚砷酸车间处理砷滤饼时二氧化硫还原砷液后的溶液，其化学成分见表 3-16。

表 3-16 还原终液各化学成分

成分	Cu	As	Re	Mo	Sb	Fe	H_2SO_4
浓度/$g \cdot L^{-1}$	35.5	0.01279	0.172	0.386	0.124	0.0036	110

3.2.2.2 工艺流程

从砷滤饼还原终液中回收铼的主要工艺流程为：还原终液→萃取→反萃→一次浓缩结

晶→二次浓缩结晶→三次浓缩结晶→铼酸铵，该工艺流程如图 3-3 所示。

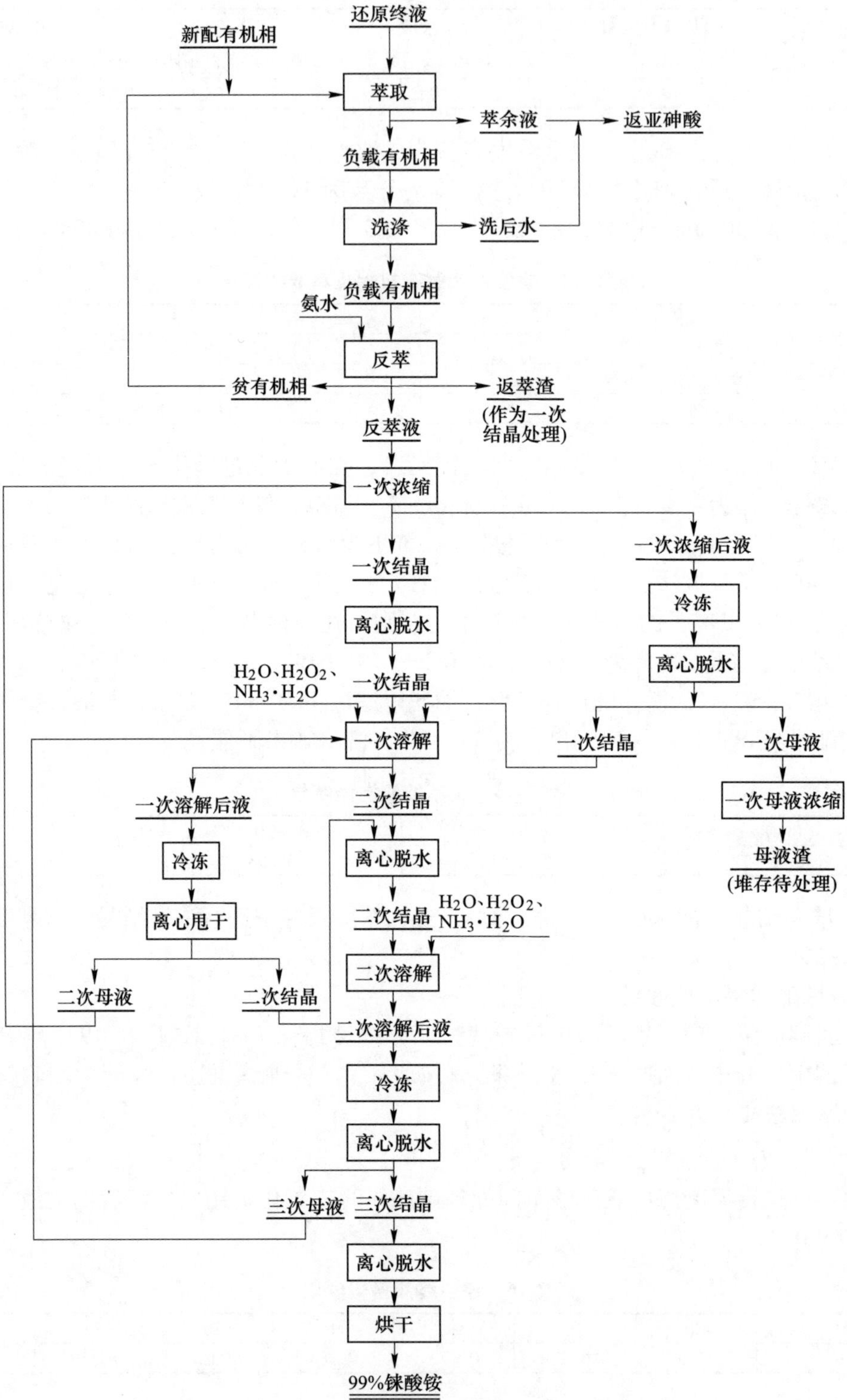

图 3-3　砷滤饼还原终液中回收铼工艺流程图

3.2.2.3 萃取法分离富集铼原理

以N235为萃取剂、仲辛醇作调整剂、煤油作稀释剂组成有机相，与水相（还原终液）充分混合。萃取过程中存在于酸性溶液中的铼以铼酸根阴离子形式存在，其被N235选择性萃取，与含大量杂质的还原终液分离，从而达到分离、提取、富集铼的目的[32]。萃取过程存在以下反应：

$$R_3N(N235) + H_2SO_4 \longrightarrow R_3NH \cdot HSO_4$$

$$R_3NH \cdot HSO_4 + HReO_4 \longrightarrow R_3NH \cdot ReO_4 + H_2SO_4$$

3.2.2.4 还原终液萃取回收铼的实践

初期处理主要是从硫酸废酸原液中回收铼，但由于废酸原液含铼低，且含量极不稳定，后经进一步对铼元素的分布进行普查，改从亚砷酸生产的还原终液中回收铼，取得很好的效果。经多年生产实践，其铼萃取率大于98%，反萃率大于98%，铼直收率大于85%，生产过程材料单耗见表3-17[32]。

表3-17 铼酸铵主要生产材料单耗 (kg/kg)

名称	单耗	名称	单耗
N235	12	煤油	2.53
仲辛醇	23	液氨	46

3.2.2.5 产品质量

外观：白色晶体，无可见杂质。NH_4ReO_4含量不小于99.9%，达到《铼酸铵》(YS/T 894—2018）一等品的要求。

3.2.2.6 工艺特点

工艺特点有：

(1) 溶剂萃取法工艺稳定，操作简单，无废液产生，能充分满足生产要求。

(2) 工艺技术指标较好，铼的萃取率、反萃取率高达98%，产品铼酸铵质量稳定。

(3) 生产成本低，经济效益显著。

(4) 在回收铼的同时，富集了钼，利于钼的进一步回收。

3.2.3 铼粉和铼条的制备

3.2.3.1 铼的主要制造工艺

目前，铼的制造主要有粉末冶金、电化学沉积、物理气相沉积和化学气相沉积四种方法。

A 粉末冶金法

粉末冶金法是制备难熔金属的一种比较有效的方法，目前被广泛地应用于制造金属铼丝和铼片。采用粉末冶金法制备铼构件之前，铼金属构件的制造主要采用湿包套冷等静压，然后将其加热到1400 ℃进行预烧结，之后，再将其加热到2300 ℃进行最终烧结。此种方法解决了用金属铼生产铼构件的问题，为铼构件的广泛应用奠定了基础。但是，这一过程耗时长，而且加工过程中会出现大量材料损失，一般来说成品质量只有不到锭坯质量的1/6，这就严重地限制了此种方法的应用。采用冷等静压粉末冶金技术后，零件制造时间及材料损失都大大减少，同时由于可以通过控制填装粉末的数量控制零件的壁厚，因此零件加工精度也有很大程度的提高。

粉末冶金制造的零件坯体，经过一次低温预烧结、一次较高温度预烧结及在氢气存在条件下或者真空条件下进行的高温烧结后进行热等静压，其尺寸精度还可以进一步提高。在热等静压之后，对制成品进行线切割、粗磨、精磨和抛光等加工，可以制得尺寸精度非常高的零件。

目前，美国铼合金公司应用此项技术已经制得壁厚为 4 mm 的薄壁件。应用粉末冶金法，虽然可以制备一些金属铼构件，但是对于形状比较复杂、小直径、壁厚比较薄的结构件，粉末冶金法存在着相当大的困难。而在这些方面，物理气相沉积法和化学气相沉积法均具有优势。

B 电化学沉积法

一般来说，难熔金属因为熔点高，所以制备相对比较困难，铼也不例外。但是与其他难熔金属（比如钨）不同的是，金属铼的某些盐类有非常好的溶解性，这也就为用电化学沉积法制备铼提供了可能。应用电化学方法，可以在较低温度下制得铼涂层或者铼薄膜，目前此项技术已被广泛地应用于金属甚至半导体表面制备铼涂层。铼的电化学沉积法的化学反应方程式可以表示如下：

$$ReO_4^- + 4H_2O + 7e \longrightarrow ReO + 8OH^-$$

$$ReO_4^- + 8H^+ + 7e \longrightarrow ReO + H_2 + 3H_2O$$

以上是碱性和酸性溶液条件下电化学法沉积铼的反应方程式，可以看出，为了让参与反应的铼酸根离子还原为金属铼，其必须接受 7 个电子，所以在这种氧化气氛很强的情况下，沉积出的铼很有可能因为被氧化而使其纯度难以提高。另外，铼的还原需要比较高的电势差，所以在铼酸根离子被还原的情况下，可能伴随发生其他竞争反应，影响到铼的沉积效率及表面质量和纯度。最后，沉积过程中铼酸根离子在阴极区的富集还会被阴极本身强烈排斥。尽管采取合适的反应参数，比如恰当的溶液浓度及沉积电压，用电化学法也确实可以在较低温度下比较快地获得铼涂层，这种方法也被广泛地用于铼电极及用铼作外壳热电偶制造，但是电化学法本身存在沉积产物结构疏松、均匀性差、尺寸精度不高、表面质量不好等缺点始终难以完全克服[33]，因此在制备铼构件比如铼管材、丝材等领域，电化学方法有非常大的局限性。

C 电子束-物理气相沉积法

电子束-物理气相沉积法（EB-PVD）是物理气相沉积法的一种，是净成型制备铼制品及制备铼薄膜和铼涂层的有效方法。EB-PVD 技术是在真空中将高能聚焦电子束打在原材料上，使挥发出的原材料分子冷凝在基体上的一种材料制备技术。采用 EB-PVD 技术可以在具有复杂形状的零件上生成厚度均匀的涂层，其沉积速率及涂层厚度取决于挥发速度、沉积时间、炉室压力、挥发源和基体的距离及电子束功率等。

EB-PVD 技术的优点是，可以灵活地控制涂层的成分和组织，在同时采用多个不同成分的挥发源的情况下，可以获得各种成分不同的涂层。调整沉积速率及沉积厚度可以获得不同的组织。另外，结合离子束进行辅助沉积可以获得更优质的涂层。比如，可以使涂层和基体结合得更紧密，使涂层更致密甚至还可以控制涂层的内部应力。结合基体消失法技术，可以用 EB-PVD 技术制备金属铼的薄壁构件。在这一过程中，先在钼基体上沉积比较厚的金属铼镀层，最后采用电化学方法去除基体，便可以获得金属铼构件。但此种方法对设备依赖程度过高，使其推广应受到限制。

D 化学气相沉积法

化学气相沉积法（CVD）是利用气态物质在固体表面发生化学反应，生成固态沉积物，并赋予基体材料表面各项特性的一项技术。它具有适应性强（用于各种高纯晶态与非晶态的金属、半导体、化合物薄膜的制备）、可以有效控制制备材料的成分、高的生产效率及低的运行成本的特性，是目前应用比较广泛的一种薄膜材料制备技术。通过化学气相沉积法可以在基体表面获得较厚的金属铼薄膜，其厚度可达数毫米。制备的金属铼的纯度非常高，可达99.99%~99.999%；其密度可达理论值的99.5%以上[33]。由于化学气相法沉积本身的特点，应用此种方法，可以制备出尺寸精确、形状复杂、薄壁小直径的金属铼构件。同时，与粉末冶金法及EB-PVD等方法相比，化学气相沉积法制备的金属铼材料的性能更优。应用此种材料体系制作燃烧室的发动机，其性能比原有发动机有大幅度提高，真空比冲增加了数十秒，使用寿命也达到了十几小时以上[34]。

目前看来，电化学沉积法、粉末冶金法、电子束-物理气相沉积法、化学气相沉积法这四种铼构件的基本制造方法各具优势。但结合产品需求、构件性能要求、设备依存度及制备可操作性和制造成本来看，化学气相沉积法无疑是其中比较理想的，也是目前最具发展前景的一种制造技术。

3.2.3.2 铼工业生产实践

工业上生产铼锭或铼条的方法有高温烧结法和熔炼法两种。

（1）高温烧结法，又称粉末冶金法，先将铼粉在6 MPa压力下制成坯条，坯条在真空或氨气中于1200 ℃下烧结，再将预烧条在垂熔炉中于2700~2850 ℃下进行高温烧结，最后得到理论密度超过90%的铼条。

（2）熔炼法，以烧结条作为原料，用电弧熔炼、电子束熔炼和区域熔炼法对粗铼进行提纯精制。电子束熔炼法所得到的铼锭为柱状结晶体，纯度99.99%；区域熔炼所获得的产品为光谱纯度的铼单晶。

现在，铼提取冶金已经形成制取铼化合物、铼粉和铼材三大环节的格局。铼冶炼行业未来发展的任务是扩大铼原料来源，提高铼在钼、铜等冶炼过程中的回收率，发展和完善闪速焙烧炉和循环流态化焙烧方法，同时开发更有效的铼回收新工艺。

A 铼条粉末冶金原理

a 铼粉制备原理

铼酸铵高温分解，其分解产物有七氧化二铼、三氧化铼、二氧化铼。根据分解反应平衡常数和氧分压的公式 $\frac{\lg p_{O_2}}{p^{\ominus}} = -\lg K$ 可知，只要氧分压 p_{O_2} 不小于 $10^{-5.88}$ Pa，铼酸铵分解产物就是七氧化二铼。一般工业生产中在常压条件下氧分压都比较高，铼酸铵分解产物是七氧化二铼，七氧化二铼与氢气反应得到金属铼粉。整体工艺具体分两个阶段，一个是煅烧分解阶段，一个是还原阶段。还原反应为固相反应，一般为了保证还原的彻底性，采用薄料层厚度，利于氢气的渗透与物料充分接触，使还原反应更加充分。氢气作为还原剂具有以下优点：氢气有害杂质少；扩散速度快，渗透性强，还原充分；制取的粉末性能稳定，粒度可调节。钨钼冶金一般都采用氢气作还原剂。

铼粉制备的主要化学方程式为：

$$2NH_4ReO_4 \xrightarrow{400\ ℃} Re_2O_7 + 2NH_3\uparrow + H_2O\uparrow$$

在氧气充足和温度更高的情况下，会形成其他氧化物。

$$Re_2O_7 + 7H_2 \xrightarrow{800\ ℃} 2Re + 7H_2O$$

b　铼条烧结原理

预烧原理：通过真空预烧，将铼压条吸附的气体和水分挥发，消除压坯内应力，压条内金属颗粒接触面加大，在表面张力的作用下颗粒间的孔隙度变小，强度变大。

经真空预烧的铼条，具有较大的机械强度和导电性，被放置在垂熔炉中，在氢气保护下直接通电加热进行高温烧结，降低氧含量和部分杂质含量，使铼条具有金属特性，满足机械加工和其他用途。铼条的垂熔通过控制电流的方式来控制烧结温度，垂熔电流为熔断电流的88%~93%，保温0.5~1 h。

铼条在垂熔烧结时颗粒随温度的变化分四个阶段：第一阶段，电流为熔断电流的45%，颗粒为非金属状态接触，有部分气体杂质逸出，因颗粒间的接触较小，所以收缩和强度变化不大；第二阶段，电流为熔断电流的60%，颗粒间存在金属性质的接触，由于再结晶刚开始，没有形成闭口空隙，孔隙度相对较大，是排除氧气的最好时间；第三阶段，电流为熔断电流的75%，原子开始在金属中流动，形态开始变化，金属接触扩展，除氧和排杂逐渐变得困难；第四阶段，电流控制在熔断电流的91%，残余应力几乎消失殆尽，原子扩散速度增大，形成颗粒开始长大，再结晶急剧进行，孔隙度急剧减小，闭塞空隙形成，随着保温时间的延长，整个压条彻底变成金属条。

B　生产实践

将经过精确称量的高纯高铼酸铵在100 L的衬胶球磨机中研磨和均匀化后，装在镍烧舟中，然后进入还原钼丝炉在高温条件下进行氢还原，得到金属铼粉末的纯度不小于99.99%。将高纯铼粉精确称量1400 g，均匀倒入清洁干净的模具中并搅拌振动均匀，放入压机待压制。在真空预烧结炉中于高温下进行预烧结数小时。预烧好的铼坯条再在垂熔烧结炉中直接向铼坯条通电在高温条件下进行真空烧结，烧结后铼条的密度可达理论值，为最终产品。

a　铼粉的制备

研磨后的高纯铼酸铵粉末装入钼舟，先经一台还原电炉进行一次还原。采用推送式粉末双管还原炉，整个还原炉分为炉体、推送机构、电器控制三大部分，其工作特点是：由液压推送作用将装载粉末原料的托盘从进口推送入还原区，在各温控区域下进行还原，然后冷却，出料便完成整个工艺。还原炉物料冷凝采用循环冷却水进行降温。一次还原反应过程中使用电加热控制还原炉温度为900 ℃左右，持续通入氮气和还原剂氢气，保持氢气流速为2 m^3/h，还原反应时间6~8 h。还原炉内发生的反应如下：

$$2NH_4ReO_4(s) + 7H_2(g) = 2Re(s) + 8H_2O(g) + 2NH_3(g)$$

一次还原后的高纯金属铼通过球磨机进行二次研磨，经振动筛过筛后进入二次还原炉内进行二次还原。

二次还原反应过程中使用电加热控制还原炉温度为1200 ℃左右，持续通入氮气和还原剂氢气，保持氢气流速为 2 m^3/h，还原反应时间 6~8 h。铼粉经冷却后，即可获得 99.99%的高纯金属铼粉。还原炉物料冷却采用循环冷却水进行降温。

b 压制成型

经二次还原的高纯金属铼粉的平均粒径 2 μm，松装密度为 1.5~1.9 g/cm^3。根据市场需要，将部分铼粉先通过液压机压成型，液压机压力为 500~600 MPa，压制成型的压坯密度达 9.5 g/cm^3（约为理论密度的 45%）。

压制原理：压制成型是松散的金属粉末密实成一定形状、孔隙度和强度的坯块的工艺过程，即粉末在压制过程中出现了位移和变形。在模具中铼粉末被高强度压力挤压，粉末颗粒发生弹性变形和塑性变形，粉末颗粒间形成联结力主要表现为机械啮合力，啮合力越高，压坯强度越高。

c 烧结

钢模压制铼条压坯强度和导电性都很低，在垂熔烧结前要进行真空预烧结。在 1200 ℃真空预烧，使压条具有一定的强度和导电性。铼条的垂熔通过控制电流的方式来控制烧结温度，垂熔电流为熔断电流的 88%~93%，保温 0.5~1 h。铼条垂熔温度控制在 2800 ℃左右，氢气氛围中保温 1 h，最终得到纯度为 99.99%铼条。

d 质量标准和检验包装

外观：银色金属条；形状：方条或圆条及其杆、棒。

质量：标准 YS/T 1017—2015。

规格：主含量：Re≥99.99%，其质量标准见表 3-18。

检验包装：产品经化验测试仪检验合格后即可用包装机包装入库。

表 3-18 铼条的杂质含量质量标准 （%）

元素	含量	元素	含量	元素	含量	元素	含量
K	≤0.0005	Na	≤0.0005	Ca	≤0.0005	Co	≤0.0005
W	≤0.0005	Ti	≤0.0005	Ni	≤0.0005	Ti	≤0.0001
Se	≤0.0005	Si	≤0.0005	Bi	≤0.0001	Pt	≤0.0001
Mo	≤0.0001	Mn	≤0.0001	Be	≤0.0001	Zn	≤0.0001
Mg	≤0.0001	Cd	≤0.0001	Cr	≤0.0001	Cu	≤0.0001
Sb	≤0.0001	Al	≤0.0001	Sn	≤0.0001	Te	≤0.0001
Pb	≤0.0001	Ba	≤0.0001	As	≤0.0001		
O	≤0.08	C	≤0.004	Fe	≤0.0005		

3.3 硒的综合提取

有色金属冶金工业中，提取硒的主要原料为电解产出的阳极泥，其中居于首位的是铜电解的阳极泥，约占原料来源的 90%，其次是镍和铅电解的阳极泥[35]。此外，有色冶炼厂与化工厂从烟气中回收得到的尘泥或淋洗泥渣也富含硒，也可作为硒提取的原料。

国内外阳极泥处理工厂回收硒主要采用硫酸化焙烧法回收硒、从卡尔多炉烟气中回收硒、氧化焙烧法回收硒、苏打烧结焙烧法回收和湿法回收硒工艺。

3.3.1　硫酸化焙烧法回收硒

目前，世界上约半数的阳极泥采用硫酸化焙烧处理。该方法的优点主要有：

（1）物料呈浆状，操作过程中机械损失较少。

（2）可以回收提硒残渣中的碲。

（3）在硫酸化焙烧过程中，由于不形成硒酸盐或亚硒酸盐，因此还原硒时可不需另加盐酸，比较经济。

（4）在第一工序将硒提取，硒的回收率大于93%。

（5）不发生硒及其化合物的升华，烟气量少，减少了硒的毒害。

（6）适宜于对含贵金属及铜、镍、铅、铋多的阳极泥综合利用。

硫酸化焙烧提取硒的工艺流程如图3-4所示。

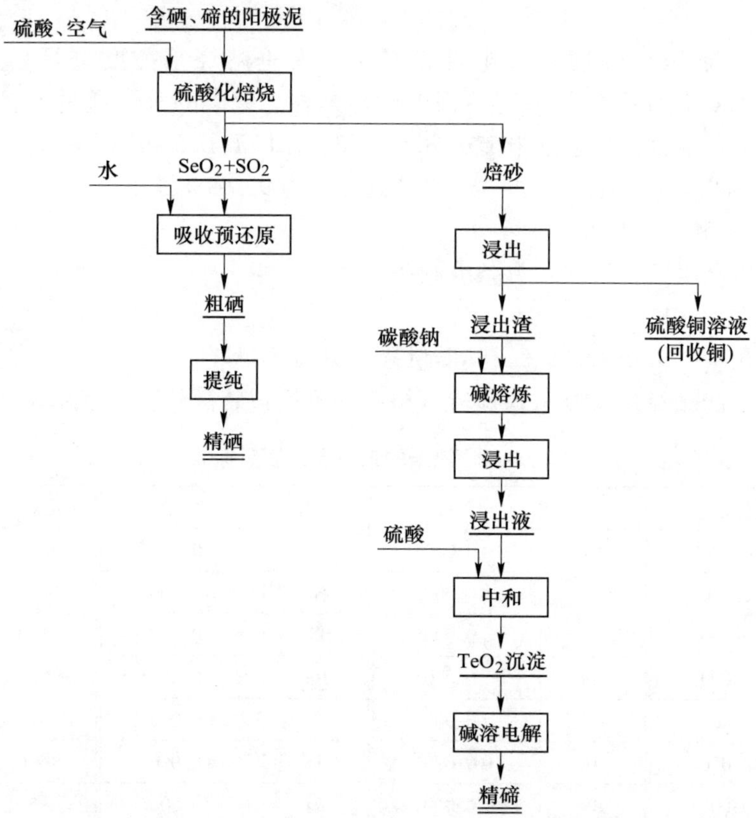

图3-4　硫酸化焙烧提取硒的工艺流程图

硫酸盐化焙烧除硒，是处理铜阳极泥使用最广泛的方法之一，它不但能除去阳极泥中90%以上的硒，还能最大限度地使阳极泥中的铜等硫酸盐化，便于下步浸出除铜。硫酸盐化焙烧使用最广的设备为马弗炉和回转窑，马弗炉适于小批量间歇性生产，而回转窑则适用于大批量连续生产。

硫酸盐化焙烧的主要目的是使硒、碲、铜等转化为二氧化硒、二氧化碲和硫酸铜，并使沸点低的二氧化硒优先挥发，在烟气吸收液中予以回收，然后再进行焙烧渣的浸出除铜和用氢氧化钠浸出碲。

焙烧过程中，二氧化硒的升华温度为315 ℃，温度越高，硒的挥发速度越快。但为了不使二氧化碲一起挥发，也不使易溶于水的硫酸铜分解成难溶的氧化铜（分解温度为650 ℃），故硫酸盐化焙烧温度通常控制在450~550 ℃之间。

阳极泥与浓硫酸混合后于马弗炉或回转窑内焙烧，主要发生下列一些反应：

$$Cu + 2H_2SO_4 = CuSO_4 + 2H_2O + SO_2\uparrow$$

$$Cu_2S + 6H_2SO_4 = 2CuSO_4 + 6H_2O + 5SO_2\uparrow$$

$$2Ag + 2H_2SO_4 = Ag_2SO_4 + 2H_2O + SO_2\uparrow$$

$$Se + 2H_2SO_4 = SeO_2\uparrow + 2H_2O + 2SO_2\uparrow$$

$$Te + 2H_2SO_4 = TeO_2 + 2H_2O + 2SO_2\uparrow$$

经焙烧升华的二氧化硒，与烟气一并导入吸收塔（或气体洗涤器，或湿式电收尘器），二氧化硒即溶于水而生成亚硒酸，反应式如下：

$$SeO_2 + H_2O = H_2SeO_3$$

阳极泥与硫酸反应时生成的大量二氧化硫，借助水的作用，使吸收塔中的亚硒酸还原生成元素硒沉淀，反应式如下：

$$H_2SeO_3 + 2SO_2 + H_2O = Se\downarrow + 2H_2SO_4$$

生成的元素硒因含有大量杂质，俗称粗硒。粗硒用热水洗涤至洗液呈中性后，烘干送去制纯硒。

3.3.1.1　回转窑设备概述

A　回转窑系统设备

回转窑蒸硒系统设备工艺流程如图3-5所示。

某些厂使用的圆筒形钢体回转窑长18 m，直径为1.35 m。根据生产实践，窑体越长，阳极泥在窑内停留的时间就越长，硫酸盐化效果也越好。

B　系统结构说明

a　技术参数

（1）硫酸计量槽。规格 ϕ1500 mm×1500 mm×8 mm（直径×高×厚），采用Q235A钢制作，厚度8 mm。硫酸计量槽放置在处理车间，通过液位计量向一次浆化加料槽中加入硫酸。

（2）一次浆化加料槽。规格 ϕ1600 mm×1200 mm×8 mm（直径×高×厚），槽体采用1Gr18Ni9Ti不锈钢板制作，厚度为8 mm，槽内加3块挡板。搅拌装置为卧式中心安装，直联摆线针轮减速器搅拌；槽盖为活动式平盖结构，槽盖设400 mm×300 mm加料口。清出料方式：槽体侧部出料和中心底部清料，底部设DN100不锈钢放料球阀。

（3）二次浆化喂料槽。规格 ϕ1600 mm×1200 mm×8 mm（直径×高×厚），槽体采用1Gr18Ni9Ti不锈钢板制作，槽内加3块挡板。搅拌装置为卧式中心安装，直联摆线针轮式减速器搅拌。喂料方式为不锈钢链轮传动水车式4~6勺喂料，喂料控制采用变频调速[36]。清出料方式：槽体侧部出料和中心底部清料，底部设DN100不锈钢球阀。

一次浆化加料槽和二次浆化喂料槽放置于窑头。物料在一次浆化加料槽中浆化完成后，利用高差自流入二次浆化喂料槽，通过喂料槽的自动喂料装置将浆液定量加入硫酸化焙烧回转窑。

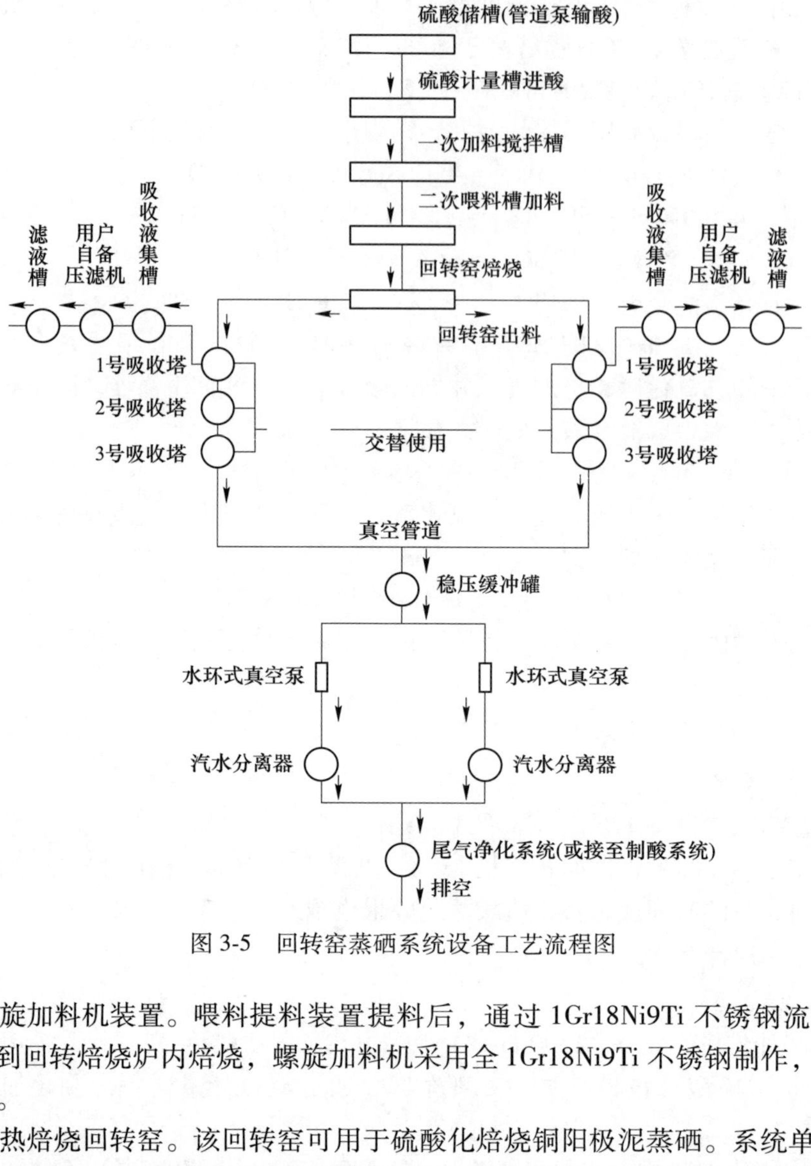

图 3-5　回转窑蒸硒系统设备工艺流程图

（4）螺旋加料机装置。喂料提料装置提料后，通过 1Gr18Ni9Ti 不锈钢流管输入螺旋加料机输送到回转焙烧炉内焙烧，螺旋加料机采用全 1Gr18Ni9Ti 不锈钢制作，输料速度采用变频调速。

（5）加热焙烧回转窑。该回转窑可用于硫酸化焙烧铜阳极泥蒸硒。系统单台处理量为 8 t/d，外热式电加热；4 段焙烧区段：额定工作温度 200~750 ℃，每区可单独可调；设计温度为不大于 850 ℃，控温形式分段控制；控温精度：±1 ℃；窑体规格：ϕ1350 mm×18000 mm（直径×长度）；筒体转速为 0.5~1.5 r/min；变频调速转动；窑本体驱动功率为 15 kW；焙烧窑加热炉外形尺寸为 16000 mm×3200 mm×3200 mm（长×宽×高）。

b　结构说明

（1）加热炉。加热炉体由型钢和钢板整体焊接而成，其结构强度高。炉顶分 3 段制造拼装，加热炉内部分 4 个加热区，加热区相互隔断，以确保加热温区控温的独立性，不形成窜温。隔断装置用 SUS321 耐高温不锈钢板及高纯硅酸铝棉制作，以确保高温长期运行的可靠稳定性。

炉底采用高铝质耐火保温砖砌筑，炉墙采用耐高温硅酸铝叠加块，叠加块保温并采用不锈钢锚固。炉室的顶盖采用高纯硅酸铝针刺棉叠加保温，厚度为 350 mm，以减少热源损失，达到节能的效果。炉头及炉尾面板处设置密封装置，采用 SUS310S 不锈钢+高纯棉制作，以防炉内温度外泄，减少热能损失。

（2）窑本体。窑筒体采用厚度 22 mm 的 20G 耐热锅炉钢自动连续焊接，窑筒体焊接时采用大型托轮调整机运转调整焊接，以确保窑筒体同心度偏差不大于 3 mm。

窑头及窑尾密封装置采用填料密封装置，填料采用石墨盘根，该装置可有效防止因窑体变形而导致的漏气漏料情况。

窑内螺旋采用螺旋轴为 ϕ100 mm 的 45 号圆钢，螺旋叶片为 ϕ450 mm、厚度 12 mm 的 20G 钢板焊接在螺旋轴上制作。该装置随窑筒体的转动而转动，可使物料在窑内受到充分搅拌、焙烧完全，并可把黏在窑壁上的物料有效刮下，同时推动物料向出料箱移动。螺旋轴可根据用户的需要分为 2 段制造，采用法兰轴销式连接，便于用户检修。窑头进料箱、窑尾出料箱及窑头和窑尾接管均采用 ZG55 铸钢。

驱动装置选用蜗轮减速器，通过变频调速器进行调速。减速器另设有手摇驱动装置，可在一级电源及二级电源停止供电情况下的应急驱动。在窑头导气管处加 2 个清理孔。

3.3.1.2 技术操作条件

（1）配料。混酸前阳极泥含水一般要求小于 20%，含水过高会稀释混料中硫酸浓度，造成设备腐蚀，同时炉料过稀还会减少物料在回转窑内的停留时间，影响蒸硒效果。配酸量主要根据阳极泥中铜、镍、银、硒、碲与硫酸反应所需的酸量确定，另外还要考虑焙烧料中含有一定的游离酸，以保证窑内有足够的氧化气氛，促使砷、锑等三氧化物转变成不挥发的五氧化物，以防止砷、锑进入粗硒而影响其质量。因此硫酸加入量为理论量的 1.1~1.2 倍，但一般是根据经验配入干阳极泥量 0.7~1.0 倍的浓硫酸。硫酸与阳极泥必须混合均匀，混料设备为兼有加料作用的机械搅拌槽，混合料的密度依据配酸量的不同而变，一般为 1.9~2.0 t/m^3。

（2）焙烧温度。硫酸化焙烧的回转窑为外加热式，其温度的控制除考虑上述的铜、镍等金属硫酸盐化及硒化物反应、硒酸盐分解及氧化硒挥发所需的温度外，还要考虑硫酸铜分解及有害杂质三氧化二砷、三氧化二锑等的挥发问题。硫酸铜的热分解从 650 ℃开始，三氧化二砷从 500 ℃便开始挥发，三氧化二锑的挥发温度虽然比三氧化二砷高，但也属易挥发物质，故焙烧温度不能过高[37]。回转窑可分为两个温度带，窑头至窑中一般控制在 250~500 ℃，为硫酸化焙烧带（进料端 220~300 ℃为物料干燥区，窑中 450~550 ℃为硫酸盐化区）；窑中至窑尾为二氧化硒挥发带，一般控制在 500~650 ℃。回转窑温度控制实例见表 3-19。

表 3-19 回转窑温度控制实例 （℃）

厂别	窑头	窑中	窑尾
1	240~300	500~600	600~650
2	280~300	530~580	550~650
3	280~300	500~550	600~640
4	500	550	640
5	350~400	600~650	650~700

（3）负压控制。为保证炉气顺利进入吸收塔内，窑头与吸收塔内须保证一定的负压，

负压过大会使气流速度过快，造成炉气含尘过高而影响粗硒质量，一般控制在 100～200 Pa(10～20 mm 水柱)。

（4）吸收液酸度。试验表明，吸收液中硫酸浓度在 25%时吸收效果较好，超过 60%已还原析出的硒会大量返溶。实践中采用的吸收液硫酸浓度一般为：吸收前 150～200 g/L，吸收后不大于 500 g/L。

3.3.1.3　焙烧产物

（1）焙砂：焙烧后的焙砂产率一般为所加干阳极泥量的 110%～130%。

（2）粗硒：含硒一般为 96%～98%，送去精制二氧化硒或精硒。

3.3.1.4　技术经济指标

铜阳极泥硫酸化焙烧的主要经济技术指标，见表 3-20。

表 3-20　铜阳极泥硫酸化焙烧的主要经济技术指标

指标	数值	说　明
焙砂含硒/%	0.1～0.2	阳极泥含硒大于 5%时，取 0.2，阳极泥含硒小于 5%时，取 0.1
粗硒回收率/%	≥93	从阳极泥至粗硒
每吨阳极泥硫酸消耗/t	0.7～1.0	根据阳极泥含铜、镍、银量而定
每吨阳极泥煤气消耗/m^3	700	煤气热值（标态）为 16.72 MJ/m^3

3.3.2　卡尔多炉烟气回收硒

3.3.2.1　概述

在卡尔多炉生产过程中会产生大量烟气，烟气中主要含有银、铅、碲等有价烟尘及二氧化硫、三氧化二砷、三氧化二锑、二氧化硒等。如果直接排放势必会对周围环境造成污染，给社会带来危害，同时也会造成银、铅、碲等有价金属流失。而烟气中的二氧化硒是一种工业原料，具有很高的利用价值。特别是随着科技的发展，硒的用途越来越广，在静电复印、半导体、玻璃、陶瓷和染料方面都有较大应用[38]；硒作为金属的添加剂可以改善金属的机加工性能；同时，在医药、农业及动物营养方面也用到了硒，其应用前景十分广阔。因此，烟气在排放前必须进行净化处理以便能达到排放标准，同时回收烟气中的硒、银、铅、碲等。卡尔多炉烟气净化及硒回收工艺流程如图 3-6 所示。

3.3.2.2　烟气净化的基本原理

卡尔多炉熔炼、吹炼作业时产生烟气的主要成分如下：

（1）固体成分。5%左右的所加物料，主要是铅尘、阳极泥微粒等。

（2）气体成分。二氧化硒、三氧化二砷、二氧化硫等。

卡尔多炉烟气净化除尘采用多级（三级）湿式净化。在湿法净化中，由于烟气逐级快速降温，其中，大、中、小、细的固体颗粒尘会逐级沉降；绝大部分砷、硒氧化物以气溶胶的形态分离，其余二氧化硫等酸性气体被碱液吸收。

烟气湿法净化除尘，洗涤液一般为氢氧化钠溶液。它不需要预先把矿尘清除得很干净，这是因为在洗涤砷、硒化合物等的同时就可将矿尘洗去。在洗涤过程中，烟气温度快速下降，砷、硒的氧化物在低温下冷凝成固相，其中只有一部分在洗涤中被吸收，多数以

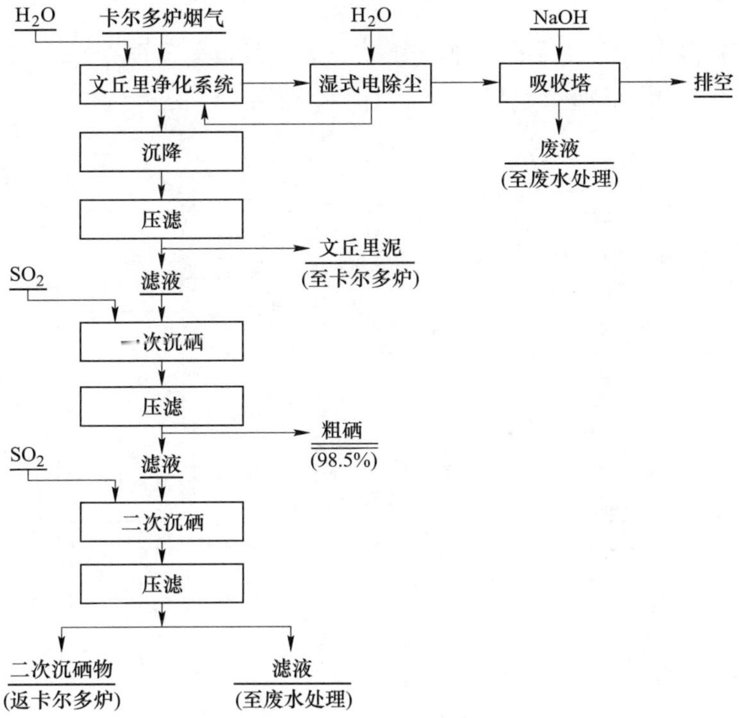

图 3-6 卡尔多炉烟气净化及硒回收工艺流程图

微尘悬浮在气相中。烟气中砷、硒的氧化物的饱和含量与温度的对应关系见表 3-21。

表 3-21 砷、硒的氧化物的饱和含量与温度的对应关系

温度/℃	饱和含量/$g \cdot m^{-3}$		温度/℃	饱和含量/$g \cdot m^{-3}$	
	As_2O_3	SeO_2		As_2O_3	SeO_2
50	1.6×10^{-5}	4.4×10^{-3}	125	3.7×10^{-2}	8.2×10^{-2}
70	3.1×10^{-4}	8.8×10^{-4}	150	0.28	0.53
100	4.2×10^{-3}	1.0×10^{-3}	200	7.9	13

由表 3-21 可以看出，随着温度的升高，二氧化硒和三氧化二砷在烟气中的浓度急剧增大。

烟气中的硒主要以二氧化硒存在，只有极少部分以三氧化硒存在。二氧化硒可被水吸收形成亚硒酸溶液，三氧化硒被水吸收形成硒酸。可以采用二氧化硫将亚硒酸化合物中的硒还原沉淀出来，其主要反应式如下：

$$SeO_2 + H_2O \longrightarrow H_2SeO_3$$

$$H_2O + H_2SeO_3 + 2SO_2 \longrightarrow 2H_2SO_4 + Se\downarrow$$

但硒酸不能被二氧化硫还原沉淀。

3.3.2.3 主要设备

烟气净化系统主要设备包括：文丘里洗涤器、湿式电除尘、吸收塔、文丘里风机等，其中文丘里洗涤器、文丘里风机均采用进口设备。

A　文丘里洗涤器

文丘里洗涤器是水力除尘器的一种，由骤冷器（简易文丘里管）、文丘里管、旋风除尘器三部分组成，如图 3-7 所示。

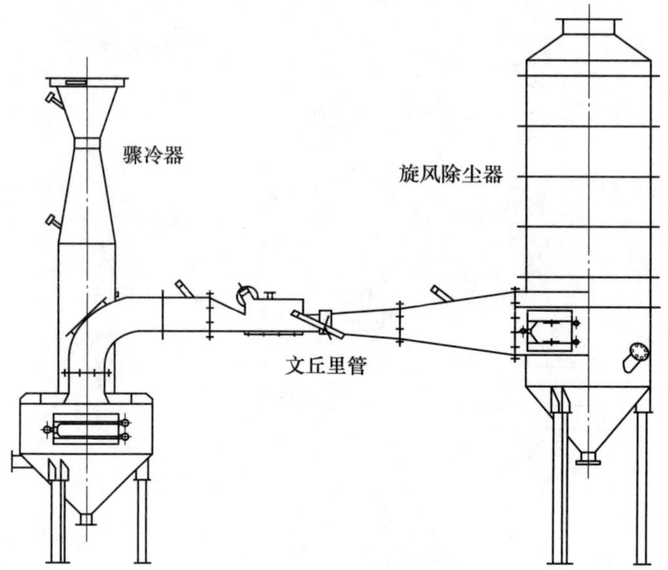

图 3-7　文丘里洗涤器图

文丘里洗涤器净化烟气分为三步：冷却→文丘里→旋风除雾。

（1）垂直骤冷器。循环液沿切线方向进入骤凝器以保证能湿润整个骤凝器内部，烟气与循环液接触迅速冷却。烟气通过水分蒸发被冷却到饱和温度，一部分烟尘被洗涤收集，多余的水分与收集物料从骤冷器连续排放到循环槽。

（2）文丘里管。进一步颗粒净化。水被引向文丘里管，气体在文丘里管的入口处被加到很高速度，此高速气体会将水分粉化到非常细，烟尘颗粒会碰撞成为液滴。在文丘里管后面的放大管处，高速气体减速，重新获得了部分静压力。

（3）气体旋风除雾（即液滴分离器）。烟气正切进入旋风收尘器圆柱形底部，产生的离心力和重力作用使得液滴与气体分离。清洁的气体在分离器持续上行，液体和捕集的颗粒沉降至旋风收尘器圆锥形底部，并连续排向循环槽。

文丘里洗涤器的净化效率大于 90%，甚至可高达 99%。经过文丘里系统净化处理后的烟气（标态）含尘小于 100 mg/m^3。

B　湿式电除尘

湿式电除尘的工作原理与静电除尘器的工作原理相同。静电除尘器是利用静电力将气体中粉尘分离的一种除尘设备，简称电除尘器。除尘器由本体及直流高压电源两部分构成。本体中排列有数量众多的、保持一定间距的金属集尘极（又称极板）与电晕极（又称极线），用于产生电晕、捕集粉尘，设有清除电极上沉积粉尘的清灰装置、气流均布装置、存输灰装置等。向除尘器送入含尘气体并供电后实现下列除尘过程。

（1）气体电离。供电达到足够高压时，在高电场强度的作用下，电晕极周围小范围内（半径仅为数毫米的电晕内区）气体电离，产生大量自由电子及正离子，在离电晕极较远的区域（电晕外区）电子附着于气体分子上形成大量负离子，正、负离子及电子各向其异极性方向运动形成了电流，该现象称为“电晕放电”。当电晕极上施加负高压时称负电晕放电，施加正高压时称正电晕放电。

（2）粉尘荷电。当含尘气体通过存在大量离子及电子的空间时，离子及电子会附着在粉尘上，附着负离子和电子的粉尘荷负电，附着正离子的粉尘荷正电。显然，由于负离子浓度远大于正离子浓度，因此在极间空间中的大部分粉尘荷负电。

（3）收尘。在电场力作用下荷电粉尘向其极性反方向运动，在负电晕电场中大量荷负电粉尘移向接地的集尘极（正极）。粉尘向极板方向移动的速度称为驱进速度。含尘气体在电除尘器中运动时的平均速度称为电场风速。

（4）清灰。粉尘按荷电极性分别附着在极板（大量的）和极线（少量的）上，通过清灰使其落入灰斗，通过输灰系统使粉尘排出除尘器。湿式电除尘器用淋洗、喷雾、溢流等方式清洗电极表面积尘，清灰时不扬尘，但产生大量泥浆。捕集到的烟尘被上部喷下的水洗涤到储槽中。

C 吸收塔

吸收塔的基本原理是利用烟气与液体间的逆向接触，将气体中的污染物传送到液体中，然后再把清洁气体与被污染的液体分离，从而达到净化烟气的目的。

气体中的污染物与洗涤液（氢氧化钠溶液）接触之后，液滴或液膜扩散附于气流粒子上，或者增湿粒子，使粒子借助重力、惯性力等作用达到分离去除的目的。气态污染物质则借助紊流、分子扩散等质量传送及化学反应等现象传送入洗涤液体中达到与进流气体分离的目的，并可在洗涤液中添加化学物质，以吸收方式控制气状臭味物质。

3.3.2.4 硒回收作业

卡尔多炉吹炼作业时，物料中的绝大部分硒以二氧化硒形式挥发进入工艺烟气。烟气进入文丘里净化系统进行湿式净化除尘时，二氧化硒与水接触形成亚硒酸溶液，和循环液一起返回循环槽。随着循环槽内溶液不断循环使用，溶液中的硒含量不断升高，同时烟气中还含有二氧化硫，二氧化硫能还原沉淀亚硒酸。为确保循环液中硒不被还原沉淀，必须确保循环槽内溶液 pH 值在 3~4 之间，可以通过加入氢氧化钠溶液来调节溶液 pH 值。

在卡尔多炉吹炼前，如果循环槽内溶液含硒达到一定量时，再使用此溶液循环净化烟气，那么净化效率会大为降低。因此必须把循环槽内浆液排空至缓冲槽，更换新水，此时可以更换另一个循环槽用于烟气净化。

首先向缓冲槽中加入氢氧化钠把溶液的 pH 值调至 6~7，启动机械搅拌，开启槽底排液阀门，然后用泵将浆液送到压滤机中进行固液分离，滤渣（文丘里泥）干燥、过磅后返卡尔多炉，滤液送去沉硒作业。

A 一次还原沉硒

沉硒作业前，要及时从沉硒槽内提取液样送去化验分析，二氧化硫的通入量与溶液含硒有关。启动机械搅拌，直接通入蒸汽加热，沉硒作业最适宜的温度是 80 ℃±2 ℃。

当温度升至 70 ℃左右时，开始向一次沉硒槽中通入二氧化硫，在加入初期，几乎全部的二氧化硫都会被吸收，稍后随着溶液含硒下降，一部分二氧化硫会穿过溶液到达通风装置排走，二氧化硫的流量（标态）为 15~20 m^3/h。在溶液中的硒浓度达到大约 2 g/L 之前，二氧化硫的利用率是 90%~100%；之后二氧化硫的利用率开始逐渐下降，在硒的浓度为 0.1 g/l 时，利用率大约为 10%；在硒的浓度为 0.02 g/L 时，二氧化硫的利用率下降到 0%。

当溶液中的硒浓度为 2 g/L 时，则表明到达一次沉硒作业终点，停止通入二氧化硫，一次沉硒作业结束。

沉硒作业结束后，开启沉硒槽底排液阀门，用泵把浆液泵入压滤机中进行固液分离，通常当压滤机泵的压力达到500~600 kPa 时，表明压滤结束。当压滤结束后冲洗滤饼（粗硒），洗涤的目的主要是洗净滤饼中夹杂的硫酸溶液。在洗涤作业时，要及时提取洗涤后液液样，往其中加入几滴氯化钡溶液，查看白色沉淀物（硫酸钡）量的多少；如果白色沉淀物较多，表明没有洗净；如果白色沉淀物已经很少，则表明可以结束洗涤。一般来说，洗涤水的用量是滤饼体积的 5~10 倍，冲洗次数大约为 10 次。

一次沉硒残液送至二次沉硒槽进行二次沉硒，滤饼即粗硒（硒：98.5%）取样化验、过磅后，可直接出售或进一步精炼。

B　二次还原沉硒

二次沉硒作业与一次沉硒的操作程序相同。当溶液中的硒浓度大约为0.06 g/L 时，二次沉硒作业结束。与一次沉硒相比，二次沉硒液中的硒含量低，还原沉淀 1 kg 硒所消耗的二氧化硫量要比一次沉硒所消耗的多。为了提高二氧化硫的利用率，在最后阶段应该减小二氧化硫的流量以提高二氧化硫的利用率。

二次沉硒作业结束后，浆液在压滤机中进行固液分离。当压滤机满时，洗涤 5 min 就能洗净滤饼中的硫酸溶液，废液至车间废液储存总罐储存，滤饼干燥后返卡尔多炉。

3.3.2.5　卡尔多炉硒回收率的提高与生产实践

A　卡尔多炉贵金属工艺硒的分布

卡尔多炉贵金属工艺硒的分布见表 3-22，可以看出卡尔多炉贵金属工艺硒较为分散，在浸出工序大部分硒进入脱铜泥中，少部分的硒进入银硒渣中。卡尔多炉工序中，硒进入粗硒的比例并不高仅为 67.74%，部分硒进入文丘里泥、二次沉硒物、烟尘中，而文丘里泥、二次沉硒物、烟尘均需要返回卡尔多炉再处理，导致硒回收率不高。

表 3-22　卡尔多炉贵金属工艺硒的分布

工序	物料名称	总投入占比/%
浸出工序	脱铜泥	92.8781
	预脱铜液	0.0029
	银硒渣	7.1926
	碲化亚铜	0.5691
	沉碲尾液	0.0527
卡尔多炉工序	熔炼渣	1.9494
	吹炼渣	1.1630
	多尔合金	0.1281
	阳极板	0.1477
	烟尘	1.0930
	粗硒	67.7385
	二次沉硒物	3.6202
	文丘里泥	24.4749

B 提高硒回收率的措施及效果

（1）文丘里泥强化洗涤。文丘里泥压滤完毕，用热水对滤饼进行强化洗涤，水温控制在70~80 ℃，冲洗水量控制在1~1.5 t/批；文丘里泥含硒由原来的35%~40%降低至20%~25%，热水强化洗涤能有效地洗涤掉文丘里泥中的硫酸和可溶于稀硫酸中的硒，加快了硒的开路速度，减少了文丘里泥硒的返炉量。

（2）烟灰水浸脱硒。环集布袋收尘器所收集的烟灰，原工艺为直接入炉处理，烟灰含硒高，烟尘率高。通过工艺试验的研究发现，烟灰中的硒易通过水浸脱除，把烟灰加入文丘里泥槽进行水浸脱硒，水量15 t，洗涤烟灰量4 t，烟灰含硒由30%~35%降为20%~25%，大大地加快了硒的开路速度，减少了烟灰硒的返炉量。

（3）浸出系统直接生产粗硒。通过沉银、硒工艺，银、硒沉淀与回收，实现银、硒的分离。通过工艺调整，银硒渣含硒由50%~60%，提高至90%~99%，含金由60 g/t下降为小于5 g/t，含银由0.6%~0.7%降为小于0.1%，绝大部分达到外卖标准，不再返炉处理。

现场改造：在压浸转运槽增加通二氧化硫管线、银硒压滤中转槽、压浸滤液二次过滤压滤机，调整压浸压滤机滤布由原来400目改为500目，二次过滤压滤机滤布使用800目的。

操作调整：高压釜放料进入压浸转运槽，先通5 kg二氧化硫，降低液体中银含量，压浸压滤后液回液至银硒中转槽，通过二次压滤机进行二次过滤，滤液回银硒槽。

（4）不再产出二次沉硒物。通过工艺调整，一次沉硒与二次沉硒合并不再产出二次沉硒物，加快了硒的开路速度，杜绝了二次沉硒物的返炉，提高了卡尔多炉工序硒的直收率。

（5）提高粗硒产品一次合格率。控制烟气洗涤液含硒在60~80 g/L，加快沉硒速度，控制洗涤水量6~7 t/批，产出粗硒含硒90%~99%，一次合格率由85%提高至100%，有效地降低了粗硒的返炉量，加快了硒的开路速度。

（6）实施效果。通过上述5项措施的实施，祥光铜业稀贵系统硒的回收率由2012—2017年的88%提高至2018—2019年的93.4%，每年多回收硒金属量18.2 t，经济效益可观，产生效益见表3-23。

表3-23 祥光铜业回收硒的经济效益明细

序号	措施	效 果
1	文丘里泥强化洗涤	文丘里泥含硒由35%~40%降低至20%~25%
2	烟灰水浸脱硒	烟灰含硒由30%~35%降为20%~25%
3	浸出系统直接生产粗硒	含硒由50%~60%提高至90%~99%，含金由60 g/t下降为小于5 g/t，含银由0.6%~0.7%降为小于0.1%
4	不再产出二次沉硒物	每年可减少处理二次沉硒物50 t
5	提高粗硒产品一次合格率	一次合格率由85%提高至100%
6	年度多回收硒量	18.2 t

3.3.3 铜阳极泥氧化焙烧法回收硒

铜阳极泥氧化焙烧法回收硒的原理是：硒及其化合物在低温下可氧化为氧化物，该类氧化物易被氢氧化钠浸出，硒被浸出后，转入盐酸介质中，通入二氧化硫还原出硒。

一般铜阳极泥在250~380 ℃下进行氧化焙烧，过程中主要化学反应式如下：

$$Cu_2Se + 2O_2 = CuSeO_3 + CuO$$

$$CuSe + 2O_2 = CuSeO_4$$

$$2Ag_2Se + 3O_2 = 2Ag_2SeO_3$$

$$Ag_2Se + O_2 = 2Ag + SeO_2\uparrow$$

$$AuSe_2 + 2O_2 = Au + 2SeO_2\uparrow$$

在90 ℃的温度下，焙烧料用氢氧化钠浸出，主要发生如下反应：

$$Ag_2SeO_3 + 2NaOH = Na_2SeO_3 + H_2O + Ag_2O$$

$$CuSeO_3 + 2NaOH = Na_2SeO_3 + H_2O + CuO$$

$$SeO_2 + 2NaOH = Na_2SeO_3 + H_2O$$

碱浸出液采用硫酸中和至pH值为7~8时，溶液中的亚硒酸钠转化为亚硒酸，主要发生如下反应：

$$Na_2SeO_3 + H_2SO_4 = H_2SeO_3 + Na_2SO_4$$

向亚硒酸的溶液中加入盐酸酸化，并通二氧化硫将亚硒酸还原为元素硒，得到的粗硒粉含硒99%，主要发生如下反应：

$$H_2SeO_3 + 2SO_2 + H_2O = Se\downarrow + 2H_2SO_4$$

$$Na_2SeO_3 + 2HCl + 2SO_2 + H_2O = Se\downarrow + 2H_2SO_4 + 2NaCl$$

氧化焙烧一般在烧重油的小平炉或有烧煤火床的小反射炉或马弗炉中进行的。为使阳极泥中的硒尽可能完全氧化，炉膛内阳极泥层的厚度通常不大于100 mm，并需进行周期性搅动和维持炉内足够的抽力。在充分供入空气的条件下，每炉焙烧时间为6~8 h。

氧化焙烧的目的是：为了使大部分硒氧化成氧化硒（SeO_2）挥发，并通过收尘系统（气体洗涤器或湿式电收尘器）予以回收。当炉温在500 ℃或低于此温度时，硒化物大部分转化为亚硒酸盐。

$$2MeSe + 3O_2 \longrightarrow 2MeSeO_3$$

炉温上升到650 ℃或更高时，硒便生成二氧化硒并挥发。

$$MeSe + O_2 \longrightarrow Me + SeO_2\uparrow$$

根据氧化焙烧实践，炉温在450~500 ℃时，硒的挥发率不会高于25%。但当炉温达650~700 ℃，并在后期升温到750~800 ℃时，可以挥发除去阳极泥中90%的硒。

氧化焙烧时，铜生成氧化铜或氧化亚铜；砷、锑主要生成难挥发的五氧化物，少量生成三氧化物挥发。碲与硒相似，但前者的氧化速度小，挥发除去不多。

氧化焙烧时，硒的回收率不仅与二氧化硒的挥发率有关，而且也与所用的收尘设备有关。这是由于焙烧挥发的二氧化硒进入收尘器后，遇水便会溶解而生成可溶性的亚硒酸。当炉气中所含的（从阳极泥中来的）金属铜粉、没燃烧完的煤粉、二氧化硫及其生成的硫酸，以及收尘设备的金属铁等与亚硒酸作用发生一系列副反应，把亚硒酸还原成金属硒，或生成不溶性的硒化物沉淀，而降低硒的回收率，并且焙烧烟尘中往往导致贵金属的损失。因此，氧化焙烧法现多已不用了。

3.3.4　苏打烧结焙烧法回收硒

苏打烧结焙烧法硒的回收率大于90%。但由于焙烧过程中碲也大部分生成亚碲酸钠，当用热水浸出时，碲会和硒一道进入溶液而难以分离不易获得高纯度的硒，因此此法不适于处理含碲高的碲阳极泥。

苏打烧结焙烧，是将预先烘干的阳极泥（约含10%水），加入阳极泥质量40%～50%的工业级碳酸钠，经混合均匀后于氧化气氛中进行烧结。此时，硒、碲被氧化成二氧化物，与苏打反应生成易溶于水的亚硒酸钠与亚碲酸钠，反应式如下：

$$SeO_2 + Na_2CO_3 \xlongequal{} Na_2SeO_3 + CO_2$$

$$TeO_2 + Na_2CO_3 \xlongequal{} Na_2TeO_3 + CO_2$$

强烈的氧化气氛，还会生成少量的硒酸钠和碲酸钠。经烧结后的产物用热水浸出，浸出液送制取硒。为了使硒化物最大限度地溶于热水，并使碲化物尽可能少进入溶液，要求烧结过程中严格控制炉温不高于450 ℃。除硒后的浸出渣再用10%～12%的稀硫酸浸出除铜，除铜浸出渣送火法熔炼。

苏打烧结焙烧除硒较之氧化焙烧好，它操作简便，设备简单，而且硒的回收率也高。

3.3.5 真空蒸馏法提硒

粗硒能否用真空蒸馏的方法提纯及提纯的效果如何，主要决定于粗硒中杂质与硒的蒸气压的差异。如果杂质的蒸气压与硒的蒸气压差异越大，分离系数就越大，那么用真空蒸馏法提纯粗硒的方法就越可行，提纯效果越好。

在缺乏多元合金组元活度系数的条件下，可粗略地用粗硒中各组元在纯态时蒸气压的差值来判断。300 ℃时硒的蒸气压最大，且分离系数都远远大于1，因此可以用真空蒸馏的方法将硒与其他杂质分离，粗硒得到提纯。但是，在一定条件下随着真空蒸馏作业的进行，原料中的硒含量越来越少，而相对难以挥发的组元含量逐渐增加，其核心组元的蒸气压将发生变化，完全使硒与杂质分离是不可能的，因此只能根据条件保留残渣中一定数量的硒才能达到提纯要求。

利用硒的低沸点，而铜、铅、锌、金、银等沸点较高的特性，将硒与杂质分离。将含硒物料投入真空蒸馏炉内，加温到300～500 ℃，含硒物料熔融，控制真空度为13～30 Pa，蒸馏与保温2～3 h，物料中的硒被蒸馏出来，进入冷凝室进行冷凝，经处理除杂可得99%以上的精硒；而高沸点难挥发的其他杂质残留在蒸馏渣中。

3.3.6 湿法回收硒

湿法脱硒工艺具有流程短、占地面积小、能耗低、中间返料少、操作条件好等优点。目前，国内有20%～30%的厂家采用湿法流程处理铜阳极泥，如云南铜业、山东方圆有色公司等，湿法提硒主要有加压氧浸提硒法、水溶液氯化提硒法、选冶结合提硒法、萃取提硒法、离子交换树脂吸附硒法。

3.3.6.1 加压氧浸提硒法

将铜阳极泥与硫酸加入高压釜中，在温度为140～180 ℃、氧压为250～1000 kPa的条件下进行氧化酸浸，碲以+4或+6形态转入溶液，溶液中的碲经过铜置换后生成碲化铜，碲化铜通过精制后生成精碲。浸出渣经过制粒焙烧，铜阳极泥中的硒被氧化为二氧化硒，经过水吸收，二氧化硫还原为单质硒。

加压氧浸提硒法的工艺流程如图3-8所示。

3.3.6.2 水溶液氯化提硒法

向浆化的铜阳极泥中通入氯气，氯气与浆液中的水反应形成强氧化性的次氯酸，然后，从物料中浸出硒，反应式如下：

$$H_2O + Cl_2 = HCl + HClO$$

$$2HClO = 2HCl + O_2$$

$$Se + 2HClO + H_2O = H_2SeO_3 + 2HCl$$

$$Cu_2Se + 4HClO = H_2SeO_3 + H_2O + 2CuCl_2$$

$$Ag_2Se + 3HClO = H_2SeO_3 + HCl + 2AgCl$$

当次氯酸过量时，硒及其化合物被氧化形成硒酸，反应式如下：

$$Se + 3HClO + H_2O = H_2SeO_4 + 3HCl$$

$$Cu_2Se + 5HClO = H_2SeO_4 + H_2O + 2CuCl_2 + HCl$$

$$Ag_2Se + 4HClO = H_2SeO_4 + 2HCl + 2AgCl$$

$$3Se + SeO_2 + 4HCl = 2Se_2Cl_2 + 2H_2O$$

水溶液氯化的最佳条件是：氯化温度 25~80 ℃，液固比 8：1，盐酸水溶液中含 50~100 g/L 氯化钠，氯气用量为 1 kg 阳极泥需 0. 9~1. 3 kg 氯气。氯化法综合回收硒与碲典型工艺流程如图 3-9 所示。

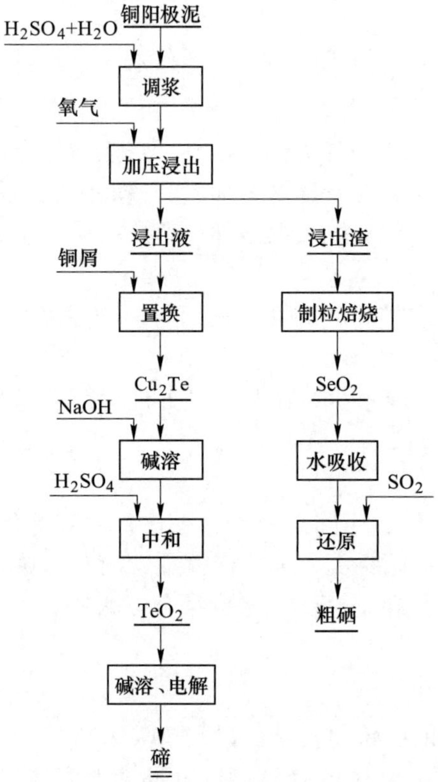

图 3-8　加压氧浸提硒法的工艺流程图

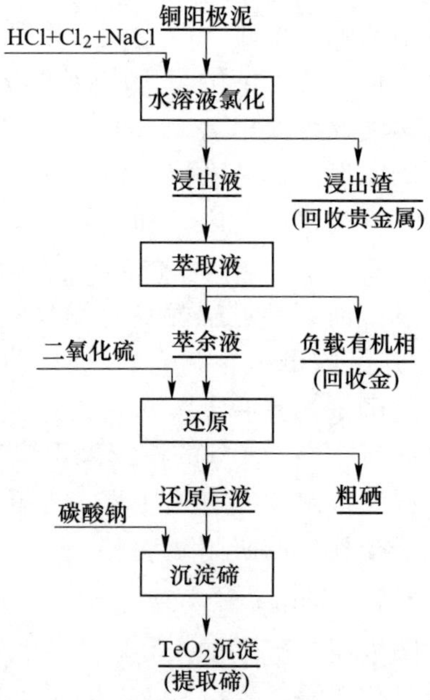

图 3-9　氯化法综合回收硒与碲典型工艺流程

3. 3. 6. 3　选冶结合提硒法

选冶结合提硒法的优点在于经济适用，脱铅良好；减少了后续处理物料量，硒、碲和贵金属的选矿回收率高，且脱铜工序与湿磨阳极泥合一，简化了工艺。

由于阳极泥粒度较细，含铅等金属量高，采用相应的选矿捕收剂，优先浮选得硒、碲精矿，然后从中回收硒、碲。国外某铜厂阳极泥成分为：硒 2%~6%、金 0.04%~0.16%、银 2.81%~3.17%、铅 0.09%~2.84%、铂 0.01%~0.44%、铜 11.28%~27.6%，先将阳极泥脱铜，再调料浆浓度达 200 g/L，加入丁基铵黑药 250 g/L 进行浮选，获得含硒 9.23%~14.35% 的硒精矿，硒的回收率大于 94.4%。

国内某厂采用成熟的选冶联合湿法脱硒工艺处理铜阳极泥，具体工艺为：在稀硫酸介质中加入固体氯酸钠，使脱铜后阳极泥中的铜、硒氧化后进入溶液。然后，加入少量阳极泥，置换少量已溶金。滤液通二氧化硫还原 24 h 后，在硫酸浓度为 300 g/L 时加适量铁屑，搅拌 2 h，将少量正硒酸还原为亚硒酸，然后用二氧化硫还原硒，最后用少量亚硫酸还原剩余硒，工艺流程如图 3-10 所示。

生产实践表明，硒的浸出率仅为 86%，浸出液硒的还原率为 96%，渣含硒 0.5%~1%。该流程除了脱硒率比火法低外，最大的问题是氯气污染。

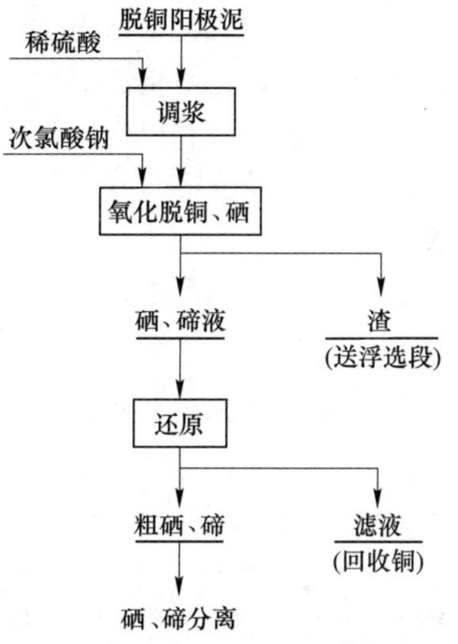

图 3-10 氯酸钠脱硒原则工艺流程图

3.3.6.4 萃取提硒法

由于硒及其化合物或多或少具有毒性，从环境保护考虑，萃取法显然具有很好的发展前景。

（1）盐酸介质中萃取硒法。TBP 可萃取盐酸溶液中的硒，在萃取过程中，采用 TBP 可将溶液中正四价的硒萃取；胺类萃取剂如三辛胺（TOA）可在盐酸介质中萃取正四价的硒，要求 TOA 的浓度超过 0.7 mol/L。

（2）硫酸介质中萃取硒法。在硫酸介质中，萃取硒的报道较少。有报道可采用 D2EHPA/甲苯萃取正四价硒离子，在含 0.05~2.5 mol/L 的硫酸溶液中，可用二乙基二硫代磷酸钠/四氯化碳萃取正四价的硒。

3.3.6.5 离子交换树脂吸附硒法

在盐酸溶液中，硒会形成相应的亚硒酸氢根、硒酸氢根、亚硒酸根及硒酸根等络合阴离子，在盐酸浓度超过 6 mol/L 时，则形成 $SeCl_5^-$、$SeCl_6^{2-}$ 等络合阴离子。采用阴离子交换树脂 AB-17 等交换吸附硒，硒在 pH 值为 3~4 的溶液中具有最大的交换吸附率。

在硝酸介质中，采用离子交换树脂，通过交换吸附，将 99% 的粗硒提纯到 99.995% 的精硒。首先，采用硝酸将 99% 的粗硒溶解得到含硒 15 g/L 的亚硒酸溶液，然后，通过 OH^- 型阴离子交换树脂吸附硒，反应式如下：

$$H_2SeO_3 + 2ROH \xlongequal{} R_2SeO_3 + 2H_2O$$

当树脂交换吸附达到饱和后，在 80 ℃ 的温度下，采用 6% 氢氧化钠溶液解，反应式如下：

$$R_2SeO_3 + 2NaOH \xlongequal{} 2ROH + Na_2SeO_3$$

将较纯净的亚硒酸钠溶液调 pH 值为 5.5，通过 H^+ 型阳离子树脂交换，得到纯亚硒酸溶液，反应式如下：

$$Na_2SeO_3 + 2RH \longrightarrow H_2SeO_3 + 2RNa$$

将所得纯净的亚硒酸溶液，采用亚硫酸氢钠或亚硫酸钠溶液还原，沉淀出 99.995% 的精硒粉。

3.3.7 粗硒制二氧化硒

3.3.7.1 概述

二氧化硒是最重要的硒化合物之一，在制药、化工、冶金等许多领域有广泛应用，其中主要用途之一就是作电解金属锰的添加剂。尽管其作用机理仍众说纷纭，但大家公认硒化合物提高了氢的超电压，从而使电解过程的电流效率从极低跃升到 80%～90%及以上，而且对金属锰的晶体结构及沉积形态产生好的影响，并降低了对电解液的净化要求。理论上，1 t 硒可生产 1.4 t 以上二氧化硒。

3.3.7.2 基本原理

利用硒的氧化物与杂质氧化物的挥发性不同，实现硒与大多数杂质的分离。粉状粗硒先在熔化炉中熔化铸锭成硒块，硒块在氧化炉中加热熔化，通入氧气，挥发出的硒与氧化流中的氧气氧化，并以二氧化硒的形式挥发出来，最后在冷却柜中凝结成雪白的二氧化硒粉末。其主要反应方程式为：

$$Se + O_2 \longrightarrow SeO_2$$

3.3.7.3 原料及辅助材料

A 原料

国内某厂粗硒成分实例见表 3-24。

表 3-24 粗硒成分实例 (%)

元素	硒	银	铅	铜	碲
含量	92.805	0.016	0.089	0.030	0.013
元素	锑	水分	铋	金	
含量	0.008	24.903	0.0027	0.00031	

B 辅助材料

粗硒制备二氧化硒所需的主要辅助材料见表 3-25。

表 3-25 粗硒制备二氧化硒所需的主要辅助材料

序号	辅助材料	单位	数量	备注
1	硝酸（分析纯）	t/a	0.42	含量 65%
2	氧气（标态）	m^3/a	37500	含量≥99.6%

3.3.7.4 产品质量和规格标准

二氧化硒品位不小于 98%，满足 YS/T 651—2007 中的 SeO_2 98 标准；外观纯白色、无杂质，规格为 25 kg/桶。

3.3.7.5 工艺流程

粉状粗硒先用软化水洗涤除去夹带的游离酸，离心过滤或真空过滤后在熔化炉中浇铸成硒块。浇铸好的硒块在二氧化硒炉中熔化，挥发出的硒在氧化流中氧化，并以二氧化硒的形式挥发出来，最后在冷凝罐中冷结成雪白的二氧化硒粉末，定期出料，粗硒中的大部分杂质则生成难挥发的氧化物残留在渣中，从而达到粗硒的分离与提纯的目的。整个氧化炉为间歇式作业，其工艺流程如图 3-11 所示。

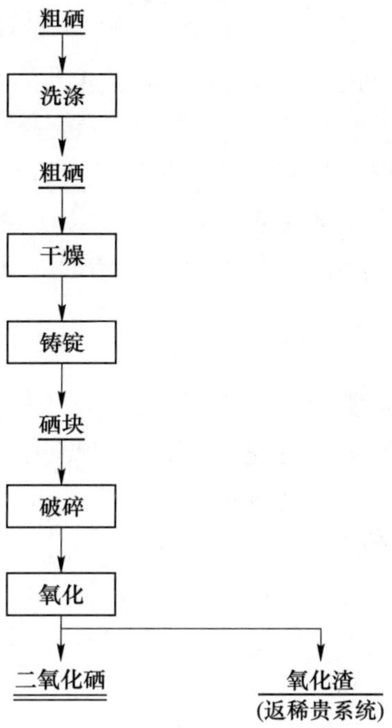

图 3-11　粗硒制二氧化硒工艺流程图

3.3.7.6　二氧化硒炉设备

二氧化硒炉设备连接如图 3-12 所示。

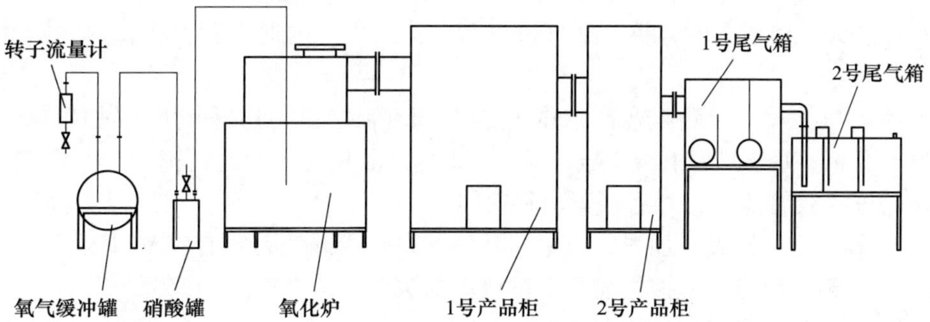

图 3-12　二氧化硒炉设备连接图

A　二氧化硒炉结构

二氧化硒炉由电控箱、氧化炉、1 号产品柜、2 号产品柜、1 号尾气箱、2 号尾气箱、氧气缓冲罐、硝酸罐及连接管组成。

B　操作方法

a　二氧化硒炉

(1) 生产前检查氧气通路处于正常畅通状态，并将出料口门锁紧，检查整套设备各锁紧处无漏气现象。

(2) 生产前检查电路处于正常状态，无漏电、异常响声。

(3) 确认 (1) 和 (2) 无问题时，将加料盖打开，加入硒粉 300~400 kg，并锁封加料盖。

(4) 加温：逐渐加温、保温，达到硒的汽化温度时，继续加温到 500~600 ℃。

(5) 在加温前检查硝酸罐内硝酸是否在距底 2/3 以上的位置，生产时间严禁加硝酸。

(6) 通氧气：当加温达到了硒的汽化点时，开始通氧气，氧气量由小到大，然后达到稳定状态下正常工作。

b　熔化炉

(1) 生产前检查电路处于正常状况，无漏电、异常响声，试加温 60 s 正常。

(2) 将离心机离水后的硒泥加入熔化炉内，到达熔化炉上部盘口。

(3) 加温：加温、保温到硒的熔化温度，当硒熔为液体时，硒液会自动流入熔化炉下部的接料盘内，达到除水、除杂的目的。

(4) 要根据熔化炉内硒下沉的空位及时加料。

(5) 出料要及时取走。

C　常见故障及维修

a　二氧化硒炉

(1) 加热部分：漏电或加热丝断裂，检查接口有无碰壁或断裂、检查并判断断裂处，然后修复。如果断口在炉体内，应将熔炉与 1 号产品柜的连接螺丝拆下，将熔炉及加温座用叉车移动到规定的维修位，将熔炉吊出，然后检修断口或更换发热丝进行修复，重新装配好。

(2) 氧气通路阻塞、氧气通不进去：应停止加温，确定熔炉内温度在 250 ℃以下或拆松氧气管螺丝无气体泄漏时，拆开氧气进气管，拔出熔炉内通氧管，将管内之硒及杂物取出后重新装好。

(3) 无尾气、尾气通路阻塞：应停止加温，待降温后，打开两个产品柜出料口，将熔炉与 1 号产品柜、1 号产品柜与 2 号产品柜、2 号产品柜与 1 号尾气箱、1 号尾气箱与 2 号尾气箱及时连接胶管疏通，然后锁紧出料口门。

(4) 通氧气后应检查各加料、出料口及连接口是否漏气，若有应及时锁紧。

(5) 电控箱内故障，温控箱显示不准或电器失常，应及时更换修复。

(6) 加热法兰，保温层炉体冒烟漏气，应停止生产，冷却后修复或更换熔炉下体。

b　熔化炉

(1) 加热部分漏电或加热丝断裂，检查接口有无碰壁或断裂，检查并判断断裂处，然后修复。如果判断断口在炉体内，应将熔化炉吊出，然后检修断口或更换发热丝进行修复，重新装配好。

(2) 加热体保温层冒烟，由于时间长或介质异常，引起炉壁穿透，应停止加温，待冷却后，取出炉胆，清除物料，修补炉胆或更换炉体，恢复生产。

(3) 电控箱内故障，温控器显示不准或电器失常，应及时更换修复。

D 维护与保养

(1) 定期对设备进行清理，清除脏物，以保持清洁干净。

(2) 定期紧固电控箱内的接线头螺丝及触头。

(3) 对漏水、漏气处及时排除，以保持环境干净和避免设备腐蚀。

3.3.7.7 二氧化硒生产操作实践

作业时防护用品配备见表 3-26。

表 3-26 作业时防护用品配备表

操作名称	防护用品	保管场所	备注
停、开洗涤搅拌槽	护目镜、胶皮手套、安全帽、耐酸工作服	个人	修理配管时，要穿耐酸衣
停、开洗涤抽滤槽	护目镜、胶皮手套、安全帽、耐酸工作服	个人	出硒时，要戴护目镜和防尘面罩
停、开离心机	耐酸工作服、护目镜、胶皮手套、耐酸工作服	个人	出硒时，要戴护目镜和防尘面罩
开、关排酸泵	护目镜、防毒面罩、胶皮手套、耐酸工作服	个人	手套上有水禁止开关设备
开、关熔化炉	护目镜、胶皮手套、耐酸工作服	个人	根据情况，采取通风措施

二氧化硒安全操作如下：

(1) 生产前必须确认所有设备（包括工器具、保护工具）正常才进行生产，并穿戴好劳保用品。

(2) 在进料时防止反应槽和抽滤槽溢槽。

(3) 在开启过滤系统后，如果发现有漏酸和喷酸的地方，马上切断所有泵的电源，及时上报并处理漏酸和喷酸处。

(4) 屋外地槽在过滤过程中防止满槽。

(5) 绝对禁止不戴手套去开蒸汽阀，防止被蒸汽烫伤。

(6) 打扫车间时，及时关闭一些电器电源，防止触电。

(7) 泵在开启时禁止用手去摸泵的轴承处，并禁止所有泵在无溶液情况下空抽。

(8) 在电葫芦使用前确认是否正常，使用时要正确操作，在吊东西时确认挂钩是否挂好，人不要靠近，并绝对禁止从下面通过。

(9) 出硒时务必戴好防尘面具、护目镜。

(10) 工作现场禁止吸烟、进食和饮水，工作完毕，淋浴更衣，工作服不准带至非作业场所。单独存放被毒物污染的衣服，洗后备用，保持良好的卫生习惯。

3.3.8 粗硒制精硒

3.3.8.1 粗硒真空蒸馏提纯生产精硒工艺

基于由粗硒氧气氧化法生产二氧化硒，只需要添置溶解、除杂和还原等一套湿法冶金装置，即可生产高等级的精硒。

粗硒的真空蒸馏提纯原理：真空蒸馏提纯主要是利用金属和杂质间饱和蒸气压的差别，在挥发和冷凝过程中将杂质除去，达到需要的金属和其他杂质分离提纯的目的。真空冶金技术对于粗金属的精炼和生产，某些高纯金属或超纯金属具有流程短、污染小或无污染、金属回收率高、成本低等特点，有较强的竞争力，很适合推广应用。

对于单一的相变反应 M(l)══M(g)，由热力学理论可得到：$\Delta G_T=\Delta G_T^{\ominus}+RT\ln(p_M/p_0)$(其中，$p_M$ 为金属的实际分压；p_0 为大气压力)[39]。即：$\Delta G_T=-RT\ln(p_M/p_0)+RT\ln(p_{残}/p_0)$，若是反应顺利进行，该反应的吉布斯自由能应小于零。当金属的实际分压小于真空炉内的残余分压，该反应能够顺利进行，因此，控制一定的真空度，使得 $p_M>p_{残}$，那么该金属液体能够顺利蒸发。

真空冶炼提纯硒的原理是：硒金属在气态时有 Se、Se_2、Se_3、Se_4、Se_5、Se_6、Se_7、Se_8 等八种气态分子，压强对气态硒的分子结构影响明显，在相同温度下，压强增大，使多原子分子气体的分压增加；降低压强，则较少原子的分子气体的分压增加。因此，在真空中及较高的温度下，气态硒倾向于分解成较少原子的分子。硒在常压下加热时，当温度高于熔点后就有部分硒升华，当温度高于沸点时，硒显著挥发。若硒金属或合金在空气中进行蒸馏时，空气中的氧气会在蒸馏温度下使硒氧化，导致硒提纯困难。而在真空中，氧化作用基本上不存在，硒金属的蒸发温度降低，同时，硒的沸点温度随系统压力降低而下降。在 350~400 ℃时，硒的饱和蒸气压已达到约 100 Pa；若温度升到 450 ℃，则饱和蒸气压达到约 1000 Pa。硒在残压为 $10^2\sim10^3$ Pa 的真空下已能较快地蒸发，如果降低温度到 260 ℃时，则系统的残压需降至 7.2 Pa 硒才能蒸发得较好。

3.3.8.2　生产实践

粉状粗硒先用水洗涤除去夹带的游离酸，然后烘干，经碱洗、酸洗，粗硒中的铅、碲、汞等大部分都以硫酸盐和氧化物的形式存在，粗硒经过碱洗可使其中的硫酸盐转化成金属氢氧化物，有利于铅、碲、汞等杂质在热的盐酸-氯化钠溶液中溶解。预处理后，再经过滤、洗涤、烘干，得到的硒粉在大约 500 ℃下进行一次浇铸。一次浇铸添加剂为硼砂，一次浇铸得到的硒锭再加入硝酸钠与硝酸钾混合物在大约 350 ℃下进行二次浇铸。二次浇铸得到的硒锭经真空蒸馏得 99.99%精硒，再经区域熔炼得 99.999%精硒。其工艺流程如图 3-13 所示。

3.3.8.3　冶炼真空炉简介

冶炼真空炉的外尺寸为 ϕ1.7 m×9.4 m，其中备料室和挥发冷却室内部只装有机械臂外，无须做防腐设施；冶炼室装有石墨棒加热系统和防腐隔热炉柜，石墨棒加热方式为直接加热，功率 100 kW，热分布均匀；炉柜由铁制框架和石墨毡、石墨纸、耐火纤维毡构成，一年更换一次。1 号、2 号真空门采用两道密封设计，一道密封硒蒸气，另一道是真空密封。整个真空冶金炉由真空系统、气动系统、水冷系统、电器控制系统和炉外车具等组成。温度控制器采用 FP21 智能化温度控制仪，控制精度高，可达±0.1%；机械动作采用 CPMIA 可编程序控制器控制，实现抽真空、开启阀门、进出料等动作的自动控制，控制柜上设有大型模拟板，可直观地显示炉子的工作状态，并可通过有关按钮进行手动操作，自动化程度较高。

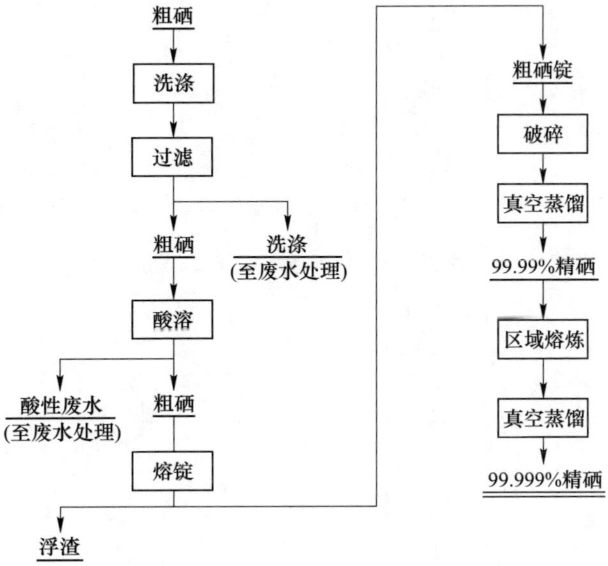

图 3-13 粗硒制精硒工艺流程图

3.4 碲的综合提取

碲主要是从电解精炼铜阳极泥中回收，铜阳极泥中回收碲是铜冶炼过程中伴生稀贵金属综合回收的关键技术之一。铜阳极泥中回收碲主要是从精炼渣、分铜液、碲化铜、沉银硒后液中综合提取回收碲。

3.4.1 精炼渣中回收碲

3.4.1.1 工艺流程

某厂铜阳极泥火法处理过程中产出的碲渣成分为：碲 15.2%，锑 0.35%，砷 0.29%，铅 0.18%，铜 1.98%，铋 3.18%。精碲生产工艺是：碲渣湿式球磨后，经浸出→净化→中和→煅烧→电积→熔铸后产出精碲。碲渣浸出后的浸出渣返回阳极泥熔炼系统，其工艺流程如图 3-14 所示。

(1) 碲渣的球磨浸出。通过湿法球磨机将块状碲渣球磨至粒径 0.04 mm 以下，磨后产物在 80~90 ℃，用水浸出 4 h，碲被浸出的同时铅和硒分别以 Na_2PbO_2 和 Na_2SeO_3 的形式也进入溶液，铜、铋、铁、银等氧化物则留在渣中。浸出液固液分离后滤液至净化工序，滤饼返熔炼工序。

(2) 净化。在水浸滤液中加入适量硫化钠使重金属铅等杂质以硫化物的形式除去，在加入硫化钠溶液的同时加入适量的氯化钙溶液脱硅。其主要化学反应式如下：

$$Na_2PbO_2 + Na_2S + 2H_2O = PbS\downarrow + 4NaOH$$

$$Na_2SiO_3 + CaCl_2 = CaSiO_3\downarrow + 2NaCl$$

(3) 中和沉碲。利用亚碲酸钠在微酸性或中性水溶液中易水解沉淀且生成氧化物稳定的特性，以及二氧化碲与二氧化硒在水中溶解度的差别较大的特点，向净化后的浸出液中加入硫酸溶液，中和沉碲的温度不能低于 90 ℃，终点 pH 值为 5.5~6.5。其化学反应式如下：

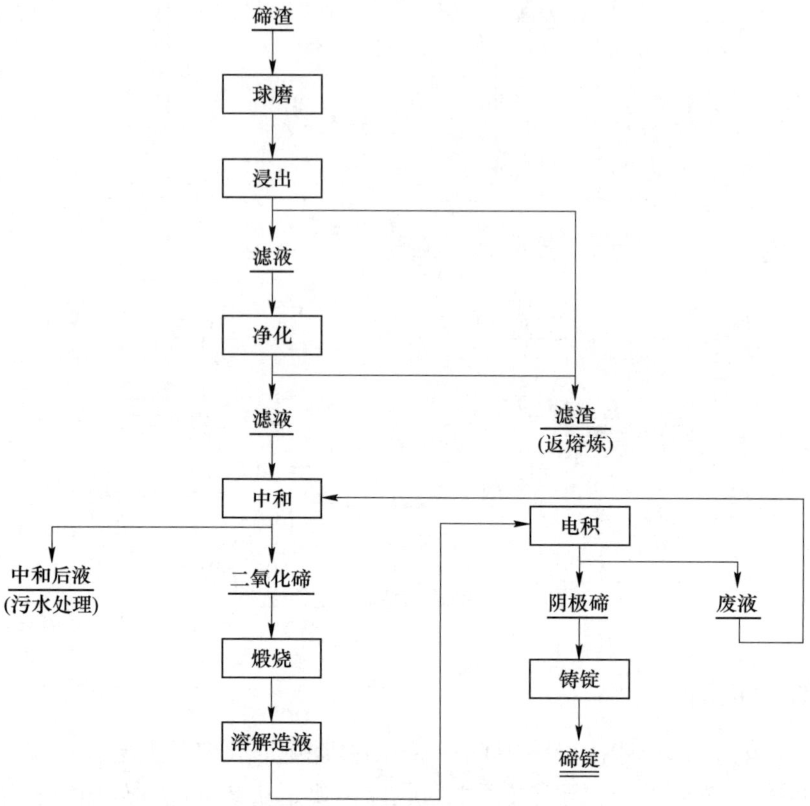

图 3-14　碲渣提碲工艺流程

$$Na_2TeO_3 + H_2SO_4 = Na_2SO_4 + TeO_2\downarrow + H_2O$$

（4）煅烧、溶解造液：

1）煅烧。在一定温度下煅烧中和沉碲渣，使渣中易挥发的硒和汞等杂质进一步除去，达到提纯二氧化碲的目的。煅烧条件为：温度 400~450 ℃，保温时间 3 h。煅烧后渣中含硒质量分数低于 0.005%，含碲质量分数高于 75%。

2）溶解造液。用 80~120 g/L NaOH 溶液浸出二氧化碲煅烧渣，浸出温度 95 ℃，浸出时间 4 h，液固比 1∶3，浸出后静置时间大于 48 h。其化学反应式如下：

$$TeO_2 + 2NaOH = Na_2TeO_3 + H_2O$$

（5）电解。以上述二氧化碲浸出液为电解液，电解过程中要求电解液含 Te 180~220 g/L、NaOH 80~120 g/L。在直流电的作用下碲酸钠碱性溶液的槽电压控制在 2 V 左右，以使电位比碲正的金属沉积于阳极泥中，电位比碲负的金属残留在电解液中，而碲在阴极析出。其电化学反应式为：

$$Na_2TeO_3 = 2Na + TeO_3^{2-}$$

$$TeO_3^{2-} + 3H_2O = Te^{4+} + 6OH^-$$

阴极　$$Te^{4+} + 4e = Te$$

阳极　$$2OH^- - 2e = 0.5O_2\uparrow + H_2O$$

（6）铸锭。洗涤后的碲片，在 100~150 ℃烘干后放入石墨坩埚中熔化，最后在500 ℃

将金属碲熔体铸成表面光洁致密的金属锭，其成分满足 YS/T 222—2010 规定的 Te 9999 质量标准。

3.4.1.2 生产问题及应对措施

A 浸出渣含碲偏高

碲渣浸出是将磨细的碲渣用矿浆泵打入浸出釜，在一定温度下浸出 4 h，利用亚碲酸钠（Na_2TeO_3）溶于水的化学性质，使亚碲酸钠和不溶于水的铜、铋、铁、银的氧化物分离。

$$Na_2TeO_3 + 2H_2O \Longrightarrow 2NaOH + H_2TeO_3$$

生产期间，部分浸出液含碲偏高，达到 10%，对此应采取以下措施：

（1）碲渣细磨（小于 120 目（0.121 mm）），碲渣越细，碲浸出率越高，浸出渣含碲越低。

（2）提高浸出温度，浸出温度高于 90 ℃，碲浸出率较高，浸出渣含碲越低。

（3）向浸出液中加入稀硫酸，加入适量的稀硫酸，控制浸出液 pH 值为 11，浸出率较高，浸出渣含碲较低。

物相分析可知，浸出渣主要为 Bi_2O_3、$CuBi_2O$、Te_2O_5、PbBi、Pb_7Bi_3，由于高价态的碲不能被水浸出，故目前此部分碲没有被回收。

B 浸出液含碲低

正常情况下浸出液含碲在 15~20 g/L 之间，试生产过程中，曾出现浸出条件没有变化，而浸出液含碲只有 6~8 g/L 的现象。经过观察分析，认为原因是原料碲渣中的亚碲酸钠含量低、铋渣多。由于部分浸出液碲含量低，导致生产的二氧化碲品位偏低，含碲小于 68%，杂质含量高，这部分二氧化碲不能直接配制电解液，需要烘干后重新浸出、净化、中和。

针对这种状况，首先将碲渣中的铋渣取出送至银精炼炉，之后再对碲渣进行浸出；其次将品位偏低的二氧化碲重新返回二次浸出、净化、中和，产出高品位的二氧化碲。

C 浸出液净化时硫化钠用量偏大

净化是在一定的温度下，使浸出液中的部分重金属离子与硫化钠反应生成难溶的硫化物沉淀除去，如硫化铅、硫化铜等。

$$Na_2PbO_2 + Na_2S + 2H_2O \Longrightarrow PbS\downarrow + 4NaOH$$

硫化钠的加入量非常重要，过多过少都会影响二氧化碲的质量。如果硫化钠欠量，碲渣浸出液中的杂质去除不彻底，随净化液进入中和工序，形成沉淀后与二氧化碲混合在一起，影响二氧化碲的质量；如果硫化钠过量，多余的硫化钠与硫化铅、硫化铜反应，使沉淀反溶，造成净液中铅、铜含量升高，其在中和阶段反应生成的硫化铅、硫化铜又与二氧化碲一起沉淀，造成二氧化碲品位降低。

$$S^{2-} + PbS \Longrightarrow PbS_2^{2-}$$

$$PbS_2^{2-} + H_2SO_4 \Longrightarrow PbS + PbSO_4 + H_2S$$

$$Na_2TeO_3 + H_2SO_4 \Longrightarrow TeO_2\downarrow + Na_2SO_4 + H_2O$$

根据生产工艺工业硫化钠分为两类：一类是低铁硫化钠（俗称黄碱），另一类是普通硫化钠（俗称红碱）。黄碱优等品的铁含量比红碱优等品的铁含量低。实践中发现，红碱用量是黄碱用量的2倍才能检验到终点。使用红碱净化时，终点不易判断，易过量，中和时不仅会增大硫酸消耗，还会反应生成硫化氢气体，影响操作环境；而硫化氢还原能力强，可将二氧化碲还原成海绵碲，在二氧化碲煅烧时易出现金属碲（熔点450 ℃）的现象，影响其品位。使用黄碱，终点易判断，不易过量，产出的二氧化碲含碲可达72%以上。因此，生产时全部使用黄碱，净化效果理想。

D　碲电积周期短

碲电积时阴极主要反应为：

$$TeO_3^{2-} + 3H_2O + 4e = Te + 6OH^-$$

阳极主要反应为：

$$4OH^- - 4e = 2H_2O + O_2\uparrow$$

正常情况下，碲电积周期10天左右，然而生产中出现过碲电积周期短的现象，最短仅为3天，阴极板上的碲返溶，电积液变浑浊，碲的产量和质量都受影响。

经过分析，造成电积周期短的原因有：阴阳极板导电效果差，阴阳极板装槽前未洗干净或阴阳极混装，电积液的温度没有控制在规定范围，槽面管理不到位。

针对以上问题，采取相应的解决措施：

（1）改造阴阳极板，提高导电效果。原阴阳极板（不锈钢板）是通过铝铆钉与铜棒铆在一起的，由于阴极碲通过敲打振落，3个周期后，铜棒与阴阳极板连接松动，导电效果差。改造方案是：在阴阳极板上边直接焊接两个6 mm厚的不锈钢挂耳，由于接触点减少，电压降减少，导电效果明显改善。

（2）阳极板装槽前用稀硫酸浸泡8 h，铲下上面的白色物质，再用抹布洗干净；阴极板上的碲敲落后，用热水洗净，并用不锈钢丝刷在表面打磨，使其略微粗糙，利于阴极碲附着。阴阳极洗净后，要分开存放，杜绝两种极板混装。

（3）随着气温的降低，碲电积液温度降至8 ℃左右，此时电积周期明显缩短。碲电积的条件是碲电积液不循环，温度25 ℃左右，碱浓度在100 g/L左右。而电积槽材质为PVC，不能过热。为此，在电积车间增加两组暖气片，在电积槽底部增加U形加温管，这两项措施可使电积液的温度达到25 ℃左右。

（4）严格槽面管理，定期检查槽面，发现凉片和热片（即断路和短路现象），及时进行处理；职工在槽面作业必须戴专用劳保用品，避免交叉污染。

3.4.2　碲化铜中回收碲

碲化铜是黑色的晶体粉末，常温下在空气中比较稳定。碲化铜不仅是重要的无机材料，还是储存碲和铜资源的极好形式。在硫酸溶液中，用铜置换碲生成碲化亚铜，使碲与许多金属离子分离并得到相当高的富集。铜置换碲，碲可以是+4价或+6价，都可生成碲化亚铜，即不受碲的价态影响。在氧化剂存在下碲化铜可与酸或碱发生化学反应，这也是分离和回收铜和碲的依据。

3.4.2.1　碲化铜中回收碲物料的化学原理

从铜电解阳极泥中提取回收碲一般是先采用铜粉、铜屑或铜片在硫酸介质中将碲置换成碲化铜，然后进一步采用湿法工艺流程，氧化碱浸或氧化酸浸碲化铜。因为铜和碲的物理化学性质差别很大，很容易把它们相互分开。

A 氧化碱浸碲化铜

在碱性溶液中氧化浸出碲化铜是一个复杂的过程，在第一阶段，碲转变到溶液中是以+4 价的形式，其反应式为：

$$Cu_2Te + 2NaOH + 1.5O_2 = Cu_2O + Na_2TeO_3 + H_2O$$

当进一步氧化时，就生成难溶的6价碲的化合物，反应式为：

$$Na_2TeO_3 + 0.5O_2 = Na_2TeO_4$$

$$Cu_2O + 0.5O_2 = 2CuO$$

$$CuO + Na_2TeO_4 + H_2O = CuTeO_4\downarrow + 2NaOH$$

由碲化铜在氢氧化钠溶液中浸出碲的过程经过 4 h 实际上就结束了，4 h 后开始将碲氧化成难溶的亮绿色的碲酸铜。

六价碲酸铜及碲酸钠都能溶解在稀的无机酸中，但不溶于碱。若使不溶性的碲酸钠转变成可溶性的碲酸，需要用酸溶解，用盐酸和二氧化硫可将碲酸还原成单质蹄。

$$Na_2TeO_4 + H_2SO_4 = H_2TeO_4 + Na_2SO_4$$

$$H_2TeO_4 + 2HCl = H_2TeO_3 + Cl_2 + H_2O$$

$$H_2TeO_3 + 2SO_2 + H_2O = Te\downarrow + 2H_2SO_4$$

将二氧化碲溶解于氢氧化钠中得到亚碲酸钠，将亚碲酸钠溶液电积就得到了碲，所生成的氢氧化钠返回并溶解二氧化碲后，仍可反复使用。

$$Na_2TeO_3 + H_2O = Te + 2NaOH + O_2$$

B 氧化酸浸碲化铜

碲化铜经硫酸酸性氧化浸出，可用下式表示：

$$Cu_2Te + 2O_2 + 2H_2SO_4 = 2CuSO_4 + H_2TeO_3 + H_2O$$

$$H_2TeO_3 + 0.5O_2 = H_2TeO_4$$

所制得的亚碲酸再与氢氧化钠作用生成亚碲酸钠，经电积亚碲酸钠溶液可得到元素碲。

除了上述碱性氧化浸出和酸性氧化浸出外，还有中性氧化浸出、酸性氧化络合浸出等浸出方法。

3.4.2.2 碲化铜中回收碲的应用实例

A 原料与产品规格标准

a 原料

生产原料为阳极泥产出的碲化铜渣，其成分见表 3-27。

表 3-27 碲化铜渣的主要化学成分（平均值）

碲化铜渣	Cu	Te	Se	As
含量/%	52.6	20.34	3.01	0.24

b 产品规格标准

碲纯度 99.99%，满足 YS/T 222—2010 中的 Te-1 碲锭要求。

B 工艺过程

阳极泥产出碲化铜渣经过硫酸化焙烧后破碎，进行水浸脱铜后过滤分离，水浸渣再经碱浸后过滤分离，碱浸液加入氧化剂氧化后过滤分离，得到碲酸钠沉淀，氧化后液可返回碱浸工序循环利用。高碲酸钠粉经过酸溶、亚硫酸钠还原沉碲得到粗碲粉，还原后液返回酸溶工序循环利用。粗碲粉经过熔铸得到碲锭。以精碲锭为原料，碲熔点约 488 ℃，真空条件下 400 ℃开始挥发，实际生产中一般控制在 550 ℃左右[40]；利用蒸馏设备，对碲经一次蒸馏，碲真空蒸馏对多种杂质有明显的分离提纯效果，杂质浓度降至 $7\times10^{-4}\%$以下。

纯态时碲与砷、铋、钠、铅、硒、锌、钙、铝、锑、镉、铁、银、镍、硅、铜等元素在 550 ℃下蒸气压的比值计算结果表明，在真空蒸馏温度下碲先于铋、钠、铅、钙、铝、锑、铁、银、镍、硅、铜等从碲中挥发进入气相，而这些杂质大部分以液体形式留在熔体中，最终留在坩埚残渣内，达到碲与这些杂质元素分离的目的[40]。蒸气压很低的杂质元素，如铁、银、镍、硅、铜降至（0.04～0.05）$\times10^{-4}\%$；蒸气压较低的杂质元素，如铋、钠、铅、钙、砷、锑降至（0.2～0.5）$\times10^{-4}\%$。但是，碲中的砷、锌、镉和硒蒸气压高的杂质元素比碲较容易挥发，大部分进入气相中，严重影响碲的纯度。通过控制冷凝温度，实行分段冷凝，让碲与砷、锌、镉和硒分别在不同的温度区域中冷凝下来，从而达到分离的目的；除硒外，如砷、锌、镉等降至 $1\times10^{-4}\%$以下。碲是低熔点、高蒸气压元素，真空蒸馏过程易与绝大多数杂质分离，具体工艺流程如图 3-15 所示。

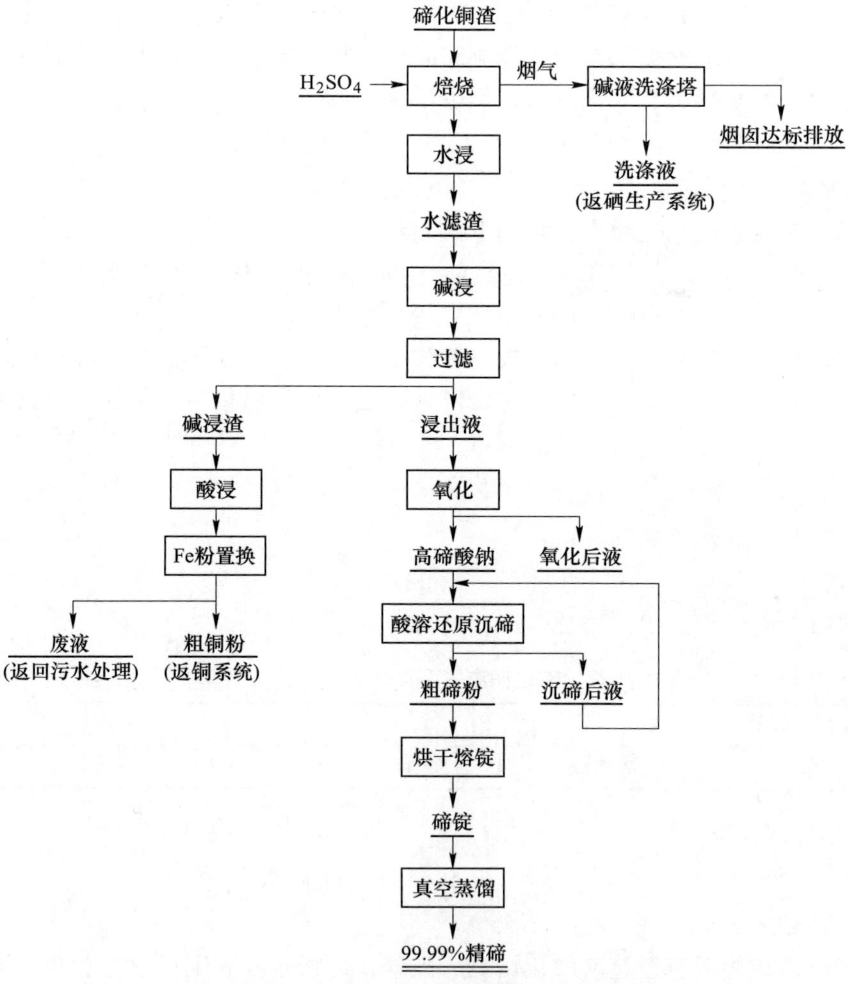

图 3-15　碲化铜渣制备高纯碲工艺流程

C 主要工艺参数和技术经济指标

(1) 硫酸化焙烧工序：保温温度 300~500 ℃，保温时间 2 h，碲回收率 94%。

(2) 水浸工序：液固比 7∶1，碲回收率 96%。

(3) 碱浸工序：液固比 7∶1，洗水液固比 4∶1，碲回收率 93%。

(4) 氧化工序：反应时间 2 h，碲回收率 90%。

(5) 酸溶还原沉碲工序：液固比 8∶1，化学纯固体亚硫酸钠 $n(Na_2SO_3) = 7n(Te)$，洗水液固比 4∶1，碲回收率 92%。

(6) 熔炼碲锭工序：回收率 99%，直收率 90%，温度 400~500 ℃。

(7) 真空蒸馏工序：蒸馏温度 530~600 ℃，碲冷凝温度 300~400 ℃，真空度 4~100 Pa，直收率 85%，回收率 99%。

碲化铜中回收碲各工序回收率，见表 3-28。

表 3-28 各工序碲回收率

工序	碲回收率/%	工序	碲回收率/%
焙烧工序	94.0	酸溶还原沉碲工序	92.0
水浸工序	96.0	熔锭工序	99.0
碱浸工序	93.0	真空蒸馏工序	99.0
氧化工序	90.0	总回收率	68.0

3.4.3 沉银硒后液中制取高纯碲

碱浸法和苏打造渣法是目前从铜阳极泥中富集碲的主要方法，但对于采用全湿法流程处理阳极泥的厂家来说，不希望专门设立工序提取碲而使流程复杂化。采用酸浸进行阳极泥预处理，再进行碱浸碲，消耗的苛性碱量较大，导致浸出成本较高。苏打造渣法工艺流程较复杂，且苏打渣一般磨矿在 4~6 h 才能达到符合碱浸的粒度。因此，研究一种与阳极泥湿法处理工艺结合紧密且能实现短流程提取碲的工艺就显得尤为重要。

铜阳极泥经过加压浸出后，浸出液中银、硒含量较低。首先铜粉除银、硒，然后对铜粉置换银、硒后液直接还原沉碲。由于溶液中铜含量高，在还原沉碲过程中有大量铜被还原为一价铜，形成黄绿色的氯化亚铜沉淀，渣量大，碲含量低，因此在此基础上采用了电积脱铜及草酸沉铜，结果表明，两种方式脱铜效果都较好。脱铜后液直接还原沉碲，沉淀后液中碲含量小于 0.01 g/L、碲沉淀率达 98%、碲渣含碲 82%，粗碲粉亚硫酸钠脱硒、盐酸脱铜、真空精馏提纯及区域熔炼制备纯度为 99.9999%高纯碲。其工艺流程如图 3-16 所示。

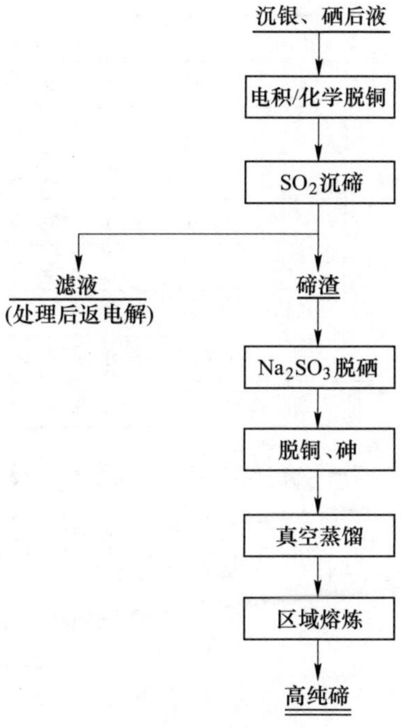

图 3-16 高纯碲短流程制备工艺

3.4.3.1　高纯碲制备理论基础

A　脱铜原理

在铜电解精炼过程中，铜及一些杂质如砷、锑、铋、镍等离子浓度逐渐增加，各种添加剂的分解产物不断积累，为保证电解液成分稳定、洁净，必须定期、定量地抽出部分电解液进行净化。采用电解脱铜一段脱除法可将硫酸铜母液中的铜离子或其他杂质一次脱除到平衡浓度以下，所得产品均为黑铜。

参照电解液净化时的电解脱铜工序工艺参数，对沉银、硒后液进行电解脱铜，具体工艺条件：采用电解沉积槽脱除铜，铅板作阳极，不锈钢板作阴极；电流密度 200 A/m^2，温度 45 ℃。

化学脱铜法主要是利用难溶盐沉淀法从溶液中沉淀析出铜的难溶化合物。采用的是草酸盐沉淀法，将过量草酸加入沉银、硒后液中可沉淀析出浅蓝绿色的草酸铜。

B　直接还原沉碲的原理

热力学计算和分析表明，采用亚硫酸钠或二氧化硫为还原剂，可以从含碲的硫酸溶液中还原碲。其原理是：当气体二氧化硫通入水溶液中时首先生成亚硫酸，亚硫酸进一步分解为亚硫酸氢根离子和亚硫酸根离子，在 $pH<0$ 的强酸性溶液中，二氧化硫溶解于溶液中完全以亚硫酸形态存在，在弱酸及碱性溶液中以亚硫酸根阴离子形态为主，溶液温度升高使亚硫酸稳定存在的 pH 值范围有所扩大。

硫酸浸出液中部分元素的标准还原电极电势见表 3-29，由此表可以看出，亚硫酸根阴离子不仅可以使碲还原，同时使硒、铜、铋、砷、锑等标准电极电势高的元素也被还原，而且银和硒的离子比碲离子更易还原，因此粗碲中含有硒、铜等杂质。

表 3-29　部分元素的标准电极电势

序号	化学反应式	标准还原电极电势 $E^{\ominus}$/V
1	$SO_4^{2-} + 4H^+ + 2e \longrightarrow H_2SO_3 + H_2O$	+0.17
2	$SbO^+ + 2H^+ + 3e \longrightarrow Sb + H_2O$	+0.212
3	$HAsO_2 + 3H^+ + 3e \longrightarrow As + 2H_2O$	+0.248
4	$BiO^+ + 2H^+ + 3e \longrightarrow Bi + 2H_2O$	+0.32
5	$Cu^{2+} + 2e \longrightarrow Cu$	+0.337
6	$TeO_2 + 4H^+ + 4e \longrightarrow Te + 2H_2O$	+0.593
7	$H_2SeO_3 + 4H^+ + 4e \longrightarrow Se + 3H_2O$	+0.740
8	$Ag^+ + e \longrightarrow Ag$	+0.799

二氧化硫从溶液中还原金属离子的反应如下：

$$M^{2+} + 0.5H_2SO_3 + 0.5H_2O \longrightarrow M + 0.5SO_4^{2-} + 2H^+$$

二氧化硫或亚硫酸钠将碲离子还原成元素碲，还原过程中的反应有：

$$Te^{4+} + 6Cl^- \longrightarrow TeCl_6^{2-}$$

$$TeCl_6^{2-} + 2SO_3^{2-} + 2H_2O \longrightarrow Te + 2SO_4^{2-} + 6Cl^- + 4H^+$$

C　粗碲粉除杂的原理

从粗碲粉的成分可以看出，其最主要的杂质元素是硒、砷、铜等。由热力学分析可知，可以通过改变溶液酸度和硫酸根阴离子浓度选择性地还原碲、硒，而尽可能减少对砷、铜等的还原，杂质元素硒是以单质形态存在，砷、铜是以机械夹杂和洗涤时形成的水解物形态存在。粗碲粉净化除杂分两步进行，第一步用亚硫酸钠除硒，第二步酸洗除砷、铜等杂质。

碲、硒同为硫族元素，化学性质极为相似，一般方法很难将二者分离开来，人们通常采用溶液中分离方法将其分离，例如在盐酸溶液中用 TBP-煤油萃取分离碲、硒；同样是在盐酸溶液中通过控制盐酸浓度，用二氧化硫先选择性地还原硒、后还原碲。此工艺中采用的固相分离法，其原理是：利用硒在碱性亚硫酸钠溶液中有良好的溶解性（亚硫酸钠在碱性溶液中很稳定，在酸性溶液中易分解），而碲在亚硫酸钠溶液中的溶解度很小的性质差异将硒从粗碲粉中除去，优点是操作简单、成本也不高。其反应方程式如下：

$$Se + Na_2SO_3 = Na_2SeSO_3$$

硒在亚硫酸钠溶液中的溶解度随温度的升高而增加，当溶液冷却时硒以晶体状态重新从溶液中析出。硒在亚硫酸钠溶液中，溶液的温度越高，亚硫酸钠浓度越高，硒的溶解度越大。

亚硫酸钠脱硒所得碲粉含有微量的砷、铜等杂质元素，砷、铜在碲粉中主要以水解形态三氧化二砷和氢氧化铜（少部分为单质铜）存在，而碲不溶于非氧化性酸中。因此，可以采用稀盐酸酸洗除硒后的粗碲粉，将砷、铜等杂质元素除去，在盐酸溶液中分别发生如下反应：

$$As_2O_3 + 6H^+ = 2As^{3+} + 3H_2O$$

$$Cu(OH)_2 + 2H^+ = Cu^{2+} + 2H_2O$$

从而使杂质形成离子进入溶液，达到脱出杂质的目的。

3.4.3.2 高纯碲的制备

近年来高压浸出技术迅速发展和应用，利用高压浸出对阳极泥进行预处理，使碲和铜在同一道工序里完成浸出。在高压酸浸过程中，当高压釜中温度和氧分压控制在一定范围时，几乎所有的铜和大量的碲可被浸出。

采用氧压浸出对阳极泥进行预处理脱铜和分离碲，已成为新建大型铜冶炼厂阳极泥处理的主要工艺，即阳极泥采用加压酸浸方法，在浸出铜元素的同时浸出大量的碲元素，阳极泥加压浸出液固比 3∶1，总压 0.86 MPa，温度 150~165 ℃。浸出后用铜粉沉淀置换法从溶液中回收碲，将碲转化成碲化铜的状态而有效地回收。

浸出液中碲不再作为碲化铜中间产品出售，而是通过直接还原得到粗碲粉，所得粗碲粉与前述多相态富集分离炉冶炼烟尘中回收的粗碲合并，再通过化学除杂和物理提纯得到高端产品高纯碲。

A 主要原料

铜阳极泥经加压氧化酸浸出后，得到的浸出液进行铜粉置换沉硒，沉硒后液作为回收碲的原液。沉硒后液实际产出成分波动范围见表 3-30，沉硒后液主要化学成分分析结果见表 3-31。

表 3-30　沉硒后液实际产出成分波动范围

来源	阳极泥浸出工序沉硒后液
年处理量/m^3	8500～10000
化学成分 /g · L^{-1}	Au < 0.005，Ag 0～0.2，Cu 30～70，As 0.5～1.0，Bi 0.1～5，Pb 0.01～0.1，Sb 0～0.3，Se 0.02～0.2，Te 0.4～3.6，Fe 0.013～0.51，Cl^- 0.015～0.23，H_2SO_4 200～400
密度/kg · m^{-3}	1200～1350
物理外观	蓝色溶液
pH 值	< 0

表 3-31　加压浸出液与铜粉沉硒后液的化学成分

元素		Cu	Te	Se	Bi	Sb	As	Ag	SO_4^{2-}
浓度 /g · L^{-1}	加压浸出液	35.96	0.99	1.74	0.08	0.009	9.00	<0.01	261.6
	沉硒后液	34.92	0.98	0.046	0.077	0.007	7.95	<0.01	262.5

B　溶液预脱铜

a　电解脱铜

采用电解沉积槽脱除铜，铅板作阳极，不锈钢板作阴极；电流密度 200 A/m^2，温度 45 ℃。电解脱铜结果见表 3-32。

表 3-32　电解脱铜结果

电解时间 /h	Cu 浓度 /g · L^{-1}	Te 浓度 /g · L^{-1}	As 浓度 /g · L^{-1}	Cu 脱除率 /%	As 脱除率 /%	Te 损失率 /%
0	34.92	0.99	7.95	—	—	—
5	27.45	0.98	7.94	21.39	0.12	0
10	19.28	0.99	7.86	44.78	1.13	0
15	14.71	0.97	7.75	57.87	2.51	0.51
20	11.52	0.96	7.54	67.01	5.15	1.54
25	9.80	0.95	7.32	71.93	7.92	2.56
30	4.71	0.94	6.80	86.51	14.46	3.59
35	1.56	0.93	6.24	95.53	21.51	4.62
40	0.97	0.9	5.64	97.22	29.05	7.69

由表 3-32 可知，随着电解脱铜时间的延长，沉硒后液中的铜逐渐在阴极析出，在脱铜后期阴极析出黑铜粉。当铜浓度小于 1 g/L 时，铜的脱除率为 97.22%，砷的脱除率为 29.05%，同时碲的损失率为 7.69%。控制电解脱铜后液中铜浓度 1～2 g/L，此时碲有大约 7%损失。

b　化学脱铜

化学沉淀所用溶液的主要化学成分分析见表 3-33。

表 3-33 沉硒后液分析结果

元素	Cu	As	Te
浓度/g · L^{-1}	36.7	9.17	1.98

工艺条件：沉硒后液加入理论倍数草酸，在一定温度下反应 1 h 左右。草酸铜易过滤，同时二次洗涤也易过滤，结果见表 3-34。

表 3-34 草酸沉铜结果

温度/℃	理论倍数	草酸量/g	草酸铜量/g	溶液量/mL	洗水量/mL	后液 Cu 浓度/g · L^{-1}
65	1.36	59	57.1	490	1020	0.12
65	1.25	54.2	56.7	495	1000	0.73
65	1.10	47.7	56.5	490	1010	0.86

后液 As 浓度/g · L^{-1}	后液 Te 浓度/g · L^{-1}	洗水 Cu 浓度/g · L^{-1}	洗水 As 浓度/g · L^{-1}	洗水 Te 浓度/g · L^{-1}	Cu 脱除率/%	Te 损失率/%
9.42	1.27	0.017	0.80	0.11	99.73	38.17
9.55	1.59	0.034	0.76	0.20	98.35	16.91
9.48	1.73	0.055	0.77	0.26	98.08	6.54

由表 3-34 可知，在温度 65 ℃下，用 1.1 倍理论值（理论值仅以铜离子和草酸反应计算）草酸沉铜，反应 1 h，即可使铜离子降至 1 g/L 以内，碲损失率为 6.54%。沉铜后粗草酸铜进行二次洗涤至中性后过滤，粗草酸铜的粒度约为 0.038 mm。

C 直接还原沉淀粗碲

采用二氧化硫为还原剂，从上述脱铜后液中还原得到粗碲粉。

a 氯化钠加入量的影响

条件：温度 80 ℃、二氧化硫流量 69.6 mL/min（控制计量泵 80 r/min），通气时间 3 h，测量溶液电位基本不变化，NaCl 加入量对还原沉碲的影响见表 3-35 和图 3-17。其中，碲、铜、砷的沉淀率直接按溶液中含量变化计算。

表 3-35 NaCl 加入量对还原沉碲的影响

NaCl 浓度/g · L^{-1}	Te 浓度/g · L^{-1}	Cu 浓度/g · L^{-1}	As 浓度/g · L^{-1}	Te 沉淀率/%	Cu 沉淀率/%	As 沉淀率/%	Te 含量/%
原液	0.93	1.56	6.24	—	—	—	—
0	0.91	1.55	6.22	2.15	0.64	0.32	32.00
10	0.8	1.55	6.2	13.98	0.64	0.64	54.74
15	0.66	1.54	6.18	29.03	1.28	0.96	69.68
20	0.22	1.52	6.17	76.34	2.56	1.12	78.89
30	0.056	1.5	6.16	93.98	3.85	1.28	81.30
35	0.02	1.49	6.15	97.85	4.49	1.44	81.80
40	0.008	1.48	6.14	99.14	5.13	1.60	81.96
50	0.005	1.46	6.11	99.46	6.41	2.08	81.32

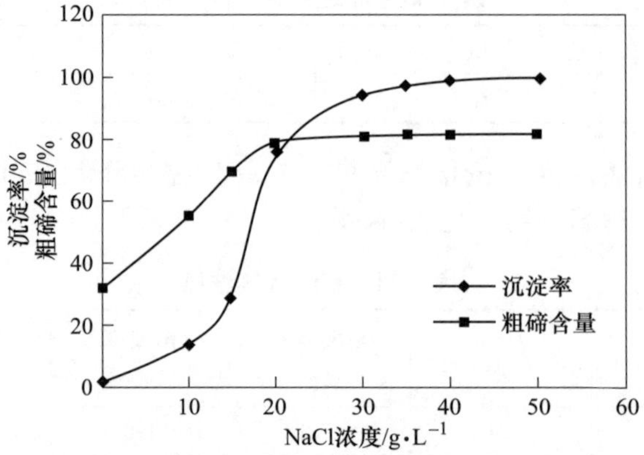

图 3-17　NaCl 加入量对还原沉碲的影响

由表 3-35 和图 3-17 可知，随着 NaCl 加入量增加，碲的沉淀率增大，同时铜和砷的沉淀率也增加。综合考虑，氯化钠加入量以 40 g/L 为宜。

b　温度的影响

条件：氯化钠 40 g/L、二氧化硫流量 69.6 mL/min（控制计量泵 80 r/min），通气时间 3 h，测量溶液电位基本不变化，温度对还原沉碲的影响见表 3-36 和图 3-18。

表 3-36　温度对还原沉碲的影响

温度 /℃	Te 浓度 /g·L^{-1}	Cu 浓度 /g·L^{-1}	As 浓度 /g·L^{-1}	Te 沉淀率 /%	Cu 沉淀率 /%	As 沉淀率 /%	Te 含量 /%
原液	0.93	1.56	6.24	—	—	—	—
40	0.74	1.55	6.22	20.43	0.64	0.32	60.80
65	0.29	1.53	6.2	68.82	1.92	0.64	78.77
80	0.008	1.48	6.14	99.14	5.13	1.60	81.96
90	0.007	1.47	6.12	99.25	5.77	1.92	80.26

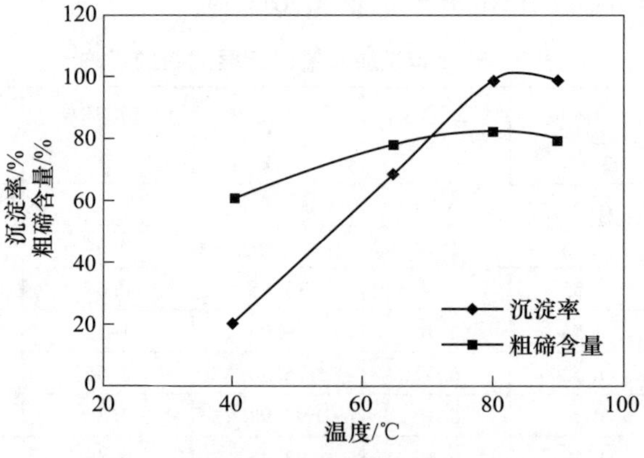

图 3-18　温度对还原沉碲的影响

由表 3-36 和图 3-18 可知，温度对碲的还原沉淀影响很大，虽然还原反应是放热反应，但温度升高还是有利于还原反应的进行。因为温度升高溶解在溶液中的二氧化硫与$TeCl_6^{2-}$的有效碰撞频率增加，按照碰撞理论还原速度等于碰撞频率与有效碰撞分数的乘积，所以温度升高反应速率增加。但温度超过 80 ℃时，还原率随温度的升高略有降低，二氧化硫在溶液中的溶解度随温度的升高降低，部分二氧化硫还未参与还原反应就逸出溶液，因此还原反应不完全。综合考虑，选择还原反应温度在 80 ℃。

c 时间的影响

条件：温度 80 ℃，氯化钠 40 g/L，二氧化硫流量 69.6 mL/min（控制计量泵 80 r/min），时间对沉碲的影响见表 3-37 和图 3-19。

表 3-37 时间对沉碲的影响

时间 /h	Te 浓度 /g · L^{-1}	Cu 浓度 /g · L^{-1}	As 浓度 /g · L^{-1}	Te 沉淀率 /%	Cu 沉淀率 /%	As 沉淀率 /%	Te 含量 /%
原液	0.93	1.56	6.24	—	—	—	—
0.5	0.6	1.55	6.23	35.48	0.64	0.16	75.43
1.0	0.31	1.51	6.19	66.67	3.21	0.80	77.50
1.5	0.15	1.5	6.17	83.87	3.85	1.12	80.00
2.0	0.01	1.49	6.15	98.92	4.49	1.44	82.70
3.0	0.008	1.48	6.14	99.14	5.13	1.60	81.96

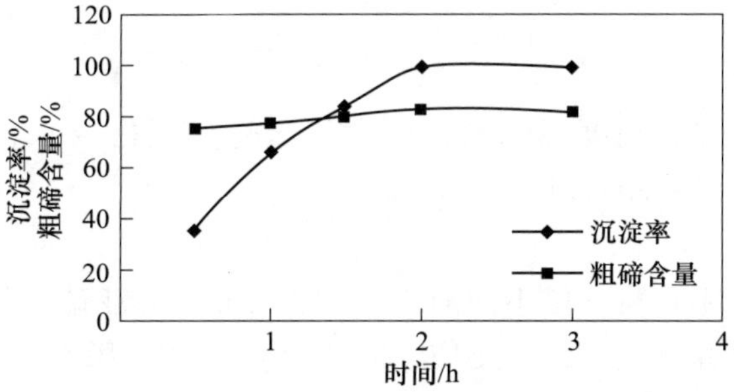

图 3-19 时间对还原沉碲的影响

由表 3-37 和图 3-19 可知，在二氧化硫流量一定的情况下，时间对碲的还原沉淀影响很大，延长时间有利于还原反应进行，即还原剂二氧化硫用量增加。

综合考虑，试验选择还原时间在 2 h 进行，此时沉碲后液中碲浓度为 0.01 g/L，碲沉淀率为 98.92%。

d 二氧化硫流量的影响

条件：温度 80 ℃，氯化钠 40 g/L，不同二氧化硫流量试验结果见表 3-38。

表 3-38 SO_2流量对沉碲的影响

SO_2流量 /mL · min^{-1}	时间 /h	Te 浓度 /g · L^{-1}	Cu 浓度 /g · L^{-1}	As 浓度 /g · L^{-1}	Te 沉淀率 /%	Cu 沉淀率 /%	As 沉淀率 /%	沉硒产品 Te 含量/%
69.6	2.0	0.01	1.49	6.15	98.92	4.49	1.44	82.70
87	1.5	0.009	1.50	6.16	99.03	3.85	1.28	81.87

当增大二氧化硫流量到 87 mL/min（控制计量泵 100 r/min）时，反应时间 1.5 h 还原试验基本完成。试验表明：二氧化硫流量越大，还原反应完成所需时间越短，因为随着二氧化硫流量不断地增大，二氧化硫气体对溶液的搅动变得越来越剧烈，这就提高了气液传质效率和二氧化硫在溶液中的浓度，同时也缩短了二氧化硫气体在溶液中达到饱和所需的时间。从提高反应速率、降低反应时间的角度来看，二氧化硫流量越大越好，但二氧化硫流量越大，来不及溶解于溶液而逸出到空气中的二氧化硫量也较大。从提高二氧化硫的有效利用率来看，二氧化硫流量不宜太大，这要根据实际情况将效率和效益的关系解决好，试验中采用二氧化硫流量为 69.6 mL/min。

e　综合条件

还原沉碲综合条件为：温度 80 ℃，氯化钠 40 g/L，二氧化硫流量 69.6 mL/min（控制计量泵 80 r/min），还原时间 2 h。从脱铜后液中还原得到粗碲粉，其成分见表 3-39。

表 3-39　粗碲粉的主要化学成分

粗碲	Cu	Se	Te	As	Sb	Bi	Fe	Sn	Ag
含量/%	5.98	3.31	82.7	7.68	0.022	0.005	0.014	0.003	0.02

从表 3-39 可以看出，二氧化硫还原所得粗碲粉含碲达到 82.7%，碲粉中除铜、硒、砷含量较高外，其他元素含量都未超过 0.05%。因此，采用二氧化硫从脱铜后液中还原出碲的方法是可行的。

D　粗碲粉净化除杂

二氧化硫还原所得碲粉纯度不够高，碲含量未达到国标要求，还不能作为商品碲出售，因此需要对粗碲粉进一步提纯。

a　亚硫酸钠除硒

方法：称取一定量粗碲粉，按不同液固比加入 1 mol/L 亚硫酸钠溶液，在电热套中加热到反应温度，搅拌，并且发生化学反应，趁热真空过滤，用水洗涤至洗涤液 pH 值接近 7，滤饼和滤液计量后取样分析。

以二氧化硫还原所得粗碲粉为原料。除硒条件：亚硫酸钠浓度 1 mol/L，搅拌机转速 300 r/min，温度 95 ℃，分别按不同的液固比反应 30 min 和 60 min，结果如图 3-20 所示。

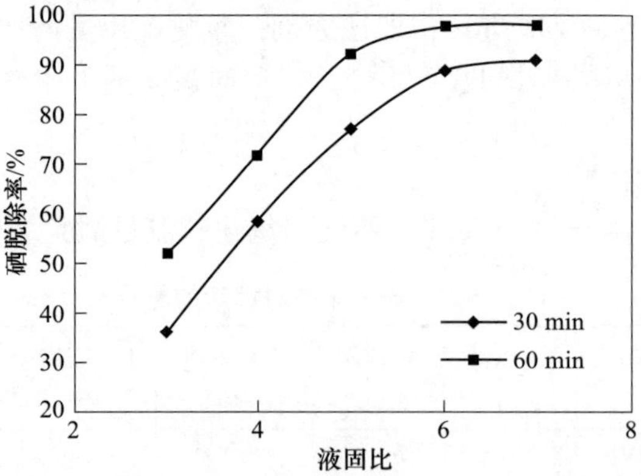

图 3-20　脱硒率与时间、液固比的关系

从图 3-20 中可以看出，随液固比的增加，硒的脱出率提高；反应时间 60 min，液固比增加到6∶1 后，硒的脱出率达到 97.5%，再增加液固比硒的脱出率增加幅度不大；说明液固比6∶1，95 ℃反应 60 min 后硒的溶解反应基本达到平衡。不同液固比条件下反应 30 min 的脱硒率都低于反应 60 min 后的脱硒率，这说明 30 min 硒的溶解反应尚未达到平衡。所得碲粉及元素脱除率见表 3-40。

表 3-40 脱硒碲粉的主要化学成分 (%)

名称	Te	Se	Cu	As
粗碲粉	82.7	3.31	5.98	7.68
脱硒碲粉	86.50	0.04	6.21	7.52
脱除率	0.43	98.99	1.14	6.78

b 酸洗除杂

酸洗除杂的条件：盐酸溶液浓度 1 mol/L，液固比 10∶1，酸洗温度 80 ℃，搅拌器转速 300 r/min，酸洗时间 60 min，酸洗所得碲粉的主要成分及杂质脱出率见表 3-41。

表 3-41 酸洗除杂碲粉主要化学成分 (%)

成分	Te	Se	Cu	As
脱硒碲粉	86.50	0.04	6.21	7.52
酸洗碲粉	99.03	0.03	0.04	0.03
脱除率	0.05	25.17	99.44	99.61

从表 3-41 可以看出，盐酸洗涤除杂过程也除去了少量的硒，盐酸对砷、铜的脱出率分别为 99.61%、99.44%，杂质脱除效果非常好；得到 99.03%的碲粉，达到工业碲标准，为下一步高纯碲制备提供原料。

E 高纯碲的制备

a 真空蒸馏

粗碲的真空蒸馏法是依据碲具有高的蒸气压，并且与其他杂质金属的蒸气压有较大差别的原理，在高于碲熔点的温度下进行蒸馏，严格控制冷凝温度实现分段冷凝，获得高纯碲。

碲在 400 ℃开始挥发，工业上一般控制在 600 ℃。表 3-42 为在 600 ℃、纯态时碲与砷、铋、钠、铅、硫、硒等元素的蒸气压的比值，可以看出，在真空蒸馏温度下碲先于砷、铋、钠、铅从粗碲中挥发进入气相，而这些杂质大部分以液体形式留在熔体中，达到碲与这些杂质元素分离的目的。但是，粗碲中的硫和硒比碲较容易挥发，大部分进入气相中，严重影响碲的纯度，因此必须采取一定的措施来避免硫和硒对碲产品的污染。一般实行分段冷凝，让碲与硫硒分别在不同的温度区域中冷凝下来，从而达到分离的目的[40]。

表 3-42 碲与杂质元素在纯态时蒸气压比值

元素	As	Bi	Na	Pb	S	Se
$p_{Te}^{\ominus}/p_{Me}^{\ominus}$	68	10764	11428	13000	0.01	0.02

真空蒸馏的工艺条件为：蒸馏温度 600 ℃，冷凝温度 350 ℃，真空度小于 100 Pa。蒸馏后产品碲含杂质的情况见表 3-43。

表 3-43　产品碲的分析结果　（%）

元素	Te	杂质总量	Cu	Pb	Fe	Sn	Al
含量	99.997	<0.003	0.0001	0.0001	0.0001	0.0001	痕量
元素	Se	As	Bi	Mg	Na	S	Ag
含量	0.0007	0.0001	0.0001	痕量	0.0002	0.0005	痕量

冷凝温度直接影响碲的形态，当冷凝温度较低时，蒸馏碲靠近冷凝器壁一侧表面发灰，没有金属光泽，而另一面晶粒粗大，整个碲块的硬度达不到要求，易碎，易氧化；当冷凝温度较高时，靠近冷凝器一面易发生烧结，产品外观也不好。

b　区域熔炼

区域熔炼（以下简称区熔）原料为经蒸馏获得的 99.99%碲。碲的区熔提纯是仅把碲锭的一小部分熔化成熔区，并使熔区从锭条的一端移到另一端。

熔区长度

杂质浓度沿锭长分布可由下式给出：

$$c_s/c_0 = 1 - (1 - K)5 - Kx/l \tag{3-1}$$

式中，K 为分凝系数；l 为熔区宽度；c_s 为固相中杂质浓度；c_0 为初始杂质浓度；x 为凝固界面与始端间的距离。

因为每次熔化的仅是锭条的一小部分，对 $K<1$ 的杂质，当熔区第二次在锭首时，由于杂质浓度较高的尾部没被熔化，因此熔区中的杂质浓度一定比原来锭条的杂质浓度要小；熔区移动后，新凝固出固相中的杂质浓度要比第一次提纯的要小；这样当熔区一次通过锭条时，材料就逐渐被提纯。

从一次区熔杂质分布公式可以看出，l 大，c_s 小，提纯效果好。

生产实践结果也证明这点，当选择熔区长度 $l=20\%L$（L 为锭长）时，经过 4 次区熔，杂质浓度降至 $3.5\times10^{-4}\%$以下，若选择 $l=5\%L$（L 为锭长），只降到 $55\times10^{-4}\%$左右。但随着区熔次数的增加，杂质浓度不再降低，由于当体系处于接近极限分布状态时，熔区 l 大，会造成杂质倒流严重，这是不利于提高纯度的。因此实际区熔时，最初应该用大熔区、之后用小熔区的工艺条件。

区熔次数的选择

经过一定次数区熔之后，锭条中的杂质浓度已接近极限分布，再区熔已无提纯效果或效果甚微，只能造成浪费，常用半经验公式：

$$n = (l - 5)L/l \tag{3-2}$$

式中，n 为区熔次数；L 为锭长；l 为熔区长度。

一般常用条件 $L/l=10$ 计算，n 最大为 15。

实际工艺实践中，采用先以熔区长度 $l=20\%L$ 区熔 3 次，再以 $l=10\%L$ 区熔 3~6 次，最后以 $l=5\%L$ 区熔 6~10 次，取得了良好的效果。

熔区移动速度

有效分凝系数K_{eff}与熔区移动速度的关系为：

$$K_{eff} = K_0/[(1 - K_0)e - f\delta/D + K_0] \tag{3-3}$$

式中，D为杂质在熔体中的扩散系数；K_0为平衡分凝系数；f为固-液界面移动速度；δ为扩散层厚度[41]。

在K_0为常数，δ、D变化不大的情况下，K_{eff}主要取决于f的大小。小的f值可使K_{eff}小于K_0，有利于杂质分凝与提纯，但区熔速度过慢会降低生产效率。因此，要想在最短的时间内，最有效地提纯材料，必须同时考虑区熔次数n和区熔速度f，并使n/f比值最小。一般区熔时可按$f\delta/D \approx 1$的条件近似计算f[41]。碲中的杂质常用$\delta = 0.1$(一般搅拌)、$\delta = 0.01$(剧烈搅拌)，碲中杂质的扩散系数D常取10^{-4} cm^2/s，一般搅拌条件$\delta = 0.1$，推得$f = D/\delta = 3.6$ cm/h，本节实验熔区速度取3 cm/h。

质量输运

区熔时，物质会从一端缓慢地移向另一端，这种现象称为质量输运或质量迁移。质量输运，会使水平区熔的材料纵向截面变成锥形，甚至引起材料外溢。为避免这种现象的产生，水平区熔时，可将锭料容器倾斜一个角度θ，用重力作用消除质量输运效应。其倾斜角θ为：

$$\theta = \arctan[2h_0(1 - \alpha)/l] \tag{3-4}$$

式中，θ为倾斜角度；h_0为锭的原始高度；α为材料固态密度与其液态密度的比值；l为熔区长度。

工艺实践中，$h_0 = 12$ mm，$l = 40$ mm，$\alpha = 6.15/5.8 = 1.063$，由此计算得$\theta = \arctan 0.036 \approx 2°$。

工艺条件

料舟中装入碲，放入水平炉中，在氢气气氛条件下熔化成棒状后，装入区熔炉中，在氢气气氛条件下（氢气流速160 mL/min），碲中杂质硒（Se）与氢气（H_2）生成H_2Se并呈气态被气流带走，得到深度净化。

区熔速度为3 cm/h，区熔次数$n = 15$次；倾斜角为20°，采用先以熔区长度$l = 20\%L$区熔3次，再以$l = 10\%L$区熔5次，最后以$l = 5\%L$区熔7次，可将99.99%碲提纯到99.9999%的纯度水平。碲锭分三部分，头部（约15%）、中部（约70%）、尾部（约15%），区熔后中段产品达到99.9999%碲质量要求，其杂质含量见表3-44。碲产品金属化学成分标准见表3-45。

表3-44 区域熔炼后杂质含量 （%）

元素	Te	杂质总量	Cu	Pb	Fe	Sn	Al
含量	99.9999	$<1\times10^{-4}$	0.1×10^{-4}	0.1×10^{-4}	0.05×10^{-4}	0.08×10^{-4}	0.05×10^{-4}
元素	Se	As	Bi	Mg	Na	S	Ag
含量	0.2×10^{-4}	0.01×10^{-4}	0.04×10^{-4}	0.03×10^{-4}	0.04×10^{-4}	0.1×10^{-4}	0.01×10^{-4}

表 3-45　碲的产品金属化学成分标准　（%）

Te 纯度		≥99	≥99.9	≥99.99	≥99.999
杂质含量（质量分数）	Cu		≤0.003	≤0.001	≤0.00005
	Pb		≤0.004	≤0.002	≤0.0001
	Al		≤0.003	≤0.0009	
	Bi		≤0.002	≤0.0009	≤0.0001
	Fe		≤0.004	≤0.0009	≤0.0001
	Na		≤0.006	≤0.003	
	Si		≤0.002	≤0.001	≤0.0001
	S		≤0.005	≤0.001	
	Se		≤0.020	≤0.002	≤0.0001
	As		≤0.001	≤0.0005	
	Mg		≤0.002	≤0.0009	≤0.00005
	Cl		—	—	
	Sb		—	—	≤0.0001
	Ni		—	—	≤0.00005
	总和	≤1.0	≤0.1	≤0.010	≤0.0010

F　高纯碲短流程制备工艺

工艺流程：铜阳极泥氧压浸出液—铜粉置换沉银、硒—沉银、硒后液化学除脱铜—二氧化硫直接沉碲—碲粉除杂—熔炼碲锭—真空蒸馏 99.99%碲—区域熔炼高纯碲 99.999%或 99.9999%碲产品。其工艺流程图如图 3-21 所示。

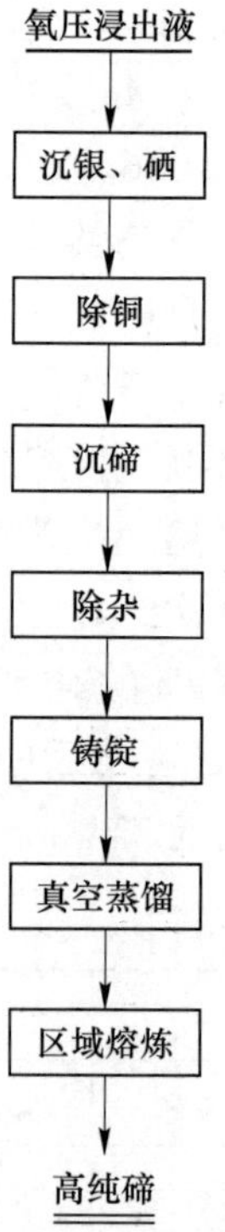

图 3-21　高纯碲短流程制备工艺流程图

浸出工序得到的沉硒后液在贵金属车间经过草酸脱铜后过滤分离，得到的草酸铜沉淀，洗涤后液加入铜粉置换碲化铜，碲化铜返回加压浸出，置换后液送废水车间处理。草酸脱铜后液通入二氧化硫沉碲得到粗碲粉，废液送废水车间处理。粗碲粉经亚硫酸钠脱硒、盐酸脱铜和砷后，经过熔铸得到碲锭。以精碲锭为原料，在 460~500 ℃、真空度小于 100 Pa 下精馏提纯，可得 99.999%的高纯碲。采用氢气气氛水平区域熔炼法，利用 H_2 与硒发生作用而几乎不与碲反应的原理，进一步除去杂质硒，获得纯度为 99.9999%的碲。

3.4.4　分碲液中回收碲

贵溪冶炼厂碲的生产工艺主要以分碲液为原料，经预处理→碱浸→净化→中和→煅烧→造液→电积→浇铸后产出 99.99%碲锭，其工艺流程如图 3-22 所示。

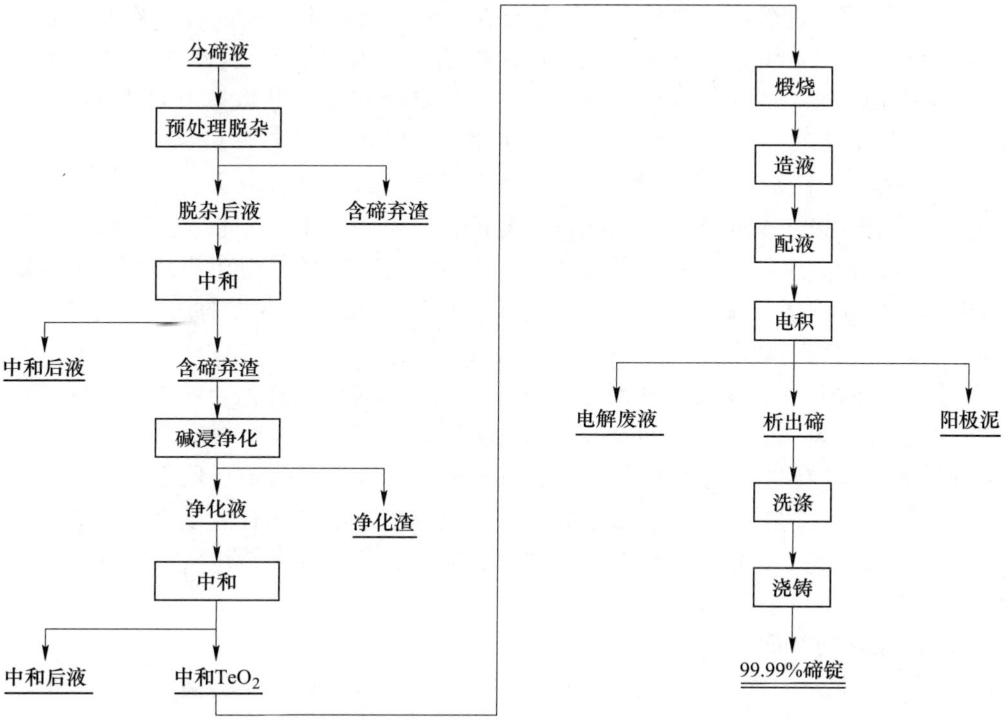

图 3-22 分碲液中回收碲的工艺流程图

3.5 铟的综合提取

3.5.1 铜冶炼过程中铟的分布

铜精矿含铟 0.0001%~0.0054%，因矿源不同含量差距很大。火法炼铜过程中铟的走向如图 3-23 所示。各铜冶炼厂所采用工艺流程的区别主要是造锍熔炼炉不同，有闪速炉、侧吹炉、底吹炉、艾萨炉、诺兰达炉、奥斯麦特炉等，但其过程中的走向规律基本一致。烟尘中铟的富集程度主要取决于铜精矿中铟的含量及铜冶炼工艺烟尘率的高低，一般来说，烟尘率低则铟的富集程度高，烟尘率高则铟的富集程度低，例如，闪速熔炼烟尘率比熔池熔炼的要高，其对铟的富集程度也相对较低。

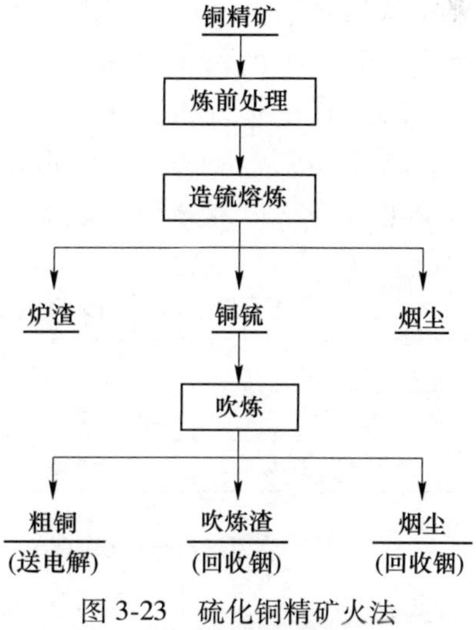

图 3-23 硫化铜精矿火法冶炼原则流程

吹炼工序的铟富集程度相对来说较高一点，目前铜冶炼过程提取铟主要集中在吹炼烟尘中，熔炼烟尘、熔炼渣和吹炼渣中提取铟很少。

3.5.2 铟的分离与富集方法

铟的分离与富集方法主要有萃取法、液膜法和离子交换法。

（1）萃取法。对于铟的分离与富集过程中所使用最多的方法是萃取法，该法的优点在于设备简单、占用空间较小、操作方便；缺点在于萃取过程中萃取剂容易流失、老化，并且流失的萃取剂容易造成环境污染。铟的有机萃取剂总体分为酸性萃取剂（如 P204、P507、Cyanex923 等）、中性萃取剂（如 TBP、N503）和胺类萃取剂（如 TOA、N203 和 N235）[42]。其中，P204 因低廉的价格及化学性质稳定等特点而应用最为广泛。

（2）液膜法。液膜技术是一种分离回收小分子物质或者金属离子的新方法，它是比萃取法更加高效的方法，主要分为支撑液膜、乳状液膜和大块液膜等形式。液膜分离技术的发明得益于生物膜，生物膜具有自发的逆浓度传输作用和选择传输功能，经过对生物膜的模拟，制出了可应用于金属离子和小分子物质等的选择性分离富集的液膜，它具有经济、污染小、高效等优点，现已广泛应用于金属回收。

（3）离子交换法。离子交换法对于回收包括金属铟在内的任何金属来说，选择一种针对性强、结合能力强、负载量高的交换树脂是实现离子交换分离金属的重中之重。一般的离子交换树脂在铟的回收中效果并不理想，其选择透过性较差的缺点催生了一种可用于铟萃取的高效离子交换树脂，这就是萃淋树脂和浸渍树脂，不仅具有离子交换法的高效性和溶剂萃取法的选择性，还集合成简单、萃取剂流失少、负载量高、传质性能好等优点于一身，可广泛被应用于铟的回收。

3.5.3　铜冶炼烟尘中回收铟

根据烟尘的特点，铜冶炼烟尘中提铟主要方法有：电炉熔炼—碱溶法、常压酸浸—萃取法、离子浮选法、常压氧化酸浸—萃取法、硫酸化焙烧—萃取法等。

3.5.3.1　电炉熔炼—碱溶法回收铟

日本矿业公司佐贺关铅冶炼厂用制粒—电炉冶炼法处理铜转炉烟尘，对含铟的电炉粗铅采用哈里斯碱溶法脱出其中所含的锡、砷、锌、铟，使之富集于碱渣中，对碱渣用碱处理得到富铟锡残渣，供湿法回收铟、锡，其富集铟的工艺流程如图 3-24 所示，冶炼过程中所产生的富铟渣成分见表 3-46，可采用湿法浸出—萃取—置换—熔炼得到铟锭。该法是真正实现转炉吹炼烟尘提铟工业化应用的流程，实际是借助于其铅冶炼厂的电炉，采用还原熔炼法，粗铅可富集部分铟，粗铅精炼过程进一步使铟富集于碱渣中，但铜锍也必将富集部分铟，该部分铟随铜锍返回铜冶炼系统，导致铟的损失，整体回收率较低[43]。

表 3-46　日本佐贺关铅冶炼厂富铟渣的化学成分（质量分数）　（%）

成分	In	Zn	Pb	Sn	As
一次碱浸渣	1.5	56.5	9.6	0.5	0.1
二次碱浸渣	3.5	21.7	8.7	21.5	0

3.5.3.2　常压酸浸—萃取法回收铟

加拿大鹰桥公司引进日本三菱公司的连续吹炼系统处理铜锍，烟气通过静电器捕集其中的烟尘，用于提取铟，工艺流程如图 3-25 所示。其工艺特点是：首先采用低酸浸出铜和锌，再采用高酸浸出，可降低铜和锌进入萃取液。该工艺流程具有流程短、工艺简单等优点，但直接浸出烟尘导致浸出液含铟较低，且液体量较大，后续环保处理费用较高，并且也仅仅只能处理含铟较高的三菱吹炼烟尘[43]。

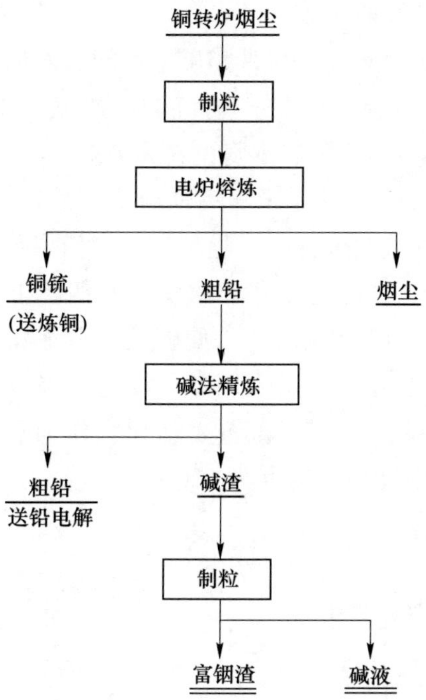

图 3-24 日本佐贺关铅冶炼厂富集铟工艺流程

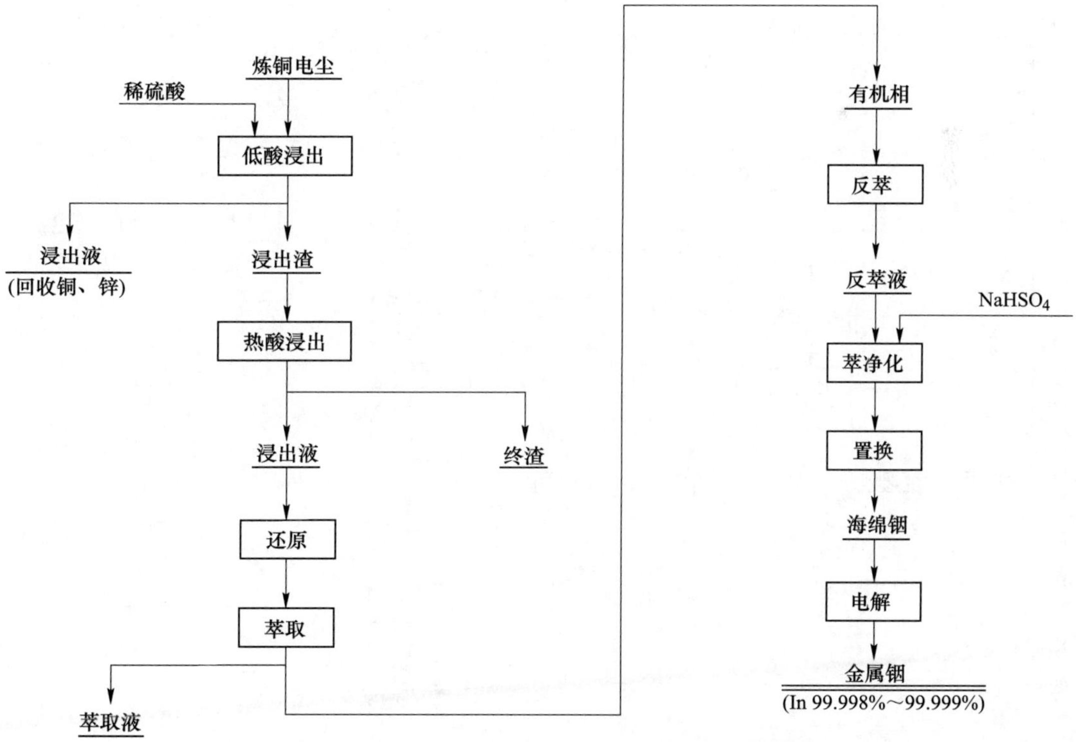

图 3-25 加拿大鹰桥公司铜吹炼烟尘提铟工艺流程

3.5.3.3　离子浮选法回收铟

离子浮选法是将欲提取的元素离子与带相反电荷的表面活性物质（即捕集剂）相互作用，生成一种叫作 CyonaT 的电荷中和的产物沉淀。捕集剂本身既是沉淀剂同时又是使 CyonaT 颗粒疏水的疏水剂。CyonaT 凭借本身的疏水功能团，被吸入空气的气泡表面紧紧抓住，同时也就浓集在泡沫层里，而泡沫随后便分离。有时，捕集剂的两种功能可以分开，即沉淀反应可以用另外的试剂进行，而随后加入的捕集剂仅对浮选物起着疏水剂的作用。图 3-26 是从铜熔炼工业中的粉尘和升华物里提取铟的工艺流程。该流程包括用磷酸阳离子交换剂进行的吸附浸出过程和用 3%六偏磷酸钠溶液将铟洗涤下来的过程。这部分的洗出液中含铟量为 120 mg/L 左右，是采用离子浮选法提取出来的，提取过程中还须加入第四（烷基三甲基）胺碱基（C_{17} ~ C_{38}部分）氯化物作为捕集剂。捕集剂须分三阶段打入（达 0.005 mol/L），溶液中铟残余浓度为 120 mg/L 左右，而铟的总提取率为 98%，也就是说铟的浓度增加了 610 倍[43]。

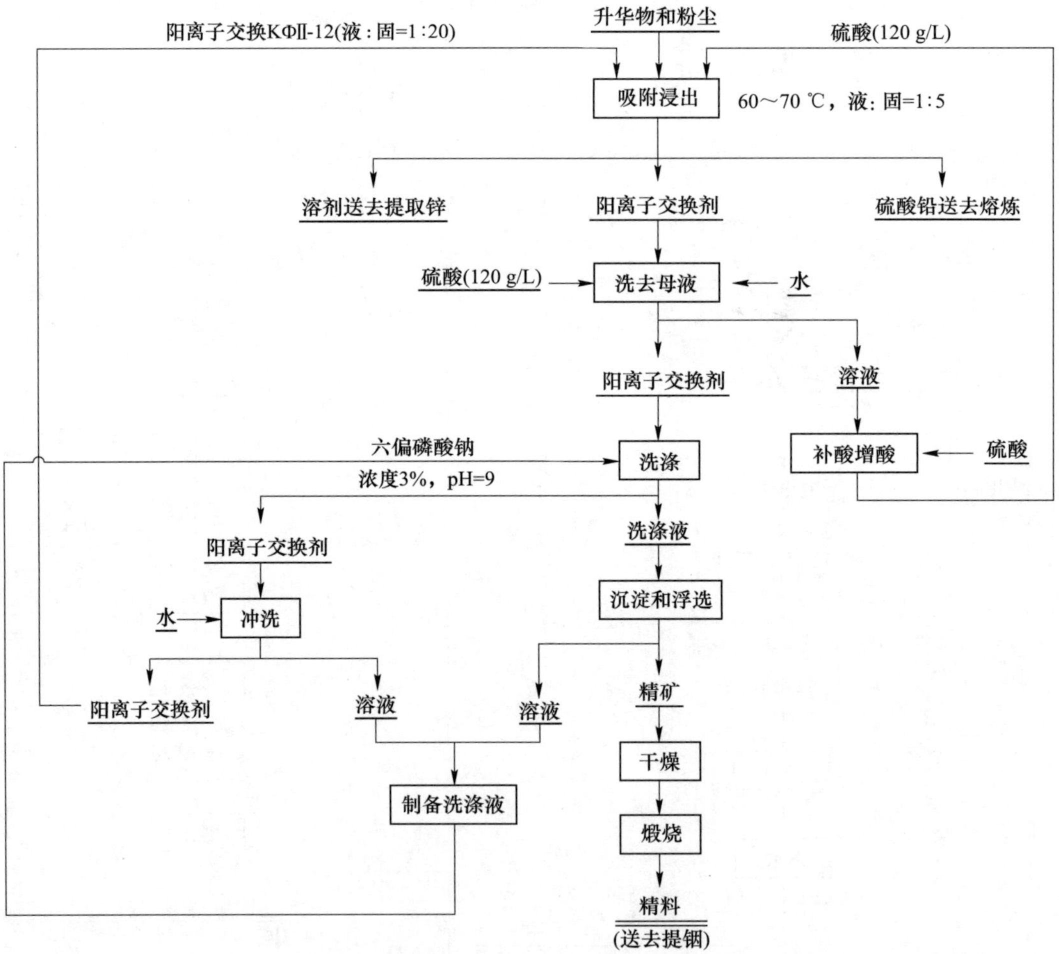

图 3-26　离子浮选法从铜冶炼粉尘和升华物中提取铟工艺流程

3.5.3.4 常压氧化酸浸—萃取法回收铟

铜冶炼烟灰中铟除以硫酸铟和氧化铟形式存在之外，还有部分以硫化铟形式存在，要获得高的铟浸出率，需要加氧化剂如二氧化锰、双氧水等进行氧化。铜烟灰中各种元素以氧化物形式存在，用硫酸和氧化剂将烟灰中铟、锌、铜等浸出，氧化铅则与硫酸形成硫酸铅沉淀在渣中，浸出液萃取选择性萃出铟及小部分铋，经反萃、置换、熔铸得到海绵铟，工艺流程如图 3-27 所示。国内某厂炼铜烟灰中含铟 0.103%~0.107%，生产中铟总回收率仅约 35%[43]。

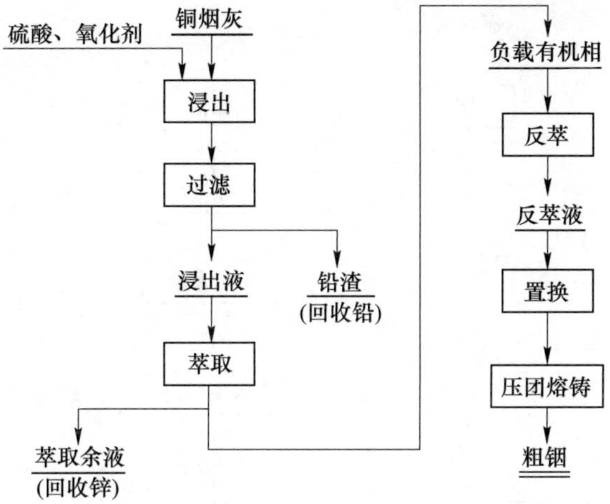

图 3-27 直接氧化酸浸提铟工艺流程

3.5.3.5 硫酸化焙烧—萃取法回收铟

将含铟物料混入适当硫酸或硫酸盐，在一定温度下进行硫酸化焙烧，可使物料中的铟转变为硫酸盐，再用适当的溶剂将硫酸铟溶解进入溶液，将溶液进行萃取、反萃、置换、熔铸得到粗铟，工艺流程如图 3-28 所示。由于硫酸化焙烧—萃取工艺存在硫酸化焙烧环保投资大、工艺流程长、占用场地多，以及焙烧时操作条件难以控制等问题，故现在很少采用。

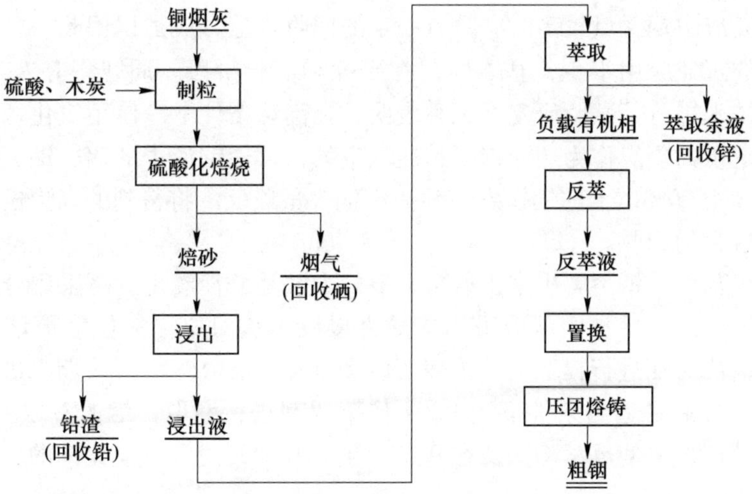

图 3-28 硫酸化焙烧—萃取工艺流程

朱国才等人[44]对金川公司铜冶炼烟灰中回收铟的工艺开展了研究，在浸出过程中铟首先得到富集，然后采用硫酸化焙烧回收，工艺包括浸出渣与硫酸混合、制粒、焙烧、热水浸出，90%以上的铟能够进入浸出液中，最佳工艺：硫酸用量为浸出渣质量的10%、焙烧时间1.0~1.5 h、焙烧温度200~250 ℃、水浸温度60 ℃、水浸时间1.0 h、液固比5∶1，工艺流程如图3-29所示。该法直接处理铜烟尘，同样存在物料处理量大、两次酸浸出导致铟趋于分散的问题。

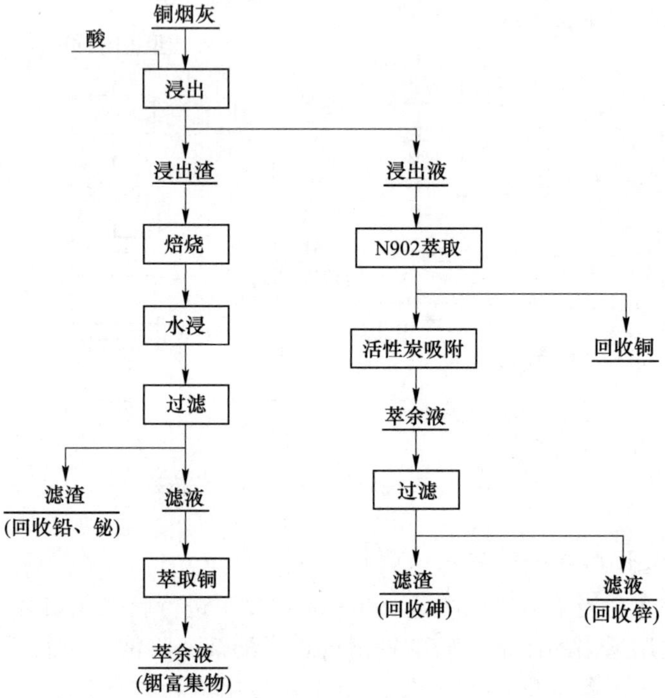

图3-29　从铜冶炼烟灰中硫酸化焙烧回收铟工艺流程

3.5.4　铜冶炼废渣中回收铟

当铜冶炼废渣中铟含量较高时，具有一定的回收价值，应加以回收。目前，从铜冶炼废渣中提取铟的工业应用很少，基本停留在研究和试验阶段。周智华等人[42]对冶炼渣中铟富集与回收技术进行了试验研究，试验表明，在高温条件下，使用氯化钙和氯化钠等氯化剂在加入一定量的焦炭作为还原剂时，通入空气，可使铜渣中的锡、铟、铅与二氧化硅等发生分离，其中90%以上的铟挥发，残渣中铟含量极低。将得到的烟尘送入下一道工序进行处理，实现铟的回收。

将铜冶炼烟灰中的铟溶解出来，通常采取的方法是酸性浸出，再采用合适的萃取剂回收酸浸出的铟。株洲冶炼集团就曾采用硫酸直接浸出法对铅浮渣反射炉烟尘进行浸出处理，然后以萃取法对铟进行提取，结果表明以200 g/L硫酸溶液对该烟尘进行浸出，浸出率可达到90%，然后在适当条件下用P204作萃取剂进行萃取，铟的萃取率达到了85%；再用盐酸作反萃剂，可使反萃率保持在95%以上，在酸浸过程中氯化钠的加入使铟的浸出率进一步提高[45]。

参考文献

[1] 李永佳，雷霆，邹艳梅，等．稀散金属冶金［M］．北京：冶金工业出版社，2017.
[2] 于可利．废弃电器电子产品中的稀贵金属回收利用［J］．资源再生，2016（1）：46-48.
[3] 刘溢．加压浸出废杂铜阳极泥高效提取稀散金属的实验研究［D］．昆明：昆明理工大学，2020.
[4] 刘红召，王威，曹耀华，等．世界铼资源及市场现状［J］．矿产保护与利用，2014（5）：55-58.
[5] 田立强，范士彦，王红梅，等．济宁许厂煤矿伴生分散元素铼的富集成矿探析［J］．山东国土资源，2016，32（2）：35-38.
[6] 符竹．铼离子液体的溶剂萃取法合成及其热力学性质研究［D］．沈阳：辽宁大学，2013.
[7] 陈杭．废酸选择性沉铼试验研究［J］．有色金属（冶炼部分），2017（11）：49-53.
[8] 朱一乔．冷喷涂系统末端加热装置的研究［D］．西安：西安理工大学，2014.
[9] 孟广莹，于海斌，杨文建，等．水柱成型法制备重整载体［J］．无机盐工业，2016，48（6）：71-74.
[10] 李杰，许继峰，梁细荣．Re-Os 同位素分析测试技术进展［J］．质谱学报，2005（3）：175-181.
[11] 王妍力．砂岩型铀矿中痕量铼的赋存形态、测定及浸出研究［D］．南昌：东华理工大学，2017.
[12] 邓小芳．湖北省几种作物对硒肥的利用及其富硒特征的研究［D］．武汉：华中农业大学，2020.
[13] 彭天照，张旭．硒分离提取技术及其研究现状［J］．稀有金属与硬质合金，2008，36（4）：46-48.
[14] 肖峰．铅冰铜碱性高压浸出液富集硒的工艺研究［D］．长沙：中南大学，2011.
[15] 代英秋．新型碲镍铬合金高温抗氧化性能研究［D］．兰州：兰州理工大学，2011.
[16] 邢翔，郭建秋．碲的应用及其资源分布［J］．矿产保护与利用，2009（3）：19-22.
[17] 崔钰婕．金属有机碲卤化物及二苯碲氧化铜（Ⅱ）/锰（Ⅲ）配合物的合成与结构［D］．马鞍山：安徽工业大学，2019.
[18] 廖乃飞．新型碲镍铬合金粉末材料显微组织分析［D］．兰州：兰州理工大学，2011.
[19] 李利丽．铜铅阳极泥中碲的综回回收利用工艺研究［J］．世界有色金属，2018（12）：17-19.
[20] 张文丽．材料铟中微量元素定量分析基础研究［D］．昆明：昆明理工大学，2017.
[21] 孟晓华．磁场中的合金凝固行为及光学表征法研究［D］．西安：西北工业大学，2006.
[22] 孙立才．2-氨基吡啶 Schiff 碱及其与铟的配合物的合成研究［D］．沈阳：辽宁大学，2011.
[23] 雷浩成．粗铟真空挥发-冷凝提纯的实验研究［D］．昆明：昆明理工大学，2019.
[24] 徐丹丹，薛松，白跃伟，等．萃取法回收废弃液晶显示器中铟的研究现状［J］．上海第二工业大学学报，2013，30（3）：180-186.
[25] 王丽萍．铟的配位聚合物的合成、结构及性质研究［D］．长春：吉林大学，2012.
[26] 孙旭．中国太阳能薄膜电池开始参与全球角逐［J］．中国有色金属，2018（20）：44-45.
[27] 陈娟，刘洪泉．近十五年铟的分析方法综述［J］．云南冶金，2016，45（3）：82-88.
[28] 高志正．从净化洗涤污酸中提取金属铼的试验研究［J］．中国有色冶金，2008（6）：68-70.
[29] 张济祥．钼精矿焙烧尘中铼回收的工艺研究［D］．西安：西安建筑科技大学，2005.
[30] 张小林，李伟，宁瑞，等．用 D990 从废酸中吸附回收铼的试验研究［J］．中国有色冶金，2017，46（1）：65-67.
[31] 房孟钊，方准，赵浩然．萃取法与沉淀法回收废酸中铼的工艺对比［J］．硫酸工业，2020（9）：21-24.
[32] 钱勇．溶剂萃取法制取铼酸铵［J］．铜业工程，2004（3）：26-28.
[33] 王薇．铼的化学气相沉积前驱体的合成探究［D］．昆明：昆明理工大学，2013.
[34] 杨诗瑞．化学气相沉积制备高纯度 Re、Ir 的相关机理研究［D］．北京：北京理工大学，2015.
[35] 侯晓川，肖连生，张启修，等．硒的提取工艺研究现状及应用［J］．有色金属工程，2012，2（1）：

53-57，62.

[36] 胡磊，梁新星，郭持皓．铜阳极泥脱硒的工艺探讨及设计研究［J］．有色金属（冶炼部分），2018（9）：51-53.

[37] 程铭．蒸硒回转窑螺旋参数对物料作用影响的研究［D］．昆明：昆明理工大学，2014.

[38] 黄占超，杨斌，戴永年，等．硒渣真空蒸馏研究［J］．云南冶金，2002（6）：27-29.

[39] 赵群，商仕杰，禹建敏，等．铜冶炼硒渣“密闭熔炼-真空蒸馏精炼”法产业化实践［J］．云南冶金，2019，48（6）：43-48.

[40] 陈海军．碲渣提取精碲的生产实践［J］．中国有色冶金，2014，43（2）：40-42.

[41] 赵志强．真空高阻区熔硅单晶生长技术的研究［D］．天津：天津大学，2009.

[42] 周智华，莫红兵，徐国荣，等．稀散金属铟富集与回收技术的研究进展［J］．有色金属，2005（1）：71-76，80.

[43] 刘大方，史谊峰，舒波，等．铜冶炼烟尘回收铟技术进展［J］．矿冶工程，2017，37（2）：98-103.

[44] ZHU G C，ZHENG M D，FAN G L，et al. Recovering indium with sulfating roasting from copper-smelting ash［J］. Rare Metals，2007，26（5）：488-491.

[45] 周攀．铜冶炼废渣中铟的分离富集［D］．西安：西安建筑科技大学，2016.

4 铜冶炼伴生重金属提取冶金

4.1 概论

有色金属中密度在 4.5 g/cm^{3}以上的金属称为重金属。原子序数从 23(V) 至 92(U) 的天然金属元素有 60 种，除其中的 6 种外，其余 54 种的密度都大于 4.5 g/cm^3，因此从密度的意义上讲，这 54 种金属都是重金属[1]。但是，在进行元素分类时，其中有的属于稀土金属，有的划归了难熔金属，最终在工业上真正划入重金属的有 10 种金属元素：铜、铅、锌、锡、镍、钴、锑、汞、镉和铋。这 10 种重金属除了具有金属共性及密度大于 5 g/cm^{3}以外，并无其他特别的共性[2]。

铜冶炼过程涉及提取回收的重金属资源主要有铋、铅、锌、锡、镍、钴、锑和汞等。

4.1.1 铋的性质、用途及生产工艺

4.1.1.1 铋的物理性质

铋的元素符号为 Bi，原子序数 83，为银白色至粉红色的金属，熔点为 271.3 ℃，沸点为 1560 ℃，密度为 9.8 g/cm^3，由液态到固态时体积增大。铋质脆易粉碎，导电性和导热性都较差，具有抗磁性和很高的电阻率。

4.1.1.2 铋的化学性质

铋位于元素周期表中第六周期第ⅤA 族。铋在红热时与空气作用，常温下对空气和水稳定；受热时在空气中燃烧发出蓝色火焰，生成氧化物黄烟；加热至接近熔点时，表面覆盖有灰黑色氧化物三氧化二铋。

铋与卤族元素能直接结合成化合物。铋不溶于稀硫酸、稀盐酸或浓硫酸，热而浓的盐酸对铋的作用也很慢。铋能溶于浓的热硫酸内，更能很快地溶于热的或冷的硝酸或王水中[3]。

铋在电化学上位于氢之下，不能置换酸中的氢。铋的电极不论在碱性或酸性电解液中均有钝化倾向，在电化学上是两性的，即在阳极或阴极均能溶解[4]。铋具有大约与铅相等的吸收 X 射线的能力。

4.1.1.3 铋的主要用途

铋及其化合物主要用于冶金添加剂、制造低熔点合金、半导体制冷器，并广泛应用于医药、化工等领域。

铋可制备低熔点合金，用于自动关闭器或活字合金中，碳酸氧铋和硝酸氧铋用作药物，氧化铋用于玻璃、陶瓷工业中。铋的硒化物和碲化物具有半导体性质。铋合金具有凝固时不收缩的特性，用于铸造印刷铅字和高精度铸型。碳酸氧铋和硝酸氧铋用于治疗皮肤损伤和肠胃病，用于制取颜料和用作丙烯酸纤维的催化剂。铋与锡、镉的合金熔点低，用于制造火情报警器和消防设备。

4.1.1.4 铋的生产工艺

铋精矿是以辉铋矿、铋华、自然铋为主的铋矿石，在一些含铋的主金属选矿过程中，

经重选、磁选、浮选而得，含铋在15%以上，个别的有含铋超过60%。铋精矿由于其共生矿物的不同和选矿方法的差异，其杂质含量波动很大，常见的伴生金属有银、铜、铅、锡、钨、钼、锑、砷、碲、铁及硫等。表4-1是国内一些选厂产出的几种铋精矿、铋中矿的化学成分[5]。

表4-1　国内一些铋选厂产出的铋精矿、铋中矿的化学成分　　(%)

编号	Bi	Pb	Cu	Ag/g·t^{-1}	S	Fe	SiO_2	As	WO_3
铋精矿1	22.61	4.00	2.00	527	23.23	20.09	9.36	—	—
铋精矿2	53.22	0.46	—	80	23.45	10.70	3.19	0.32	6.25
铋中矿1	12.52	1.55	—	200	9.03	17.54	—	20.43	—

冶炼过程中的含铋副产品，如铜阳极泥、铅阳极泥、锡阳极泥、铅钙镁渣、锡钙镁渣、铜转炉烟尘、铋水解渣等，含铋波动在3%~15%之间，一般还要经过进一步的富集，提高铋含量。可采用火法与湿法富集，火法富集是通过还原熔炼或氧化精炼，使铋富集在铋合金或氧化渣中；湿法富集是通过浸出，或使铋进入溶液，水解为氯氧铋或置换为海绵铋，或使铋进入浸出渣中。

目前世界铋锭的生产原料绝大部分为铋精矿和铜、铅、锡等冶炼的含铋副产品，再生铋的回收约占铋锭生产量的10%。

铋的生产方法分为火法冶炼和湿法冶炼，其中以火法为主。

A　火法炼铋

火法炼铋包括粗炼和精炼两部分，粗炼工艺具体分为：还原熔炼、沉淀熔炼和混合熔炼，混合熔炼是目前普遍采用的工艺。

所谓混合熔炼，是在同一冶炼炉内对硫化铋进行沉淀熔炼，对氧化铋进行还原熔炼，同时氧化铋、硫化铋之间还发生反应熔炼。混合熔炼的基本反应式为：

$$m\mathrm{Bi_2S_3} + n\mathrm{Bi_2O_3} + 3n\mathrm{C} + 3m\mathrm{Fe} = 2(m+n)\mathrm{Bi} + 3n\mathrm{CO} + 3m\mathrm{FeS}$$

火法炼铋生产工艺流程如图4-1所示。

B　湿法炼铋

湿法炼铋最大的优势在于能够处理各种低品位和复杂多金属铋矿。湿法炼铋工艺研究很多，但在工业化应用得不多。湿法炼铋工艺流程主要有：氯化铁浸出—铁粉置换法、氯化铁浸出—隔膜电极法、氯化铁—水解沉铋法、氯气选择性浸出法、盐酸-亚硝酸浸出法、新氯化水解法、矿浆电解法等，这些工艺流程大都已进行扩大试验或半工业、工业试验，其中矿浆电解法已用于工业生产[6]。

矿浆电解法是北京矿冶科技集团有限公司历经20余年的研究成果。在一个装置中同时完成铋矿石的氧化浸出和铋的电积还原，将传统的浸出、固液分离、溶液净化、电积等过程有机地结合起来，改变了铋矿浸出时耗氧，而电积时阳极氧化空耗能量的不合理情况，简化了湿法冶金流程，金属回收率较高，能耗降低，有利于保护环境。

矿浆电解法处理铋精矿是在中等温度（50~60 ℃）下和酸性氯盐体系中进行。浆化后的铋精矿加入矿浆电解槽的阳极区直接电解，铋精矿在被氧化浸出的同时，金属铋在阴极被还原析出，实现了金属铋的一步提取[7]。

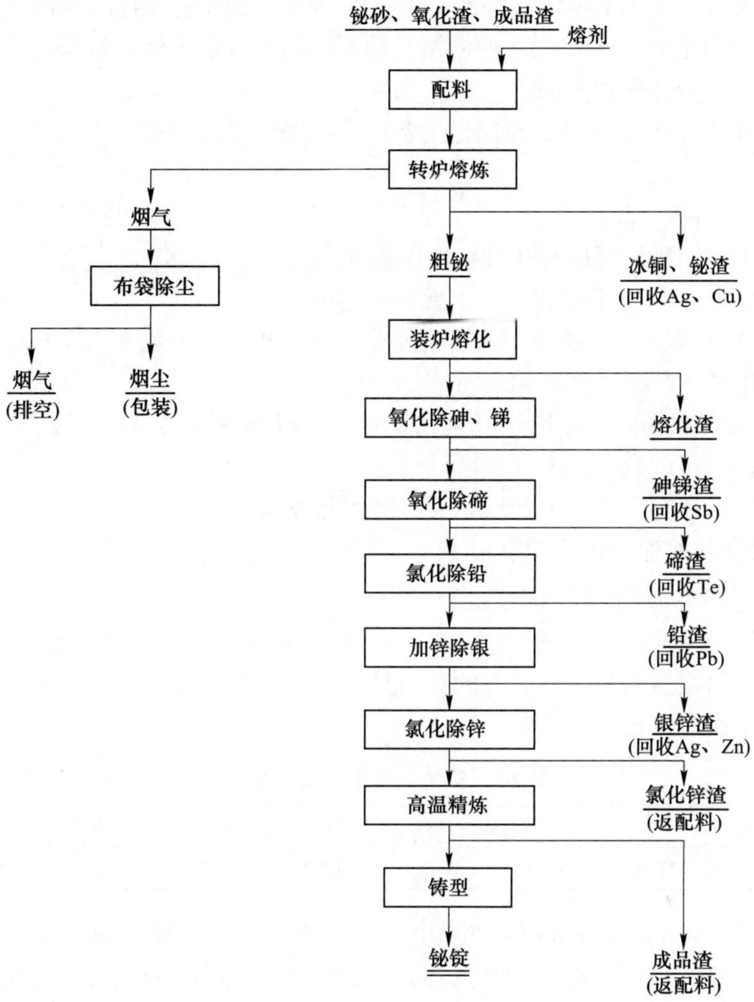

图 4-1 火法炼铋工艺流程图

阳极区发生的铋精矿的浸出反应为：

$$Bi_2S_3 + 6HCl = 2BiCl_3 + 3H_2S$$

$$Bi_2S_3 + 6Fe^{3+} = 2Bi^{3+} + 6Fe^{2+} + 3S^0$$

$$2Fe^{3+} + H_2S = 2Fe^{2+} + S^0 + 2H^+$$

$$H_2S - 2e = 2H^+ + S^0$$

$$Fe^{2+} - e = Fe^{3+}$$

$$Bi_2S_3 - 6e = 2Bi^{3+} + 3S^0$$

$$2Cl - 2e = Cl_2 \uparrow$$

$$Bi_2S_3 + 3Cl_2 = 2BiCl_3 + 3S^0$$

阴极区发生金属离子的还原反应：

$$Bi^{3+} + 3e = Bi$$

$$Fe^{3+} + e = Fe^{2+}$$

矿浆电解法不仅保留了传统湿法冶金工艺的优点，而且还具有以下特点：

（1）一步产出金属，元素硫、砷、铁及脉石矿物进入浸出渣，过程简单，溶液中离子浓度低，浸出渣易于过滤和洗涤。

（2）在常压和接近于常温下操作，设备可采用廉价的玻璃钢、聚丙烯等抗氧化腐蚀的材料。

（3）矿粒-电解液-阳极-空气泡系统有非常强的去极化能力，电解时所需槽电压很低，由于充分利用了阴阳极的还原氧化性，电能消耗小。

（4）试剂消耗少，整个过程基本上无试剂消耗。

（5）作业方式灵活，既适合于大规模连续作业，实现机械化和自动化生产，也能以小规模和间歇式生产，甚至可在矿山进行“坑口冶炼”。

（6）综合回收效果好，除用于处理铋精矿外，还特别适合于处理低品位复杂难选的铜、铅、锌、铋、银混合硫化矿。

同时，湿法炼铋存在的最大问题是要排放大量废水。

4.1.2　铅的性质、用途及生产工艺

4.1.2.1　铅的物理性质

铅的元素符号为 Pb，原子序数为 82，相对原子质量为 207.2，是相对原子质量最大的非放射性元素。铅是蓝灰色金属，新的断口具有明显的金属光泽。铅的蒸气压较大，在不同温度下铅的平衡蒸气压见表 4-2。

表 4-2　铅的蒸气压与温度的关系

温度/℃	620	710	820	960	1130	1290	1360	1415	1525
蒸气压/kPa	1.33×10^{-4}	1.33×10^{-3}	1.33×10^{-2}	0.133	1.33	6.7	13.3	38.5	101.3

由表 4-2 可见，在高温下铅的挥发程度很大，所以在火法炼铅过程中容易导致铅的挥发损失和环境污染。炼铅厂必须具有完善的收尘设备，以保证铅的回收，同时防止作业人员铅中毒。

铅在重金属中是最柔软的金属，莫氏硬度为 1.5，能用指甲刻划；展性很好，可轧成铅皮，锤成铅箔；延展性差，不能拉成铅丝[8]。

金属铅结晶属于等轴晶系，其物理性质方面的特点为硬度小、密度大、熔点低、沸点高、展性好、延性差、对电与热的传导性能差、高温下容易挥发、在液态下流动性大[9]，这些性质见表 4-3。

表 4-3　铅的主要物理性质

物理性质	相对原子质量	密度（20 ℃）/$g\cdot cm^{-3}$	熔点/℃	硬度（莫氏）	沸点/℃	黏度（340 ℃）/Pa·s
数值	207.21	11.3437	327.43	1.5	1525	0.189
物理性质	比电阻（20~40 ℃）/$\mu\Omega\cdot cm^{-2}$	热导率（0~100 ℃）/$W\cdot(m\cdot K)^{-1}$	比热容/$J\cdot(g\cdot ℃)^{-1}$	表面张力（327.5 ℃）/$Pa\cdot cm^{-1}$	气化潜热/$J\cdot g^{-1}$	熔化潜热/$J\cdot g^{-1}$
数值	20.648	34.9	0.13	44.4	840	26.17

4.1.2.2 铅的化学性质

铅是第六周期ⅣA 族元素。铅在完全干燥的常温空气中或在不含空气的水中，不发生任何化学变化，但在潮湿和含有二氧化碳的空气中，则失去光泽而变成暗灰色，其表面被二氧化铅薄膜所覆盖，此膜慢慢地转变成碱性碳酸铅（$3PbCO_3 \cdot Pb(OH)_2$）。

铅在空气中加热熔化时，最初氧化成一氧化二铅，温度升高时则氧化为氧化铅，继续加热到 330~450 ℃形成的氧化铅氧化为三氧化二铅，在 450~470 ℃的温度范围内，则形成四氧化三铅（即 $2PbO \cdot PbO_2$，俗称铅丹）[10]。无论是三氧化二铅或四氧化三铅在高温下都会离解生成氧化铅，因此氧化铅是高温下唯一稳定的氧化物。二氧化碳对铅的作用不大，浸没在水中（无空气）的铅很少腐蚀[11]。

铅易溶于硝酸（HNO_3）、硼氟酸（HBF_4）、硅氟酸（H_2SiF_6）、醋酸（CH_3COOH）及硝酸银（$AgNO_3$）等，盐酸与硫酸仅在常温下与铅的表面起作用而形成几乎是不溶解的氯化铅和硫酸铅的表面膜。可见，以工业上常用的“三酸”作为溶剂，都不太适宜用于湿法炼铅和粗金属铅的水溶液电解精炼，因为尽管硫酸、盐酸价廉易得，但生成的硫酸铅、氯化铅在水溶液中溶解度小，而与硝酸形成的硝酸铅在水溶液中不太稳定，容易生成挥发性的氧化氮[12]。这就是湿法炼铅工业化规模生产的困难所在，也是粗铅电解精炼不得不采用较昂贵的硅氟酸作电解质的缘故。

铅是放射性元素铀、钍和钍分裂的最后产物，可吸收放射线，且具有抵抗放射性物质透过的性能。

4.1.2.3 铅的主要用途

在现代工业所有消耗的有色金属中，铅居第四位，仅次于铝、铜和锌，成为工业基础的重要金属之一。

铅主要用于铅蓄电池（占世界铅消费 60%以上），运输行业用铅作轴承合金，建筑行业中的隔声材料，X 射线室的屏蔽材料，化学和冶金工业中防腐及贮存设备等。

我国铅产品消费主要集中在铅酸蓄电池领域，铅酸蓄电池耗铅所占铅消费总量的比例在 91%左右，接下来是铅合金、氧化铅及铅盐，所占比例分别是 6%、1%和 1%。

目前，铅酸蓄电池最终消费领域主要集中在：汽车领域（不包括农用车、军用车等）、电动车领域和铅酸蓄电池的出口。

4.1.2.4 铅的生产工艺

A 矿物原料

铅矿石是由含铅矿物、共伴生矿物和脉石组成，它是炼铅的主要原料。铅矿石分为硫化矿和氧化矿两大类，分布最广的是硫化矿（PbS），属原生矿，也是炼铅的主要矿石，多与辉银矿（Ag_2S）、闪锌矿（ZnS）共生；含银高者称银铅矿，含锌高者称铅锌矿。此外，共伴生矿物还有黄铁矿（FeS_2）、黄铜矿（$CuFeS_2$）、辉铋矿（Bi_2S_3）和其他硫化矿物。脉石成分有石灰石、石英石、重晶石等，矿石中还含有锑、镉、金、铟、铊、碲等元素。

氧化铅矿主要由白铅矿（$PbCO_3$）和铅矾（$PbSO_4$）组成，属次生矿，它是原生矿受风化作用或含有碳酸盐的地下水的作用而逐渐产生的，常出现在铅矿床的上层，或与硫化矿共存而形成复合矿[13]。铅在氧化矿床中的储量比在硫化矿床中少得多，铅冶金的主要原料来源于硫化矿。

矿石一般含铅不高，现代开采的矿石含铅一般为 3%~9%，最低铅含量在 0.4%~1.5%，必须进行选矿富集，才能得到适合冶炼要求的铅精矿。表 4-4 列出了一些铅精矿的成分实例。

表 4-4　铅精矿的化学成分实例

矿例		成分											
		%										g/t	
		Pb	Zn	Fe	Cu	Sb	As	S	MgO	SiO_2	CaO	Ag	Au
国内精矿	Ⅰ	66.0	4.9	6	0.7	0.1	0.05	16.5	0.1	1.5	0.5	900	3.5
	Ⅱ	59.2	5.74	9.03	0.04	0.48	0.08	19.2	0.47	1.55	1.13	547	—
	Ⅲ	60	5.16	8.67	0.5	0.46	—	20.2	—	1.47	0.46	926	0.78
	Ⅳ	46	3.08	11.1	1.6	—	0.22	17.6	—	4.5	0.48	800	10
国外精矿	Ⅰ	76.8	3.1	1.99	0.03	—	0.2	14.1	0.2	—	75	—	—
	Ⅱ	74.2	1.3	3	0.4	—	0.12	15	0.5	1	1.7	—	—
	Ⅲ	50	4.04	—	0.47	0.03	0.004	15.7	—	13.5	2.3	—	—

铅精矿是由主金属铅、硫和伴生元素锌、铜、铁、砷、锑、铋、锡、金、银及脉石氧化物二氧化硅、氧化钙、氧化镁、三氧化二铝等组成。为了保证冶金产品质量和获得较高的生产效率，避免有害杂质的影响，使生产能够顺利进行，铅冶炼工艺对铅精矿成分有一定要求。

（1）主金属含量不宜过低，通常要求大于 40%。过低，对整个铅冶炼工艺来讲，单位物料产出的金属铅量减少，从而降低了生产效率。

（2）杂质铜含量不宜过高，通常要求小于 1.5%。含铜过高，烧结块中铜含量会相应升高，在还原熔炼过程中，所产生的锍量增加：一是使溶于锍中的主金属铅损失增加；二是易洗刷冶金炉水套，缩短了水套使用寿命，并易造成冲炮等安全事故。另外，含铜太高，也易造成粗铅和电铅中铜含量超标。

（3）锌的硫化物和氧化物均是熔点高、黏度大，特别是硫化锌。如果含锌过高，则在熔炼时，这些锌的化合物进入熔渣和铅锍，会使它们熔点升高，黏度增大，密度差变小，分离困难，甚至因饱和在铅锍和熔渣之间析出形成隔膜，严重影响炉况，妨碍熔体分离，故锌含量不宜过高，一般要小于 5%[14]。

（4）砷、锑等杂质含量也有严格的要求，通常要求砷+锑的含量小于 1.2%。如果过高，则经配料烧结后，在熔炼炉中形成黄渣的量会增加，而且金属铅的流失量会相应增大，更严重的是会造成粗铅、阳极铅含砷、锑过高；此外，在电解精炼过程中，使铅溶解速度变慢，并且阳极泥难以洗刷干净，这样既影响电流效率，又影响生产效率。

另外，氧化镁、三氧化二铝等杂质会影响渣型，故一般要求含氧化镁小于 2%、三氧化二铝小于 4%。

对于冶炼工艺的选择，除了考察铅精矿的化学成分外，还应当注意铅精矿的某些物理和热化学方面的特点。例如，铅精矿的粒度约有 90%小于 0.1 mm，堆密度约为 2.5 t/m^3，送到冶炼厂的浮选精矿一般含水 5%~15%，硫化铅精矿具有较大的发热值。

B 再生铅原料

可用来生产再生铅的原料很广泛，如回收的废蓄电池残片及填料，蓄电池厂及炼铅厂所产的铅浮渣，二次金属回收厂和有色金属生产厂所产的含铅炉渣，二次金属回收和贵金属冶炼厂所产含铅的烟尘，湿法冶金所产的浸出铅渣，铅熔炼所产的铅锍，铅消费部门的各种废料等。其中，以废蓄电池的回收量最大。再生铅原料一般由铅、锑、锡、铜、铋等元素组成，其中铅含量通常大于 80%。

再生铅原料具有物理形态和化学成分变化大的特点，从这类原料中提铅应根据具体的原料对象采取不同的处理方法[15]。总的原则是：同一组别的金属及合金废料因化学成分一致或接近一致，可采取直接重熔然后精炼的方法。

C 铅的生产工艺

目前铅冶炼主要采用火法为主，湿法工艺仍处在试验阶段[20]。火法炼铅主要有：烧结焙烧—还原熔炼法约占 75%、直接熔炼法约占 15%、铅锌密闭鼓风炉熔炼法约占 10%。

a 烧结焙烧—还原熔炼法

硫化铅精矿经烧结焙烧后得到铅烧结块，在冶金炉中进行还原熔炼，产出粗铅。图 4-2 为硫化铅精矿烧结焙烧—还原熔炼工艺流程。

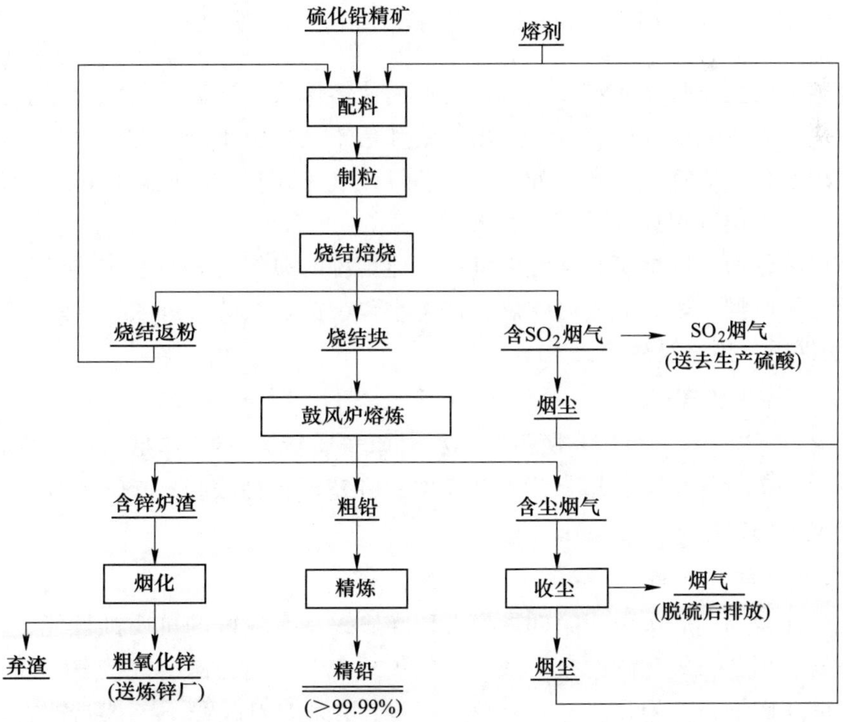

图 4-2 硫化铅精矿烧结焙烧—还原熔炼生产工艺流程图

b　硫化铅精矿直接熔炼法

硫化铅精矿不经烧结焙烧直接生产金属铅的冶炼方法称为直接熔炼，其原则工艺流程如图 4-3 所示。

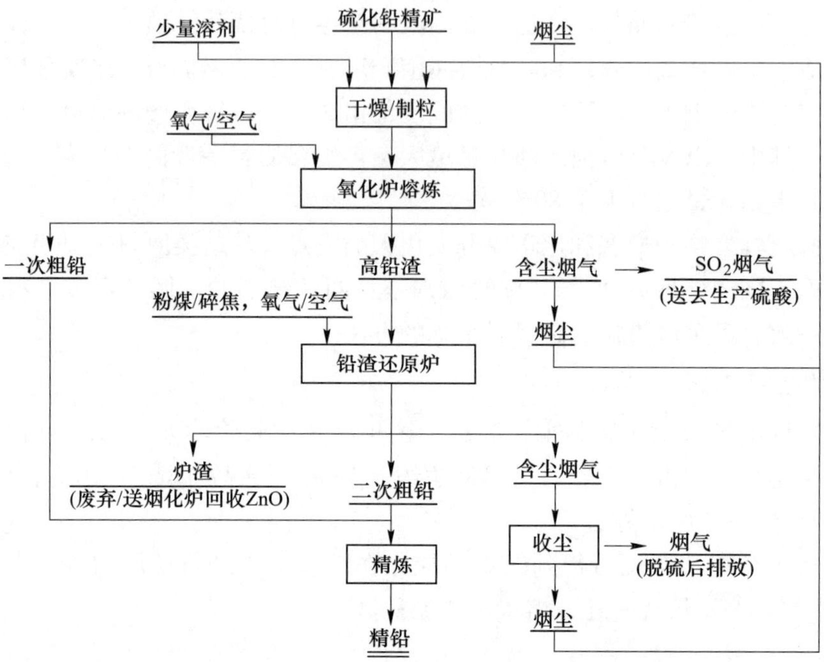

图 4-3　硫化铅精矿直接熔炼生产工艺流程图

直接熔炼采用工业氧气或富氧空气，通过闪速熔炼或熔池熔炼的强化冶金过程，利用氧化反应放热，或者燃烧少量燃料，产出粗铅和富铅渣。由于产生的烟气体积小，烟气中的二氧化硫浓度高，适宜于生产硫酸；精矿和氧化气体在整个反应炉内能充分混合，强烈反应，冶金炉的单位容积处理精矿能力大[16]。

直接炼铅法分为闪速熔炼和熔池熔炼：闪速熔炼的典型代表有基夫赛特法、奥托昆普法；熔池熔炼的典型代表有氧气底吹炼铅法、水口山法、艾萨熔炼法、卡尔多法等。

4.1.3　锌的性质、用途及生产工艺

4.1.3.1　锌的物理性质

锌的元素符号为 Zn，原子序数是 30，相对原子质量为 65。锌是一种银白色略带淡蓝色金属，密度为 7.14 g/cm^3，熔点为 419.5 ℃；在室温下性较脆；100~150 ℃时变软，超过 200 ℃后又变脆。

4.1.3.2　锌的化学性质

锌在化学元素周期表中位于第四周期ⅡB 族。锌具有较好的抗腐蚀性能，在常温下不被干燥的空气、不含二氧化碳的空气或干燥的氧所氧化；但与湿空气接触时表面产生一层灰白致密的碱式碳酸锌（$ZnCO_3 \cdot 3Zn(OH)_2$）薄膜保护内部锌不再被腐蚀。锌在熔融时与铁形成化合物，冷却后保留在铁表面上，保护钢铁免受侵蚀。

纯锌不溶于任何浓度的硫酸或盐酸中。商品锌由于含有少量杂质，极易溶于硫酸或盐酸中并放出氢气，溶解的速率视杂质量的多少而定。由于锌的结晶不同，铸锌较辊轧加工所得锌难溶解。锌也可溶于碱中，但溶解速度较在酸中慢[17]。

常温下无空气的水对锌没有作用，但在红热的温度下，锌易分解水蒸气生成氧化锌。金属锌在空气中加热至 505 ℃，即可燃烧生成非晶型的氧化锌。二氧化碳与水蒸气的混合气体可使锌蒸气迅速氧化，生成氧化锌与一氧化碳。

4.1.3.3　锌的用途

世界上锌的全部消费中大约有一半用于镀锌，约 10%用于黄铜和青铜，约 10%用于锌基合金，约 7.5%用于化学制品，约 13%用于制造干电池。

此外，锌具有良好的抗电磁场性能。锌的电导率是标准电工铜的 29%，在射频干扰的场合，锌板是一种非常有效的屏蔽材料。由于锌是非磁性的，适合作仪器仪表零件的材料、仪表壳体及钱币，同时，锌自身及与其他金属碰撞不会发生火花，适合作井下防爆器材。

4.1.3.4　锌的生产工艺

A　锌生产原料

锌在自然界中主要分为硫化矿和氧化矿，多以硫化矿存在，氧化矿一般是由于硫化矿的长期风化产生的伴生矿。矿石种类主要有闪锌矿、菱锌矿、异锌矿及纤锌矿，矿山原料产品主要来自锌矿、锌与其他金属的伴生矿。一般来说，90%以上的锌源于矿山开采，全球 80%以上的锌矿是需要从地下进行开采的，只有 8%左右的矿山是使用露天开采。矿石品位方面，典型锌矿品位在 7%～10%之间，高品位的可达到 20%，主要的锌矿有闪锌矿等。

B　锌的工艺流程

锌的主要冶炼方法有两种：火法冶炼和湿法冶炼，目前全球锌冶炼总产量的 80%以湿法冶炼为主。

湿法冶炼工艺是：首先采用酸性溶剂将锌从物料中溶解得到锌盐溶液，再采用合适的方法和试剂从溶液中还原制备金属锌。

火法冶炼工艺是：首先焙烧锌精矿得到性能良好、颗粒均匀的锌氧化物，再加入活性炭材料还原剂熔炼得到金属锌，最后高温精馏，挥发锌蒸气，在冷凝器中得到液态锌，浇铸制备锌锭。

典型湿法冶炼锌工艺流程如图 4-4 所示。

4.1.4　锑的性质、用途及生产工艺

4.1.4.1　锑的物理性质

锑的元素符号为 Sb，原子序数为 51。锑是一种带有银色光泽的灰色金属，其莫氏硬度为 3，因此，纯锑不能用于制造硬的物件，中国的贵州省曾在 1931 年发行锑制的硬币，但因为锑很容易磨损，在流通过程损失严重。锑的物理性质见表 4-5，锑的蒸气压见表 4-6。

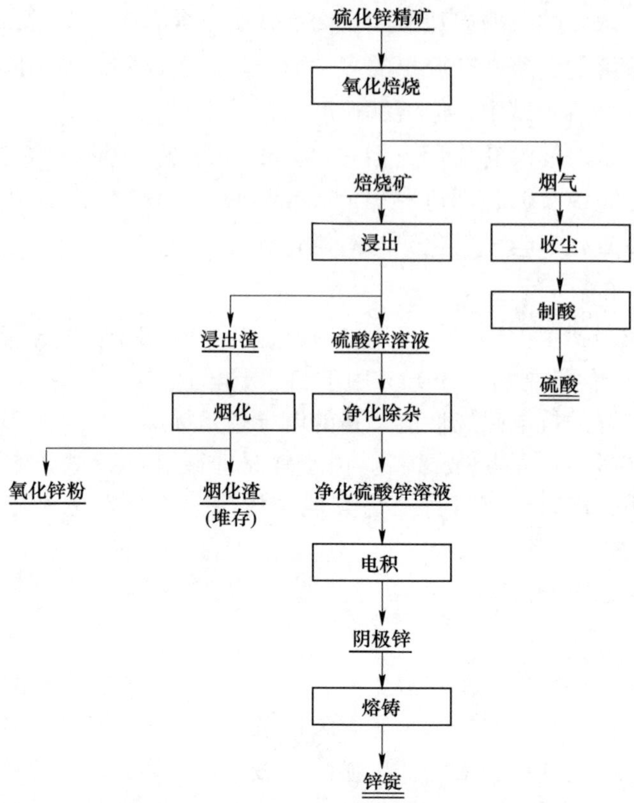

图 4-4　典型湿法冶炼锌工艺流程图

表 4-5　锑的物理性质

物理性质	数值
物态	固态
密度（接近室温）/g · cm^{-3}	6.697
熔点时液体密度/g · cm^{-3}	6.53
熔点/℃	630.63
沸点/℃	1587
熔化热/kJ · mol^{-1}	19.79
汽化热/kJ · mol^{-1}	193.43
比热容/J · (mol · K)$^{-1}$	25.23

表 4-6　锑的蒸气压

温度/K	807	876	1011	1219	1491	1858
压力/Pa	1	10	100	1×10^3	1×10^4	1×10^5

4.1.4.2　锑的化学性质

锑位于元素周期表第五周期第ⅤA 族，是氮族元素（15 族），电负性为 2.05。根据元素周期律，它的电负性比锡和铋的大，比碲和砷的小。锑在室温下的空气中是稳定的，但加热时能与氧气反应生成三氧化二锑。

锑在一般条件下不与酸反应。目前已知锑有四种同素异形体：一种稳定的金属锑和三种亚稳态锑（爆炸性锑、黑锑、黄锑）[18]。金属锑是一种易碎的银白色有光泽的金属。把熔融的锑缓慢冷却，金属锑就会结成三方晶系的晶体，其与砷的灰色同素异形体异质同晶。罕见的爆炸性锑可由电解三氯化锑制得，用尖锐的器具刮擦它就会发生放热的化学反应，放出白烟并生成金属锑。如果在研钵中用研杵将它磨碎，就会发生剧烈的爆炸。黑锑是由金属锑的蒸气急剧冷却形成的，它的晶体结构与红磷和黑砷相同，在氧气中易被氧化甚至自燃。当温度降到 100 ℃时，它逐渐转变成稳定的晶型。黄锑是最不稳定的一种，只能由锑化氢在-90 ℃下氧化而得。在这种温度和环境光线的作用下，亚稳态的同素异形体会转化成更稳定的黑锑[19]。

4.1.4.3　锑的用途

60%的锑用于生产阻燃剂，20%的锑用于制造电池中的合金材料、滑动轴承和焊接剂。

（1）阻燃剂。锑的最主要用途是它的氧化物三氧化二锑用于制造耐火材料。除了含卤素的聚合物阻燃剂以外，它几乎总是与卤化物阻燃剂一起使用。三氧化二锑形成锑的卤化物的过程可以减缓燃烧，就是它具有阻燃效应的原因。这些化合物与氢原子、氧原子和羟基自由基反应，最终使火熄灭。

（2）合金。锑能与铅形成用途广泛的合金，这种合金硬度与机械强度比锑都有所提高，大部分使用铅的场合都加入数量不等的锑来制成合金。在铅酸电池中，这种添加剂改变电极性质，并能减少放电时副产物氢气的生成。锑也用于减摩合金（如巴比特合金）、子弹、铅弹、网线外套、铅字合金（如 Linotype 排字机）、焊料（一些无铅焊接剂含有 5%的锑）、铅锡锑合金及硬化制作管风琴的含锡较少的合金。

（3）锑的生物学或医学应用。主要成分为锑的药品称作含锑药剂，是一种催吐剂。锑化合物也用作抗原虫剂。锑及其化合物用于多种兽医药剂，例如，安修马林（硫苹果酸锑锂）用作反刍动物的皮肤调节剂。锑对角质化的组织有滋养和调节作用，至少对动物是如此。含锑的药物也用作治疗家畜的利什曼病的选择之一，如葡甲胺锑酸盐。

（4）其他应用。一是生产聚对苯二甲酸乙二酯的稳定剂和催化剂；二是用于去除玻璃中显微镜下可见气泡的澄清剂，主要用途是制造电视屏幕，这是因为锑离子与氧气接触后阻碍了气泡继续生成；三是颜料；四是在半导体工业中的应用正不断发展，主要是在超高电导率的 n 型硅晶圆中用作掺杂剂，这种材料用于生产二极管、红外线探测器和霍尔效应元件。

4.1.4.4　锑的生产工艺

锑的生产方法主要有湿法和火法两种。湿法炼锑的金属回收率高，综合利用好，污染少。火法炼锑过程中产生的烟尘通常还含有砷、铅、铁和硫等有害杂质，影响产品质量并污染环境，危害人体健康。

A　湿法炼锑

湿法炼锑既能处理单一的含锑原料，又能处理多金属的复杂矿，如锑金矿、铅锑矿、锑球矿、硫化-氧化混合矿，以及铜、铅精炼过程的阳极泥，冶炼厂含锑烟尘等。湿法炼锑包括碱法和酸法两种。

（1）碱性湿法炼锑。该法主要由锑的浸出和电积或氧化沉淀两个工序组成，前者使锑溶解于溶剂中，后者是将所得的溶液通过电解产出金属锑或通过氧化沉淀产出锑酸钠。目前碱性湿法炼锑所用浸出剂主要是硫化钠和苛性钠的混合溶液。硫代亚锑酸钠溶液的电积分为隔膜电积和无隔膜电积。电积法产出的阴极锑质量好、杂质少。典型碱浸湿法炼锑工艺流程如图 4-5 所示。

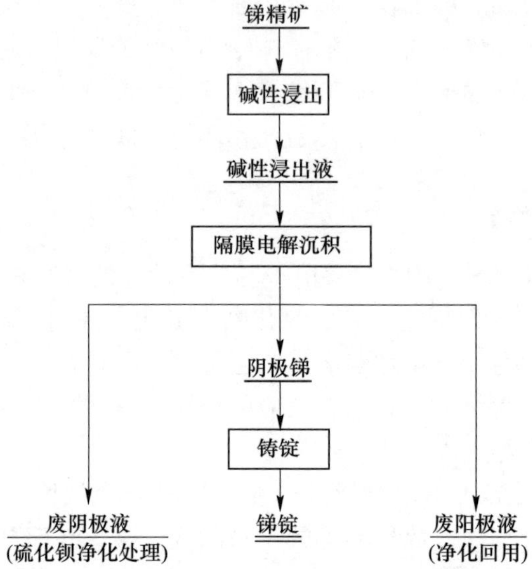

图 4-5　典型碱性湿法炼锑工艺流程图

（2）酸性湿法炼锑。该法采用酸性溶剂作浸出剂，浸出所得的三氯化锑溶液，用隔膜电积或铁置换产出金属锑，或进行水解生产锑白。典型酸性湿法炼锑工艺流程如图 4-6 所示。

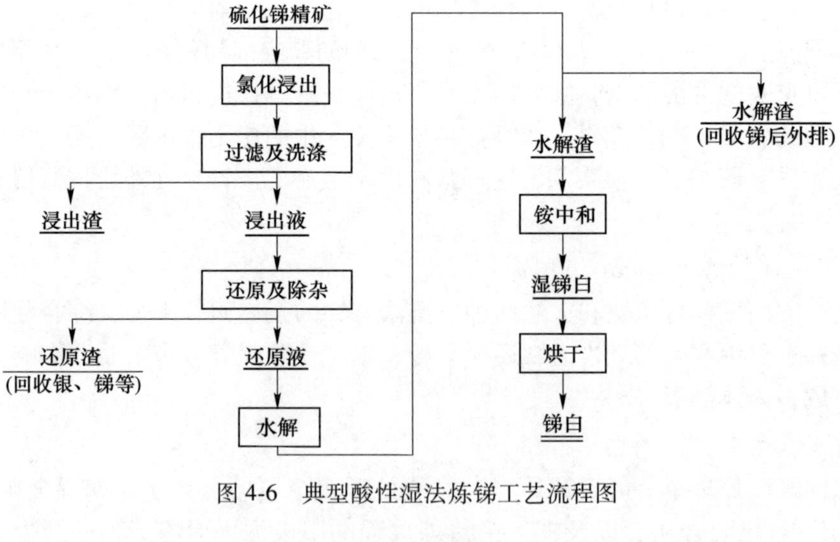

图 4-6　典型酸性湿法炼锑工艺流程图

B　火法炼锑

锑的火法制备工艺主要包括挥发焙烧—还原熔炼和挥发熔炼—还原熔炼，使用这两种方法生产的氧化锑，经反射炉还原熔炼产出粗锑，锑含量为96%~97%。火法炼锑工艺流程如图4-7所示。

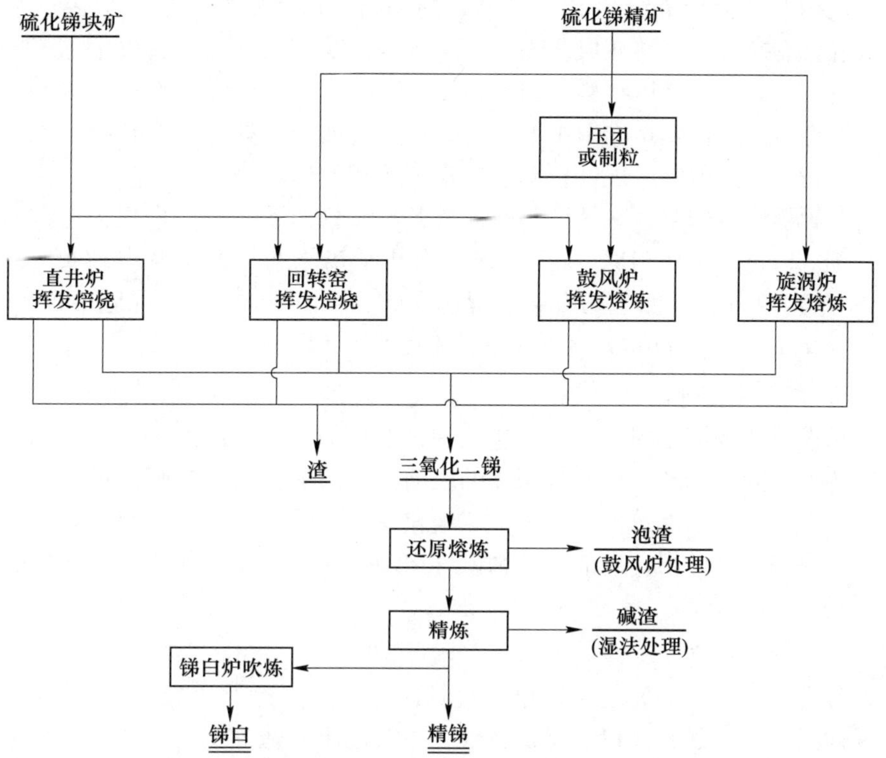

图4-7 火法炼锑工艺流程图

（1）挥发焙烧—还原熔炼。品位为10%~18%的块状单一硫化锑矿常用赫氏炉或直井炉挥发焙烧处理，含锑10%~20%的块矿、重选及浮选精矿的混合料常用回转窑常规挥发焙烧处理。含锑50%~60%的硫化锑精矿则常用回转窑闪速挥发焙烧处理，焙烧烟气中含二氧化硫8%~12%，可制硫酸。

（2）挥发熔炼—还原熔炼。鼓风炉挥发熔炼通常用于处理含锑30%~50%的硫化锑矿或混合矿，并可处理泡渣、生锑渣等炼锑的中间产物。处理粉矿时，须先制团或制粒。此法对原料适应性强，除产出氧化锑外，还产出少量粗锑和锑锍，能富集贵金属以利于回收。渣含锑0.8%~1.4%，烟气含二氧化硫0.3%~0.8%，经处理达到标准后排放。旋涡炉挥发熔炼用于处理含锑60%~65%、含铅和砷不高于0.5%的硫化锑精矿，渣含锑0.5%~1.5%。

4.1.5 锡的性质、用途及生产工艺

4.1.5.1 锡的物理性质

锡的元素符号为Sn，原子序数为50。金属锡柔软，易弯曲，具有银白色金属光泽，熔点为231.89 ℃，沸点为2260 ℃，无毒。锡在常温下富有展性，特别是在100 ℃时，展性非常好，可以展成极薄的锡箔，可以薄到0.04 mm以下；但延性很差，一拉就断，不能

拉成细丝。

锡非常怕冷，当温度下降到 13.2 ℃以下时，锡会逐渐变成煤灰般松散的粉末，特别是在-33 ℃或有红盐（$SnCl_4 \cdot 2NH_4Cl$）的酒精溶液存在时，这种变化的速度大大加快。这种锡的“疾病”还会传染给其他“健康”的锡器，白锡只要一碰上灰锡，哪怕是碰上极少，白锡就会迅速且全部转变成灰锡[20]。造成锡疫的原因是由于锡的晶格发生了变化，在常温下锡是正方晶系的晶体结构，叫作白锡。

锡不仅怕冷，而且怕热。在 161 ℃以上，白锡又转变成具有斜方晶系晶体结构的斜方锡。斜方锡很脆，一敲就碎，展性很差，叫作“脆锡”。

锡的同素异形体有白锡、灰锡、脆锡。其各自参数如下：（1）白锡为正方晶系，晶胞参数：a=0.5832 nm，c=0.3181 nm，晶胞中含 4 个锡原子，密度为 7.28 g/cm^3，莫氏硬度为 2；（2）灰锡为金刚石形立方晶系，晶胞参数：a=0.6489 nm，晶胞中含 8 个锡原子，密度为 5.75 g/cm^3；（3）脆锡为斜方晶系，密度为 6.54 g/cm^3。

4.1.5.2　锡的化学性质

锡位于元素周期表第五周期第ⅣA 族。锡的化学性质很稳定，在常温下不易被氧化，所以它常保持银闪闪的光泽。在空气中锡的表面生成二氧化锡保护膜而稳定，加热条件下氧化反应加快；锡与卤素加热下反应生成四卤化锡，也能与硫反应；锡对水稳定，能缓慢溶于稀酸，较快溶于浓酸中；锡能溶于强碱性溶液；在氯化铁、氯化锌等盐类的酸性溶液中会被腐蚀。

4.1.5.3　锡的用途

锡是人类最早使用的金属之一，也是最具广泛工业用途的金属之一，具有质地柔软、熔点低、展性强、塑性强和无毒等优良特性，主要用于制造焊锡、镀锡板、合金、化工制品等，被广泛应用于电子、信息、电器、化工、冶金、建材、机械、食品、包装原子能及航天工业等领域。

（1）焊锡。主要指用锡基合金制作的熔点较低的焊料。随着行业的发展和欧盟环保要求的提出，无铅焊锡逐渐地代替铅焊锡是全球电子制造业发展的必然趋势。同时，锡焊料是锡在电子行业的主要应用，用于电子焊接，该领域目前占我国锡下游应用的 70%，另外镀锡钢板和锡化工制品分别占下游应用的 8%和 12%[21]。

（2）镀锡板。俗称马口铁，具有良好的密封性、保藏性、避光性、坚固性、抗腐蚀性，无毒且具有特有的金属装饰魅力，被广泛应用于罐头、饮料等食品的包装行业，以及军工、仪表、电器及其他工业等。

（3）锡合金。最常见的合金有锡和锑、铜合成的锡基轴承合金和铅、锡、锑合成的铅基轴承合金，它们可以用来制造汽轮机、发电机、飞机等承受高速高压机械设备的轴承。含锡的青铜目前主要用来制造耐磨零件和耐腐蚀的设备，广泛应用于船舶、化工、建筑、货币等工业。

（4）锡化工。锡在化工方面主要用于生产锡的化合物和化学制品。锡的有机化合物主要用作木材防腐剂、农药等，锡的无机化合物主要用作催化剂、稳定剂、添加剂和陶瓷工业的乳化剂。

（5）化学制品。锡化学制品是锡的另一主要终端用途，近年来化学制品领域锡的消费量不断增长。化工用锡主要集中在五个方面：PVC 热稳定剂、杀虫剂、催化剂、农业化肥和玻璃镀膜。

（6）其他应用。电子工业用材料，用作高纯试剂；用于还原剂测定砷、磷酸盐的试剂，也用于有机合成；用于制造电碳制品、摩擦材料、含油轴承及粉末冶金结构材料；用于磷酸盐的测定和有机合成，也用作还原剂；用于低熔点合金制备，高纯锡在电子工业中用于镀锡和扩散掺杂工艺。

4.1.5.4　锡的生产工艺

锡的生产工艺主要取决于锡原料的物质成分及其含量，一般以火法为主、湿法为辅。锡的生产一般包括三个主要过程：还原熔炼、炼渣处理和粗锡精炼，锡精矿冶炼工艺流程如图 4-8 所示。

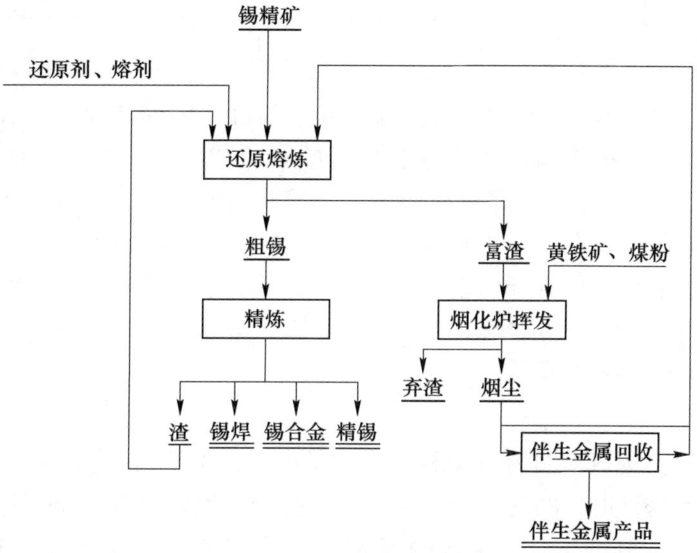

图 4-8　锡精矿的工艺流程图

（1）还原熔炼。主要是使氧化锡还原成金属锡，同时将铁的氧化物还原成氧化铁并与熔剂造渣。为此，不能使其生成金属铁，故需控制较弱的还原气氛和适当温度，这必然会限制锡氧化物的完全还原，因此炉渣含锡较高（这种渣称富渣），必须进一步处理。

（2）炼渣处理。用烟化炉挥发方法，这样产出的废渣含锡低，金属回收率高，同时大量减少了铁的循环。

（3）粗锡精炼。主要是除去粗锡中的铁、铜、砷、锑、铅、铋和银等杂质，同时综合回收有用金属。一般分为火法精炼和电解精炼，以电解精炼为主。

4.1.6　镍的性质、用途及生产工艺

4.1.6.1　镍的物理性质

镍的元素符号为 Ni，原子序数为 28。镍是一种银白色的铁磁性金属。镍的熔点为 1453 ℃±1 ℃，沸点为 2732 ℃，密度为 8.9 g/cm^3，具有良好的导电导热性和延展性，可制成很薄的镍片（厚度小于 0.02 mm）。镍能与许多金属组成合金，这些合金包括耐高温合金、不锈钢、结构钢、磁性合金和有色金属合金等。镍的主要物理性质见表 4-7。

表 4-7　镍的主要物理性质

物理性质	数值
化学元素符号	Ni
原子序数	28
相对原子质量	58.69
熔点/℃	1453
沸点/℃	2732
密度/g · cm^{-3}	8.902

4.1.6.2　镍的化学性质

镍位于元素周期表第四周期第Ⅷ族。镍能抗氧锈蚀，因为其表面生成致密薄膜，故能阻止进一步氧化，也能抗强碱腐蚀，它在稀盐酸和硫酸中溶解很慢，但稀硝酸能与之作用。镍与氧生成三种化合物，即氧化亚镍（NiO）、四氧化三镍（Ni_3O_4）和三氧化二镍（Ni_2O_3），只有氧化镍在高温下稳定；镍与硫生成四种化合物，即 NiS_2、Ni_6S_5、Ni_3S_2 和 NiS，在冶炼高温下只有 Ni_3S_2 稳定。冶金上最有意义的是镍与一氧化碳生成的羰基镍（$Ni(CO)_4$），它是挥发性化合物，沸点为 43 ℃，分解温度为 180 ℃。

4.1.6.3　镍的用途

镍主要用于：

（1）金属材料。镍具有良好的机械强度和延展性，难熔耐高温，并能在表面形成致密的氧化镍膜，因此具有很高的化学稳定性，是一种十分重要的有色金属原料，被用来制造包括不锈钢、耐热合金钢、合金结构钢等 3000 多种合金，广泛用于飞机、雷达、导弹、坦克、舰艇、宇宙飞船、原子反应堆等领域。

（2）镀镍。主要是在钢材及其他金属材料的基体上覆盖一层耐用、耐腐蚀的表面层，其防腐蚀性要比镀锌层高 20%~25%[22]。

（3）催化剂。应用于石油化工的氢化等过程。

（4）化学电源。如工业上已生产的镉-镍、铁-镍、锌-镍等电池和氢气-镍密封电池，这类电池充电性能好，理论比能量较高，价格较便宜。

（5）作颜料和染料。最重要的是制作一种以钛酸镍为主要组分的黄橙色颜料，该颜料覆盖能力强，不易被其他颜料污染且化学性能稳定。

4.1.6.4　镍的生产工艺

镍矿石主要有硫化镍矿和氧化镍矿，两者的选矿和冶炼工艺完全不同。根据硫化镍矿矿石的级别选用不同选石方法，再进行冶炼；氧化镍矿的冶炼富集方法，可分为火法和湿法两大类。

A　硫化镍矿冶炼

工艺流程选择根据原料类型、成分和对产品的要求而定。硫化矿大部分采用造锍熔炼，即将各种硫化镍矿采用不同的火法冶金工艺炼成低镍锍，再将低镍锍用转炉吹炼成高镍锍，即硫化镍和硫化铜的合金。高镍锍再经镍精炼厂的不同精炼方法生产出不同的镍产品。

硫化镍矿火法冶炼几种工艺的流程综合如图4-9所示，硫化镍矿也可采用湿法冶炼，但只有个别工厂采用。

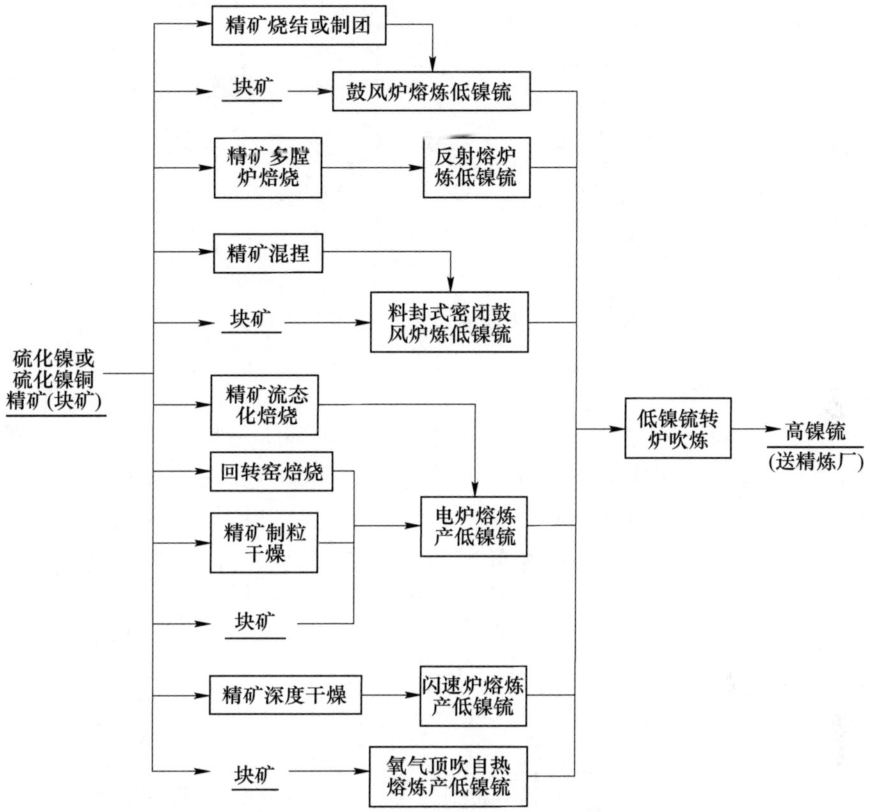

图4-9 硫化镍矿火法冶炼工艺流程图

B 氧化镍矿冶炼

氧化镍矿的冶炼富集方法可分为火法和湿法两大类。前者又可分为造锍熔炼、镍铁法和粒铁法；后者又有还原焙烧—常压氨浸法、高压酸浸法等[23]。

由于地球上硫化镍矿资源量较少，因此氧化镍矿（红土镍矿）提取镍金属逐步成为世界提取镍金属的主流。红土镍矿的主要提取工艺主要有两种：湿法冶炼和火法冶炼。总体来看，火法工艺能耗高，金属综合回收效果差，成本与湿法冶炼成本相当，属于传统的处理方法。

a 湿法冶炼

氧化镍矿湿法冶炼工艺流程如图4-10所示。

湿法冶炼的冶炼工艺又可分为氨浸工艺、高压酸浸工艺、还原焙烧—酸浸工艺和硫酸化焙烧—水浸工艺。其中，氨浸工艺只适合处理表层的红土矿，不适合处理含铜和含钴高的氧化镍矿；高压酸浸工艺适合于处理低镁（铝）高铁类型的红土镍矿-褐铁矿型（70%

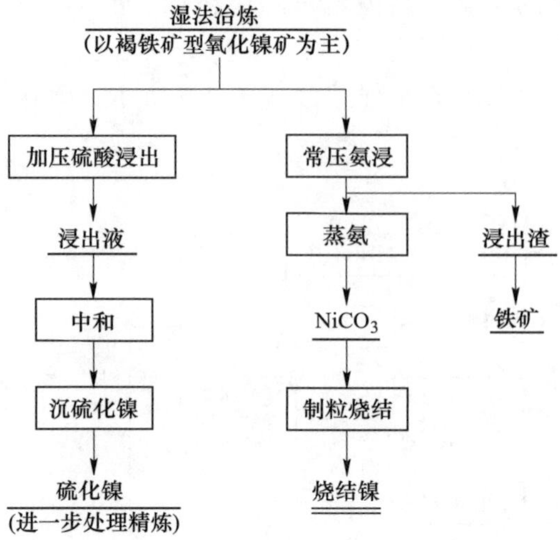

图 4-10　氧化镍矿湿法冶炼工艺流程图

的红土矿都属于褐铁矿型）。

湿法冶炼优点：能耗低，污染少，品质优，无论是常压还是加压酸浸，目前技术都比较成熟，国内外均有多条成熟的生产线。随着近年来环保力度的加大和一些原镍出口国出口限制，我国逐渐减少了直接冶炼红土镍矿，转而冶炼经过初加工的镍中间产品来生产镍铁和电解镍，由此促进了镍湿法冶炼中间产品的进口。湿法冶炼的发展优势更加明显，它的不足则是工艺投资大、周期长、工艺复杂、成本较高。

b　火法冶炼

氧化镍矿火法冶炼工艺流程如图 4-11 所示。

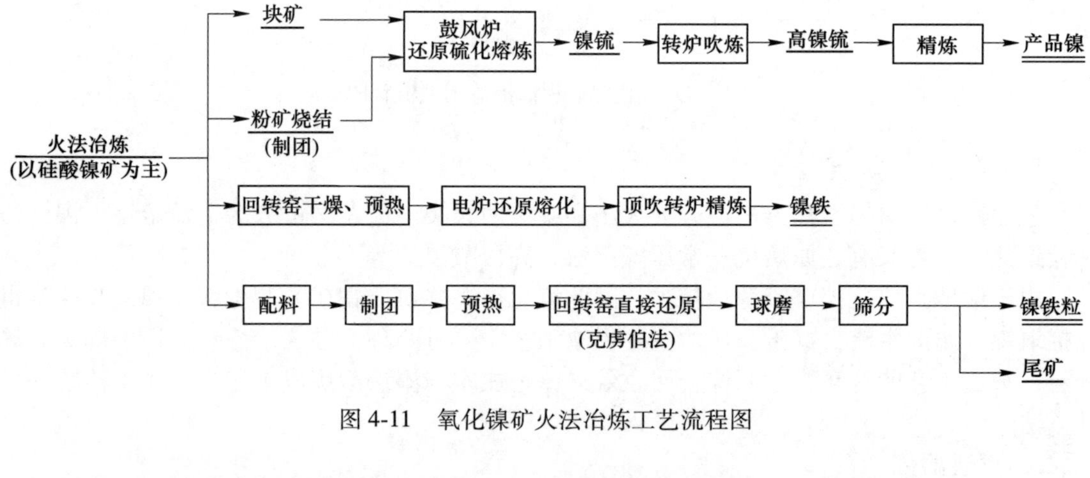

图 4-11　氧化镍矿火法冶炼工艺流程图

氧化镍矿火法冶炼的冶炼工艺可分为还原熔炼镍铁工艺和还原硫化熔炼镍锍工艺两种，以还原熔炼镍铁工艺为主。氧化镍矿火法冶炼适合处理硅镁镍类型矿。

氧化镍矿火法冶炼根据还原熔炼设备又可分为电炉熔炼和鼓风炉熔炼两种，较大生产规模的工厂大都采用电炉熔炼，小厂则采用鼓风炉熔炼。电炉熔炼适合处理各种类型的氧化镍矿，依据原料的供应情况、矿石的储量等决定，生产规模可大可小，对入炉炉料的粒度也没有严格的要求，粉料及较大块料都可直接处理，但缺点是耗能太大。鼓风炉熔炼生产镍铁的优点是投资小、能耗较低，适合规模小、电力供应困难及含镍较低的红土矿；其缺点是对矿石适应性差，对镁含量有较严格的要求，另外不能处理粉矿，对入炉炉料也有严格的要求[24]。

C　镍的精炼

镍的精炼主要有电解法、羰基化法和氢气还原法。

（1）电解法。将富集的硫化物矿焙烧成氧化物，用碳还原成粗镍，再经电解得到纯金属镍。

（2）羰基化法。将镍的硫化物矿与一氧化碳作用生成四羰基镍，加热后分解，即可得到纯度很高的金属镍。

（3）氢气还原法。用氢气还原氧化镍，可得金属镍。

4.1.7　钴的性质、用途及生产工艺

4.1.7.1　钴的物理性质

钴的元素符号为 Co，原子序数为 27。钴是具有光泽的银白钢灰色金属，熔点为 1493 ℃、密度为 8.9 g/cm^3，比较硬而脆。钴是铁磁性的，在硬度、抗拉强度、机械加工性能、热力学性质、电化学行为方面与铁和镍相类似；加热到 1150 ℃时磁性消失，晶胞为密排六方晶胞。钴的物理性质见表 4-8，晶胞参数见表 4-9。

表 4-8　钴的物理性质

物理性质	数值
原子序数	27
质子数	27
中子数	32
莫氏硬度	5
沸点/℃	2870
熔点/℃	1495
密度/g·cm^{-3}	8.9
相对原子质量	58.93

表 4-9　钴的晶胞参数

晶胞参数/pm	棱间夹角/(°)
a=250.71	α=90
b=250.71	β=90
c=406.95	γ=120

4.1.7.2　钴的化学性质

钴在元素周期表中位于第四周期第Ⅷ族。钴的化合价为+2价和+3价，在常温下不和水作用，在潮湿的空气中也很稳定；在空气中加热至300 ℃以上时氧化生成氧化钴，在白热时燃烧生成四氧化三钴。氢还原法制成的细金属钴粉在空气中能自燃生成氧化钴。由电极电势看出，钴是中等活泼的金属，其化学性质与铁、镍相似，高温下发生氧化作用。加热时，钴与氧、硫、氯、溴等发生剧烈反应，生成相应化合物。钴可溶于稀酸中，在发烟硝酸中因生成一层氧化膜而被钝化。钴会缓慢地被氢氟酸、氨水和氢氧化钠浸蚀。钴是两性金属。钴的化学性质见表4-10，钴的电离能见表4-11。

表4-10　钴的化学性质

电子层分布	2-8-15-2
氧化态	−1，0，1，2，3，4，5
外围电子排布	$3d^7 4s^2$

表4-11　钴的电离能　（kJ/mol）

M-M	760	M5-M6	9840
M-M2	1646	M6-M7	12400
M2-M3	3232	M7-M8	15100
M3-M4	4950	M8-M9	17900
M4-M5	7670	M9-M10	26600

4.1.7.3　钴的用途

钴的消费与应用领域主要有电池材料、超级耐热合金、工具钢、硬质合金、磁性材料，以化合物形式消费的钴主要用作催化剂、干燥剂、试剂、颜料与染料等。钴-60是一种广为使用的放射性材料，在生物化学中广泛用于活化分析，在电镀、腐蚀和催化中用于示踪研究，在医疗中被用于放射检查与治疗。

4.1.7.4　钴的生产工艺

钴的制备一般先用火法将钴精矿、砷钴精矿、含钴硫化镍精矿、铜钴矿、钴硫精矿中的钴富集或转化为可溶性状态，然后用湿法冶炼制成氯化钴溶液或硫酸钴溶液，再用化学沉淀和萃取等方法进一步使钴富集和提纯，最后得到钴化合物或金属钴。

钴矿物的赋存状态复杂，矿石的品位低，所以提取方法很多且工艺复杂，回收率较低。钴矿的选矿一般是将钴矿石通过手选、重选、浮选提取到含钴15%～25%的钴精矿[25]。钴精矿冶炼方法主要有硫化镍矿法和砷钴矿法。

A　硫化镍矿法

硫化镍精矿一般含镍4%～5%，含钴0.1%～0.3%。镍的火法熔炼过程中，由于钴对氧和硫的亲和力介于铁和镍之间，因此在转炉吹炼高冰镍时，可控制冰镍中铁的氧化程度，使钴富集于高冰镍或富集于转炉渣，下面分别介绍这两种提取方法。

（1）富集于高冰镍中的钴。在镍电解精炼过程中，钴和镍一起进入阳极液。在净液除钴过程中，钴以高价氢氧化钴的形态进入钴渣，钴渣含钴6%~7%、镍25%~30%。从这种钴渣提钴的方法之一是：将钴渣加入硫酸溶液中，通二氧化硫使之溶解，制得含硫酸镍、硫酸钴和少量铜、铁、砷、锑等杂质的溶液；再用活性镍粉置换除去铜；通空气，氧化水解除去铁，通氯气氧化，加苏打中和沉淀钴，若所得氢氧化钴含镍较高，可再次溶解、沉淀分离钴镍，使其含镍小于1%；经煅烧制得氧化钴，氧化钴制成粗金属钴，经电解精炼制得电解钴。从钴渣提钴的另一种方法是以亚硫酸钠作还原剂，将钴渣溶解于硫酸溶液中，得到含硫酸镍、硫酸钴和少量铜、铁、锰、锌等杂质的溶液，而后用黄钠铁矾法除去溶液中的铁，用烷基磷酸类，如二-2-乙基己基磷酸（D_2EHPA）或其他烷基磷酸酯类萃取剂萃取其中的铜、铁、锰、锌等，并分离钴、镍。萃取过程中获得的氯化钴溶液，用氟化铵除钙、镁后，再用草酸铵沉淀钴。所得草酸钴在450 ℃下煅烧，得到的氧化钴粉，再用氢还原得到金属钴粉。

（2）富集于炼镍转炉渣中的钴。在还原硫化熔炼过程中，与镍一起转入钴冰铜。转炉渣成分一般为：钴0.25%~0.35%，镍1%~1.5%；钴冰铜成分一般为：钴1%~1.5%，镍5%~13%。钴冰铜可以直接出售，也可以将钴冰铜焙烧成可溶性化合物后再酸浸，浸出液可按钴渣提钴工艺流程处理回收钴。

B　砷钴矿法

砷钴矿经选矿得到含钴10%~20%的精矿，其中含砷20%~50%。处理砷钴矿的方法主要有两种，一种是先用火法熔炼产出砷冰钴，再用湿法提钴；另一种是用加压浸出法制得含钴溶液，再从中提取钴。

火法熔炼处理钴精矿是将精矿配以焦炭和熔剂在反射炉或电炉内熔炼，使部分砷形成三氧化二砷挥发，产出砷冰钴。如果原料含硫高，还产出部分钴冰铜。砷冰钴和钴冰铜磨细后焙烧，进一步脱砷和硫；焙砂用稀硫酸浸出，用次氯酸钠氧化浸出液中的铁，再用苏打调整pH值为3~3.5，使铁成为氧化铁和砷酸铁沉淀。滤液用铁屑置换除铜后，用次氯酸钠使钴氧化，加碱水解生成高价氢氧化钴沉淀而与镍分离。所得氢氧化钴在反射炉内于1000~1200 ℃下煅烧，获得氧化钴，并使其中的碱式硫酸盐分解，将硫除去。然后配入木炭，在回转窑内于1000 ℃左右还原成金属钴粉；也可将氢氧化钴熔炼成粗金属钴，再进行电解得到电钴。焙砂的浸出液也可和前述硫化镍矿提钴一样，采用萃取法净液分离提钴。

加压酸浸法处理砷钴精矿是将精矿用稀硫酸浆化，用高压釜浸出，操作压力0.35 MPa，温度190 ℃，浸出时间3~4 h，钴的浸出率95%~97%。浸出液除砷、铁、铜、钙等杂质后，加入液氨，使钴形成钴氨络合物；在高压釜内，用氢气还原得到钴粉，操作压力5.0~5.5 MPa，温度190 ℃。此法流程简单，回收率高，劳动条件好。

4.1.8　汞的性质、用途及生产工艺

4.1.8.1　汞的物理性质

汞的元素符号为 Hg，原子序数为 80。汞是在常温、常压下唯一以液态存在的金属，熔点为-38.87 ℃，沸点为 356.6 ℃，密度为 13.59 g/cm^3；内聚力很强，在空气中稳定，常温下蒸发出汞蒸气，蒸气有剧毒。天然的汞是汞的 7 种同位素的混合物。汞微溶于水，在有空气存在时溶解度增大。

4.1.8.2　汞的化学性质

汞在元素周期表中位于第六周期第ⅡB 族。汞溶于硝酸和热浓硫酸，分别生成硝酸汞和硫酸汞，汞过量则出现亚汞盐；能溶解许多金属，形成合金，该合金称为汞齐。汞的化合价为+1 和+2。与银类似，汞也可以与空气中的硫化氢反应。汞具有恒定的体积膨胀系数，其金属活跃性低于锌和镉，且不能从酸溶液中置换出氢。一般汞化合物的化合价是+1或+2，+4 价的汞化合物只有四氟化汞，而+3 价的汞化合物不存在。

4.1.8.3　汞的用途

泵的主要用途有：

（1）制造工业用化学药物及电子或电器产品。汞用于温度计，尤其是测量高温的温度计。汞可以将金从其矿物中分解出来，因此经常用于金矿。除此之外，汞还用于气压计、汞蒸气灯和扩散泵等仪器。泵的三相点是-38.8344 ℃，它是一个温度的标准点。

（2）用于牙医学。汞是一种制成牙齿填补物的重要元素。

（3）用于化妆品。硫柳汞广泛用于制造染眉毛膏。在 2008 年，美国明尼苏达州成为美国第一个禁止在化妆品中加入汞的州。

（4）其他用途。用于水银开关、杀虫剂、防腐剂，在一些电解设备中充当电极、电池和催化剂。

4.1.8.4　汞的生产工艺

A　汞的制备方法

将朱砂在流动的空气中加热，经过还原得到汞蒸气，对其蒸气进行收集冷凝，得到汞金属。还可将朱砂矿石经粉碎、浮选富集之后，在空气中焙烧或与生石灰共热，使汞蒸馏出来，这种方法是工业上常用的制备方式。

B　高纯汞的制备工艺

高纯汞的制备所采用的原料为纯度 99.999%～99.9999%的纯汞，直接用多级真空蒸馏的方法进行提纯，一般采用三级蒸馏的方法。所谓真空蒸馏，就是利用汞和其中所含杂质元素之间的饱和蒸气压的较大差异，将系统抽至真空，将汞加热到一定温度，使汞和汞中杂质元素分离而将汞提纯的工艺方法。高纯汞的提纯工艺流程如图 4-12 所示。

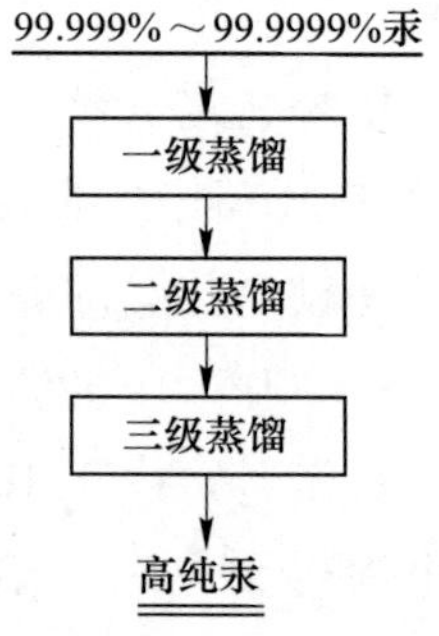

图 4-12　高纯汞的提纯工艺流程简图

4.2　铅、铋的综合提取

铜精矿中一般都含有一定量的铅、铋杂质元素，铅、铋杂质对铜冶炼生产过程和产

品质量是不利的，有些铜冶炼厂对进厂铜精矿中的铅、铋含量都有一定的限制要求。铜冶炼过程中铅、铋分别进入烟尘和各种废渣废料中，由于提取回收工艺复杂、流程长、污染环境、回收率低、生产成本高、经济效益差等综合因素影响，以前铜冶炼厂基本都不专门提取回收铅、铋金属，造成铅、铋等有价伴生资源的严重浪费。2008 年祥光铜业率先开发出具有自主知识产权的铜冶炼伴生铅、铋高效清洁提取新工艺，并投入工业应用，主要工艺流程是：含铅、铋废料—铅铋合金冶炼—铅铋合金精炼—铅铋合金电解—铋精炼—铅锭、铋锭。目前，国内外许多铜冶炼厂已开始使用该工艺提取回收伴生铅、铋，生产铅、铋产品，给企业带来显著的经济效益和社会效益。

4.2.1 铅铋合金冶炼

4.2.1.1 炼铜厂含铅、铋物料的性质

铜冶炼厂含铅、铋废渣废料主要有炼铜转炉烟灰、制酸系统产出的铅滤饼及阳极泥处理系统产出的分银尾渣、卡尔多炉熔炼渣等，其化学成分见表 4-12~表 4-15。

表 4-12 转炉烟灰浸出渣的成分

成分	铜	铅	铋	锌	砷
含量/%	0~1	10~30	2~10	0~1	2~5

表 4-13 铅滤饼的成分

成分	铜	铅	铋	锌	砷
含量/%	1~8	10~30	1~3	0~0.5	3~10

表 4-14 分银尾渣的成分

成分	铜	铅	铋	锌	砷
含量/%	0~0.5	10~30	2~5	0~0.1	1~3

表 4-15 卡尔多炉渣的成分

成分	铜	铅	铋	锌	砷
含量/%	0~0.5	15~40	1~10	0~0.1	3~5

4.2.1.2 铅、铋冶炼的理论基础

铜冶炼过程所产铅渣中的铅主要以硅酸铅、硫酸铅及少量氧化铅的形式存在。一部分硅酸铅在高温下分解为铅氧化物和二氧化硅，二氧化硅与石灰、纯碱反应生成硅酸钙及硅酸钠入渣，铅氧化物在还原气氛下还原为铅，一部分硅酸铅在高温还原气氛下直接还原成金属铅。硫酸铅是比较稳定的化合物，800 ℃时便开始分解，在还原性气氛下，硫酸铅则按下列反应转变成硫化铅，硫酸铅和氧化铅均能与硫化铅反应生成金属铅。

$$PbSiO_3 = PbO + SiO_2$$

$$SiO_2 + CaO = CaSiO_3$$

$$SiO_2 + Na_2CO_3 = Na_2SiO_3 + CO_2$$

$$2PbO + C = 2Pb + CO_2$$

$$PbSO_4 = PbS + 2O_2$$

$$PbSO_4 + PbS = 2Pb + 2SO_2$$

$$PbS + 2PbO = 3Pb + SO_2$$

渣中的铋主要是以铋的氧化物的形式存在，铋的氧化物在还原气氛下还原进入铅液中组成铅铋合金[26]。其主要反应如下：

$$2Bi_2O_3+3C = 4Bi+3CO_2$$

$$2Bi_2O_3+3Fe = 4Bi+3FeO_2$$

铅铋熔体是金、银的良好捕收剂。由于铅、铋和金、银的密度均较大，故在沉淀过程中，铅、铋与金、银颗粒一起形成铅铋金银合金，而沉积在炉子底部，铅铋合金具有较低的熔点。同时，铅和铋在熔融状态下，能无限溶解金、银，故金、银都富集到铅铋合金中。

其他杂质主要以氧化物或含氧化物的盐类组成，这些氧化物有呈酸性的、碱性的或中性的。在熔炼时，它们有的相互作用或与加入的熔剂作用，生成炉渣，浮在金属熔体表面而被除去；还有一些金属氧化物，其沸点较低，在冶炼温度下，挥发进入烟气。

铅、铋冶炼所用熔剂主要有焦粉、纯碱、石灰、铁粉，下面介绍它们在冶炼过程中的作用。

（1）焦粉，作还原剂，一般为粒状焦炭粉，加入量为物料量的4%~7%。当焦粉过量时，杂质易被还原进入粗铅铋合金，降低粗铅铋合金的品位，同时还会提高炉料的熔点，恶化熔炼过程。

（2）纯碱，作造渣熔剂，过量时会造成渣量增大，炉渣熔点低，使熔炼物料难以过热，物理化学反应不完全，降低金属回收率。此外，过量的纯碱对耐火砖有腐蚀作用。

（3）石灰，作造渣剂。

（4）铁粉，作还原剂。

4.2.1.3　铅铋合金冶炼的工艺操作

铅铋合金冶炼是还原熔炼作业，主要包括物料的破碎、加料、还原熔炼、出炉操作。

A　破碎

把大块的含铅铋渣通过打渣机破碎成粒度小于50 mm的颗粒，然后进入颚式破碎机和锤破机中破碎，破碎颗粒粒度在10~25 mm。

B　加料作业

顶吹转炉作业采用小批量加料入炉处理，加料方式有两种：机械加料和人工加料。加料时，先加湿料，后加干料。

机械加料是指物料通过加料系统加料，是顶吹转炉的主要加料方式，主要用于处理干物料，主要熔剂是焦粉、苏打等。人工加料是指物料通过船形加料斗由炉口加入炉内，加料操作由人工操作吊车完成，也是顶吹转炉经常使用的加料方式，主要用于处理卡尔多炉渣和循环返料。

C　熔炼过程

熔炼实质是属于还原熔炼，主要目的是把渣中的铅、铋、金、银形成铅铋合金，使杂质进入渣中或挥发进入烟尘中而除去，达到铅、铋、金、银与杂质的初步分离，并为金、银与杂质的进一步分离做好准备。

熔炼过程采用分批进料、分批熔炼方式作业，每炉物料分为1~2批进料，最大物料处理量可达 20~30 t。

a 分批进料

顶吹转炉进料顺序为：湿料（动力波泥等湿基）→铅铋合金精炼渣→混合干料（铅铋干物料、熔剂等）。

启动燃烧喷枪先将炉内（空炉）温度升至 1000 ℃，开始进料作业，首批物料分成 4 小批入炉。

采用人工加料方式将返料（动力波泥等湿基）加入炉内，倾转炉体返回操作位（28°），插入、启动燃烧喷枪加热升温去蒸干物料水分，炉体转速控制低速 0.5~1 r/min；当炉内物料呈半熔融、烧结状态时，关闭、撤出燃烧喷枪，炉体转至人工加料位，采用人工加料方式加入一船形料斗铅铋合金精炼渣，炉体返回操作位，插入、启动燃烧喷枪加热升温进行化料，炉体转速控制低速 1 r/min，时间控制 10~20 min，直到信号显示炉内温度达到 850~900 ℃，则表示可以进行下一批加料。

人工进料和加料系统进料时，顶吹转炉炉体停留在两个不同的加料位置。为避免炉内烟气大量进入工作环境，人工进料时要尽量缩短进料时间（5~10 min）。

炉内物料化料时，炉体转速一定要控制低速 1 r/min，主要目的是尽量降低进入烟气的粉尘量。

b 还原熔炼

首批物料进料结束，炉内温度升至 850~900 ℃后，炉体转速逐渐增到 5~7 r/min，燃烧喷枪天然气流量（标态）增到 2~2.5 m^3/min，炉内温度持续上升进行充分化料，时间控制约 20 min；直到炉内温度升至 1000~1100 ℃，炉内物料全部转为熔融液体。随着炉体转速 5~7 r/min、持续高温，炉内熔体混合均匀，炉内呈微还原气氛，且各物相间发生各类反应（如分解、还原和造渣等），整个熔炼过程炉内熔体温度都要维持在 1000~1100 ℃直至作业结束。

熔炼作业末期，为控制熔炼渣含铅小于 3%，要及时提取渣样送去快速化验分析。如化验结果显示渣中含铅符合排放指标，则进行排渣作业。如化验结果显示，渣中含铅还较高，要及时根据炉渣成分进行冶金计算确定重新加入熔剂（焦粉、石灰、铁粉和苏打）量继续进行熔炼，直至渣样化验结果显示渣中含铅符合排放指标，再进行熔炼渣排放作业。

排渣作业时，将钢包车驶入渣道，使渣包位于炉口正下方，关闭、撤出燃烧喷枪，缓慢倾转炉口向下，将炉内金属熔体表面流动性好的稀渣层倒入渣包，使用吊车将装满熔炼渣的渣包送至通风烟罩下去自然缓冷。

D 出炉

顶吹转炉出炉时，将钢包车驶入渣道，将已经烘好的金属台包置于炉子正下方，倾动炉口向下，将炉内合金熔体一次性倒入合金包。倾倒熔体时，速度要尽可能快，主要是尽量避免已渗入炉衬内的杂质被冲刷溢出，进入熔体而影响合金质量。

使用吊车将装满合金熔体的合金包吊至炉前，使出液口正对放置好的合金模，启动吊车的小钩将铅铋合金倒入铅铋合金模中，冷却、称重后送铅铋合金精炼炉。

4.2.2 铅铋合金精炼

4.2.2.1 概述

生产的粗铅铋合金中一般含有 1%~10%的杂质成分，如铜、砷、铁、锡、锑等，粗铅铋合金需经过火法精炼除杂后才能达到电解精炼要求。粗铅铋合金的成分见表 4-16。

表 4-16　粗铅铋合金的化学成分

元素	Pb	Cu	As	Sb	Sn	Bi	S	Fe	Au	Ag
含量/%	70.37	0.631	0.494	1.35	0.17	21.51	0.247	0.098	325 g/t	12044.4 g/t

火法精炼只是初步精炼过程，其任务是将粗铅铋合金中的铜和砷、锑、锡除至一定程度，并调整锑含量，浇铸成化学质量和物理规格均满足要求的阳极板，为下一步电解精炼做好准备。

4.2.2.2　铅铋合金精炼的基本原理

A　熔析除铜基本原理

熔析除铜的基本原理是基于铜在铅铋液中的溶解度随着温度的下降而减少，当含铜高的铅铋液冷却时，铜便形成固体结晶析出，由于其密度较铅铋小（约为 9 g/cm^3），因而浮至铅铋液表面，以铜浮渣的形式除去；又由于铜在铅铋液中的溶解度随着温度的变化而变动，温度下降时，故液体合金中的铜含量相应地减少。

当粗铅铋合金中含砷锑较高时，由于铜对砷、锑的亲和力大，能生成难溶于铅的砷化铜和锑化铜，与铜浮渣一道浮于铅铋液表面而与铅铋合金分离。

在熔析过程中，几乎所有的铁、硫（呈铁、铜及铅的硫化物形态），以及难熔的镍、钴、铜、铁的砷化物和锑化物都被除去，同时贵金属的一部分也进入熔析渣。

B　加硫除铜基本原理

粗铅铋经熔析脱铜后，一般含铜仍在 0.1%以上，不能满足电解要求，需再进行加硫除铜。在熔融粗铅中加入元素硫时，首先形成 PbS，其反应式如下：

$$[Pb] + S = [PbS]$$

由于铜对硫的亲和力大于铅铋对硫的亲和力，因此硫化铅中的铅被铜置换，继而发生以下反应：

$$[PbS] + 2[Cu] = [Pb] + Cu_2S$$

硫化亚铜比铅的密度小，且在作业温度下不溶于铅水，因此形成的固体硫化渣浮在铅液面上。

加硫除铜的硫化剂一般采用硫黄，加入量按形成硫化亚铜时所需的硫计算，并过量 20%~30%。加硫作业温度对除铜程度有重大影响，铅铋液温度越低，除铜进行得越完全，一般都是在 330~340 ℃范围内。加完硫黄后，应迅速将铅液温度升至 450~480 ℃，大约搅拌 40 min 以后，待硫黄渣变得疏松、呈棕黑色时，表示反应到达终点，则停止搅拌进行捞渣，此种浮渣由于含铜低，只有 2%~3%，而铅、铋高，因此返回熔析过程。加硫除铜后铅铋含铜可降至小于 0.1%。

C　氧化精炼基本原理

由于砷、锑的氧化物与铅、铋的氧化物的自由能相差很大，因此在氧化精炼中，砷、锑会优先氧化而与铅铋液分离。

根据质量作用定律，首先铅、铋氧化为氧化铅和三氧化二铋，再使砷、锑氧化为三氧化二砷与三氧化二锑部分挥发，余下的进一步氧化为五氧化二砷与五氧化二锑入渣，砷与锑约 1/3 以三氧化物挥发、约 1/3 以五氧化物入渣。

氧化精炼一般采用压缩空气鼓风氧化或采用富氧氧化。氧化精炼温度控制在 700 ℃左右，此时铅、铋比砷、锑的氧化物自由能大，故砷、锑优先氧化挥发。三氧化二砷在 500 ℃时已大量挥发，三氧化二锑在 700 ℃以上显著挥发。

$$2As + \frac{3}{2}O_2 = As_2O_3$$

$$2Sb + \frac{3}{2}O_2 = Sb_2O_3$$

即使有部分铅、铋氧化，只要铅铋液中还存在砷与锑，也会发生如下反应：

$$3PbO + 2As = 3Pb + As_2O_3$$

$$3PbO + 2Sb = 3Pb + Sb_2O_3$$

$$Bi_2O_3 + 2As = 2Bi + As_2O_3$$

$$Bi_2O_3 + 2Sb = 2Bi + Sb_2O_3$$

鼓入的压缩空气中的氧与铅铋液中砷、锑接触而将其氧化，生成的砷、锑氧化物又由于压缩空气鼓入时，使铅铋液强烈翻腾而被带出液面迅速挥发逸出[27]。

加烧碱除砷、锑是利用 600~650 ℃高温下，砷、锑与氧的亲和力大于铅与氧的亲和力，生成的砷、锑氧化物再和烧碱造渣浮于液铅表面被捞去。

首先高温下，铅铋液表面通过搅拌生成氧化铅，氧化铅再和砷、锑、锡及烧碱反应。加碱除砷、锑反应式如下：

$$2Pb + O_2 = 2PbO$$

$$2As + 5PbO + 6NaOH = 2Na_3AsO_4 + 3H_2O + 5Pb$$

$$2Sb + 5PbO + 6NaOH = 2Na_3SbO_4 + 3H_2O + 5Pb$$

$$Sn + 2PbO + 2NaOH = Na_2SnO_3 + H_2O + 2Pb$$

4.2.2.3 铅铋合金精炼工艺操作

铅铋合金精炼的操作主要有装锅化料、除铜作业、氧化除砷锑、阳极浇铸。

A 装锅化料

(1) 使用叉车和 55 t 行车将铅铋合金锭及残极等物料加入精炼锅内，装锅物料应紧密，以便加速熔化，加料量 9~10 t/锅，温控 450~550 ℃，时间 20~30 min。

(2) 在装锅的同时，打开 10 t 电炉控制箱的电源，在控制面板上将炉温设定为 400 ℃；按下“加热启动”按钮，开始升温。

(3) 调节 10 t 电炉电流升温，控制铅铋合金熔体温度在 600~650 ℃，人工压渣 2~3 遍，压渣要均匀，尽量减少大块渣量，时间 4.5~5 h。

(4) 将剩余铅铋合金锭加入锅内熔化，注意不要使铅液溢出，时间 1 h。

(5) 确认压渣均匀后，即可人工捞渣，温控 550~600 ℃，时间 20~30 min；人工捞渣时，捞渣工具要在精炼锅上方停留少许时间，直至无铅液下滴方可离开，以便减少浮渣含铅、铋等金属；将浮渣放入专用卸渣盘内，经取样、过秤后返顶吹转炉处理，捞净浮渣后，将精炼锅边缘黏渣清理干净。

(6) 捞净浮渣后，应及时取渣样和合金样化验分析，化验元素有金、银、铅、铋、铜、砷、锑、碲。

B　除铜操作

除铜作业分为熔析除铜和加硫除铜两段作业。如化验结果显示物料含铜大于0.1%，则需进行除铜作业；如化验结果显示含铜小于0.1%，则跳过除铜工序，进行下道工序。

a　熔析除铜

（1）强制冷却：视锅内熔体液面情况可采用加入残极降温，也可采用风机吹风及喷水降温相结合方式来强制冷却，温控400~420 ℃，时间1.5 h。

（2）自然冷却：静置降温至330~340 ℃，时间2.5 h。

（3）搅拌熔析：将机械搅拌装置用55 t行车吊运至精炼锅支架上，加入焦粉或木屑（松木）并配以机械搅拌，温控330~340 ℃，焦粉加入量为铅量的2%，木屑加入量为每100 kg铅3.5~5.0 kg，焦粉或木屑加入量以渣变得松散好捞取为准。

（4）静置：温控330~340 ℃，时间20~30 min。

（5）捞渣：待渣变得松散后，用特制的捞渣工具捞渣，放入专用卸渣盘内，温控330~340 ℃，时间20~30 min（精炼锅边缘黏渣清理干净）；捞净浮渣后，应及时取渣样和合金样化验分析，化验元素有金、银、铅、铋、铜、砷、锑、碲。

b　加硫除铜

如化验结果显示物料含铜大于0.06%，则需进行加硫除铜作业；如化验结果显示含铜小于0.06%，则跳过加硫除铜工序，进行下道工序。

（1）温控：330~340 ℃，机械搅拌，硫黄应分批加入，要求在20 min内加完，配入量为铜硫比1：(1.2~1.3)，加完硫黄后再加入3~5 kg木屑，330~340 ℃恒温搅拌15~20 min，待表面渣呈黑色，则停止搅拌，迅速升温至370 ℃，捞取铜渣15~20 min。

（2）取样化验：温控370~380 ℃，化验元素有金、银、铅、铋、铜、砷、锑、碲。

加硫除铜的作业频次主要取决于铅铋合金中含铜品位。如化验结果显示含铜大于0.06%，则重复加硫除铜作业。

C　碱性精炼除砷、锑、锡

如化验结果显示物料含砷+锑大于1%，则需进行碱性精炼除砷、锑和锡作业；如化验结果显示含砷+锑小于0.7%，则跳过碱性精炼除砷、锑和锡作业工序，进行下道工序。

（1）检查干燥风及氧气的压力是否满足工艺要求，氢氧化钠是否准备到位。

（2）调节10 t电炉电流升温，控制铅液温度在630 ℃。

（3）将机械搅拌装置用行车吊运至精炼锅支架上，将干燥风管和氧气管插入铅液表面以下40~50 cm，并固定在搅拌支架上，启动机械搅拌。

（4）打开干燥风及氧气阀门，调节风量和氧量，注意不要使铅液溅出。

（5）将1袋氢氧化钠（约25 kg）均匀加入搅拌旋涡内，铅液温度控制在630 ℃，查看反应情况，待铅液表面生成干渣（1.5~2 h），即可将砷锑渣捞出；开始作业时每加入5袋氢氧化钠取样化验，作业后期每加入2袋氢氧化钠取样化验，根据砷、锑、锡的含量，整个作业时间为50~60 h，当化验结果显示含砷小于0.01%、锑小于0.7%、锡小于0.3%时，表明达到作业终点，关闭干燥风及氧气阀门，进行下一步作业。

D　阳极浇铸操作

（1）控制铅铋合金熔体温度在450~500 ℃，即准备开始浇铸。

（2）用55 t行车将铅泵吊装至精炼锅上支架，预热15 min，手动转动联轴器数圈后，才能启动铅泵将铅铋合金熔体泵入定量浇铸装置内，开始浇铸。

（3）系统启动后，应注意观察整机的工作状况。对浇铸时间、浇铸温度、铅泵流量和提板钩的长度进行适当调整，达到最佳的工作要求。确定最佳的操作参数后，应稳定在此状态下工作。

（4）浇铸过程中应及时调整冷却水量及定量浇铸装置内的铅铋合金熔体量。

（5）运行过程中如发现异常声音、异常现象，应立即停止浇铸进行处理。

（6）浇铸好的阳极板应及时进行清理和平整，并砍除飞边毛刺，表面平整光滑，无任何夹杂物及氧化铅渣，也不可有凸凹不平和歪斜之处；阳极要厚薄均匀，上下部厚度差要小于2 mm，容许上厚下薄，不容许下厚上薄；阳极要平直、无飞边毛刺，尤其对于阳极挂耳和导电棒接触的地方要注意平滑，以便在装入电解槽以后，阳极和导电棒有较大的接触面积，减少接触电阻。

（7）及时挑选出不合格阳极，单独堆存便于下批处理。合格阳极用行车、叉车称重，记录后送去电解精炼。

4.2.3 铅的提取

4.2.3.1 概述

铅铋合金电解精炼，是将经过初步火法精炼后还含有锑、砷、金、银等杂质的铅铋合金作阳极，用电解析出铅作为阴极，在盛有硅氟酸和硅氟酸铅的水溶液的电解液中，借直流电的作用进行电化学反应，从而获得纯铅和含有价金属阳极泥的过程。通过电解，可使铅铋合金板中的铅与铋、金、银等金属分离。

在电解过程中，阳极会逐渐溶解变薄，阴极则会因金属铅的析出而逐渐变厚。按照铅铋合金电解工艺要求进行电解精炼，得到电铅，金、银、铋等金属进入铅阳极泥中。铅铋合金电解精炼的工艺流程如图4-13所示。

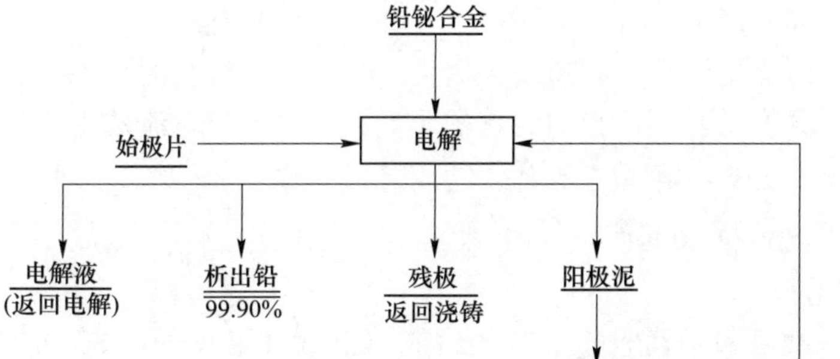

图4-13 铅铋合金电解工艺流程图

4.2.3.2 铅铋合金电解的基本原理

铅铋合金电解精炼时的电化学系统，阴极采用纯铅板，阳极采用铅铋合金板，电解液采用硅氟酸和硅氟酸铅的水溶液（$H_2SiF_6 \cdot PbSiF_6 \cdot H_2O$）。

由于电解液的电离作用，形成Pb^{2+}、H^+和SiF_6^{2-}、OH^-，反应式如下：

$$PbSiF_6 = Pb^{2+} + SiF_6^{2-}$$

$$H_2SiF_6 = 2H^+ + SiF_6^{2-}$$

$$H_2O = H^+ + OH^-$$

根据电化学系统分析，当通入直流电后，各种离子将做定向运动，阳离子奔向阴极，阴离子奔向阳极，电解液中的阴离子硅氟酸根离子、氢氧根离子向阳极移动，阳离子铅离子和氢离子向阴极移动；与此同时，在电极与电解液的界面上，发生相应的电化学反应，即电极反应，在阳极上可以进行下列反应：

$$Pb - 2e = Pb^{2+}$$

$$2OH^- - 2e = H_2O + 0.5O_2$$

$$SiF_6^{2-} - 2e = SiF_6$$

同时，　$$SiF_6 + H_2O = H_2SiF_6 + 0.5O_2$$

实际上，在正常的电解条件下，只发生 $Pb-2e = Pb^{2+}$ 反应，而不发生 OH^- 和 SiF_6^{2-} 的放电。

在阴极上，有可能发生 Pb^{2+} 和 H^+ 的放电反应：

$$Pb^{2+} + 2e = Pb$$

$$2H^+ + 2e = H_2$$

在正常的电解条件下，只发生 $Pb^{2+}+2e = Pb$ 反应，而不发生 $2H^+ +2e = H_2$ 反应。

综上所述，铅的电解精炼主要电极反应为：

在阳极上　　$Pb-2e = Pb^{2+}$　　（氧化，进入电解液）

在阴极上　　$Pb^{2+}+2e = Pb$　　（还原，在电极上析出）

显然，在电解过程中，阳极会逐渐溶解变薄，阴极则会因金属铅的析出而逐渐变厚，阳极泥层的增厚会使槽电压变高，过高的槽电压会导致电化序在铅以下的杂质金属溶解，并在阴极上析出，因此阳极泥的厚度必须加以控制。

正常的阴极是平滑致密的，沿阴极长度方向存在着明显宽为 1～1.5 mm 的纹路，呈铅灰间白色，并有金属光泽。

不正常的阴极结晶呈海绵状，疏松粗糙且发黑色，有时长树枝毛刺，或圆头粒状、瘤状的疙瘩。阴极的异常结晶不仅影响到它的质量，也会导致电流效率的下降。

4.2.3.3　铅铋合金电解工艺操作

A　铅铋合金电解技术条件及其控制

a　电解液成分

电解液由硅氟酸铅和硅氟酸的水溶液组成，正常含铅离子量 80～100 g/L，游离硅氟酸（H_2SiF_6）60～100 g/L，总硅氟酸根离子（SiF_6^{2-}）140～180 g/L。铅离子浓度太低影响阴极析出铅的结晶质量，适当提高铅离子浓度有利于获得光滑致密而又坚固的析出铅。但铅离子浓度太高会使电解液的电导率下降，并可能造成泥层中的铅离子浓度过高，引起硅氟酸铅的水解或过饱和。游离酸主要是增加电解液的导电性，提高其分散能力，改善析出铅结晶质量，并降低槽电压，节约电能。根据工厂普遍经验，随着电流密度提高，电解液中的铅、酸浓度都要相应地提高。生产中一般都采用酸度较高的电解液，但当游离硅氟酸浓度超过 120 g/L 以后，电解液比电阻降低不大，而酸的损失则随着酸度升高而增大。

电解生产正常时，电解液中杂质的浓度一般不会积累到有害的程度。一般情况下，电解液不需要净化处理，但是若采用集中掏槽或是停产后再生产，电解液往往会受到污染而变得浑浊，此时，需将电解液进行过滤处理，以除去悬浮物和部分胶质。对溶于电解液中的杂质，则可采用大电流密度电解的办法除去，一般只需一个周期后即可产出合格的析出铅。随着电解的进行，电解液中有害杂质的浓度可迅速下降，转入正常状态，析出铅中的杂质含量也随之降低。

在电解过程中，由于电解液的蒸发、分解、阳极泥带走和其他机械损失，硅氟酸被消耗。为了维持电解过程的正常进行，每天必须对电解液进行化验分析，并加入新的硅氟酸来补充。

新配制的电解液是无色透明的液体，铁离子使电解液呈绿色，胶质物使之呈棕色，使用时间较长的电解液呈啤酒色[28]。对电解液的要求是具有高的电导率和纯净度。

b 电解液循环

铅铋合金电解过程中两极间的浓差极化，不但使槽电压升高，增加电耗，而且阴极铅的质量也不稳定。电解液循环使电解槽内电解液成分保持均匀，克服浓差极化。电解液循环方式可分为上进液、下出液和下进液、上出液两种。下进上出方式能使槽内电解液的成分和温度更均匀；但溶液流动方向与阳极泥沉降方向相反，妨碍阳极泥沉降。上进下出方式有利于阳极泥沉降，可加大循环速度，绝大多数工厂均采用上进下出方式。

由于铅离子的密度较大和阳极上附着泥层，因此循环的作用和循环量的控制对铅铋合金电解有特别重要的作用。当阳极含锑偏低时，不宜采用较大的循环量，以防止冲掉阳极泥。当电流密度高时，因浓差极化增大，应保持较大的循环量。

阳极品位低、杂质多时，应适当提高循环速度，但应以不引起阳极泥脱落和悬浮为前提。

电解槽容积较大时，也应有较大的循环量，通常循环量为 20~30 L/min，每更换一槽电解液需 1.5~2.0 h。通过调整设在每槽或每列供液管道上的阀门以控制其循环量。

c 电解液温度

铅铋合金电解过程可在较大范围的温度（10~50 ℃）下正常进行，但最佳温度范围是 30~40 ℃。温度高时虽然导电性良好，但电解液蒸发和酸分解损失大，车间劳动条件恶化；温度太低时电解液电阻升高，影响电解液的分散能力，也使电耗增加。影响电解液温度的主要因素是电流密度和当地气温。

d 电流密度

电流密度是指单位（阴极）电极面积上通过的电流强度。电解槽的生产能力几乎随电流密度的提高而成比例地增加，所以提高电流密度时单位阴极析出铅所负担的固定资产折旧费、维持费和基建投资将相应减少。但是，当电流密度超过一定限度时，则单位析出铅的电耗增加，而且析出铅的质量变坏。因此，铅铋合金电解采用的电流密度为 60~110 A/m^2。

电流密度的选择取决于阳极杂质的含量和性质，以及阴、阳极操作周期。对阳极含杂质较高、操作周期较长者，宜选用较低的电流密度；反之，则应选择较高的电流密度。

生产实践证明，在其他条件相同时，阴极析出铅中的锡、银、锑和铜的数量随电流密度的提高有增加的趋势，同时阴极结晶有变坏的趋势。

低电流密度电解时，由于铅离子放电速度慢，析出金属晶核的长大速度高于它的晶核生成速度，可获得较粗糙的阴极结晶，此时阴极的物理规格较好，短路现象少，电流效率也比较高。当适当提高电流密度时，则可使阴极析出较细小的结晶，此时阴极铅致密光滑，质量较好。但是，当电流密度过高时，阴极附近电解液中的铅离子因迅速沉积而浓度降低得很快，致使结晶向外伸展，造成树枝状或毛刷状结晶；同时由于杂质的溶解与析出，使阴极铅质量变差。此外，还可发生槽电压的升高和浓差极化的加剧，以及短路次数的增加和电流效率的下降。生产实践中，在保证质量的前提下，应尽可能保持较低的电流密度，这样各项技术条件容易掌握，析出铅结晶致密平整，产品质量高，电力消耗低，各项指标都能达到较好的水平。

e　电解周期与极间距离

当电流密度低、阳极杂质含量低时，可选用较长的电解周期，减少出装槽次数，节省人工。

同极中心距离的大小，对槽电压、电耗和短路状况都会产生影响。一般而论，极距小，槽电压低，电耗少；但极距过小，容易短路，导致电流效率降低。极距大，槽电压高，耗电多。一般采用的极距多数在 90~100 mm 之间。

f　添加剂

由于铅的电化当量较大，电解过程中有阳极泥层形成，浓差极化显著；电解液的电阻较大，分散能力差；阴极结晶状态不平整致密，易产生海绵状和树枝状结晶。为此，要向电解液中加入较大量的添加剂，常用的是骨胶、木质磺酸钠（钙）和 β-萘酚。

骨胶是一种作用平缓的阳离子添加剂，在电解液中被阴极吸附在表面形成一层吸附膜，增加了阴极极化度。由于阴极表面不平滑和阳极之间的距离是不均等的，阴阳极之间电解液各部位或各点的电阻是不同的，因此电流在阴极表面分布是不均匀的。如果没有添加剂，这种不均分布随着电解过程的进行越来越严重，各点之间的电流密度差别越来越大，造成析出铅结晶恶化。加入骨胶后电流密度越高的点，骨胶的吸附层越厚、越密集，阴极极化度越大，铅离子的进一步析出就较困难，从而抑制了不均化进程的扩张，使析出结晶趋于平整。虽然，骨胶量少不足以克服不均化进程，但过多也不宜，骨胶量太大影响电解液的分散能力。不同的电解条件下，骨胶用量有最佳范围，国内各厂 1 t 铅的骨胶用量一般为 0.5~1.0 kg，但由于搭配有别的添加剂，最佳范围也不尽相同。

木质磺酸钠是一种阴离子表面活性物质，在阳极表面被吸附，对阳极的均匀溶解有促进作用，同时它能凝聚电解液中的悬浮物，对净化电解液、降低析出铅含银是有利的。但它有堵塞循环管道之弊，需要定期清理。它是造纸厂的副产品，价格低廉，一般 1 t 铅的木质磺酸钠用量为 0.4~1.0 kg。

β-萘酚是一种极化度很强、很敏感的添加剂，加入少量就可以显著改善阴极结晶。但长期应用，其积累量超过适宜范围，极化值过高，会使析出铅生长尖状开花疙瘩，甚至形成明显的树枝状结晶，这时要立即停用。

生产上广泛应用联合添加剂，其效果更好。联合添加剂中骨胶是必不可少的，可以补充木质磺酸钠或 β-萘酚，或三者联合，但不用骨胶而只用木质磺酸钠和 β-萘酚两者联合的则很少。

B 铅铋合金电解精炼的工艺操作

a 阳极准备

铅铋合金电解精炼除了对阳极板的化学成分有一定要求外，对阳极板的物理规格也有严格的要求。因此阳极在装入电解槽以前，要求经过清理和平整，并砍除飞边毛刺，表面平整光滑，无任何夹杂物及氧化铅渣，也不可有凸凹不平和歪斜之处，尤其对于阳极挂耳和导电棒接触的地方要注意平滑，以便在装入电解槽以后，阳极和导电棒有较大的接触面积，减少接触电阻。

为了消除电解过程中因阴极边缘电力线较为密集而产生的阴极厚边或瘤状结晶，阳极外形尺寸比相应的阴极尺寸小一些。

b 阴极制备

阴极是用合格的析出铅或电解铅铸成，它是在电解精炼中作为阴极，并使电解液中的铅离子在其表面析出的基底薄片，故又称为始极片。根据铅电解的特点，始极片要比阳极制造得稍大一些。

c 出装槽及其槽上操作

在出槽时，通过行车用特制的吊架先将整槽阴极析出铅吊出，送往洗涤槽洗涤，然后将残极吊出，送残极刷洗槽用刷洗机洗刷。为了防止阳极泥污染析出铅，出槽一定要先出析出铅、后出残极。对于新装槽的阳极或阴极，因阳极较厚，在极距小时，稍微弯曲或装极板歪斜都会发生短路。新装的阴极片由于太薄而且很软，放入槽后，受循环电解液冲动容易弯曲而与阳极接触，因此对这些电解槽要勤检查，及时处理。造成电极间短路的原因很多，如阴极析出铅长粒子，始极片弯曲，电极放置不正，掉在槽底的极板未及时捞出等，都容易引起短路。为了防止发生短路，一方面要根据阳极板的成分，确定适当的电解技术条件；另一方面需要提高始极片和阳极板的加工质量，认真进行装槽操作和加强对短路的检查。电解过程中，阳极板有可能发生各种形式的短路或不导电现象，其结果将使电流效率降低，或槽电压升高，必须检查和处理（即电调）。因此，可用手的冷热触觉来检查，或用变色油漆随温度变化而发生颜色的改变来辨别。电磁探测器或红外线探测器则是用来检查短路的最简捷而又方便的方法，被广泛采用。

d 析出铅的熔化与铸锭

电解后所得析出铅的纯度一般在99.94%左右，其中所含的微量杂质如砷、锑、锡等需要进一步除去，以获得国家规定的电铅标准中较高级的产品，并将这种强度较低的析出铅浇铸成适合市场销售的电铅锭出品。

析出铅的熔化是在铸钢制造的精炼锅（习惯称为电铅锅）中进行，锅的容量为10 t。待析出铅熔化后，将铅液温度升高到500～520 ℃，开动搅拌机搅拌铅液；经1～2 h后，铅液中的杂质金属及少部分铅在搅拌过程中被空气氧化成氧化物，悬浮于铅液表面形成浮渣，由于析出铅夹带少量的阳极泥，该浮渣呈黑色，人工将浮渣捞出。

如果析出铅杂质含量较高，在熔铅捞浮渣后，可用鼓入压缩空气或加碱的方法进一步除杂质。碱性法除杂质反应速度快，铅的氧化挥发少。在操作时，按吨铅计，加氢氧化钠0.1～0.2 kg，搅拌0.5～1 h，即可除去微量的砷、锑、锡，从而确保铸锭时电铅表面形成的渣量极少。碱性氧化渣率为1%左右，渣含铅约90%、砷+锑+锡为0.5%～1.0%，送旋转顶吹炉处理回收铅。采用直线式铸型机铸锭，铸锭铅液温度为450～480 ℃，定量浇铸，质量和成分满足GB/T 469—2023铅锭要求。铸型机系连续作业，自动完成浇铸、刮渣、打印、脱模、码垛、打包和输送作业。

e　阳极泥的洗滤

阳极泥是在电解精炼中附着于残阳极表面或沉淀于电解槽底的泥状物，阳极泥量占溶解阳极总量的百分数为阳极泥率。附着在残极上的海绵状阳极泥，由于极化作用和扩散缓慢，泥层中夹带的电解液含酸、铋、铅都特别高，并且随着电流密度的提高、电解周期的延长和阳极杂质含量增加而升高，即随阳极泥厚度和致密度的增加而升高，其中总硅氟酸和铅离子浓度均可达 300 g/L 以上。所以，充分洗涤阳极泥，并回收其中的酸、铅，对于降低损失和稳定电解液组成均有重要作用。通常阳极泥率为 15%，实际上因阳极成分的差异而波动于 12%～30%之间。

人工洗刷下的阳极泥浆和清理电解槽时的阳极泥浆，先经筛网除去杂物和铅粒子再进入阳极泥中间槽，然后用泵送往压滤机中压滤。阳极泥浆压滤完后，在压滤机中对滤饼进行二次逆流洗涤，洗水温度为 80 ℃左右，一次洗水送残极洗刷槽刷洗残极。如压滤、洗涤效果好，也可只进行一次洗涤。经过过滤和洗涤的阳极泥送至铋精炼工序。

4.2.4　铋的提取

4.2.4.1　概述

铅铋合金电解后得到的铅阳极泥含铋 60%～70%。铋主要以铋金属的状态存在，阳极泥还含有铅、砷、锑、锡、银、金等杂质，必须进行精炼脱除，以获得商品纯铋。

铅阳极泥先经干燥，干燥后的铅阳极泥装入精炼锅中进行熔化，除铜，脱砷、锑，除硒、碲、铋、银，氯化精炼，最终精炼得到精铋。其工艺流程如图 4-14 所示。

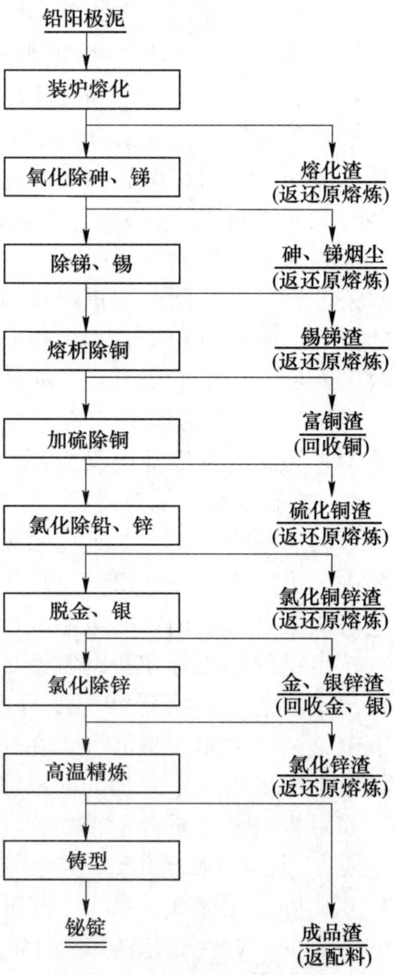

图 4-14　铋精炼工艺流程图

4.2.4.2　铋精炼的基本原理

A　熔析除铜基本原理

熔析除铜分为加热熔析与冷却熔析两种方法，生产中常用冷却熔析法。粗铋装锅后，升温至 600 ℃，捞去熔化渣后，降温至 500 ℃捞出第一次除铜浮渣，捞渣后铋液温度下降至 450 ℃左右，为了加快降温，可向铋液鼓入冷空气。当温度下降至 350 ℃时，捞去第二次除铜浮渣，将其返回下批一次除铜，以回收其中的铋，并利于降温。

熔析脱铜后的铋液，含铜低于 0.5%，在以后的除银工序中可以有效地除去，所以不必将熔析温度控制太低，也不要捞熔析渣太多，以免降低铋的直收率。

对于含铜高于 5% 的粗铋，也不采用多次熔析除铜的方法，而采用加硫除铜的方法。加硫除铜是在熔融铋液中加入硫黄粉，首先生成三硫化二铋，其反应式为：

$$2Bi + 3S = Bi_2S_3$$

由于铜的硫化物的自由能比铋的硫化物的自由能更负，因此硫化铋又能与铋液中的铜反应，反应式为：

$$Bi_2S_3 + 6Cu = 2Bi + 3Cu_2S(s)$$

生成的硫化亚铜不溶于铋液而上浮，呈固态硫化铜浮渣产出。随着反应的进行，铋液中三硫化二铋的离解压逐渐减小，而硫化亚铜的离解压逐渐增大，最后达到平衡状态。

为了有效除铜，一般采用先熔析后加硫的联合法。由于考虑到铋液为三硫化二铋饱和后才能有效除铜，并考虑到硫的烧损，因此加硫量控制在铜：硫=1：1。

B　氧化精炼除砷、锑基本原理

由于砷、锑的氧化物与铋的氧化物的自由能相差很大，因此在氧化精炼中，砷、锑会优先氧化而与铋液分离。

氧化精炼一般采用压缩空气鼓风氧化。氧化精炼温度控制在 700 ℃左右，此时铋与砷、锑的氧化物自由能相差约 105 J/mol，故砷、锑优先氧化挥发。三氧化二砷在 500 ℃时已大量挥发，三氧化二铋在 700 ℃以上显著挥发，而铋及铋的氧化物在 800 ℃以上时才开始挥发。所以，为了使砷、锑氧化物挥发而铋又不挥发损失，氧化除砷、锑温度控制在 700 ℃。

$$2As + \frac{3}{2}O_2 = As_2O_3$$

$$2Sb + \frac{3}{2}O_2 = Sb_2O_3$$

即使有部分铅、铋氧化，只要铋液中还存在砷与锑，也会发生如下反应：

$$3PbO + 2As = 3Pb + As_2O_3$$

$$3PbO + 2Sb = 3Pb + Sb_2O_3$$

$$Bi_2O_3 + 2As = 2Bi + As_2O_3$$

$$Bi_2O_3 + 2Sb = 2Bi + Sb_2O_3$$

鼓入的压缩空气中的氧与铋液中砷、锑接触而将其氧化，生成的砷、锑氧化物又由于压缩空气鼓入时，使铋液强烈翻腾而被带出液面迅速挥发逸出。

由于粗铋中大量杂质铅存在，而铅的氧化物的自由能又比铋的氧化物的自由能更负，故在氧化精炼后期，过量的氧会使铅氧化成氧化铅，氧化铅熔点为 888 ℃，呈固体浮渣，捞渣时铋容易被机械夹带而损失，所以要掌握好除砷、锑的终点，以避免产出氧化铅渣。

碱性除砷的机理是基于砷能优先与 Na_2O 结合成砷酸盐，其反应式为：

$$2As + 4NaOH + 2NaNO_3 = 2Na_3AsO_4 + 2H_2O + N_2$$

$$As_2O_3 + 6NaOH + O_2 = 2Na_3AsO_4 + 3H_2O$$

碱性除砷温度控制在 450~500 ℃，加入的氢氧化钠量为铋液中含砷量的 3 倍，并加入适量硝酸钠，鼓入压缩空气，时间 4~6 h。

C　碱性精炼除碲、锡基本原理

碱性精炼除碲以鼓入压缩空气为氧化剂，以氢氧化钠为吸收剂。加入氢氧化钠可减少精炼过程中铋以三氧化二铋形式损失，同时氢氧化钠与碲的氧化物反应比三氧化二铋与碲的氧化物的反应更强烈，使碲可以在低于三氧化二铋的氧势下氧化。

对已被压缩空气氧化的碲，反应式为：

$$Te + O_2 = TeO_2$$

$$TeO_2 + 2NaOH = Na_2TeO_3 + H_2O$$

对尚未被压缩空气氧化的碲，其反应式为：

$$3Te + 6NaOH = 2Na_2Te + Na_2TeO_3 + 3H_2O$$

由于氢氧化钠熔点为318 ℃，碲熔点为452 ℃，二氧化碲熔点为733 ℃，将碱性精炼温度控制在500~520 ℃，可保持反应在液体进行，从而使反应产物呈浮渣分离[29]。

在除碲的同时，少量锡也能与氢氧化钠反应，生成亚锡酸钠，反应式为：

$$Sn + 2NaOH = Na_2SnO_2 + H_2$$

碱性精炼除锡，是在铋液中加入氢氧化钠、氯化钠、硝酸钠，其中硝酸钠是强氧化剂，而氢氧化钠是有效的吸收剂，加入氯化钠后，有助于提高氢氧化钠对锡酸钠的吸收能力，降低碱性浮渣的熔点和黏度，减少硝酸钠的消耗。其反应式为：

$$5Sn + 6NaOH + 4NaNO_3 = 5Na_2SnO_3 + 2N_2 + 3H_2O$$

$$2Sn + 3NaOH + NaNO_3 = 2Na_2SnO_3 + NH_3$$

分析反应的气相成分为氮气77%、氨气23%，说明锡的氧化主要按第一反应进行。

D　加锌除银基本原理

银是粗铋中最难除去的杂质，对铋精炼的直接回收率影响很大。除银采用加锌除银法，加入的锌与铜、金、银形成稳定的金属间化合物，生成的金属间化合物不溶于铋液，密度较小且熔点高，呈固态浮渣与铋液分离。为了有效地除去铋液中的银和综合回收银，加锌除银作业分阶段进行，直至铋液含银小于0.003%时才算完成。除银作业又分低温法（773 K）与高温法（823 K）两种，高温法由于要加覆盖剂，已逐渐被淘汰。

E　氯化除锌、铅基本原理

除银后铋液溶解约2%的锌和粗铋中的主要杂质铅均采用氯化精炼法除去。由于锌和铅对氯的亲和势大于铋对氯的亲和势，因此向铋液通入氯气后，锌和铅便会优先氯化分别生成氯化锌和氯化铅而与铋液分离。

$$Pb + Cl_2 = PbCl_2$$

$$Zn + Cl_2 = ZnCl_2$$

4.2.4.3　铋精炼工艺操作

铋精炼生产流程为：熔析除铜、加硫除铜+鼓风氧化除砷、锑，碱性精炼除碲、锡，加锌除银，二次通氯除铅、锌，最终精炼。

（1）装料熔化。在1号精炼锅中首先装入粗铋，500~600 ℃熔化，铋的熔点为271.3 ℃，熔化时间4~6 h，升温到600 ℃时除去熔化渣[30]。

（2）除铜作业。在1号精炼锅中，利用铜在铋液中溶解度随温度而异的特性，控制温度500 ℃使铜生成难熔化合物或共晶固熔体呈浮渣析出而除去，可以熔析除去50%铜。但是，含铜仍大于0.3%，需要再加入硫黄后搅拌除铜，加硫作业控制温度280~330 ℃，利用硫与铜生成密度小而不溶于铋液的硫化亚铜而除去（残存铜在后面流程除去）。最后，升温到650 ℃时，鼓入压缩空气，使残存硫氧化生成二氧化硫气体，脱铜作业结束。

（3）鼓风氧化精炼脱砷、锑。在1号精炼锅中，氧化精炼脱砷、锑是利用砷、锑氧化物与铋的氧化物的自由能相差很大，升温到680~750 ℃时，鼓入压缩空气，使砷锑优先氧化生成氧化砷和氧化锑挥发出铋液从而除去砷锑，作业时间4~10 h，直到挥发出的白烟稀薄时即为终点，捞去浮渣。如果浮渣稀薄，加入适量苛性钠或木屑，使浮渣变干，以便捞渣。

（4）碱性精炼。将氧化精炼脱砷、锑后铋液用铋泵从1号精炼锅打到2号精炼锅，碱性精炼是使碲、锡氧化物与氢氧化钠作用生成熔点较低的亚碲酸钠和亚锡酸钠，从而呈浮渣除去碲锡。

此过程分两步，第一步除碲，将铋液降温至500~520 ℃时，加入氢氧化钠（料重1.5%~2%，多次加入），熔化后，鼓入压缩空气搅拌，作业时间6~10 h，直到浮渣不再变干，此时碲含量已降到0.05%左右，作业结束。第二步除锡，将铋液降温至450 ℃时，加入氢氧化钠和氯化钠熔化，覆盖在铋液表面，鼓入压缩空气搅拌15~20 min，再加入硝酸钠，继续鼓风30 min，捞取浮渣。

（5）加锌除银。将碱性精炼后铋液用铋泵从2号精炼锅打到3号精炼锅加锌除银，采用低温作业，420~500 ℃，加锌除银是基于锌与银生成稳定的难熔化合物，密度小呈浮渣除去。除银作业好坏，对精铋的质量和回收率影响较大，铋液含银低于0.003%时作业结束。得到的银锌壳送至真空蒸馏炉处理。

（6）氯化精炼。将加锌除银后铋液用铋泵从3号精炼锅打到4号精炼锅，采用玻璃管插入铋液导入氯气，利用氯能与铋液中的锌生成氯化锌，密度为2.91 g/cm^3，低于铋液密度10 g/cm^3，呈灰白色氯化锌浮渣除去。

（7）最终精炼。将氯化精炼后铋液用铋泵从4号精炼锅打到5号精炼锅，加苛性钠、硝酸钾除去微量氯、锌、砷、锑、铅、碲，直到产品合格，作业才结束。

4.3 锌的综合提取

锌的熔点在420 ℃左右，固溶度高达39.9%，可以与铜形成连续的固溶体，伴生锌主要以硫化物的形态在铜精矿中存在，少量以氧化物的形式存在。在铜冶炼时，大部分的硫化锌会被铁氧化物氧化生成氧化锌，生成的氧化锌及炉料中带入的氧化锌又能够以硅酸锌和亚铁酸锌的形态进入弃渣中。大部分硫化锌因熔点高而机械地夹杂于冰铜和熔炼渣中。在冰铜吹炼的过程中，冰铜中的硫化锌会被空气中的氧气直接氧化与溶剂发生反应进入炉渣。锌的物料大多数以硫化锌和氧化锌的形式存在，铜冶炼过程锌主要富集于铜冶炼电收尘的烟灰和冶炼尾渣中。

4.3.1 铜冶炼烟灰中回收硫酸锌

铜冶炼所用的铜精矿种类较多，成分复杂，含有大量的杂质元素锌、铅等。如果烟灰返回熔炼炉，会造成杂质元素积累，使冶炼投矿量下降，渣含铜升高，制酸净化指标变差，堵塞设备和管道，缩短触媒的使用寿命。因此，需要将电收尘烟灰进行综合回收加工处理，生产硫酸锌。

4.3.1.1 烟灰的基本性质

火法炼铜工艺处理的硫化铜矿，在冶炼过程中，硫化铜矿和冰铜中所含杂质元素一般比铜优先氧化，产生氧化物大部分造渣，少部分进入烟灰。烟灰在烟气逸出过程中与烟气中的氧和二氧化硫等气体接触被氧化成硫酸盐。因此，烟灰中的有价金属基本上是以金属氧化物和硫酸盐形态存在，有利于这些金属的回收。铜冶炼电收尘烟灰组成见表4-17。

表 4-17　铜冶炼电收尘烟灰的成分组成

元素	Cu	Pb	Zn	Bi	Fe	S
质量分数/%	6.77	20.35	10.65	2.1	1.9	10.8

4.3.1.2　工艺流程

根据电收尘烟灰的性质，铜冶炼电收尘烟灰处理工艺流程如图 4-15 所示。

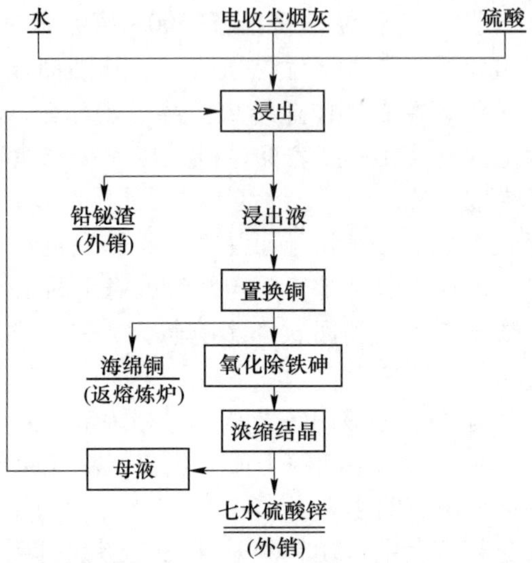

图 4-15　铜冶炼电收尘烟灰处理工艺流程图

电收尘烟灰加到搅拌槽中，两个槽子交替使用，不设中间槽。烟灰与浸出槽中配好的稀硫酸溶液进行反应，反应完成后用自吸泵打入铅铋渣压滤机，沉淀物即为产品铅铋渣[31]。滤液自流到一级储液罐，主要成分为锌、铜、镉、铁离子的混合液。

滤液在储液罐经过自然沉淀后，用卧式自吸泵打入置换罐，加入锌粉进行置换铜，用锌置换铜的目的是为了提高硫酸锌的品质。置换反应完成后用自吸泵打入海绵铜压滤机，经压滤后得到产品海绵铜返回铜熔炼炉。

海绵铜压滤机的滤液经泵打入二级储液罐，经过沉淀后，送入浓缩罐。浓缩罐内部侧壁盘有不锈钢加热管，呈螺旋状，用熔炼炉副产的蒸汽间接加热对滤液进行浓缩[31]。浓缩后的液体被打入结晶槽进行冷却，冷却后的液体采用离心机过滤，滤渣在晾晒后装袋得到七水硫酸锌产品，符合 HG/T 2326—2015 Ⅱ合格品的标准。滤液打入搅拌槽进行二次利用。上述主要反应式如下：

$$CuO + H_2SO_4 = CuSO_4 + H_2O$$

$$CuSO_4 = Cu^{2+} + SO_4^{2-}$$

$$ZnSO_4 = Zn^{2+} + SO_4^{2-}$$

$$PbO + H_2SO_4 = PbSO_4\downarrow + H_2O$$

$$Bi_2O_3 + 2H_2SO_4 = 2Bi(OH)SO_4\downarrow + H_2O$$

$$FeO + H_2SO_4 = FeSO_4 + H_2O$$

$$Zn + Cu^{2+} = Cu\downarrow + Zn^{2+}$$

4.3.1.3 工艺控制条件

工艺条件控制如下：

（1）浸出控制液固比 2.5∶1，初始酸浓度 58.8~98 g/L，常温，机械搅拌，浸出时间不少于 4 h。

（2）锌粉置换时间 50 min，温度 50~60 ℃。

（3）硫酸锌母液密度 1500 kg/m^3，浓缩时间约为 10 h。

（4）将单质锌含量控制在 20.91%左右，一般晾晒时间为 3~5 h[31]。

这种工艺对以水溶相（硫酸铜）和以氧化相（氧化铜）形式存在的铜可以回收，而硫化相的铜进入渣中。该工艺具有流程短、设备少、操作简单、可常温浸出、投资少、运行费用低和环保效果好的优点；其缺点是由于铅铋渣量少，铅铋渣中含有价金属没有进行回收，降低了产品附加值。

4.3.2 转底炉从铜渣中回收锌

转底炉最早由加拿大国际镍（集团）公司（INCO）和美国 Midrex 公司分别开发，前者被称为 Inmetco 工艺，后者被称为 Fastmet 工艺。转底炉工艺使用廉价的煤作为还原剂，炉料在炉子内无相对运动，温度控制灵活[32]。国内企业北京神雾公司也开展了铜冶炼浮选尾渣转底炉回收锌、铁的技术研究，并实现了工业化应用。

转底炉技术的基本原理是：将含铁、锌物料配加还原剂、添加剂等制成含碳球团，烘干后布入转底炉，在炉内 1200~1400 ℃的还原区将含碳球团还原为金属化球团，球团中的氧化锌还原成金属锌，金属锌挥发，进入烟气中再氧化生成氧化锌；通过对烟尘的收集可以得到富含氧化锌的二次粉尘，而生产出的转底炉金属化球团采用磨矿磁选或熔分工艺，实现铁与脉石的单体解离，铁粉压块直接供给炼钢使用[32]。

转底炉工艺路线如图 4-16 所示。

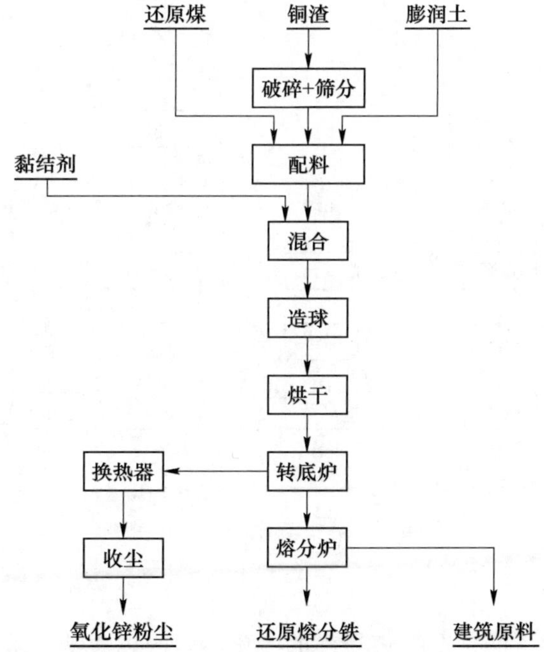

图 4-16 转底炉回收锌工艺流程图

4.4　锑的综合提取

铜冶炼过程中大部分的锑都进入了渣相，剩余的锑则主要进入铜阳极泥中。目前，铜冶炼过程中回收锑的原料主要是铜阳极泥，其他的含锑物料回收锑的研究和应用报道很少。

4.4.1　分银渣中回收锑

徐润泽等人在温度为 80 ℃、液固比为 5∶1 的条件下，对火法预处理后的阳极泥分银渣进行碱浸，浸出时间为 1 h，最终得到锑浓度为 8 g/L 左右、含锡 4 g/L 的碱性浸出液。通过加入过量 2 倍的双氧水（10%），将以亚锑酸盐形式存在的锑氧化为锑酸盐，进而生成锑酸钠沉淀，沉淀率达到99%以上，且所得沉淀产物经过精制后符合电子工业一级产品[33]。

胡少华深入研究了富铅、锑分银渣的回收方法，采用酸性氯盐溶液浸出提取分银渣中的锑，在温度为 80 ℃、盐酸浓度为 60 g/L、固液比 1∶5 的条件下，反应 3 h，锑、铋的浸出率都在 90%以上。浸出液通过加水稀释调节 pH 值使其生成氯氧锑，当 pH 值为 0.5 左右时水解率可达 90%，再经还原熔炼即得粗锑[33]。

陆凤英等人以经过湿法提取金、银后的阳极泥分银渣为原料，在高酸体系下浸出锑、铋、碲；浸出条件为酸度 8 mol/L 左右，温度 70 ℃左右，液固比为 3∶1，浸出液用亚硫酸钠沉碲，亚硫酸钠过量 3~4 倍，碲脱除率可达 99%以上，滤液加水控制 pH 值使锑水解沉淀，沉淀物用氨水中和再经过洗涤干燥可获得纯度在 98%以上的三氧化二锑产品；分碲、锑后的含铋溶液用锌粉还原即得海绵铋，可作为进一步提炼精铋的原料[33]。分银渣处理整个工艺流程，如图 4-17 所示。

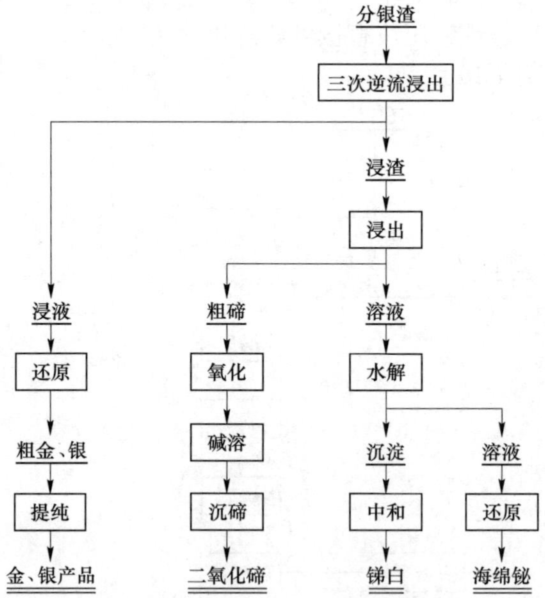

图 4-17　分银渣处理工艺流程图

4.4.2　净化渣中回收锑

赖建林等人[34]用阳极泥生产过程产出的净化渣生产锑酸钠，工艺流程如图 4-18 所示。

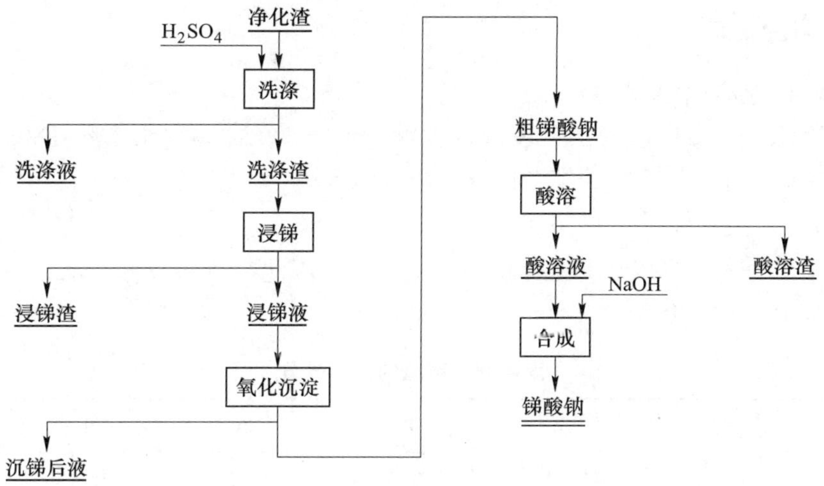

图 4-18 生产锑酸钠工艺流程图

净化渣中回收锑的工艺流程：首先净化渣经过稀酸洗涤，接着用硫化钠浸出锑，浸锑液送氧化工序通氧气氧化，锑浸出液中的砷、锑由三价将被氧化为五价，从而实现砷、锑的分离。粗锑酸钠再经酸溶、合成，最后得到锑酸钠产品。

锑浸出最佳条件：硫化钠浓度 165 g/L，液固比 5∶1，温度 85~90 ℃。用以上条件进行工业试验，锑直收率大于 80%，精制锑酸钠达化工行业标准（HG/T 3254—2010）合格品要求。

涂相林等人以阳极泥车间二次净化渣为原料（其主要成分是铜、砷、锑、铋等元素），通过酸浸分离铜砷铋得到含锑为 30%左右的锑渣，可作为生产锑酸钠的原料。其分离铜、铋最佳工艺参数为：反应温度 85 ℃，酸度 120 g/L，氯离子浓度 130 g/L，液固比 5∶1，反应时间 4 h。在此条件下，铋的浸出率为 97.65%，铜的浸出率为 97.21%。碱浸脱砷的工艺条件为：碱度 40~50 g/L，液固比 4∶1，控制温度 80~90 ℃，反应 3~4 h，砷脱除率为 82.64%[34]。

4.4.3 贵金属冶炼烟尘中提取锑

贵金属冶炼过程中的烟尘，通过湿法动力波系统除尘后最终进入动力波泥中。动力波泥中的碲主要以碲单质和碲的氧化物形式存在，硒主要以硒单质形式存在，锑主要以锑的氧化物形式存在。采用逆流氧化盐酸浸出的方法，将硒富集在浸出渣中回收金属硒，碲则以四氯化碲形态进入浸出液，经二氧化硫还原得到粗碲。粗碲可并入前面阳极泥氧压浸出液短流程产出的粗碲，粗碲经干燥后浇铸成阳极板电解得 99.99%精碲，或进一步精加工生产高纯碲，还原后液水解生产三氧化二锑。具体工艺流程如图 4-19 所示。

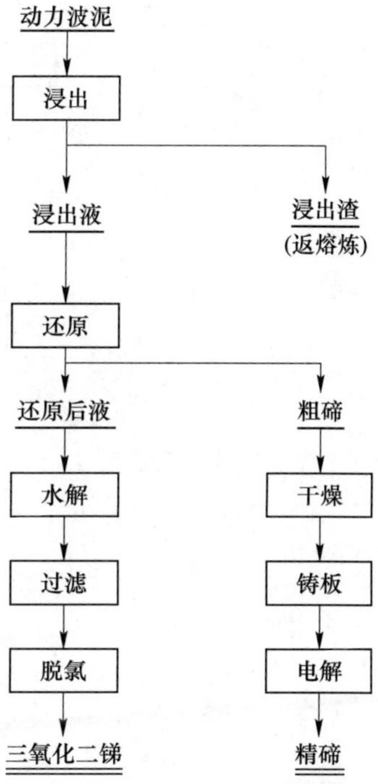

图 4-19 动力波泥中回收碲、三氧化二锑工艺流程图

4.5　锡的综合提取

4.5.1　杂铜冶炼废渣中提取锡

废杂铜冶炼过程中产出的杂铜废渣，含铜 2%～3%，含锡少则 2%～3%、多则 5%～10%，还不同程度地含铅、锌，综合回收利用价值很高。

4.5.1.1　废渣的主要化学成分

由于杂铜成分不同，以及各工厂造渣情况差异，因此废渣的成分波动较大。某厂处理的废渣主要成分见表 4-18。

表 4-18　废渣的主要成分

成分	Sn	Cu	Pb	Zn	Fe	SiO_2
质量分数/%	3～5	2～3	2～3	1～2	15～20	25

4.5.1.2　生产工艺流程

生产工艺流程如图 4-20 所示。

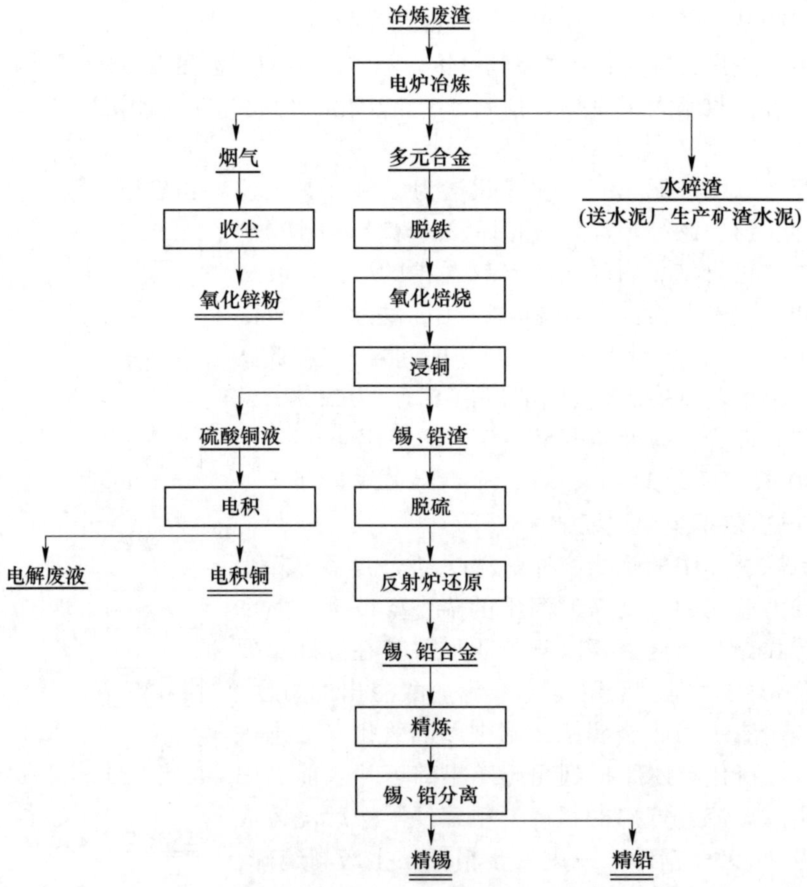

图 4-20　冶炼废渣提锡工艺流程图

4.5.1.3　主要工艺过程

冶炼废渣提锌的主要工艺过程包括电炉冶炼、多元合金除铁、氧化焙烧、浸出脱铜、锡-铅液脱硫、还原熔炼、锡铅合金精炼工序。

A　电炉冶炼

冶炼废渣中有价金属的物相主要是硅酸盐、金属氧化物及少量的金属单质。电炉还原熔炼的目的是将废渣中的有价金属还原成金属态进入液相，同时使用脉石成分造渣。还原产物除含锡、铜、铅等有价金属外，还含有杂质铁。锌则形成锌蒸气挥发进入烟气，通过沉降室及袋式收尘器以氧化锌粉的形式收集。下面介绍还原剂和熔剂配入情况。

（1）还原剂的配入。采用焦粉作还原剂，多元合金中的铁含量和炉渣中的有价金属含量（主要指锡）主要取决于还原熔炼时的温度和还原气氛（还原剂量），温度越高，还原气氛越强时则多元合金中的铁含量越大，而炉渣含锡越少，反之则多元合金含铁较少而炉渣含锡较高。适当配碳，尽可能使原料中的锡、铜、铅进入多元合金相中，锌生成锌蒸气挥发进入烟气，铁则以硅酸铁的形态存在于炉渣中。根据生产实践，焦率以 5%～8% 为宜[35]。

（2）熔剂的配入。对含锡物料而言，炉渣的类型大致可以分为三类，一是高铁质炉渣，二是低铁质炉渣，三是高钙硅质炉渣。根据杂铜冶炼废渣的特点，宜采用高铁质炉渣冶炼，炉渣硅酸度控制在 1.2 左右，炉渣熔点为 1200～1250 ℃，熔剂的配入主要以炉渣渣型为依据，一般配入熔剂的种类和用量为氟石 4%～10%、石灰石 0～3%[35]。

电炉冶炼的主要工艺参数及技术经济指标见表 4-19。

表 4-19　电炉冶炼的主要工艺参数及技术经济指标

指标	数值
多元合金的主要成分	Sn 30%～40%，Cu 15%～20%，Pb 15%，Fe 10%～25%
炉渣有价金属残余量	Sn 0.3%～0.6%，Cu 0.05%～0.1%
氧化锌粉含氧化锌	80%～90%
主要金属回收率	Sn 85%～90%，Cu 90%～95%
吨多元合金主要单耗	杂铜冶炼废渣 12～13 t，电耗 5500～6500 kW · h

B　多元合金脱铁

多元合金含铁高达 15%～25%，因此必须对多元合金进行脱铁处理，以满足下道工序工艺的要求。多元合金经破碎、球磨至小于 0.246 mm（60 目）后进入脱铁工序。此工序用电解铜的脱铜后液作为多元合金的脱铁剂，既解决了电解铜脱铜后液的开路问题，又有效地回收利用了脱铜后液中的残酸和残铜问题。

$$Fe + H_2SO_4 = FeSO_4 + H_2 \uparrow$$

$$Fe + CuSO_4 = FeSO_4 + Cu \downarrow$$

a　脱铁工序的主要技术指标

温度 80 ℃，固液比 1∶6，时间 3 h，pH 值为 1，脱铁后合金含铁不大于 7%。在脱铁过程中要补加一定量的硫酸，以维持脱铁过程的 pH 值不大于 1，脱铁是否达到要求主要取决于补加的酸量、温度、反应时间。

b　脱铁液的置换

在锡、铜、铅、铁多元合金用硫酸脱铁过程中，由于铜是正电性金属，因此以金属状态存在于合金中，铅则生成硫酸铅，沉淀进入脱铁渣中，而金属锡也是负电性金属，尽管其负电性较小，但也有少量的锡进入脱铁液。

$$Sn + H_2SO_4 = SnSO_4 + H_2\uparrow$$

脱铁液中一般含锡 1~3 g/L，因此必须对其进行回收。采用置换的方式，利用多元合金中的铁将脱铁液中的锡离子置换下来。

$$Fe + Sn^{2+} = Fe^{2+} + Sn\downarrow$$

置换过程控制温度在 80 ℃左右，置换后液要求 pH 值达到 4~5，置换后合金返脱铁处理。

C　氧化焙烧

脱铁合金经烘干、粉碎后进入旋窑氧化系统，对锡、铜、铁进行充分氧化焙烧。旋窑氧化过程的主要反应式为：

$$Sn + O_2 = SnO_2$$

$$Cu + 0.5O_2 = CuO$$

$$2Fe + 1.5O_2 = Fe_2O_3$$

为保证锡、铜、铁的充分氧化，生成高价氧化物，要求炉温较高（750 ℃左右），并有充足的空气量。

脱铁合金的氧化焙烧在旋窑中完成，该设备采用外加热式、热空气与待氧化合金粉逆向加入，以使合金粉与热空气充分接触，并可使合金粉基本处于流态化状态，实现了合金氧化过程的连续化、机械化。

旋窑氧化的关键在于控制恰当的氧化焙烧温度，温度过低，则床能率低，合金氧化不彻底；温度过高，虽然氧化速度快，合金氧化彻底，但大量 $CuO \cdot Fe_2O_3$ 的生成给浸铜工序带来困难。因此，要求控制炉温在 750 ℃左右，并且温度梯度不能过大。

合金氧化是否达标，主要取决于炉温、空气量、入炉合金的粒度、加料的均匀程度等因素，通过检测氧化合金中锡判断合金氧化是否完全，一般要求含锡不大于 0.5%。

D　浸出脱铜

氧化焙烧后的脱铁合金经进入浸出系统脱铜，其原理是：二氧化锡基本上不溶于稀硫酸溶液，三氧化二铁难溶于稀硫酸溶液，而氧化铜则易溶于稀硫酸溶液，从而实现铜与锡、铅、铁的分离，主要反应如下：

$$CuO + H_2SO_4 = CuSO_4 + H_2O$$

$$FeO + H_2SO_4 = FeSO_4 + H_2O$$

$$SnO + H_2SO_4 = SnSO_4 + H_2O$$

因此，要求进入浸出系统的氧化合金粉含锡和铁尽可能地少，否则进入硫酸铜，水溶液中的锡和铁量增大，导致锡损失增大。电解铜质量达不到要求，电解铜过程电流效率低。浸出液经板框过滤后送电积铜工序，浸出渣进入脱硫工序。

浸出过程的主要技术条件及指标见表 4-20。

表 4-20 脱铜浸出过程的主要技术条件及指标

指标	数值
温度	80 ℃左右
液固比	1∶0.5
时间	2~3 h
硫酸用量	浸出铜理论用量的 1.2 倍左右
浸出液成分	Cu 50 g/L，Fe≤6 g/L，Sn≤0.2 g/L
浸出渣	Cu≤0.2%，Sn 39%~41%，Pb 20%，S 4%~5%，Fe 12%~18%

E 锡铅液的脱硫

脱铜后的氧化合金粉，锡、铅已经高度富集（锡铅渣），锡+铅不小于 60%。在锡铅渣中，锡主要以二氧化锡形态存在，铅则主要以硫酸铅形态存在，锡铅渣含硫一般为 4%~5%。硫的存在给锡-铅的还原带来危害，主要是形成极易挥发的硫化锡，导致锡的损失，因此锡铅渣进入还原工序之前必须进行脱硫处理。

锡铅渣的含硫来源：一是硫酸根离子的机械夹杂，二是硫化铅中的硫。对于前者可以通过洗涤的方式解决，后者则必须进行转化处理，才能达到脱硫的目的。采用价廉易得的碳酸氢铵作为硫酸铅的转化剂，转化率高，脱硫效果好。其反应式如下：

$$PbSO_4 + NH_4HCO_3 \xlongequal{} PbCO_3\downarrow + NH_4HSO_4$$

脱硫工序的主要技术条件及指标见表 4-21。

表 4-21 脱硫工序的主要技术条件及指标

指标	数值
温度	50 ℃左右
液固比	1∶0.5
时间	1~2 h
吨锡铅渣碳酸氢铵用量	200 kg 左右
锡铅渣脱硫后成分要求	含 S≤1%，Sn 40%，Pb 20%，Cu≤2%

F 还原熔炼

采用反射炉配入适当的焦粉进行还原熔炼，使锡、铅进入锡铅合金相中，其他杂质与加入的熔剂一起进入渣中除去，产出合格的锡铅合金阳极满足锡铅合金电解精炼要求。

G 锡铅合金精炼

电解精炼适用于处理各种品位的铅锡合金，具有工艺简单、过程稳定、试剂容易解决、成本低廉等优点。

锡铅合金电解精炼时，锡和铅同时放电的条件是它们的溶解和析出电位相等，因此锡、铅同时放电与其标准电极电位、离子活度和超电位有关。锡和铅的标准电极电位分别为-0.14 V 和-0.13 V，彼此差别很小。铅和锡在阴极上的析出超电位都在0.003 V 以下，彼此相差也很小。所以，调节离子活度（浓度）就可使其析出电位相等，从阴极上获得精焊锡产品。

粗锡合金电解精炼的电解槽用钢筋水泥作槽体，内涂沥青防腐，也有用辉绿岩作槽体材料的。以粗焊锡为可溶阳极、精焊锡为阴极，在硅氟酸溶液中通直流电电解，在阴极上析出精焊锡，杂质形成阳极泥。在电解精炼过程中要保持电解液成分的稳定，特别要调整好锡离子和铅离子的浓度，避免或减少四价锡离子的生成，以提高直接回收率和电流效率[36]。

4.5.2　贵金属还原渣中提取锡

将炉渣用粉碎机粉碎至0.074 mm（200 目）后，配入一定比例的氢氧化钠和硝酸钠混匀后进行焙烧。焙砂冷却后磨细到0.074 mm，然后按一定的液固比缓慢加入自来水，搅拌浸出。浸出液过滤后，浸出液中加入10%硫化钠溶液除铅。过滤后的除铅液，在保持一定温度的条件下加入锡粒除去锑、砷等杂质。除杂后液经电极电解得精锡。其工艺流程如图4-21 所示。

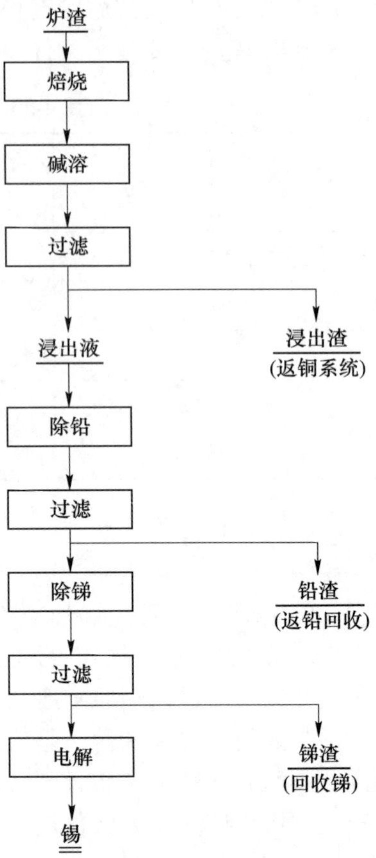

图4-21　从贵金属还原渣中回收锡工艺流程图

4.6　镍的综合提取

从矿石采选开始，伴生镍就随铜在精矿中富集，铜冶炼过程中逐渐富集，最后在铜电解液净化工艺中结晶成粗制硫酸镍盐的形态析出，从而与铜分离。硫酸镍盐的产出量约占电铜产量的0.55%。

铜电解精炼用的阳极板一般都含有镍，尤其表现在熔炼系统，当以废杂铜为冷料生产时，阳极铜镍含量可达到0.5%以上，在电解过程中这部分镍将不断累积进入电解液，对电解效率及电铜质量等将产生较大的影响。硫酸镍生产的目的主要有两个：一是充分回收有价金属，保护环境；二是维持电解正常的工艺条件，生产出优质的电解铜。

电解液中镍的脱除，国外主要采用结晶法、萃取法、离子交换法，而国内多采用结晶法产出粗硫酸镍副产品。20 世纪90 年代以前我国大多采用直烧锅加热浓缩法，因环境污染等问题已被淘汰，目前主要有电热浓缩法、冷冻结晶法及蒸汽浓缩结晶法。电热浓缩法用电成本高，环保效果差，设备气相腐蚀损坏严重。冷冻结晶法具有需要的设备多、占地面积大、动力消耗高、母液含镍高等缺点。蒸汽浓缩结晶法具有设备简单、镍直接回收率高、母液含镍低等优点，加上铜冶炼熔炼系统余热蒸汽有富余，采用蒸汽浓缩结晶法是最佳选择[37]。其工艺比较见表4-22。

表 4-22 粗硫酸镍生产工艺比较

名称	优点	缺点
电热浓缩法	独立性强，热效率转化高	电耗高，环保效果差，设备气相腐蚀损坏严重
冷冻结晶法	环保很好，设备损耗率低	设备占地面积大，电解液中镍含量要求较高（镍≥15 g/L），电耗较高，返回电解系统的电解液需要加热，投资大
蒸汽浓缩结晶法	单耗低，环保较好，工艺简单	受限蒸汽供应量的控制，蒸汽产生的冷凝水多

经过脱铜电解后的溶液，一般含铜小于 1 g/L（多数为 0.1~0.5 g/L）、含酸 300 g/L 以上，此外还含有较多量的其他杂质，如镍、砷、锑、铁、锌等，送往回收粗硫酸镍的母液要求含镍一般在 35 g/L 以上。

（1）电热浓缩法。电热浓缩法通过加热溶液蒸发水分，提高其酸度，然后再冷却结晶产出粗硫酸镍。它是用 3 根石墨电极插入装有溶液的浓缩槽，电源装置输出较高的电流到电极，通过溶液自身的电阻产生热量，使溶液沸腾，在常压状态下蒸发水分而使溶液浓缩。蒸发出的气体由排气系统送酸雾吸收塔净化后排放，浓缩液连续溢流至水冷结晶槽，冷却析出粗硫酸镍结晶，经真空吸滤后得粗硫酸镍产品[38]。

（2）冷冻结晶法。冷冻结晶法的基本原理是：采用人工制冷的办法将溶液的温度降低至比自然冷却或水冷却更低的温度。通常用冷冻机将盐水降到较低的温度，然后用循环盐水冷却溶液，在低温下使得溶液中的镍结晶出来。

冷冻结晶硫酸镍时，热量传递过程是盐水吸收了硫酸镍溶液的热量，冷冻剂吸收了盐水的热量，水吸收了冷冻剂的热量并排出。首先压缩机将蒸发器内低压气态冷冻剂吸入气缸里，经过压缩后的冷冻剂进入冷凝器内凝成液态冷冻剂，冷冻剂在蒸发器中蒸发吸收大量的热量，将氯化钙盐水冷却到-20~-40 ℃，再用此盐水冷却硫酸镍前液，使得大量硫酸镍结晶出来。

若能将硫酸镍溶液的温度降低至-20 ℃，则硫酸镍在 28%~45%硫酸溶液中的溶解度将下降至 1.0%~1.6%，即相当于母液含镍 4.7~7.5 g/L，使结晶效率得到显著提高。根据生产实践，冷冻结晶以-20 ℃以下为宜。冷冻前液含酸最好为 350~400 g/L，含酸过高，结晶颗粒过细，不易脱酸，造成粗硫酸镍生产精制硫酸镍过程中消耗较多的碱。冷冻结晶后液含酸约 400 g/L，用蒸汽间接加热至 60~80 ℃后返回电解工序。

（3）蒸汽浓缩结晶法。蒸汽浓缩结晶法是在某一压强下，采用蒸汽间接加热使溶液蒸发的方法。蒸汽浓缩结晶法的原理是：在负压条件下，由于溶液的沸点降低增加了被蒸发溶液与加热源之间的温差强化了蒸发作用；蒸发出的气体被及时抽走避免了液面上蒸汽压强的升高，从而提高了蒸发速度。蒸汽间接加热浓缩法就是基于这两个特性，在一定真空度下可使用温度不太高（一般 130 ℃）而来源较方便的蒸汽作加热源间接加热，使溶液蒸发浓缩，然后再经过水冷结晶产出粗硫酸镍。

蒸汽浓缩结晶法既解决了操作条件恶劣、劳动强度大等问题，又利于环境保护且设备简单、投资省，对资金有限的中小型铜冶炼厂是较为适宜的。

4.6.1　电热浓缩法生产硫酸镍

4.6.1.1　生产工艺

硫酸镍生产系统包括电解液输送系统、配送电系统、电蒸发系统和冷却结晶过滤系统。净液工段，经硫酸铜浓缩结晶脱铜、电积脱铜后的电解液被输送到电蒸发高位槽用于硫酸镍生产。电蒸发高位槽的电解液经两个流量控制阀门分别输送到两个电蒸发器，经电蒸发器加热浓缩，密度达到 1.65 g/cm^{3}时溢流到水冷结晶槽冷却结晶。冷却结晶至 45 ℃时，溢流到硫酸镍转运槽，经过滤得到硫酸镍晶体。过滤下液为浓度 1100 g/L 的浓硫酸，采用节流槽节流后输送到电解上清液储槽。

4.6.1.2　主要设备技术参数

（1）电蒸发器技术参数。电蒸发系统由两个电蒸发器和配套酸雾净化排出系统组成，单台电蒸发器最大功率为500 kV · A，有效容积6 m^3，最大处理能力0.83 m^3/h，最大蒸发量0.63 m^3/h；加热电极采用碳棒，低压强电流运行。

（2）配送电柜技术参数。供电系统采用磁性调压变压器，可无极变压输出。每个电蒸发器配有一台高压显示控制柜和一台 TSH 磁调控制柜。TSH 磁调控制柜可在 0～40 A 的励磁电流范围内控制调节 3 个加热电极的输出电压，并设有温度自动控制及高温报警跳闸保护功能。自动控制温度一般设定在 170 ℃，高温报警为 180 ℃，低温报警为 160 ℃。加热电极材质为碳棒，要求安装在距罐底 200 mm 处，且底部对齐。每个电极都有对应的电流表与电压表，电压表对应的电极位置示意图如图 4-22 所示。

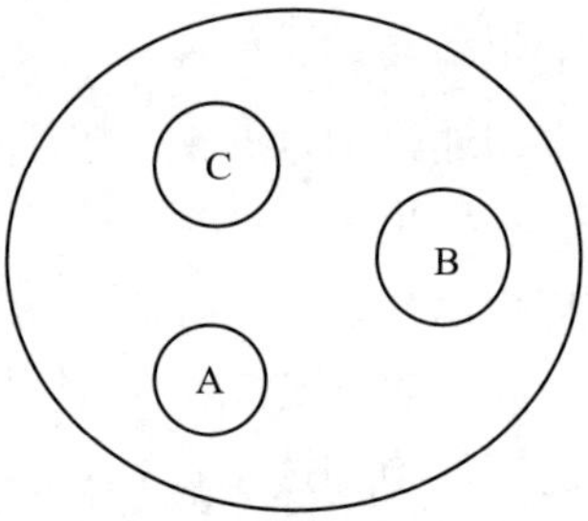

图 4-22　电压表对应的电极位置示意图

4.6.1.3　工艺参数及指标

工艺参数为：镍直收率 85%，蒸发温度 170 ℃±5 ℃，蒸发终液含酸 1100 g/L，水冷结晶温度45 ℃，粗硫酸镍含镍 18%，游离酸 10%～12%，应脱除镍量 844 kg/d，脱镍需脱铜终液量 38.2 m^3/d，蒸发终液量 12.8 m^3/d，粗硫酸镍产量 1542.8 t/a。电解液成分见表 4-23。

表 4-23　电解液成分　　(g/L)

成分	Cu	As	Sb	Bi	Ni	H_2SO_4
脱铜电解液	≤1.3	≤0.408	≤0.098	≤0.007	≥10	≥257
脱镍电解液	1.49	2.17	0.2	0.2	2.3	1100

4.6.1.4　电热浓缩法回收硫酸镍生产实践

A　硫酸镍生产系统组成

a　电解液输送系统

生产硫酸镍使用净液工段脱铜终液。脱铜终液被输送到电蒸发高位槽，经两个流量控制阀门分别输送到两个电蒸发器，经电蒸发浓缩密度达到要求时溢流到水冷结晶槽冷却结晶。浓缩电解液在水冷结晶槽冷却结晶至控制温度后溢流到硫酸镍转运槽，再经过滤得到硫酸镍晶体，过滤液用节流槽节流后输送到电解上清液储槽。该工艺流程如图 4-23 所示。

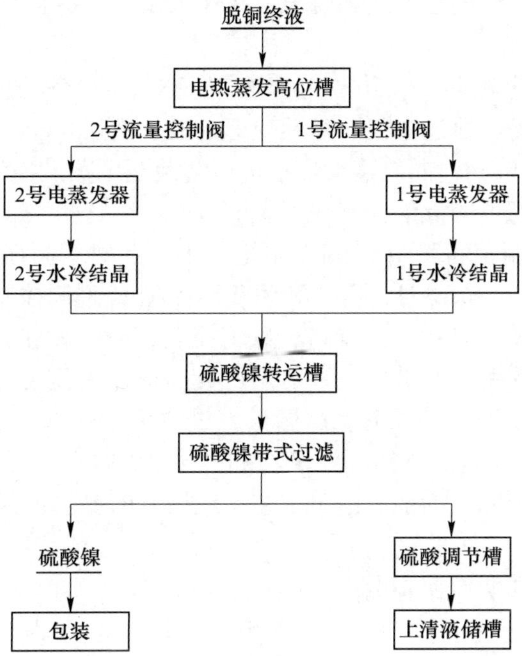

图 4-23 硫酸镍工艺流程图

b 配送电系统

供电系统采用磁性调压变压器，可无极变压输出，每个电蒸发器配有一台高压显示控制柜和一台 TSH 磁调控制柜。

高压显示控制柜面板设有变压器负载端供电分闸和合闸按钮及相应的状态指示灯。初级高压端输出功率表，负载端无电流输出时读数为零。初级高压端电压表，仪表供电后一般显示为 6 kV 左右。初级高压端初相表，无负载电流时 $\cos\varphi=1$。

TSH 磁调控制柜用于控制三相电极的输出电压，面板设有磁调控制柜启动、停止按钮及相应的指示灯，温控仪及其电源开关，手动调压旋钮，一个用于转换手动调压和自动调压的转换开关。柜上部设有励磁电压表、励磁电流表、三个电极的相电压表和电流表。励磁电流用于控制输出端电压，最大可调范围 0~60 A，40~60 A 为死区，可在 0~40 A 范围内控制调节输出端电压。

c 电蒸发系统

电蒸发系统由两个电蒸发器和配套酸雾净化排出系统组成，单台电蒸发器最大功率为 500 kV · A，有效容积 6 m^3，最大处理能力 0.83 m^3/h，最大蒸发量 0.63 m^3/h；加热电极采用碳棒，低压强电流运行。

d 冷却结晶及过滤系统

冷却结晶使用两个水冷结晶槽，采用螺旋水冷换热管，并安装有搅拌器。过滤系统使用变频可调速真空带式过滤机。

B 硫酸镍生产系统的启动及运行

（1）全面检查设备和各工艺管道。检查电解液输送系统是否通畅；流量控制阀是否灵活；高压显示控制柜和 TSH 磁调控制柜供电是否正常；酸雾净化排出系统风机是否开启，酸雾排出管道阀门打开，负压是否达到要求；冷却水循环，搅拌桨是否工作正常；带式过滤机是否工作正常。

（2）调节电蒸发器电极高度，输送电解液。系统启动前先要对电极高度进行仔细调整，防止各相电流不平衡。通过电极升降卷扬把电极放到蒸发器底部，在石墨电极上做环形记号，再向上提升 200 mm。向电蒸发器输送电解液至电蒸发溢流口下 100 mm 处，关闭流量控制阀，电蒸发器高位槽液位控制在 1.5 m 以上。

（3）向高压显示控制柜和 TSH 磁调控制柜供电。此时，高压显示控制柜初级高压端输出功率表读数为 0 MW，$\cos\varphi=1$，电压表为 6 kV。TSH 磁调控制柜励磁电流和电压、电极电流和电压均显示为零。启动时先按高压显示控制柜合闸按钮，则合闸指示灯亮。TSH 磁调控制柜电压调节置为手动调节挡，手动调压旋钮向左旋到底（输出电压最小），开启温度控制仪电源开关，设置相关参数。高温报警设置为 180 ℃，低温报警设置为 160 ℃。如果正常生产中需要开启自动温控功能，需要进一步设置 PID 参数，以能稳定电蒸发器内温度、保持电极电流相对稳定为准。由于工艺参数控制的要求，因此要关闭 PID 参数自整定功能。

缓慢调压升温。手动调压使相电流升高到 1 kA，保持电流，升温 10 min。电极相电流每上升 1 kA，必须保持 10 min 后再上调，相电流达到 3 kA 时保持电流。此时，高压显示控制柜初级高压端电压显示 6 kV，$\cos\varphi=-0.9$，初级输出功率显示约 0.4 MW。

（4）在调节电极电流的同时，要密切关注电蒸发器温度上升情况。温度上升太快时需适当放慢调电流速度，增加保持等待时间。温度达到 170 ℃时缓慢开启流量控制阀，开启水冷结晶槽冷却水循环，并通过调整流量，使温度控制在 165~170 ℃范围内。如果要开启自动控温，需要保持稳定运行 30 min 后，确认温控仪参数设置无误的情况下才能开启。

（5）冷却结晶及过滤。待水冷结晶槽溢入电解液达到槽高 1/4 左右时开启水冷结晶槽搅拌桨，调整冷却水流量，使溢入电解液缓慢冷却。水冷结晶槽温度应控制在 45 ℃左右，每 4 h 取样测定密度。密度高于 1.65 g/cm^{3}时可通过调节流量适当降低电蒸发器温度，密度低于 1.65 g/cm^{3}时可通过调节流量适当提高电蒸发器温度。水冷结晶槽满后会溢流进入硫酸镍转运槽，达到一定液位时可开启过滤系统。过滤机带速不宜太快，在电解液不倒流的情况下应尽可能慢，以达到较好的固液分离效果。过滤速度的快慢可通过过滤流量调节。

（6）过滤出硫酸镍为黄绿色晶体，自然蒸发一段时间后可进行打包。滤下液为 1100 g/L 硫酸，经节流槽节流后输送到电解上清液槽。

C　硫酸镍生产操作要求及控制参数

（1）电蒸发器投入使用时确保 3 个石墨电极底部等高，且距罐底 200 mm，防止三相电流不平衡或烧坏罐底。

（2）电蒸发器启动初装电解液液位应低于溢流口 100 mm，防止电解液沸腾时未达到浓度要求的电解液溢流入水冷结晶槽。

（3）电蒸发器运行中励磁电流应控制在 0~40 A 范围内，防止进入死区。

（4）电蒸发器运行中溢流口开始溢流时温度应保持在 170 ℃±5 ℃，此时溢流电解液密度应在 1.56 g/cm^3，不足或超过时可按操作规程调节。

（5）水冷结晶槽开始溢流时，槽内温度应保持在 45 ℃。

(6) 脱铜终液电解液成分要求见表4-24，脱镍终液电解液成分要求见表4-25。

表4-24 脱铜终液电解液成分要求

元素	Cu	As	Sb	Bi	Ni	H_2SO_4
浓度/$g \cdot L^{-1}$	≤1.3	≤0.408	≤0.098	≤0.007	≥10	≥257

表4-25 脱镍终液电解液成分要求

元素	Cu	As	Sb	Bi	Ni	H_2SO_4
浓度/$g \cdot L^{-1}$	3.5	2.17	0.2	0.2	2.3	1100

(7) 生产粗硫酸镍含镍18%，游离酸10%~12%。

(8) 硫酸镍生产系统能力：处理脱铜终液38.2 m^3/d，蒸发终液12.8 m^3/d，脱除镍能力844 kg/d，粗硫酸镍产量1542.8 t/a，镍直收率85%以上。

4.6.2 冷冻结晶法生产硫酸镍

4.6.2.1 冷冻结晶法的工艺原理

根据硫酸盐结晶理论，溶液中的硫酸浓度与金属离子浓度在不同温度下存在一定的平衡关系，溶液中金属离子的浓度会随酸浓度和温度的变化而变化。当溶液中酸的浓度升高或溶液温度降低时，溶液中的镍离子浓度相应减小，镍离子会以硫酸镍的形式结晶析出。降低电解液的温度，硫酸镍饱和溶解度也相应下降，硫酸镍析出量会增加。

4.6.2.2 生产实践

A 硫酸镍工序流程

硫酸镍生产系统以净化工序的尾液作为原料，经过预冷后打入冷冻槽进行降温冷冻，冷冻设备为盐水冷冻机组；达到既定温度时，将冷冻液进行过滤、吹风、开板，滤饼即为水合硫酸镍，滤液经过升温后返回电解系统。冷冻法提取硫酸镍工艺流程如图4-24所示。

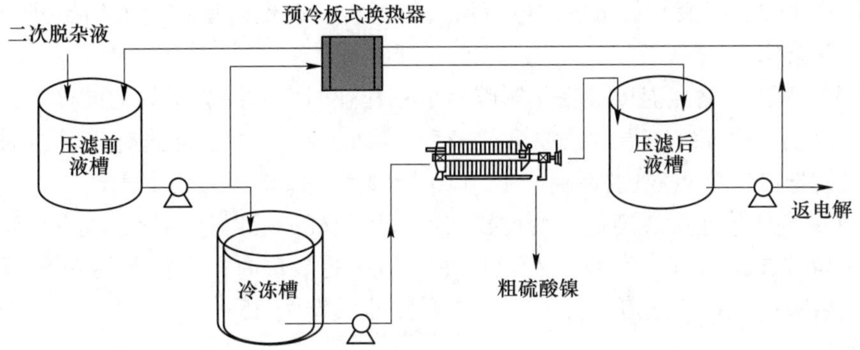

图4-24 冷冻法提取硫酸镍工艺流程图

B 设备配置

冷冻结晶法生产硫酸镍配置的设备见表4-26。

表 4-26　冷冻结晶法提取硫酸镍设备配置

设备名称	技术参数	单位	数量
装液泵	$Q=60\ m^3/h$，$H=35\ m$	台	2
返液泵	$Q=40\ m^3/h$，$H=48\ m$	台	1
压滤泵	$Q=60\ m^3/h$，$H=48\ m$	台	2
硫酸镍压滤机	$F=60\ m^2$，板框压滤机	台	2
预冷板式换热器	$F=20.1\ m^2$	台	1
盐水冷冻机组	制冷量 $Q=470$ kW	台	1
脱铜终液储槽	ϕ3600 mm×3000 mm	台	1
过滤槽	ϕ3600 mm×3000 mm	台	1
冷冻结晶槽	ϕ2400 mm×2850 mm	台	4

C　硫酸镍生产工艺条件优化

生产过程中，当电解液中镍离子浓度降至 10 g/L 以下时，经过净液蒸发浓缩后，硫酸镍始液中镍离子浓度为 17~18 g/L，硫酸浓度为 380~400 g/L，硫酸镍冷冻终点温度控制在-15 ℃，硫酸镍脱除率仅有 35%~40%。可通过优化硫酸镍溶液初始硫酸浓度、初始液中镍离子浓度及降低冷冻结晶终点温度，提高镍的脱除率。

（1）提高硫酸镍溶液初始硫酸浓度。对净液蒸发系统进行优化，提高真空蒸发器出液密度，从而提高硫酸镍初始液酸浓度。优化后真空蒸发器出液密度由原来的 1.38 g/cm³ 提高到 1.40 g/cm³，提高硫酸镍的饱和度，硫酸镍溶液初始硫酸浓度可提高至 420~450 g/L。

（2）提高硫酸镍初始液中镍离子浓度。在低浓度硫酸镍电解液中加入高镍电解液，采用高镍电解液混合方式提高初始液中镍离子浓度。采用铜电解厂区初始液中镍离子浓度为 24~26 g/L 的硫酸镍溶液与低浓度的电解液进行混合，确保硫酸镍溶液初始液中镍离子浓度达到 18~20 g/L。

（3）降低硫酸镍终点温度。在不影响硫酸镍作业时序和冷冻时间的前提下，降低硫酸镍冷冻终点温度，冷冻终点温度由原来的-15 ℃降低到-18 ℃。通过计算单位时间内生产的硫酸镍量，把冷冻终点温度控制在-18 ℃，能够实现效率最大化生产。

（4）改变搅拌桨速度。通过改变搅拌桨速度控制硫酸镍晶体颗粒，减少压滤机滤布堵塞概率，提高硫酸脱除率。实践中发现在冷冻初期的 2 h 内，搅拌桨转速变频器设定为 45 Hz，2 h 后降低搅拌桨速度，搅拌桨转速变频器设定为 35 Hz，可以产出适于过滤的硫酸镍晶体颗粒。

实践发现，通过采用以上措施，硫酸镍脱除率可提高至 50%~55%。祥光铜业有限公司 2020 年粗制硫酸镍产量较 2019 年超产约 300 t，电解液中镍离子浓度由 2019 年的 15 g/L 下降至 2020 年的 8 g/L 以下，有效降低了电解系统电解液的电阻，电解综合能耗大幅度下降。

4.6.3 蒸发浓缩结晶法生产硫酸镍

4.6.3.1 蒸发浓缩结晶法的工艺原理

电解液净化系统的脱铜终液主要成分为硫酸和硫酸镍。根据硫酸盐平衡理论，溶液中的硫酸浓度与硫酸镍浓度在不同温度下存在一定的平衡关系，即溶液中镍离子的浓度随温度及酸度的变化而改变。当压强一定时，溶液的沸点随酸度的增加而升高，则硫酸镍的溶解度越低，结晶率也就越高；当酸度一定时，溶液的沸点随压强的降低而降低，在负压作用下，溶液的沸点也将适度降低，即强化了蒸汽蒸发效率；当酸雾蒸汽被及时抽走时，降低了液面蒸汽压强，从而能有效析出硫酸镍结晶颗粒。真空蒸发浓缩结晶法就是基于这两个特点，在一定真空度下，使用温度不太高而来源较方便的蒸汽作加热源间接加热，使溶液蒸发浓缩，然后再经过水冷却结晶进行固液分离，固体为粗硫酸镍，溶液即为黑酸[38]。

当溶液硫酸、镍离子含量不同时，其沸点也不相同。在反应釜内底上安装两个温度检测限位信号源，通过 PLC 画面监测可方便观察釜内溶液及蒸汽出口温度变化，判定随釜内脱铜终液浓缩过程中溶液的需求。为保证硫酸镍稳定生产，采用连续进、出液的方式，也可通过电磁流量计间断给液的方式。由进液釜内溶液浓度接近脱铜终液浓度及成分，以此类推，也就基本确定了釜内溶液自始至终的沸点；相反，通过检测沸点也可知道釜内溶液的浓度。

4.6.3.2 生产实践

A 脱铜后液成分

脱铜后液成分见表 4-27。

表 4-27 脱铜后液成分

成分	Cu	Ni	H_2SO_4	As	Sb	Bi
浓度/$g\cdot L^{-1}$	0.1~10	12~16	200~300	2~16	0.1~0.5	≤0.01

B 工艺流程

净液系统采用真空蒸发浓缩脱铜终液、水冷结晶生产粗硫酸镍。脱铜终液泵至粗硫酸镍前液槽，由粗硫酸镍前液输送泵至粗硫酸镍搪玻璃反应釜内，加蒸汽进行蒸发浓缩。蒸发后液自流至水冷结晶槽，水冷结晶槽开循环水冷却，冷却后的结晶浆液经隔膜泵泵至真空吸滤盘进行固液分离，分离出的粗硫酸镍称重包装入库，过滤后液流入黑酸槽，由黑酸泵泵至脱铜工序。其工艺流程如图 4-25 所示。

C 主要技术经济指标

脱铜后液要求：铜小于 0.5 g/L、镍不小于 8 g/L，脱铜后液含镍 8~12 g/L。反应釜真空度 0.025~0.085 MPa，硫酸镍出液温度 95 ℃，水冷槽结晶温度 40~45 ℃，浓缩后液密度 1.45~1.658 g/cm^3，镍回收率 75%，粗硫酸镍含镍 10%~20%。

产品质量：产品符合《工业硫酸镍》（HG/T 2824—2022）标准。

4.6.4 传统法粗硫酸镍精制

粗硫酸镍提纯的传统工艺是化学方法，其过程是先进行氧化除铁，然后硫化除铜、铅、锌，浓缩除钙，氟化钠除钙、镁，一次浓缩结晶（生产电池级硫酸镍），二段浓缩结晶（生产电镀级硫酸镍）。

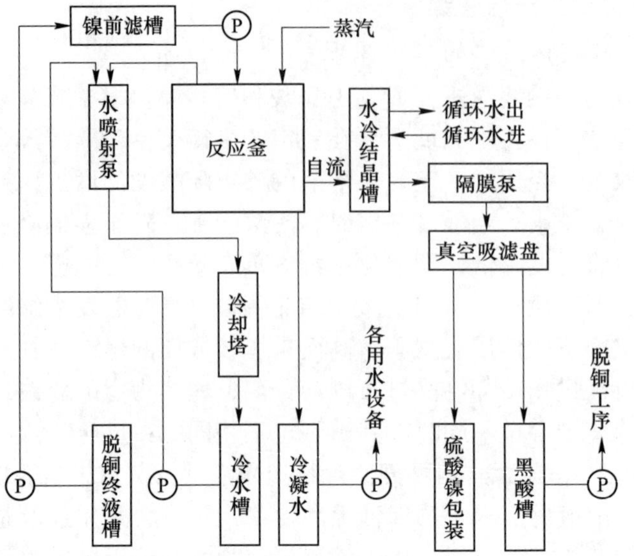

图 4-25　工艺流程图

4.6.4.1　工艺流程

传统法粗硫酸镍精制工艺流程如图 4-26 所示。

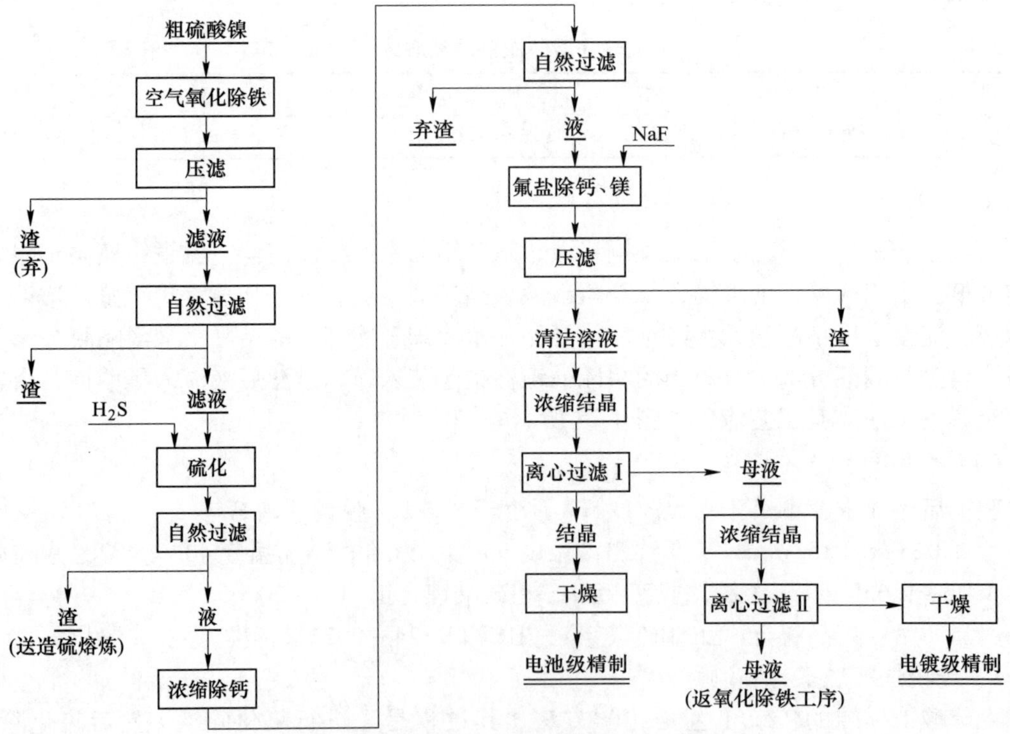

图 4-26　传统法粗硫酸镍精制工艺流程图

4.6.4.2 生产工艺

(1) 空气氧化除铁。在一定的浸出条件下，粗硫酸镍的各种组分溶解进入溶液，配制成含镍 80~100 g/L、密度 1.2 g/cm^{3}的溶液，然后通入空气氧化除去溶液中的铁。除铁的关键是提高氧化速度，所以中和剂首先采用轻质碳酸钙。当 pH 值为 3 时，碳酸钙的反应很慢，故改用石灰乳清液中和至反应终点，这样既提高了氧化速度，又减少了渣量。

工艺技术条件：液固比 1∶0.9，温度 80~90 ℃，终点 pH 值为 5.4，时间 2.5 h，低于 45 ℃条件下自然过滤，二次滤液含铁小于 0.0015 g/L。

(2) 硫化除铜、铅、锌。通过硫化钠和硫酸反应产生硫化氢气体，在中和剂配合的情况下，硫化除去溶液中的铜、铅、锌。

工艺技术条件：常温，开始 pH 值为 4.0，终点 pH 值为 5.0，时间 1~1.5 h，终点含锌 0.02 g/L。

(3) 浓缩除钙。国内目前大多数生产精硫酸镍的工艺中一般只采用浓缩法除钙、镁，利用硫酸钙和硫酸镁能溶解于水溶液中、其溶解度随溶液温度的变化而变化的特性，采用浓缩蒸发，钙大部分能除去，但是除镁的效果不是十分理想，直接影响了精硫酸镍的产品质量，从而使产品不能达到电池级硫酸镍的质量标准，只能生产电镀级硫酸镍。

工艺技术条件：温度 80~95 ℃，pH 值为 3.5，终点密度 1.38~1.40 g/cm^3，一次过滤温度 85~90 ℃，二次过滤温度 75 ℃。

(4) 氟化钠除钙、镁。通过浓缩除钙工序后，溶液中的钙、镁大部分被除去，为了进一步除去钙、镁，可以通过加入氟盐来实现。因为碱土金属氟化物溶解度较小，利用重金属离子的氟化物属于离子化合物易溶于水的特点，在机械搅拌中添加一定数量的氟化钠，用碱液控制一定的 pH 值，使钙、镁生成氟化物沉淀而除去。

工艺技术条件：温度 60~70 ℃，pH 值为 4.5~5.0，氟化钠过量系数 1.6，反应时间 1.5 h。

(5) 一次浓缩结晶（生产电池级硫酸镍）。从净化后的溶液中最终析出六水硫酸镍，是生产电池用硫酸镍的最后工序，也是最终影响产品质量的关键。

结晶过程本身是一个净化过程，也是一个复杂的传热传质过程，在不同溶液组成和流体力学条件下，结晶过程的控制步骤可能改变。因此同一物质的结晶体大小、形状、性质都因结晶过程、结晶方式不同而有所不同，所以结晶过程条件控制是最终影响产品质量的关键。

工艺技术条件：蒸发温度高于 90 ℃，pH 值为 1~2，终点密度 1.5 g/cm^3，从 80 ℃冷却至 40 ℃，机械搅拌 5~50 r/min，加晶种适量，时间 6 h，结晶率 40%。

(6) 二次浓缩结晶（生产电镀级硫酸镍）。一次结晶为避免杂质的析出，限制结晶率 40%，在一次结晶后液中配入一定量的洁净溶液，然后再浓缩结晶，进一步提高浓缩终点密度，深度结晶生产电镀级六水硫酸镍。

工艺技术条件：蒸发温度高于 90 ℃，pH 值为 2，终点密度 1.5~1.6 g/cm^3，从 90 ℃冷却至 75 ℃再到 35 ℃，机械搅拌 30~50 r/min，加晶种适量，结晶率 60%[37]。

(7) 产品质量。产品满足 GB/T 26524—2023 中电池级硫酸镍和电镀级硫酸镍的要求。两种产品的外观质量为：翠绿色颗粒状晶体，晶型为正方晶系，晶粒大于 2.0 mm。

4.6.5 萃取法粗硫酸镍精制

根据对萃取性能及工业应用情况的考虑，生产采用 P204 作为萃取剂，以磺化煤油作为稀释剂，对硫酸盐体系中的铜、铁、锌、钙、镁等杂质进行萃取分离。生产实践证明，此工艺提纯的硫酸镍产品质量完全符合特种行业的使用要求。

4.6.5.1　工艺原理

金属离子从水相（金属离子以无机盐形态，例如氯化物或硫酸盐）转入有机相（C_7～C_9馏分的脂肪酸皂）能力的排列顺序基本上与金属离子氢氧化物的沉淀 pH 值上升的排列顺序一致。在 H^+、Sn^{2+}、Bi^{3+}、Fe^{3+}、Pb^{2+}、Al^{3+}、Cu^{2+}、Cd^{2+}、Zn^{2+}、Ni^{2+}、Co^{2+}、Mn^{2+}、Mg^{2+}、Na^+顺序中，每一个以无机酸盐形态存在于水相中的、位于其前面的金属离子都可以从有机相（皂）中置换出所有位于其后面的金属离子，其本身则呈皂态转入有机相中[39]。因此，可以用位于其后面金属离子的有机皂去把位于其前面的、以无机酸盐形态存在于水溶液中的金属离子萃入皂相中，这时，形成原有机皂的金属离子则转入水相中，这就是运用有机萃取法提纯硫酸镍的化学原理。具体工艺流程如图 4-27 所示。

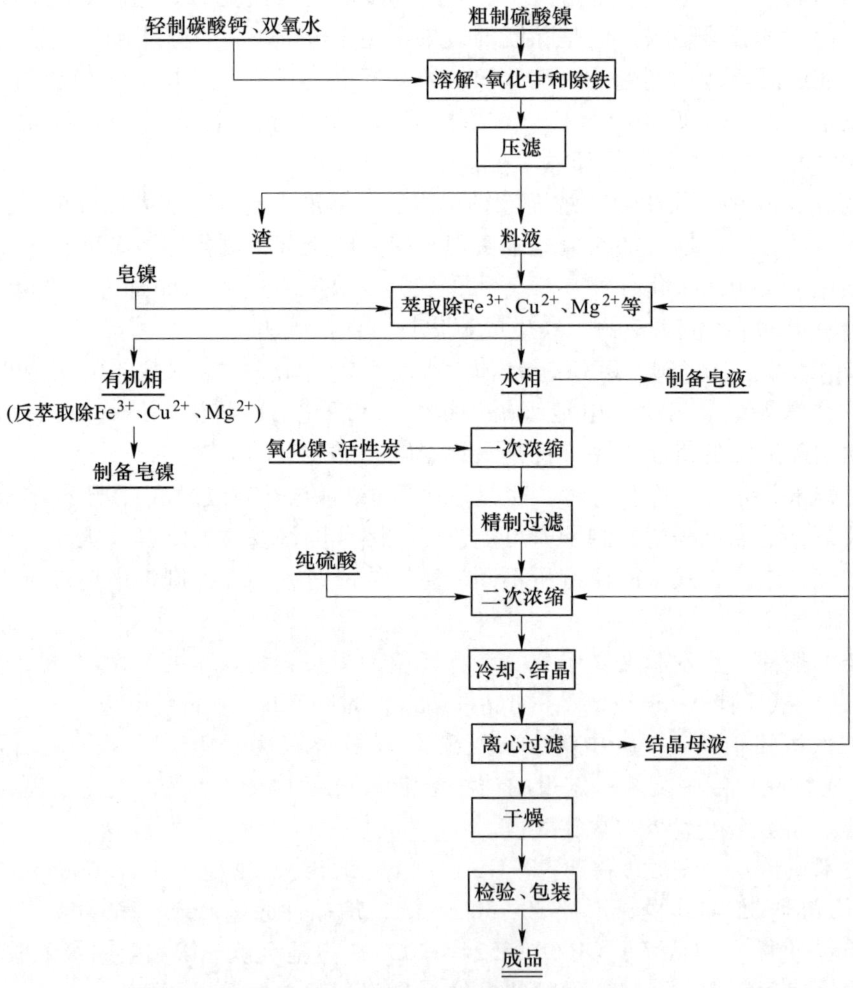

图 4-27　萃取法粗硫酸镍精制工艺流程图

4.6.5.2 氧化中和除铁

在一定的浸出条件下，将粗制硫酸镍和粗制碳酸镍的各组分溶解进入溶液，使溶液的镍浓度达到75~95 g/L，浸出温度80 ℃，中和pH值至2.5~3.0，加入双氧水进行氧化，双氧水用量由溶液中二价铁离子含量而定，目的是将二价铁离子全部氧化为三价铁离子。加入双氧水后，继续搅拌，并取样检测二价铁离子是否已完全氧化，以此确定其操作终点。二价铁离子氧化完全后，缓慢中和溶液pH值至5.2，搅拌0.5 h后放料，板框压滤机压滤好后，对板框压滤机采用三洗三吹的洗涤方式进行洗涤，洗水返回进行二次溶解，对钙铁渣中的镍含量进行检测，要求钙铁渣中的镍含量小于0.3%。

工艺技术条件：浸出温度80 ℃，搅拌速度50~80 r/min[39]。

4.6.5.3 萃取除杂

A 主要操作技术条件

（1）有机相组成：25%P204+75%磺化煤油，皂化率65%~70%；

（2）反萃液：3 mol/L的硫酸，要求酸液中铁的浓度不高于0.001 g/L；

（3）反萃除铁：4~6 mol/L的氯化铵，当H^+浓度不高于0.001 mol/L时补加一定量的盐酸；

（4）澄清室：水相：有机相=3：1。

B 镍皂的制备

除铁所用的有机萃取剂为P204，P204是以镍皂的形态与含铁和铜杂质的硫酸镍进行交换萃取作用，因此须先制备镍皂。由于用P204萃取时产生酸，要预先用碱中和（即皂化反应）转化成盐，然后将pH值调至6左右。将下层水相放掉，再将钠皂与纯净硫酸镍溶液进行萃取，直至水相无草绿色的镍离子时为终点，制备镍皂。

镍皂制备工艺采用的碱为氢氧化钠，反应式如下：

$$(RO)_2P(=O)OH + NaOH = (RO)_2P(=O)ONa + H_2O$$

4.6.5.4 萃取过程

对上述经压滤的粗硫酸镍溶液与镍皂进行逆流萃取，要严格控制镍液给料量、反铜酸和反钴酸的给料量。硫酸镍生产系统P204萃取除杂工艺条件为：萃取段10级，洗钴段4级，洗铜段5级，反萃取除铁段2级，洗涤段2级，如图4-28所示。

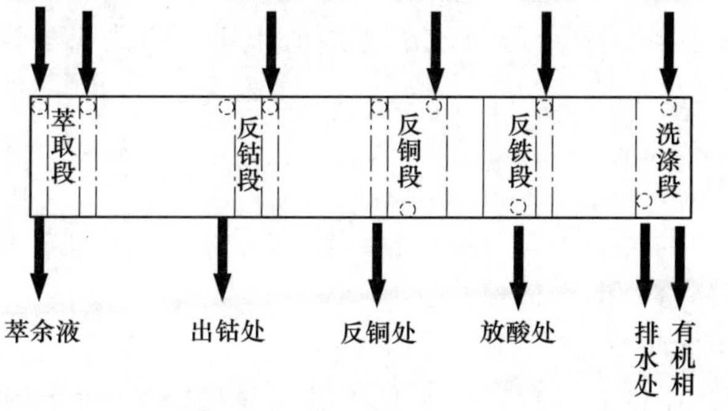

图4-28 萃取箱分级配置图[39]

（1）萃取除铁。对上述经压滤的粗硫酸镍溶液与镍皂进行逆流萃取，严格控制 pH 值为 1.5~2.0。因在萃取过程中会产生聚合现象，故需先添加适当稀释剂以提高萃取效果。

萃取反应式如下：

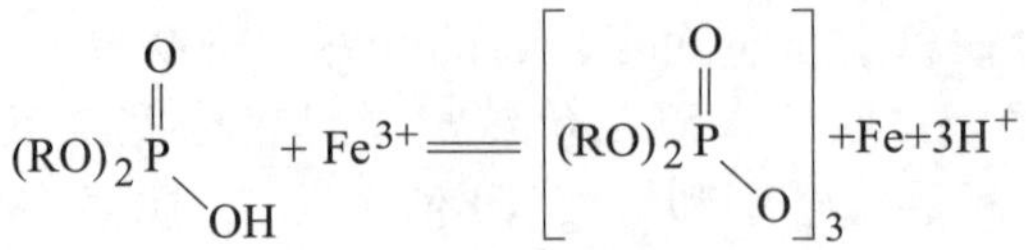

由于 P204 对三价铁离子的吸附能力较强，因此当 P204 萃取三价铁离子后，在稀硫酸溶液中几乎不被反萃，这时用 4~6 mol/L 的盐酸加温至 70 ℃进行反萃，其反萃率可达 70%[40]。

（2）萃取除铜。脂肪酸、环烷酸、N510（二烷基乙酰胺）都可以作铜离子的萃取剂，用含 3%~7%N510 的煤油直接进行萃取处理。镍皂萃取除铜离子时的 pH 值在 3.0~4.5 范围内，环烷酸镍皂萃取除铜离子，pH 值在 2.8~4.2 之间，其萃取率达 95%。由于二价镍离子在 pH 值为 5.0 时开始被萃取，因此萃取体系的 pH 值必须加以控制。N510 萃取除铜离子的效果较为理想，但 pH 值在 3.0 以下时，铜离子的被萃取量会显著下降。由于在萃取过程中会产生氢离子，致使溶液的 pH 值下降而影响到铜离子的萃取率，因此在 pH 值小于 5.0 的条件下，N510 对二价镍离子基本不萃取。

（3）萃取除锌。用 P204 萃取除锌离子的效果很好，用其 20% 含量的煤油溶液进行萃取时，随着萃取过程的进行，体系的酸度逐渐增大，一般萃取除铜离子后，调节 pH 值至 4.5 左右开始萃取除锌离子。当 pH 值保持 2.5 以上时能把锌离子降低至 0.002 g/L 以下，符合硫酸镍溶液的提纯要求。

4.6.5.5　一次浓缩除有机杂质和钙、镁

由于上述各步去除杂质的工序均要使用有机相原料，这使萃取处理后的硫酸镍溶液中残留有机杂质和少量的钙、镁离子，必须除去。生产中采用加入化学纯规格的粉状活性炭吸附有机物，加入氟化镍去除溶液中的钙、镁离子。活性炭和氟化镍的加入量分别根据溶液中残留的有机物和钙、镁离子的量而定，一次浓缩后精细过滤，使用过的活性炭集中进行回收处理。

4.6.5.6　二次浓缩、冷却结晶

一次浓缩液经过滤后，转入二次浓缩。加入一定量的纯净硫酸，将溶液 pH 值调至 1.0~2.0，浓缩至密度为 1.62~1.71 g/cm^3，即可进行通水冷却，料液温度冷却至 45~55 ℃，放料至结晶盘中自然冷却 20 h 左右，离心甩干，得到硫酸镍成品。结晶母液经化验后，酌情返回有关工序使用。

4.7　钴的综合提取

铜冶炼过程中产生的转炉渣含有铜、钴、镍等有价金属，从转炉渣中回收铜、钴、镍等有价金属具有重要经济价值和环保意义。

4.7.1　含钴转炉渣中回收钴

有价金属在转炉渣中的两种存在状态是机械夹杂和物理化学溶解。钴主要是通过物理化学溶解进入转炉渣。目前，从转炉渣中回收钴的方法较多，大致分为以下几类。

4.7.1.1 浮选法

在选矿领域，浮选是处理含钴矿物最为重要的方法之一。转炉渣的浮选过程包括炉渣缓冷、破碎、磨细及浮选等。由于钴常与铁、铜、镍等矿物共生，因此铁、铜、镍等经过冶炼后的冶炼废渣中含有不等量的钴，一般来说，这些废渣组分的可浮性差异较大，利用这种可浮性的差异可以将其中的钴浮选出来。但是钴及大部分镍与铜在渣中的赋存状态不一样，铜在渣中主要以硫化物及金属铜形态存在，钴及大部分镍主要是以类质同象形式取代铁橄榄石和磁铁矿晶格中的部分亚铁离子，作为氧化物形态富集其中[41]。因此，必须使转炉渣中的铁橄榄石和磁铁矿分解，使其中钴的氧化物游离出来，才能实现浮选工艺回收钴资源的目的，这也是作为物理手段的浮选法的不足之处。

浮选法工艺流程：将含有铜、钴的炉渣进行磨矿处理，在磨矿过程中添加一定量的调整剂，调整矿浆的 pH 值至 9~10 范围内。磨矿处理后的矿浆中依次加入捕收剂和起泡剂，进行铜钴混合浮选粗选，并在两次扫选后得到尾矿。在混合浮选泡沫中加入抑制剂，进行 3 次精选后得到铜钴混合精矿；依次加入抑制剂和捕收剂，进行铜、钴分离浮选，并经一次粗选、一次扫选后得到钴精矿，对铜、钴分离浮选后的泡沫进行两次精选后得到铜精矿。

4.7.1.2 火法冶炼

炉渣中的铜、镍、钴都以不同状态存在，其中钴主要以氧化钴存在，采用一般的交流电阻炉法处理，钴的回收率较低，而采用将炉渣缓慢冷却再磨细浮选，钴的回收率依然不高。研究表明，要提高钴的回收率就必须破坏钴的氧化结构，让钴从渣中析出，转炉渣经过火法冶炼就可以将这种氧化结构破坏。

火法冶炼，按照其所采用的工艺不同，可分为焙烧和熔炼等。根据加入焙烧剂的不同，焙烧分为硫化焙烧、氯化焙烧和脱砷焙烧等。经过焙烧后，钴和其他有价成分在炉渣中的存在状态得到改变，被转化成可溶性的物质，从而从炉渣中分离出来。熔炼可以分为还原熔炼和还原硫化熔炼。还原熔炼主要用于钴的氧化矿处理，此方法以碳为还原剂，在高温条件下将钴富集到钴合金中，再用酸浸出其中的钴。还原硫化熔炼主要用于镍转炉渣的贫化处理，此方法以碳为还原剂的同时，再加入硫化剂，在高温条件下，使转炉渣中的有用金属铜以硫化物，钴、镍以合金形式富集在钴冰铜中[41]。

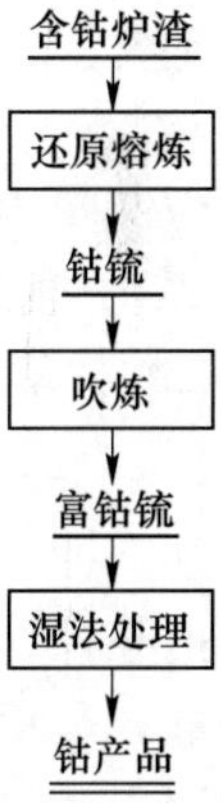

图 4-29 含钴炉渣火法冶炼工艺流程图

火法冶炼，因其使用范围较窄，对原料的要求较高，工艺复杂，熔炼和焙烧的过程中消耗大量的能源，生产成本高，目前工业应用相对酸浸法少。火法工艺流程实例如图 4-29 所示。

4.7.1.3 湿法分离

目前较常用的湿法技术就是浸出法，浸出法又可根据浸出介质的不同分为酸浸、氨浸和水浸等。

酸浸法所用的酸有多种，常见的酸有硫酸、硝酸、次氯酸钠、高氯酸等。酸浸法使用范围广、应用性强，且这种方法工艺简单，可行性强。硫酸和硝酸按一定配比，可在较短时间内使矿渣溶解完全；但硝酸在溶解过程中可能与矿渣中的某些物质反应，生成氯、氮等氧化物有毒气体，对环境污染严重，特别是浓硝酸，不易运输和储存，且价格昂贵，不适用于中小企业使用。

水浸法是以水作为溶解介质，实现有价成分与矿渣分离的一种方法。矿渣经过火法冶炼处理以后，钴及其有价成分被转化成可溶性物质，通过水介质实现钴的分离。水浸法生产成本较低，生产过程中产生的污染小，但相对酸浸法钴的回收率低，现场操作性较差，生产过程中未知因素变化复杂。

碱浸法是以氨水作为碱性物，在常压下，氨气和二氧化碳在空气存在的条件下通入经火法冶炼处理的含钴矿渣中，同时用氨气和二氧化碳的混合溶液洗涤浸出矿渣，以提高钴的回收率。氨浸过程中，钴、镍、铜等有价金属进入氨浸溶液，然后加入适量的锌粉对浸出液进行除杂，并进行有价元素之间的分离，一次置换后经电积或结晶得到想要的有价成分。矿渣原料或矿渣经火法处理过程中，可能有金属铁的产生，金属铁溶解在氨气和二氧化碳的混合溶液时会发出大量的热量，这就造成浸出温度难以控制。使用锌粉进行置换溶液，有可能使大量的锌和钴混合在一起，增加了钴浸出的困难。此外，氨气对劳动环境有一定的不良影响。

酸浸提钴应用：

（1）破碎磨矿。将铜钴渣破碎成 3 mm 以下的细颗粒，然后按照铜钴渣、还原剂和水的比例为 1∶（0.05～0.2）∶（1～2）的配比加入球磨机中进行磨矿，得到细度为小于 0.043 mm（325 目）占 80%～95%的矿浆。

（2）酸浸铜、钴。将磨好的矿浆送入浸出槽，加水形成固液比为 1∶3 的料液，加入硫酸，使酸度达到 20～200 g/L，搅拌、加热至 90～100 ℃，浸出时间为 1～3 h，过滤、洗涤，即得到含铜、钴的浸出液。

（3）置换铜。将含铜、钴的浸出液中和至 pH 值为 3～4，常温下加入铁粉或铁丝进行置换，反应时间为 20 min，反应温度为 10～40 ℃，过滤得到海绵铜和脱铜液。

（4）草酸沉钴。将脱铜液加热至 50～70 ℃，然后在搅拌条件下加入理论计算量 1～1.1 倍的草酸，得到草酸钴沉淀。

4.7.1.4　萃取法

萃取是一种常见的分离和富集各种物质的有效方法，它主要利用有机溶剂从不相混溶的液相中把某种物质提取出来。从工艺上看，萃取法包括萃取、洗涤和反萃取三个阶段。萃取剂的选择是萃取的关键，萃取剂的种类很多，早期我国使用 P204 进行钴、镍分离，后来又改用 P507。P204 对去除硫酸镍溶液中钙、铁、铜等杂质元素的效果较好，一般 P204 用于除杂，P507 用于钴、镍分离，二者配合使用，效果较好。P204 和 P507 都对三价铁离子的反萃取比较困难，加拿大鹰桥公司和法国勒阿弗尔厂都采用 TBP（磷酸三丁酯）萃取除铁工艺。5709 试剂对钙的适应能力强，对铅也有一定的萃取能力，且价格较低，是一种优良的萃取剂。

溶剂萃取法由于具有选择性好、回收率高、流程简单、操作连续、易于实现自动化等优点，已成为提取钴的主要方法。

4.7.1.5　微生物浸出法

微生物浸出是一种很有发展前景的提取分离钴的新技术。它是利用某些微生物或其代谢产物对某些矿物进行氧化、还原、溶解、吸附等，使钴转入溶液。其特点是处理低品位矿物相对于火法或其他湿法处理而言，具有低成本、高效、可同时提取多种金属、污染小等优势。

采用生物冶金技术从铜钴渣中回收钴和铜金属具有重要经济价值和环保意义。在铜钴渣的生物浸出过程中，钴、铜及大量的铁等金属元素将被浸出而进入生物浸出液，此外，生物浸出液中还含有大量的生物蛋白，给钴的回收带来困难。周立杰[42]以赞比亚某铜钴渣的细菌浸出液为原料，采用 Lix984N 萃取铜钴生物浸出液中的铜，通过改变萃取过程中生物浸出液的 pH 值、相比、萃取剂浓度等条件进行优化研究。实验结果表明，控制萃取过程中 pH 值在 1.1、相比为 1∶1、萃取剂浓度 15%的条件下进行常温萃取分离，一级萃取后铜的萃取率高达 98.5%，钴和铁共萃率均小于 5%。采用针铁矿法除去经过萃取除铜后的铜钴矿生物浸出液中的铁，通过改变除铁过程中的 pH 值、沉淀温度、氧化时间、保温时间等条件进行优化研究，实验结果表明，控制氧化过程中的 pH 值为 4.0、氧化温度为 70 ℃、保温时间为 1 h、氧化剂浓度为 8%，除铁率和钴回收率分别为 99.9%和 95.4%。针铁矿除铁法可以在常压和较低温度（70 ℃）下进行，而且不需外加其他金属阳离子就能获得过滤性能良好且可作为含铁富矿使用的沉淀渣。利用经过萃铜除铁后的含钴生物浸出液进行高附加值钴产品的制备，分别制备了碳酸钴及四氧化三钴、草酸钴、硫化钴、醋酸钴等钴产品。

4.7.2 还原熔炼法从转炉渣中回收钴

翟秀静等人[43]以赞比亚谦比希铜冶炼厂的转炉渣为原料，对转炉渣中有价金属的富集、回收进行了详细的研究。转炉渣的矿物学研究表明，赞比亚谦比希转炉渣的主要物相为磁铁矿（Fe_3O_4）、金属铜和二氧化硅，并伴有少量的铁橄榄石相。大部分的铜以金属铜形式存在，少量铜以硫化铜、硫化亚铜的形式存在，而大部分的钴以氧化物的形态存在于转炉渣中。还原硫化熔炼是在还原熔炼的基础上，加入硫化亚铁为硫化剂获得钴铜锍。在高温还原过程中，硫化亚铁形成锍滴，被还原出来的铜、钴、铁金属及转炉渣中的金属硫化物富集到锍体中，形成钴铜锍，从而与贫化渣实现分层，铜的回收率达到了 97.72%，钴的回收率达到了 95.94%。贫化渣的主要物相为铁橄榄石和铁尖晶石，钴铜锍中的主要物相为斑铜矿（Cu_5FeS_4）和金属铁，钴主要存在于铜锍中。

4.7.2.1 原料

赞比亚谦比希铜冶炼厂的转炉铜渣成分见表 4-28。X 射线衍射（XRD）分析表明，炉渣中的主要成分为铁橄榄石（Fe_2SiO_4）、磁铁矿（Fe_3O_4）、金属铜、硫化亚铜（Cu_2S）和石英（SiO_2）。

表 4-28 转炉铜渣样品的化学成分

成分	Cu	Co	Ni	Fe	S	SiO_2
含量/%	22.87	0.60	0.23	32.35	3.49	22.74

4.7.2.2 工艺操作

转炉铜渣的还原熔炼是在氮气氛围中和最高温度为 1600 ℃的二硅化钼的垂直炉管中进行的，并选择活性炭为还原剂。将转炉铜渣和氧化铝与适量的活性炭和（或）渣改性剂混合在刚玉坩埚中，然后放进管式炉中，添加改性剂为了避免熔渣腐蚀损坏刚玉坩埚，炉管温度提高到所需的值并保持预先设定的时间长度，坩埚在炉内自然冷却至室温再取出来。典型的冶炼参数包括5%（质量分数）的激活碳用量、1350 ℃冶炼温度、2.5 h的冶炼时间和不添加渣改性剂。

4.8 汞的综合提取

铜精矿冶炼过程中，由于原矿含汞极低，不属于铜冶炼企业原料采购必须检测的元素，在实际生产过程中为了节约检测成本，一般企业都不对汞元素在铜冶炼过程中的分布进行普查，在铜冶炼过程中汞的分布只能凭理论知识和经验进行判断。随着国家对环境治理的日趋严格，越来越多企业开始重视铜冶炼过程中汞的回收和汞对环境的影响。

4.8.1 铜冶炼过程汞的分布

铜冶炼过程中，原料铜精矿含有微量的汞。由于汞属于易挥发性元素，在冶炼过程中，铜精矿中的汞在冶炼炉（熔炼炉、吹炼炉等）1200~1300 ℃高温环境下被氧化挥发成汞蒸气而进入冶炼烟气中，少部分的汞在冶炼烟气降温收尘系统中冷凝沉降下来进入烟灰。但由于收尘系统出口送制酸烟气温度300 ℃左右仍较高，电除尘器对汞的脱除效果不明显，大部分的汞仍存在于收尘后烟气中，进入冶炼烟气制酸系统净化工序。经烟气洗涤，烟气温度由300 ℃降温至45~65 ℃，包括汞在内的烟气中大部分烟尘被洗涤进入稀酸中，沉积在稀酸过滤后产出的铅滤饼中或溶解在废酸中[44]。

通过对某厂产出的烟灰、铅滤饼和砷滤饼取样进行化验，分析其中的汞含量，结合每个冶炼厂该类开路产品产量进行定量分析，结果见表4-29。

表4-29 某厂含汞物料产出情况分析[44]

物料名称	产出数量/t·a^{-1}	泵含量/%	汞质量/kg	占比/%
炼铜烟灰	6000	0.0042	252	20.861
铅滤饼	700	0.1040	728	60.265
砷滤饼	3000	0.0076	228	18.874
合计	—	—	—	100

通过上述分析可知，进入烟灰中的汞占20.86%，进入铅滤饼的汞占60.26%，进入废酸后硫化工序沉积下来的汞占18.87%。

4.8.2 汞对矿铜冶炼过程的影响

矿铜冶炼过程中，原料中的汞经火法冶炼过程均以挥发性的氧化汞和化合物（氯化汞）形态进入烟气，在收尘系统及硫酸净化系统大部分被收集下来，进入冶炼烟灰及硫酸系统净化渣等危险废物中，少量的汞在后序硫酸生产工艺过程中被捕集，进入硫酸产品（98%/93%浓硫酸），影响硫酸产品质量。少量的汞随工艺烟气排放进入大气中，最终影响大气环境。

由于汞的低沸点、易挥发性，铜冶炼过程中对汞的回收控制较困难，处理含汞高的原料时需要对硫酸净化工序有更高的要求，硫酸生产成本也会受到影响。

4.8.3 铅滤饼中回收汞

铜冶炼过程中的汞主要集中在烟气制酸铅滤饼中，有针对性地对铜冶炼产出的高含汞铅滤饼进行除汞处理后再返回铜冶炼系统进行综合回收，能减少汞的积累影响。铅滤饼中回收汞主要有湿法碱液浸出脱汞法、氧压浸出+络合酸浸法等。

4.8.3.1 湿法碱液浸出脱汞法

湿法碱液浸出脱汞法工艺流程为：铅滤饼经湿法酸性浸出后脱除铜、锌等易溶元素，浸出渣采用碱性浸出，汞进入浸出液，采用铝粉还原得到粗汞，主要工艺流程如图 4-30 所示。

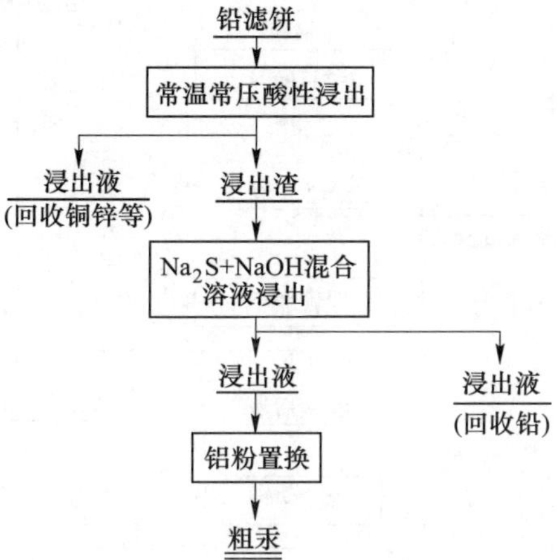

图 4-30 湿法脱汞工艺流程图

在上述工艺流程图中，湿法除汞工艺的第一步常压常温浸出主要是利用加压浸出渣中的单质硫将铅滤饼中的单质汞转化成硫化汞，再经过硫化钠浸出将硫化汞转化成硫化汞、硫化钠络合物进入浸出液，然后通过铝粉置换工序，得粗汞外售或无害化处理。

湿法除汞原理如下：

$$Hg + S \longrightarrow HgS$$

$$HgS + Na_2S \longrightarrow HgS \cdot Na_2S$$

$$8NaOH + 2Al + 3HgS \cdot Na_2S \longrightarrow 3Hg + 6Na_2S + 2NaAlO_2 + 4H_2O$$

该方法的优点在于铅滤饼进入火法工序前脱除了入炉物料中的大部分汞，避免含汞物料直接进入火法系统再次分散带来的危害；缺点在于在硫化钠湿法碱性浸出汞工艺中，部分砷、锑也会随着汞一同进入浸出液中，浸出液回收汞较困难，且浸出液为碱性浸出液，必须经过酸化处理才能循环利用。

4.8.3.2 氧压浸出+络合酸浸法

祥光铜业刘士祥等人[45]采用氧压浸出脱铜+常压络合酸浸工艺处理含汞酸泥（铅滤饼）对铜、汞、铅、硒、金、银等有价金属进行综合回收。主要工艺方法：采用氧压浸出、电积的方法回收酸泥中的铜，络合酸浸方法浸出脱铜渣中的汞，铁粉定量置换络合酸浸后液中的硒，硫化沉汞回收脱硒后液中的汞。该工艺中，铜、汞、硒、金、银、铅分离效果比较彻底，金、银、硒基本富集于渣相，铜回收率达到 96%，汞的脱除率在 85%以上，金、银、硒回收率在99%以上，使得有价元素得到了合理回收，而且生产所需药剂为普通工业原料，成本较低，可实施性较强。铅滤饼（含汞酸泥）湿法处理工艺流程如图 4-31所示。

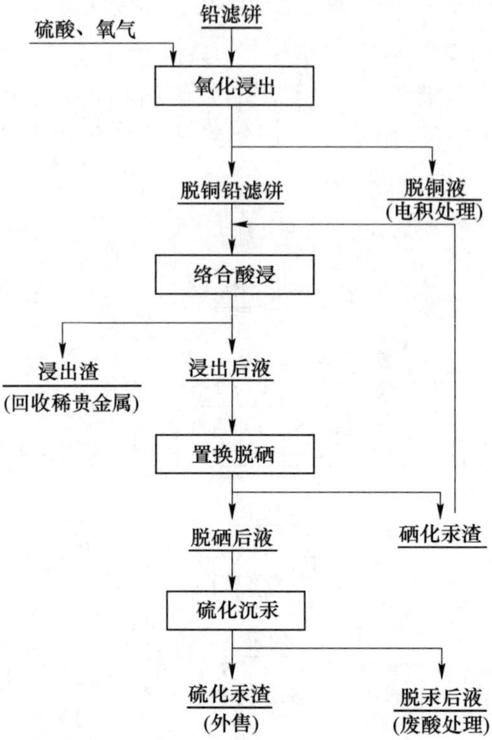

图 4-31　铅滤饼湿法处理工艺流程图

4.8.3.3　火法脱汞法

针对原料中含汞高、数量又较少的铅滤饼进行专门预脱汞处理，采用的工艺流程为：铅滤饼经电热回转窑蒸汞后，除汞铅滤饼与烟灰浸出渣混合配料送侧吹炉冶炼系统；回转窑蒸汞烟气经冷凝器冷凝后，回收汞，尾气由填料淋洗塔净化后经排气筒排空。

粗汞经碱浸除杂后，加入还原剂在回转窑中还原精炼，由冷凝器冷凝回收得到精汞，尾气经填料淋洗塔净化后由排气筒排空。

在铅滤饼原料中含硒大于5%时，回转窑蒸汽冷凝得到含硒粗汞，含硒粗汞经碱液浸出后，浸出液中的二氧化硫还原得到粗硒，粗汞在回转窑精炼冷凝回收得到精汞。

4.8.4　冶炼烟气脱汞

有色金属火法冶炼过程中汞主要以气态挥发物的形式被冶炼工艺烟气带走，经过余热锅炉、表面冷却器、布袋除尘器降温除尘后，出布袋烟气温度仍然在 120 ℃左右，因此只有少量的汞进入冶炼二次烟尘，大部分的汞仍留在布袋除尘或电除尘后烟气中。在收尘系统的布袋收尘器后添加一套脱汞吸收装置，将烟气中的汞去除后再送后续烟气处理系统，根据吸收剂的不同，主要有甘汞法和硫化-甘汞法两种工艺可选。

（1）甘汞法。该方法在国内株洲冶炼厂锌冶炼制酸系统应用，主要工艺原理为：

$$HgCl_2 + Hg \longrightarrow Hg_2Cl_2(\text{甘汞}) \qquad (\text{吸收反应})$$
$$Hg_2Cl_2 \longrightarrow HgCl_2 + Hg \qquad (\text{再生反应})$$

含汞烟气经回收余热降温、收尘系统除尘、除雾后，进入除汞反应塔，采用逆流喷淋，含汞烟气从塔底进入，经除汞循环液喷淋洗涤后由塔顶排出，烟气中的汞与洗涤液中脱汞剂（$HgCl_2$）反应生成不溶于水的甘汞（Hg_2Cl_2），生成的甘汞经两级沉降槽沉降分离后，部分作为产品从系统中开路，部分送入甘汞氯化槽经氯气氯化再生后作为循环母液。甘汞法除汞工艺流程如图 4-32 所示。

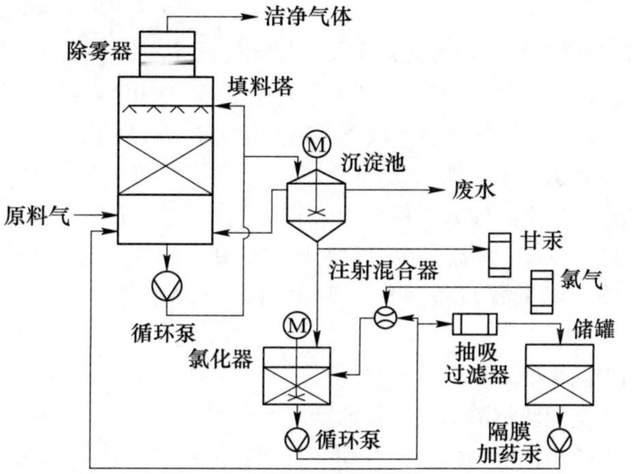

图 4-32　甘汞法除汞工艺流程图[44]

（2）硫化法。西北铅锌冶炼厂制酸系统中应用了硫化—甘汞法除汞工艺，其基本原理及工艺条件与甘汞法类似。在甘汞法前段增加了一套硫化除汞工序，其优点在于可以将出口烟气中的汞含量降至 1 mg/m^3 以下。该法的工艺流程如图 4-33 所示。

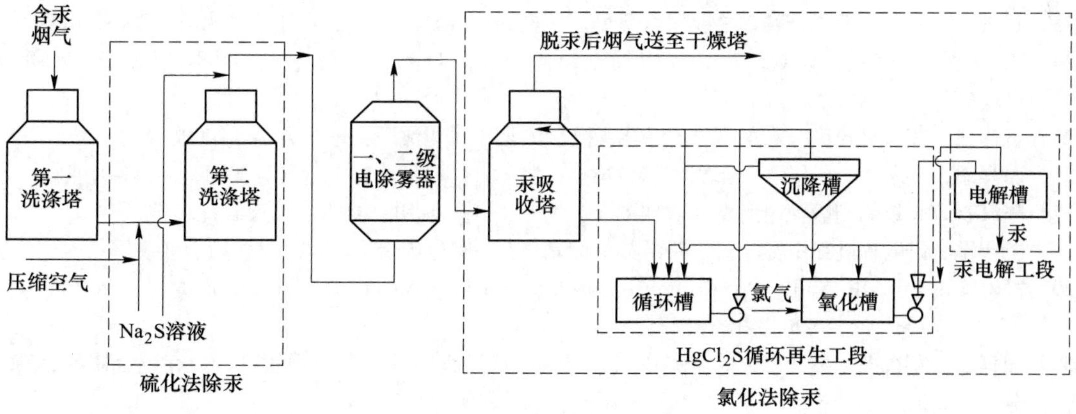

图 4-33　硫化—甘汞法除汞工艺流程图[44]

参 考 文 献

[1] 余雅芹．食品中铅污染状况及其健康风险评价研究［D］．武汉：武汉轻工大学，2014.

[2] 杨永锋．基于铋膜修饰电极的重金属离子传感器研制［D］．广州：华南农业大学，2016.

[3] 宋冰．清洁生产在铋冶炼中的应用研究［D］．湘潭：湘潭大学，2011.

[4] 肖剑飞，唐朝波，唐谟堂，等．硫化铋精矿低温碱性熔炼新工艺研究［J］．矿冶工程，2009，29（5）：82-85.

[5] 李双杰．以辉铋矿为原料制备 Bi_2S_3 电极材料及其性能研究［D］．成都：成都理工大学，2016.

[6] 李玉鹏，刘春艳，吴绍华，等．金属铋制备方法研究现状及发展趋势［J］．湿法冶金，2007（3）：118-122.

[7] 自振华．经济环保型铜转炉烟尘回收生产高纯氯氧铋的技术应用和生产实践［J］．有色矿冶，2020，36（6）：52-57.

[8] 杨军．铅挤压阻尼器的研制及结构消能减震相关问题的研究［D］．武汉：华中科技大学，2005.

[9] 王安．碱性加压氧化处理铅阳极泥的工艺研究［D］．长沙：中南大学，2011.

[10] 梁静，毛建素．铅元素人为循环环境释放物形态分析［J］．环境科学，2014，35（3）：1191-1197.

[11] 罗超．热酸浸出—铅黄铁矾法除铁工艺研究［D］．长沙：中南大学，2012.

[12] 贾国斌．若干铅基合金真空蒸馏分离提纯的研究［D］．昆明：昆明理工大学，2010.

[13] 白旭，文书明，刘建，等．缅甸高品位白铅矿试验研究［J］．矿产综合利用，2015（5）：58-61.

[14] 薛艺伟，孔德志．关于降低铅冶炼渣中有价金属损失的探讨［J］．世界有色金属，2018（5）：16-17.

[15] 郑时路．复杂铅烟尘湿法处理新工艺研究［D］．长沙：中南大学，2004.

[16] 魏威．基夫赛特工艺搭配浸锌渣炼铅中银的走向及分配［D］．长沙：中南大学，2012.

[17] 韩龙．真空蒸馏分离锌铅锡合金的研究［D］．昆明：昆明理工大学，2006.

[18] 吴杰．复杂含铋锑碲铜砷物料中有价元素综合回收处理工艺研究［D］．南昌：南昌大学，2019.

[19] 刘思远，缪宇，马雪姣，等．基于第一性原理计算 IrSb 压力相变［J］．高压物理学报，2019，33（5）：60-66.

[20] 宋欢欢．α-Sn 单晶薄膜的外延生长和物性研究［D］．南京：南京大学，2018.

[21] 吕栋梁．离子液体/水混合物中电沉积制备 Sn 粉的研究［D］．昆明：昆明理工大学，2018.

[22] 唐思琪．镍精矿冶炼镍铁试验研究［D］．长春：吉林大学，2004.

[23] 石贵明．降低镍铜混合精矿氧化镁含量的新工艺研究［D］．昆明：昆明理工大学，2008.

[24] 符剑刚，王晖凌，天鹰，等．加大红土镍矿的使用量势在必行［N］．中国冶金报，2010-02-11（C02）.

[25] 董伟威．草酸钴粒度分布的 KPLS 混合建模与优化［D］．沈阳：东北大学，2009.

[26] 谢祥添，左东平，余华清．阳极泥绿色冶金新技术［J］．世界有色金属，2018，24：1-2，4.

[27] 陈汉森．高铋铅阳极泥电解法回收铋的工艺研究［D］．昆明：昆明理工大学，2013.

[28] 王宝军．铅电解过程中影响析出铅结晶的因素［J］．有色矿冶，2017，33（1）：40-44.

[29] ZHOU S L，XIE X T. Process for Recovering Valuable Metals from Precious Metal Smelting Slag［P］. CA2798302，2015-10-06.

[30] 谢祥添，左东平，韩义忠，等．铋在双旋浮铜冶炼过程中的分布及回收［J］．有色金属（冶炼部分），2020（5）：36-38.

[31] 姜柏秋，张均杰．从铜冶炼电收尘烟灰中综合回收有价金属的实践［J］．有色冶金节能，2012，28（6）：46-47，45.

[32] 赵杰．转底炉处理铜渣工艺研究［J］．世界有色金属，2018（16）：8-9，11.

[33] 张喆秋，袁露成，黄林青，等．砷、锑、铋在铜冶炼过程中的分布及其在冶炼副产物中的回收综述［J］．有色金属科学与工程，2019，10（1）：13-19，27.

[34] 赖建林，周宇飞，饶红，等．从净化渣中回收锑生产锑酸钠［J］．铜业工程，2015（1）：9-12.

[35] 廖亚龙．高锑铅锡合金电解精炼除锑、萃取提铟工艺研究及生产实践［J］．湿法冶金，2000（3）：49-53.
[36] 苏峰，李敬忠，李俊标，等．粗硫酸镍提取工艺及生产实践［J］．铜业工程，2014（2）：20-22.
[37] 刘中清，潘方杰．硫化锌精矿还原浸出高浸渣中锗的研究［J］．有色金属（冶炼部分），2004（4）：20-22，25.
[38] 蒋婧．精制硫酸镍的提纯生产［J］．安徽化工，2008，34（6）：32-35.
[39] 朱国庆．提纯硫酸镍的新工艺［J］．科技创新导报，2016，13（29）：46，48.
[40] 喻正军．从镍转炉渣中回收钴镍铜的理论与技术研究［D］．长沙：中南大学，2007.
[41] 王玲，张建坤，刘伟，等．影响缓冷钴冰铜磁选分离的矿物学研究［J］．金属矿山，2019（1）：96-100.
[42] 周立杰．铜钴矿细菌浸出液中分离和回收铜钴的试验研究［D］．沈阳：东北大学，2012.
[43] ZHAI X J，LI N J，ZHANG X，et al. Recovery of cobalt from converter slag of Chambishi Copper Smelter using reduction smelting process［J］. Transactions of Nonferrous Metals Society of China，2011，21（9）：2117-2121.
[44] 徐磊，阮胜寿．矿铜冶炼过程中汞的走向及回收工艺探讨［J］．铜业工程，2017（1）：71-74，80.
[45] 刘士祥，陈一恒，董广刚，等．铜冶炼含汞酸泥湿法处理工艺研究［J］．中国有色冶金，2020，49（3）：23-27.

5 铜冶炼现代伴生金属提取冶金新工艺

近年来，现代伴生金属提取冶金领域涌现出一批自主创新的新工艺、新技术及新装备，促进了有色金属行业的技术进步、循环经济及绿色高质量发展。本章重点介绍阳极泥铋捕收贵金属新工艺、铜阳极泥真空蒸馏处理新工艺、铜冶炼多型固废整体回收新工艺、贵金属冶炼渣湿法回收金银新工艺，以及阳极泥冶炼动力学和数值仿真新研究。

5.1 阳极泥铋捕收贵金属新工艺

目前，不管是传统的纯火法工艺还是湿法—火法联合工艺都是采用铅对阳极泥中的贵金属进行富集，形成贵铅后，再对贵铅进行冶炼，一般在两个冶金炉中进行冶炼，冶炼周期长，返渣量大，同时铅富集金、银过程中，铅及铅化合物均毒性较大，对环境及操作人员危害大。随着经济的发展，人们对环境污染及如何保护从业人员健康方面提出了更高的要求，如何绿色高效回收贵金属是今后发展的方向。

为此，祥光铜业周松林团队创造性提出了铋捕收贵金属新工艺思路，就是利用铜冶炼原料中的伴生铋元素来捕集阳极泥里的贵金属，这样既回收了铜冶炼过程的铋资源，又彻底解决了阳极泥处理过程中的铅污染难题。通过开展理论研究、技术开发及大量试验，首次开发出具有完全自主知识产权的阳极泥铋捕收贵金属新工艺、新技术及新装备，并成功实现大规模工业化生产应用，解决了阳极泥火法工艺铅污染、冶炼时间长及能耗高的技术难题，实现了阳极泥绿色冶金的重大突破。

5.1.1 工艺原理

5.1.1.1 还原熔炼

A 主要化学反应

铋的熔点为 271.3 ℃，比铅的熔点 327.4 ℃低，铋及其化合物无毒性，是区别于铅捕收贵金属最大的优势。采用铋作为贵金属捕集剂，在捕集原理、造渣除杂等方面优于金属铅。

阳极泥中的铋来自于铜精矿伴生的铋，主要是以铋的氧化物形式存在，铋的氧化物在还原气氛下还原进入铋液中组成多金属合金。

$$2Bi_2O_3 + 3C = 4Bi + 3CO_2$$

铋熔体是金、银、铂、钯等贵金属的良好捕收剂。由于铋和金、银的密度均较大，故在沉淀过程中，铋与金、银颗粒一起形成贵铋合金，而沉积在炉子底部，铋合金具有较低的熔点；同时，铋在熔融状态下，能无限溶解金、银，故金、银都富集到贵铋液中。

造渣反应式如下：

$$Na_2CO_3 = Na_2O + CO_2\uparrow$$

$$Na_2O + As_2O_5 = Na_2O\cdot As_2O_5$$

$$Na_2O + Sb_2O_5 = Na_2O \cdot Sb_2O_5$$
$$Na_2O + SiO_2 = Na_2O \cdot SiO_2$$
$$PbO + SiO_2 = PbO \cdot SiO_2$$

贵金属在高温时能与铋形成一系列合金或金属互化物，如 AuBi(240 ℃)、IrBi(0.7% Ir 260 ℃)、Bi_3Pd_2、Bi_2Pt、Bi_4Rh、BiRu(含 Ru 10%~20%)、BiOs(含 Os 10%~20%) 都能溶解在铋液中。

贵铋的形成可表示为：

$$Bi + Ag + Au = Bi(Au + Ag)$$
$$Bi + Ir + Pd + Pt + Rh + Os = Bi(Ir + Pd + Pt + Rh + Os)$$

被还原出来的银、铋及阳极泥中的单体金形成贵铋，贵铋熔体与炉渣互不溶解而分离，因其密度较大，故沉淀于炉底。被还原出来的部分铜、硒、碲进入贵铋，少量锑进入贵铋。

对于铋在液态时对金、银有无限的溶解度这一点，可用 Au-Bi 系二元状态图（见图 5-1）和 Ag-Bi 系二元状态图（见图 5-2）来解释。

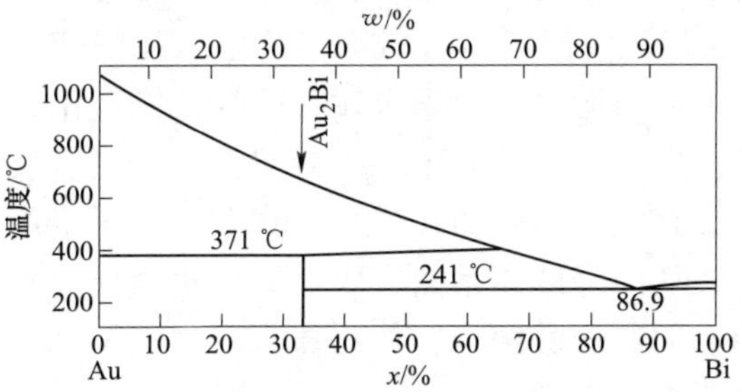

图 5-1　Au-Bi 系二元状态图[2]

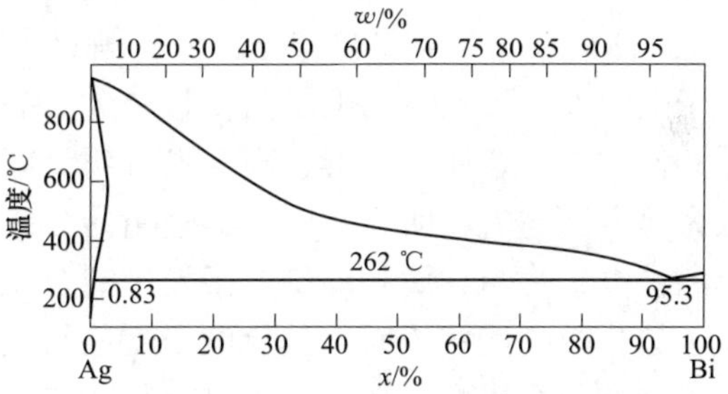

图 5-2　Ag-Bi 系二元状态图[2]

由图 5-1 和图 5-2 可知，金、银与铋液体互溶，生成有限固溶体，在 262 ℃时形成 Ag-Bi 共晶，共晶点含铋 95.3%或含铋 97.5%（质量分数）和含银 2.5%（质量分数）。

B　贵铋氧化物造渣的选择性

氧化物的酸碱性可用离子势 Z/r 表示，离子势越小，氧化物的碱性越强，相关氧化物的离子势见表 5-1。

表 5-1　常见金属氧化物的离子势[3]

氧化物	离子势（Z/r）	氧化物	离子势（Z/r）	氧化物	离子势（Z/r）
K_2O	0.75	ZnO	2.70	MgO	3.03
Na_2O	1.03	FeO	2.70	Bi_2O_3	3.13
Cu_2O	1.04	CuO	2.78	Sb_2O_3	3.95
PbO	1.67	CoO	2.78	Fe_2O_3	4.69
CaO	2.02	NiO	2.90	As_2O_3	5.17
SiO_2	9.52	As_2O_5	10.87	B_2O_3	13.04

熔渣中氧化物阳离子的离子势越小，O^{2-} 的极化能力越强，氧化物越容易与二氧化硅结合形成硅酸盐渣，熔渣的碱性越强。由表 5-1 可知，三氧化二铋的碱性较氧化铜、氧化钴、氧化镍弱，在贵铋形成过程中，铜、钴、镍可优先于铋与二氧化硅结合造渣，从而排

除铜、钴、镍等杂质进入金属铋相；而氧化铅的碱性较氧化铜、氧化钴、氧化镍强，氧化铅有优先造渣的倾向。

C　铋富集贵金属机理

根据海拉西蒙科离子结构熔渣理论，各氧化物为离子键很强的离子晶体，形成熔渣后，各离子间的距离增加、活性增强，可以电离出简单的基本离子（如 Ca^{2+}、Mg^{2+}、K^{+}、Na^{+}、Fe^{2+}、O^{2-}等），以及复合阴离子（如 SiO_4^{4-}、PO_3^{4-}、$B_2O_5^{4-}$ 等）。针对硅酸盐熔体聚合反应模型的马松模型，认为熔渣中有 $Si_nO_{3n+1}^{2(n+1)-}$($n=1, 2, 3, \cdots$) 络离子存在，可以发生一系列聚合反应[3]：

$$SiO_4^{4-} + SiO_4^{4-} \xlongequal{\quad} Si_2O_7^{6-} + O^{2-}$$

$$SiO_4^{4-} + Si_2O_7^{6-} \xlongequal{\quad} Si_3O_{10}^{8-} + O^{2-}$$

$$SiO_4^{4-} + Si_nO_{3n+1}^{2(n+1)-} \xlongequal{\quad} Si_{n+1}O_{3n+4}^{2(n+2)-} + O^{2-}$$

其中，O^{2-}可形成—S—O—Si 非桥氧共价键、Si—O—Si 桥氧共价键，以及 O—M 金属离子键，熔渣中的共价键和离子键电子在成键固定区域内运动，熔体一般具有较低的电导率。

8 种贵金属和金属铋与硅、氧、硼等非金属相比，原子半径较大，价电子比较容易从原子上脱离，形成自由电子而在整个金属晶体中自由运动。根据金属键改性价键理论，金属共价键与非金属共价键、离子键有明显区别，导致金属的导电性、导热性、密度、表面张力等方面与渣相明显不同，贵金属易分散在具有相似性质的金属相，贵金属原子或原子簇的价电子易与金属相的价电子发生键合反应，从而降低体系的自由能；当贵金属原子或原子簇分散到渣相中时，其价电子无法与渣相中的共价键键合，使得体系自由能增加，处于非稳态，金属原子或原子簇具有长大趋向金属相的内动力。

D　贵铋还原热力学

贵铋冶炼过程采用焦粉作为还原剂，焦粉加热脱水形成细微粒无定型活性炭，活性炭将金属氧化物还原为单质。采用 HSC Chemistry7. 0 计算 1273 K 时还原 1 mol 金属的吉布斯自由能和平衡常数，结果见表 5-2。

表 5-2　还原 1 mol 金属的 Δ_fG 和平衡常数 lg$K$(1273 K)[3]

金属氧化物	吉布斯自由能 Δ_fG/kJ · mol^{-1}	平衡常数 (lg$K$)	金属氧化物	吉布斯自由能 Δ_fG/kJ · mol^{-1}	平衡常数 (lg$K$)
Au_2O_3	−460. 3	37. 77	TeO_2	−303. 7	12. 46
OsO_4	−673. 0	27. 62	Cu_2O	−60. 98	10. 00
Ag_2O	−121. 3	19. 91	As_2O_3	−111. 8	9. 519
PtO	−230. 5	18. 91	PbO	−102. 8	8. 44
PdO	−217. 0	17. 81	NiO	−73. 08	5. 99
IrO_2	−379. 4	15. 57	CoO	−53. 50	4. 39
RhO	−200. 5	16. 45	FeO	−17. 14	1. 407
RuO_2	−299. 0	12. 31	Al_2O_3	338. 2	−27. 75
Bi_2O_3	−163. 3	14. 88	CaO	302. 4	−24. 82

由表 5-2 可知，8 种贵金属在 1273 K 被碳还原时均有较负的吉布斯自由能变化。氧化

金的稳定性较差，在 250 ℃时失去氧形成金单质，氧化银在 8 种贵金属中 $\Delta_f G$(1273 K) 最高（−121.3 kJ/mol），相对于其他贵金属较难被还原，但氧化银稳定性极差，在温度高于 200 ℃即可分解为单质银和氧气，在还原过程中，金、银氧化物以分解反应为主。8 种贵金属氧化物具有较大的平衡常数，其中，氧化钌的平衡常数（12.31）相对最低，低于三氧化二铋的平衡常数（14.88），铋还原捕集贵金属过程中，除钌外，其他 7 种贵金属均优先于铋被还原为单质，富集在金属铋熔体中。

对贵铋吹炼有较大影响的碲、铜、镍、钴、砷等元素的 $\Delta_f G$(1273 K)，只有碲的 $\Delta_f G_{Te}$(1273 K) 为−303.73 kJ/mol，小于铋的 $\Delta_f G_{Bi}$(1273 K) = −163.3 kJ/mol，但三氧化二铋平衡常数为 $\lg K$(1273 K) = 14.88，远大于贱金属的平衡常数，在还原熔炼过程中，碲、铜、镍、钴、砷等元素不易进入金属铋。氧化铅的平衡常数远小于三氧化二铋，同时小于二氧化碲、氧化亚铜和三氧化二砷的平衡常数，在铅还原熔炼过程中，碲、铜和砷等杂质易被还原进入金属铅。所以，金属铋作为贵金属捕集剂不仅对贵金属有良好捕集效果，同时具有排除多种贱金属杂质的能力，有助于降低配料难度、提高回收率。

5.1.1.2 氧化吹炼

A 吹炼工艺原理

吹炼的实质，就是在高于主体金属铋氧化物熔点的温度下，往熔体表面吹送压缩空气或富氧，通过强氧化，使绝大部分杂质氧化成不溶于金、银熔体的氧化物。有的氧化物通过造渣除去，有的氧化物呈气态挥发物进入烟尘，金、银等贵金属则沉于炉底，从而达到与杂质分离的目的。

贵铋中杂质的氧化顺序可用热力学数据来判断，凡是与 1 mol 氧生成氧化物的反应，其自由能变化小的金属易氧化，生成的氧化物稳定。

贵铋中各金属的氧化顺序为：锑、砷、铅、铋、铜、碲、硒、银、金，即锑、砷、铅、铋易氧化，铜、碲、硒较难氧化，贵金属金、银很难氧化。

吹炼期主要反应式如下：

$$2Sb + 1.5O_2 \longrightarrow Sb_2O_3$$

$$2As + 1.5O_2 \longrightarrow As_2O_3$$

$$2Pb + O_2 \longrightarrow 2PbO$$

$$SiO_2 + PbO \longrightarrow PbO \cdot SiO_2$$

$$4Bi + 3O_2 \longrightarrow 2Bi_2O_3$$

$$Bi_2O_3 + O_2 \longrightarrow Bi_2O_5$$

$$Bi_2O_5 + Na_2CO_3 \longrightarrow 2NaBiO_3 + CO_2$$

$$Se + O_2 \longrightarrow SeO_2$$

$$TeO_2 + Na_2CO_3 \longrightarrow Na_2TeO_3 + CO_2$$

B 吹炼过程热力学和动力学分析

贵铋吹炼，按照压缩空气或富氧空气中的氧被贵铋熔体表面吸附、与贵铋中杂质氧化反应和生成物离开贵铋熔体的过程进行。按照双膜模型机理，假定气液反应的吸收过程只在液相中进行，反应产物也只存在于液相中，此气液反应过程应由气相中被吸收组分通过气相（气相主体和气膜）的传质、穿过界面，以及在液相（液膜和液相主体）中的传质与液相中的化学反应过程组合而成[4]。

第一步是压缩空气或富氧空气中的氧气向贵铋熔体表面的传质；第二步是氧气与贵铋熔体中物质的化学反应；第三步是生成物扩散，产生的三氧化二铋、二氧化硒等进入渣中或离开熔池进入烟气中。

贵铋吹炼过程，就是杂质的氧化过程，氧化涉及气相和液相的界面反应，熔池内原子由内部向表面扩散，在接近表面时有一定浓度边界层；在熔池表面上有氧气及二氧化硒气体，由于炉气处于压缩空气吹动之下，气相浓度边界层很薄，不会构成反应的限制性环节，因而不考虑气相浓度边界层。贵铋吹炼反应需要较高的温度，在合适的温度下，化学反应在界面进行得很快，所以可以认为气相扩散和界面化学反应都不构成控制环节。以硒为例，反应的总速率可简化为[5]：

$$v_{总} = -\frac{dc_{[Se]}}{dt} = \beta_{液}(c_{[Se]} - c^*_{[Se]})A \tag{5-1}$$

式中，A 为熔池表面面积；$c_{[Se]}$ 为熔池内部 Se 的浓度；$c^*_{[Se]}$ 为熔池表面与二氧化硒及氧气平衡时硒的浓度；$\beta_{液}$ 为液相传质系数，$\beta_{液}=D_1/\delta_1$，D_1 为液相扩散系数，δ_1 为液相边界层的厚度。

当贵铋中的硒含量采用质量分数时，即用 $w_{[Se]}$ 表示，则

$$v_{总} = -\frac{dw_{[Se]}}{dt} = \beta_{液}(w_{[Se]} - w^*_{[Se]})A/V \tag{5-2}$$

式中，$w_{[Se]}$ 为熔池内部 Se 的质量分数,%；$w^*_{[Se]}$ 为熔池表面与 SeO_2 及 O 平衡时 Se 的质量分数,%；V 为熔池（贵铋）体积。

由热力学计算可知，$w^*_{[Se]}$ 值很小，可以忽略不计。则式（5-2）可以进一步简化为：

$$v_{总} = -\frac{dw_{[Se]}}{dt} = A\beta_{液}(w_{[Se]})A/V \tag{5-3}$$

根据以上推导的总速率方程式，结合实际操作可以看出，在合适的反应温度下，相同体积的贵铋，反应表面积越大，贵铋含硒越高，熔池表面越薄、流动性越好，越有利于反应的进行；提高反应速率，缩短反应时间。

5.1.2　工艺过程

阳极泥处理工艺流程如图 5-3 所示。

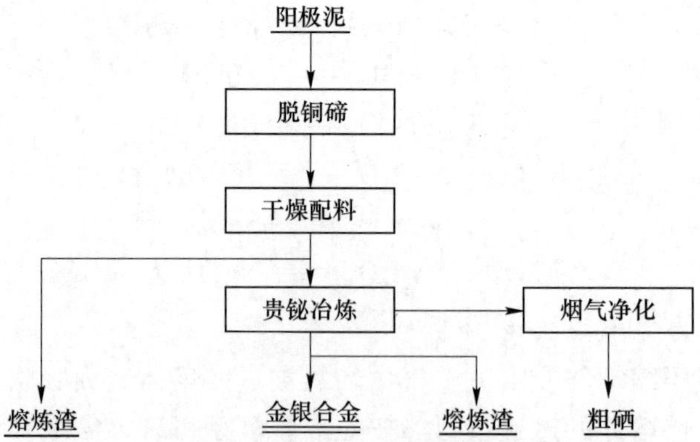

图 5-3　阳极泥处理工艺流程图

5.1.2.1 原料

铜阳极泥参考成分见表5-3。

表 5-3 铜阳极泥参考成分

元素	Au	Ag	Se	Cu	As	Sb	Pb	Te	Bi	杂质
含量/%	0.55	6	4.5	11	4.7	2	10	2	10	余量

5.1.2.2 阳极泥脱铜、碲

将阳极泥、水、浓硫酸按照4：4：1配制成压浸液，配制好的压浸液在压力釜中通过氧压浸出。经氧压浸出阳极泥中绝大部分Cu、70%~85%碲、55%~75%砷和少量的硒被浸出，滤液进一步回收铜、碲。脱杂后阳极泥的参考成分见表5-4。脱铜、碲后阳极泥送至干燥机，干燥至含水1%~3%。

表 5-4 脱杂后阳极泥的参考成分

元素	Au	Ag	Se	Cu	As	Sb	Pb	Te	Bi	杂质
含量/%	0.68	7.44	5.03	0.15	3.49	1.18	12.64	0.26	19.8	余量

5.1.2.3 脱铜、碲阳极泥低温还原熔炼形成贵铋

还原熔炼的目的是通过铋把脱铜、碲阳极泥中的金、银、铂、钯富集起来，形成贵铋，使杂质进入渣中或挥发进入烟尘中而除去，达到金、银、铂、钯与杂质的初步分离，并为金、银、铂、钯与杂质的进一步分离做好准备。

干燥后的脱铜、碲阳极泥和焦粉、石英、碳酸钠等通过定量加料装置定量加入贵铋炉中。首批物料进料结束，进行升温化料，化料温度控制在1050 ℃，化料结束后，炉内物料全部转为熔融液体，整个熔炼过程炉内熔体温度都维持在900 ℃直至作业结束。1.5 h后取渣样，若渣含银小于0.3%，开始排渣作业，得到贵铋样，贵铋的参考成分见表5-5。

表 5-5 贵铋的参考成分

元素	Cu	Au	Ag	Sb	Bi	Pb	Se	Te
含量/%	0.64	0.86	17.86	<0.01	67.73	5.45	5.10	0.57

5.1.2.4 贵铋富氧吹炼形成金银合金

排出最后一批熔炼渣后提取贵铋样化验分析，插入烧嘴加热升温，插入吹炼喷枪开始进行吹炼作业。吹炼分三次进行：一次吹炼除铅，二次吹炼除铋，三次吹炼除硒、碲。下面介绍吹炼的具体过程。

A 一次吹炼除铅

一次吹炼采用压缩空气进行吹炼，根据贵铋铅含量，配入适量的石英后插入吹炼喷枪控制压缩空气流量（标态）为400~500 m^3/h，炉体转速5~8 r/min，炉内熔体温度控制为1050~1100 ℃，2 h后停止吹炼。

通过一次吹炼可将熔体中绝大部分铅和砷、锑强氧化入渣，一次吹炼作业结束，要将合金熔体表面渣层排出。及时从炉内提取渣样和金属样送去分析，了解吹炼渣含银情况和合金熔体含杂情况，有利于下一步吹炼操作。

B　二次吹炼除铋

二次吹炼采用富氧进行吹炼，根据一次吹炼贵铋中铋含量，配入适量的碳酸钠后插入吹炼喷枪控制富氧浓度 25%，富氧风流量（标态）为 500~600 m^3/h，炉体转速 8~10 r/min，炉内熔体温度控制为 1100~1150 ℃，4 h 后停止吹炼。

通过二次吹炼可将熔体中绝大部分铋和部分铜、锑、铅、碲强氧化入渣，二次吹炼作业结束，要将合金熔体表面渣层排出。及时从炉内提取渣样和金属样送去分析，了解吹炼渣含银情况和合金熔体含杂情况，有利于下一步吹炼操作。

C　三次吹炼除硒、碲

三次吹炼采用富氧进行吹炼，根据二次吹炼贵铋成分，配入适量的碳酸钠后插入吹炼喷枪控制富氧浓度 30%，富氧风流量（标态）为 500~600 m^3/h，炉体转速 10~12 r/min，炉内熔体温度控制为 1150~1200 ℃，2 h 后停止吹炼。

在三次吹炼作业过程中，熔体中绝大部分硒氧化成二氧化硒、碲氧化为二氧化碲挥发进入烟气，或与苏打造渣，部分铜、锑、铋强氧化入渣。吹炼作业末期，及时提取渣样和合金样送去化验分析，合金样化验结果显示合金含金+银不小于 97%，杂质铜小于 2%，铅、硒、碲、铋和锑都不大于 0.01%，则表示到达吹炼作业终点，可以出炉。金银合金的参考成分见表 5-6。

表 5-6　金银合金的参考成分

元素	Cu	Au	Ag	Sb	Bi	Pb	Se	Te
含量/%	1.15	7.27	91.56	<0.001	<0.001	<0.001	<0.001	<0.001

5.1.3　主要技术经济指标

阳极泥脱铜碲工艺的主要技术经济指标见表 5-7。

表 5-7　主要技术经济指标[6]

指标	数值	指标	数值
金直收率/%	≥92	碲回收率/%	≥80
银直收率/%	≥92	天然气单耗(标态)/$m^3 \cdot t^{-1}$	80
金回收率/%	≥99.5	还原熔炼时间/h	1.5
银回收率/%	≥99.5	贵铋吹炼时间/h	8
硒回收率/%	≥95	环保状况	非常好

5.1.4　工艺特点

阳极泥铋捕收贵金属新工艺的特点有：

（1）原料适应性好。该工艺不但可以处理铜阳极泥、铅阳极泥，同时也能处理含铋的其他稀贵金属物料。

（2）绿色环保。铋及铋的化合物无毒，克服铅捕收贵金属过程中铅的毒性及铅污染，改善了作业环境，避免作业人员血铅中毒风险，实现无污染的清洁工艺。

（3）节约能源。金属铋的熔点低，密度大，氧化铋的生成热为 190.87 kJ/mol（45.6 kcal/mol），容易被还原，还原温度低，节约还原时间，降低能源消耗，阳极泥天然气单耗（标态）仅为 80 m^3/t。

（4）工艺流程短。在微还原熔炼气氛下，进入贵铋中的铜、镍、锑、砷量比贵铅少得多，使吹炼变得简单，不仅减少了吹炼时间，而且可以在一台冶炼炉内完成还原熔炼和氧化吹炼，缩短了流程，节约了能源，降低了成本。

5.2 铜阳极泥真空蒸馏处理新工艺

目前国内对贵铅中金属的分离及稀贵金属的回收一般采用氧化精炼的工艺，通过火法吹炼，低熔点、易氧化的金属如铅、砷、锑、铋、铜等进入烟尘和渣相，金、银等熔点高且不易氧化的稀贵金属则保持金属态，从而实现金、银与渣分离的目的。氧化精炼后得到的金银合金板通过电解得到银和银阳极泥，银阳极泥通过精炼进一步回收金、铂、钯等贵金属。该工艺技术成熟、易于掌控、处理能力大，但存在流程长、金属直收率低、能耗高、污染大等问题。

真空蒸馏的方法处理贵铅，使贵铅中易挥发的铋、铅、锑等物质在真空条件下进入挥发相中，金、银、铜等不易挥发的金属保留在残留物中，实现贵铅中铋、铅、锑与金、银、铜的分离。挥发物冷凝后可作为原料进一步回收铅和铋，残留物经进一步氧化精炼除铜后送电解，生产金银产品。与传统工艺相比，该技术的应用可以缩短贵铅处理的工艺流程，提高金、银直收率，降低冶炼生产能耗。同时，真空蒸馏过程简单、无废水、废气产生，环境友好。

5.2.1 工艺原理

5.2.1.1 贵铅合金中组元的饱和蒸气压分析

任何物质的固态和液态都具有挥发成为气态的趋势，其气态也具有凝华为固态或者凝聚成为相应的液态的趋势。在一定的温度条件下，一种物质的气态与其凝聚态（固态或液态）之间会在某一压强下存在动态的平衡，使得单位时间内由凝聚态转变为气态的分子数与由气态转变为凝聚态的分子数相等，该压强即是此物质在此温度下的饱和蒸气压（简称蒸气压）。比较不同物质的蒸气压高低可以判断出其蒸发速率的大小，通常认为，具有较高蒸气压的物质具有较大的挥发性。

蒸气压与温度及物质分子脱离液体或固体的趋势有关。饱和蒸气压 p^* 常与温度 T 呈非线性的关系，可由克劳修斯-克拉佩龙（Clausius-Clapeyron）方程进行推导，经过推导得到金属饱和蒸气压随温度变化的关系式：

$$\lg p^* = AT^{-1} + B\lg T + CT + D \tag{5-4}$$

式中，p^* 为纯物质的饱和蒸气压；A、B、C、D 为蒸发常数，其具体数值可由文献查得。

由于不同的物质具有不同的蒸发常数，因此其饱和蒸气压值也存在差别。在同一温度条件下，不同物质具有不同的 p^* 值，基于此差别，可以通过比较相同温度条件下各物质 p^* 的大小判断它们蒸发的先后次序。表 5-8 为含银铅锑多元合金组元的蒸发常数值。

表 5-8 贵铅合金组元的蒸发常数值及蒸发温度区间[7]

元素	A	B	C	D	温度/K
As	-6160	—	—	9.82	600~900
Sb	-6500	—	—	6.37	903~1860
Bi	-10730	-3.02	—	18.1	544~1837

续表 5-8

元素	A	B	C	D	温度/K
Pb	−10130	−0.985	—	11.16	600~2023
Ag	−14400	−0.85	—	11.70	1235~2485
Cu	−17520	−1.21	—	13.21	1368~2840

将表 5-8 中所给 A、B、C、D 的具体值代入式（5-4）可计算出锑、铅、银、砷、铜、铋纯物质态的 $\lg p^*$ 值，将其计算所得数据绘制成 T-$\lg p^*$ 图，结果如图 5-4 所示。

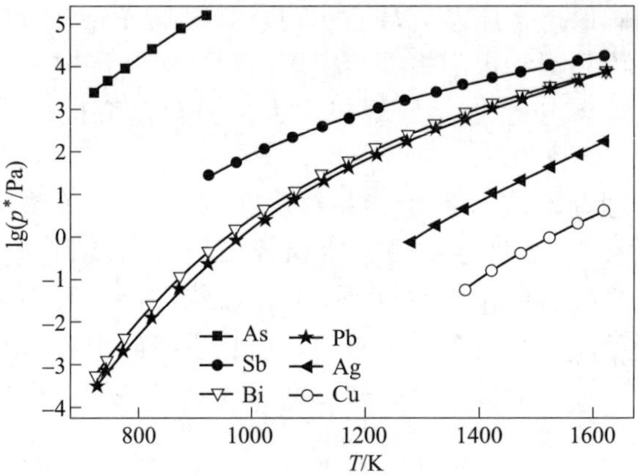

图 5-4　温度与 $\lg p^*$ 之间的关系[7]

若将多元合金中的组元当成纯物质态考虑，则由图 5-4 的结果可知，砷在较低温度时饱和蒸气压值远大于其他金属，其他金属的饱和蒸气压值大小顺序依次是 $p_{Sb}^*>p_{Bi}^*>p_{Pb}^*>p_{Ag}^*>p_{Cu}^*$，金属的相应挥发性即可确定为：砷>锑>铋>铅>银>铜。其中，铋与铅的饱和蒸气压值相差较小，当外界温度相同时，可能会同时蒸发。当温度大于 1235 K 时，纯金属铜、银的饱和蒸气压值远比砷、锑、铋、铅的饱和蒸气压值小，相同温度条件下，铜、银比砷、锑、铋、铅难蒸发。

为实现含银铅锑多元合金中银与其他组元的分离，p_{Ag}^* 和其他组元的饱和蒸气压 p_i^* 之间的差别，见表 5-9。

表 5-9　p_i^*/p_{Ag}^* 与温度 T 的关系[7]

T/K	773	973	1173	1273	1373	1473
p_{As}^*/p_{Ag}^*	3.21×10^{13}	1.85×10^{11}	2.02×10^{10}	5.62×10^{9}	1.90×10^{9}	7.44×10^{8}
p_{Sb}^*/p_{Ag}^*	7.76×10^{8}	2.47×10^{7}	3.09×10^{6}	9.07×10^{5}	3.20×10^{5}	1.31×10^{5}
p_{Bi}^*/p_{Ag}^*	8.08×10^{6}	4.68×10^{5}	2.23×10^{5}	1.08×10^{5}	5.77×10^{4}	3.36×10^{4}
p_{Pb}^*/p_{Ag}^*	7.26×10^{6}	3.79×10^{5}	1.71×10^{5}	8.09×10^{4}	4.27×10^{4}	2.46×10^{4}
p_{Cu}^*/p_{Ag}^*	2.23×10^{-4}	1.29×10^{-3}	1.30×10^{-2}	2.02×10^{-2}	2.97×10^{-2}	3.90×10^{-2}

由表 5-9 可知，当温度为 773~1473 K 时，砷、锑、铋、铅与银的饱和蒸气压值相差 $10^4\sim10^{13}$ 倍，温度低时相差倍数大。控制适当的蒸馏温度可使砷、锑、铋、铅在蒸馏过程中优先于银挥发进入气相，铜的饱和蒸气压值则比银的要小，其挥发性低于银，将与银一起残留在液相之中。

5.2.1.2 贵铅合金中组元的分离系数 β 的计算

由于合金中组元的饱和蒸气压分析的前提是将组分金属以纯物质态考虑，因此具有一定局限性。对于实际的二元或多元合金而言，还应考虑合金中各组元的原子、分子间相互作用力，这些作用力将会影响各金属组元的实际蒸气压，进而影响真空蒸馏分离合金的实际分离效果。考虑到此因素，戴永年院士提出了用分离系数 β 判定合金中组元的分离可能性。

$$\beta_A = \frac{\gamma_A}{\gamma_B} \cdot \frac{p_A^*}{p_B^*} \tag{5-5}$$

因此，可以通过分离判据 β_A 的取值来判断组分 A 在气相与液相中的分布，具体可分为以下三种情况：

（1）当 $\beta_A<1$ 时，可得出 $p_A/p_B<a/b$（其中，a、b 为合金中组元 A、B 的含量），此时组元 A 在液相中的浓度大于其在气相中的蒸气密度，说明真空蒸馏的过程中组元 A 可较多地富集于液相中，组元 B 则富集于气相中，组元 A 与组元 B 可以实现分离。分离程度也可由 β_A 的值进行估判，β_A 的值越小，分离效果会越好。

（2）当 $\beta_A=1$ 时，可得出 $p_A/p_B=a/b$，此时组元 A 在液相中的浓度与它在气相中的蒸气密度相等，说明真空蒸馏的过程中组元 A 与组元 B 不能实现分离。

（3）当 $\beta_A>1$ 时，可得出 $p_A/p_B>a/b$，此时组元 A 在气相中的蒸气密度大于其在液相中的浓度，说明真空蒸馏的过程中组元 A 可较多地富集于气相中，组元 B 则富集于液相中，组元 A 与组元 B 也可实现分离，且 β_A 的值越大分离效果会越好。

利用分离系数 β 判据来判断合金组元是否能够使用真空蒸馏法分离时，考虑到了合金组元间的相互作用，即引入了组元的活度；但在实际真空蒸馏的过程中，蒸馏温度、物料的成分等常处于动态的变化之中，而现有的二元体系活度系数仅有某一温度条件下的试验测量值，为分离系数 β 判据在不同温度条件下的计算带来了一定的困难，所以，对于其他温度条件下活度系数的计算结果也仅是依靠活度系数实验数据进行近似估算。对于贵铅合金中银与其他组元的分离而言，可查阅现有的某些温度条件下 Ag-i（其中，i 为 Sb、Bi、Pb、Cu）二元体系的活度系数值（见表 5-10），同时将多元合金体系看作多个二元体系进行分析讨论。

表 5-10 Ag-i 二元体系活度系数实验值[7]

x_{Ag}			0.1	0.2	0.3	0.4	0.5	0.6	0.7	0.8	0.9
T/K	1000	γ_{Ag}	1.836	1.360	1.159	1.005	0.896	1.849	0.863	0.918	—
		γ_{Bi}	1.033	1.087	1.146	1.238	1.358	1.448	1.397	1.156	—
	1273	γ_{Ag}	1.696	1.443	1.257	1.139	1.089	1.025	0.992	0.984	0.985
		γ_{Pb}	1.010	1.039	1.088	1.146	1.190	1.281	1.358	1.389	1.377
	1250	γ_{Ag}	0.579	0.541	0.523	0.522	0.529	0.540	0.659	0.816	0.948
		γ_{Sb}	1.003	1.015	1.026	1.026	1.014	0.988	0.676	0.354	0.151
	1420	γ_{Ag}	2.656	2.154	1.790	1.525	1.334	1.203	1.113	1.054	1.014
		γ_{Cu}	1.013	1.051	1.118	1.218	1.359	1.541	1.782	2.112	2.600

由式（5-5）可计算得出各体系在所给温度下的分离系数值，结果见表 5-11。

表 5-11　Ag 与其他组元 i 的分离系数 $\beta_{i\text{-Ag}}$ [7]

Ag-i 二元系	T/K	$\beta_{i\text{-Ag}}$
Ag-Bi	1000	$4.90\times10^8\sim1.03\times10^9$
Ag-Pb	1237	$1.14\times10^3\sim3.28\times10^3$
Ag-Sb	1250	$1.63\times10^2\sim5.90\times10^3$
Ag-Cu	1423	$0.46\times10^{-2}\sim0.70\times10^{-2}$

由表 5-11 的计算结果可知，除银-铜二元系外，$\beta_{i\text{-Ag}}$均大于 1.63×10^2，即$\beta_{i\text{-Ag}}\gg1$，说明锑、铋、铅能够较好地与银实现分离，且锑、铋、铅将挥发进入气相。对于银-铜二元系，$\beta_{\text{Cu-Ag}}<1$，说明控制相应温度可使银挥发进入气相，铜则富集于液相，从而也可实现银与铜的真空蒸馏分离。

5.2.2　工艺过程

铜阳极泥真空蒸馏处理新工艺的核心，是对铜阳极泥还原熔炼所产出的贵铅进行真空蒸馏精馏，工艺流程如图 5-5 所示。

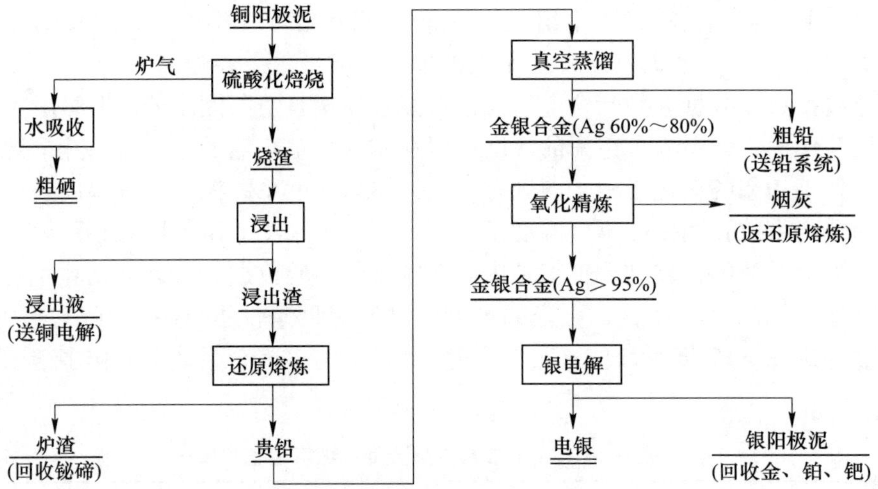

图 5-5　铜阳极泥真空蒸馏处理新工艺流程图

贵铅是铜阳极泥或铅阳极泥火法还原熔炼后得到的产物，贵铅的主要化学成分除铅以外，还包含了大量的以金属态、合金态物相存在的稀贵金属，如金、银、铂、铜、锑、碲等，具有较高的经济价值。

真空蒸馏方法处理贵铅，过程简单、无废水、废气产生，环境友好。采用真空蒸馏的方法处理贵铅的主要工艺流程如图 5-6 所示。

控制系统压力在 10~20 Pa，蒸馏温度为 850 ℃，保温为 2 h，在此条件下进行真空蒸馏分离；蒸馏结束后收集蒸馏残留物和挥发物，分析其主要成分见表 5-12。

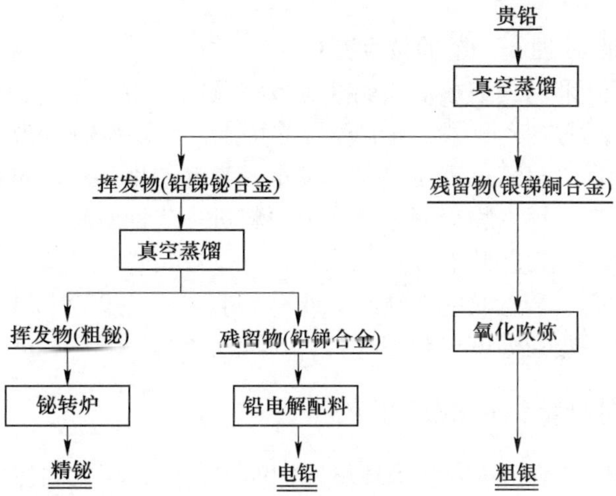

图 5-6　真空蒸馏法处理贵铅新工艺流程图

表 5-12　残留物和挥发物的主要成分含量[7]　(%)

物相	Pb	Ag	Cu	Bi	Sb
残留物	0. 21	45. 31	13. 24	0. 0001	33. 6
挥发物	46. 15	0. 236	0. 022	8. 87	35. 4

(1) 残留物中铅含量由原料中的 40. 27%降低至 0. 21%，铋含量由原料中的 7. 32%降低至 0. 0001%；挥发物中铅含量则由原料中的 40. 27%增加至 46. 15%，铋含量则由原料中的 7. 32% 增加至 8. 87%；说明原料中的铅和铋基本都进入挥发物中，实现了铅、铋从贵铅中的初步分离和富集。

(2) 残留物中银含量由原料中的 11. 46%增加至 45. 31%，铜含量由原料中的 2. 3%增加至 13. 24%；挥发物中银含量则由原料中的 11. 46%降低至 0. 236%，铜含量由原料中的 2. 3%降低至 0. 022%；说明原料中的银和铜基本都保留在残留物中，实现了银、铜从贵铅中的初步分离和富集。

(3) 残留物和挥发物中都含有大量的锑，这是因为在 850 ℃下蒸馏时，合金中的锑能够与银、铜分别形成多种稳定的化合物，使得部分的锑难以蒸馏。

5.2.3　主要技术经济指标

主要技术经济指标见表 5-13。

表 5-13　主要技术经济指标

指标	数值	指标	数值
蒸馏温度/℃	850	铋挥发率/%	≥99
蒸馏时间/h	2	锑挥发率/%	≥70
金直收率/%	≥99	银挥发率/%	≤2
银直收率/%	≥98	环保情况	环境友好
铅挥发率/%	≥99		

5.2.4　工艺特点

铜阳极泥真空蒸馏处理新工艺的特点有：

（1）工艺流程短。采用真空蒸馏法能够有效将贵铅中铅、铋、锑与金、银、铜实现分离，与传统方法相比，真空蒸馏法具有流程短的特点，可以缩短贵铅处理的工艺流程。

（2）绿色环保。真空蒸馏过程简单，无废水、废气产生，环境友好。

（3）综合回收率高。挥发物冷凝后可作为原料进一步回收铅和铋，残留物经进一步氧化精炼除铜后送电解，生产金银产品。

（4）金银直收率高。金直收率在99%以上，银直收率在98%以上。

（5）蒸馏温度低。蒸馏温度仅为850 ℃，比火法冶炼1100~1200 ℃低得多。

5.3　铜冶炼多型固废整体回收新工艺

固体废物管理工作目前已进入我国环境保护的主战场，深化固体废物管理是改善环境质量、防范环境风险、维护人体健康的重要保障。目前国内铜冶炼行业对于固废和危废的利用率不高，大多数固废都在渣场堆存或废弃，不仅造成了一定的环境污染，也导致资源浪费较为严重。

各种冶炼固废中都含有一定量的有价伴生金属，世界各国对冶炼过程伴生金属提取和固废综合回收利用已进行了大量研究，但研究多局限于单一物料的提取回收，致使工艺复杂、流程长。同时，适合高效节能环保规模化生产的生产装备及自动控制系统相对滞后，存在生产过程成本高、二次污染严重等问题。因此固废综合回收利用和伴生金属短流程高效绿色提取是冶炼行业未来发展方向。

铜冶炼企业的固废处置和资源化利用是近年来的研究热点，目前对铜冶炼企业固废的研究也多从资源回收利用角度出发。依据“变废为宝，化废物为资源”的原则，很多学者针对铜冶炼企业固废的特性，对固废进行资源回收利用研究，但都限于单一物料处理研究，整体回收方案很少。针对上述情况，祥光铜业开发出铜冶炼多型固废整体回收新工艺、新技术及新装备，并成功实现了工业应用。

5.3.1　工艺原理

通过对铜冶炼过程伴生有价金属元素分布走向普查，发现大量伴生金属富集在如贵金属熔炼渣、文丘里泥、银硒渣、二次沉硒物、铅滤饼、冶炼烟尘、废铅阳极等固废中。这些固废的主要特点是含铅、铋较高，同时成分复杂，富含多种稀散金属、稀贵金属。

铜冶炼过程产生的固废物料贵金属熔炼渣中的铅主要以硅酸铅、硫酸铅、氧化铅的形式存在。一部分硅酸铅在高温下分解为铅氧化物和二氧化硅，二氧化硅与石灰、纯碱反应生成硅酸钙及硅酸钠入渣，铅氧化物在还原气氛下还原为铅；一部分硅酸铅在高温还原气氛下直接还原成金属铅。硫酸铅是比较稳定的化合物，800 ℃时开始分解，在还原性气氛下，硫酸铅则按下列反应转变成硫化铅，硫酸铅和氧化铅均能与硫化铅反应生成金属铅。其主要反应式为：

$$PbSiO_3 = PbO + SiO_2$$

$$SiO_2 + CaO = CaSiO_3$$

$$SiO_2 + Na_2CO_3 = Na_2SiO_3 + CO_2$$

$$2PbO + C = 2Pb + CO_2$$
$$PbSO_4 = PbS + 2O_2$$
$$PbSO_4 + PbS = 2Pb + 2SO_2$$
$$PbS + 2PbO = 3Pb + SO_2$$

固废物料中的铋主要是以铋的氧化物形式存在，铋的氧化物在还原气氛下还原进入铅液中组成多金属合金。

$$2Bi_2O_3 + 3C = 4Bi + 3CO_2$$
$$2Bi_2O_3 + 3Fe = 4Bi + 3FeO_2$$

铅铋熔体是金、银、铂、钯的良好捕收剂。由于铅、铋和金、银的密度均较大，故在沉淀过程中，铅、铋与金、银颗粒一起形成铅铋金银合金，而沉积在炉子底部。铅铋合金具有较低的熔点，同时，铅和铋在熔融状态下，能无限溶解金、银等贵金属，故金、银等贵金属都富集到铅铋多金属合金中。

固废物料中的硒主要以硒单质的形式存在，在冶炼过程中硒氧化成二氧化硒进入烟气，二氧化硒被动力波洗涤液吸收形成亚硒酸溶液，用二氧化硫还原溶液中的亚硒酸，得到粗硒。粗硒经氧气氧化得到纯二氧化硒，粗硒经过真空蒸馏后得到精硒。其主要反应式如下：

$$Se + O_2 \longrightarrow SeO_2$$
$$SeO_2 + H_2O \longrightarrow H_2SeO_3$$
$$H_2SeO_3 + 2SO_2 + H_2O \longrightarrow Se\downarrow + 2H_2SO_4$$

固废物料中的锑、碲氧化后进入烟尘中，通过动力波洗涤进入动力波泥中。动力波泥中的碲主要以碲单质和碲氧化物形式存在，硒主要以硒单质形式存在，锑主要以锑的氧化物形式存在。采用逆流氯化铁和盐酸浸出的方法，将硒富集在浸出渣中回收金属硒，而碲则以氯化碲形态进入浸出液，经二氧化硫还原得到粗碲。沉碲后液用水稀释，$SbCl_3$ 水解成 $Sb_2O_3 \cdot 2SbOCl$，过滤后，滤饼浆化后加入 Na_2CO_3 脱氯生产三氧化二锑。

浸出反应：

$$Te + 4FeCl_3 = TeCl_4 + 4FeCl_2$$
$$TeO_2 + 4HCl = TeCl_4 + 2H_2O$$
$$Sb_2O_3 + 6HCl = 2SbCl_3 + 3H_2O$$
$$Sb_2O_5 + 6HCl = 2SbOCl_3 + 3H_2O$$

还原反应：

$$TeCl_4 + 2SO_2 + 4H_2O = Te\downarrow + 4HCl + 2H_2SO_4$$

水解反应：

$$4SbCl_3 + 5H_2O = Sb_2O_3 \cdot 2SbOCl\downarrow + 10HCl$$

脱氯反应：

$$Sb_2O_3 \cdot 2SbOCl + Na_2CO_3 = 2Sb_2O_3 + 2NaCl + CO_2\uparrow$$

5.3.2 工艺过程

对铜冶炼过程产出的固废物料，通过多相态富集分离炉把铜冶炼过程伴生资源高效绿色富集分离，其工艺流程如图 5-7 所示，工艺过程为：铜冶炼过程多型固废→多相态富集→分离提纯→多种金属或化合物，在合金相、洗涤液相、烟尘相、渣相深度回收有价金属。

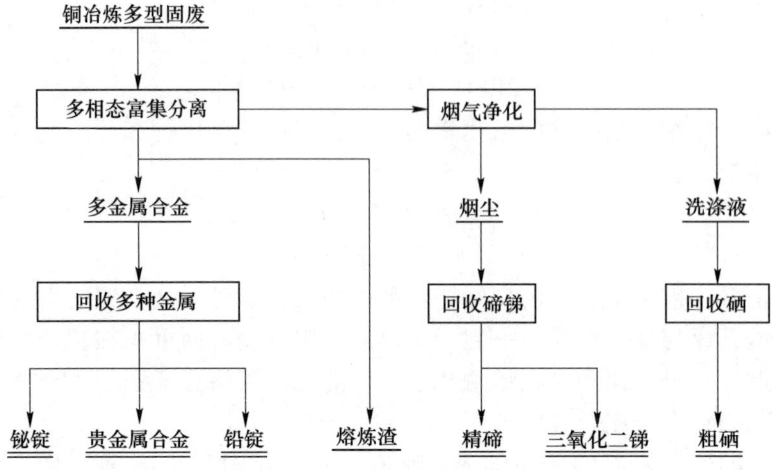

图 5-7　铜冶炼多型固废整体回收工艺

主要工艺过程：铜冶炼多项固废物料脱铜，从脱铜液中回收铜；多相态富集分离炉分离富集；金、银、铂、钯、铅、铋进入多金属合金中，通过分离多金属合金分别回收金、银、铂、钯、铅、铋；硒进入烟气洗涤液中，从烟气洗涤液中回收硒、二氧化硒；碲、锑进入烟尘中，通过湿法回收烟尘中的碲及三氧化二锑；锡进入渣中，通过湿法回收渣中的锡。

5.3.2.1　预脱铜及硫酸铜回收

脱铜主要是对于高含铜的固废物料，如铅滤饼含铜 19.71%、铜二次资源精炼烟尘含铜 5.72%。物料中的铜主要以金属铜和化合物状态存在，且以金属态较多，化合态的铜主要是氧化铜、硫化铜、硫酸铜等。如果不预先将铜除去，在多相态富集分离炉中生产多金属合金时，铜会形成冰铜，冰铜能溶解贵金属，同时形成黏渣，从而降低贵金属的直收率，导致金、银的分散。铜也能进入多金属合金中，影响后续的多金属合金的分离。同时铜具有回收价值，应加以回收。

把含铜高的固废物料与稀硫酸溶液置于高压釜中，加压加热，通入氧气作氧化剂，物料中的铜迅速溶解。浸出后经过固液分离，滤饼通过蒸汽干燥后，通过气流输送至多相态富集分离炉顶料仓，滤液浓缩结晶后即得粗硫酸铜。

5.3.2.2　多相态富集分离

熔炼过程主要的目的是把固废物料中的铅、铋、金、银、铂、钯形成多金属合金，使锡等杂质进入渣中，硒、碲、锑氧化或挥发进入烟尘中而除去，达到铅、铋、金、银、铂、钯与硒、碲、锑、锡的初步分离，并为稀贵金属与杂质的进一步分离做好准备。

熔炼作业末期，为控制熔炼渣含铅小于 2%，要及时提取渣样送去快速化验分析。如化验结果显示渣含铅符合排放指标，则进行排渣作业；如化验结果显示渣含铅还较高，要及时根据炉渣成分进行冶金计算确定重新加入熔剂量继续进行熔炼，直至渣样化验结果显示渣含铅符合排放指标，再进行熔炼渣排放作业。

5.3.2.3　多金属合金分离回收金、银、铂、钯、铅、铋

多金属合金分离回收主要包括四个工序：多金属合金火法精炼除铜、砷、锑，多金属合金电解精炼，多金属阳极泥提铋，银锌壳提取贵金属。

A　多金属合金火法精炼除铜、砷、锑

生产的多金属合金中一般含有1%~10%的杂质成分，如铜、砷、铁、锡、锑等，多金属合金需经过火法精炼才能达到电解精炼要求。多金属合金的化学成分见表5-14。

表5-14　多金属合金的化学成分

元素	Pb	Cu	As	Sb	Sn	Bi	S	Fe	Au	Ag	Pt	Pd
含量/%	75	1.631	0.494	0.35	0.17	16	0.247	0.098	130 g/t	1200 g/t	12 g/t	30 g/t

火法精炼只是初步精炼，其任务是将多金属合金中的铜和砷、锑、锡除至一定程度，并调整铅、锑含量，浇铸成化学质量和物理规格均满足要求的阳极板，为电解精炼做好准备。

鼓入压缩空气中的氧与铅、铋液中砷、锑接触而将其氧化，生成的砷、锑氧化物又由于压缩空气鼓入时，使铅铋液强烈翻腾而被带出液面迅速挥发逸出。

B　电解精炼

多金属合金电解精炼，是将经过初步火法精炼后还含有锑、砷、金、银、铂、钯等杂质的多金属合金作阳极，用电解析出铅作为阴极，在盛有硅氟酸和硅氟酸铅的电解液中，借直流电的作用进行电化学反应，从而获得纯铅和含有价金属阳极泥的过程。通过电解，可使多金属合金板中的铅与铋、金、银、铂、钯等金属分离。

在电解过程中，阳极会逐渐溶解变薄，阴极则会因金属铅的析出而逐渐变厚。按照多金属合金电解工艺要求进行电解精炼，得到电铅，金、银、铂、钯、铋等金属进入铅阳极泥中。

C　多金属阳极泥回收铋及贵金属

多金属合金电解后得到的阳极泥含铋60%~70%，铋主要以铋金属的状态存在，阳极泥中还含有铅、砷、锑、锡、银、金、铂、钯等杂质，必须进行精炼脱除，以获得99.99%的铋。

多金属合金电解产出的阳极泥先经过干燥，干燥后的阳极泥装入精炼锅中进行熔化，除铜、脱砷锑、除硒碲银、氯化精炼，最终精炼得到精铋。

D　银锌壳提取贵金属

金银锌壳，经榨机挤去液铋后送入真空蒸馏炉脱锌，在负压2 kPa、蒸馏炉温度为800 ℃、冷凝器温度为480 ℃条件下，产出富含贵金属的合金、98.4%的锌及蓝粉，锌和蓝粉返回铅阳极泥处理加锌除银工序。

5.3.2.4　多相态富集分离炉洗涤液中回收硒

硒在冶炼过程中氧化挥发进入烟气，烟气中的硒主要以二氧化硒存在，只有极少部分以三氧化硒存在。二氧化硒可被水吸收形成亚硒酸溶液，三氧化硒被水吸收形成硒酸。

采用二氧化硫将亚硒酸化合物中的硒还原沉淀出来，产出粗硒，粗硒的成分见表5-15。

表 5-15　粗硒的成分　(%)

成分	硒	银	铅	铜	碲
含量	95.805	0.016	0.089	0.030	0.013
成分	锑	水分	铋	金	
含量	0.008	24.903	0.0027	0.00031	

5.3.2.5　多相态富集分离炉烟尘中回收碲及三氧化二锑

多相态富集分离炉烟气经过动力波吸收塔洗涤后，产出动力波泥，动力波泥中的碲主要以碲单质和碲的氧化物形式存在，硒主要以硒单质形式存在，锑主要以锑的氧化物形式存在。采用逆流氧化盐酸浸出的方法，将硒富集在浸出液中回收金属硒，碲则以氯化碲形态进入浸出液，经二氧化硫还原得到粗碲。粗碲可并入前面铜阳极泥氧压浸出液短流程产出的粗碲，粗碲经干燥后，浇铸成阳极板再电解得 99.99%精碲，或进一步精加工生产高纯碲。还原后液水解生产 $Sb_2O_3 \cdot 2SbOCl$，过滤后，滤饼浆化后加入 Na_2CO_3 脱氯生产三氧化二锑。

5.3.3　主要技术经济指标

铜冶炼多型固废整体回收工艺的主要技术经济指标见表 5-16。

表 5-16　主要技术经济指标

指标	数值	指标	数值
铅回收率/%	92.5	锡回收率/%	75.2
铋回收率/%	96	锑回收率/%	75
金回收率/%	97.1	炉床能率/$t \cdot (m^3 \cdot d)^{-1}$	5.2
银回收率/%	97.2	每炉时间/h	6.5
硒回收率/%	91	天然气单耗(标态)/$m^3 \cdot t^{-1}$	80
碲回收率/%	76		

5.3.4　工艺特点

铜冶炼多型固废整体回收工艺的特点有：

(1) 物料适应性好。铜冶炼过程多型固废整体回收工艺对原料适应性好，不但可以处理铜冶炼过程的复杂多金属固废物料，同样也能处理其他重有色金属冶炼中的固废资源及其他冶炼中含铅、铋高的烟尘。

(2) 回收金属种类多。通过从粗多金属合金分离回收金、银、铂、钯、铅、铋，从多相态富集分离炉洗涤液中回收硒，从多相态富集分离炉烟尘中回收碲及三氧化二锑，从多相态富集分离炉渣中回收锡，实现金、银、铂、钯、铅、铋、硒、碲、锑、锡、铜等有价金属综合回收。

(3) 金属综合回收率高。实现铅回收率 92.5%，铋回收率 96%，金回收率 97.1%，银回收率 97.2%，硒回收率 91%，碲回收率 76%，锡回收率 75.2%，锑回收率 75%。

(4) 环境友好。该工艺核心装备多相态富集分离炉是一种密闭熔炼炉，整个熔炼过程在密闭熔炼炉中进行，避免了烟气的外逸。多相态富集分离炉的进料、排渣、排合金均在通风装置下进行，防止铅蒸气的扩散，解决了铅铋冶炼烟气、铅尘污染问题。烟气经湿式收尘—电除雾—吸收塔后排空，出口烟气含尘（标态）小于 2 mg/m^3，远低于国家环保标准。

5.4 贵金属冶炼渣湿法回收金、银新工艺

贵金属冶炼渣是火法处理铜阳极泥、铅阳极泥产出的熔炼渣，该炉渣富含铅、铋、金、银等有价金属，是综合回收铅、铋、金、银很好的原料。为进一步回收贵金属冶炼渣中的金、银及其他有价金属，同时克服火法冶金的不足，针对贵金属卡尔多炉熔炼渣，祥光铜业进行了非氰湿法回收金银新工艺的研究。以下介绍贵金属熔炼渣非氰湿法回收金银新工艺。

5.4.1 工艺原理

贵金属熔炼渣非氰湿法回收金、银工艺主要过程为：脱硅—脱贱金属—脱铅—脱钡—金、银回收。

5.4.1.1 脱硅

脱硅过程中，盐酸与铜阳极泥卡尔多炉熔炼渣中绝大部分硅酸钠和少量硅酸铅反应生成易溶物硅酸和氯化盐进入液相，同时大部分金属氧化物被盐酸溶解进入液相。其主要反应式如下：

$$2HCl + Na_2SiO_3 = 2NaCl + H_2SiO_3$$
$$2HCl + PbSiO_3 = PbCl_2 + H_2SiO_3$$

5.4.1.2 强化脱除贱金属

利用盐酸与氯化钠的混合溶液脱除铜、砷等易溶酸贱金属，主要反应式如下：

$$2HCl + CuO = CuCl_2 + H_2O$$
$$As_2O_3 + 6HCl = 2AsCl_3 + 3H_2O$$

5.4.1.3 脱铅

利用低溶解度的硅酸铅与醋酸体系反应生成易溶物醋酸铅，进入液相，反应式如下：

$$2HAc + 2NaAc + 2PbSiO_3 = 2PbAc_2 + Na_2SiO_3 + H_2SiO_3$$
$$2HAc + PbO = PbAc_2 + H_2O$$

5.4.1.4 脱钡

硫酸钡是一种很难溶解的物质，先将其转化为碳酸钡，再用盐酸溶解除钡的工艺，实际上碳酸钡的 K_{sp} 值大于硫酸钡的 K_{sp} 值。利用高浓度碳酸盐体系在高温条件下将硫酸钡转化为碳酸钡，再用盐酸溶解碳酸钡，达到除钡的目的。其主要反应式如下：

$$Na_2CO_3 + BaSO_4 = Na_2SO_4 + BaCO_3$$
$$2HCl + BaCO_3 = BaCl_2 + H_2O + CO_2$$

5.4.1.5 金、银回收

金、银富集渣进行氯酸钠氯化浸出处理，滤液与草酸混合，还原反应后得到金粉；滤渣进行亚硫酸钠浸出处理，滤液采用水合肼还原得到银粉。其主要反应式如下：

$$2NaClO_3 + 2Au + 12HCl = 2NaAuCl_4 + 6H_2O + 3Cl_2$$
$$NaClO_3 + 6Ag + 6HCl = 6AgCl + 3H_2O + NaCl$$

$$2NaAuCl_4 + 3H_2C_2O_4 = 2Au + 2NaCl + 6HCl + 6CO_2$$

$$AgCl + 2SO_3^{2-} = Ag(SO_3)_2^{3-} + Cl^-$$

$$4Ag(SO_3)_2^{3-} + HCOH + 6OH^- = 4Ag + 8SO_3^{2-} + 4H_2O + CO_3^{2-}$$

5.4.2　工艺过程

5.4.2.1　原料

原料卡尔多炉渣为某厂铜阳极泥经过卡尔多炉熔炼后产出的熔炼渣，原料成分见表5-17。

表 5-17　卡尔多炉渣的成分　　(%)

元素	含量	元素	含量
O	24.8	Cu	1.2
Na	8.20	Zn	0.0273
Mg	0.32	As	1.7
Al	0.202	Se	0.146
Si	6.80	Rb	0.0593
P	0.018	Sr	0.057
S	5.671	Ag	0.287
Cl	0.13	Sn	2.908
K	0.117	Sb	0.805
Ca	0.061	Ba	13.9
Ti	0.041	Pb	35.4
Cr	0.165	Bi	1.6
Fe	0.273	Au	0.025
Ni	0.0367	Ag	0.49

由表5-17可见，卡尔多炉渣中Ba、Pb、Si、S、Na、O、Sn、Bi为主要成分。

卡尔多炉渣的X射线衍射物相分析结果表明：钡以硫酸钡形态存在，锡则以二氧化锡形态存在，而铅以无定型相存在。铋是以三氧化二铋还是砷酸铋形态存在没有足够的判断依据，而金、银的存在形态更难确定。

5.4.2.2　工艺流程

卡尔多炉渣湿法工艺流程为：卡尔多炉渣经过磨碎后进行预脱硅，脱硅后的脱硅渣脱除铅外贱金属后进行除铅，除铅渣脱钡后产出的金、银富集渣湿法提取金银。其工艺流程如图5-8所示。

（1）脱硅。脱硅工艺条件：盐酸浓度3 mol/L，液固质量比7∶1，反应温度70 ℃，反应时间2 h。反应完毕后，过滤，脱硅过程渣失重率为16.25%。滤渣主成分：硅2.13%，钠1.25%，铜0.45%，砷0.86%，钡14.93%，铅41.3%，铋0.6%，金0.0298%，银1.06%。滤液加碱调至pH值为2，得到铋精矿，铋精矿中铋含量为18.4%。此工序硅脱除大部分，钠、砷、铋、铜等部分除去，贵金属金银没有损失。

（2）强化脱除贱金属。用盐酸和氯化钠溶液浸出脱硅渣强化脱除贱金属，强化脱除贱

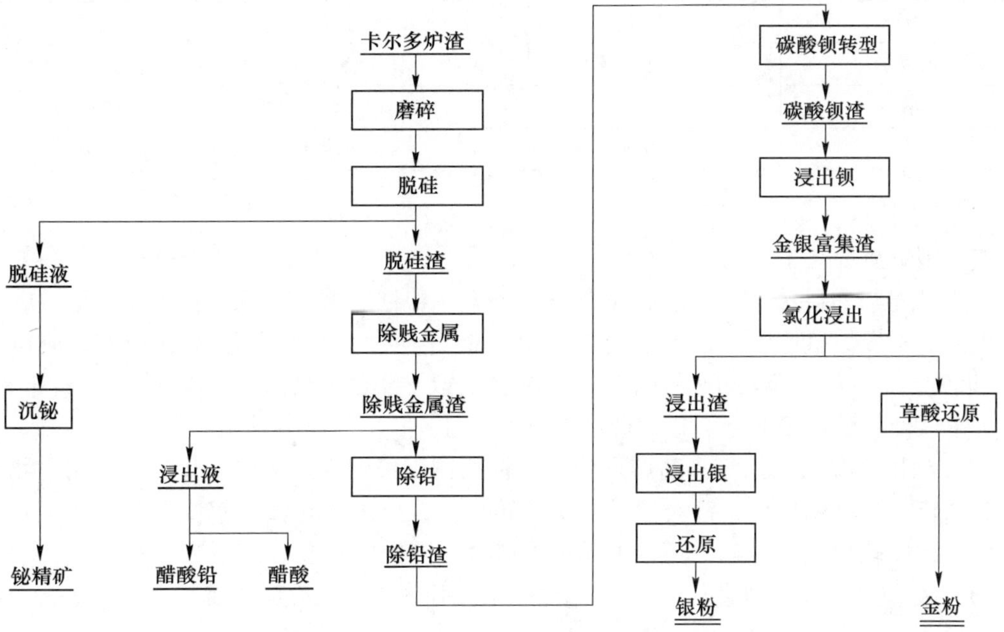

图 5-8 卡尔多炉渣湿法工艺流程图

金属工艺条件：盐酸浓度 2.5 mol/L，氯化钠 2 mol/L，液固质量比 8∶1，反应温度 60 ℃，反应时间 2 h。反应完毕后过滤，脱贱金属过程渣失重率 6.85%。滤渣主成分：硅 1.09%，钠 0.13%，铜 0.001%，砷 0.005%，钡 16%，铅 43.2%，铋 0.02%，金 0.032%，银 1.135%。经过强化浸出，贱金属钠、砷、铜等基本去除干净，金没有损失，银损失约 0.5%。

(3) 脱铅。脱除贱金属渣进入醋酸体系中进行脱铅，脱铅工艺条件：醋酸盐与醋酸浓度相同为 4 mol/L，液固质量比 12∶1，反应温度 80 ℃，反应时间 4 h。反应完毕后，过滤，脱铅过程渣失重率 65.7%。脱铅滤渣主成分：硅 1.2%，铅 12.2%，钡 46%，金 0.0934%，银 3.32%。脱铅滤液加硫酸得到硫酸铅，醋酸得以再生循环使用。

(4) 脱钡。脱铅渣进入饱和碳酸钠溶液中将渣中硫酸钡转型为碳酸钡，转型工艺条件：碳酸钠浓度 4 mol/L，液固质量比 11∶1，温度 90 ℃，反应时间 4 h。转型后过滤，转型后母液可作为铋精矿所需碱液使用，转型滤渣用盐酸溶解，滤渣为金银富集渣，脱钡过程渣失重率 80.5%。脱钡后金银富集渣主成分：硅 0.5%，铅 1.2%，钡 10.7%，金 0.47%，银 17.01%。滤液加入硫酸，得到硫酸钡和盐酸，盐酸可循环利用。

(5) 金、银回收。采用强氧化剂氯酸钠氯化浸出金、银富集渣，金在浸出液中可用草酸还原得到金粉；银在渣中先通过亚硫酸钠浸出再用甲醛还原得到银粉。金粉、银粉纯度为 99.99%。全流程金回收率 99.35%，银回收率 98%。

5.4.3 主要技术经济指标

卡尔多炉渣湿法工艺的主要技术经济指标见表 5-18。

表 5-18 主要技术经济指标 (%)

指标	数值	指标	数值
金回收率	99.35	铋回收率	98.5
银回收率	98	铅回收率	99.23
银直收率	87.6	锡回收率	95

5.4.4 工艺特点

卡尔多炉渣湿法工艺的特点有：

（1）贱金属去除率高，金、银富集度高，金、银回收率高。采用间接除杂方式，先将铜阳极泥卡尔多炉熔炼渣主成分铅、钡、硅、钠等经过分步转化浸出处理后，渣可减重90%~95%，金、银可富集10倍以上，再对金、银富集渣提取金、银。分离富集过程金、银损失率极低，整体工艺金、银回收率在98%以上。

（2）利用全湿法工艺除去高熔点物质。根据铜阳极泥卡尔多炉熔炼渣中高熔点物质二氧化硅和硫酸钡物相特点，针对性进行化学转化并分离出硅和钡，解决了火法工艺难以处理高熔点物质硫酸钡的难题，巧妙地解决了脱硅、除钡的难题。

（3）铅、铋、锡、钡进行回收，资源综合利用率高。在对贱金属与金、银进行分离的同时，对有价元素铅、铋、锡、钡进行回收，切实做到了资源综合利用。

（4）环保效果好，操作环境佳。采用纯湿法冶金工艺，没有废气产生，废渣产生量极少，大部分工艺废液可在其他工序利用，水利用率高，环保效果好。

（5）与常规贵金属生产工艺比较，具有流程短、综合利用好、总收率高、投资少、成本低的优势。

（6）主要缺点是铅、银在流程中走向较分散。

5.5 阳极泥冶炼动力学及数值仿真新研究

卡尔多炉冶炼工艺是一种高效节能回收伴生稀贵金属的处理方法，是目前国内外处理铜阳极泥的主流工艺。卡尔多炉工艺虽然因其独特的优势被国内外大型铜业企业广泛应用，但由于我国铜矿产资源来源广泛，使得铜冶炼副产物阳极泥成分较为复杂多变[8]，仍必须对卡尔多炉工艺的配料、设备、污染防控等方面进行持续改进；并且其还原熔炼过程属多相复杂反应体系，物料在反应过程中涉及传动量、传热、传质和气-固、固-固、固-液和气-液等反应，尤其各金属元素卡尔多炉渣-金、渣-气界面上的反应行为十分复杂，致使采用传统的实验方法较难实现对阳极泥卡尔多炉还原熔炼工艺的优化、推动伴生金属回收工艺的进步，且目前国内外研究得很少，理论研究相对滞后。

为此，祥光铜业周松林团队和江西理工大学刘付朋团队合作，采用流体力学软件Fluent进行了阳极泥冶炼过程数值仿真及动力学模型研究，以揭示还原熔炼过程多相复杂反应体系的规律，为铜阳极泥生产和优化工艺提供理论指导。

鉴于合理的液面波动对于提高保护残渣的卷入率和多尔合金质量具有重大的指导作用，而冲击凹坑形貌、混匀时间作为反映卡尔多炉炉内液面波动特征的主要参数指标，为此，采用实验分析检测、流体力学模型和数值仿真相结合的方法，深入研究卡尔多炉熔炼过程工艺参数；主要进行流体动力模型研究、卡尔多炉熔池气-渣-金多相流数值仿真研究，以及卡尔多炉贵金属捕集模拟基础理论研究，为铜冶炼伴生金属的回收提供理论支撑。

5.5.1 动力学模型研究

5.5.1.1 研究方法

A 相似原理

模拟卡尔多炉处理铜阳极泥的液面波动情况极为复杂，许多现象难以使用理论分析解决，并且构造冶金过程的完全相似理论模型十分困难，即便在实际生产中直接操作条件实验也带有极大的局限性，此类模拟实验结果只能应用在实验条件一致的生产过程。因此有关冶金现象的模拟研究中，研究人员主要根据相似原理构建物理模型。

a 相似准数推导

在几何相似的前提下，对于卡尔多炉来说，水力学实验要遵循动力相似准则，动力相似须满足原型和模型中流体的雷诺准数（*Re*）和弗劳德准数（*Fr*）相等。但通常水力学实验难以同时符合这两个表征流体流动的准数相等的条件，除非在完全相似的模拟实验时才能满足。

物理模型的基础理论是相似原理。为保证原型与模型中的多相流体系在时间、空间上的行为尽可能一致，须满足“凡同一类物理现象，当单值条件相似且以单值条件中的物理量构成的相似准则对应相等时，这些现象则必定相似”的相似第二定理。因而实验前必须做相似准数的计算，确定影响研究体系中决定性的相似准数。物理模型相似包括几何相似、动力相似、力学相似、热相似等。

b 几何相似

几何相似是动力相似的必要前提，尺寸比是指模型与原型主要参数尺寸之比，相似比可表示为：

$$\lambda = \frac{l_m}{l_p} \tag{5-6}$$

式中，l_m为模型尺寸，m；l_p为原型尺寸，m；λ 为相似比。

卡尔多炉水力学模型装置，即用透明亚克力板制成等比例缩小的模型模拟炉体原型，用增稠水溶液模拟渣-金液相，二者的几何相似主要是指 D/H（上炉口口径/熔池深度）相等。在选择二者的相似比时，必须依据对象特征和工艺方案来综合考虑，本书研究卡尔多炉水力学模型尺寸满足：$D_m < D_p$（下角 m 和 p 对应表示模型和原型）。理论上，在条件允许的情况下，应采用尺寸比为 1 的完全相似理论模型，以完善动力相似条件。

c 动力相似

对于具有几何相似的自由面流动模型和自由面流动原型，只要决定性质的准数保持一致，它们便动力相似，重要准数也相等。若每个重要准数都对应相等，则称模型与原型在行为上完全相似，但完全相似的条件经常难以实现。若存在自由面的流动中，要使二者动力相似，往往仅满足雷诺准数和弗劳德准数分别相等，即：

$$Re = \frac{\text{惯性力}}{\text{黏性力}} = \frac{\rho u l}{\nu} \tag{5-7}$$

$$Fr = \frac{\text{惯性力}}{\text{重力}} = \frac{u^2}{gl} \tag{5-8}$$

式中，ρ 为密度，kg/m^3；u 为速度，m/s；l 为特征尺寸，m；ν 为黏度，Pa · s；g 为重力

加速度，m/s²。

由$Re_m=Re_p$，$Fr_m=Fr_p$，可得：

$$\begin{cases}\dfrac{u_m}{\sqrt{gl_m}}=\dfrac{u_p}{\sqrt{gl_p}}\\ \dfrac{\rho_m u_m l_m}{\nu_m}=\dfrac{\rho_p u_p l_p}{\nu_p}\end{cases} \tag{5-9}$$

考虑到 g 为常数，由 Fr 数相等，可得：

$$\frac{u_m}{u_p}=\sqrt{\frac{l_m}{l_p}}=\sqrt{\lambda_1} \tag{5-10}$$

由 Re 数相等，则要求：

$$\frac{\nu_m}{\nu_p}=\frac{u_m}{u_p}\cdot\frac{l_m}{l_p}=\lambda_1^{\frac{3}{2}} \tag{5-11}$$

在常规流动的水力学实验中，寻找一种流体满足其与实物黏度系数之比符合式（5-11）非常困难，只需保证 Fr 数相同，而允许模型与原型流动的 Re 数有所不同。此外，卡尔多炉氧化吹炼过程的化学反应中，尤其在一次、二次吹炼中杂质氧化反应产生的挥发烟气对卡尔多炉液面波动行为会产生影响，但限于实验方法和测量手段，难以在物理试验中表征，故关于卡尔多炉炉内气-渣-金多相流体系液面波动行为与混匀特性的水力学模型实验研究忽略化学反应的影响。

B 几何参数的确定

在模型中，原确定的相似比 1∶5。在水力学模型装置制作中，限于材料、精度等因素，无法按比例制作水模型，最终模型以原型相似比为 1∶4.5 制成。

根据生产资料，卡尔多炉内径 $D_p=1082$ mm、高度 $H=3050$ mm，卡尔多炉的吹炼喷枪为 DN58，因此通过计算可得到模型中 $D_m=240.4$ mm、高度 456 mm，模拟过程使用的喷枪直径为 DN12，并设有螺纹用于调节喷枪的枪位和夹角。通过测量标尺读取实验数据，其读数方向与模型中垂线平行，卡尔多炉几何参数见表 5-19。

表 5-19 原型和模型的几何相似参数

类别	炉体高度/mm	熔池直径/mm	炉身高度/mm	氧枪喷口夹角/(°)	氧枪直径/mm
原型	3050	1082	1765	60	58
模型	456	240	392	60	12

C 动力学参数的确定

a 标准状态下的气体流量

对卡尔多炉吹炼体系来说，引起体系内多相流行为的主要因素是重力和惯性力，只要保证两者弗劳德准数（Fr）一致，便符合动力相似的要求。根据相似原理，可确定水力学模型中气体流量的范围，修正 Fr 数可表示为[9]：

$$\frac{\rho_{g,m}u_m^2}{gd_m(\rho_{l,m}-\rho_{g,m})}=\frac{\rho_{g,p}u_p^2}{gd_p(\rho_{l,p}-\rho_{g,p})} \tag{5-12}$$

特征速度 u 可由式（5-13）给出：

$$u = \frac{4Q}{\pi d^2} \tag{5-13}$$

式中，Q 为气体体积流量，m^3/s；d 为喷嘴直径，m。

由 $(Fr')_m = (Fr')_p$，可得：

$$Q_m = \left(\frac{d_m}{d_p}\right)^{2.5} \cdot \left(\frac{\rho_{g,p}}{\rho_{g,m}}\right)^{0.5} \cdot \left(\frac{\rho_{l,m} - \rho_{g,m}}{\rho_{l,p} - \rho_{g,p}}\right)^{0.5} \cdot Q_p \tag{5-14}$$

式中，$\rho_{g,p}$ 为原型中喷吹气体的密度，取压缩空气的密度为 5.16 kg/m^3；$\rho_{g,m}$ 为水模型中喷吹气体密度，实验用压缩空气密度为 1.29 kg/m^3；$\rho_{l,m}$ 为模型中水的密度，用水替代原型中的渣相，密度取常温下 1.0 g/cm^3；$\rho_{l,p}$ 为原型中渣相（吹炼渣、精炼渣）取近似值，为 6.7 g/cm^3；d_m 为模型中喷枪直径，按相似比取 12 mm；d_p 为原型中喷枪直径，查资料显示，取 58 mm；Q_p 为原型中吹炼喷枪的气体流量（标态），这里取 550~750 m^3/h。

由式（5-14）计算得：

$$Q_m = 0.0150405 Q_p \tag{5-15}$$

通过式（5-15）可得，水力学实验中气体流量 Q_m = 137.9~188.0 L/min，选定实验喷吹气量分别为 120 L/min、140 L/min、160 L/min、175 L/min、190 L/min 进行气体流量因素分析。

在实际工业生产中，流量均使用标准状态下的流量标定。在实验室采用玻璃转子流量计，其显示数值与当前的压力、温度等状态有关。因此，操作之前必须进行标态和非标态流量之间的转换。根据气体状态方程[10]：

$$\frac{p_{标} Q_{标}}{T_{标}} = \frac{p_{非} Q_{非}}{T_{非}} \tag{5-16}$$

式中，$p_{标}$、$p_{非}$ 分别为标准条件与实验条件下的压强，atm，1 atm = 101325 Pa；$Q_{标}$、$Q_{非}$ 分别为标准条件与实验条件下的流量（标态），m^3/h；$T_{标}$、$T_{非}$ 分别为标准条件与实验条件下的温度，K。

此时，取 $T_{非}$ = 298 K，$p_{标}$ = 0.1 MPa，$T_{标}$ = 273 K，$p_{非}$ = 0.4 MPa，具体标态与非标态的气体流量转换数据见表 5-20。

$$Q_{非} = 0.273 Q_{标} \tag{5-17}$$

表 5-20 实验中标态与非标态气体流量值的转换 （L/min）

流量计算值	120	140	160	175	190
流量操作值	32.76	38.22	43.68	47.78	51.87

b 氧枪枪位

氧枪枪位参数实际上根据原型与模型的氧枪枪位及几何相似比确定，但实际卡尔多炉配套吹炼喷枪空气射流为超声速。在冷态实验过程中，若喷枪在同一位置下，超声速流与亚声速流对熔池液面的冲击效果差异较大。由于喷枪枪位相似，因此使模型上的射流与熔池冲击面积较大而核心流速较小[11]。

综上所述，本节对基于几何相似比确定的氧气枪位进行了修正，考虑了超声速喷枪核心段长度（L_s）和喷枪口与超声速核心尾端距离（x）[12]，其计算公式为：

$$L_s = 5.78d_t(p_0 - 2) \tag{5-18}$$

$$x = 6.39\frac{vd}{a} \tag{5-19}$$

式中，L_s 为气流核心段长度，mm；d_t 为喷嘴喉口直径，mm；p_0 为喷嘴前端的滞止氧压，Pa；v 为射流出口速度，mm/s；x 为出口与超声速核心尾端的距离，mm；d 为喷枪出口直径，mm；a 为声速，取 340 m/s。

原型喷枪结构如图 5-9 所示。在实验操作条件下，枪位修正值应为 138 mm，即操作枪位为理论模型枪位减去修正值。

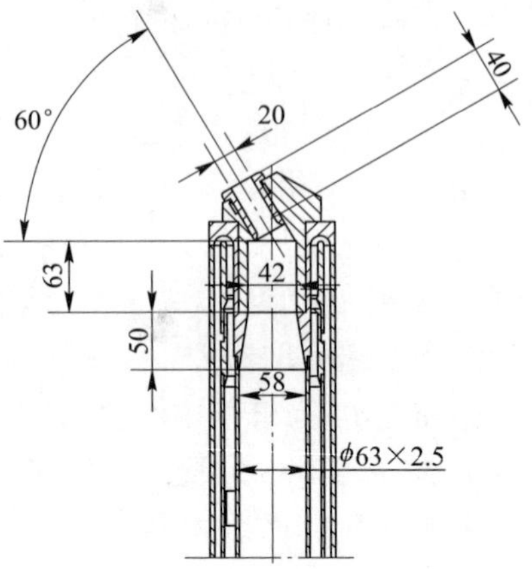

图 5-9　原型喷枪结构图

c　溶液渣相黏度

考虑到渣-金液相的动力黏度对冲击凹坑尺寸和混匀行为的影响，利用式（5-11）可大致确定水力学模型实验中溶液黏度值范围。采用某厂卡尔多炉炉渣成分，利用 NDJ-8S 数字黏度计测定不同实验温度下的炉渣黏度，选定 0.497~1.146 Pa · s 的黏度范围区间。

本节选用羧甲基纤维素钠（CMC）作为增稠剂，增稠剂添加量与黏度关系如图 5-10 所示，经多项式拟合，确定实际增稠剂添加量 m 与溶液黏度 μ 的关系式为：

$$\mu = 159.189m - 119.22m^2 + 29.9054m^3 - 43.3125 \tag{5-20}$$

式中，μ 为黏度，mPa · s；m 为增稠剂添加量，g/L。

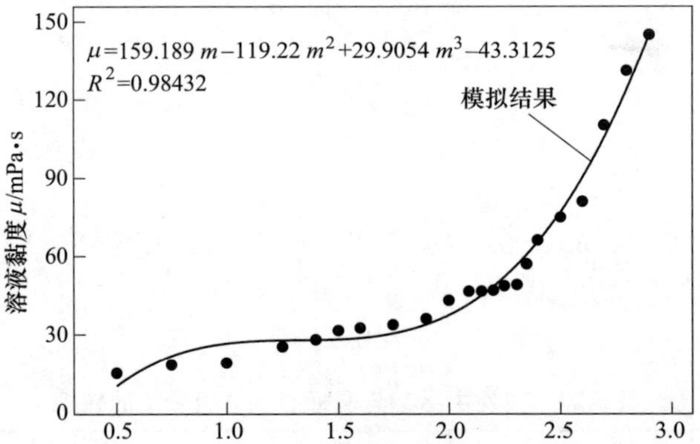

图 5-10　水溶液黏度增稠的拟合曲线

原型和模型的动力相似参数列于表 5-21 中，由上述关于卡尔多炉水力学模型的实验参数计算得出。

表 5-21　原型和模型的动力相似参数

参数	原型	模型
斜吹流量/L · min^{-1}	9166.7~12500	32.76~51.87
炉体转速/r · min^{-1}	0~15	0~15

续表 5-21

参数	原型	模型
斜吹气体类型	压缩空气	压缩空气
斜吹气体密度/kg · m^{-3}	5.16	1.29
熔池液体类型	渣-多尔合金	水
渣相密度/kg · m^{-3}	6700	1000
渣相动力黏度/mPa · s	497~764(1150 ℃)	52.06~120.05
吹炼气体黏度系数/mPa · s	1.7894×10^{-2}	1.1×10^{-3}
氧枪枪位/mm	800、850、900、960、1000	41、51、62、75、84

5.5.1.2 实验设备及装置

通过卡尔多炉水力学模型实验研究炉内多相流体系混合现象机理，所需实验装置有透明圆柱反应釜、软管、支架、注射器、电导率仪、高压气瓶、高速摄像机、非接触式转速测量表、电脑、白色幕布、面射灯、测距传感器等，实验装置如图 5-11 所示，实验设备由以下三个部分组成：

（1）由圆柱反应釜、喷枪系统组成的物理模拟喷吹系统；

（2）由气源装置、气体稳压阀、气体流量计、转子流量计等组成的供气与流量计量系统；

（3）由计算机、电导电极、DDS-312 型电导率仪、高速摄像机、测距传感器等组成的数据监测与记录系统。

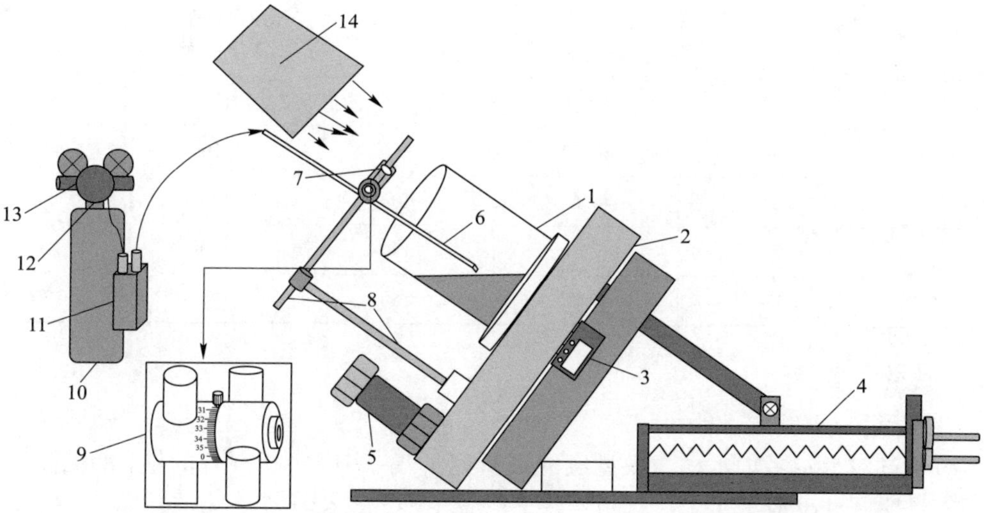

图 5-11 卡尔多炉水力学模型装置示意图

1—亚克力板材质炉体；2—支架底座；3—数显倾角仪；4—手动滑台；5—电机；6—喷枪；7—十字连接块；8—光杆；9—刻度仪；10—供气装置；11—气体稳压阀；12—浮子流量计；13—气管；14—照明装置

5.5.1.3　水力学模型实验过程

A　水力学模型实验设计

a　单因素水平实验

实验过程中，首先通过单因素实验，探究不同工艺参数对卡尔多炉液面波动的影响规律。下面对实验的开展过程进行简要说明，分别固定斜吹流量 38.22 L/min，斜吹枪位 51 mm，炉体转速 8 r/min，液面高度 150 mm、炉渣黏度 65.05 mPa · s，依次探究不同工艺参数对转炉液面波动的影响规律。

实验步骤：实验由 5 因素 5 水平单因素实验组成，实验测量均重复两次，减小实验误差；将配制好的增稠溶液倒入炉体模型中，通过数显倾角仪及手轮调整倾斜角度；改变挡位，用转速计测量炉体转速完成系统转速校准；一旦设定容器转速，确保溶液均匀且系统在 30 s 内达到稳态；通过浮子流量计测量气体流量，将喷枪通过炉口顶部十字连接块的安装孔调节对齐，直至能被液体自由表面飞溅或接触为止；在选定实验中，用高速摄像机捕获炉内液面波动图像。在离液面冲击区域的一定位置放置参照标尺，调整好测距传感器并完成准系统，开始测量；更换水溶液并改变实验条件，重复上述步骤。

b　正交水平实验设计

用正交水平实验方法研究气体流量、炉体转速、氧枪枪位三个因素对熔池混匀时间和冲击凹坑深度的影响规律。实验操作条件见表 5-22；每个实验变量设置 5 个水平，每组实验重复 3 次，取平均值。通过实验数据比对，确定合理的气体流量、炉体转速、喷枪枪位及液面高度的吹炼搭配方案。

表 5-22　操作条件

水平	枪位 H /mm	氧枪流量 Q /L · min^{-1}	炉体转速 R /r · min^{-1}	液面高度 L /mm	炉渣黏度 μ /mPa · s
1	40	32.76	6	130	52.06
2	51	38.22	8	150	65.05
3	62	43.68	10	170	80.03
4	75	47.78	12	180	100.04
5	84	51.87	15	190	120.05

B　拍摄方案

a　所需器材和布置方案

本节通过对卡尔多炉水动力模型实验，研究了气-液-固多相混合的量化问题，所需实验装置有透明圆柱反应釜 1 个、挡板 4 块、软管 1 根、支架 1 个、电导率仪 1 台、高速摄像机 1 台、电脑 1 台、白色幕布 1 块、大功率射灯 2 台、大功率灯及辅助灯若干、非接触式转速测量表、自动量角器、测距传感器等。

实验拍摄需要在装置后侧放置白色幕布，以白色作为背景色，并打扫干净实验场地，为防止其他光源对实验过程干扰，在装置前侧设置 2 台射灯辅助照明，在模型侧面正前方放置摄像机，如图 5-12 所示。

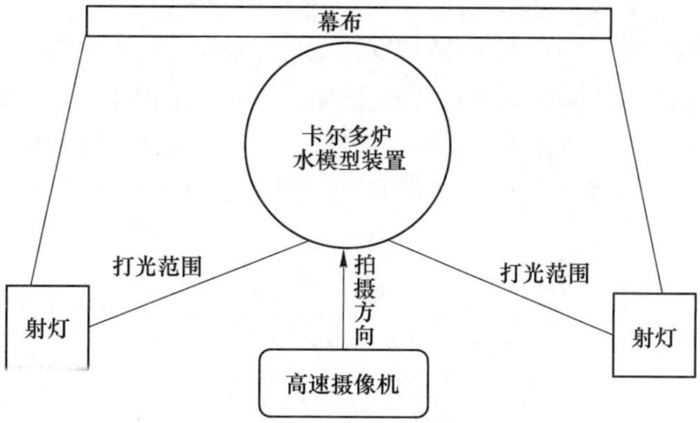

图 5-12 实验拍摄示意图

b 拍摄手段

在实验中，根据实际生产资料，确定液面高度分别为 130 cm、150 cm、170 cm、180 cm 及 190 cm 进行实验比较；吹炼喷枪选用保持液面以上分别为 40 cm、51 cm、62 cm、75 cm 及 84 cm 进行模拟；通过相似定理模拟中应用的喷吹气量为 32.76~51.87 L/min，因此选用喷气量为 32.76 L/min、38.22 L/min、43.68 L/min、47.78 L/min、51.87 L/min 进行模拟实验，渣相黏度计算根据式（5-11）分别选 52.06 mPa · s、65.05 mPa · s、80.03 mPa · s、100.04 mPa · s、120.05 mPa · s，推导相应曲线及规律。

探究工艺参数对熔池自由液面的影响规律的水力学实验中，实验前需调节相机位置以满足对焦目标与液面在同一水平线，然后固定相机位置直至结束拍摄。此外，拍摄前要调节图像光源，直至摄像机中的水模型照明度合适且无反射光源的影响，拍摄对象清晰可见，且图像分辨率调至 1920 像素×1080 像素。倒入调整好的增稠水溶液（约占反应釜容积的 1/2），喷枪采用直径为 1.2 cm、长度为 1050 cm 的不锈钢管，手动将容器倾斜相对于水平面约 28°。调整好喷枪夹角与枪位后，待炉体模型稳定运行，启动电机。待转速和流量稳定后开始拍摄，1 min 后结束拍摄，保存视频。

重复上述步骤，一共拍摄 25 组平行实验视频，每组视频截取时间为 10 s，将拍摄好的视频编辑名称，导入电脑中，为下一步数字图像处理做好准备。

C 实验研究手段

a 熔池混合均匀状况的研究方法

混匀时间是判定冶金类反应器熔池内的搅拌强度及反应物扩散速率的重要依据[13]，通过此依据可以评价卡尔多炉渣相细化、吹炼供氧的冶金特性。实验研究卡尔多炉熔炼吹炼条件下，不同工艺条件对熔池液面波动行为的影响，研究的是低黏度流体体系，不同工艺参数的影响程度，采用测量定点电导率的方法来得到熔池混匀时间。

具体实验步骤：利用转子流量计对喷吹气体的流量定量控制，依照既定方案吹入气体。待熔池内液面基本稳定，控制气体流量，同时将电导电极放置在炉底与炉壁的交界处。实验需要向熔池液面投放点的对称位置加入适量的示踪剂（30 mL 质量分数为 5%的 KCl 溶液），向容器吹气过程中采用 DDS-312 型电导率仪，通过数据收集测定溶液混匀过程电导率的变化，其混匀时间是根据仪器的电导率值变化所达到数值范围的时间确定，测量标准依据“混匀度为95%”的实验原则对原数据进行分析。

实验采用电导率法测定炉体模型的混匀时间，其中电导电极置于炉底与炉壁的交界处，以判断不同工艺条件对熔池混匀效果的影响。其输出接口则通过转换器记录在计算机中，从而显示出电导率数值变化过程，另一接口连接到函数记录仪和电脑曲线相印证，混匀时间实验装置如图5-13所示。为减小测量误差，每组实验重复2次，取其平均值。

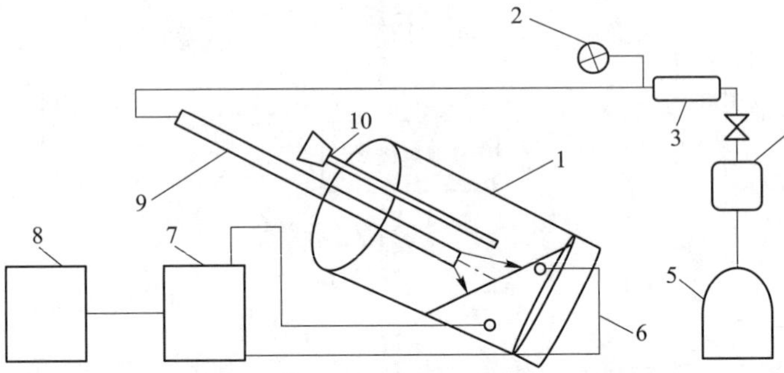

图5-13　混匀时间的水模型试验装置示意图

1—亚克力板卡尔多炉模型；2—压力表；3—流量表；4—稳压阀；5—压缩空气瓶；6—电导电极；7—电导仪；8—计算机；9—喷枪；10—示踪剂加入装置

b　冲击凹坑深度与凹坑面积的测量

研究测量的冲击凹坑直径是压缩射流同液面碰撞产生的侧面凹坑状态下的直径，喷枪位置是指喷枪出口端中心与液面的距离，冲击凹坑深度指的是射流穿过液相的最大穿透垂直距离。在前两步操作中，建立卡尔多炉水模型装置并且采集实验视频。图像处理作为关键步骤：首先消除视频的背景干扰，并将抽帧得到的图像调用Python-OpenCV库进行图像网格化。按一定帧数截取视频每30张一组，利用图像分析程序ImageJ，测量出各实验条件下对应图像的冲击凹坑深度和凹坑面积的平均值，并进行误差分析。

实验图像的冲击凹坑尺寸测量手段如图5-14所示。其中，冲击凹坑的深度依靠附着在装置上的标尺辅助读取。此外，冲击凹坑的直径需要考虑成像视觉带来的主观偏差，根据图像测量数据与对应模型实际参数的相关相似参数可对其进行调整。根据相似原理可得：

$$d_c = \frac{D_1}{D_1'} d_c' \tag{5-21}$$

式中，D_1、D_1'分别为对应模型熔池直径和图像所测量的熔池直径，mm；d_c、d_c'分别为对应冲击凹坑直径和图像测量出的凹坑直径，mm。

ImageJ网格处理实验图和带有次要凹坑图分别如图5-15和图5-16所示，所得数据作为该实验参数下的实验值。使用网格化处理后的图像，被分成不同的区域。网格可沿着水面放置作为图像参考线，设置比例将像素转换成可测量的长度单位。凹坑的边缘被锐化显现凹坑的清晰轮廓，以便冲击凹坑形貌选定、测量。由图5-15可知，每幅图像通过液面到凹坑最深处画垂直线测量，测量数据单独显示并可保存在带框架号的Excel表格中，可检测所有帧是否均被测量，进而消除从同一图像测量数据的误差。从图5-16中可以看出，测量冲击凹坑的面积具有一定限制。首先，随着气体流量的增加，液面波动行为更加剧

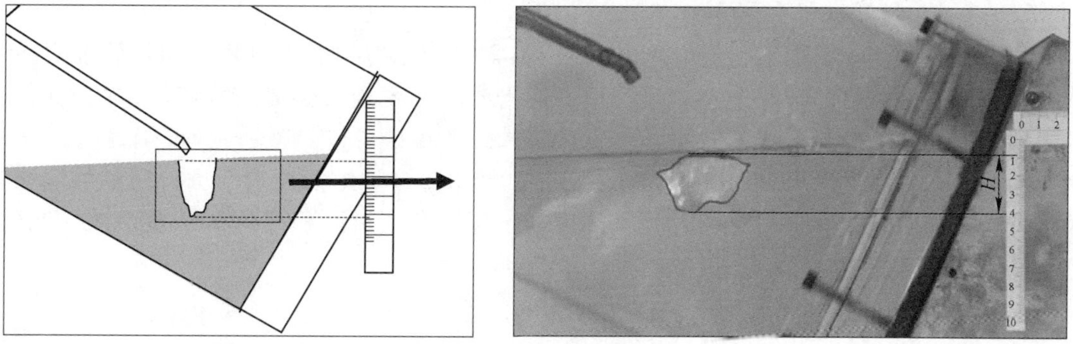

(a) (b)

图 5-14 检测目标示意图

(a) 检测区域图；(b) 实际对照图

烈；其次，主要冲击凹坑的附近区域会有一个次要凹坑。这两种因素使得图像研究中凹坑面积的测定更困难，但实验中凹坑面积的测量方法与凹坑深度一致。

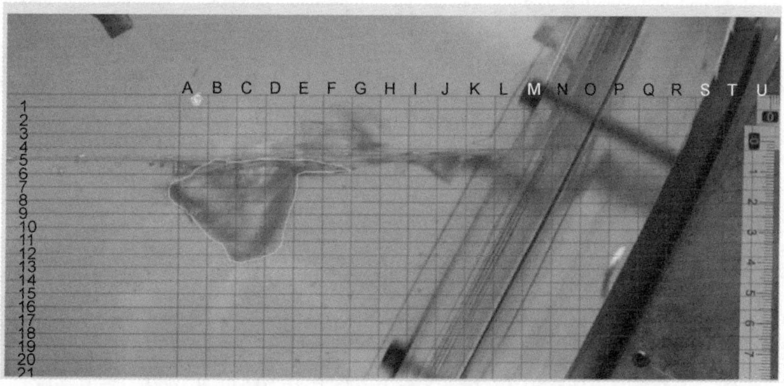

图 5-15 ImageJ 网格处理实验图

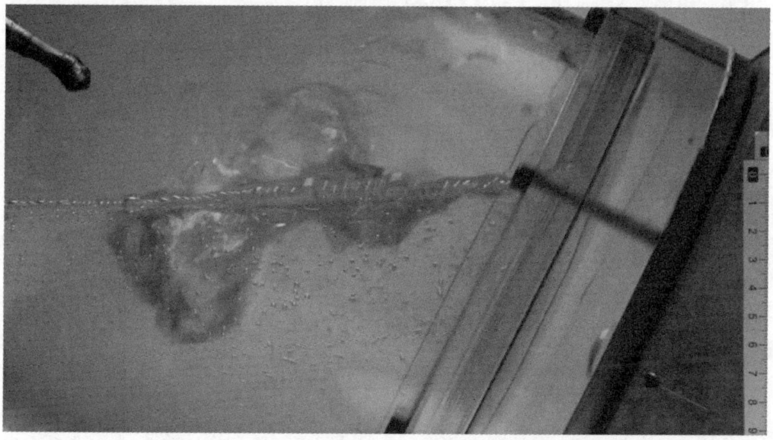

图 5-16 带有次要凹坑的实验图

5.5.1.4 研究成果和应用

冲击凹坑深度较小则不利于熔池内部气-渣-金多相流搅拌混匀过程，即降低了吹炼气体的利用率，卡尔多炉吹炼作业时间延长；冲击凹坑深度较大会提高吹炼气体的利用率，但剧烈的液面波动行为造成严重的渣相飞溅现象和侵蚀炉衬等部位，降低炉体的工作寿命。为此，本节在上述水力学实验装置基础上，对卡尔多炉熔池冲击凹坑行为和熔池混匀效果进行实验研究，并采用混匀时间、凹坑冲击深度和凹坑面积评价卡尔多炉熔池混匀、冲击凹坑形貌等炉内混合效果揭示规律和总结经验公式。

A 熔池液面波动行为及混匀过程的影响规律

分别在不同转速、气体流量、枪位、液面高度及渣相黏度实验条件下，对熔池混匀过程和液面波动行为而形成冲击凹坑的影响进行研究，总结熔池最佳的吹炼工艺模式。研究对应的单因素水力学实验结果数据列于表 5-23 中。

表 5-23 冲击凹坑尺寸的水模型单因素水平实验数据

序号	H /mm	Q /L · min^{-1}	R /r · min^{-1}	L /mm	μ /mPa · s	冲击凹坑深度 /cm	误差分析/cm		冲击凹坑面积 /cm^2	误差分析/cm	
							σ_1	ME_1		σ_2	ME_2
1	51	38.22	6	150	65.05	3.376	0.136	0.050	12.695	0.905	0.314
2	51	38.22	8	150	65.05	3.495	0.126	0.047	13.699	0.882	0.326
3	51	38.22	10	150	65.05	3.245	0.162	0.060	11.871	0.885	0.312
4	51	38.22	12	150	65.05	3.288	0.147	0.054	12.723	0.736	0.272
5	51	38.22	15	150	65.05	3.189	0.132	0.049	12.277	0.798	0.295
6	51	32.76	8	150	65.05	2.514	0.133	0.049	8.258	0.684	0.253
7	51	38.22	8	150	65.05	3.495	0.126	0.047	13.699	0.882	0.326
8	51	43.68	8	150	65.05	3.867	0.164	0.060	16.575	1.131	0.419
9	51	47.78	8	150	65.05	4.306	0.164	0.060	20.206	0.902	0.334
10	51	51.87	8	150	65.05	4.706	0.192	0.071	23.628	1.458	0.540
11	51	38.22	8 ·	130	65.05	3.726	0.145	0.053	14.157	0.910	0.337
12	51	38.22	8	150	65.05	3.495	0.126	0.047	13.699	0.882	0.326
13	51	38.22	8	170	65.05	2.962	0.121	0.045	10.302	0.662	0.230
14	51	38.22	8	180	65.05	3.108	0.122	0.045	11.262	0.578	0.214
15	51	38.22	8	190	65.05	2.906	0.133	0.049	10.511	0.717	0.265
16	40	38.22	8	150	65.05	4.053	0.153	0.056	16.401	0.989	0.366
17	51	38.22	8	150	65.05	3.495	0.126	0.047	13.699	0.882	0.326
18	62	38.22	8	150	65.05	2.891	0.127	0.047	10.709	0.736	0.272
19	75	38.22	8	150	65.05	2.324	0.112	0.041	8.485	0.528	0.195
20	84	38.22	8	150	65.05	1.822	0.111	0.041	6.553	0.490	0.181
21	51	38.22	8	150	52.06	2.982	0.128	0.047	9.421	0.638	0.236
22	51	38.22	8	150	65.05	3.495	0.126	0.047	13.699	0.882	0.326

续表 5-23

序号	H /mm	Q /L · min^{-1}	R /r · min^{-1}	L /mm	μ /mPa · s	冲击凹坑深度 /cm	误差分析/cm		冲击凹坑面积 /cm^2	误差分析/cm	
							σ_1	ME_1		σ_2	ME_2
23	51	38.22	8	150	80.03	3.357	0.128	0.047	12.067	0.665	0.246
24	51	38.22	8	150	100.04	3.283	0.145	0.053	12.090	0.720	0.266
25	51	38.22	8	150	120.05	3.432	0.145	0.053	12.819	0.779	0.288

B 动力黏度的影响

渣相动力黏度对卡尔多炉熔池混匀效果的影响规律如图 5-17 所示，可以看出，在渣相动力黏度为 50.06~120.05 mPa · s 的范围内，熔池混匀时间随黏度增加而不断递增。

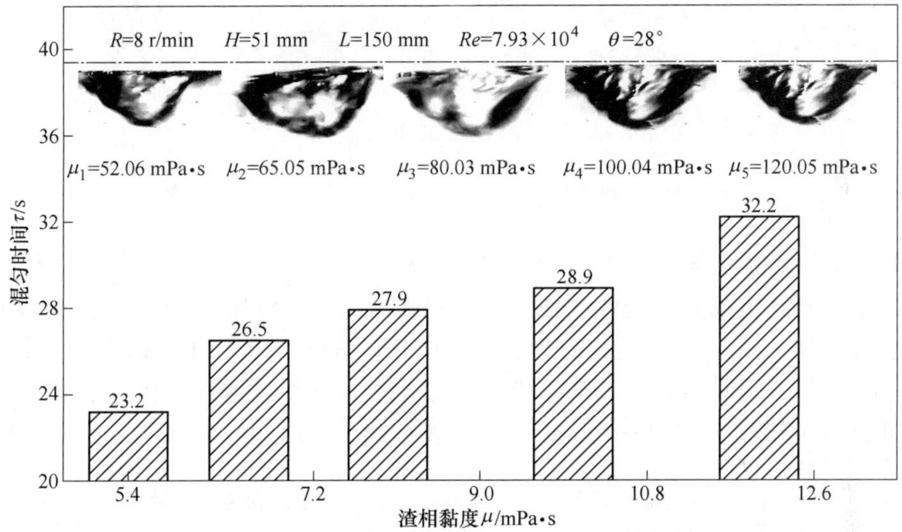

图 5-17 炉渣动力黏度对熔池混匀时间的影响

因为黏度是表示流体对流动所表现的阻力，高黏度流体由于黏滞力的限制，气体动能在液面冲撞过程中基本被黏滞力耗散掉，只能出现层流状态。这种层流只能出现在冲击凹坑附近区域，较远区域的高黏度液体仍是静止的，难以造成液体在设备内的循环流动，即液面流动区域内会有死区存在。

炉渣动力黏度对卡尔多炉熔池冲击凹坑尺寸的影响规律如图 5-18 所示，可以看出，其中在炉渣黏度 52.06~120.05 mPa · s 范围内，随着炉渣动力黏度的增加，熔池内液体的冲击凹坑尺寸呈现先增大后趋于平稳的趋势。因为在低动力黏度范围内，互溶液体的主要混匀特征是不会形成传递相界面。

C 喷枪位置的影响

不同喷枪枪位对卡尔多炉熔池混匀效果的影响规律如图 5-19 所示，可以看出，随着枪位的增加，熔池混匀时间呈现增大的趋势，并在枪位 51 mm 和枪位 75 mm 时出现明显转折。在枪位 51~75 mm 范围内，混匀时间会明显增加。因为低枪位使得压缩射流对熔池的冲击凹坑深度较大，其主要动能用于冲击凹坑而无法形成大面积的作用区域，熔池混匀

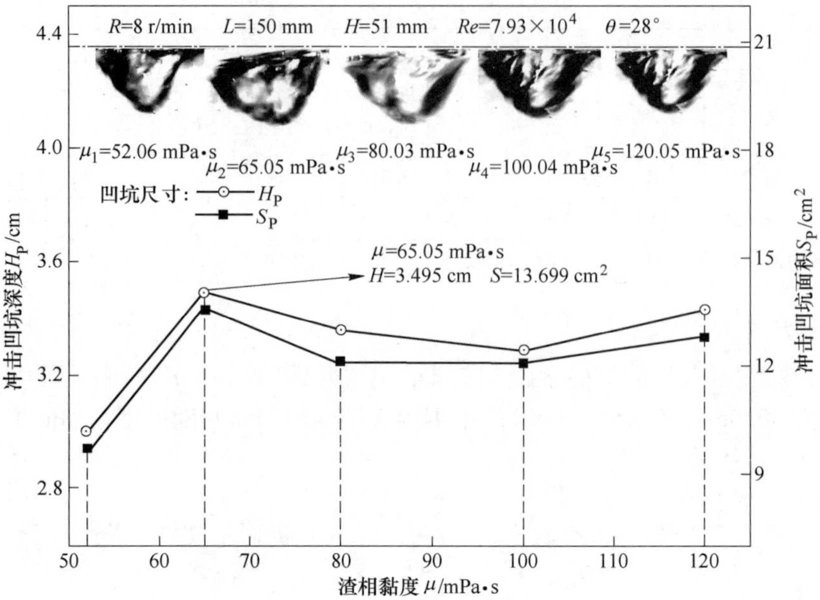

图 5-18　不同渣相动力黏度对熔池冲击凹坑尺寸的影响

过程较慢。随着喷枪位置的提高，射流对熔池液面的作用类型由“硬吹”转变为“软吹”，压缩射流抵达液面且穿透熔池的气体动能逐渐减小。继续增加枪位至 84 mm，从枪位对熔池冲击凹坑尺寸的影响规律可看出，高枪位容易形成较大的冲击面积，有利于渣相细化和气-渣-金三相乳化反应。当喷枪枪位为 51 mm 时，熔池内部液体混匀效果最好。因此，实验应控制喷枪枪位在 45～62 mm（对应实际枪位 823. 5～900 mm 的工况条件）。

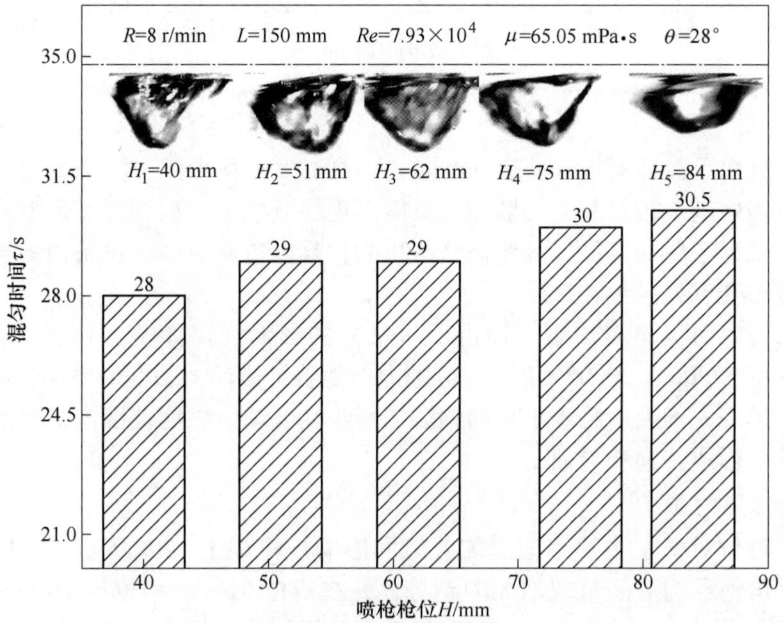

图 5-19　喷枪枪位对熔池混匀时间的影响

图 5-20 所示为喷枪枪位对熔池冲击凹坑尺寸的影响规律，分析可知，在喷枪枪位 40~84 mm 的实验范围内，当气体流量及枪位恒定时，随着喷枪枪位的提高，熔池冲击凹坑尺寸呈现不断降低的趋势。由于喷射气体的卷吸效应，使得气体在到达熔池液面过程中会与周围介质进行动量交换，促使附近静态气体被卷吸到压缩射流向前流动。因而，气体射流与液面的接触面积随着枪位不断增加，但其核心流速不断减小。随着喷枪枪位的提高，喷射气体与熔池液面的作用距离增加，核心区速度衰弱程度加剧，故形成的冲击凹坑深度和面积缓慢减小。

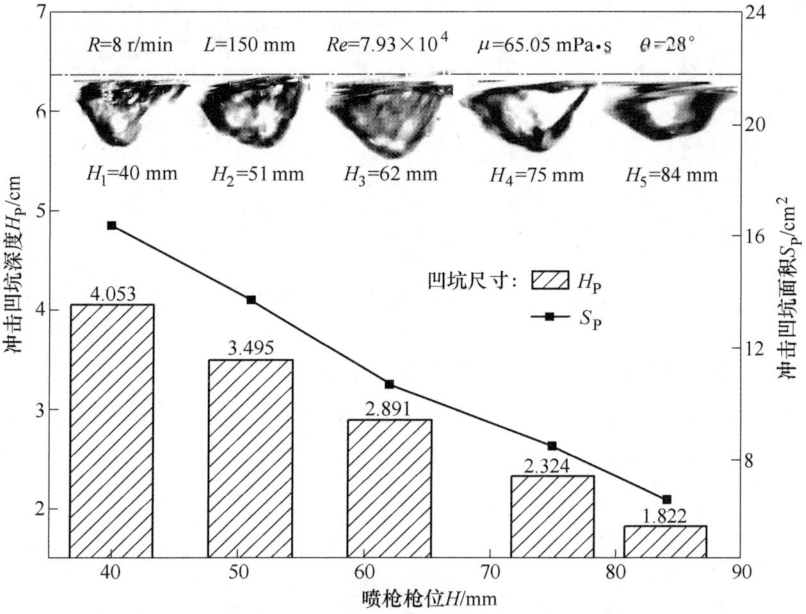

图 5-20 喷枪枪位对熔池冲击凹坑尺寸的影响

D 炉体转速的影响

不同炉体转速对卡尔多炉熔池混匀效果的影响规律如图 5-21 所示，可以看出，随着炉体转速不断增加，流体体系混匀时间呈现先减小后增加的趋势。存在最小混匀时间的转速值 R_3，此时卡尔多炉多相流体系的混匀过程最快。在 6~10 r/min 的范围内，混匀时间随炉体转速增加而显著减小，多相流物质在溶液中未完全混合均匀时，转速提高会促进未溶解物质溶解速度；在 10~15 r/min 的中高转速范围内，混匀时间不断增加，因为过高的转速，使得物质部分溶解，剩余部分则随着体系流动而流动，起不到加速搅拌的作用。实际生产中，快速转动的炉体并不利于熔池内部各种物理化学反应的进行。在此研究范围内，应控制炉体转速在 10~12 r/min（对应实际炉体转速 10~12 r/min 的工况条件）范围内，对于炉体高效运行和安全性都有不错的保障。

炉体转速对熔池冲击凹坑尺寸的影响规律如图 5-22 所示。不难看出，在给定实验范围内，当气体流量和枪位等水平因素恒定时，随着炉体转速的提高，熔池冲击凹坑深度和凹坑面积呈现不断波动的趋势。其中，在转速为 10 r/min 时，冲击凹坑深度和凹坑面积基本均达到最低值。随着炉体转速的进一步增大，冲击凹坑尺寸扩张不明显，甚至有缩小的趋势。在转速提高的过程中，在压缩气体与自由液面的作用区域上，会在较小的半径上产

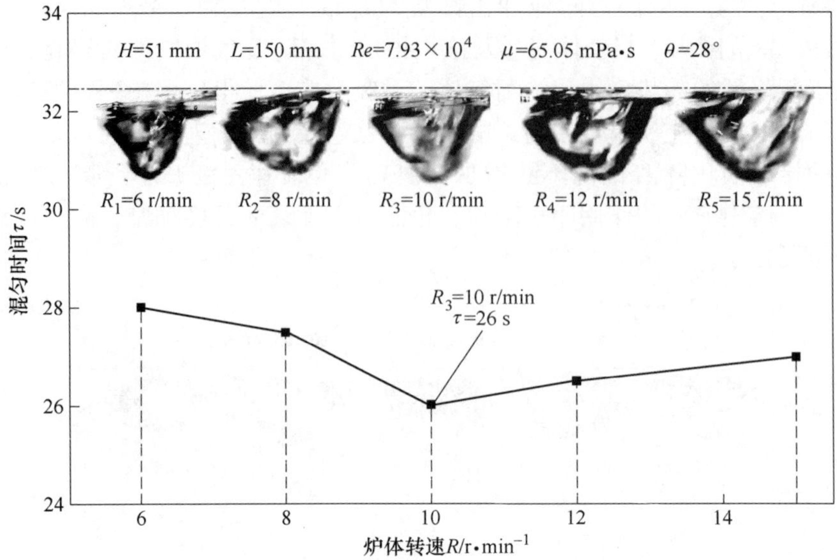

图 5-21　炉体转速对熔池混匀时间的影响

生较大线速度的旋涡，俯视一定角度看上去就是较快向下的螺旋运动。在转速不大的范围内，熔池液面处于不稳定的波动状态，随着转速的提升，冲击形成的凹坑容易受外力作用而改变尺寸。过快的炉体转速并不利于熔池内部各种物理化学反应的进行，无法保证正常吹炼作业的稳定运行。

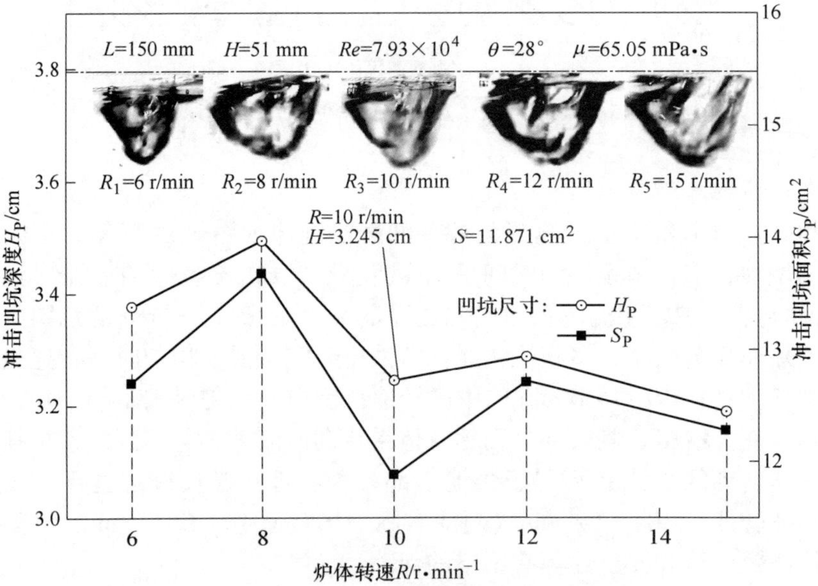

图 5-22　不同炉体转速对冲击凹坑尺寸的影响

E　液面高度的影响

不同液面高度对卡尔多炉熔池混匀效果的影响规律如图 5-23 所示，可以看出，随着液面高度的增加，熔池混匀时间呈现不断波动的趋势，并在液面高度为 150 mm 和 180 mm 时出现明显转折。在 130~150 mm 和 180~190 mm 范围内，混匀时间会明显增加。在实际生产中，选择过低的液面高度会加快溶液混匀过程，但不利于企业生产效益的提高；选择过高的液面高度，靠近炉口易产生渣相飞溅的安全隐患。因此，实验应控制熔池液面高度在 150~170 mm（对应实际枪位 675~765 mm 的工况条件）。

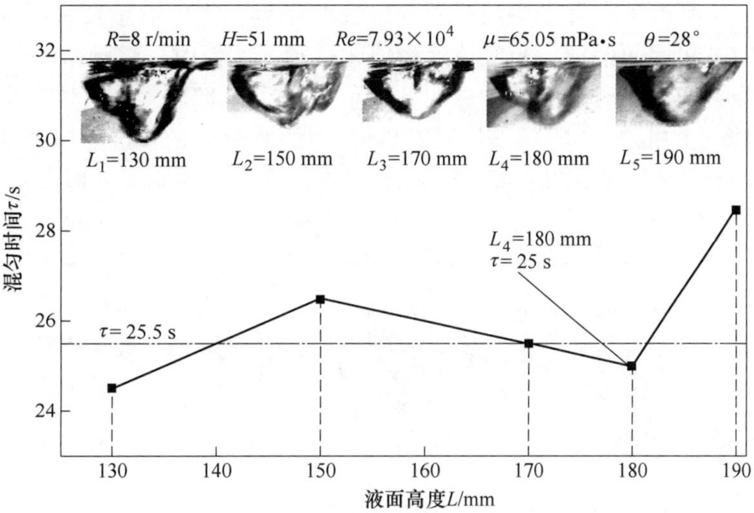

图 5-23　液面高度对熔池混匀时间的影响

液面高度对熔池冲击凹坑尺寸的影响规律如图 5-24 所示。在实验范围内，当气体流量和枪位条件等因素一定时，随着液面高度的提高，熔池冲击凹坑深度和凹坑面积呈先减小后增加再减小的趋势，在液面高度为 170 mm 和 180 mm 时出现转折。继续提高液面高度，冲击凹坑尺寸明显收缩，熔池液面波动行为趋于平缓。

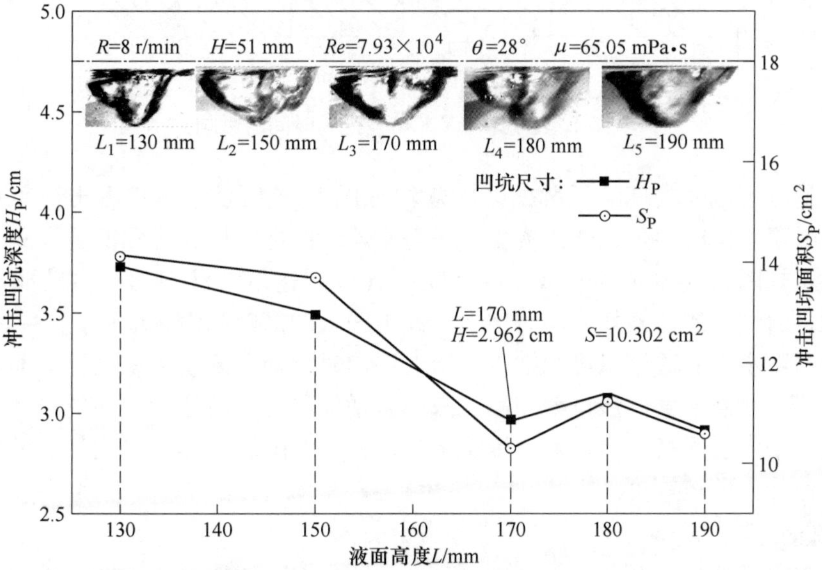

图 5-24　不同液面高度对熔池冲击凹坑尺寸的影响

F　气体流量的影响

为了阐明气体流量是影响熔池混匀过程的重要工艺参数之一，图 5-25 给出了不同气体流量对卡尔多炉熔池混匀效果的影响规律，可以看出，随着气体流量的增加，混匀时间呈先减小后增大的趋势。其中在 38. 22～43. 68 L/min 的流量区间内，熔池混匀时间下降趋势明显后趋于平缓。因为气体流量增大的实质是搅拌动能的不断输出，接触表面不断更新，加快多相流体系流动和促进溶液趋于一致性的趋势。气体流量在 43. 68～51. 87 L/min 的范围内，混匀时间反而增加。当气体流量值超过某一阈值时，熔池液面受到喷射气体冲撞而反弹的动能增加，同时形成的冲击凹坑面积增大。不难得出，气体流量明显影响炉内气-渣-金多相流物质的混匀过程，且较高的气体流量因为较强的冲击作用造成熔池液面波动剧烈。因而，气体流量一般不超过 47. 78 L/min（对应实际气体流量（标态）698. 11 m^3/h 的工况条件）。

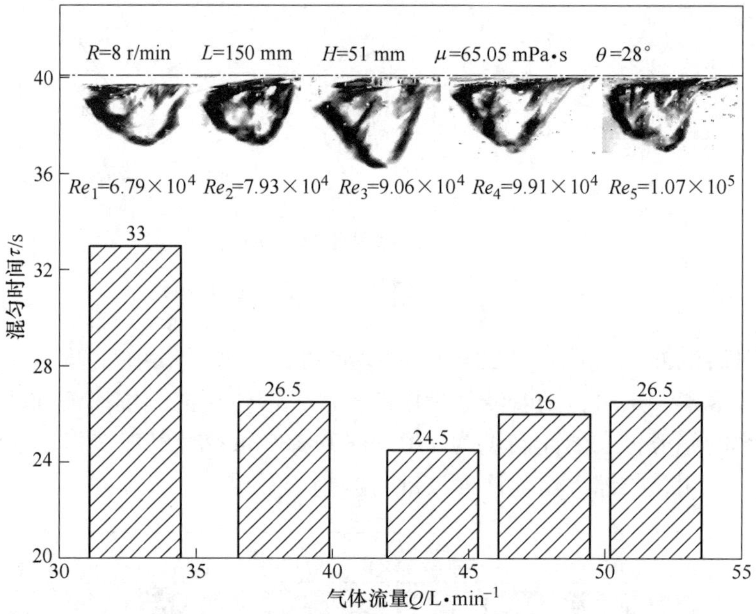

图 5-25　气体流量对熔池混匀时间的影响

气体流量对熔池冲击凹坑尺寸的影响规律如图 5-26 所示。不难看出，实验在炉体转速和枪位等因素一定时，随着气体流量的提高，熔池冲击凹坑深度和凹坑面积呈现不断增加的趋势。这是因为气体流量的增加使得喷射气体到达熔池液面的气体动能和速度均增大，对熔池自由液面的冲撞作用同时增强，冲击凹坑的深度和面积增加。

上述单因素水平实验结果可归纳为：熔池混匀时间随炉渣动力黏度、液面高度增加而增加，随枪位、转速、气体流量增加呈先减小后增加趋势。熔池冲击凹坑尺寸随炉渣动力黏度增加呈先增大后平稳趋势，喷枪枪位下降、转速下降、气体流量增加、液面高度增加均能增加熔池冲击凹坑深度。

G　经验公式

在前人研究转炉等设备的水力学模型的基础上，有关喷枪射流与熔池作用产生的冲击

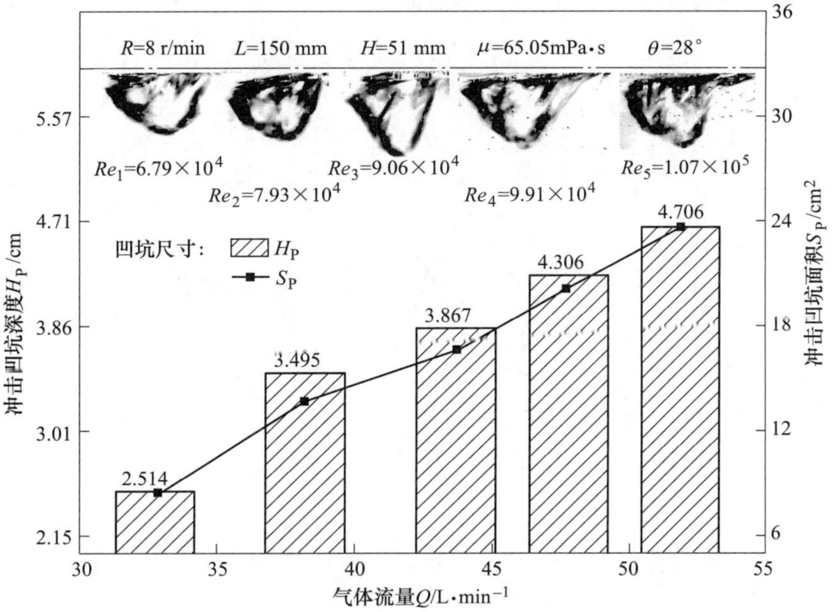

图 5-26 不同气体流量对熔池冲击凹坑尺寸的影响

凹坑深度及凹坑面积有不少的半经验公式。攀钢集团西昌钢钒有限公司[14]为解决半钢炼钢的化渣和炉龄等带来的搅拌问题，通过氧枪设计进行数值计算，并与实际运行结果进行比对，克服了半钢炼钢化渣速度慢、除磷率低和后期搅拌弱的难题。研究的冲击深度参照 Flinn 公式，结合实验相关变量和设备参数（枪位 H、喷嘴压力 p、喉口直径 d、炉体转速 R、动力黏度 μ 和倾角 θ），通过实验与半经验公式理论分析，使用非线性 GRG 规划求解算法拟合求解，设计式（5-22）计算冲击凹坑深度和式（5-23）计算凹坑直径。将处理后的数据与拟合公式进行分析比对，其结果如图 5-27、图 5-28 和表 5-24 所示。

$$h_{\mathrm{P}} = \left(340 \times \frac{d_{\mathrm{c}}^{-5.558} \cdot p^{0.570}}{H^{1.013}} + R^{-0.8}\right) \times \left(\frac{\cos\theta \cdot \mu_{\mathrm{g}}}{\mu_{\mathrm{l}}}\right)^{-0.134} \times L^{-0.659} \tag{5-22}$$

式中，h_{P} 为冲击凹坑深度，cm；H 为喷枪位置，cm；p 为喷嘴前气体压强，MPa；d_{c} 为喉口直径，cm；θ 为喷孔夹角，(°)；R 为炉体转速，r/min；μ_{l} 为渣相黏度，mPa · s；μ_{g} 为吹炼气体黏度，mPa · s；L 为熔池液面高度，cm。

$$d_{\mathrm{P}} = 3.74 \times \left(\frac{\mu_{\mathrm{out}}}{\mu_{\mathrm{l}}}\right)^{0.003} \times \left(\frac{v_{\mathrm{out}}^2 d_{\mathrm{out}}}{Hg\cos\theta}\right)^{0.529} \times \left(\frac{R}{L}\right)^{0.0449} \tag{5-23}$$

$$S_{\mathrm{P}} = \frac{\pi d_{\mathrm{c}}^2}{4} \tag{5-24}$$

式中，d_{P} 为冲击凹坑直径，cm；g 为重力加速度；μ_{out} 为排出渣相黏度，mPa · s；d_{out} 为出口直径，cm；v_{out} 为喷枪出口速度，cm/s。

对于公式与实验数据的偏差，有一个重要原因是在喷枪参数不变时，喷孔夹角和枪位对实验数据收集有影响，而半经验公式未忽略喷孔夹角对冲击凹坑面积的影响。因而随着枪位的增大，喷枪口散度增加，对熔池的冲击面积显著增加。此外，数据点的不足和测量手段的精确度同样也会干扰实验数据的准确性。

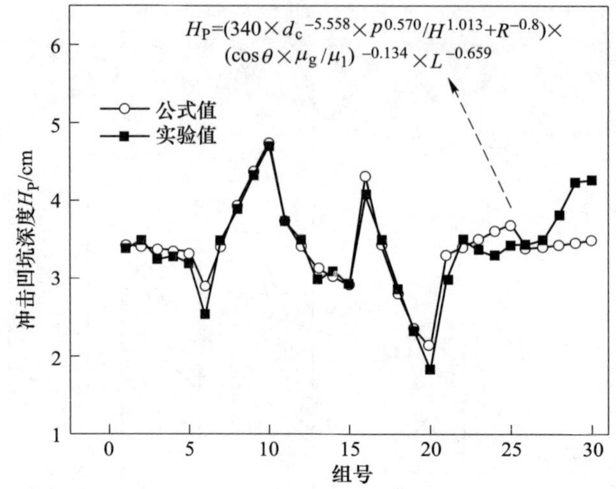

图 5-27　冲击凹坑深度的公式值和实验值数据分布

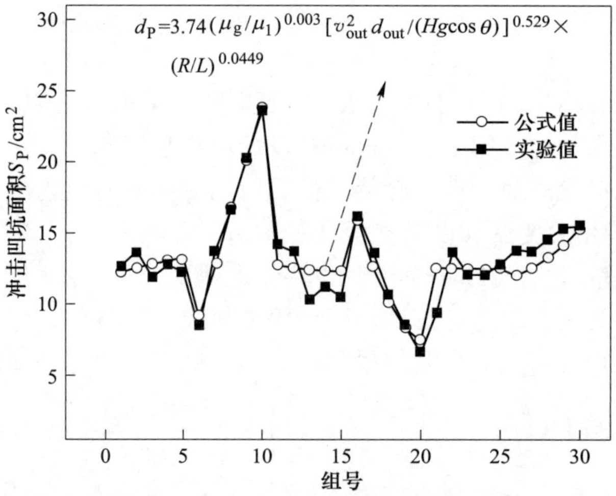

图 5-28　冲击凹坑面积的公式值和实验值数据分布

表 5-24　冲击凹坑尺寸数据分析

类别		总数 N	标准差	方差
冲击凹坑深度 H_P	公式值	30	0.5250	0.2756
	实验值	30	0.6000	0.3601
冲击凹坑面积 S_P	公式值	30	3.3771	11.4048
	实验值	30	3.1180	9.7218

基于卡尔多炉水力学模型及计算机图像处理技术，研究了喷枪射流、炉体转速、液面高度、喷枪枪位对熔池液面波动及内部混匀过程中冲击凹坑行为影响规律，结果表明：冲击凹坑是反映卡尔多炉冶炼效果的重要水力学参数之一，控制了冶炼过程中熔池的化渣速

率、吹炼精炼作业及多相流体系混匀过程。凹坑形成的原因是：由于压缩射流对熔池液面的冲撞力超出其余区域所承受的压力，进而排开的液体形成冲击凹坑；熔池混匀时间随炉渣动力黏度、液面高度增加而增加，随枪位、转速、气体流量增加呈先减小后增加趋势。熔池冲击凹坑尺寸随炉渣动力黏度增加呈先增大后平稳趋势；喷枪枪位下降、转速下降、气体流量增加、液面高度增加均能增加熔池冲击凹坑深度。

5.5.2 卡尔多炉熔池气-渣-金多相流数值仿真

5.5.2.1 研究方法

针对 0.8 m^3 卡尔多炉压缩射流与自由液面的波动行为规律研究，通过计算流体力学软件 Fluent，构建卡尔多炉冶炼铜阳极泥过程数学模型。首先，通过网格划分软件建立卡尔多炉三维几何模型；其次，基于质量守恒、动量守恒、能量守恒原理，设置阳极泥导热系数、比热容及黏度等参数，选择 k-ε 湍流模型、VOF 多相流模型、MRF 滑动网格模型、能量方程模型，采用二阶迎风差分离散格式、PISO 压力-速度耦合算法，进行迭代计算求解线性方程组。

A 数学模型

a 多相流模型

自由液面的研究具有重要的工程应用价值，如贮油桶的油-水液面、水坝船闸内部流体运动等。

含自由表面的单元体如图 5-29 所示。自由液面波动问题本身属于非线性、非定常的非压缩流动且存在自由界面的数值问题，其中自由液面波动的数值模拟是一个典型非线性问题。

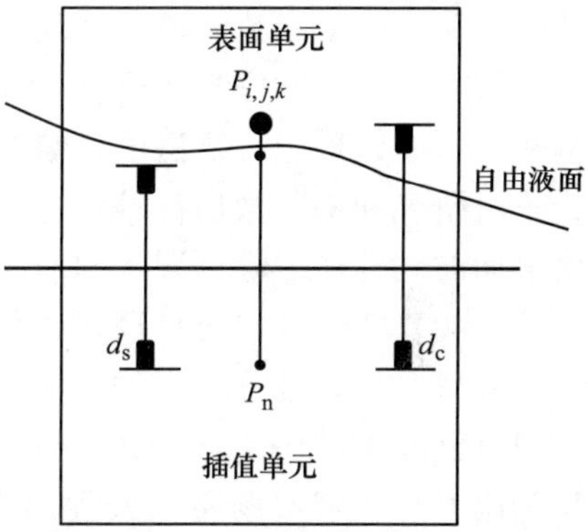

图 5-29 含自由表面的单元体

从图 5-29 中可以看出，满足流体的连续性方程及 Navier-Stokes 方程的含自由表面的单元体，自由表面的压力边界条件的满足是通过表面单元体的压力等于 P_s 和 P_n 的线性插值完成[15]，即：

$$\delta P = (1 - \eta) P_n^v + \eta P_s^v - P_{i,j,k}^{v-1} \tag{5-25}$$

式中，P_s 为表面设定压力值；P_n 为与自由表面单元附近流体单元体中心所插入的压力值；$\eta = \dfrac{dc}{ds}$；dc 为单元体对称点到插值单元体对称点的长度；ds 为自由表面到插值单元体对称点的长度。

VOF（Volume of Fluid）方法是 20 世纪 80 年代由 Hirt 和 Nichols 提出，是用于解决表面张力的液面波动问题的有效方法。VOF 方法（追踪自由表面的流体体积函数法）建立在部分流体体积的前提下，标记点格子法（MAC 法）提出了仅追踪自由表面而非整个流体区域的基本思想，并允许较陡的自由表面和非单一表面，同时需要小量的运算存储空间，因此具有解决复杂自由液面波动的流体学问题的优势。其基本思想是：定义体积函数 C，那么 C 和 $1-C$ 各自对应计算区域内气相和液相的所占体积比例。自由表面问题属于第三种（$0<C<1$）的情况，自由表面单元内含有水相、气相及两相交互界面，自由边界的法线方向可由气体体积分数梯度判断，进而确定单元体自由边界的大致位置。

在 VOF 模型中，模拟气液两相流通过其相间界面，求各相对应体积分数的连续性方程来实现。

对于气体，其输运方程为：

$$\frac{\partial C}{\partial t} + \nabla \cdot (uC) = 0 \tag{5-26}$$

对于两相流的动量方程，其中 u 和 ρ 均由体积函数 α 决定：

$$\rho = \alpha \cdot \rho_g + (1 - C) \cdot \rho_l \tag{5-27}$$

$$\mu = \mu_g \cdot C + (1 - C)\mu_l \tag{5-28}$$

考虑到复杂情况的边界和流场内部障碍的影响，不可压缩流体的连续方程：

$$\nabla \cdot (\theta U) = 0 \tag{5-29}$$

和流体的动量方程即为 N-S 方程：

$$\frac{\partial U}{\partial \pi} + (U \cdot \nabla)U = g - \frac{\nabla P}{\rho} + \frac{\mu}{\rho}\Delta U \tag{5-30}$$

可得 F 函数满足的方程为：

$$\frac{\partial}{\partial t}(\theta F) + \frac{\partial}{\partial x}(\theta uF) + \frac{\partial}{\partial y}(\theta vF) + \frac{\partial}{\partial z}(\theta wF) = 0 \tag{5-31}$$

利用三维数值模拟技术对工程中常见的液面波动现象大致进行分类：第一种是发生在液体输送、具有初速度的液面波动；第二种是在工程中由于初始液位差的存在；第三种是有些液面波动由于有流量流进或流出引起的[16]。

流体流动问题的完整研究体系是由理论分析法、实验测定法和计算流体力学（CFD）法构成。其中，理论分析法的优势在于数据结论具有普遍适应性，且实验变量用数值化表示，是对研究和检验数值计算法的理论补充；此方法针对简化和抽象的模型更适用，对于自由液面波动等非线性情况，只有少数流动情况才能给出分析结果。实验测定法的重要性在于结果的真实性高、可信度大；但冷态实验和热态实验均受到相似比、流场干扰、仪器测量精度等限制，往往难以通过实验得到令人满意的预期结果[17]。

CFD 法正好能够克服上述两种方法的弱点，其基本理论是：以质量、动量和能量守恒方程为出发点，将流场控制方程组用数值在网格节点上离散，得到对应的离散解[18]。通过方程数值计算，模拟多相流体系行为。近年来，长足发展的 CFD 法覆盖了传统流体理论中的部分近似求解法和图形分析法，一些典型实验案例（如 Reynolds 实验）完全在计算机上借助 CFD 实现。当然，CFD 法的短板在于数值求解是离散近似的计算方法，其结果可信度依赖于理论公式，适用于离散有限元理论模型，计算结果无任何无量纲式，不能忽略误差。另外，CFD 法的现象描述需借助由真实模型或模型试验所测量的重要流体参数，方可模型验证。同时，伪物理效应、高硬件配置等缺点也是需要通过某种方式克服[19]。

b　湍流模型

对于卡尔多炉内的气-渣-金多相流流动体系，研究采用不可压缩的标准 k-ε 两方程湍流模型对其进行描述，其输运控制方程为：

$$\rho \frac{\partial k}{\partial t} + \rho u_j \frac{\partial k}{\partial x_i} = \frac{\partial}{\partial x_j}\left[\left(\eta + \frac{\eta_t}{\sigma_k}\right)\frac{\partial k}{\partial x_j}\right] + G_k + G_b - \rho_\varepsilon - Y_M \tag{5-32}$$

$$\frac{\partial(\rho\varepsilon)}{\partial t}+\frac{\partial(\rho\varepsilon\mu_j)}{\partial x_i}=\frac{\partial}{\partial x_j}\left[\left(\eta+\frac{\eta_t}{\sigma_\varepsilon}\right)\frac{\partial\varepsilon}{\partial x_j}\right]+\frac{C_1\varepsilon}{k}\eta_t\cdot\frac{\partial\mu_i}{\partial x_j}\left(\frac{\partial\mu_i}{\partial x_j}+\frac{\partial\mu_j}{\partial x_i}\right)-C_2\rho\frac{\varepsilon^2}{k} \tag{5-33}$$

下面就式（5-21）和式（5-22）中不同项的计算进行说明。

（1）湍动能产生项 G_k：代表平均速度梯度因其湍动能 k 的产生项，可根据式（5-33）计算：

$$G_k=\eta_t\cdot\frac{\partial\mu_i}{\partial x_j}\left(\frac{\partial\mu_i}{\partial x_j}+\frac{\partial\mu_j}{\partial x_i}\right) \tag{5-34}$$

（2）G_b：代表因为浮力引起湍流动能 k 的产生项，对于渣-金液相 $G_b=0$；

（3）湍流黏性系数 η_t：

$$\eta_t=C_\mu\cdot\rho\cdot\frac{k^2}{\varepsilon} \tag{5-35}$$

（4）模型常数：C_1、C_2、C_μ、σ_k、σ_ε 分别是 1.44、1.92、0.09、1.0、1.3。

B 卡尔多炉几何模型构造

以祥光铜业 0.8 m^3 卡尔多炉为研究对象，考虑到本章模拟卡尔多炉气-渣-金多相流行为对象涉及吹炼射流与熔池，故选取炉体下方区域为计算域。

考虑到计算容积的对称性、保证计算效率，网格单元采用非结构四面体网格，除少数计算对称面采用四边形和三角形表面网格外，主体包括外炉墙、内炉体、喷枪等均采用四面体网格。为更好地模拟卡尔多炉内复杂自由液面行为及气-渣-金界面运动捕捉的效果，采用网格数量为 575094 的方案，对喷枪出入口和炉内主要流动区域进行加密网格。图 5-30（a）和（b）所示分别为炉体几何网格模型和结构示意图。

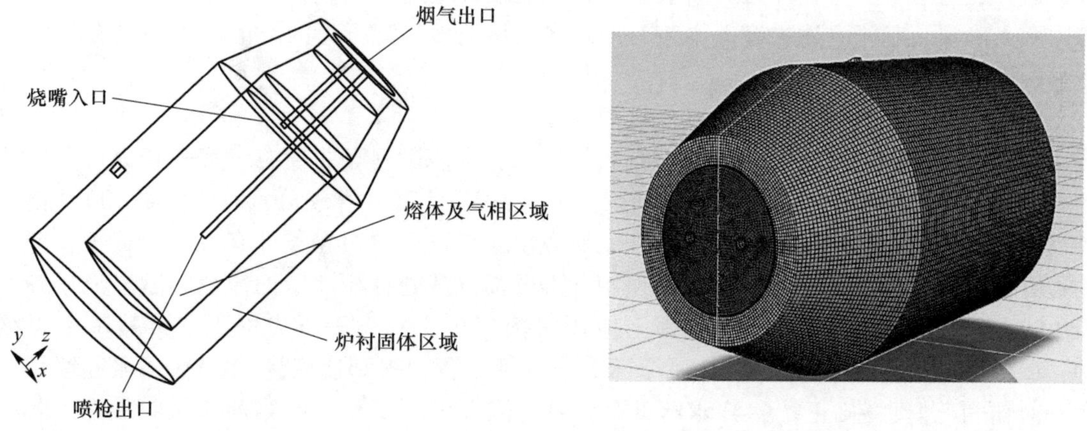

(a) (b)

图 5-30 卡尔多炉仿真几何模型

（a）结构示意图；（b）网格模型

C 模型数值求解

a 数值求解方法

理论上所涉及计算域方程存在真实解，但考虑多相流行为尚未探究机理，真实值的求解十分困难，近些年数值方法和离散化手段可实现近似解代替精确解。仅求解而言，先将目标计算域的网格位置上的因变量视为基本变量；构建控制方程组，其节点值可通过方程求解而获得；同时域内其余位置的精确值可通过离散近似方法代替连续数值。目前，数值模拟常用的离散化方法分为三类[20]：

（1）有限差分法（FDM）。FDM 分为前向、后向、中间差分一阶、二阶差分等方法，可利用这些差分式代入微分方程，使方程转变为线性方程组，最后对线性方程组求解得到数值解。作为 20 世纪最为经典的方法，由于差分方程式依赖泰勒展开，使用不同差分式会有截断误差，因此 FDM 概念简单。但由于采用差商取代导数的方法，FDM 对流体所有表征物理性质的参数假设不变，故无法反映其物理特性，甚至得出相悖事实的解。

（2）有限元法（FEM）。此方法运用最值定理，将问题的基本方程转化为计算区域中的 FEM 方程，FEM 适用于 ANSYS、COMSOL、CFD 等软件。作为一种从固体力学计算发展出的偏微分算法，与 FDM 类似，FEM 也面临概念模糊、加权余量法的约束，无法精准描述微分方程，故在涉及流体计算上，前两种方法软件应用得较少。由于 FDM 和 FEM 主要应用于固体计算，高网格要求在复杂计算中，网格精度设置值不会过高，故计算结果偏差较大。

（3）有限体积法（FVM）。FVM 采用局部近似的理念生成离散方程，这可作为有限元加权余量法推理出令权函数 $\delta W = 1$ 的方程后得到线性方程组。FVM 是为积分形式的控制方程组服务的，同时方程也显示出特定参数 φ 在控制容积 V 的守恒性。在对流扩散问题上，FVM 的主要计算思路一般是：确定控制方程—划分离散网格—构造离散方程—“通量平衡”等式—代入方程整理。

目前，大多计算流体软件使用的 FVM 在流体流动、传热数值计算领域内具有应用面广、运算能力强等优势，并且其离散控制方程能较好地遵守原微分方程的守恒性，各物理参数意义确定。基于上述内容，本节对卡尔多炉熔池多相流行为的数值研究采用有限体积法进行离散计算。

b　方程求解方法

利用计算流体力学软件 Fluent 进行数值计算，推算过程以非稳态求解模式进行，模拟的是瞬时问题，因而关于压力-速度耦合算法是使用压力隐式算子分割算法（PISO），模型计算格式、动量方程均用二阶迎风差分。研究出入口选取的边界条件有关压力特性，壁面的边界条件设定为无滑移壁面状态，使用标准壁面函数处理相邻壁面流动问题。流场计算压力-速度耦合的算法，是当今工程上应用最流行的算法——压力修正法，其基本思路即：（1）设置初始压力场；（2）基于压力场求解方程，得到速度场；（3）根据连续性方程，对压力-速度场修正；（4）求解其余各点湍流方程；（5）判断当前步长收敛性，收敛则进行重复计算，反之返回第（2）步。

相较于 SIMPLEC 和 SIMPLER 算法，PISO 法同为半隐式方法 SIMPLE 算法的改进算法，首先是为解决非稳态可压缩流动模型的无迭代计算而提出的。在两步算法的基础上，增加了二次修正步，因此在第一次修正后可寻求改进值。正因为此算法多了二次修正这一步，提高了迭代算法的收敛性，PISO 法可使方程解能更高满足动量方程和连续方程等。

c　收敛条件和边界条件

本节几何模型涉及的主要物性参数列于表 5-25 中。在模拟方程解的过程中，有以下假设：（1）不考虑卡尔多炉炉内液面波动规律的模拟实验中物化反应的干扰；（2）渣液和压缩空气均为牛顿流体；（3）初始时间步长设定为10^{-5} s，总计算时长为 10 s，后续计算时间步长则依据动态模型自动调整（最大迭代步数为 200）。关于计算收敛条件，设定残差值不大于10^{-4}，当小于残差标准时认为计算收敛。

表 5-25 主要物性参数

物相	参数	数值
炉墙	密度 ρ (298 K)/kg · m^{-3}	2719
	比热容 c_p/ J · (kg · K)$^{-1}$	871
	导热系数 λ/ W · (m · K)$^{-1}$	202.4
熔炼渣(液)	密度 ρ (298 K)/kg · m^{-3}	6700
	动力黏度 μ /Pa · s	0.612
	导热系数 λ/ W · (m · K)$^{-1}$	0.851
	比热容 c_p/ J · (kg · K)$^{-1}$	672
空气(气)	密度 ρ (298 K)/kg · m^{-3}	1.225
	动力黏度 μ /Pa · s	1.7894×10^{-5}
	导热系数 λ/ W · (m · K)$^{-1}$	0.0242
	比热容 c_p/ J · (kg · K)$^{-1}$	1006.43

5.5.2.2 研究成果和应用

在已构建数值模型的基础上，对卡尔多炉熔池气-渣-金多相流体系行为规律开展模拟实验，总结对气-渣-金多相流体系液面波动的瞬态行为和炉体转速、气体流量等不同工艺因素对炉内液面波动行为和混匀效果的影响规律。

A 熔池流动体系液面波动的瞬态行为

在卡尔多炉熔炼工艺中，压缩射流从拉瓦尔喷嘴射出并撞击熔池表面，部分液体向上反弹，另一部分受到剪切力作用在熔池表面形成冲击凹坑（本章水力学实验描述的）。熔池吹炼工艺涉及大量的重要物化反应，故压缩射流与熔池自由液面相互作用有一定的研究价值。

图 5-31 和图 5-32 分别为不同时刻熔池界面变化示意图与不同时刻熔池液面速度分布示意图（$z=0\sim1.5$ m），可以明显看出，此过程中多相流体系与顶吹射流相互作用有较强的瞬时性和波动性。

在转速 14 r/min、气体流量（标态）1400 m^3/h、喷枪夹角 30°条件下，不同时刻熔池界面变化如图 5-31 所示，可以看出，当压缩空气射流与渣-金液相界面相互作用时，冲击凹坑形成具有周期性。液相壁面处的流动性差，能促进表面波沿着径向形成，直至炉壁附近区域。在表面波的产生机理研究中，最著名的是 Kelvin-Helmholtz 不稳定性理论，该理论指出“表面波一般发生在有剪切力作用的流动流体内部或在有速度梯度的不同流体界面处的波动行为”。一般认为，在两种不同密度流体体系时，若有小规模的扰动行为，在波长小于某一阈值时，忽略表面张力作用并以不同速度平行运动的两种流体界面处，所有速度范围内的流体都会发生表面波等不稳定现象。实际运作中，压缩射流受到熔池表面的反作用后，气流会撞击液面并被快速反弹，然后沿着冲击凹坑的表面继续运动，这样同时受到射流剪切力和不同相间速度差的影响，会促使一定尺寸的冲击凹坑和熔池混匀现象产生。

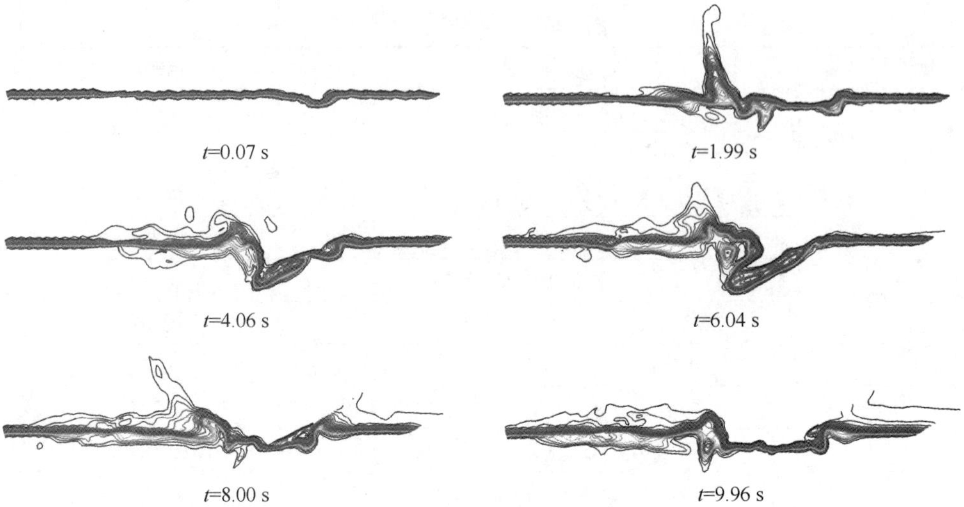

图 5-31　不同时刻熔池界面变化示意图

在转速 10 r/min、气体流量（标态）1200 m^3/h、喷枪夹角 30°条件下，卡尔多炉熔池气-渣-金液相互作用界面时间变化特性如图 5-32 所示。

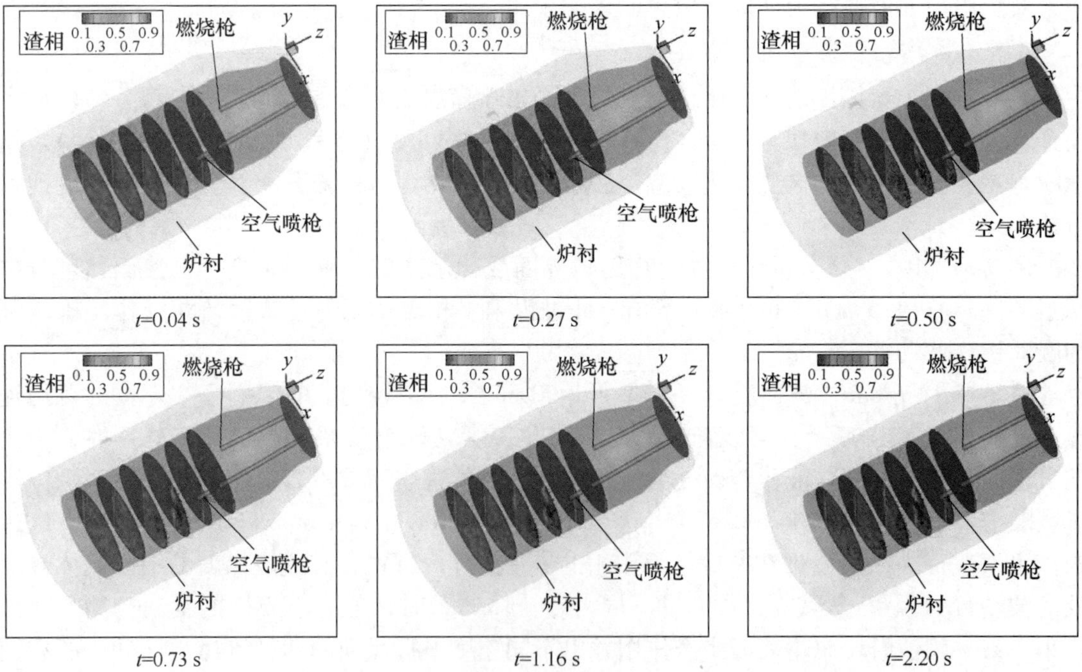

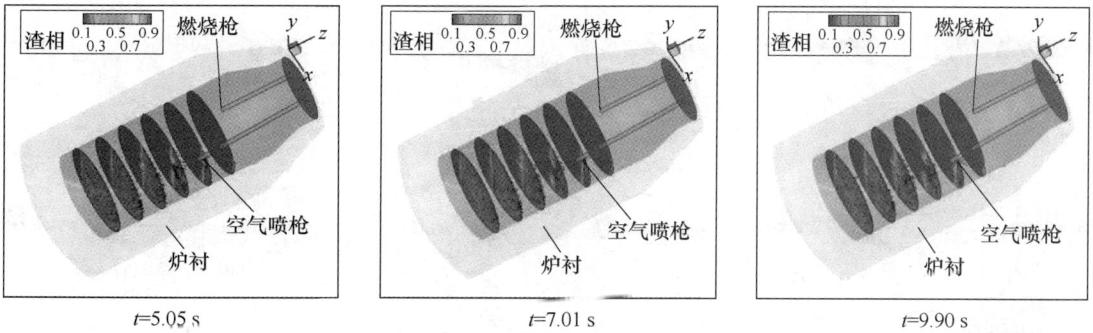

图 5-32 不同时刻熔池液面速度分布示意图（$z=0\sim1.5$ m）

彩图

从图 5-32 中可以看出，熔池上方蓝色部分等值面显示渣相体积分数较小的区域，反应区域用绿色表示。吹炼最初，压缩射流冲击液面并迅速被反弹，形成相互作用界面，此界面明显具有瞬时性和规律性。这种瞬时行为必然促进炉体液面的波动，这同样可由 Kelvin-Helmholtz 的不稳定性理论造成的表面波对冲击凹坑附近流动区域传播来阐述。此外，表面波的产生同样加大了反应界面的波动性，故不稳定的气-渣-金液相互作用行为加大了界面反应面积，也影响了熔池内部各种反应的进行。一般认为，卡尔多炉具有出色的冶炼效果的重要原因是气-渣-金液相互作用与剧烈的物化反应共同造成了剧烈的液面波动现象，这对于明晰熔池多相流行为作用机制、优化冶炼工艺参数具有借鉴作用。

B 炉体转速对熔池流动体系行为的影响

由上述对压缩射流与熔池多相流体系行为在速度分布和液面波动上的描述看出，在实际运行中，液面波动行为与混匀效果会根据操作工艺而变化。在冶炼进程中，其行为规律不仅受喷枪参数和炉渣性质影响，而且炉体转速和喷枪类型等参数对卡尔多炉熔池各反应进行、元素扩散及炉衬寿命都有直接或间接的影响。

目前对上述参数的工艺性研究尚未成熟，本节研究对气体流量（标态）选定 1400 m^3/h、转速分别为 6 r/min、10 r/min 和 14 r/min 三种工况条件在相同时间下，进行模拟数值并记录液面波动轨迹图。在 $Y=0$ m 的平面上不同炉体转速下熔体界面轮廓随时间变化如图 5-33 所示。

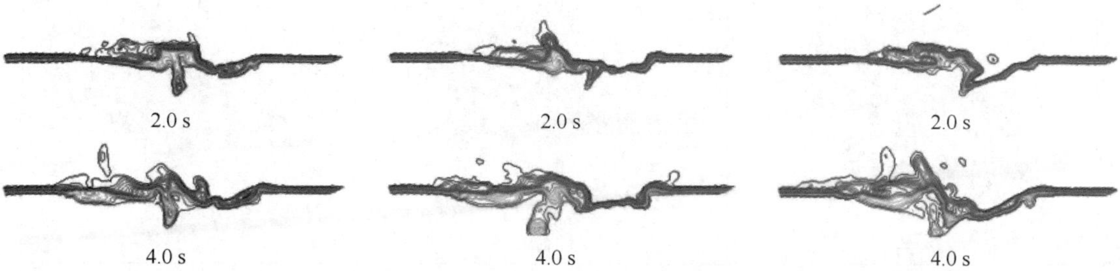

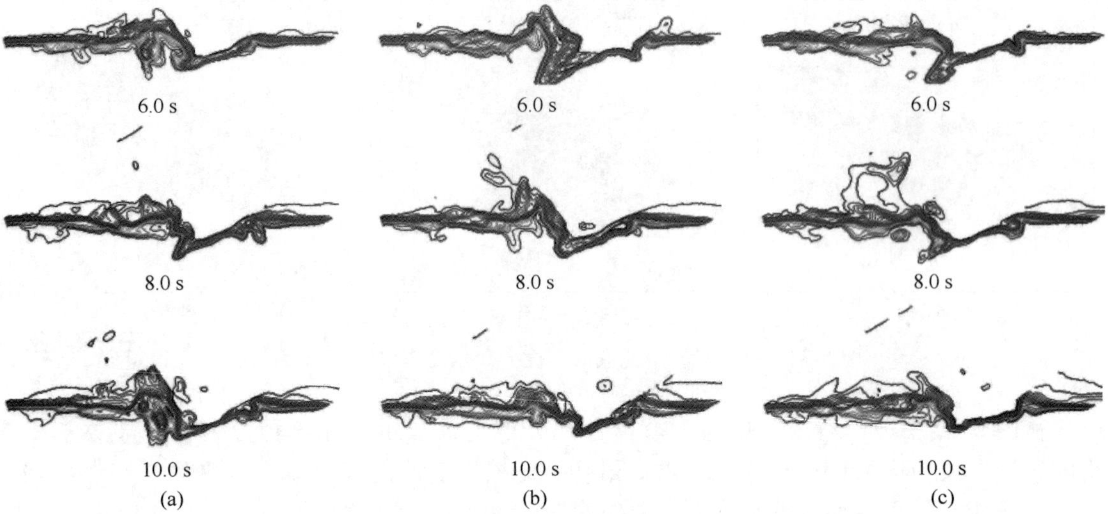

图 5-33　不同炉体转速下熔体界面轮廓随时间变化

（$Y=0$ m，气体流量（标态）1400 m^3/h）

（a）转速为 6 r/min；（b）转速为 10 r/min；（c）转速为 14 r/min

由图 5-33 可得，当其他条件一定时，熔池液面波动行为在同一时刻基本一致。随着炉体转速的增加，在气-渣-金多相流界面有明显的冲击凹坑和冲击表面波的形成。可以推断出，炉体转速影响冲击凹坑尺寸和表面波的产生。

对于形成的冲击凹坑，随着炉体转速的增加，熔池液面波动行为随时间具有一定的规则性和周期性。当熔池炉体转速由 6 r/min 增至 14 r/min 时，熔池液面波动 8.0 s 内基本一致，但 8.0 s 后可明显看出，14 r/min 这一组熔池液面波动剧烈和渣-金液相飞溅严重现象。炉体转速 10 r/min、气体流量（标态）1200 m^3/h、喷枪夹角 30°实验组的液面波动情况（含轨迹线）如图 5-34 所示。由此可知，喷溅现象的产生或许是由具有一定黏度的多相流体系受到炉壁的作用带来的作用力，此作用从炉壁边缘传播至冲击凹坑，影响了压缩射流冲击动能和冲击角度，产生了渣-金液相喷溅到炉壁的明显现象。

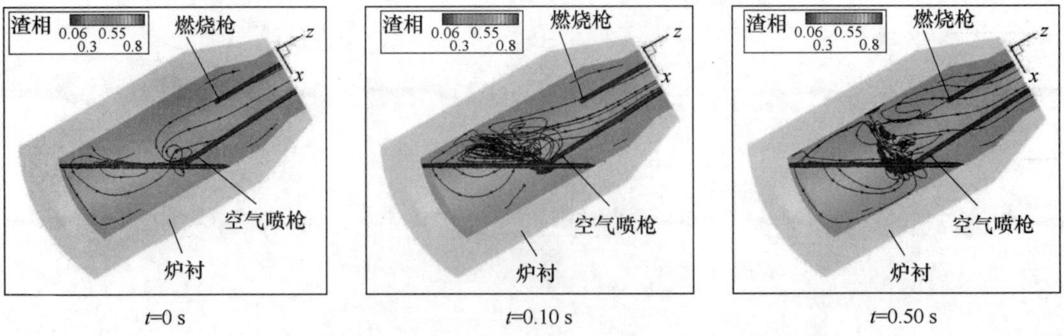

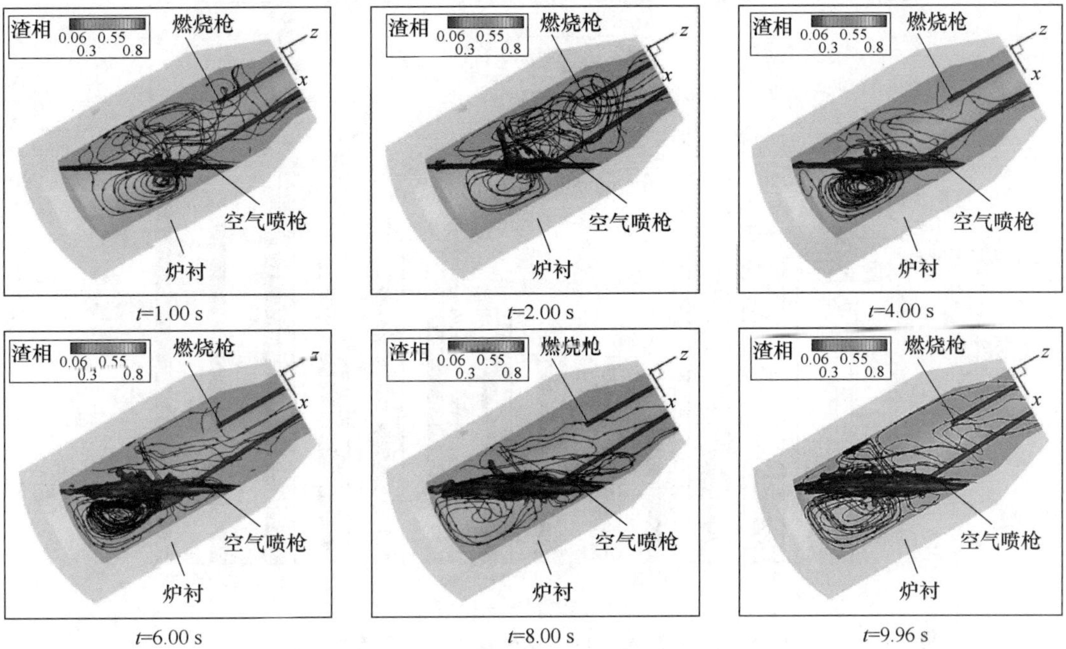

图 5-34 液面波动情况（含轨迹线）

C 气体流量对熔池流动体系行为的影响

气体流量作为卡尔多炉熔炼工艺中的重要参数之一，在实际运行中往往影响炉体冶炼渣、分离熔体等效果和炉体使用寿命等方面。一般研究吹炼喷枪等氧枪是在非工艺方案条件下进行的，这必然会对预期压缩射流的动力学行为有偏差，进而对熔池多相流体系相互作用有影响。本节研究分别对气体流量（标态）在 1000 m^3/h、1200 m^3/h 和 1400 m^3/h 的条件下进行模拟实验，统计出此过程中液面波动情况的相关数据。

以首次达到指定凹坑深度开始计数，图 5-35～图 5-37 所示分别为各流量条件下冲击凹坑出现最大凹坑深度的次数、各流量条件下典型液面波动和现象描述。不难看出，气体流量在一定程度上影响冲击凹坑尺寸。随着气体流量的增大，气体动能促进多相流体系的流动，气体射流冲击凹坑的最大深度频率也逐渐加快，由 1000 m^3/h 的平均 0.4 次/s 升至 1200 m^3/h 的 1.1 次/s 和 1400 m^3/h 的 1.3 次/s。对于压缩射流与多相流熔池的液面作用区域，当流量变大和喷嘴入口压力高时，即射流核心区速度大，以 1000 m^3/h 和 1200 m^3/h 为例，1000 m^3/h 一组的首次达到冲击凹坑最大深度的时间几乎是 1200 m^3/h 组的 2.48 倍，前者第一次表面波传播炉壁流动区的时间几乎是后者的 6 倍，但在第一次明显渣相飞溅撞击炉壁的时间上，反而要明显小于 1200 m^3/h 组，约等于 1400 m^3/h 组，这个现象暂时没有相关研究解释，后续研究或许能揭示机理。

气体流量对于压缩射流与熔池渣-金液相反应界面影响的变化情况如图 5-37 所示。

以图 5-35 和图 5-36（c）为例，随着气体流量的增大，反应界面扩张和液面波动程度明显增大，此时的压缩射流对熔池表面的传输动能较大，影响相互作用产生的冲击凹坑和冲击回流区域。气体流量对于液面波动行为的规律与式（5-18）的超声速核心段长度 L_s 关系密切。

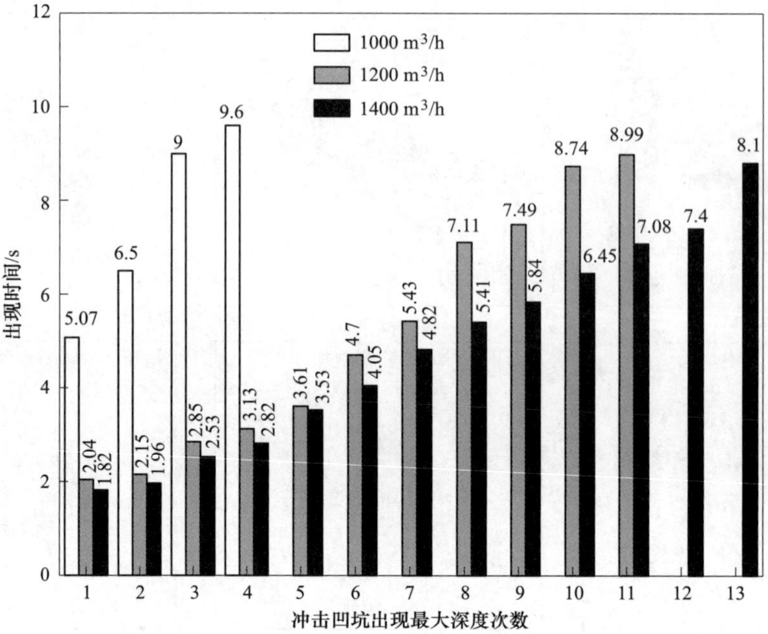

图 5-35　各流量条件下达到最大凹坑深度的次数

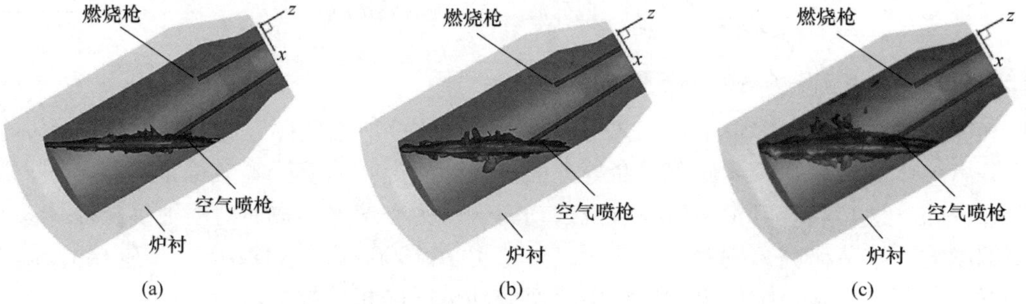

图 5-36　模拟过程中不同流量（标态）下典型液面波动图

（a）$Q_1=1000\ m^3/h$；（b）$Q_2=1200\ m^3/h$；（c）$Q_3=1400\ m^3/h$

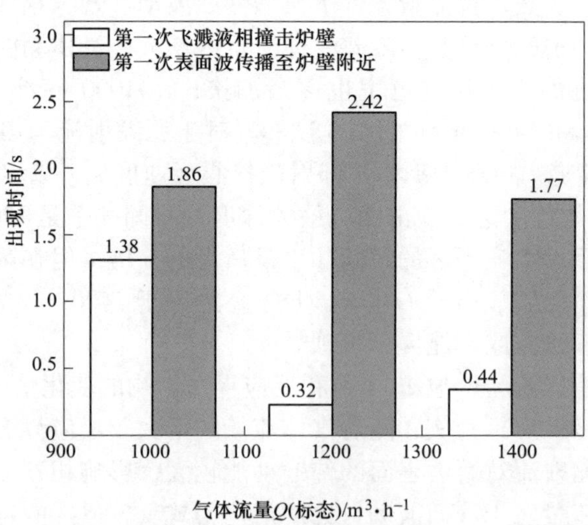

图 5-37　不同流量下液面运动

综上所述，在喷枪枪位、炉体转速等条件一致时，气体流量和出口压力越小且核心流速小，减小较快的湍动能使得输入熔池的能量减小，容易造成熔池的混匀效果差。另外，随着气体流量增大，压缩射流核心流速和核心段长度变大，相同操作条件下，气体抵达液面的初始动能变大，冲积形成的凹坑也会较深，压缩射流的搅拌混匀效果也会得到改善。

5.5.3　卡尔多炉贵金属捕集模拟基础理论研究

5.5.3.1　研究方法

采用 FactSage 软件模拟计算氧化铅-氧化钠-二氧化硅体系下，不同氧化钠/二氧化硅配比、氧化铅/二氧化硅配比、氧化铅/氧化钠配比和熔炼温度下，阳极泥熔炼渣的黏度及熔点的变化规律，同时利用绘制的银-金-铋、银-金-铅等三元体系相图确定和比较铋、铅等金属及其合金对贵金属捕集的影响。

A　不同配料比和熔炼温度对卡尔多炉熔炼渣黏度的影响

通过 FactSage 软件，在固定 SiO_2 质量为 0.4 g、氧化钠质量为 0.4 g 的条件下，考察不同温度下（800 ℃、900 ℃、1000 ℃、1100 ℃、1200 ℃）氧化钠/二氧化硅配比（0.5、0.6、0.7、0.8、0.9、1.0）对卡尔多炉熔炼渣黏度的影响，如图 5-38 所示。从图中可以看到，随着氧化钠/二氧化硅配比的增大，渣相的黏度呈现出逐渐下降的趋势，当氧化钠/二氧化硅配比的范围在 0.9~1.0 内变化时，渣相的黏度均小于 0.5 Pa·s；当熔炼温度为 800~1200 ℃时，氧化钠/二氧化硅配比为 1.0 渣相的黏度达到最小。随着熔炼温度的升高，渣相的黏度也逐渐降低，并且当熔炼温度达到 1200 ℃时，渣相的黏度均在 0.3 Pa·s 以下。熔炼温度为 1200 ℃，氧化钠/二氧化硅配比为 1.0 时，渣相的黏度达到最小值 0.168 Pa·s。

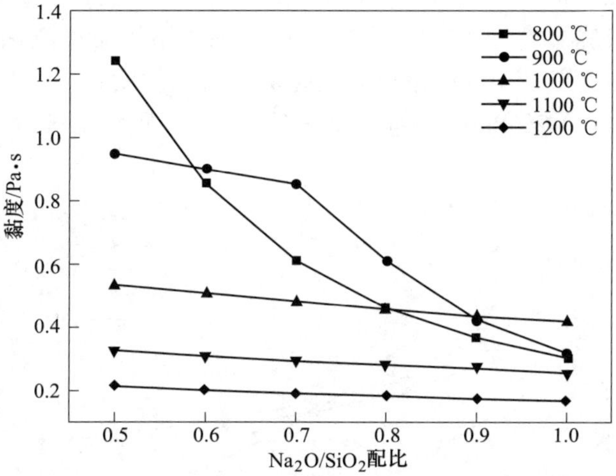

图 5-38　氧化钠/二氧化硅配比对渣相黏度的影响

通过 FactSage 软件，在固定 PbO 的质量为 2.42 g、Na_2O 质量为 0.4 g 的条件下，考察不同温度（800 ℃、900 ℃、1000 ℃、1100 ℃、1200 ℃）、氧化铅/二氧化硅配比（3、4、5、6、7、8）对卡尔多炉熔炼渣黏度的影响如图 5-39 所示。从图中可以看出，渣相的黏度随着氧化铅/二氧化硅配比增大而减小，且当氧化铅/二氧化硅配比在 5~8 的范围内变化时，渣相的黏度均小于 1.0 Pa · s；当熔炼温度升高时，渣相的黏度呈现出下降的趋势，并且当熔炼温度达到1200 ℃时，渣相的黏度均小于 2.0 Pa · s。当熔炼温度为1200 ℃，氧化铅/二氧化硅配比为 8 时，渣相的黏度可达到最小值 0.10 Pa · s。

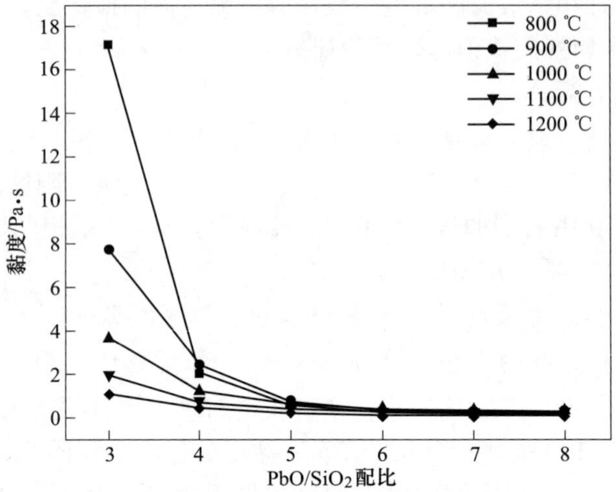

图 5-39　氧化铅/二氧化硅配比对渣相黏度的影响

通过 FactSage 软件，在固定 SiO_2 的质量为 0.4 g、Na_2O 质量为 0.4 g 的条件下，考察不同温度（800 ℃、900 ℃、1000 ℃、1100 ℃、1200 ℃）、氧化铅/氧化钠配比（6、7、8、9、10、11）对卡尔多炉熔炼渣黏度的影响如图 5-40 所示。由图可以观察到，当氧化铅/氧化钠配比逐渐增大时，渣相的黏度呈现出逐渐下降的趋势，在氧化铅/氧化钠配比为 11 时达到最小；在熔炼温度为 1000～1200 ℃区间内，熔炼温度越高，渣相的黏度越小；在熔炼温度为 800～900 ℃区间内，熔炼温度越低，渣相黏度越小。当熔炼温度为 1200 ℃时，渣相的黏度均小于 0.20 Pa · s，且当氧化铅/氧化钠配比为 11 时，渣相的黏度达到最小值 0.07 Pa · s。

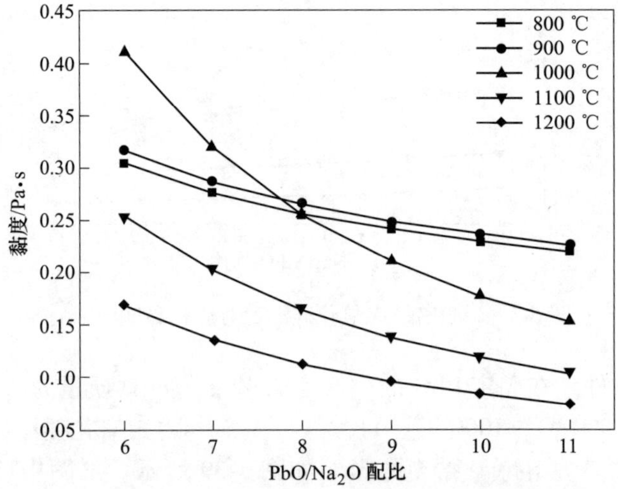

图 5-40　氧化铅/氧化钠配比对渣相黏度的影响

B 不同配料比对卡尔多炉熔炼渣熔化温度的影响

通过 FactSage 软件，在固定 SiO_2 质量为 0.4 g、Na_2O 质量为 0.4 g 的条件下，考察氧化铅/氧化钠配比（6、7、8、9、10、11）对卡尔多炉熔炼渣熔化温度的影响如图 5-41 所示。从图中可以看到，随着氧化铅/氧化钠配比的增大，熔化温度呈现出逐渐下降的趋势；当氧化铅/氧化钠配比从 6 上升至 11 时，熔化温度从 969.57 ℃降至 908.81 ℃。

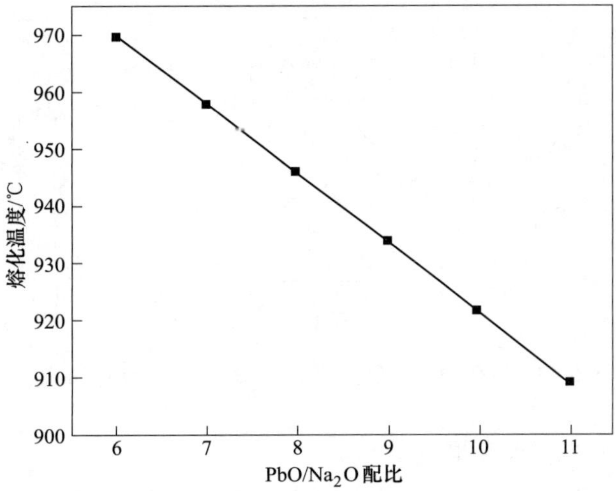

图 5-41 氧化铅/氧化钠配比对熔炼渣熔化温度的影响

通过 FactSage 软件，在固定 PbO 的质量为 0.4 g、Na_2O 的质量为 0.4 g 的条件下，考察氧化铅/二氧化硅配比（3、4、5、6、7、8）对卡尔多炉熔炼渣熔化温度的影响如图 5-42 所示。由图中可以发现，当氧化铅/二氧化硅配比增大时，熔化温度也随之升高；当氧化铅/二氧化硅配比增加至 7 时，熔化温度达到最大值为 978.81 ℃。

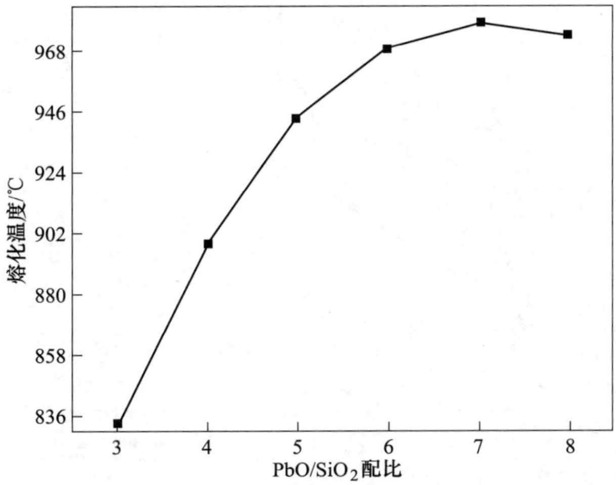

图 5-42 氧化铅/二氧化硅配比对熔炼渣熔化温度的影响

通过 FactSage 软件，在固定 SiO_2 质量为 0.4 g、PbO 质量为 2.42 g 的条件下，考察氧化钠/二氧化硅配比（0.5、0.6、0.7、0.8、0.9、1.0）对卡尔多炉熔炼渣熔化温度的影响如图 5-43 所示。从图中可以看到，随着氧化钠/二氧化硅配比增大，熔化温度逐渐升高，在氧化钠/二氧化硅配比达到 1.0 时达到最高值 969.57 ℃。

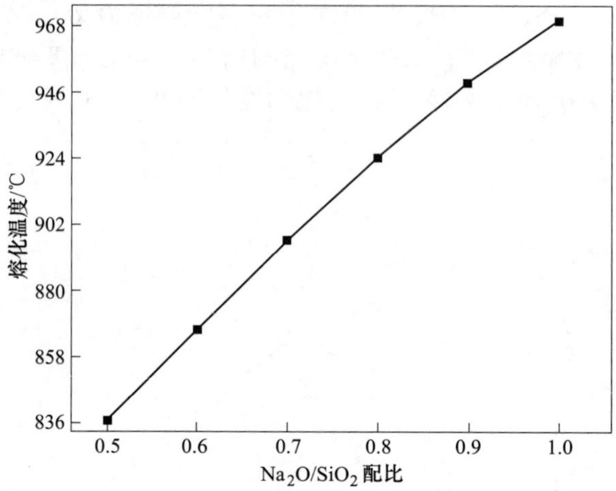

图 5-43　氧化钠/二氧化硅配比对熔炼渣熔化温度的影响

C　SiO_2-Na_2O-PbO 渣体系相图

通过 FactSage 软件在 0.1 MPa 的条件下绘出不同温度的 SiO_2-Na_2O-PbO 三元系相图，如图 5-44 所示。从图中可以看到，当温度达到 900 ℃时，会生成硅酸钠及正硅酸钠的相，随着温度的不断升高，PbO-Na_2O 的液相区域逐渐增大。

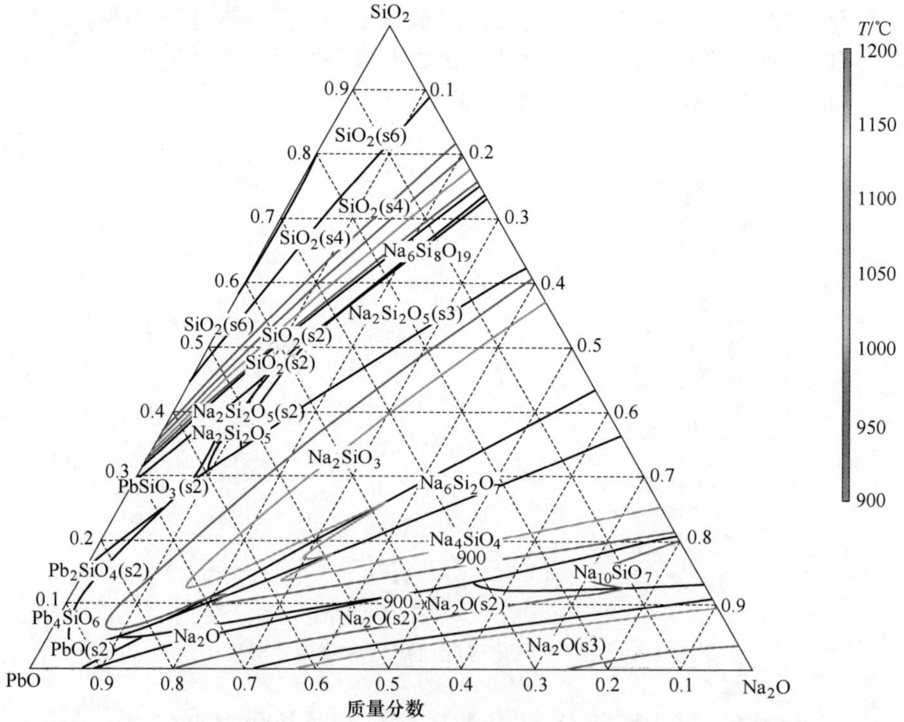

图 5-44　在 0.1 MPa 下不同温度的 SiO_2-Na_2O-PbO 三元系相图

D Au-Ag-Pb 体系相图

使用 FactSage 软件绘出在 0.1 MPa 的条件下不同温度（800 ℃、900 ℃、1000 ℃、1100 ℃）的 Ag-Au-Pb 三元系相图，如图 5-45 所示。从图 5-45（a）~（c）中可以看到，随着温度从 800 ℃升高到 1000 ℃，Ag-Au-Pb 的液相区域在不断增大，从图 5-45（d）中可以看到，在 1100 ℃时 Ag-Au-Pb 相图中全为液相区域。Ag-Au-Pb 相图中液相区域的面积越大，说明在该条件下 Ag-Au-Pb 互溶效果越好，更有利于 Pb 对 Au、Ag 的捕集。因此，升高温度有利于 Pb 捕集 Au、Ag。

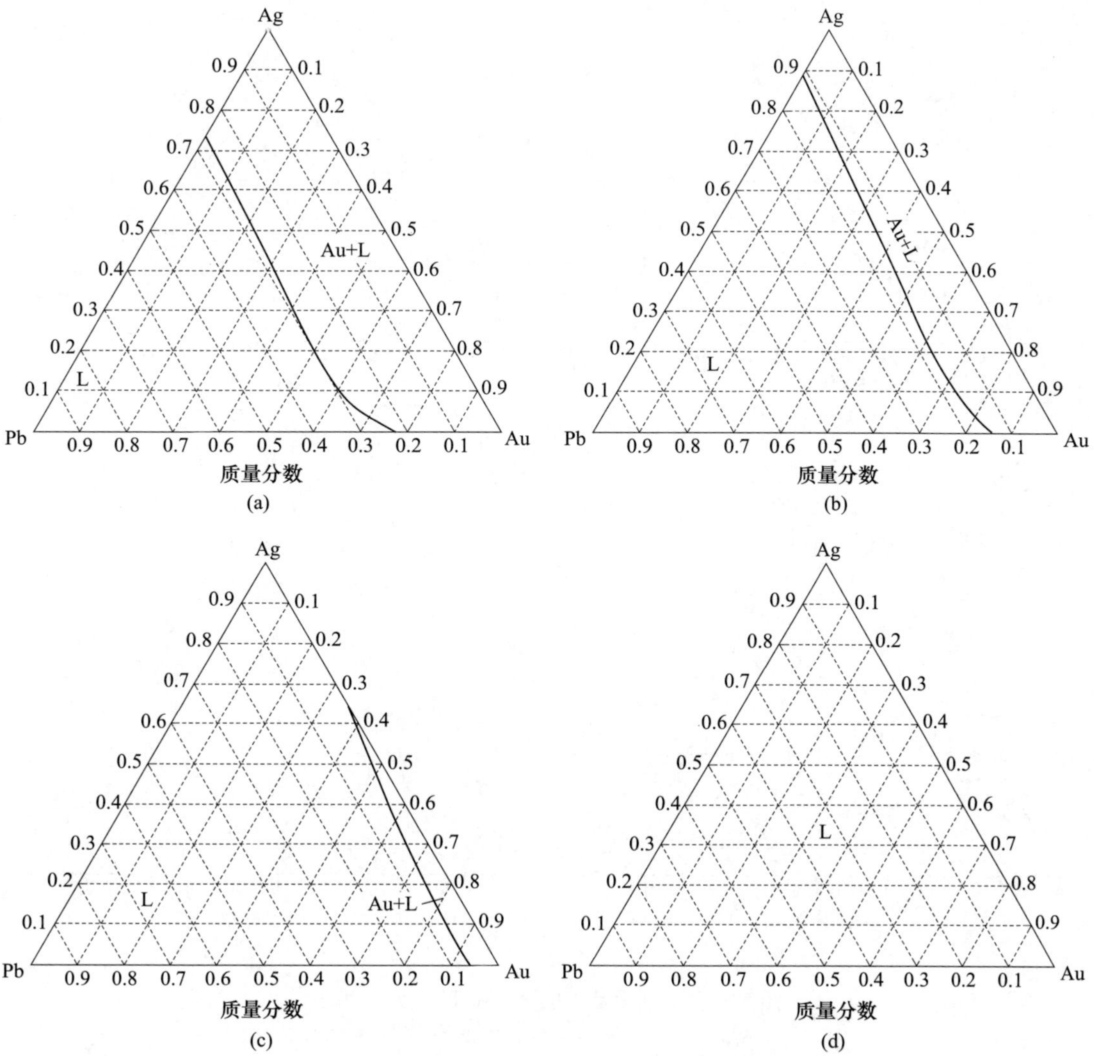

图 5-45 不同温度下的 Ag-Au-Pb 三元系相图
（a）800 ℃；（b）900 ℃；（c）1000 ℃；（d）1100 ℃

E Ag-Au-Bi 体系相图

使用 FactSage 软件绘出在 0.1 MPa 的条件下不同温度（800 ℃、900 ℃、1000 ℃、

1100 ℃）的 Ag-Au-Bi 三元系相图如图 5-46 所示。从图 5-46（a）~（c）中可以看到，随着温度从 800 ℃升高到 1000 ℃，Ag-Au-Bi 的液相区域不断增大；由图 5-46（d）中可以看到，在 1100 ℃下 Ag-Au-Bi 相图中全为液相。Ag-Au-Bi 相图中液相区域的面积越大，说明在该条件下 Ag-Au-Bi 互溶效果越好，更有利于 Bi 对 Au、Ag 的捕集。因此，升高温度，有利于 Bi 对 Au、Ag 的捕集。

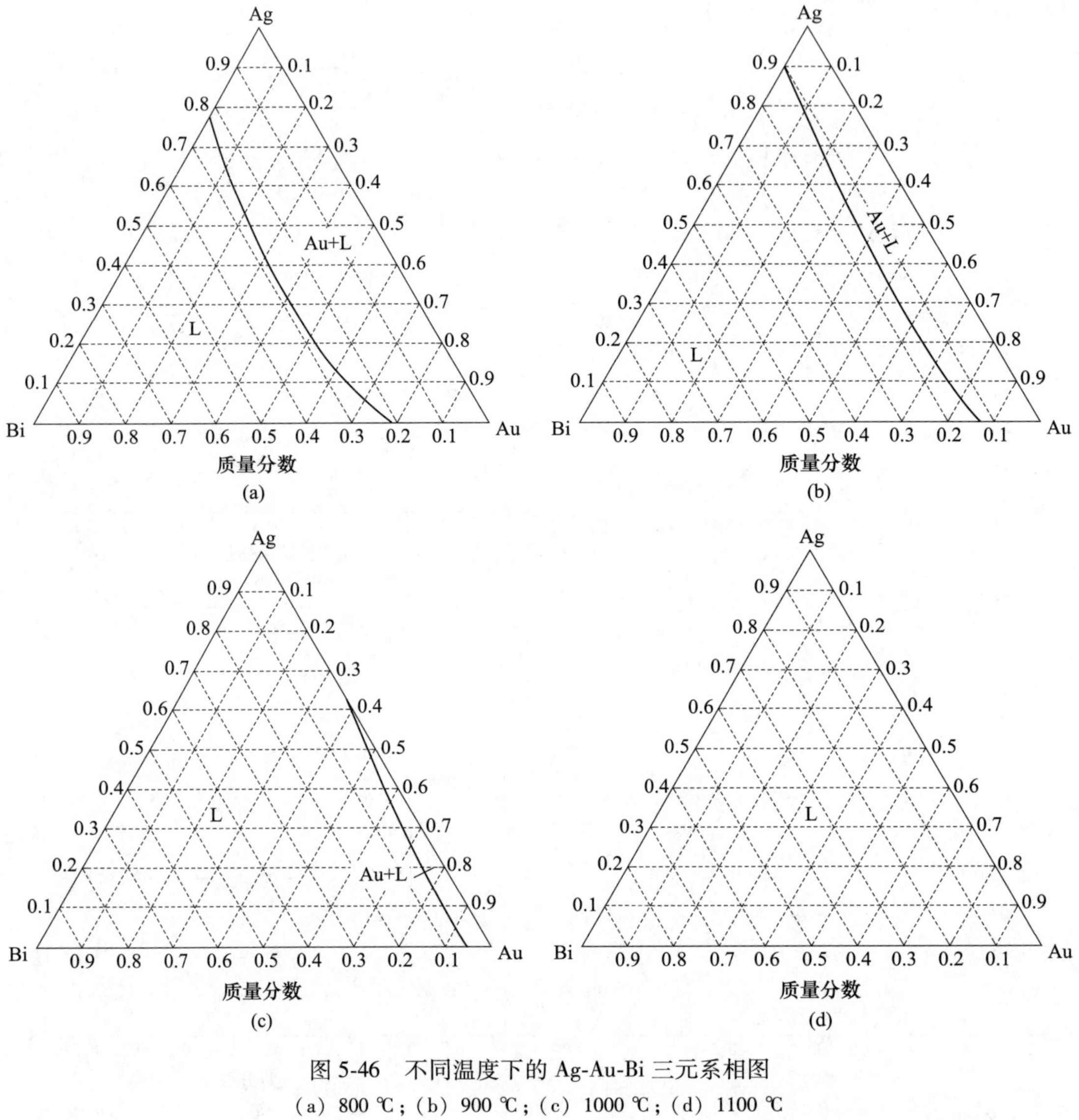

图 5-46　不同温度下的 Ag-Au-Bi 三元系相图

（a）800 ℃；（b）900 ℃；（c）1000 ℃；（d）1100 ℃

经过 FactSage 软件在 0.1 MPa 条件下绘出 Ag-Au-Bi 三元系相图如图 5-47 所示，从图中可以看出，随着温度的不断升高，Ag-Au-Bi 的液相区域面积也在不断地增大，而 Ag-Au-Bi 的液相区域越大表示 Ag-Au-Bi 的互溶效果越好，越利于 Bi 对 Au、Ag 的捕集。因此，升高温度利于 Bi 捕集 Au、Ag。

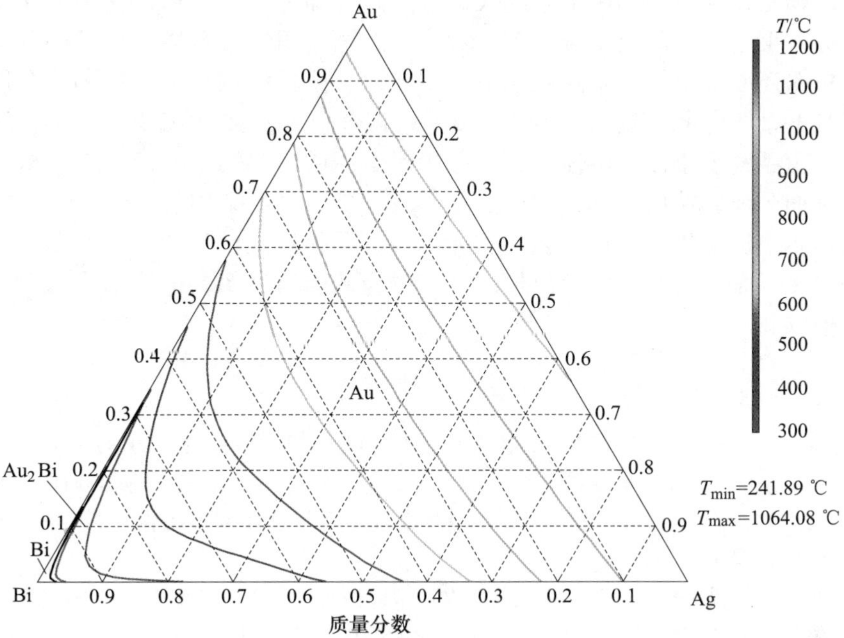

图 5-47　在 0.1 MPa 下不同温度的 Ag-Au-Bi 三元系相图

5.5.3.2　研究成果及应用

A　研究成果

（1）通过 FactSage 软件计算得出，随着氧化铅/氧化钠配比升高，卡尔多炉熔炼渣的熔化温度逐渐降低，当氧化铅/氧化钠配比从 6 上升至 11 时，渣的熔化温度从 969.57 ℃ 降至 908.81 ℃；随着氧化铅/二氧化硅配比的升高，渣的熔化温度随之升高，当氧化铅/二氧化硅配比从 3 增加至 7 时，渣的熔化温度从 833.36 ℃升高至 978.81 ℃；随着氧化钠/二氧化硅配比升高，渣的熔化温度随之升高，当氧化钠/二氧化硅配比从 0.5 增加至 1.0 时，渣的熔化温度从 837.07 ℃升高至 969.57 ℃。

（2）通过 FactSage 软件计算可以得到，随着温度和氧化钠/二氧化硅配比的升高，卡尔多炉熔炼渣的黏度呈现出下降的趋势，在 900 ℃、氧化钠/二氧化硅配比为 1.0 时，渣的黏度仅为 0.31 Pa · s，随着氧化铅/二氧化硅配比的升高，渣的黏度逐渐下降；当在 900 ℃，氧化铅/二氧化硅配比为 8 时，渣的黏度仅为 0.22 Pa · s，随着氧化铅/氧化钠的升高，熔炼渣的黏度则呈现出下降的趋势；在 900 ℃，氧化铅/氧化钠配比为 11 时，渣的黏度仅为 0.22 Pa · s。

（3）通过对 Au-Ag-Pb、Ag-Cu-Pb 及 Ag-Au-Bi 合金系相图的分析可以得到，Bi 与 Pb 相似可有效捕集阳极泥物料中的 Au、Ag，且随着温度的升高，Au-Ag-Pb 和 Ag-Au-Bi 液相区域的面积都在不断逐渐增大，液相区域的面积越大，说明 Ag-Au-Bi 或 Au-Ag-Pb 的互溶效果越好，越有利于 Bi 或 Pb 对 Au、Ag 的捕集。

B　脱铜阳极泥工艺优化应用

从卡尔多炉还原熔炼稀贵金属捕集基础理论分析可知，阳极泥中贵金属的捕集与参与造渣反应的碳酸钠、二氧化硅、氧化铅等含量密切相关，同时受还原剂炭粉及熔炼温度的影响。捕集过程是在高温的作用下，绝大部分的砷、锑和部分的铅、铋被氧化，以氧化物的形式挥发进入烟尘，而部分组分相互作用或与溶剂作用进行造渣反应，部分的铅、铋及铜被加入的焦粉还原成单质，熔融状态下的铅、铋、铜具有捕集金、银等贵金属作用，从而形成 Pb(Au+Ag) 合金（贵铅）或 Bi(Au+Ag) 合金（贵铋）沉积在底部，而杂质与溶剂形成的渣相由于密度小浮于熔体上方，且贵铅熔体或贵铋熔体与炉渣互不溶解，形成的合金与炉渣进而分离，从而达到提取金、银等贵金属，分离杂质的目的。

为优化卡尔多炉捕集金、银工艺，主要考察不同的碳酸钠、焦粉、二氧化硅、氧化铋配比和熔炼温度下合金与炉渣的分离情况、稀贵金属的损失率，最终形成卡尔多炉低温定向捕集稀贵金属新工艺。

参考文献

[1] 谢祥添，左东平，余华清．阳极泥绿色冶金新技术［J］．世界有色金属，2018，4（24）：1-2，4.

[2] 长崎诚三，平原真．二元合金状态图集［M］．刘安生，译．北京：冶金工业出版社，2004.

[3] 张福元，张广安，徐娟，等．铋试金富集检测废汽车尾气催化剂中的钯［J］．分析化学，2020，48（11）：1590-1596.

[4] 李江兵．锅炉烟气脱硫技术及其板式吸收塔设计型模拟研究［D］．乌鲁木齐：新疆大学，2007.

[5] 李春侠，周斌．卡尔多炉处理铜阳极泥工艺中碲元素的反应机理及分布状态［J］．中国有色冶金，2015，44（6）：43-47.

[6] ZHOU S L，XIE X T．A Process for Extracting Noble Metals from Anode Slime［P］：CA2933448，2019-03-26.

[7] 陈金杰，蒋文龙，杨斌，等．铅铜合金真空蒸馏分离的研究［J］．真空科学与技术学报，2013，33（5）：490-495.

[8] 花少杰，胡鹏举，布金峰．卡尔多炉处理高杂铜阳极泥的工艺改进［J］．有色金属（冶炼部分），2020（2）：45-48.

[9] 唐宏伟．70 吨提钒转炉复吹工艺数理模拟研究［D］．沈阳：东北大学，2014.

[10] 倪红卫，喻淑仁，邱玲慧，等．90 t 复吹转炉水模实验研究［J］．炼钢，2002（3）：39-43.

[11] 张燕超，张彩军，王博，等．高马赫数氧枪枪位对 100 t 转炉自动炼钢熔池流速的影响［J］．炼钢，2019（2）：1-10.

[12] 包丽明，刘坤，吕国成，等．转炉氧枪顶吹工艺的水力学模拟［J］．特殊钢，2007（5）：13-15.

[13] 李强，李明明，李琳，等．炼钢转炉顶吹氧气射流特性的 CFD 数值分析［J］．东北大学学报（自然科学版），2013，34（6）：828-831.

[14] 鱼洋洋，唐萍，周亮，等．重钢 85 t 复吹转炉的水模型试验［J］．特殊钢，2006（2）：31-33.

[15] 王长波，张强．基于无边界网格的自由表面流体模拟［C］// 第九届中国计算机图形学大会论文集，2012：176.

[16] 李林波，曾文斌，朱军，等．CFD 数值模拟技术在冶金中的应用［J］．钢铁研究学报，2011，23（12）：1-4.

[17] 曹玲玲．转炉熔池气-渣-金多相流行为的模拟研究［D］．北京：北京科技大学，2019.

[18] LI J Q，ZENG Y N，WANG J Q，et al. Simulation of flow field of oxygen lance gas jet utilized for 50 t converter［J］. Journal of Iron and Steel Research（International），2011，18（4）：11-18.

[19] 胡坤，李振北．ANSYS ICEM CFD 工程实例详解［M］．北京：人民邮电出版社，2014.

[20] SKILLEN A，REVELL A，ACOVIDES H，et al. Numerical prediction of local hot-spot phenomena in transformer windings［J］. Applied Thermal Engineering，2011，36：96-105.

6 铜冶炼伴生砷元素综合回收

6.1 概论

砷，俗称砒，是一种类金属元素，广泛存在于自然界，目前已被发现的砷矿物有数百种。

6.1.1 砷的物理性质

砷的原子序数为33，相对原子质量为74.92，密度为5.727 g/cm^3。砷有灰、黄、黑褐三种同素异形体，其中灰色晶体是最常见的单质形态，脆而硬，具有金属光泽，易导热导电，易被捣成粉末。黄砷的制造方法是把砷蒸气放入液态氮中快速冷却，它在光照下会迅速转变成灰砷，此形态的密度是1.97 g/cm^3。黑砷的结构与红磷相近。砷的熔点为817 ℃(28 atm (2.84 MPa))，加热到613 ℃便可不经液态，直接升华，成为砷蒸气，砷蒸气具有一股难闻的大蒜臭味[1]。砷的主要物理性质见表6-1。

表6-1 砷的主要物理性质

物理性质	数 值
化学元素符号	As
原子序数	33
相对原子质量	74.92
熔点/℃	817
沸点/℃	613
密度/g·cm^{-3}	5.727

6.1.2 砷的化学性质

砷是第四周期ⅤA族元素，砷在化学元素周期表的位置正好位于磷的下方，正是由于两者化学习性相近，因此砷很容易被细胞吸收导致中毒[2]。

砷可分为有机砷及无机砷，其中无机砷毒性强。另外，有机砷及无机砷中又分别分为三价砷（As_2O_3）和五价砷（$NaAsO_3$），在生物体内砷的价数可互相转变。

砷与汞类似，被吸收后容易与硫化氢根离子或双硫根离子结合而影响细胞的呼吸及酵素作用，甚至使染色体发生断裂。

最常见的化合物有砷化氢、五氧化二砷和三氧化二砷，以及其对应的水化物——砷酸和亚砷酸。一些重要的生物砷化合物有：一甲基胂、二甲基胂、三甲基胂、甲基胂酸、二甲基次胂酸。

砷单质很活泼，在空气中加热到约200 ℃时会发出光亮，于400 ℃时会有一种带蓝色的火焰燃烧，并形成白色的三氧化二砷烟。金属砷易与氟和氧化合，在加热情况也与大多数金属和非金属发生反应；不溶于水，溶于硝酸和王水，也能溶解于强碱，生成砷酸盐。

砷可以被氧气、氟气等氧化：

$$4As + 3O_2 \xlongequal{点燃} 2As_2O_3$$

$$2As + 5F_2 \xlongequal{点燃} 2AsF_5$$

砷作为非金属，也可发生：

$$3Mg + 2As \xlongequal{点燃} Mg_3As_2$$

同时 Mg_3As_2 可以发生水解反应：

$$Mg_3As_2 + 6H_2O \xlongequal{} 3Mg(OH)_2 + 2AsH_3 \uparrow$$

三氧化二砷俗称砒霜，是毒性很强的物质，三氧化二砷是两性氧化物：

$$As_2O_3 + 6NaOH \xlongequal{} 2Na_3AsO_3 + 3H_2O$$

$$As_2O_3 + 6HCl \xlongequal{} 2AsCl_3 + 3H_2O$$

6.1.3　砷的主要用途

目前，金属砷主要作为合金材料应用到铜和铅的合金中。此外，砷也被当作掺杂材料应用到一些半导体材料，如 n 型半导体材料等。随着人们健康和环保意识的增强，砷在杀虫剂、除草剂、木材防腐剂、农药等方面的用量正在逐渐降低。

（1）合金材料。砷具有半金属性，常被用作合金材料。例如，在铅中加入 2%的砷构成的砷铅合金在军事工业中用于制造子弹头、军用毒药和烟火。在铜中添加 0.15%~0.5%的砷制成的砷铜合金可以显著降低铜的导热性和导电性，提高含氧铜的加工塑性，常用于生产火车燃烧室的支撑螺旋杆及高温还原气氛中的零部件[2]。

（2）半导体材料。高纯砷不仅是制取化合物、半导体砷化镓、砷化铟等的原料，还是半导体材料锗和硅的掺杂元素。例如，半导体材料硅中掺砷后成为 n 型半导体，它的自由电子浓度大大增加，导电能力也大大增加，这些材料被广泛应用于二极管、发光二极管、激光器等的制造中。

（3）医药。砷具有生理和药理作用，也被广泛应用于医药卫生领域。有研究表明，一些含砷中药制剂不仅可抑制肿瘤组织生长，还具有抗病原微生物及抗疟的作用。

（4）木材处理。砷对昆虫、细菌与蕈类有极大的毒性，因而被应用到木材的防腐剂中。近年来，随着世界各国对环境保护及健康要求的不断提高，多国已经禁止或者严格限制使用 CCA 木材防腐剂和 CCA 处理木材，取而代之的是 ACQ（四价铜铵络合物）和 CBA（吡咯硼铜络合物）等不含砷的绿色建材型木材防腐剂，因而砷在木材处理领域的应用量大幅下降。

（5）其他应用。砷有毒性，也曾被应用到杀虫剂、除草剂和毒药中。例如，已经被甲基砷酸钠（MSMA）与甲基砷酸二钠（DSMA）所取代的砷酸氢铅在 20 世纪时曾被用作果树杀虫剂，但它会损伤使用者的大脑。

砷的一些化合物也曾被当作颜料用于玻璃、陶瓷等，如醋酸亚砷酸铜（又名巴黎绿）曾被用来当作绿色颜料，但因为砷有毒，因而含砷的颜料也逐渐被替代。砷也被加入黄铜中，用于抵制脱锌，这种黄铜常用来制造水管配线。

6.1.4　砷的主要生产工艺及现状

含砷物料处理方式主要有两种，一种是将含砷物料进行无害化处理，使砷以稳定的砷酸铁、砷酸钙等形式存放；另一种是对含砷的物料进行综合利用，将其中的砷制成砷产品，如三氧化二砷、单质砷、砷酸钠等，并综合回收其他有价金属，达到污染治理和综合利用的双重目的。

国内硫化砷渣的处理工艺分为火法和湿法两大类。火法主要是焙烧法；湿法主要包括碱浸法、硫酸铁浸出法、硫酸铜置换法、气相还原法等，主要生产三氧化二砷、砷酸盐及金属砷等产品。

6.1.4.1 焙烧法

焙烧法是回收三氧化二砷最常用的方法。硫化砷经氧化焙烧，产物三氧化二砷直接挥发进入烟气，经冷凝后回收。其反应式如下：

$$2As_2S_3 + 9O_2 = 2As_2O_3 + 6SO_2$$

采用此法回收白砷的工厂国外有日本足尾冶炼厂、瑞典的波立登公司，国内有云锡公司、山东恒邦冶炼厂等。另外，该法也可用于含砷金矿的预处理，生产低品位三氧化二砷。该法的优点是工艺设备简单，但砷的回收率不高，同时也易造成环境污染，产品质量差。

6.1.4.2 碱浸法

碱浸法是在氢氧化钠体系中，在氧化条件下对硫化砷物料进行碱性氧化浸出，将砷转化成砷酸钠的一种方法。硫化砷物料经浸出和固液分离后，滤液再经冷却结晶，使砷以砷酸钠形式结晶析出。其主要反应式如下：

$$As_2S_3 + 6NaOH = Na_3AsS_3 + Na_3AsO_3 + 3H_2O$$

$$2As_2S_3 + 4NaOH = 3NaAsS_2 + NaAsO_2 + 2H_2O$$

碱浸法的工艺过程相对简单，工艺参数也容易控制，但氢氧化钠用量大，且再生困难，因此运行成本较高。另外，碱性氧化浸出过程中反应复杂，中间产物多，反应不彻底，因此产出的砷酸钠纯度不高。目前主要有日本的住友公司等企业采用该法。

6.1.4.3 硫酸铁法

硫酸铁法是利用三价铁离子的氧化性，将硫化砷氧化成可溶的砷酸，进而经二氧化硫还原，利用三价砷酸溶解度小的原理，通过冷却结晶获得粗三氧化二砷。结晶后液再经氯酸钠氧化二价铁离子，可以实现铁循环使用。

该法的三氧化二砷纯度达到99.30%，但工艺流程比较复杂，过程返料较多，产品杂质含量较高，需要配套冷却设备，投资大，铁再生成本高且该过程中需定期补充硫酸铁[3]。

6.1.4.4 硫酸铜置换法

硫酸铜置换法由置换、氧化、还原结晶、硫酸铜制备等4个工序组成。该法首先将铜粉氧化生成硫酸铜，再由硫酸铜将硫化砷渣中的砷置换生成亚砷酸，进而在常压升温条件下鼓入空气氧化生成砷酸，砷酸再经还原和冷却结晶以生产三氧化二砷。其主要反应式如下：

$$As_2S_3 + 3CuSO_4 + 4H_2O = 2HAsO_2 + 3CuS + 3H_2SO_4$$

$$2HAsO_2 + O_2 + 2H_2O = 2H_3AsO_4$$

$$H_3AsO_4 + SO_2 = HAsO_2 + H_2SO_4$$

该工艺具有安全环保、技术成熟等优点，但砷的回收率仅55%左右，约有45%的砷和其他杂质（如锑、铋等）重新进入铜的主流程中循环，这严重影响了高纯阴极铜的生产；而且生产每吨白砷需消耗3~4 t铜或氧化铜粉，尽管铜可以硫化铜渣的形式返回闪速炉熔炼或其他炉熔炼，但工艺流程长，生产成本高。

6.1.4.5　气相还原法

气相还原法主要是生产高纯砷的方法，将备有气化段、反应段、析出段的三个电炉的装置组装起来，中央反应部分的内径为石英管，在其中装入经真空加热排掉气体的木炭，两端用石英棉堵住，在石英盘内放入三氧化二砷，放入气化段，以400~500 mL/min的速度通入经提纯的氮气。将气化段温度保持在400 ℃，反应段650 ℃，析出段350~400 ℃，经反应约1 h，析出单质砷，再经蒸馏，制得砷成品[4]。

6.1.4.6　其他方法

其他的浸出处理方法还有硝酸分解浸出法、重铬酸钠浸出法、电化学浸出法、碱性烧结—浸出法等。

6.2　铜冶炼过程砷元素的走向

砷在铜冶炼过程中不仅会影响硫酸、阴极铜产品的品质，还会造成熔炼、吹炼、收尘、制酸、烟尘处理、固废堆放、电解、电积、职业健康等一系列的生产和环境问题。

6.2.1　砷的来源及其化合物形态

铜冶炼过程中砷的来源分两部分，一是原料带入系统的新砷，二是由系统自身循环返料中的循环砷。新砷主要来自铜精矿、石英砂、石灰及外购的废杂铜，循环砷主要来自冶炼过程的中间产物，如熔炼烟尘、吹炼烟尘、吹炼返渣、渣精矿、残极等。

铜精矿中的砷主要以Cu_3AsS_4、$Cu_{12}As_4S_{13}$和FeAsS形态存在，烟尘中的砷多以三氧化砷和五氧化砷形态存在，铜电解液中的砷主要以砷酸的形式存在，砷化氢气体主要在电积脱杂过程中产生。砷酸盐除碱金属的砷酸盐外，其他金属的砷酸盐几乎不溶于水，并且熔点较高，如砷酸钙、砷酸铅、砷酸铁等，这些物质返回熔炼系统处理时，需要较高的反应温度，对造锍反应产生不良影响。含砷废水的化学固化过程，大多利用砷酸盐的不溶性，达到固化脱砷的目的。

6.2.2　砷在冶炼过程中的行为

6.2.2.1　砷在熔炼过程中的行为

以闪速熔炼炉为例，在熔炼过程中，铜精矿中的Cu_3AsS_4、$Cu_{12}As_4S_{13}$及FeAsS等颗粒被气体包围，处于悬浮状态，在2~3 s内就基本完成分解、氧化和熔化等一系列冶金过程，生成的三氧化二砷部分挥发进入烟气，来不及挥发的三氧化二砷和五氧化二砷则进入铜锍熔融体，落入沉淀池。在沉淀池中，一部分砷的氧化物进入炉渣，一部分在熔体中继续反应，生成铜砷合金或砷化铜或砷单质等进入冰铜。闪速熔炼工序砷的投入与产出见表6-2。

表 6-2 闪速熔炼工序砷的投入与产出[5]

物料	投入	物料	产出	
	砷量/t		砷量/t	分布/%
铜精矿	415.10	冰铜	143.09	28.495
石英砂	26.12	熔炼渣	190.82	38.001
渣精矿	32.13	熔炼烟尘	130.56	26.000
熔炼烟尘	12.50	含铜碎料	10.80	2.151
吹炼烟尘	13.50	熔炼烟气	26.85	5.347
含铜碎料	2.80	环集烟气	0.03	0.006
合计	502.15	合计	502.15	100.000

从表 6-2 可以看出，在闪速熔炼炉所有投入的砷量中，28.50%的砷进入冰铜、38.00%的砷进入熔炼渣、31.36%的砷进入烟气和烟尘。一般熔池熔炼过程中，投入物料总砷的约 60%进入烟气和烟尘。闪速熔炼与熔池熔炼相比，因其悬浮熔炼工艺特点，导致砷氧化挥发进入烟气和烟尘中的量要比熔池熔炼少得多。

6.2.2.2 砷在吹炼过程中的行为

以闪速吹炼炉为例，在吹炼过程中，砷的行为主要取决于吹炼工艺控制，如冰铜品位、富氧浓度、烟气温度、烟气量，以及冰铜与富氧之间的接触情况等。

与闪速熔炼过程相比，闪速吹炼过程由于入炉铜锍品位高，铜锍与富氧之间的接触良好，反应时间长，锍中的砷能够充分被氧化成三氧化二砷挥发进入烟气，再加上闪速吹炼烟气量比闪速熔炼烟气量要小得多，因此，闪速吹炼烟尘中砷的含量高于闪速熔炼烟尘，但其中的总砷量要小于闪速熔炼烟尘。闪速吹炼工序砷的投入与产出分布见表 6-3。

表 6-3 闪速吹炼工序砷的投入与产出

物料	投入	物料	产出	
	砷量/t		砷量/t	分布/%
冰铜	82.24	粗铜	20.98	25.48
熔剂	0.10	吹炼炉渣	37.35	45.36
—	—	吹炼烟尘	23.99	29.14
—	—	吹炼烟气	0.01	0.01
—	—	环集烟气	0.01	0.01
合计	82.34	合计	82.34	100

闪速吹炼过程中，砷主要分布在粗铜和吹炼炉渣中。这是由于闪速吹炼过程富氧浓度大、烟气量少，造成杂质挥发比例低，且烟尘经收尘后重新返炉处理，使砷元素流向粗铜和渣中较多。

6.2.2.3 砷在阳极精炼过程中的行为

粗铜在阳极精炼过程中，只有极少一部分砷被氧化成三氧化二砷挥发进入烟气，一部分被氧化成五氧化二砷进入精炼渣，绝大部分砷及砷的氧化物与氧化亚铜和氧化镍等生成各种不同组分的化合物，如砷酸铜（$Cu_2O \cdot As_2O_5$）、镍云母等，这些化合物又都溶于铜液，因而难以完全脱除[6]。

6.2.2.4　砷在电解精炼及电解液净化过程中的行为

在电解精炼过程中，阳极铜中的砷以三价离子形态离开阳极铜进入电解液，并形成溶解度很小的絮状化合物（$As_2O_3 \cdot Sb_2O_5$，$Sb_2O_3 \cdot As_2O_5$）在电解液中漂浮。当这些絮状物较多时，则会吸附其他化合物或胶体物质，形成漂浮阳极泥，造成阳极钝化或阴极长粒子，严重影响电解过程及阴极铜质量。

通过电解液净化工序，可有效脱除电解液不断积累的铜、砷、锑、铋、镍等有害元素，电解液净化最终产出电积铜、黑铜泥、粗硫酸铜和粗硫酸镍等，使阳极板带入电解工序的砷，通过上述产出物从铜系统中开路，从而完成金属铜的彻底除杂。

6.2.2.5　砷在烟气制酸过程中的行为

熔炼炉及吹炼炉烟气，由余热锅炉回收余热并收尘后，经高温风机送至制酸工序。进入制酸工序的烟气经洗涤净化和电除雾除尘，烟气中的三氧化二砷和其他杂质极少部分进入铅滤饼，大部分以亚砷酸根离子的形态进入废酸中。

废酸中的砷经过硫化钠或硫氢酸钠沉砷后，产出铜砷滤饼，主要成分为硫化铜和硫化砷。经石膏法除去大部分酸和氟，产出石膏，主要成分为硫酸钙和氟化钙。再经石灰乳中和及硫酸亚铁曝气氧化混凝沉淀除砷，产出中和渣，主要成分为二水硫酸钙（$CaSO_4 \cdot 2H_2O$）、氢氧化钙（$Ca(OH)_2$）、氢氧化铁（$Fe(OH)_2$）、砷酸钙（$Ca_3(AsO_4)_2$）。废酸污水处理中，砷的去除率可达到99.8%以上。

6.2.2.6　砷在稀贵金属回收过程中的行为

以卡尔多炉处理铜阳极泥工艺为例，砷在铜阳极泥压力浸出脱铜碲的过程中，30%~70%的砷进入溶液，经过回收银、硒、碲后返至电解净液；其他砷进入脱铜泥中，脱铜泥经过卡尔多炉熔炼、吹炼和卡尔多炉渣的还原熔炼，最终绝大部分砷富集到还原渣中返铜冶炼系统。

6.3　闪速炉高砷烟尘的除砷工艺

6.3.1　概述

以祥光铜业旋浮闪速炉高砷烟尘处理为例。根据闪速铜冶炼工艺的特点，闪速铜冶炼的烟尘含铜高，含铅、锌比同类铜冶炼企业要低。旋浮闪速熔炼过程中，随着入炉铜精矿含砷的提高，电收尘烟尘中的砷含量也随之提高。根据祥光铜业的生产实践，入炉铜精矿含砷在0.2%~0.3%时，熔炼电收尘烟尘中砷含量在4%~5%；入炉铜精矿砷含量提高到0.4%时，熔炼电收尘烟尘中砷含量在6%~7%；入炉铜精矿砷含量提高到0.5%时，熔炼电收尘烟尘中砷含量在10%；入炉铜精矿砷含量提高到0.9%时，熔炼电收尘烟尘中砷含量超过15%。

为了满足闪速熔炼处理高砷原料的需求，祥光铜业2011年研发出具有自主知识产权的高砷烟尘处理新工艺，并建设了旋浮闪速熔炼高砷烟尘处理的工业生产线，主要工艺流程为：烟尘—水浸—酸浸—碱浸—中和沉砷—硫化沉砷。该工艺流程如图6-1所示。

6.3.2　工艺原理

6.3.2.1　水浸

将水和烟灰按液固比2∶1加入浸出反应槽，在常温下浸出1 h，水浸后烟尘中70%左

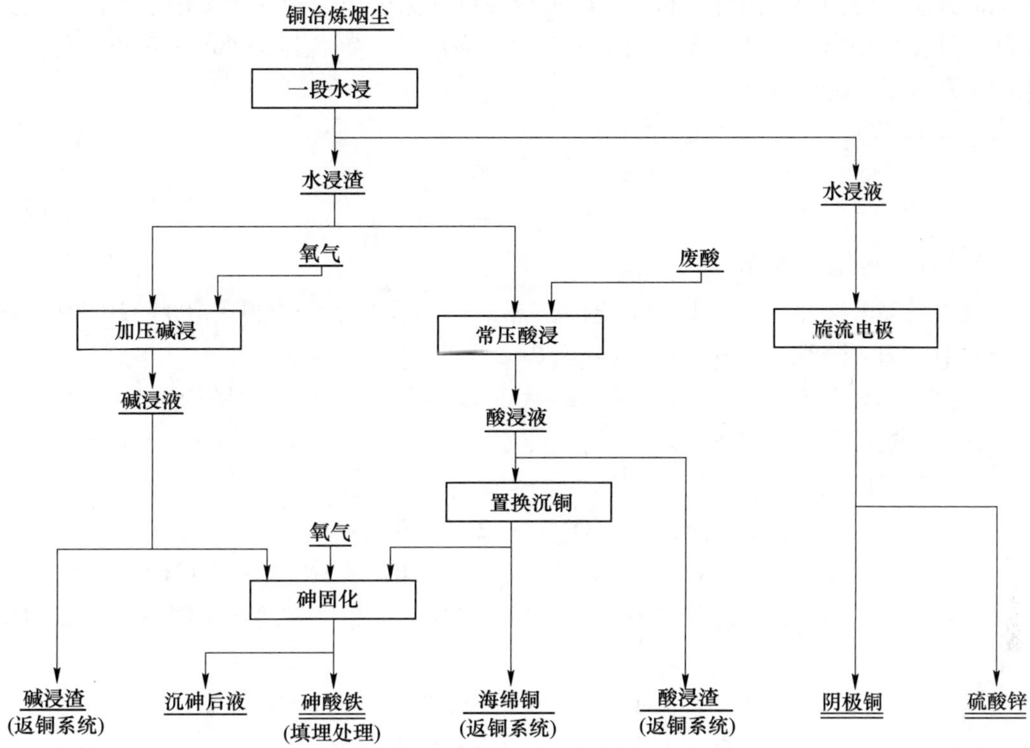

图 6-1 高砷烟尘处理工艺流程图

右的铜、75%左右的锌及3%左右的砷进入水浸液中。水浸反应主要有硫酸铜、硫酸锌溶于水，氧化铜、氧化锌与烟尘中硫酸反应，其主要反应式为：

$$CuO + H_2SO_4 \longequal CuSO_4 + H_2O$$

$$ZnO + H_2SO_4 \longequal ZnSO_4 + H_2O$$

水浸液固液分离后，水浸渣一半进行常压酸浸，另一半进行加压碱浸，水浸后液送至旋流电解装置进行铜电积产出阴极铜，电积后液浓缩结晶后产出七水硫酸锌。

6.3.2.2 水浸渣酸浸

水浸渣与废酸按照液固比 1∶4 配制酸浸液，废酸浓度控制在 150~160 g/L。在酸浸反应釜中，通入蒸汽，反应温度 80 ℃，反应时间 3 h。

铜的浸出率为30%左右，砷的浸出率达到85%以上，锌的浸出率约为15%；另外，在该条件下其他杂质铋等也有部分浸出。

常压酸浸反应式有：

$$4FeSO_4 + O_2 + 2H_2SO_4 \longequal 2Fe_2(SO_4)_3 + 2H_2O$$

$$Fe_2O_3 + 3H_2SO_4 \longequal Fe_2(SO_4)_3 + 3H_2O$$

$$CuO + H_2SO_4 \longequal CuSO_4 + H_2O$$

$$As_2O_3 + H_2O \longequal 2HAsO_2$$

常压浸出滤饼主要是未浸出的铜化合物、少量砷化合物、金、银等，该滤饼返铜冶炼系统。滤液为浸出的铜离子、锌离子、铁离子、砷酸根离子等，送至铜置换槽。采用铁粉置换铜的方法，使铜形成海绵铜析出，铁形成二价铁离子和三价铁离子进入溶液，并为后续砷酸铁沉淀增加所需的铁离子。固液分离后得海绵铜，铜含量为60%~70%，此物料送到铜冶炼系统进一步回收铜。

主要反应式如下：

$$Fe + 2H^{+} \longrightarrow Fe^{2+} + H_2$$

$$Cu^{2+} + Fe \longrightarrow Fe^{2+} + Cu$$

6.3.2.3 水浸渣碱浸

水浸渣与碱液按照液固比1∶4配制碱浸液，氢氧化钠浓度控制在100~120 g/L。在碱浸反应釜中，通入蒸汽、氧气，反应温度80 ℃，反应时间3 h。

铜的浸出率为0.5%左右，砷的浸出率达到85%以上，锌的浸出率约为1%；另外，在该条件下其他杂质很少被浸出。

碱浸主要反应式如下：

$$As_2O_3 + 6NaOH + O_2 \longrightarrow 2Na_3AsO_4 + 3H_2O$$

$$As_2S_3 + 12NaOH + 6O_2 \longrightarrow 2Na_3AsO_3 + 3Na_2SO_4 + 6H_2O$$

在砷溶出的同时，有可能伴随着烟尘中其他金属，如铅、锌等溶解损失。可能的反应式如下：

$$PbSO_4 + 4NaOH \longrightarrow Na_2PbO_2 + Na_2SO_4 + 2H_2O$$

$$ZnO + 2NaOH \longrightarrow Na_2ZnO_2 + H_2O$$

6.3.2.4 中和沉砷

置换后液主要含酸性条件下的二价铁离子、三价铁离子、三价砷离子、五价砷离子，溶液进入氧化槽，将其中的二价铁离子氧化为三价铁离子，三价砷离子氧化为五价砷离子，然后进入中和沉砷反应槽，通过采用酸浸氧化后液加入碱浸出液方式调整溶液pH值为1.5~2，生成砷酸铁沉淀[7]。

主要反应有：

$$2NaOH + FeSO_4 = Na_2SO_4 + Fe(OH)_2$$

$$6NaOH + Fe_2(SO_4)_3 = 3Na_2SO_4 + 2Fe(OH)_3$$

$$AsO_4^{3-} + Fe(OH)_3 = FeAsO_4 + 3OH^-$$

固液分离后，得到砷酸铁滤饼及砷固化反应后液。

6.3.2.5 硫化沉砷

砷固化反应后液含有少量的砷及锌，加入硫化钠进行二次沉砷，使废水达到外排标准。其主要反应式如下：

$$2HAsO_2 + 3Na_2S + 3H_2SO_4 \longrightarrow As_2S_3\downarrow + 3Na_2SO_4 + 4H_2O$$

$$Zn^{2+} + Na_2S \longrightarrow ZnS\downarrow + 2Na^+$$

6.3.3 工艺过程

6.3.3.1 原料

旋浮熔炼电收尘的烟尘成分见表6-4，烟尘中砷物相分析见表6-5，烟尘的物料性质见表6-6，废酸成分见表6-7。

表 6-4 烟尘成分 (%)

成分	As	Sb	Bi	Pb	Cu	Zn	Cd	Fe
烟尘 1	10.309	0.0845	0.578	1.211	18.707	2.732	0.523	11.927
烟尘 2	9.99	0.0921	0.606	1.172	18.564	2.027	0.371	11.915
平均值	10.15	0.09	0.59	1.19	18.64	2.38	0.45	11.92

表 6-5 砷物相分析结果 (%)

物相	含量	分布率
氧化砷	0.185	1.82
砷酸盐（铅铁铜锌）	9.883	97.37
单质砷	0.047	0.47
硫化砷	0.035	0.34
品位	10.15	100.00

表 6-6 烟尘的物料性质

名　称	数　值
比表面积/$m^2 \cdot g^{-1}$	3.16
粒度范围/μm	0.283~39.905
平均粒径/μm	2.791
堆密度/$g \cdot cm^{-3}$	1.4

表 6-7 废酸成分

元素	As	Cu	Fe	Pb	Zn	Sb	Bi	H^+
浓度/$g \cdot L^{-1}$	0.460	0.060	0.059	0.006	0.009	<0.0005	0.003	4.62

6.3.3.2 水浸

水浸工艺条件：液固比 2∶1，温度为常温，浸出时间 1 h，浸出结果见表 6-8。

表 6-8 水浸结果

项目	As	Cu	Fe	Pb	Zn	Sb	Bi	渣率
浸出率/%	5.06	67.5	9.31	0.3	69.9	0.10	2.86	65

水浸液含铜、锌高，砷不高，采用旋流电解技术，产出阴极铜，电解后液浓缩结晶产出七水硫酸锌。水浸液典型成分见表 6-9，水浸渣典型成分见表 6-10。

表 6-9 水浸液典型成分 (g/L)

成分	As	Sb	Bi	Pb	Cu	Zn	Cd	Fe
水浸液 1	1.618	0.0134	0.106	0.0301	58.435	8.524	1.696	9.59
水浸液 2	2.109	0.0183	0.111	0.0369	61.931	9.69	2.036	4.844

表 6-10　水浸渣典型成分

元素	As	Sb	Bi	Pb	Cu	Zn	Cd	Fe
含量/%	15.55	0.12	1	2.17	13.65	1.96	0.33	18.73

6.3.3.3　水浸渣酸浸

酸浸工艺条件：洗涤后烟尘与废酸比 4∶1，浸出温度 85 ℃，浸出时间 3 h，硫酸浓度 160～170 g/L。浸出结果见表 6-11，典型酸浸液成分见表 6-12，典型酸浸渣成分见表 6-13。

表 6-11　酸浸结果　　（%）

项目	As	Cu	Fe	Pb	Zn	Sb	Bi	渣率
入浸出渣的烟尘占比	14.68	14.92	55.48	99.1	17.62	59.59	52.67	27.2
入浸出液的烟尘占比	80.26	17.58	35.21	0.6	12.48	40.31	44.47	—

表 6-12　典型酸浸液成分

元素	As	Cu	Fe	Pb	Zn	Sb	Bi	Cd
浓度/g · L^{-1}	26.08	14.923	18.61	0.0593	1.054	0.096	0.502	0.434

表 6-13　典型酸浸渣成分　　（%）

成分	As	Sb	Bi	Pb	Cu	Zn	Cd	Fe
酸浸渣 1	5.399	0.202	2.067	6.123	10.195	3.553	0.0709	24.333
酸浸渣 2	4.984	0.209	2.359	6.478	9.716	3.752	0.0782	24.847

6.3.3.4　水浸渣酸浸液置换

工艺条件：加入铁粉系数为铜量的 1.5～1.7 倍，反应 30 min 后过滤。酸浸液铜置换结果见表 6-14，置换渣典型成分见表 6-15。

表 6-14　酸浸液铜置换结果

项目	As	Cu	Fe	Pb	Zn	Sb	Bi
入置换铜的烟尘占比/%	5.2	23.76	2.47	0.40	0.20	10	40

表 6-15　置换渣典型成分

元素	As	Sb	Bi	Pb	Cu	Zn	Cd	Fe
含量/%	8.226	0.123	1.4	0.0286	66.585	0.0832	0.0213	6.517

6.3.3.5　水浸渣氧压碱浸

工艺条件：洗涤后烟尘与水比 1∶4，加入 9%液碱，浸出温度 90 ℃，浸出时间 3 h，氧气压力 1 MPa。碱浸结果见表 6-16，碱浸渣典型成分见表 6-17，碱浸液典型成分见表 6-18。

表 6-16 水浸渣碱浸结果 (%)

项目	As	Sb	Bi	Pb	Cu	Zn	Cd	Fe	渣率
入碱浸渣的烟尘占比	16.24	78.25	91.25	92.91	29.45	35.09	30.81	87.51	38
入碱浸液的烟尘占比	78.70	21.65	5.89	6.79	0.65	64.81	66.33	11.84	—

表 6-17 氧压碱浸渣典型成分 (%)

成分	As	Sb	Bi	Pb	Cu	Zn	Cd	Fe
碱浸渣 1	4.405	0.174	1.388	2.961	17.517	2.523	0.424	27.468
碱浸渣 2	2.37	0.23	1.49	3.26	15.76	2.22	0.46	25.79

表 6-18 氧压碱浸液典型成分 (g/L)

成分	As	Sb	Bi	Pb	Cu	Zn	Cd	Fe
碱浸液 1	21.642	0.0091	<0.00050	0.0164	0.441	0.126	0.0115	0.0286
碱浸液 2	23.896	0.0113	<0.00050	0.0205	0.175	0.0873	0.0007	0.0036

6.3.3.6 砷中和固化

工艺条件：对酸浸置换后液加热至 70 ℃下通氧气 1 MPa，恒压氧化，1 h 后加入 20 g 高锰酸钾再氧化 30 min，用碱浸液中和至 pH 值为 1.5~2，60 min 后过滤。中和沉砷结果：中和沉砷后液含砷小于 1 g/L。典型砷酸铁成分见表 6-19，典型沉砷后液成分见表 6-20。

表 6-19 典型砷酸铁成分 (%)

成分	As	Sb	Bi	Pb	Cu	Zn	Cd	Fe
砷酸铁 1	25.26	0.0357	0.0633	0.0301	0.084	0.175	0.116	18.743
砷酸铁 2	26.692	0.0382	0.092	0.0485	0.626	0.222	0.212	20.994

表 6-20 典型中和沉砷后液成分 (g/L)

成分	As	Cu	Pb	Bi	Zn	Cd	Fe	Sb
中和沉砷后液 1	0.609	0.48	<0.0005	<0.0005	0.118	0.0313	4.713	0.0035
中和沉砷后液 2	0.916	0.0038	0.0025	0.0062	0.113	0.331	0.0907	4.806

6.3.3.7 二次沉砷

工艺条件：每升中和沉砷后液加入 10 g 硫化钠反应 1 h 后过滤。典型硫化沉砷渣成分见表 6-21，典型硫化沉砷后液成分见表 6-22。

表 6-21 典型硫化沉砷渣成分

元素	As	Sb	Bi	Pb	Cu	Zn	Cd	Fe
含量/%	20.661	0.0037	<0.0010	<0.0010	2.76	7.68	2.061	1.815

表 6-22　典型硫化沉砷后液成分　(g/L)

成分	As	Cu	Fe	Pb	Zn	Sb	Bi	Cd	Na_2SO_4
硫化沉砷后液 1	0.0158	0.0056	4.743	0.0035	0.0382	0.005	<0.0003	0.0029	110
硫化沉砷后液 2	0.0417	0.0044	2.827	<0.0004	0.0019	0.0053	<0.0003	0.0012	100

6.4　艾萨炉高砷烟灰的除砷工艺

6.4.1　概述

以某厂艾萨炉烟尘处理为例。该厂铜熔炼采用艾萨炉熔炼工艺，随铜精矿进入艾萨炉的各种杂质元素在熔炼过程中绝大部分进入烟尘或渣相中，少部分进入铜锍中。

艾萨熔炼过程中所产出的烟尘主要以挥发元素砷、铅、铋、镉为主，铜含量比较低，为2%~4%；且烟尘率也比较低，为投入物料的1%~2%，为减少有害元素在流程中的循环和积累创造了有利条件。

该厂年均产烟尘（艾萨尘、转炉尘、电炉尘）12000 t，其烟尘砷含量非常高，有时甚至达到12%以上，艾萨炉、转炉混合烟尘的平均成分见表6-23[8]。

表 6-23　艾萨炉、转炉混合烟尘的组成

元素	Cu	Pb	As	Bi	Cd	Sn	Sb	Zn
含量/%	3.56	22.23	11.41	3.79	0.91	1.16	0.25	14.86

6.4.2　工艺流程

艾萨炉高砷烟尘处理工艺流程如图6-2所示。

6.4.3　工艺过程

工艺过程包括调浆浸出、溶液处理、浸出渣处理三大工序。

6.4.3.1　调浆浸出

烟尘调浆后进入浸出槽，分两段浸出。加水、硫酸，控制液固比，通入蒸汽加温，搅拌浸出。然后进行板框过滤，过滤液送溶液处理系统，滤渣送浸出渣处理系统。有时浸出液多次返回浸出，以提高浸出液中金属离子的浓度，有利于溶液的进一步处理。浸出液和浸出渣的成分见表6-24。

表 6-24　烟尘浸出液和浸出渣的成分

成分	Cu	Zn	As	Cd	Pb	Bi
浸出液/$g \cdot L^{-1}$	20~30	60~80	30~50	5~8	<0.01	微量
浸出渣/%	1~1.5	2~5	2~3	0.4~0.6	30~45	3~5

6.4.3.2　溶液处理

溶液处理过程包括：

（1）高砷低铜液电积脱铜。烟尘浸出液首先进入铜电积系统进行电积脱铜，阳极为不溶铅阳极板，阴极采用铜电解残极，同极间距为120~150 mm，槽电压1.9~2.3 V。脱铜系统分三段进行。采用特殊装置后，电积过程会有无砷化氢气体产生，终液含铜不大于1 g/L。电积过程产出高品位的紫杂铜，电极铜品位在95%以上，该电极铜返铜精炼[8]。

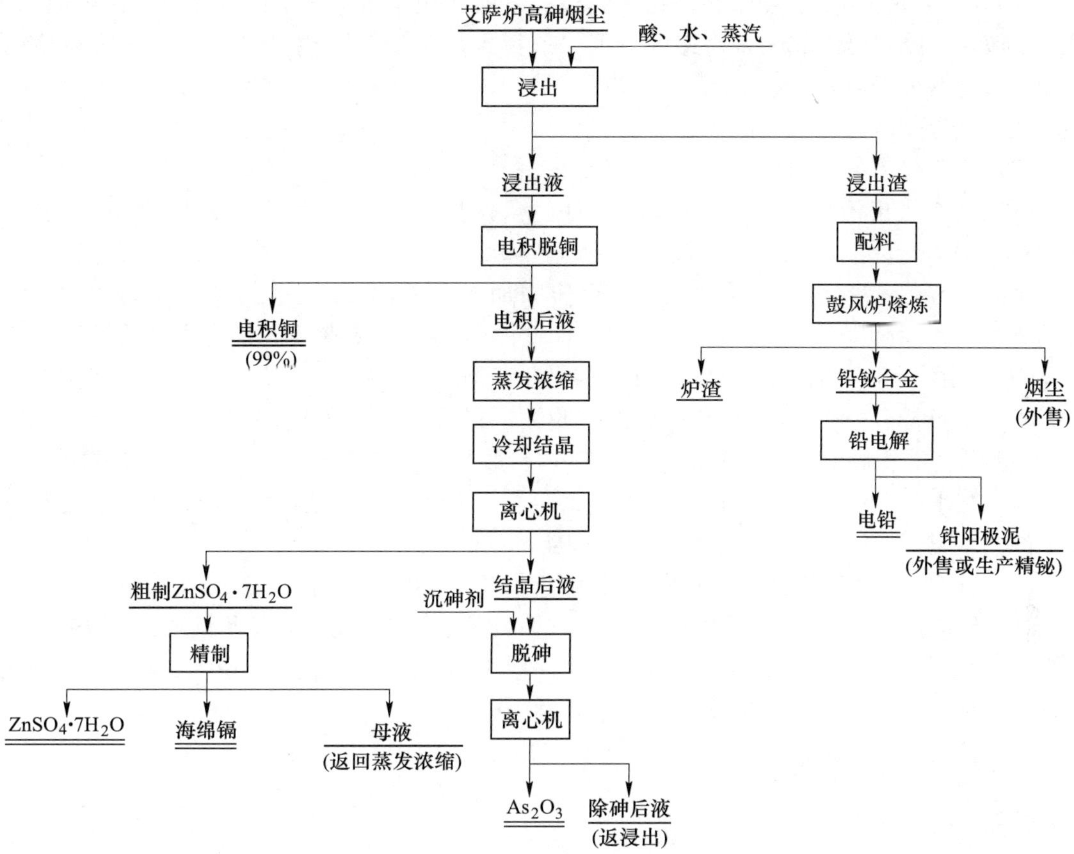

图 6-2 艾萨炉高砷烟尘处理工艺流程图

（2）锌、镉分离。脱铜后液锌含量很高，需进一步回收锌。采用蒸汽夹套加热浓缩的方式蒸发浓缩，浓缩终点的密度为 1.60～1.65 g/cm^3。浓缩到终点后溶液经水冷至常温，采用板框压滤机进行压滤产出粗制硫酸锌。为减少砷在硫酸锌中的机械夹带量，该过滤过程中要加强水洗。

粗制硫酸锌（$ZnSO_4 \cdot xH_2O$）为带不同结晶水的混合物，锌含量为 25%～28%、砷为 1%～3%、镉 1%～2%，粗制硫酸锌的结晶后液送脱砷工序处理[8]。

（3）脱砷。粗制硫酸锌的结晶后液砷含量高达 200 g/L，在溶液中加入沉砷剂进行脱砷，溶液中 80%的砷沉淀下来。沉砷结束后，采用板框压滤机固液分离，在此过程中用冷水加强洗涤，过滤得到的产品即为三氧化二砷产品，品位不小于 90%，可直接外销。沉砷后液返回烟尘调浆，实现溶液的闭路循环。

6.4.3.3 浸出渣处理

浸出渣处理过程包括：

（1）鼓风炉熔炼。将浸出渣配入焦炭、石灰石、铁矿石、返尘进行配料，然后加入 4 m^{2}鼓风炉中熔炼，通过鼓风炉还原熔炼，产出铅铋合金，含铅 76%～80%、铋 10%～17%[8]。烟气通过沉降烟道、电收尘器、动力波湿法除尘、填料塔及两级氨吸脱硫后，实现达标排放。

（2）粗铅火法精炼。粗铅在浇铸成阳极板之前，先在精炼锅中进行除铜、锡精炼。选用氧化除锡，控制铅锡氧化转化速度，可保证得到高锡低铅除锡渣。粗铅火法熔炼除锡，产出物料锡不小于40%[8]。

6.4.4 工艺特点

工艺特点有：

（1）烟尘浸出液中砷的分离。冶炼烟尘成分复杂多变，尤其是艾萨炉烟尘，含砷高（8%~18%）是其特点，砷的浸出率45%~60%，浸出液含砷60~80 g/L。此工艺未采用铁盐-石灰法成渣脱出，而采用在酸性介质中加入沉砷剂，产出三氧化二砷不小于90%的粗产品外销，避免了大量有害废渣产生（二次污染），有效解决了烟尘中砷的污染问题。

（2）烟尘浸出液中铜的分离回收。烟尘中含铜2%~4%，浸出液中含铜经复浸后达20~30 g/L、砷60~80 g/L，采用电积工艺脱铜，将溶液中铜降至1 g/L，产出含铜不小于95%的粗铜，电积后液进入流程的下一工序进行脱锌、脱砷处理。其特点是产出高价值粗铜，而不产生剧毒气体，也不增加其他金属离子，为烟尘湿法处理溶液闭路作业创造了重要条件[16]。电积铜现场的砷化氢含量为0.04 mg/m^3。

（3）实现了高铋粗铅长周期电解。粗铅经除铜、锡等精炼后含铋10%~15%，众所周知，高铋铅电解对电解铅质量影响很大。通过对铅阳极泥形成机理及其性质的研究，采取相应措施和技术条件控制，使得电解周期由一般2~4天，延长到8天以上，减少了大量的电解作业量，产出电解铅含铋稳定在小于0.003%。

6.5 砷滤饼中回收砷工艺

6.5.1 概述

国内大部分铜冶炼厂对砷滤饼都没有进行专门处理，基本都是委托给具有危险固废处理资质的下游企业回收处理。目前处理砷滤饼的工艺方法主要有砷滤饼制备三氧化二砷法、砷滤饼矿化稳定化技术、砷滤饼资源化生产金属砷法。

6.5.2 砷滤饼制备三氧化二砷法

江西铜业贵溪冶炼厂是我国第一家对砷滤饼进行处理回收的铜冶炼厂，采用砷滤饼制备三氧化二砷工艺。

6.5.2.1 工艺原理

采用硫化砷用铜粉转换，砷转化为三氧化二砷，冷却后留在转换残渣中，然后用空气将三氧化二砷氧化成五价砷进入溶液；与固体杂质分离后再用二氧化硫还原成三氧化二砷，洗涤干燥后成为精制三氧化二砷产品。其基本反应式如下：

$$As_2S_3 + 3CuSO_4 + 4H_2O \longrightarrow 2HAsO_2 + 3CuS\downarrow + 3H_2SO_4$$

该反应的原理是：利用铜、砷与硫的亲和能力不同，即铜比砷更易与硫结合生成硫化物，二价铜离子在反应中夺取硫化砷滤饼中的硫，生成硫化铜沉淀。反应中生成溶解于水的亚砷酸，随着溶液的冷却，溶解度下降，生成三氧化二砷结晶沉淀。

$$HAsO_2 + 0.5O_2 + H_2O \longrightarrow H_3AsO_4$$

该反应主要是将上一步反应中生成的亚砷酸进一步氧化成溶解度大的砷酸与硫化铜分离，使用空气中的氧作为氧化剂，但是仅有空气反应仍不能进行，必须用二价铜离子作为触媒反应方能进行。经此反应溶液中的五价砷离子浓度可达70~90 g/L，而三价砷离子的浓度降到较低的水平，从而实现砷与其他固体杂质的分离。

$$H_3AsO_4 + SO_2 \xlongequal{} HAsO_2 + H_2SO_4$$

在该反应中，氧化浸出液中的五价砷被还原成亚砷酸，亚砷酸结晶沉淀为三氧化二砷，生成的三氧化二砷经二次洗涤过滤后成为产品。

由于溶液中三氧化二砷与五氧化二砷的溶解度有比较大的差别，因此控制适当时，可以进行三价砷与五价砷的相互转化。通过三氧化二砷与五氧化二砷的溶解度曲线，如图 6-3 所示，可非常清楚地看出两者之间的溶解度差异。

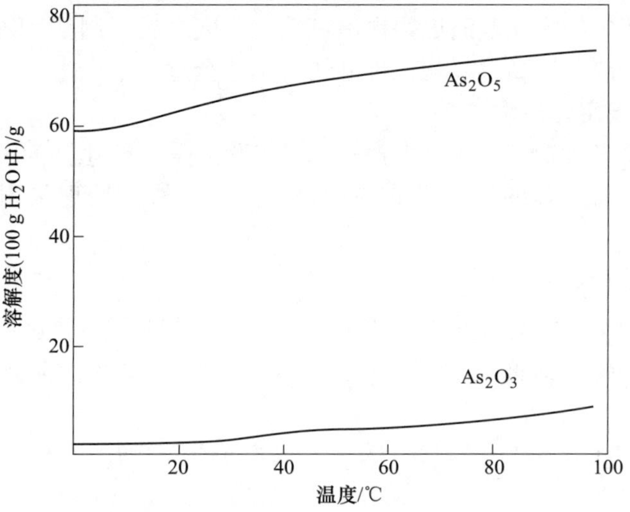

图 6-3　As_2O_3 与 As_2O_5 的溶解度曲线[9]

6.5.2.2　工艺过程

工艺处理的原料为硫酸车间产出的砷滤饼，砷滤饼化学成分：砷 32.49%、铜 8.92%、锑 0.3%、铋 0.5%。生产工艺流程如图 6-4 所示。

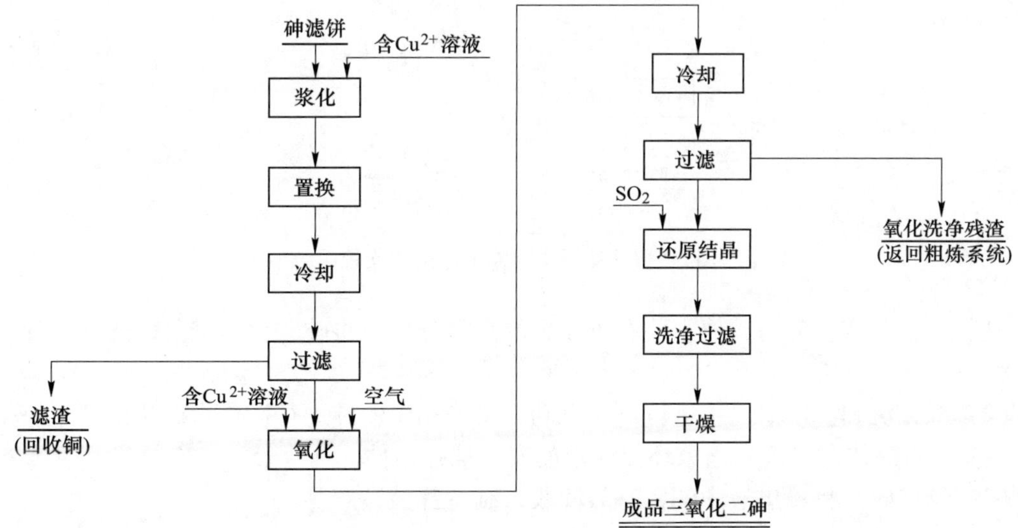

图 6-4　砷滤饼制备三氧化二砷工艺流程图

6.5.2.3　产品质量

化学成分：满足 GB 26721—2011 As_2O_3-1 标准，三氧化二砷含量不小于99.5%，杂质含量不大于：铜0.005%、锌0.001%、铁0.002%、铅0.001%、铋0.001%。

物理特性：三氧化砷白度不小于60，水分含量不大于0.3%，为白色的粉末或颗粒。粒度25 μm，标准筛通过率不小于98%。

6.5.2.4　物料走向

亚砷酸工艺使用的主要辅助原料有铜粉、砷酸铜、碱式碳酸铜，这三种物料全部由企业其他部门供给，产出的含铜废渣返回铜冶炼系统，废水返回制酸系统处理，废气通过集中排气系统喷淋后排放；产品三氧化二砷外销，工艺全过程不产生二次污染。

6.5.3　砷滤饼矿化稳定化技术

某厂砷滤饼主要来自烟气净化工序污酸处理过程，采用硫化钠为硫化剂进行硫化沉淀处理含砷废酸，砷以硫化砷的形态进入砷滤饼中，砷滤饼的处理采用砷滤饼矿化稳定化技术。

6.5.3.1　工艺原理

将砷滤饼中的砷与铜等有价元素分离后，再用双氧水进行氧化沉砷，将砷转化为稳定性非常好的砷酸铁晶体，又称臭葱石晶体。制备高稳定性臭葱石晶体的主要化学反应式如下：

$$As_2S_3 + 5H_2O_2 + 2Fe^{3+} + 2H_2O \longrightarrow 2(FeAsO_4 \cdot 2H_2O) + 3S\downarrow + 6H^+$$

6.5.3.2　工艺过程

砷滤饼矿化稳定化工艺流程如图6-5所示。

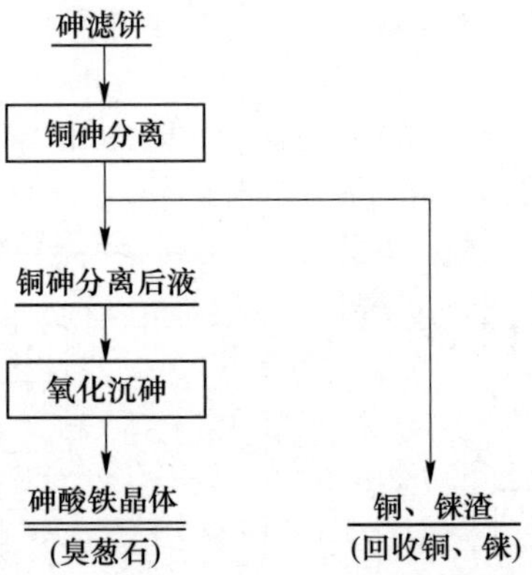

图6-5　砷滤饼矿化稳定化工艺流程图

（1）砷铜分离。砷与其他主要有价元素的高效分离，将砷转化为难溶砷酸铁沉淀，铜以硫酸铜、铼以高铼酸的形式溶解进入溶液。

（2）氧化沉砷。用双氧水进行氧化沉砷，将渣相中的砷进行矿化稳定化处理，获得高稳定性臭葱石晶体，以达到国家环保要求的安全堆存条件。

（3）铼回收。将浸出液中的铼有效回收，制备铼酸铵产品。

（4）铜回收。将铼回收后液返回铜电解系统进行铜回收。

6.5.3.3　主要技术经济指标

砷与铜、铼等分离效果：砷95%进入渣相，铜、铼的浸出率高于95%；固砷矿物臭葱石晶体通过固体废物浸出毒性评价（GB 18598—2019、HJ/T 299—2007）；金属铼的综合回收率达到90%以上；最终含铜溶液返回铜电解工序时，溶液中杂质应满足铜电解工序指标要求。

6.5.4　砷滤饼资源化生产金属砷法

采用酸性体系下加压氧化浸出工艺处理砷滤饼，该工艺具有设备规模小、工艺流程简单、金属回收率高、反应速度快等特点，可综合回收铜、砷、硫等有价元素，避免了砷对环境的污染，最终得到优质三氧化二砷产品，三氧化二砷还原后产出金属砷。

6.5.4.1　工艺原理

砷滤饼在酸性体系下加压氧化浸出，用二氧化硫还原结晶得到干净的三氧化二砷，然后，三氧化二砷用碳还原产出金属砷。主要化学反应有：

$$As_2S_3 + 3CuSO_4 + 4H_2O = 2HAsO_2 + 3CuS\downarrow + 3H_2SO_4$$

$$2As_2S_3 + 6H_2O + 5O_2 = 6S + 4H_3AsO_4$$

$$2CuS + 2H_2SO_4 + O_2 = 2S + 2CuSO_4 + 2H_2O$$

$$2HAsO_2 + O_2 + 2H_2O = 2H_3AsO_4$$

$$2H_3AsO_4 + 2SO_2 = As_2O_3 + 2H_2SO_4 + H_2O$$

$$2As_2O_3 + 3C = 4As + 3CO_2$$

6.5.4.2　工艺过程

砷滤饼生产金属砷主要工艺流程如图6-6所示。

（1）加压浸出。将砷滤饼放入高压釜中在加温和氧压条件下进行加压氧化浸出，砷滤饼中的砷以五价形态进入溶液中，同时铜也得以溶出。

（2）还原结晶。基于 As^{5+} 和 As^{3+} 溶解度性质差异，采用二氧化硫还原和冷却结晶的方法生产三氧化二砷，浸出液脱砷后经过蒸发结晶可生产硫酸铜。为保证铜回收率，结晶后母液返回至砷滤饼加压浸出工序。

（3）三氧化二砷还原。以白砷为原料，采用木炭还原，得到砷含量98%以上的金属砷。

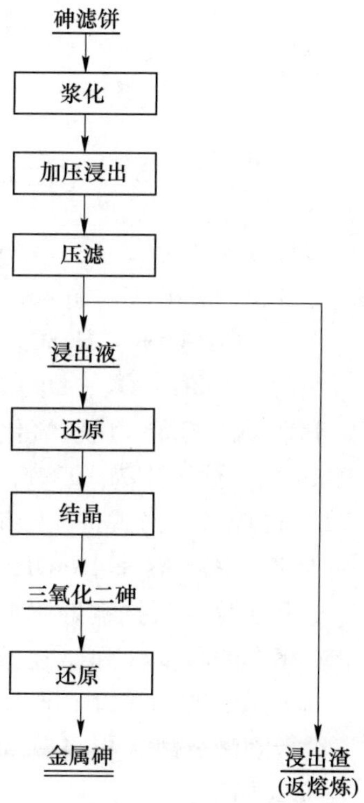

图6-6　砷滤饼生产金属砷工艺流程图

6.5.4.3　主要工艺参数和技术经济指标

浆化液固比为10：1，浆化液酸度为120～150 g/L，反应压力为0.8～1.2 MPa，反应温度为90～115 ℃，反应时间为3～4 h，砷浸出率大于90%，铜浸出率大于90%，浸出渣含砷小于5%，浸出渣率为30%～50%，吨砷电耗为3300 kW·h，砷直收率为77%。

6.6　黑铜泥的砷处理工艺

目前，铜冶炼企业针对黑铜泥的处理方式多采用直接返火法系统，这样造成砷在冶炼系统中的循环积累，严重影响主金属的直收率和产品质量，降低了设备产能，危害工人身体健康。随着国家对砷的重视，近年来开发的处理工艺主要有碱浸液和酸浸液中和制备砷酸铜法、电解法、碱浸制备三氧化二砷法、直接生产砷酸铜法等。

6.6.1　碱浸液和酸浸液中和制备砷酸铜法

黑铜泥碱性浸出液和酸性浸出液中和制备砷酸铜工艺流程如图 6-7 所示[10]，该工艺主要有酸性浸出工序、碱性浸出工序、中和工序。

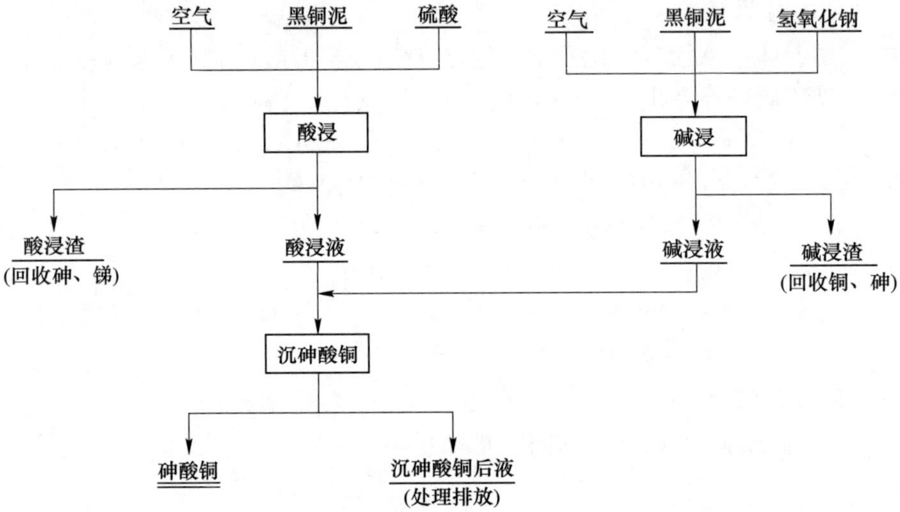

图 6-7　碱性液和酸性液中和制备砷酸铜工艺流程图

（1）酸性浸出工序。在空气氧化的条件下，用硫酸浸出黑铜泥中的铜、砷，得到含铜、砷的浸出液，浸出液含铜 46.91 g/L、含砷 15.98 g/L。反应式如下：

$$4Cu_3As + 12H_2SO_4 + 9O_2 = 12CuSO_4 + 4HAsO_2 + 10H_2O$$

$$2HAsO_2 + O_2 + 2H_2O = 2H_3AsO_4$$

（2）碱性浸出工序。用氢氧化钠选择性从黑铜泥中浸出砷。浸出条件：氢氧化钠溶液浓度为 1 mol/L，液固比为 10∶1，通入空气量为 0.8 m^3/h，搅拌速度为 400 r/min，浸出时间为 6 h。砷以五价形式进入溶液中，锑、铋、铜等主要留在渣中[11]。反应式如下：

$$2Cu_3As + 4NaOH + 4O_2 = 2Na_2HAsO_4 + 3Cu_2O + H_2O$$

（3）中和工序。根据铜砷比 1.1～1.3 计算好所用酸浸液和碱浸液的体积，再按计算的体积量取相应的酸浸液和碱浸液进行混合，加入反应釜中加热并搅拌，达到反应温度 60 ℃后，向混合液中加入 1 mol/L 的氢氧化钠溶液调节 pH 值到 3.5，反应 1 h 后，用固液分离设备进行固液分离，再将分离出来的沉淀物进行搅拌水洗 3 次，干燥后得砷酸铜产品[10]。反应式如下：

$$Cu^{2+} + H_3AsO_4 = CuHAsO_4 + 2H^+$$

$$4CuHAsO_4 + Cu^{2+} = Cu_5H_2(AsO_4)_4 + 2H^+$$

该方法生产的砷酸铜纯度较高，工艺流程较为简单。但考虑砷酸铜主要作为木材防腐剂，目前市场需求不乐观，黑铜泥的综合回收产品不宜大量的产出砷酸铜。因此，该工艺对黑铜泥综合回收具有一定的局限性。

6.6.2　电解法

电解法处理黑铜渣生产标准阴极铜工艺流程如图 6-8 所示。在反应釜中，将黑铜泥按照液固比为 6∶1~8∶1 加入到浓度为 80~250 g/L 的硫酸溶液中，在 70~80 ℃下浸出 3~4 h。浸出过程中向反应釜中鼓入空气氧化浸出，浸出结束后精密过滤得到电解前液，再将电解前液采用旋流电解式进行电解，产出标准的阴极铜和低铜高砷电解残液。电解残液经硫化氢循环沉砷形成含砷大于 60%的砷渣，砷渣进入专用危废填埋场处理[10]。

该方法的优点是：产出标准阴极铜产品，实现了黑铜泥中铜的回收，充分地利用了资源，并带来了良好的经济效益。但由于未能考虑到砷的回收形式，故未能真正意义上实现砷的工业回收。

6.6.3　碱浸制备三氧化二砷法

黑铜泥在有氧化剂（氧气）存在的情况下进行碱性浸出，以实现选择性浸出黑铜泥中的砷。在浸出过程中，砷以砷酸根离子形式进入溶液中，铜、铋、锑等留在渣中；向浸出液中加入消石灰将砷以砷酸钙形式沉淀。砷酸钙用硫酸分解即可获得砷酸溶液，用二氧化硫还原砷酸得到亚砷酸，蒸发结晶亚砷酸得到三氧化二砷产品。

黑铜泥碱性浸出生产三氧化二砷工艺流程如图 6-9 所示，主要由碱性浸出、苛化、酸分解、还原结晶四个工序组成。

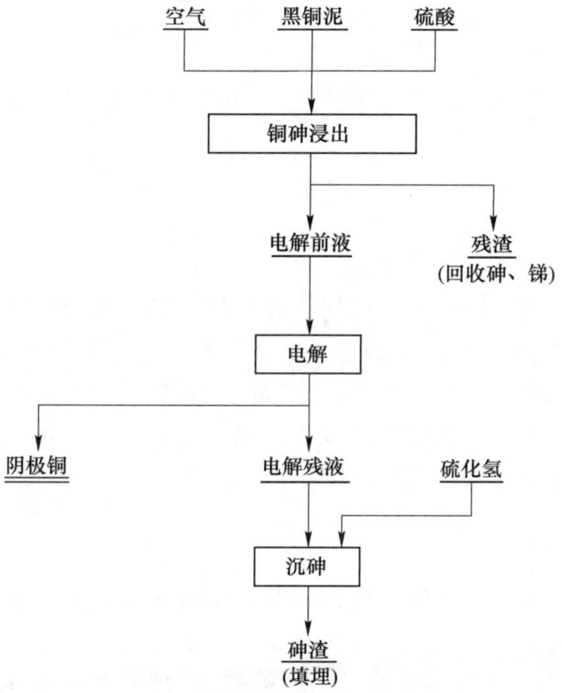

图 6-8　电解法处理黑铜泥工艺流程图

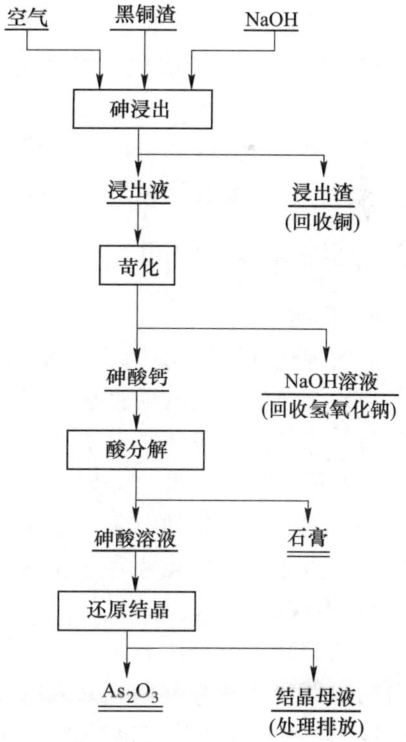

图 6-9　碱性浸出生产三氧化二砷工艺流程图

（1）碱性浸出。在通入空气条件下，用 0.3~1.5 mol/L 氢氧化钠在 80 ℃下浸出 1 h，选择性浸出砷。砷以五价形式进入溶液，锑、铋、铜等主要留在渣中。渣中的铜主要以单质和氧化亚铜形式存在。

（2）苛化。浸出液中加入消石灰，将五价砷以砷酸钙沉淀析出，并置换出氢氧化钠，反应速度非常快，15~30 min 就接近平衡。当浸出液中游离氢氧化钠浓度高时，需要过量消石灰，生成的砷酸钙的沉降性和过滤性能良好。

（3）酸分解。控制泥浆浓度为 250~300 g/L（按砷酸钙计），用 0.5~1 mol/L 的硫酸分解 5~10 min。为降低分解液中石膏的溶解度，一般将温度控制在 40 ℃或 40 ℃以下，得到砷酸铜溶液中的砷浓度为 75~90 g/L。将分解液反复循环，得到砷浓度在 200 g/L 以上的砷酸溶液[10]。

（4）还原结晶。把适量二氧化硫气体连续通入砷酸溶液，发生还原反应。生成的亚砷酸超过其溶解度，便结晶析出三氧化二砷。

该方法的优点是：浸出试剂氢氧化钠能进行再生，生产成本低，且产品纯度高。但是该方法流程较复杂，生产过程得到的废液量大，实际操作困难，工艺过程中由于氧化钙的利用率低及产生大量的含砷硫酸钙废渣，含砷硫酸钙废渣的处理给企业带来新的问题，所得产品三氧化二砷还需要处理。

6.6.4　直接生产砷酸铜法

直接生产砷酸铜法是采用硫酸浸出黑铜泥，浸出后的溶液经过调整铜/砷比例及调整溶液的 pH 值后获得沉淀物砷酸铜产品。国内贵溪冶炼厂研究所采用硫酸溶解黑铜泥后，用苛性钠浸出砷滤饼，将两种浸出液混合，调节溶液中铜/砷比例，用碳酸钠溶液调整 pH 值，获得砷酸铜。日本住友公司也采用黑铜泥酸性浸出液和砷滤饼碱性浸出液生产砷酸铜[11]。

该方法工艺流程简单，黑铜泥中的铜、砷均可直接制成产品，不需返回铜冶炼系统。但是，该工艺需要和硫化砷滤饼同时处理。

6.7　高砷废酸的处理

6.7.1　概述

铜冶炼烟气制酸均使用湿法净化工艺，在湿法除尘的空塔、填料塔、动力波及电除雾过程中均会产生大量的酸性废水，业内统称为废酸。废酸中含有铜、汞、砷、氟等杂质，是目前冶炼厂酸性重金属离子废水的主要来源。废酸中的砷浓度高、危害性最大，废酸中的砷以亚砷酸为主也最难处理，因此国内废酸的处理工艺主要以除砷为目的。目前国内处理废酸的主要方法包括石灰铁盐法、硫化法+石灰铁盐法、废酸废水资源化处理法和将废酸中的砷直接进行矿化稳定化技术处理。

6.7.2　石灰铁盐法

石灰铁盐法是利用石灰中和废酸废水并调节 pH 值，利用砷与铁生成较稳定的砷酸铁化合物，氢氧化铁与砷酸铁共同沉淀这一性质将砷除去。铁的氢氧化物具有强大的吸附和絮凝能力的特性，达到去除废酸中砷、镉等有害重金属的目的。提高 pH 值将废酸废水的重金属离子以氢氧化物的形式脱除。

$$Fe^{3+} + AsO_3^{3-} = FeAsO_3 \downarrow$$

$$Fe^{3+} + AsO_4^{3-} = FeAsO_4 \downarrow$$

铁离子与砷除生成砷酸铁外，氢氧化铁可作为载体与砷酸根离子和砷酸铁共同沉淀。

$$m_1Fe(OH)^3 + n_1H_3AsO_4 \longrightarrow [m_1Fe(OH)_3] \cdot n_1AsO_4^{3-} \downarrow + 3n_1H^+$$

$$m_2Fe(OH)_3 + n_2FeAsO_4 \longrightarrow [m_2Fe(OH)_3] \cdot n_2FeAsO_4 \downarrow$$

$FeAsO_4$ 较稳定，但当 pH 值大于 10 时会产生返溶反应，所以一般 pH 值控制 6~9 为宜。返溶反应式如下：

$$FeAsO_4 + 3OH^- \longrightarrow Fe(OH)_3 + AsO_4^{3-}$$

石灰铁盐法可用于去除废水中的砷、镉、铅等重金属离子，不同重金属离子的去除原理不同。

典型工艺流程：采用中和—硫酸亚铁—氧化—中和—硫酸亚铁—氧化工艺对废酸进行处理，在一段中和槽内加入硫酸亚铁脱除砷及重金属离子，加石灰乳调整体系 pH 值后进入一段曝气槽，在一段曝气槽内鼓空气将二价铁离子氧化为三价铁离子，三价砷氧化为五价砷，然后进入二段中和槽进行二段处理，最后完成废酸的处理，处理后净化水达到国家排放标准。

石灰铁盐法处理废酸具有去除污染物范围广，不仅可去除重金属离子，而且可去除砷、氟、磷等，操作简单方便，处理费用低廉等优点。但是，此法的泥渣含水率高，脱水困难，泥渣量大，渣中重金属含量低，难以回收利用，且形成的重金属废渣属于危险废物，是有色冶炼企业面临的重要瓶颈问题。

6.7.3 硫化法+石灰铁盐法

硫化法+石灰铁盐法是目前大部分铜冶炼厂采用的废酸处理方法。硫化法是指向废酸中投加硫化剂，与重金属离子反应生成难溶的金属硫化物沉淀，如硫化砷、硫化铜等沉淀物。硫化渣中的砷、镉等含量大大提高，在去除废酸中有毒重金属的同时实现了重金属的资源化。硫化剂包括硫化钠、硫氢化钠、硫化亚铁等。硫化法脱除重金属离子的反应机理如下：

$$Me^{n+} + S^{2-} = MeS_{n/2} \downarrow$$

$$3Na_2S + As_2O_3 + 3H_2O = As_2S_3 \downarrow + 6NaOH$$

典型工艺流程：采用硫化—中和—硫酸亚铁—氧化—中和—硫酸亚铁—氧化工艺对废酸进行处理，废酸加入硫化钠脱砷后再采用石灰铁盐法进一步处理。

该法处理废酸具有适应 pH 值范围大的优点，甚至可在酸性条件下把许多重金属离子和砷沉淀去除，此外泥渣中的金属品位高，便于回收利用。但是，硫化钠价格高，处理过程中产生的硫化氢气体易造成二次污染，处理后的水中硫离子含量超过排放标准，还需做进一步处理；另外，生成的细小金属硫化物粒子不易沉降。该方法可提高重金属的净化效果，但是渣量与砷的污染控制仍然难以解决。

6.7.4 废酸废水资源化处理法

针对传统的废酸处理技术在处理过程产生大量的中和渣，且处理过程中难以实现重金属离子稳定达标的难题，相关企业与大学合作，深入研究废酸的性质，开发了废酸资源化处理与回用新技术。

废酸废水资源化处理技术主要包括三个模块，气液强化硫化系统模块、选择性电渗析系统模块、蒸发浓缩+催化吹脱氟氯系统模块，具体的工艺流程如图 6-10 所示。

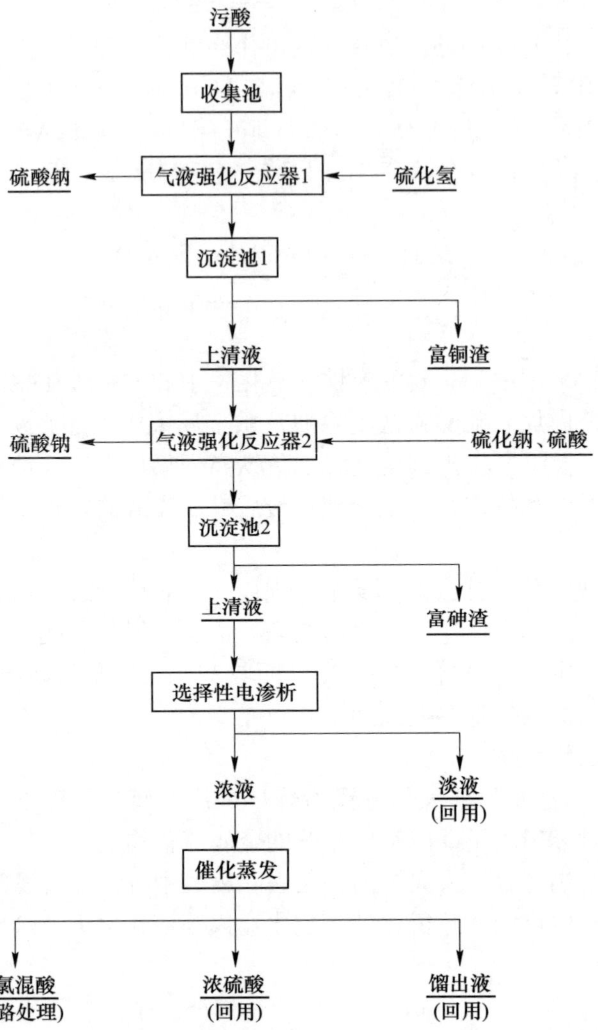

图 6-10　废酸资源化处理新工艺流程

第一模块为废酸中铜、砷、镉的重金属分离工序，在该工序中采用气液强化硫化法实现废酸废水中重金属离子的有效分离，分离后得到富重金属渣和富砷渣，实现系统中砷的单独开路。第二模块为废酸中酸的回收部分，在该工序中利用选择性电渗析技术将废酸中的酸进行回收，使酸、氟氯离子与重金属离子实现分离；浓硫酸选择性电渗析，淡液催化蒸发回用浓液，氟氯混酸开路处理回用，馏出液回用废酸收集池。第三模块为电渗析浓液处理系统，在该工序中采用蒸发浓缩+催化吹脱技术将电渗析浓液中的氟氯混酸、浓硫酸实现资源化利用，最终实现废酸资源化处理。

6.7.4.1　气液强化硫化模块

铜冶炼过程产生的废酸中含有硫酸、重金属离子及氟氯离子，废酸经收集进入收集池进行水质水量调节，调节后废水进入气液强化反应器，通过循环泵对废水进行循环，使硫化氢气体与废酸中的重金属进行反应生成沉淀，硫化沉淀渣进入沉淀池，再通过板框压滤机进行压滤分离，硫化渣回收利用。废酸中铜的分离效率达到99%以上，分离得到的富铜渣中铜离子品位达到50%以上，可作为生产的原料返回冶炼车间，实现铜离子的资源化。分离完铜离子的上清液进入气液强化反应器分离其中的砷离子，反应后废水进入沉淀池实现固液分离，砷的分离效率达到99%以上，分离得到富砷渣，实现砷在冶炼系统中的开路。气液强化硫化系统工艺流程如图 6-11 所示。

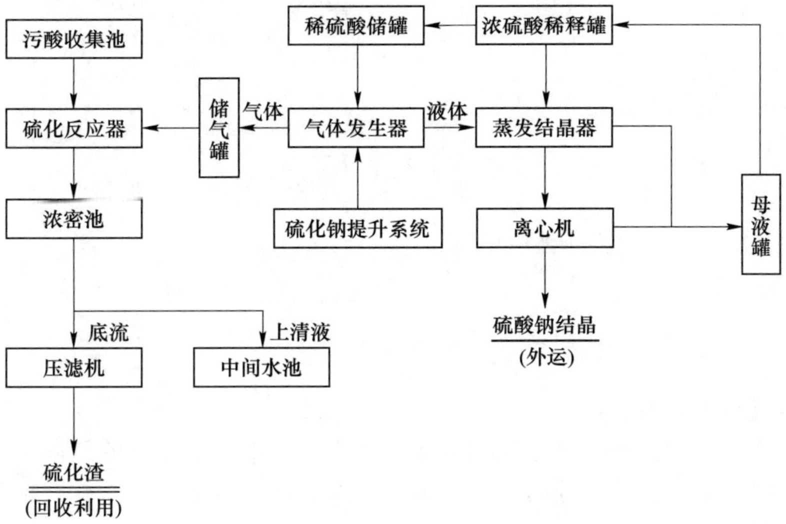

图 6-11 气液强化硫化系统工艺流程图

该技术较好地实现了废酸中有价金属铜和有害元素砷的分离，实现了资源的循环利用及砷在冶炼系统中的开路。硫化氢的产生可采用稀释后的硫酸定量加入气体发生器中，与其中备用的硫化钠发生反应，生成硫化氢气体和硫酸钠，气体反应完成后，生产的硫酸钠通过液体气体底流上清液蒸发结晶成硫酸钠晶体外运。中间水池液泵送至硫酸钠高位槽，然后进入强制循环蒸发系统，蒸发其中的水分，蒸发完成后进入离心机，分离其中的硫酸钠，硫酸钠作为成品进行包装，可进一步作为硫化钠的原料。

6.7.4.2 选择性电渗析模块

选择性电渗析（ED）系统主要实现废酸、废水中酸的浓缩，并使大部分氟氯进入浓缩酸，低氟氯的淡液经中和预处理后进入后续膜处理系统，浓缩液可以进一步蒸发分离氟氯混酸和浓硫酸。选择性电渗析系统工艺流程如图 6-12 所示。

废酸经过气液强化硫化反应器后进入中间池，中间池废水经提升泵分两股进入电渗析进行循环浓缩和淡化，利用选择性离子膜，在电场的作用下，废酸中的硫酸根离子、氟氯离子通过阴离子膜进入浓液中，重金属离子保留在淡液中，氢离子可透过阳离子膜进入浓液，浓液酸度达到12%以上后排出，淡液酸度达到1%~2%后排出，继续进入下一级电渗析进行循环浓缩淡化，电渗析的淡液达到目的酸度后排出，浓液排至原液中。采用电渗析反应器，废酸中90%的氟氯离子进入浓液，淡液的 pH 值在 3.0 左右。通过电渗析过程能够使废酸中的硫酸根离子、氟氯离子与重金属离子实现分离。

6.7.4.3 蒸发浓缩+催化吹脱氟氯模块

蒸发浓缩原理：膜分离的浓液进一步通过蒸发浓缩处理，整个蒸发浓缩装置采取多效逆流蒸发，根据混合酸不同浓度的沸点变化控制蒸发浓缩条件，合理利用真空实现酸和氟

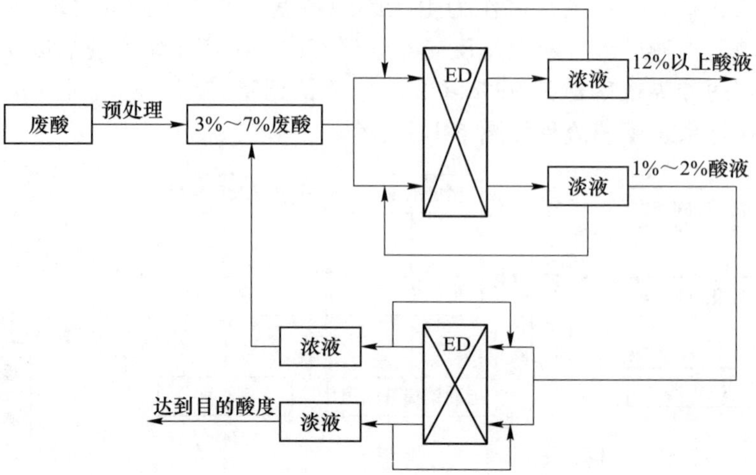

图 6-12　选择性电渗析工艺流程图

氯的浓缩，冷凝水可回用。

催化吹脱原理：吹脱是使氟化氢与氯化氢从废酸液中逸出，以降低酸液中氟、氯的浓度，提高硫酸的浓度，在一定的酸度下，氟、氯较容易与氢离子结合转化成氟化氢与氯化氢。通过热空气的吹脱作用，投加催化剂后，使溶液中的氟化氢与氯化氢较容易从溶液中逸出，从液相中得到脱除。该技术较好地实现了废酸废水的酸浓缩，将酸浓缩到 70%以上，实现废酸废水中氟、氯的有效分离，氟的分离效率 99%以上，氯的分离效率 99%以上；实现了氟、氯、酸、水四种组分的分离，废酸中的酸实现回用，无需再采用石灰中和，避免了中和渣的处理处置和二次污染的风险。

6.7.5　废酸中的砷直接矿化稳定化法

铜冶炼烟气在硫酸车间烟气洗涤工序产生的废酸中含有铜、铼、砷等离子，其中砷含量为 400~6300 mg/L。废酸采用常压晶体砷酸铁技术，砷以固砷矿物臭葱石的形式直接固化在渣中；在常压条件下，通过温度和晶体浓度调整，可获得具有工业意义的晶型砷酸铁沉淀，生成的晶型砷酸铁沉淀化学稳定性好，毒性浸出砷浓度 1 mg/L，低于国家标准 1.2 mg/L，达到国家填埋标准。

6.7.5.1　工艺流程

废酸中的砷直接进行矿化稳定化技术处理工艺流程图如图 6-13 所示。

6.7.5.2　工艺过程

国内某厂采用此工艺建设了一套全新的废酸处理系统和高标准的填埋场，于 2019 年底建成投产。将厂内的废酸直接打到新的废酸处理车间，废酸先进行中和除酸生产石膏，然后加铁盐再中和；中和后液加氧化剂将三价砷转化为五价砷生成砷酸铁，再进行中和沉砷，得到的砷酸铁毒性浸出砷低于 1 mg/L，送到填埋场进行堆存。填埋场建在离厂区 3 km 的山坳内，利用周边天然形成的地形，开挖出一个 88 万立方米的填埋场，填埋场采取多层防渗措施，并设置有防渗液回收和雨水收集系统。

6.7.5.3　产物

该工艺过程产物主要有二水石膏、含砷固体废渣（砷酸铁晶体）和处理后的水溶液。

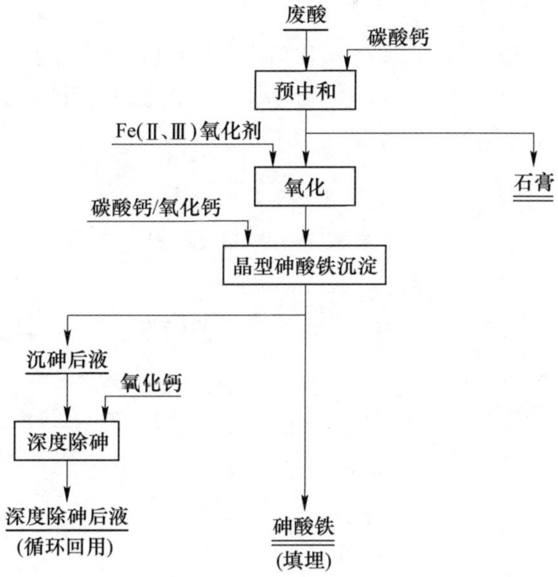

图 6-13 废酸中的砷直接进行矿化稳定化工艺流程图

二水石膏：砷小于 0.01%，钙 22%~27%，硫 18%~21%，标准 HJ/T 299—2007 规定毒性浸出砷小于 2 mg/L，可作为水泥制备添加材料。

含砷固体废渣（砷酸铁晶体）：固废砷含量 15%~30%，标准 HJ/T 299—2007 规定毒性浸出砷小于 1 mg/L，大气或氧化条件下化学稳定性好。

处理后的水溶液：砷小于 0.5 mg/L，pH 值 5~8，处理后的水溶液回用系统。

6.8 高纯砷的生产工艺

高纯砷是指纯度达 99.999%~99.99999%的单质砷，为银灰色金属结晶状，质脆而硬，有金属光泽，在潮湿空气中易氧化，属于有毒产品，密度为 5.75 g/cm^3，熔点为 817 ℃，升华温度为 615 ℃，不溶于水。

高纯砷的生产与应用是继半导体电子管，第二代半导体材料硅取代第一代半导体材料锗后的又一场半导体新材料革命。因其优越的理化性能，常以化合物砷化镓及通过掺杂于硅材料中等形式应用[12]。作为第三代半导体材料，高纯砷突破了硅材料的信息容量有限、运算速度有限、工作能耗较大、大容量需大体积、亮度与色彩不理想等极限，已在信息、通信光电子、大规模集成电路、遥感、探测、远红外等诸多领域广泛应用。合金中加入少量金属砷可以改善合金的力学性能和抗蚀性能，广泛用于合金材料、医药医疗设备、航天航空、军事装备等领域。

高纯砷制备的方法较多，主要有氯化—还原法、升华蒸馏法、热分解法。此外，还有硫化—还原法、蒸气区域精制法和单晶法。

6.8.1 氯化—还原法

根据采用的原料和反应体系不同，氯化—还原法分为气相氯化—还原法和液相氯化—还原法两种方法。

6.8.1.1　气相氯化—还原法

气相氯化—还原法制备高纯砷通常以含砷 95%～99%的粗砷为原料，通过真空升华、氯气氯化、精馏提纯、氢还原等过程制备高纯砷，工艺流程如图 6-14 所示[13]。

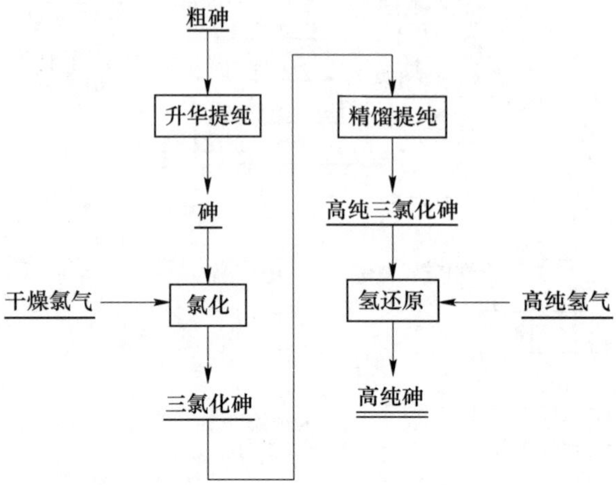

图 6-14　气相氯化—还原法工艺流程图

砷是一种低沸点物质，很容易升华，其蒸气压随着温度的升高在 600 ℃时显著上升，因此控制升华炉温度在砷的升华温度 615 ℃以上就能使粗砷中的砷升华，与铁、锌等杂质分离。

氯气氯化是将提纯后的砷放置于氯化柱中，于 200～250 ℃温度下与干燥氯气作用生成三氯化砷，同时与硫、硒等杂质分离，其反应式如下[13]：

$$2As + 3Cl_2 \longrightarrow 2AsCl_3$$

精馏提纯分为简单蒸馏、分馏、精馏三部分。简单蒸馏是将三氯化砷放置于以砷作填料的精馏柱中，利用三氯化砷和硫、碲氯化物饱和蒸气压的差异，控制合适的蒸馏条件，边通氯气边蒸馏，使三氯化砷与硫和碲的氯化物分离；然后再经过分馏、精馏提纯，氯气氯化和精馏提纯可以去除硫、硒、碲、铅、镍、锌、铁、铜及碱金属和碱土金属类成分等杂质。

将精馏制得的三氯化砷放置在管式还原炉中，在 800 ℃下用高纯氢气还原为纯度 99.999%以上的单质砷，反应式如下：

$$2AsCl_3 + 3H_2 \longrightarrow 2As + 6HCl$$

6.8.1.2　液相氯化—还原法

液相氯化—还原法通常以三氧化二砷为原料，经三氧化二砷精制—盐酸液相氯化—精馏—水解—氢还原等过程制取高纯砷，工艺流程如图 6-15 所示。原料为含三氧化二砷 99%以上的粗白砷，这种方法可以生产出纯度 99.9999%的高纯砷。

将工业级白砷在 250～460 ℃下升华提纯得到精制白砷，升华过程中加入硫酸铵或其他抑制剂可以防止铅、锡、铁等挥发；然后用浓盐酸将三氧化二砷溶解，为提高氯化砷的生成率，可添加 1.6 倍三氧化二砷质量的浓硫酸，经过滤提纯得到三氯化砷溶液，反应式如下[13]：

$$As_2O_3 + 6HCl \longrightarrow 2AsCl_3 + 3H_2O$$

氯化砷的沸点只有 130.4 ℃，所以经过单馏、分馏、精馏三个阶段精炼提纯即可得到精制的三氯化砷。蒸馏过程中蒸气压低的铁、铜、镍、锌等重金属氯化物大部分遗留在单馏釜的残液中，此外碱金属、碱土金属类等不挥发成分也残存在单馏釜的残液中。硅、锗等蒸气压高的氯化物被浓缩在馏出液中，在以后的分馏和精馏工序中除掉，从而得到精制氯化砷溶液。蒸馏设备需充分考虑氯化砷的腐蚀性，所以应使用石英、玻璃、聚四氟乙烯等非金属材质。把 99.9999%以上的氢气用钯膜透过法进一步予以精制，在 800 ℃以上的高温下还原精制氯化砷，生成的砷蒸气在 400 ℃下凝固后再冷却至室温回收，得到高纯砷。氢还原过程中，硫的化合物由于氢气的还原作用生成挥发性硫化氢气体被有效地除掉。也可将精制三氯化砷用高纯水水解得到高纯三氧化二砷，再用高纯氢气还原可得到纯度达 99.9999%~99.99999%的高纯砷，反应式如下：

$$As_2O_3 + 3H_2 \longrightarrow 2As + 3H_2O$$

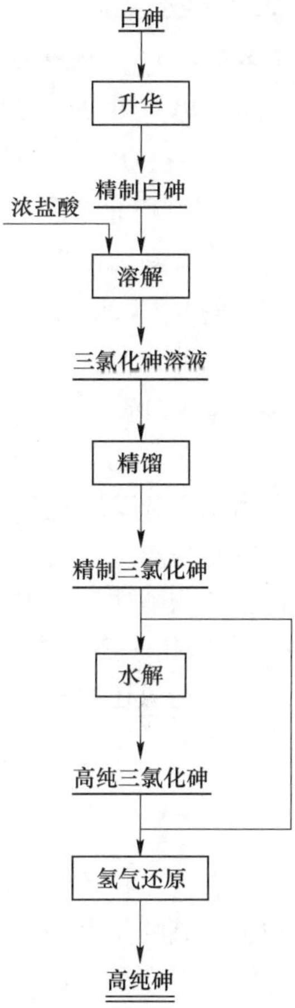

图 6-15 液相氯化—还原法工艺流程图

6.8.2 升华蒸馏法

升华蒸馏法是基于砷的沸点低、易于升华（1.013×10^3 Pa 时 615 ℃升华）的特性，将单质砷经过多次升华制备高纯砷，也可首先将单质砷加入铅或者铋中分别制备成铅砷合金或者铋砷合金，再经过蒸馏挥发出合金中的砷制备高纯砷。由于一般金属的沸点都远高于砷的沸点，因此可以用升华蒸馏的方法把它们除去。升华蒸馏可以在真空或者氢气流中进行[14]。真空中升华时对有些杂质的纯化有效性比较小，如硒、氧、碳、硅等，即使经多次升华也难以得到理想的结果。

硫的化合物由于氢气的还原作用生成挥发性硫化氢被有效地除去，让砷蒸气和氢气通过 950 ℃的热区实现氢气流中砷的升华，除硫效果明显。在高纯铅中掺入 30%~35%的砷制备铅砷熔体合金，于石英管中加热使硫、硒等充分纯化，然后进行铅浴真空蒸馏。在蒸馏出的砷中，硫、硒和碲的含量大大降低。但用该法只能对少数几种杂质纯化有效；而且纯化的砷会被铅和含在铅中的杂质污染，不过经过多次蒸馏后可使铅含量降低到 1 mg/g，铅砷合金在蒸馏时气相经过涤棉钛吸附，可得到无铅砷。将含砷 5%~20%的砷铋合金置于石英管中，在 1.33×10^{-2} Pa 压力下，控制温度为 400~600 ℃，加热 2 h 或更长的时间，以保证反应完全便可得到高纯砷。这种方法可以有效地除去硫、硒、碲等杂质，使砷的纯度达到 99.999%以上。铋砷合金蒸馏比铅砷合金蒸馏经济和有效。由于铅是一种电活性杂质，即使轻微量的铅也会极大地影响半导体的性能，而铋则不会。在同样砷的情况下，铋砷合金与铅砷合金相比，有更低的熔点，铋的蒸气压比铅的蒸气压小两个数量级，铋砷合金蒸馏得到的产品中所含的铋量低，铅砷合金蒸馏得到的砷中所含的铅量高[14]。

6.8.3 热分解法

6.8.3.1 $As(OR)_3$热分解法

$As(OR)_3$热分解法制备高纯砷由两部分组成：一是用粗三氧化二砷和碳原子数大于4的醇合成$As(OR)_3$，然后经减压蒸馏除杂提纯；二是在600 ℃左右的温度下，经蒸馏提纯的$As(OR)_3$在充满高纯氢气的反应器中热分解得到砷蒸气，砷蒸气冷凝后在高真空条件下升华纯化得高纯砷[15]。

6.8.3.2 砷化氢热分解法

利用砷化氢（AsH_3）在超过280 ℃时会热分解的特性，将砷化氢通入高温炉发生热分解制备高纯砷，反应式如下[15]：

$$2AsH_3 \longrightarrow 2As + 3H_2$$

由于常温下砷化氢是气体，因此通过液化分离或吸附就可以提纯。同时，砷化氢热分解中容易分离重金属，能减少产物中杂质的混入，而且得到的砷和氢气容易分离。因此，砷化氢热分解法容易得到纯度很高的砷。

6.8.4 硫化—还原法

用硫化氢还原三氧化二砷生成多硫化砷，在高温中用氢气把多硫化物还原成单质砷。反应式如下：

$$As_2O_3 + 3H_2S \longrightarrow As_2S_3 + 3H_2O$$

$$As_nS_m + mH_2 \longrightarrow nAs + mH_2S$$

因多硫化物还原中产生的硫化氢可用于三氧化二砷的还原过程，该方法可实现自动控制和硫化氢的闭路循环，且多硫化砷是一种低毒物质，因此多硫化物法不会产生有害气体和废液，生产环境友好，易于实现清洁生产[15]。

6.8.5 蒸气区域精制法和单结晶法

蒸气区域精制法和单结晶法是制备高纯砷的辅助方法，需与其他方法结合才能制备高纯砷。采用前述的方法制备高纯砷，有时还要进行精制才能达到所需的纯度，蒸气区域精制法和单结晶法是一种有效的手段。蒸气区域精制法利用砷易升华的特性进行气固区域熔炼，使其中的杂质发生偏析而分离，前端偏析出铝、硅、铁、钴等杂质元素，后端偏析出铅、铋，但不能分离镁和银。单结晶法是在特制的石英管中，在910 ℃温度、1.01×10^7 Pa下，使砷熔化后缓慢冷却，结晶生长成单晶。

单结晶法对镍、铅、锰、锑、锗、锌、铁等杂质的除去效果较好，但镁和铋则比较难除去。

6.8.6 高纯砷的制备技术发展趋势

硫化—还原法将氧化砷还原为多硫化物，然后进行氢还原制备高纯砷，可以实现循环生产，无废液、废气产生，技术环保，是一种具有发展前景的技术。

蒸气区域精制法和单结晶法一般作为辅助提纯方法，对一些难除杂质有很好的效果，能够使砷的纯度提高一至两个数量级，但生产能力有限，难以大规模生产。

氯化—还原法技术成熟，是制备高纯砷的主要方法之一。但在氯化—还原法中制备的中间体三氯化二砷有强烈的刺激性和腐蚀性，容易渗透到有机物里，一旦粘到皮肤，特别是眼睛，非常危险，必须非常小心处理。此外，该制备方法存在产能低、工序冗长、产品合格率低等问题。

升华蒸馏法制备高纯砷主要是在真空条件下，利用砷易升华的性质制备高纯砷，制备设备的材质易于解决。这种方法只对有限的几种杂质比较有效，有时需要添加附加试剂，经过几次反复升华蒸馏方能得到较好的效果；或者与其他方法相结合，如以升华—蒸馏—吸附相结合的联合法，可以达到较好的效果，应用较为广泛。升华蒸馏法以粗砷为原料，流程相对较短、产率高，是目前主要的制备方法之一。

$As(OR)_3$热分解法是一种较有前途的方法，制备过程无污染，是制备高纯砷可取的方法，目前工业上应用较少。砷化氢（AsH_3）的热分解法对于杂质的去除比较简单，得到的金属砷纯度也高。但该方法以剧毒物质砷化氢为原料，生产条件苛刻，能耗高，设备投入大，必须严格监控生产流程，以防气体泄漏[16]。$As(OR)_3$热分解法是一种较有前景的高纯砷制备方法，工艺新颖，操作安全。

对于上述各种方法制备高纯砷，首要条件是设备密闭性必须要好，有配套的安全防护设施，因砷及其化合物都有剧毒，操作条件控制不当容易造成泄漏，对人身和环境造成巨大危害。

伴随着科技日新月异地发展，砷化镓、砷化铟的需求越来越广，第三代半导体材料高纯砷越来越得到重视，需求量将越来越大，质量要求也越来越高，目前高纯砷的产量供不应求，前景十分广阔。但目前我国的高纯砷生产技术与国外仍有一定差距，是制约我国高纯砷发展的重要瓶颈。部分生产出来的高纯砷与国外同级产品相比，质量相差较大，严重影响了我国高纯砷的发展，未来高纯砷的发展应是向着更高纯度、更大规模、更安全、更高效方向发展。

6.9 含砷废弃物的无害化处理

6.9.1 含砷废弃物的稳定化

含砷废弃物的稳定化主要是指加入添加剂可改变含砷废弃物的工程特性，如渗透性、可压缩性和强度等，将有害有毒的不稳定污染物变成低溶解性、低毒性和低移动性的稳定物质的过程。常用的砷稳定化方法主要有钙盐沉淀法、铁盐沉淀法和玻璃固砷技术，目前，使用较多的是钙盐沉淀法，但因钙盐沉淀中的砷会与空气中的二氧化碳接触，分解成碳酸钙和砷酸，再次溶出，因此还需进一步进行处置[17]。在铁盐沉淀法中，若能以臭葱石的形式将砷沉淀并进行稳定，可达到长久堆存的目的，不需另行固化处理。

6.9.2 含砷废弃物的固化

含砷废弃物的固化技术是用物理、化学方法将有害固体废物固定或包容在惰性固体基质内，使之呈现化学稳定性或密封性的一种无害化处理方法，是一种可使废弃物长期存放而不溶出的方法[17]。含砷废弃物的固化技术，根据固化原理不同分为包胶固化、火法固化和熔融固化。

（1）包胶固化。包胶固化一般分为宏观包胶和微囊包胶。微囊包胶固化法是目前应用较多的固化方法，根据包胶材料的不同，可分为水泥包胶固化、石灰-粉煤灰包胶固化、有机聚合物包胶固化、塑性材料包胶固化等。

（2）火法固化。火法固化就是对含砷废渣等进行煅烧，煅烧的温度越高，煅烧后的砷溶解度就越低。

（3）熔融固化。熔融固化也称为玻璃固化。玻璃固化得到的玻璃态物质与水泥固化物相比具有以下优点：耐久性更高、抗渗出性更好、耐酸性腐蚀更强、浸出率更低等；缺点是：工艺复杂，设备腐蚀严重，操作温度高，能耗大，固化过程会产生较多废气，为防止二次污染，必须对废气处理，故成本较高。

某公司开发出玻璃固化用特制电炉，该炉子高效环保，使用寿命长，玻璃液温度的均匀性好，玻璃液质量稳定，目前已经实现产业化。玻璃固化砷毒性浸出实验数据显示，砷最大浸出量为 0.0068 mg/L，远小于危废毒性浸出限值 5 mg/L。玻璃固砷用特制电炉如图 6-16 所示。

图 6-16　玻璃固砷用特制电炉

固砷玻璃产品可作为各类玻璃包装容器材料、建筑用玻璃材料、玻璃深加工产品的玻璃原料。

除以上固化方法外，也有关于以陶瓷结构固化的报道。陆占清等人对冶炼烟气制备硫酸产生的酸泥进行固化研究，实验结果表明：酸泥中掺入矿渣粉、粉煤灰、化学添加剂 A 便能形成具有—Al—O—Al—As—、—Si—O—Si—As—、—Al—O—Si—As—化学长链的固化体，并证明此类化学结构属于类陶瓷结构；经检测，该固化体浸出液中砷质量浓度为 0.026 mg/L，低于国家排放标准[18]。

参考文献

[1] 彭容秋．砷及其用途［J］．金属世界，1994（2）：9-10.

[2] 冯晓燕．铜冶炼高砷烟尘碱浸及其浸出液处理研究［D］．昆明：昆明理工大学，2019.

[3] 蒋开喜，王海北，王玉芳，等．铜冶炼过程中硫化砷渣综合利用技术［J］．有色金属科学与工程，2014，5（5）：13-17.

[4] 姜琪．重有色金属冶炼中砷的回收与利用［D］．昆明：昆明理工大学，2002.

[5] 王舒敏．金隆铜业铜冶炼过程中砷的走向调查［J］．有色金属工程，2016，6（3）：83-86.

[6] 吕高平，张复加．奥斯麦特炼铜工艺砷的行为、分配及控制措施［J］．世界有色金属，2018（7）：11-13.

[7] 周松林，谢祥添．一种铜冶炼烟灰处理工艺［P］．中国：201511023046.6.

[8] 张浩．铜冶炼高砷复杂烟尘的治理及综合回收利用工艺研究及生产实践［R］．云铜股份冶炼加工总厂，2020.

[9] 刘昌勇．贵溪冶炼厂亚砷酸生产工艺［J］．有色冶炼，1998（2）：8-10.

[10] 黄雁．黑铜泥中砷的综合回收工艺研究［D］．兰州：兰州理工大学，2012.

[11] 王玉棉，刘启武，冯福山，等．黑铜泥碱性浸出工艺及机理探讨［J］．兰州理工大学学报，2011，37（2）：5-8.

[12] 彭志强．铅冶金过程含砷烟尘处理方法研究［D］．昆明：昆明理工大学，2013.

[13] 何志达，朱刘，郭金伯．氯化还原法制备高纯砷的工艺研究［J］．广东化工，2017，44（5）：125-128.

[14] 王炜．粗（金属）砷真空蒸馏预提纯实验研究［J］．云南冶金，2010，39（5）：30-34，47.

[15] 韩汉民．高纯砷的制备［J］．现代化工，1994（11）：49-50.

[16] 李辉，邹琳，曲兴启，等．高纯砷的发展及趋势［J］．冶金管理，2021（5）：21-22.

[17] 杨尚欣．有色冶金工业含砷废弃物的处理现状与展望［J］．世界有色金属，2019（18）：11-12.

[18] 胡斌．有色金属行业含砷废弃物处置技术的研究进展［J］．化工环保，2014，34（2）：114-118.

7 铅锌冶炼伴生金属综合提取

世界铅锌矿资源丰富，各国都有不同程度的产出，主要分布在美国、加拿大、中国、澳大利亚和俄罗斯。中国是铅锌生产大国，其产量居世界首位。中国的铅锌矿产资源相对较为丰富，尤其是云南省，素有有色金属矿产王国之美誉。铅锌矿床中的主要工业矿物是方铅矿和闪锌矿，在多数情况下还伴生有黄铁矿、磁黄铁矿、毒砂、黄铜矿、石英和方解石等，其矿石成分除主金属外还伴生有金、银、铜、锑、铋、镉、锡、汞、硒、碲、铟、锗、镓等。我国铅锌矿石赋存条件复杂，有 50 多种共伴生组成，其中金、银、铟、锗和镓等稀贵金属具有极高综合利用价值。

目前，铅锌冶炼企业提取回收的伴生金属主要有金、银、铟、铊、硒、碲、铋、锑、锌、铜、镉、锗、镓、汞等，且大部分伴生金属提取冶金工艺与铜冶炼伴生金属提取工艺相类似。

7.1 铅冶炼伴生金属提取

铅冶炼工艺方法多种多样，不同的冶炼方法产生不同的效果，好的冶炼方法不仅可以提高生产效率，而且对环境污染和职工的危害也大大降低。目前铅冶炼主流工艺是：底吹氧化熔炼→侧吹还原熔炼→烟化炉提锌→粗铅火法除铜→火法精炼→电解精炼→阴极铅。

7.1.1 伴生贵金属的提取

铅冶炼过程中伴生贵金属提取主要是指金、银的提取回收，金、银主要富集于铅电解精炼过程中产生的铅阳极泥中，该阳极泥中富含多种有价金属元素，如金、银、铅、铋、锑等。铅阳极泥典型回收金银的工艺流程如图 7-1 所示。

铅阳极泥通常含铅、铋、锑、砷高，含铜、硒、金、铂族金属很少，故比铜阳极泥易熔化，熔炼时生成以铅、锑、铋、砷为基础的低熔点合金。另外，铅阳极泥含铜、硒都很低。因此当单独处理铅阳极泥，或铜、铅阳极泥混合处理时，熔炼前铅阳极泥都不需进行脱铜、硒的准备工作，而是直接进入贵铅炉进行还原熔炼。如果铅阳极泥单独处理，一般只包括四个步骤：(1) 贵铅炉还原熔炼；(2) 分银炉氧化精炼；(3) 银电解精炼；(4) 金电解精炼。

对同时拥有铜、铅阳极泥的有色金属冶炼厂，一般都利用铅阳极泥易熔化的特点，将铅阳极泥混入脱铜、硒后的铜阳极泥进行混合熔炼，以提高熔炼过程中金、银的直收率和减少捕收剂的加入。

7.1.1.1 贵铅炉还原熔炼

还原熔炼的主要原料为铅阳极泥，也可加入脱铜、硒后的铜阳极泥，其杂质主要以氧化物或含氧化物的盐类存在。还原熔炼的目的是让这些杂质进入渣中或烟尘中而除去，使铅的化合物还原为金属铅。铅是金、银的良好捕集剂，熔炼过程中，金、银溶解在铅液中形成金、银与铅的合金，即贵铅。

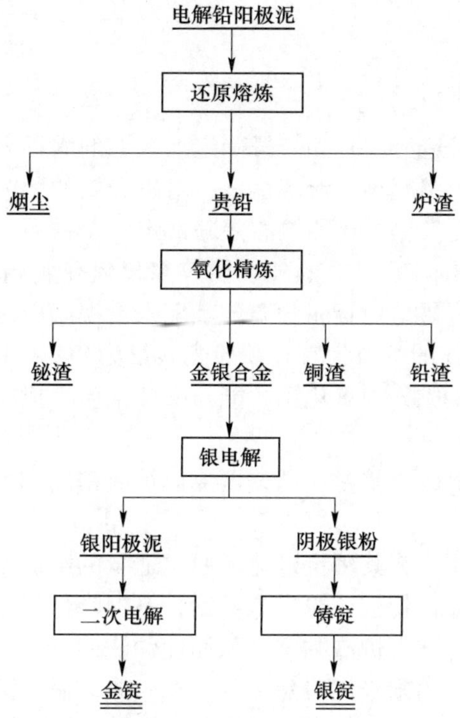

图 7-1　铅阳极泥回收金银工艺流程图

A　原料

贵铅炉还原熔炼的原料是铅阳极泥，铅阳极泥可分为三类：硫化铅矿、高金铅矿和铅锌硫化矿冶炼电解产生的铅阳极泥。硫化铅矿阳极泥是砷高金低，高金铅矿阳极泥是金高砷低，铅锌硫化矿阳极泥是金、砷都低。其化学组成实例见表 7-1。

表 7-1　铅阳极泥化学组成实例　　（%）

阳极泥类别	厂别编号	Au	Ag	Cu	Pb	As	Sb	Bi	Se	Te
硫化铅矿	1	0.02~0.05	8~10	0.5~1	6~10	18~25	25~30	6~8	0.015	0.2~0.4
	2	0.005	3~5	1~1.5	15~19	25~35	20~30	4~6	微量	0.1
	3	0.059	4~5	1.74	18.42	15~23	16~19	5.6	—	—
高金铅矿	1	0.85	6.95	4.89	11.15	0.87	41.3	2.83	—	—
铅锌硫化矿	1	0.009	9.56	4.53	14.69	3.83	31.91	16.97	—	0.46
	2	0.02	14~16	5~10	8~10	0.3~0.5	36~42	5~6	—	—

铅阳极泥的特点是铅、砷、铋、锑含量高，硒、碲、铜含量少。铅阳极泥的产率一般为阳极溶解量的 1.2%~1.8%[1]，其颜色发黑。经过滤后的阳极泥含水一般为 40%~45%，

干阳极泥密度一般为 4.8 g/cm^3，粒度不大于 0.2 mm。长时间与空气接触会发生氧化，其表面似覆盖了一层白霜。

B　技术操作条件

a　配料

根据铅阳极泥的成分、造渣成分和渣量确定加入熔剂的种类和数量。炉渣成分的选择原则是渣熔点低、渣量少、密度小、流动性好、对贵金属的溶解能力低，熔炼贵铅所用的熔剂一般为苏打、萤石、石灰等，还原剂有焦粉或煤粉、铁屑。

苏打为碱性熔剂，能与阳极泥中的砷、锑等高价氧化物造渣，同时还能降低炉渣熔点，改善其流动性，使炉渣易与贵金属分离。其配入量视阳极泥中酸性成分二氧化硅含量而定，以产出硅酸度 1~1.5 的炉渣为宜，一般配入量为 8%~14%。

石灰为碱性熔剂，主要成分为氧化钙，能与酸性杂质生成密度较小的炉渣，配入量一般为 3%~4%。

萤石为中性熔剂，主要成分是氟化钙，可降低炉渣密度和熔点，改善其流动性，配入量一般为 3%~4%。

焦炭粉或煤粉用作还原剂，其用量以能还原出适量的金属铅为度，焦率过低氧化铅还原不完全，过高会使过多氧化物被还原进入贵铅，不但降低贵铅质量，还会使炉渣中游离的二氧化硅含量相对增加，增大炉渣黏度，从而使炉渣中贵金属含量升高。适宜的渣率通过试验确定，一般单独处理铅阳极泥时焦率为 1%~2%，铜、铅阳极泥混合处理时焦率可提高至 2%~3%。

铁屑用作还原剂，可使铅、铋金属氧化物从硅酸盐渣中还原分离出来，而自身氧化成氧化亚铁与酸性杂质造渣，配入量一般为 0~2%，铅阳极泥单独冶炼时一般不配铁屑。

贵铅炉还原熔炼配料比实例见表 7-2。

表 7-2　贵铅炉还原熔炼配料比实例　　(%)

原料类型	配料比				
	焦粉或铁粉	苏打	石灰	萤石	铁粉
铅阳极泥单独处理	1~2	3~4	3~4	3~4	—
铜、铅阳极泥混合处理	2~3	3~4	3~4	3~4	0~2

注：配料比以阳极泥湿重（含水 25%）计算。

b　炉温控制与作业时间

还原熔炼作业分加料、熔化、造渣、沉淀、放渣及放贵铅等步骤。配好的炉料分批或一批加入，加料时炉温以 700~800 ℃为宜，熔化时升温至 1000~1100 ℃，化料时间一般为 9~11 h。化料时向熔体鼓入空气，既翻动物料又促进氧化造渣。熔化造渣后，静止澄清 2 h 左右再放渣，放渣时炉温保持在 1050~1150 ℃，此时炉渣分为上下两层。上层为硅酸盐、锑酸盐，流动性较好，称为稀渣；下层炉渣流动性较差，夹杂有微量的贵铅颗粒，称为黏渣。为降低贵金属损失，先放出稀渣，再升温 1 h，使黏渣中的贵铅颗粒得以沉降，再放出黏渣。放完黏渣后吹风氧化，使溶解在贵铅中的铜、铋、砷、锑等杂质氧化入渣或挥发进入烟气，此时炉温保持在 900 ℃左右，在扒出少许干渣后，即可出炉放出贵铅，出炉时炉温保持在 800 ℃。铅阳极泥单独处理时的贵铅炉作业时间与炉温控制实例见表 7-3，铜、铅阳极泥混合熔炼时的贵铅炉作业时间与炉温控制实例见表 7-4。

表 7-3 铅阳极泥单独处理时的贵铅炉作业时间与炉温控制实例

工序	作业时间/h	温度/℃
加料	0.5	700~800
熔化	9~11	1000~1100
澄清	2	1000~1100
放渣	0.5~0.6	1050~1150
氧化	0.25~0.5	750~850
出炉	0.25~0.5	约 800
合计	14~17	—

注：该厂贵铅炉无吹风氧化过程；贵铅炉规格 ϕ2500 mm×2770 mm，每次装阳极泥 2 t。

表 7-4 铜、铅阳极泥混合熔炼时的贵铅炉作业时间与炉温控制实例

工序	作业时间/h	温度/℃
加料	0.5	700~900
熔化	10~12	1200~1300
澄清	2	1200~1300
放渣	1.5	1200
氧化	6~10	800~900
出炉	1	800
合计	21.0~23.0	—

注：贵铅炉规格 ϕ2400 mm×4200 mm，每次装阳极泥 5 t。

C 还原熔炼产物

贵铅炉还原熔炼的产物主要有贵铅、稀渣、黏渣和烟尘，如果熔炼后期吹风氧化，还会产出氧化渣，各产物的产率随物料组成及还原气氛而变。某厂还原熔炼各产物的产率见表 7-5，某厂还原熔炼铅阳极泥时主要金属在中间产物中的分配见表 7-6，某厂还原熔炼铜、铅阳极泥时主要金属在各产物中的分配率见表 7-7。

表 7-5 某厂还原熔炼各产物的产率

产物名称	产率（占阳极泥量的百分数）/%
贵铅	30~40
稀渣	25~35
黏渣	5~15
氧化渣	5~10
烟尘	30~35

表 7-6　某厂还原熔炼铅阳极泥时主要金属在中间产物中的分配　　(%)

产物名称	Au	Ag	Cu	Pb	Sb	Bi	As	Te
稀渣	0.5	0.5	3~5	30~35	10~15	0.5~1	15~20	—
氧化渣	0.5	2~4	88~90	32~38	2~4	85~90	1~2	9~13
苏打渣	—	—	1.0	—	—	1~2	—	75~85
烟尘	—	2~5	—	30~35	80~85	8~10	75~80	3~5
损失	0.5~1	0.5~1	2~4	1~2	1~2	1~2	2~4	3~5

表 7-7　某厂还原熔炼铜、铅阳极泥时主要金属在各产物中的分配率　　(%)

产物名称	Au	Ag	Pb	Bi	Te
贵铅	97.2~98	95.2~98.5	30~66.2	90	70
稀渣	0.024~0.095	0.0331~0.12	2.3~15.3	0.17~0.2	0.35~0.47
黏渣	0.179~0.935	0.725~0.735	3.6~4.4	0.18~0.3	0.685
氧化渣	0.406~0.6	0.508~0.88	3.1~53.5	0.167~0.2	0.85~7.4

a　贵铅

铜、铅阳极泥分别熔炼时产出的贵铅不同，前者含金、铜较高，后者含银、铋高而金较低。贵铅主要由金、银、铅、铋、铜、砷、锑等金属组成，其金、银含量波动较大，一般金+银为30%~40%，高者可达50%，其产率一般为阳极泥量的30%~35%。贵铅化学组成实例见表7-8。

表 7-8　贵铅化学组成实例　　(%)

厂别	Au	Ag	Cu	Pb	Bi	As	Sb	Te	Se
1	0.76	36.68	15.38	6.8	24.49	2.0	2.42	—	0.22
2	0.56	56.55	3.98	7.94	3.53	0.66	9.58	0.35	—
3	0.9~6.8	15~34	4.5~20.8	11.5~40	—	—	—	0.17~1.3	—
4	0.53	46.6	2.75	—	—	—	—	—	—
5	0.296	36.2	4.17	11.42	29.62	—	—	1.92	—

b　炉渣

炉渣成分与熔炼效果关系较大。据研究，当前期渣（稀渣）中酸性成分二氧化硅含量为35%、碱性成分（氧化钙+氧化亚铁）为5%~10%时，渣中金、银损失均可降到金0.005%、银0.5%以下。贵铅炉熔炼前期渣的化学成分实例见表7-9。

表 7-9　贵铅炉熔炼前期渣的化学成分实例　　(%)

编号	Au	Ag	Cu	Pb	Zn	S	CaO	SiO_2	FeO	MgO	Na_2O	Al_2O_3
1	0.0044	0.68	1.83	0.03	—	0.85	5.54	27.41	3.09	1.5	32.5	3.61
2	0.005	1.039	0.11	0.17	—	1.09	3.47	39.56	2.22	1.8	48.8	9.68
3	0.023	0.426	5.06	0.62	0.94	0.26	4.70	46.74	4.14	1.73	40.3	5.66
4	0.167	0.880	4.96	1.15	13.01	1.93	30.80	4.65	4.05	1.26	29.35	6.75
5	0.789	0.572	3.48	0.41	9.93	2.07	47.86	3.58	3.58	1.17	35.7	9.64
6	1.79	2.57	6.45	0.58	18.20	0.43	38.96	3.30	3.30	0.93	25.25	7.80

还原熔炼初期形成的稀渣密度小，流动性好，含金、银较低，一般金 0.005%、银 0.5%左右，此外还含有一定量的铅、铜等有价金属。其产率一般为 30%左右，可送铅系统处理。后期黏渣密度大、黏度高、流动性较差，故金、银含量较高，一般含金 0.05%~0.1%、含银 3.5%~7.0%。其产率较小，一般在 10%左右，返回贵铅炉重新熔炼。如果有氧化渣，其含金、银更高，但产率不大，须返炉处理。

c 烟尘

贵铅炉的烟气量是根据燃料消耗、漏风量确认的，漏风量一般按 100%计算。还原熔炼时易挥发的成分如砷、锑、硒、碲等化合物大量进入烟气，同时也有相当数量的阳极泥微粒被炉气机械带出，因此烟气含尘量相当高。据测定，贵铅炉烟气含尘平均达 3.23 g/m^3，烟尘率的高低与所处理物料的粒度、挥发物的含量等因素有关，该变化范围较大，一般为 4%。如果处理的是粉料，挥发物含量高，其烟尘率能高达 30%。贵铅炉烟尘的化学成分实例见表 7-10，贵铅炉烟尘的粒度组成实例见表 7-11。

表 7-10 贵铅炉烟尘的化学成分实例

元素	Au	Ag	Pb	As	Sb	Bi	Te
含量/%	0.00056~0.012	0.2~0.3	1~5	1.66	40±5	0.4~2.4	0.0003~0.0008

表 7-11 贵铅炉烟尘的粒度组成实例

粒度/mm	<0.147	<0.175	<0.246	<0.35	>0.35
占比/%	67	9.2	5.9	2.9	15

D 技术经济指标

贵铅炉还原熔炼的主要技术经济指标见表 7-12。

表 7-12 贵铅炉还原熔炼的主要技术经济指标

指 标	数 值
金、银回收率/%	98~99
贵铅产率/%	30~35
烟尘率/%	约 4
稀渣产率/%	约 30
黏渣产率/%	约 10
吨阳极泥燃料（重油）消耗/t	0.8

E 主要设备

还原熔炼多用回转炉，其优点是操作简便、劳动条件较好、炉子寿命较长，金、银随炉衬的损失较小。回转炉的形状与炼铜转炉相似，但无固定风管，两端或一端设有加热用喷嘴（重油、柴油、天然气等）。炉壳由 10~16 mm 厚的钢板焊接而成，炉衬用镁砖等耐火材料砌筑。对于年处理阳极泥量小于 50 t 的工厂，还原熔炼和氧化精炼可在同一台炉内进行，且炉子的转动可采用手动。贵铅炉的技术性能实例见表 7-13。

表 7-13　贵铅炉的技术性能实例

项目	厂别			
	1	2	3	4
炉子直径/mm	2500	2400	1200	1300
炉子长度/mm	2770	4200	1830	1800
加料量/t · 炉$^{-1}$	2	5	0.4	0.25
操作周期/h · 炉$^{-1}$	14~17	21~23	10	8~10
原料种类	铜阳极泥	铜、铅阳极泥	铅阳极泥	铅阳极泥
燃料种类	60 号重油	重油	轻柴油	20 号重油
燃料消耗/kg · h^{-1}	120	80		30
传动方式	机械传动	机械传动	手动	手动

注：加料量仅指阳极泥，不包括熔剂；操作周期包括 10 h 初精炼时间。

贵铅炉的生产能力与炉料成分及炉子的热强度有关。当热强度为（6~8）×10^5 kJ/(m^3 · h)时，贵铅炉的炉膛尺寸可按单位容积生产能力 35 kg/(m^3 · h) 计算。在计算年处理量时，还要计入返渣量，其总量可按阳极泥量的 30%~40%计算。单独处理返渣时熔炼时间较长，其生产能力可按 25 kg/(m^3 · h) 计算。

7.1.1.2　分银炉氧化精炼

分银炉氧化精炼的主要原料是贵铅和粗银粉。贵铅中一般含金+银为 30%~40%，高者可达 50%，其余为铅、铋、铜、砷、锑等杂质。氧化精炼的目的就是利用鼓风氧化法把贵铅中除金、银以外的杂质尽量除去，得到含金+银不小于 97%的合金阳极板，以便进一步通过电解法分离金、银[2]。

贵铅中各金属的氧化序列为：锑、砷、铅、铋、铜、碲、硒、银，与铜阳极泥的氧化精炼相同。

A　技术操作条件

贵铅氧化精炼温度不宜过高，否则会使氧化铅的挥发量增加，而增加金、银的损失。各阶段的温度控制、操作时间及熔剂用量应依据实际情况而定。分银炉操作实例 1 见表 7-14，分银炉操作实例 2 见表 7-15。

表 7-14　分银炉操作实例 1

工序	作业时间/h		温度/℃	其他
	处理贵铅	处理粗银粉		
加料	0.6~1.0	0.5~0.6	900~1000	
熔化	4~5	8~10	1100~1200	
吹风氧化	52~62	12~16	950~1050（前期） 1050~1100（后期）	风压 0.04 MPa
造苏打渣	1.5~2.0	1~1.5	1000~1100	加 Na_2CO_3 9%，$NaNO_3$ 3%
吹风氧化	4~6	4~6	1100~1200	加 Na_2CO_3 5%~8%

续表 7-14

工序	作业时间/h		温度/℃	其他
	处理贵铅	处理粗银粉		
除铜	2~5	1.5~3	1000~1100	
出炉	0.5~0.7	0.4~0.8	1000~1100	
合计	61~77	20~30		

注：分银炉规格 ϕ1500 mm×1800 mm，每炉处理贵铅 3 t，造碲渣熔剂配比碳酸钠：硝酸钠=3：1.4，除铜药剂用量碳酸钠 150~250 kg/炉。

表 7-15 分银炉操作实例 2

工序	作业时间/h	温度/℃	其 他
加料	1	约 800	
氧化除砷锑	24~32	800~1000	风压 0.3 MPa，风管入内
氧化除铅铋	16~24	1000~1100	风压 0.3 MPa，风管面吹
造苏打渣	1	1000	加碳酸钠 5%，硝酸钠 1%~3%
一次除铜	12~24	1100	加碳酸钠少许
二次除铜	2~6	1100	
出炉	1	1200	
合计	58~79		

注：分银炉规格 ϕ1600 mm×2240 mm，每炉处理贵铅 5 t。

B 产物

分银炉氧化精炼的产物有 6 种：金银合金阳极板、氧化前期渣、氧化后期渣、苏打渣、铜渣及烟尘，贵铅氧化精炼时主要金属在各产物中的分配见表 7-16。

表 7-16 贵铅氧化精炼时主要金属在各产物中的分配 (%)

项目	Au	Ag	Pb	Bi	Te	Cu
金银合金阳极板	76.3	89.7	0.064	0.27	1.0	11.1
氧化前期渣	0.42	1.20	75.5	13.6	6.2	24
氧化后期渣	0.65	1.40	19.8	76	20	62.4
苏打渣	0.006	0.01	0.28	2.8	66.6	2.1
铜渣	0.47	0.86	1.90	4.0	5.7	6.9

注：烟尘中金属未计入；由于取样、分析等因素，数值误差较大。

a 金银合金阳极板

金银合金的产率一般为贵铅装入量的 25%~30%，按银电解要求：含金+银不小于 97%、铜小于 2%、碲小于 0.06%、铋小于 0.2%。阳极板的尺寸规格无特殊要求，各厂据实而定。金银合金阳极板的化学成分实例见表 7-17。

表 7-17　金银合金阳极板的化学成分实例　　(%)

厂别	Au	Ag	Cu	Pb	Bi	Sb	Te	As	Pt	Pd
1	1.32	96.94	1.21	0.081	0.14	0.095	0.0125	0.039	—	—
2	0.5~1.0	97.50	约 1	0.01~0.1	<0.2	0.003~0.02	<0.06	—	—	—
3	0.04~0.93	96.15~98.15	0.28~4.86	0.13~0.83	0.06~0.84	—	<0.06	—	0.003~0.015	0.01~0.07

b　炉渣

根据分银炉操作顺序，以下是各类炉渣情况。

氧化前期渣：产率一般为 15%~30%，含金、银、铅、铋较高，一般返回贵铅炉集中处理，有的工厂作为提取铅铋合金的原料。

氧化后期渣：产率约为贵铅量的 8%，单独处理铅阳极泥或铜铅阳极泥混合处理时含铋、铅很高，是提取铋的原料。

苏打渣：产率为贵铅量的 13%~20%，以含碲为主，是提取碲的原料。

铜渣：产率为贵铅量的 6%~10%，含金、银较高，须返分银炉处理。

分银炉氧化精炼各种炉渣的成分实例见表 7-18。

表 7-18　分银炉氧化精炼各种炉渣的成分实例　　(%)

名称	Au	Ag	Cu	Pb	Bi	Te	As	Sb	Se	其他
氧化前期渣	0.023~0.05	1.16~5.62	0.63~4.5	16~38	0.4~4	0.06	9~10	10~16	0.1~3	
氧化后期渣	0.0045	5.85	12.04	4.725	50.2	2.41		0.35	0.1~5	
苏打渣	0.002	0.022	1~1.5	0.4~0.5	7~14	15~20	0.1	0.76	0.1~3	45~60 (Na_2CO_3+Na_2O)
铜渣	0.003~0.1	3~8	5.47	0.4~3.8	6~13.77	0.8~2		2~3	0.1~3	

c　烟尘

分银炉的烟气量主要是由燃料消耗量确定。漏风量可按 100%计算，烟尘量占贵铅量的 3%~4%，烟气含尘量及烟尘化学成分各操作阶段不一。分银炉烟气含尘量实例见表 7-19，分银炉各操作阶段烟尘化学成分实例见表 7-20。

表 7-19　分银炉烟气含尘量实例

操作阶段	烟气含尘量/%
氧化除砷、锑、铅、铋	2.9
造苏打渣	0.5
造氧化后期渣	0.47
造铜渣	0.8

表 7-20 分银炉各操作阶段烟尘化学成分实例 (%)

阶段	Au	Ag	Cu	Pb	Bi	Te	Se
氧化除砷锑	0.0007	1.05	0.016	1.36	1.22	0.43	0.21
氧化除铅铋	0.00095	1.15	0.033	2.48	3.07	0.2	0.69
造苏打渣	0.0018	2.7	0.12	3.09	3.84	0.52	0.87
造后期渣	0.0017	5.2	0.17	5.71	7.3	2.46	1.87
造铜渣	0.002	6.4	0.7	6.14	7.7	2.32	1.78

C 技术经济指标

金银合金生产的主要技术经济指标见表 7-21。

表 7-21 金银合金生产的主要技术经济指标

指标	数值	备注
金回收率/%	99.5	至金银合金
银回收率/%	98.8	至金银合金
铋回收率/%	70	至苏打渣
碲回收率/%	50	至氧化后期渣
吨贵铅燃料（重油）消耗/t	1~1.2	

D 主要设备

分银炉与贵铅炉完全相同，仅容积略小。炉内无固定风管，氧化时炉口架设数根 1 in(2.54 cm) 临时风管进行吹风，风压通常为 0.03~0.1 MPa。分银炉的生产能力主要与炉子的热强度和吹风强度有关，当热强度为 $(6.3\sim8.4)\times10^5$ kJ/(m^3 · h) 时，分银炉的炉膛尺寸可按单位容积生产能力 85 kg/(m^3 · h) 计算。分银炉技术性能实例见表 7-22。

表 7-22 分银炉技术性能实例

项目	一厂	二厂	三厂	四厂	五厂
炉子直径/mm	1500	1600	1200	1300	1800
炉子长度/mm	1800	2240	1830	1800	2300
处理贵铅量/t · 炉$^{-1}$	3	5	1.5	1.5	5~6
操作周期/h · 炉$^{-1}$	61~77	58~79	29	56	60
燃料种类	60 号重油	重油	轻柴油	20 号重油	柴油
燃料消耗/kg · 炉$^{-1}$	60	80		30	40
传动方式	机械	机械	手动	手动	手动
氧化风压力/MPa	0.04	0.3	0.035	0.1	0.1

7.1.1.3 银电解精炼

银电解精炼的原料是转炉氧化精炼产出的金银合金阳极板，其中除金、银外，还含有铂族金属及铜、铅、铋、硒、锑、碲、砷等杂质。电解精炼的作用是在银电解条件下，得到品位在 99.99%以上的纯银，使金及铂族金属富集在阳极泥中，以便进一步回收。银电解精炼是以金银合金板作阳极，以银板、不锈钢板或钛板作阴极，硝酸及硝酸银水溶液作电解液，在电解槽通直流电进行电解。

电解过程中，银从阳极溶解进入电解液，呈一价阳离子并在阴极放电析出金属银。析出的银呈疏松的针状、树枝状晶体附着在阴极表面，由挂杆往复刮动而落入槽底。电解过程终了后，同时取出阳极、阴极，然后从槽底取出银粉。银电解精炼包括造液、电解、废液处理、阳极泥处理、铸锭等过程。

A　技术操作条件

a　造液

制备电解用硝酸银水溶液称造液。造液的目的一是为开槽制备电解液，二是为电解过程中更换部分电解液。

造液是将纯银粉、银丝置于硝酸水溶液中溶解而形成硝酸银溶液的过程。银：硝酸：水的质量比一般为 1：1：0.7，制得的溶液含银一般为 600～700 g/L，游离硝酸小于 50 g/L。再配入水，使之成为合乎银电解条件要求的电解液。造液技术操作条件实例见表 7-23。

表 7-23　造液技术操作条件实例

项　　目	操作技术条件
每批加入银粉量/kg	40
银：硝酸：水	1：1：0.7（质量比）
温度/℃	常温
溶解时间/h	4
每批产出硝酸银溶液/L	60
硝酸纯度	工业级
吸收用碱液浓度/%	10～20
溶液成分/g · L^{-1}	Ag 600～700，HNO_3<50

b　银电解

银电解精炼过程技术操作条件的控制是保证银产品质量和技术经济指标的关键，必须严格掌握。

电解液组成：电解液由硝酸银、硝酸的水溶液组成，一般含银 80～150 g/L、硝酸 2～8 g/L、铜小于 50 g/L。

游离硝酸的作用是增加电解液的导电性，但浓度过高会引起阴极析出银的化学溶解，并放出氮氧化合物气体污染环境，同时使氢离子浓度增高而放电，降低阳极电流效率；另外，也会增加铂族金属，特别是铂、钯在电解液中的溶解损失。为防止上述弊端，保证电解液导电性良好，可向电解液中加入适量的硝酸钾或硝酸钠。

电解液中的银含量视电流密度和阳极品位而定。电流密度大，银离子浓度宜高些，以保证阴极区适宜的银离子浓度，否则会造成浓差极化，氢离子或杂质在阴极放电析出。同样，如果阳极品位较低，杂质较多，银离子浓度也宜高些；相反，电流密度小或阳极品位高杂质低，则电解液银离子浓度宜低些，如果过高则电解液电阻上升、槽电压升高，会造成析出银的物理状态和化学成分不合格。

合金阳极中含量较高的杂质会在电化学溶解后在电解液中积累。一般电解液中铜离子浓度要求不大于 50 g/L，当含铜超过 50 g/L 时，则需排出一部分电解液作为废液处理，同时要补入一部分新电解液。

电解液温度一般控制在 30～50 ℃。温度低，电解液电阻大，电能消耗大；温度高，酸雾高，劳动条件差，且会加速析出银的化学溶解。银电解液不另加热，其温度由电化学反应热维持，通过改变电解液的循环速度调节电解液的温度。

银电解精炼的阴极电流密度应尽量高些，以提高产量，减少贵金属积压。但电流密度过高，析出的银粉紧密黏附在阴极卜，影响电银的物理化学质量。电流密度的高低可依据阳极质量控制，一般在 250～4000 A/m^2范围内，阳极品位高，可选取较高的电流密度。

为使电解槽中电解液内的银离子浓度、温度都较均匀，电解液需进行循环。循环量主要依据阴极析出情况和电解液温度进行调节，如果温度过高或析出情况不好，则应加大循环量。一般可按 4～6 h 更换一次槽内溶液来确定循环速度，循环方式一般采用下进液、上出液方式。

银电解精炼阴极析出的银为针状结晶体，为防止短路，同极中心距都较大，通常为 100～150 mm。但极间距过大会使槽电压升高，增加电能消耗，故在不影响操作的情况下尽量缩短极间距，以降低槽压，节省电能。银电解精炼技术操作实例见表 7-24。

表 7-24 银电解精炼技术操作实例

项目		厂别				
		1	2	3	4	5
阳极成分/%	Au+Ag	≥97	>97	>97	>98	≥98
	Cu	<2	<2		2.5～3.5	<0.5
	Te	≤0.01	≤0.01	≤0.01	≤0.01	≤0.01
电解液成分/g · L^{-1}	Ag^+	80～100	100～150	60～80	60～80	120～200
	HNO_3	2～5	2～8	3～5	3～5	3～6
	Cu^{2+}	<50	<60	<40	<50	<60
电解液温度/℃		35～50	30～50	38～45	35～45	常温
阴极电流密度/A · m^{-2}		250～300	270～450	200～290	280～300	300～320
电解液循环量/L · (min · 槽)$^{-1}$		0.8～1.0	不定期	1.0～2.0	0.5～0.7	
同极中心距/mm		160	150	100～125	100～110	120
电解周期/h		36	48	72	72	48

c 电解液处理

当电解液中杂质积累到一定程度，特别是铜离子含量超过 50 g/L 时，需抽出部分电解液进行处理，并补充相应的新液。银电解液的处理方法很多，工业上常用的有以下三种。一是置换法：用铜片或铜粉置换出其中的银后，再用铁屑置换铜或用苏打中和回收铜，置换银粉送分银炉，铁置换出的铜泥或苏打中和得到的碱式碳酸铜沉淀可送铜冶炼系统处理。二是食盐沉淀法：用氯化钠水溶液使银沉淀为氯化银，氯化银浆化用铁屑置换出粗银粉返分银炉处理。三是结晶—分解法：利用硝酸铜和硝酸银的分解温度不同将其分离，硝酸铜的分解温度为 177 ℃，硝酸银的分解温度为 444 ℃。先将银电解液蒸发至干，得到硝酸铜与硝酸银的结晶，然后焙烧分解，加热并控制温度在 220～300 ℃之间，使硝酸铜焙烧分解为氧化铜，而硝酸银不分解，然后趁热加水使硝酸银溶解，而氧化铜不溶于水。经固液分离，硝酸银溶液可重新使用，氧化铜渣送铜冶炼系统处理。

置换法处理银电解液技术操作条件实例见表 7-25，结晶焙烧分解法处理银电解液技术操作条件实例见表 7-26。

表 7-25　置换法处理银电解液技术操作条件实例

项　　目	厂别	
	1	2
置换温度/℃	>80	45～50
置换材料	铜残极	铜残极
置换时间/h	8～10	8
沉铜药剂	苏打	铁屑
沉铜时间/h	3～4	

表 7-26　结晶焙烧分解法处理银电解液技术操作条件实例

项　　目	技 术 条 件
焙烧分解温度/℃	220～300
焙烧分解终点控制	焙烧分解产物溶水后无色

d　银电解阳极泥金的富集

一次金银合金阳极银电解产出的阳极泥俗称为“一次黑金粉”，一般含金 50%～70%、银 30%～40%，还含有少量的铜、铅及铂族元素。通常的处理方法是将其中的金富集在 85%以上，然后进行金电解。

富集金的方法有两种，即二次电解法和硝酸分解法。二次电解法是将一次黑金粉经洗涤烘干后，按含银 70%～75%、金 25%～30%配入银粉或银残极浇铸成二次银阳极，进行二次电解；二次电解不用另加设备，可在一次银电解槽中进行，其技术操作条件与一次电解相同。二次电解得到合格电解银粉和二次阳极泥，二次阳极泥俗称“二次黑金粉”。二次黑金粉通常含金 90%、银 6%～8%，即可浇铸成金阳极进行金电解。硝酸分解法是利用金不溶于硝酸的特点将金、银分离。将一次黑金粉与硝酸反应，银与其他贱金属杂质全部溶解，经固液分离后，得到硝酸银溶液送去回收银，残留下来的金粉经多次硝酸溶解、洗涤，金品位可达 90%以上。

二次电解法过程简单，金、银回收率高，铂、钯损失少、无须另添设备及劳动条件较好；缺点是金在生产过程中滞留时间较长、周转速度慢。

硝酸分解法的优点是金的生产周期短，但金、银回收率相对较低；铂族金属，特别是钯全部溶解在硝酸中，损失较大。此外，溶液体积大，硝酸耗量大，溶解过程中释放出一氧化氮、二氧化氮有毒气体，须另设环保处理系统，劳动条件也较差。

二次金银合金阳极熔铸操作技术条件实例见表 7-27。

表 7-27 二次金银合金阳极熔铸操作技术条件实例

项 目	技术条件
原料	一次黑金粉、一次银残极或银粉、金阳极泥
苏打加入量/%	0.1
熔化温度/℃	1150~1200
浇铸温度/℃	1100~1150
二次金银合金阳极成分/%	金 25~30，银 70~75

为缩短金的生产周期，减少资金积压，可用水溶液氯化—草酸还原法直接生产99.95%以上的海绵金。

e 银锭浇铸

银电解得到的银粉须铸锭后上交入库，银粉铸锭技术操作条件实例见表 7-28。

表 7-28 银粉铸锭技术操作条件实例

项 目	厂别				
	1	2	3	4	5
熔化温度/℃	1150	1200~1250	1150	1200~1250	1200
熔化时间/h	0.5~2.0	1.0~1.5	1.0	1.5	0.5~0.6
铸模温度/℃	60~250	90~160	60~120	100~120	60~100
熏模方法/℃	90~120	90~160	60~120	100~120	60~100
浇铸速度/s·块$^{-1}$	25~40	7~18	25~40	20~30	25~40

B 产物

（1）电解银粉与银锭。电解精炼产出的银粉与银锭的质量符合国标（GB/T 4135—2016）中 IC-Ag99.99 银标准。银锭质量为 15 kg/块，表面要求平整、洁净、无裂纹、无夹层、无飞边毛刺，不得有机械加工和手工加工的迹象。电银粉与银锭化学成分实例见表 7-29。

表 7-29 电银粉与银锭化学成分实例 （%）

项目	Ag	Cu	Pb	Fe	Sb	Se	Te	Bi	Pd
电银粉	99.9954	0.002	0.0005	0.0004	0.0005	0.0003	0.0003	0.0003	0.0003
银锭	99.9960	0.002	0.0005	0.0002	0.0005	0.0001	0.0002	0.0002	0.0003

（2）残极。银电解残极率一般为 10%左右，二次银电解因阳极含金高，其残极率可达到约 20%，残极返回分银炉重新浇铸成阳极。

（3）阳极泥。一次电解的阳极泥产率与阳极含金有关，含金高，产出率高，反之则低。一般一次黑金粉产率为 8%左右，含金 50%~70%、银 30%~40%，含少量杂质。

二次电解阳极泥产率与二次阳极板的配制成分有关，一般产率在 35%左右，含金 90%、银 6%~8%，其余为铜等杂质。二次电解阳极泥经洗涤烘干后，浇铸成金阳极板送金精炼电解。

C　技术经济指标

（1）电流效率。电流效率是影响电能消耗的主要指标之一，生产中力求提高电流效率，要求电路畅通、无短路、无漏电，减少电银返溶，尽量减少阳极及电解液中的杂质含量。在良好的操作条件下，银电解的电流效率可达96%。

（2）槽电压。槽电压是指电解槽中相邻的阴阳极板之间的电压降，槽电压也是影响电能消耗的指标之一。槽电压与极间距、电解液的电导率、阳极成分等有关，一般情况下银电解槽电压为1.5~2.0 V。银电解精炼的主要技术经济指标实例见表7-30。

表7-30　银电解精炼的主要技术经济指标实例

项　目	厂　别			
	1	2	3	4
电流效率/%	96	96.5	90~95	>95
槽电压/V	1.5~2.5	1.0~2.8	1.2~2.5	1.0~2.2
直流电耗/$kW \cdot h \cdot t^{-1}$	510		500	
残极率/%	10	约10	6~10	<15
硝酸消耗/$kg \cdot t^{-1}$	90	60~65		80
电解回收率/%	99.7	99.95		
银粉品位/%	99.991~99.998	99.991~99.998	99.991~99.998	99.994~99.995
银浇铸回收率/%	99.96	99.96		>99
银锭浇铸合格率/%	97.5	97	99	100
银锭品位/%	99.994~99.996	99.997	99.995	99.995~99.998
银锭质量/kg · 块$^{-1}$	15~16	15~16	15~16	15~16
银精炼回收率/%	99.5	99.6	99.49	99.5
银冶炼回收率/%	99.3	99	99.37	99.4

注：银精炼回收率是指从阳极到银锭的回收率，银冶炼回收率是指从阳极泥到银锭的回收率。

7.1.1.4　金电解精炼

金电解精炼的原料是二次黑金粉浇铸成的阳极，一般要求含金在90%以上，含银小于6%，此外还含有少量铂族金属及其他贱金属杂质。金阳极一般铸成上厚下薄呈楔形，因在电解过程中溶液线部位溶解最快，楔形阳极残极率较低。金电解精炼以上述粗金为阳极，以纯金片为阴极，以氯金酸水溶液及游离盐酸为电解液。

金电解精炼过程中，金从阳极溶解成三价金离子，并移向阴极放电析出沉积在阴极上。阳极上的杂质如铂、钯、银、铜、铅等比金更负电性的金属，都电化学溶解进入电解液，而铂族金属铑、铱、锇、钌则不溶解而留在阳极泥中。进入电解液的杂质有些因浓度很低不会在阴极析出，有些如银、铅则与盐酸形成氯化银、氯化铅，因其在电解液中溶解度很低而沉入阳极泥中。铂、钯在电解液中积累到一定程度应进行回收。

阳极中最有害的成分是银和铜。如果含银过高，电化溶解后形成的氯化银会附着于金阳极表面，造成阳极钝化。为消除这一影响，在金电解精炼时，除输入直流电外，还要输入交流电，以形成非对称性脉冲电流，使氯化银薄层疏松而脱落。铜含量过高会在阴极析出，影响电金质量，因此阳极含铜要求不超过2%。析出的阴极金经清水充分洗涤、干燥，浇铸成金锭入库。

金电解精炼过程中，由于阳极中的贱金属杂质不断进入电解液，以及一价金离子分解沉淀等原因，使电解液中金含量逐渐降低，杂质含量逐渐升高，因此必须定期部分或全部更换旧液，补充新的氯金酸溶液。所以除开槽时需造液外，在电解进行的过程中也需定期造液。造液的方法有两种：王水溶解法和隔膜电解法。王水溶解法简便易行，但赶硝操作条件麻烦；隔膜电解法以粗金为阳极，纯金片为阴极，用稀盐酸作电解液进行电解。阴极放置在素烧隔膜坩埚内，电解时坩埚内液面高于电解槽内液面 5~10 mm。通入脉动电流后，阳极金溶解以三价金离子进入阳极区电解液，由于受到素烧隔膜坩埚的阻碍，三价金离子不能进入阴极区电解液（素烧隔膜坩埚内的电解液），而氢离子、氯离子则可自由通过，这样在阴极无金析出而只放出氢气，三价金离子在阳极液中积累，最后可制得含金 250~300 g/L、盐酸 250 g/L、密度为 1.33~1.4 g/cm^{3}的溶液，供配制金电解液使用。当金电解至电解液含铂、钯超过 50 g/L 时，应更换旧电解液去回收金、铂、钯等贵金属。

A 技术操作条件

a 电解液的组成

金电解精炼的电解液由氯金酸溶液和游离盐酸组成，一般含金 250~300 g/L、盐酸 200~300 g/L，游离盐酸的作用是提高电解液的导电性。确定金电解液组成的主要因素是电流密度，在较高的阴极电流密度下操作，电解液含金宜高些，才能产出致密的阴极析出物。铂、钯在电解液中的容许含量一般为铂 50~60 g/L、钯 5 g/L，在较高电流密度下操作时，铂、钯容许含量应适当降低。

b 电解液温度

金电解液的温度控制一般在 50 ℃，采用高电流密度操作时温度可提高到 70 ℃。升高电解液温度可提高电解液的导电性，降低极化、防止阳极钝化和改善阴极析出物的物理质量；但温度过高会增加电解液的挥发，并导致阳极泥中金含量增加。金电解精炼一般不采用专门的加温设备，依靠电解自热维持所需温度，必须加热时，可采用水浴加热。

c 阴极电流密度

决定阴极电流密度的因素主要有阳极品位，电解液中金与盐酸溶度、杂质含量及电解液温度。为减少贵金属积压，一般都力求采用较高的电流密度进行生产，国内最高者达 700 A/m^2，国外有的高达 1300~1700 A/m^2。

d 交流电

金电解精炼的阳极含银小于 6%时，电解过程中虽有氯化银生成，但能自行脱落进入阳极泥，对电解的进行无多大影响。但阳极含银较高时，则氯化银会附着在阳极表面，使之钝化。为消除阳极钝化现象，金电解精炼时，在通入直流电的同时，通常会通入交流电。交流电的电流强度一般是直流电的 1~2 倍，交流电的最高电压稍高于直流电的电压。交流电的输入产生脉动电流，除使氯化银疏松脱落外，还能升高电解液温度、降低阳极泥的金含量。因此许多工厂阳极含银并不高，也通入交流电。

e 金电解液制备

多数工厂采用隔膜电解造液法制备金电解液。

f 熔铸粗金阳极和浇铸金锭

熔铸粗金阳极和金锭的设备与银浇铸设备共用，只有坩埚分开使用。金电解精炼技术操作实例见表 7-31，隔膜电解造液法技术条件实例见表 7-32，熔铸粗金阳极板及金锭技术操作条件实例见表 7-33。

表 7-31　金电解精炼技术操作实例

项　目		厂　别				
		1	2	3	4	5
阳极成分/%	Au	90	>88	≥90	≥90	96~98
	Ag				<5	<2
电解液温度/℃		30~50	50~70	40~50	35~50	50~70
电解液成分 /g · L^{-1}	Au^{3+}	250~300	250~350	250~300	250~300	250~350
	HCl	250~300	150~200	250~300	200~250	200~300
阴极电流密度/A · m^{-2}		200~250	500~700	190~230	250~280	450~500
同极中心距/mm		80~90	120	70~80	90	90
直流：交流		1：2	1：(1.5~2)	1：1.5	1：1	无交流
电解液密度/g · cm^{-3}		1.4	1.36~1.4			
槽电压/V		0.2~0.3	0.3~0.4	0.2~0.3		0.4~0.6

表 7-32　隔膜电解造液法技术条件实例

项　目		技 术 条 件
原始液	电解槽内	HCl：H_2O=2：1
	素烧坩埚内	HCl：H_2O=1：1
阴极液面高出阳极液面/mm		5~10
同极中心距/mm		100~120
电解液温度/℃		40~60
直流：交流（电流比）		1：2
槽电压/V		2.5~4.5
最终液成分 /g · L^{-1}	Au^{3+}	250~300
	HCl	250~300
最终液密度/g · cm^{-3}		1.38~1.40

表 7-33　熔铸粗金阳极板及金锭技术操作条件实例

项目	熔铸粗金阳极板	熔铸金锭
原料	二次黑金粉、金残极	阴极金
熔剂加入量/%	KNO_3 0.1，硼砂 0.1	KNO_3 0.03，硼砂 0.03
熔化温度/℃	1200	1300~1400
浇铸温度/℃	1250	1150~1200
模具温度/℃	100~150	125~150
模具涂料		乙炔均匀烟熏
浇铸速度/s · 块$^{-1}$		7~10

注：熔铸粗金阳极板的熔剂可用碎玻璃代替；硝酸钾、硼砂为化学纯。

B 产物

（1）电金与金锭。出槽后的阴极金称为电金，用干净水冲洗掉表面的电解液后送去铸锭，阴极金品位一般在99.99%以上。浇铸出的金锭经盐酸淬洗、酒精擦拭，使之表面光洁发亮，其含金一般均在99.99%以上。

电解精炼生产的金锭，质量符合GB/T 4134—2021中IC99.99标准。金锭化学成分实例见表7-34。

表7-34 金锭化学成分实例 （%）

厂别	Au	Ag	Cu	Fe	Pb	Bi	Sb
1	99.9945	0.001	0.001	0.0001	0.0007	0.0006	0.0006
2	99.9934	0.0031	0.0005	0.0006	0.0006	0.0003	0.0002
3	99.9924	0.0015	0.0013	0.0011	0.0006	0.0008	0.0006
标准要求	≥99.99	0.005	0.002	0.002	0.001	0.002	0.001
厂别	Pd	Mg	Sn	Cr	Ni	Mn	杂质总和
1	0.0007	0.0001	0.0003	0.0001	0.0001	0.0002	0.0055
2	0.0007	0.0001	0.0002	0.0001	0.0001	0.0001	0.0066
3	0.0007	0.0001	0.0005	0.0001	0.0001	0.0002	0.0076
标准要求	0.005	0.003	—	0.0003	0.0003	0.0003	≤0.01

（2）残极。阳极电化溶解至不能继续使用时，称为残极。取出后的残极，精心冲刷，收集其表面阳极泥，然后与二次黑金粉一起熔铸成阳极。残极率一般为20%左右。

（3）阳极泥。金电解阳极泥产量主要与阳极金含量有关，当阳极含金90%左右时，产率为20%~25%，阳极泥含金50%~60%。此外，还含有银及铂族金属，一般返回与二次黑金粉一道浇铸成金阳极，只有当其中的铂族金属积累到一定程度后，才作为回收铂族金属的原料处理。

C 技术经济指标

（1）电流效率。影响金电解电流效率的因素及电流效率的计算公式与银电解相同。正常操作时，阴极电流效率可达95%以上。

（2）槽电压。槽电压与阳极品位、电解液成分、电解液温度、极间距及电流密度等因素有关，电流密度低、电解液温度高、极间距小均可降低槽电压。我国金电解精炼的槽电压一般为0.3~0.4 V，隔膜电解造液的槽电压一般为2.5~4.5 V。

（3）电能消耗。电金电能消耗计算公式与银电解相同，其中金的电化当量为2.449 g/(A·h)。金电解精炼技术经济指标实例见表7-35。

表7-35 金电解精炼技术经济指标实例

名　称	厂　别		
	1	2	3
电流效率/%	95	96	>98
精炼槽电压/V	0.2~0.3	0.3~0.4	0.4~0.6

续表 7-35

名　称	厂　别		
	1	2	3
造液槽电压/V	2.5~4.5	2.5~4.5	2.8~3.5
直流电耗/kW · h · kg^{-1}	2.14	2.10	2.07
残极率/%	20	15~20	15~20
阳极泥率/%	20~25	10~15	10
每千克金盐酸消耗/kg	4	4	2
阴极金品位/%	≥99.99	>99.99	>99.99
金锭品位/%	>99.99	>99.99	>99.99
金锭质量/kg	12~13	11~13	12~13
电解回收率/%	99		
金锭浇铸回收率/%	99.93	99.73	>99
金锭浇铸合格率/%	100	100	100
金精炼回收率/%	>99.95	>99.95	>99.95
金冶炼直收率/%	87	87.6	87

注：金精炼回收率是指金银合金阳极至金锭的回收率，金冶炼直收率是指阳极泥至金锭的直收率，盐酸是浓度为31%的浓盐酸，直流电耗包括造液所消耗的直流电。

7.1.2　伴生铟金属的提取

铅精矿的铟含量一般为10~80 g/t，在其烧结过程中，铟主要残留于烧结块中，只有少量的铟进入烟尘。还原熔炼过程中，少量的铟进入烟尘中，铟主要分布在粗铅和炉渣中。

铅矿还原熔炼产物粗铅在火法氧化精炼除铜、锌和其他杂质的过程中，大部分（80%~90%）铟富集在除铜渣和氧化浮渣中。对除铜渣和浮渣进行反射炉熔炼，其中的铟大部分挥发进入烟尘，该烟尘是非常重要的提铟原料。烟尘中的铟主要物相组成有氧化铟、硫化铟、硫酸铟等。处理含铟烟尘的主要方式和铜冶炼系统富集回收铟类似，主要有酸浸法、硫酸化焙烧法等。

针对铅炉渣中的有价金属，可采用火法冶金方法，如电炉法、回转窑法或烟化法等进行回收，其实质是使铅、锌、铟等有价元素在炉内还原挥发，最终呈氧化物形态回收。

7.1.3　伴生铊金属的提取

地壳中的铊非常稀少，且分散，主要从铅冶炼厂的烟尘中回收铊。国外多采用硫酸浸出，溶液除杂后加锌粉置换得海绵铊，或水解或载体沉淀铊[3]。由于铊有毒，一般采用酸浸萃取法，在 $MeSO_4$体系中采用 D_2EHPA 或 TBP 萃取铊，用氯化钠或氨水溶液反萃。在 $MeCl_2$体系中采用 N503、D_2EHPA 或 TBP 萃取铊，而以 NH_4Ac 反萃取。另外，还有离子交换法与电解法等。

以铅冶炼电收尘烟灰中回收铊为例，主要工艺由浸出、一次置换、二次置换、堆存氧化浸出、锌板置换、熔铸等工序组成[4]，工艺流程如图 7-2 所示。

（1）浸出。将铊镉烟灰至于水中浸出，浸出时的固液比为 1∶2.5，烟灰中的铊镉浸

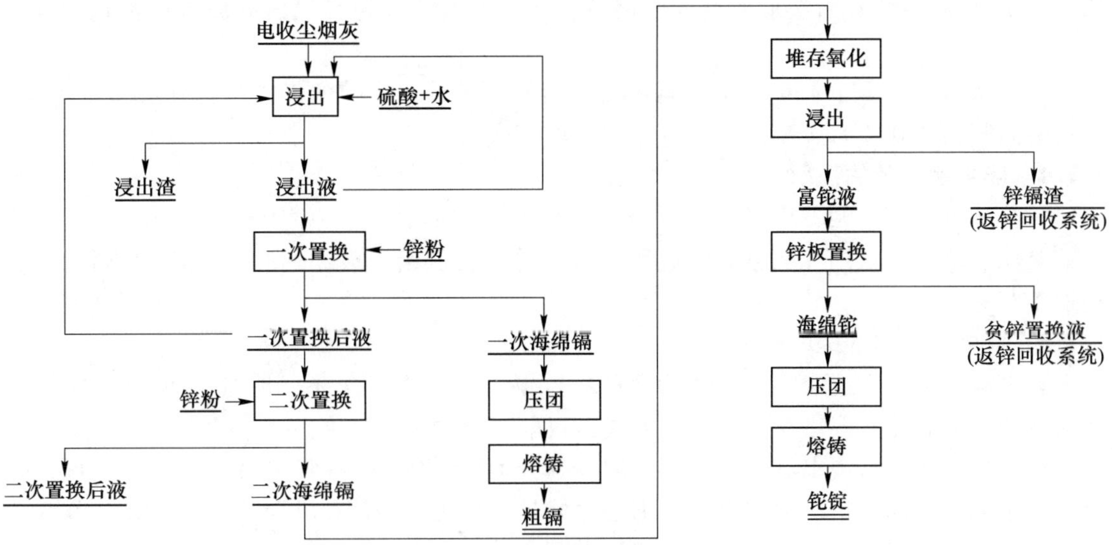

图 7-2 铅冶炼烟灰中回收铊工艺流程图

出到溶液中得到收集浸出液，未浸出的铅及其他金属渣则返回到铅冶炼系统中再次冶炼，回收其中的金属。铊镉烟灰在水或稀硫酸中采用纯碱调节浸出的终点 pH 值为 4.5，收集浸出液中镉的浓度为 40 g/L、铊的浓度为 4 g/L。

（2）一次置换。采用粒径为 0.147 mm（100 目）的锌粉对收集的浸出液进行一次置换，锌粉加入量为浸出液中镉含量的 85%~90%，采用稀硫酸调节置换时的 pH 值为 3，然后在温度为 50~55 ℃条件下置换时间为 40 min；一次置换后得到一次海绵镉及一次置换后液。

其中，一次海绵镉中镉的质量分数为 85%~90%，一次海绵镉中还含有 5%~10%的水分，剩余为少量的锌、铅、铜、铁和锰元素，一次海绵镉经过团压熔铸得到粗镉。

（3）二次置换。采用粒径为 0.147 mm（100 目）的锌粉对所得一次置换后液进行二次过量置换，锌粉的加入量为一次置换后液中镉与铊总质量的 110%~120%；二次置换过程中采用纯碱调节溶液的 pH 值为 5，置换温度为 50~55 ℃，置换时间为 40 min。

二次置换后得到二次置换后液及二次海绵镉（含有铊的海绵镉），其中的二次置换后液用于制取锌和硫酸锌等产品；二次海绵镉中铊的质量分数为 5%、镉的质量分数为 35%，完成了铊的富集。

（4）堆存氧化浸出。二次置换后所得二次海绵镉进行堆存氧化，加强通风，待含有铊的海绵镉颜色全部由黑灰色变为白色，即完成氧化，二次海绵镉中的铊被氧化成为氢氧化亚铊和氧化亚铊；完全氧化后采用纯碱溶液浸出，纯碱溶液对含铊海绵镉浸出时的液固比为 3∶1，浸出时溶液的 pH 值为 9~10，纯碱溶液浓度可以实现 pH 值的控制，在温度为 85~90 ℃条件下浸出 3 h；浸出后，铊进入溶液形成富铊浸出液；锌及镉难以浸出形成锌镉浸出渣，返回镉铊烟灰共同进行再次浸出，以对其中的镉及锌进行再次回收。

（5）锌板置换。用稀硫酸调节所得富铊浸出液的 pH 值至 1.5，调节后采用锌板进行置换，在 50~60 ℃条件下置换 65 min，得到海绵铊；剩余的锌板置换铊后液中铊含量小于

10 mg/L，锌板置换铊后液形成贫锌置换液，贫锌置换液作为锌浸出液进行锌及硫酸锌的生产。

（6）熔铸。得到的海绵铊加火碱进行熔铸得到铊锭；火碱的加入量为铊质量的 15%，熔铸的温度为 350 ℃±50 ℃，实现对铊的富集提取回收。

7.1.4　伴生硒、碲的提取

铅冶炼过程中，硒、碲主要富集于铅阳极泥，其回收工艺与铜阳极泥中硒、碲的回收工艺类似。硒主要从烟气洗涤液中进行回收，碲主要从铅阳极泥的碲苏打渣中进行回收，提取工艺基本相同。

7.1.5　伴生铋金属的提取

铅电解阳极泥在提取完金、银后会产生含铋渣，该渣富含铋，是综合回收铋的原料。从含铋渣中回收铋有湿法与火法两种方式，目前以火法工艺为主。

湿法多采用盐酸浸出法，直收率与回收率分别可达 90%与 95%以上，生成的粗铋质量好，主金属品位高，杂质金属少；但不足之处是，该法盐酸用量非常大，成本高，铁粉置换速度较慢，过滤起来困难，工业上使用得不多。

火法多采用转炉和反射炉，将氧化铋渣用碱熔后，控制好还原条件。采用还原熔炼的方式生成粗铋，该法粗铋质量好、成本低、回收率高，是一种非常高效的生产工艺，工艺流程如图 7-3 所示。还原熔炼工艺除了生成粗铋送往火法精炼之外，还生成铜锍、炉渣、烟尘等。铜锍可外售或返铜冶炼系统回收铜，烟尘可外售，炉渣可返回铅冶炼系统。

粗铋中除了铋外，还含有铅、银、铜等杂质元素，需要经过火法精炼工序除去这些元素。

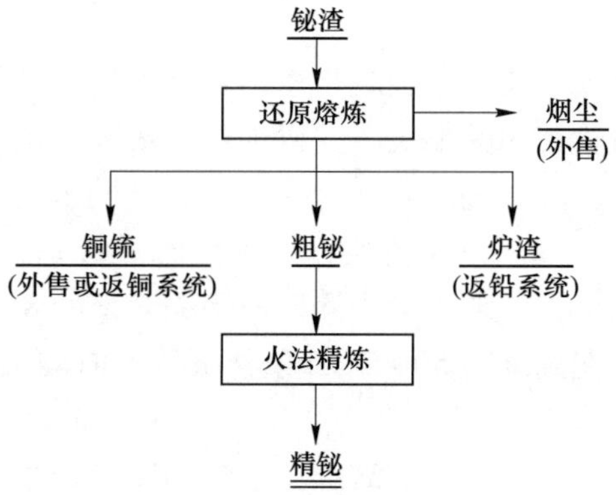

图 7-3　铋渣的回收工艺流程图

7.1.6　伴生锑金属的提取

在铅阳极泥氧化造渣过程中，绝大部分锑氧化为三氧化二锑与砷一同挥发进入烟尘中，剩余的锑大部分生成不溶的五氧化锑进入渣中。留在贵铅中的锑在分银炉氧化精炼过程中，仍有大部分生成挥发性的三氧化锑由烟气逸出，少量锑与氧化铅反应以锑酸铅的形式进入渣中。一次烟灰与一次渣中的锑占铅阳极泥中的绝大部分。

砷锑烟灰与渣中的锑均可回收，用于生产锑白。砷锑烟灰回收锑可以采用碱浸出法，也可采用还原熔炼法，渣中的锑多采用还原熔炼法。统一采用还原熔炼法处理一次烟灰与一次渣，可有效节省成本，提高回收效率。烟灰与渣中的锑、铅、砷的氧化物在转炉中被还原为单质，之后在 800~900 ℃高温下挥发脱砷，砷挥发率可达 87%，高于 900 ℃会导致锑挥发率增加。脱砷后的粗锑送入锑白炉中进行氧化挥发，锑氧化为三氧化锑，挥发进入烟灰中，通过旋风除尘、布袋除尘等工序可得到锑白。

7.1.7　伴生锌金属的提取

铅锌在原生矿床中共生极为密切，金属锌是铅精矿中含量较高的伴生元素。在氧气底吹炼铅工艺中，铅精矿中大部分锌在底吹炉内进入高铅渣中，然后以氧化锌的形式在还原炉内进入炉渣中。还原炉渣中的氧化锌和氧化铅在烟化炉中被还原为锌和铅的蒸气，上升到炉子的上部空间再度被氧化成氧化锌和氧化铅，以烟尘状态被收集。铅精矿中的锌大约有90%都进入烟尘中，烟尘中锌含量超过50%，可以作为提取锌的原料进行外售，也可以工厂内部设立冶炼工艺进行回收。目前已有工艺可以对烟尘中的锌进行回收，例如，河南豫光金铅股份有限公司将含锌烟尘与锌焙烧矿混合后经湿法冶炼工序进行回收。

7.1.8 伴生铜金属的提取

铅冶炼过程中，铜金属大多聚集在一、二次粗铅中，其提取回收工艺流程如图7-4所示。

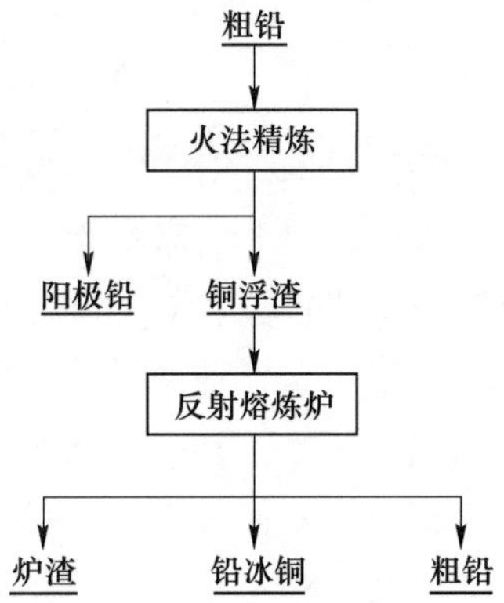

图7-4 伴生铜回收工艺流程图

火法精炼过程中，铜以浮渣形式分离。分离铜的方式为熔析除铜法，其原理是：利用铜在铅液中的熔析度随着温度的升高而减小。理论上，温度为326 ℃时，铅液含铜为0.06%，含铜高的铅液冷却时，铜呈固熔体状态析出，其密度较铅小，浮在铅液表面而被除去。铅液中的砷、锑元素，能够与铜结合生成砷化铜和锑化铜，有利于铜的分离，提高除铜效率，使铅中含铜降至0.02%～0.03%。如果这两种元素含量较低，可以采用加硫除铜的方式进一步除铜，此法是经过熔析除铜后的铅液控制温度在330～340 ℃，借助机械搅拌，向铅液旋涡中加入粉状硫黄，硫先与铅作用生成硫化铅，因为铜对硫的亲和力大于铅对硫的亲和力，故硫化铅中的铅被铜置换生成硫化亚铜，从而将铜除去。熔析法分离出来的铜浮渣，还含有铅和其他元素，因此需要进一步处理以回收铅，并富集铜。

某厂采用铁屑苏打熔炼法，在反射炉中完成这一过程，将苏打、铁屑、焦炭等熔剂和铜浮渣、氧化渣混合进行熔炼，熔化后再加入铁屑搅拌、造渣，冰铜与铅液因密度不同而分层放出。生成的冰铜和炉渣返铜冶炼系统或外售，粗铅可返回火法精炼继续提炼。除此之外，还有少量铜存在于阴极铅中，可在贵金属处理过程中得到回收，例如，从金、银回收过程中生成的铜渣及铋回收过程中生成的铜锍中回收。

7.2 锌冶炼伴生金属提取

锌冶炼分为湿法炼锌工艺和火法炼锌工艺。中国以湿法炼锌为主，占锌总产量的80%以上。湿法炼锌主要工艺为：硫化锌精矿→沸腾炉焙烧→焙砂浸出→浸出液净化→净液电积→电锌铸锭→锌锭。其中，根据浸出工序的不同分为常规法和热酸浸出法。常规法浸出渣含锌约20%，以前多用回转窑挥发，存在能耗高、粉尘污染严重等问题，发展受限。热酸浸出在中国以“黄钾铁矾法”及自主研发的“低污染铁矾法”为主[5]。硫化锌精矿直接浸出是中国锌冶炼近年来重要技术进展之一。中国火法炼锌不超过锌总产量的20%，主要有ISP鼓风炉炼锌法和竖罐炼锌法。锌冶炼过程伴生金属的综合回收主要涉及贵金属回收、铟锗镓回收、汞硒回收、锑回收、铋回收、铜回收。

7.2.1 伴生贵金属的提取

银在锌精炼中以自然银及硫化银的形态存在，烧结焙烧时，发生氧化反应，部分银转变为金属银和硫酸银[6]。

在烧结温度下，硫化银被氧化时与别的金属硫化物不一样，生成的氧化银（Ag_2O）是一种极不稳定的化合物，易发生分解。

硫酸银是比较稳定的化合物，它在850 ℃时开始离解，烧结温度一般都高于850 ℃，因此，银一般是以金属银形式存在于烧结块中，精矿中85%～90%的银进入烧结块，10%～15%进入返粉、烟尘。

在鼓风炉的高温下（1100～1300 ℃），银与铅有强烈的互溶性，约90%的银进入粗铅，3%～6%进入粗锌，7%～10%进入蓝粉、浮渣和烟尘，粗锌中的银在精馏过程中70%富集于硬锌、30%富集于锌渣、少量进入精馏底铅。硬锌、底铅提取铟的过程银富集进入铅银渣，铅银渣含银达4500 g/t，铅银渣返回烧结配料。

粗铅熔析作业时，有10%～15%的银进入浮渣，浮渣中的银经火法熔炼有30%～35%分布于铜锍中、1%～2%进入烟尘、其余富集于粗铅中。电解精炼时，由于银的标准电位比铅正，银从阳极溶解进入电解液的量很少，约99%的银进入阳极泥。

金在锌精矿中以金属形态存在，烧结焙烧时不发生变化，仍以金属形态留于烧结块中。在密闭鼓风炉熔炼时约83%的金被铅捕集进入粗铅，5%～7%进入粗锌，3%～4%进入炉渣，0.75%进入熔炼铜锍，其余进入蓝粉和浮渣。粗铅熔析作业时，约35%的金进入浮渣，浮渣中的金经火法熔炼有18%分布于铜锍中、0.6%进入烟尘、其余富集于粗铅中。电解精炼时，由于金的标准电位比铅正，金从阳极溶解进入电解液的量很少，99%以上的金进入阳极泥。从阳极泥中回收金银与铅阳极泥处理相同。

7.2.2　伴生铟、锗、镓的提取

7.2.2.1　湿法炼锌的铟、锗、镓回收

硫化锌精矿氧压浸出上清液经中和置换产生的置换渣富含镓、锗、铟、铜等伴生金属，是回收镓、锗、铟、铜很好的原料[7]。某厂采用硫酸氧压浸出、分步萃取、分步精炼工艺将其中的镓、锗、铟、铜、锌等综合回收。主要工艺流程：两段逆流氧压浸出—综合萃取—铟镓锗铜回收—工业盐制备，工艺流程如图7-5所示。

A　两段逆流氧压浸出

以锌电积废液为浸出剂，在加压浸出釜中对稀散金属富集渣进行两段逆流氧压浸出。在高温高压下，氧的溶解度随着氧分压而增大。在硫酸介质中加压通氧条件下，氧对渣中各种金属的浸出具有很大的热力学推动力，促使浸出反应的进一步进行。为提高渣中稀散金属浸出率，采用两段逆流氧压浸出。对一段氧压浸出后的料浆进行过滤分离，当浸出温度较低时，由于渣中硅酸胶体的形成，过滤难以顺利进行。随着浸出温度的升高，过滤分离性能得到逐步改善，浸出温度达到150 ℃时，浸出料浆的过滤操作变得简单，过滤流畅。根据硫酸氧压浸出中锗的浸出行为，一部分锗与二氧化硅结合，难以被硫酸溶出，因此在二段氧压浸出中加入含氢氟酸的浸出剂破解二氧化硅基体使固溶于其中的锗溶出；在温度80 ℃下，经二段氧压浸出，原硫酸浸出渣中锗浸出率可达到95%以上，使渣中锗的回收率得到大幅度的提升。两段浸出均加入纯氧，控制反应压力在0.4 MPa左右，始酸浓度3.0～4.0 mol/L，液固比（4～6）∶1，一段浸出时间1～2 h，二段浸出时间4～6 h。

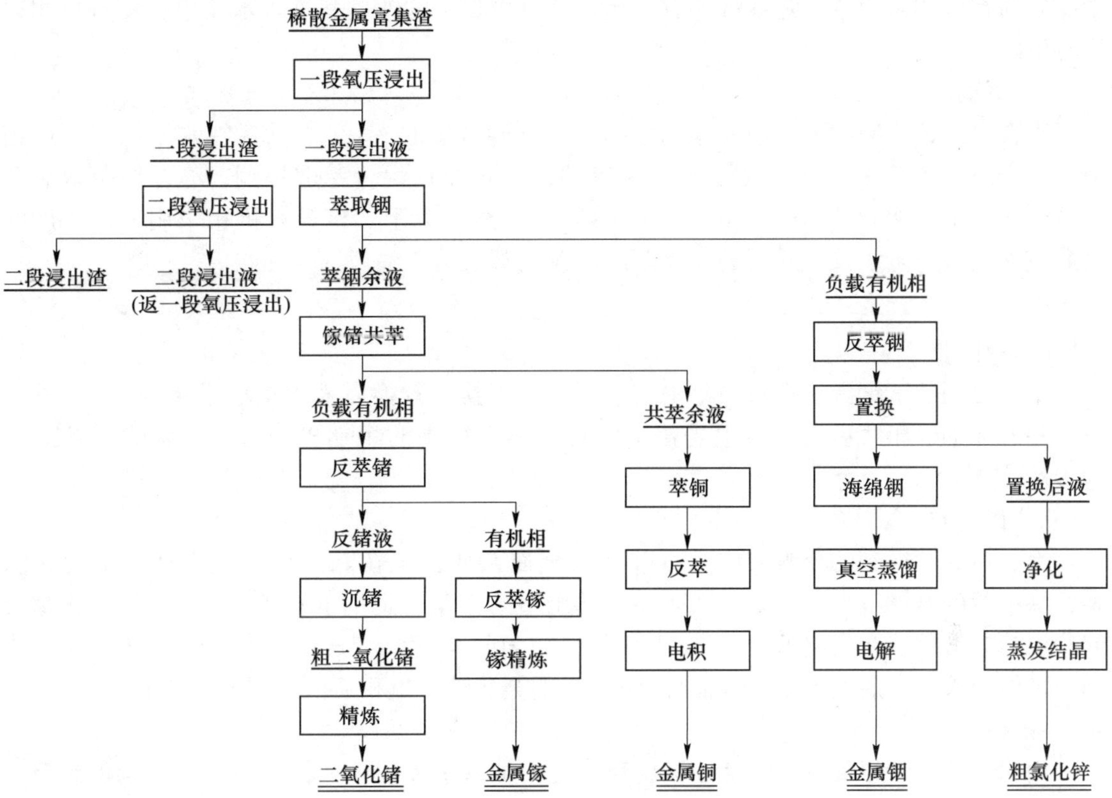

图 7-5 伴生铟锗镓提取的工艺流程图

B 综合萃取

a 萃铟

镓、铟、铜及大部分锗经一段加压浸出后进入浸出液，一段浸出液经精密过滤后与铟萃取剂在离心式萃取器内选择性萃取铟。铟萃取剂采用一定浓度的 P204-磺化煤油，按一定相比混合的水相和有机相在高速旋转的转筒内强烈搅拌，在离心力作用下，水相被甩向筒壁，有机相向中心轴方向移动，铟的一次萃取率在 98%以上。由于三价铁离子与三价铟离子在 P204 萃取体系中的萃取性质相近，一部分铁与铟一起进入负载有机相。负载有机相先用酸反萃铟，然后对富铁贫铟有机相除铁实现铟铁分离，除铁后的有机相再生后循环使用。将萃铟余液送水平箱式萃取箱萃取除铁，经多级萃铁、反萃后，萃铁余液送镓、锗共萃。

b 镓、锗共萃

富含镓、锗、铜的萃铁余液中三价镓离子与四价锗离子萃取性质很接近，采用合适的组合萃取剂能将镓、锗一步协同萃取出来，将镓、锗两次萃取减少为一次萃取，缩短工艺流程，降低生产成本。在水平箱式萃取箱中一定浓度的 P204-YW100-磺化煤油与水相按一定相比混合，经多级萃取得到富含镓、锗的有机相。负载有机相先采用一定浓度的氟化铵溶液反萃锗，反萃锗后的有机相采用自来水水洗后送第二步反萃镓，镓反萃剂采用一定浓度的硫酸溶液，镓反萃率达到 97%以上。反锗液和反镓液分别送锗回收和镓回收工序。反萃镓后的有机相再用草酸溶液洗涤有机相，将有机相中的铁反萃进入水相中，使有机相得到再生。

c　萃铜

富含铜的镓、锗共萃余液先用氧化锌粉调整至合适的 pH 值，然后在水平箱式萃取箱中与一定浓度的5-壬基水杨酸醛肟-磺化煤油按一定相比混合萃取提铜，经多级萃取后萃余液中铜含量可降到 0.20 g/L 以下，铜萃取率在 98%以上。富铜有机相采用一定浓度的硫酸溶液酸洗、多级反萃后得到铜反萃液，铜反萃液经除油后送铜回收。

C　铟、镓、锗、铜回收

a　铟回收

萃铟得到的富铟液送铟置换槽中，采用锌板置换，置换后液含铟小于 40 mg/L。置换得到的海绵铟经压团后送真空电炉蒸馏除镉，蒸馏得到的粗铟再经过电解精炼得到品位 99.99%的精铟。

b　镓回收

镓、锗共萃得到的反镓液中含有砷及重金属杂质，先在除杂反应釜内加入硫化物除杂，除杂后的富镓液加入碳酸钠或碳酸氢钠调节溶液至合适的 pH 值，镓生成氢氧化镓沉淀，沉镓后液镓残余量降低至 5 mg/L 以下。将氢氧化镓沉淀送反应釜进行碱溶造液后得到纯富镓溶液，最后经电解得到品位 99.99%的金属镓，电积后液返回碱溶造液。

c　锗回收

由镓、锗共萃得到的反锗液在搪瓷反应釜内加入中和剂中和，经离心机过滤得到粗二氧化锗，粗二氧化锗定量加入一个反应罐内进行氯化蒸馏。蒸馏挥发物为氯化锗气体，经冷凝装置冷凝后送搪瓷釜内水解得到二氧化锗，水解母液定量加入以控制合适的液固比，水解后液返回氯化蒸馏。

d　铜回收

镓、锗共萃得到的富含铜的萃余液由于铜离子浓度高，含少量杂质，采用选择性萃取剂将铜萃取进入有机相，然后对负载铜有机相进行反萃得到含铜溶液，通过控制溶液输送泵均匀进入电解槽内电积得到阴极铜，电积后液返回铜萃取箱。

e　氯化锌制备

铟置换后液富含锌和盐酸，可以用于生产氯化锌。先将该置换后液送至净化槽除去铁、砷等杂质，净化后的溶液送蒸发结晶，制得氯化锌。

D　技术经济指标

采用上述工艺流程，镓、锗、铟、铜等金属总回收率及各阶段回收率见表 7-36。

表 7-36　金属总回收率及各阶段回收率[7]　(%)

阶段	浸出	萃取	提炼	总回收率
Ga	94.96	99.00	98.00	83.75
Ge	94.00	90.00	94.00	79.52
In	96.00	98.00	96.00	90.32
Cu	94.00	99.00	99.00	92.13

7.2.2.2 火法炼锌的铟、锗回收

火法 IPS 炼锌过程中，铟主要分布在精馏底铅中，含量约 28%，其余分布为硬锌中约 18%、粗铅火法精炼除铜反射炉渣中约 14%、反射炉烟尘中约 4%；锗则主要分布在硬锌中，含量约 42%；目前，采用 IPS 的冶炼厂主要从硬锌、精馏底铅、反射炉渣及烟尘中回收铟，从硬锌中回收锗[8]。某厂铟、锗综合回收的工艺流程如图 7-6 所示。

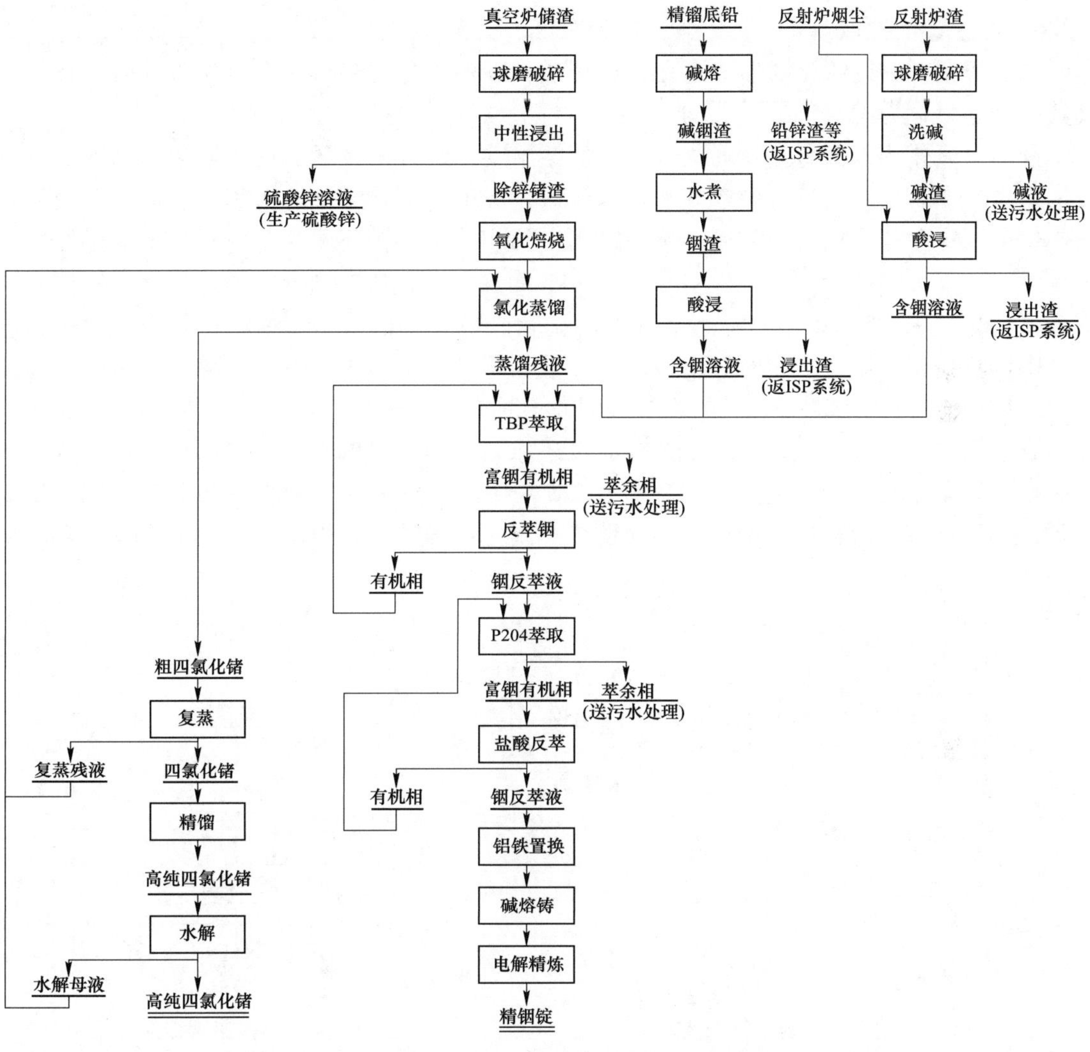

图 7-6 某厂铟、锗综合回收工艺流程图

7.2.3 伴生汞、硒的提取

某锌冶炼企业从酸泥中进行汞、硒提取回收，其中，汞主要采用火法处理，硒主要采用湿法处理，主要工艺流程包括预处理、蒸汞回收和粗硒回收等。

（1）预处理。酸泥中加入石灰，搅拌混合均匀，然后进入干燥机进行烘干。预处理的作用是除去酸泥中的酸性物质，石灰与水反应得到氢氧化钙，不仅起到中和分解作用，而且有固化金属的作用。同时，酸泥干化利于回转窑焙烧热传递，也利于汞蒸发。

（2）蒸汞回收。将预处理后的酸泥置于回转窑进行氧化焙烧，焙烧过程中硒化物与氧化钙等发生反应，生成亚硒酸钙。汞以蒸气形式逸出，经冷凝系统冷凝后回收，实现汞与硒的分离。

（3）硒回收。蒸汞渣采用硫酸浸出，固液分离后，滤液泵入沉硒槽，向滤液中通入二氧化硫还原得到粗硒，反应过程产生的硫酸回用于蒸汞渣浸出，不外排。整体工艺流程如图 7-7 所示。

7.2.4　伴生锑的提取

锑在锌精矿中以硫化锑形式存在，烧结过程中锑化合物在 600 ℃时显著离解，在氧化气氛中极易氧化为三氧化二锑。

锑的三氧化物是极易挥发的化合物，烧结温度下约有 30%的锑以三氧化二锑形式挥发进入烟尘，在高温及大量过剩空气下，部分氧化成稳定且难挥发的五氧化二锑同金属氧化物作用生成锑酸盐。在密闭鼓风炉熔炼过程中约 86%的锑被还原为金属锑，上部还原的铅下流时，这部分锑被铅溶解进入粗铅，约 14%的锑由五氧化二锑分解为三氧化二锑挥发进入冷凝器，其中 2%进入粗锌，其余进入浮渣和蓝粉。粗铅在电解精炼过程中，由于锑的标准电位比铅正，不溶解而留在阳极泥中，进入阳极泥的锑约占粗铅含锑的 95%。铜浮渣经过反射炉熔炼，粗铅中 3. 5%的锑进入铜锍，其余 1. 5%挥发进入反射炉烟尘。

含锑高的铅阳极泥主要处理工艺为通过还原熔炼和氧化精炼后绝大部分的锑进入烟尘中，从锑烟尘中回收锑的主要工艺流程如图 7-8 所示。高锑烟灰制粒后与焦粉、碳酸钠一起加入还原熔炼炉进行还原熔炼，还原熔炼产出粗锑和炉渣，粗锑含锑大于 90%。

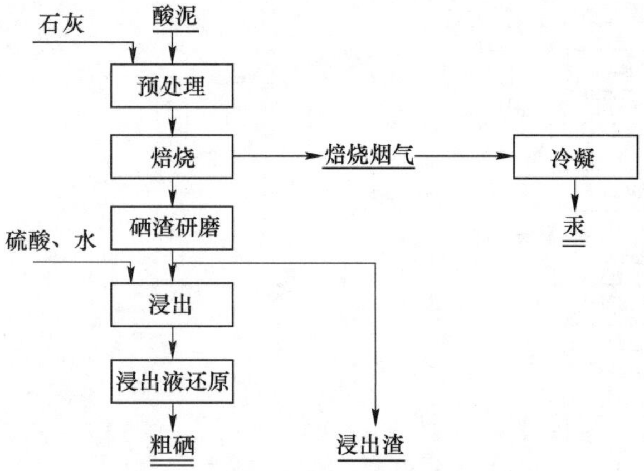

图 7-7　酸泥中汞硒回收工艺流程图

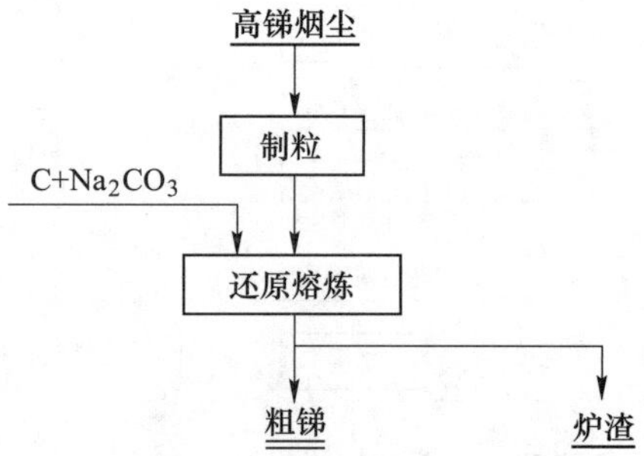

图 7-8　高锑铅阳极泥烟灰中回收锑工艺流程

7.2.5　伴生铋的提取

铋在锌精矿中以三硫化二铋形式存在，其在冶炼过程中的行为和锑相似，由于三氧化二铋蒸气压较三氧化二锑小，沸点高，在烧结过程中铋的挥发量低于锑，约 88%的铋形成铋酸盐留在烧结块中。熔炼过程中有约 90%的铋进入粗铅，粗铅电解精炼过程中有 96%以上的铋富集于铅阳极泥中。

含铋高的铅阳极泥处理工艺的选择，既要考虑铋的综合回收，更要考虑金银的生产成本。含铋高的铅阳极泥的处理主要分为火法—电解工艺和湿法处理工艺两大类。

火法—电解工艺：高铋铅阳极泥经过配料后在贵铅炉中还原熔炼（见图7-9），产出贵铅、一次烟灰、稀渣。贵铅再进分银炉吹炼，产出前、中、后期渣和精炼烟灰。中、后期渣含铋很高，达30%~40%，但由于含金、银也高，含银高达6%~8%，因此需沉淀熔炼，其目的就是在高温下使炉渣熔化、充分沉淀，降低炉渣中的金银含量。经过沉淀熔炼后，氧化铋渣含银可降至2%~4%，但炉渣含铋也由原来的30%~40%降低到15%~25%，这是由于燃料燃烧形成还原性气氛致使一部分铋被还原进入合金中的缘故，对铋的富集造成了不利的影响。铋在炉渣及烟尘中的分布为：氧化铋渣50%~60%，一次烟灰25%~35%，分银炉烟灰8%~15%，稀渣1%~5%。

湿法处理工艺：高铋铅阳极泥经过酸浸后，大部分铋转入溶液；再用石灰或纯碱中和，用水调整pH值，水解生成氯氧化铋，能使溶液中99.6%以上的铋沉淀，而且所得沉淀颗粒粗，易于澄清与过滤，如图7-10所示。氯氧化铋经过碱熔后可得到高品位的粗铋，主品位达到95%以上，总回收率可达到85%以上。

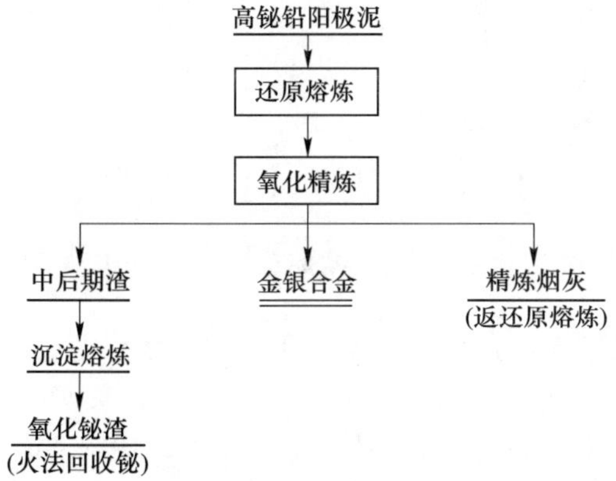

图7-9　高铋铅阳极泥火法富集铋工艺流程

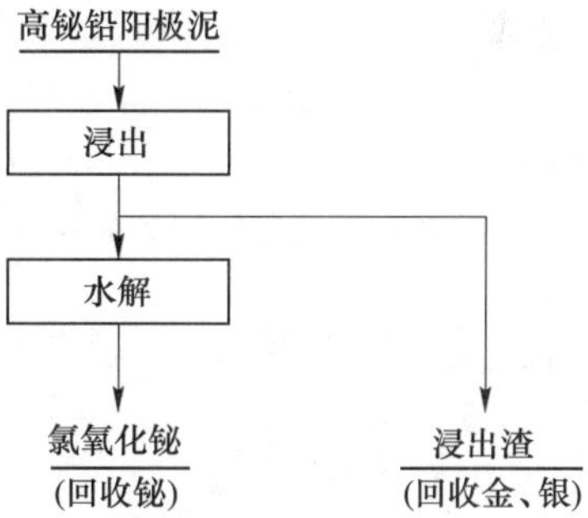

图7-10　高铋铅阳极泥湿法富集铋工艺流程

7.2.6　伴生铜的提取

7.2.6.1　湿法炼锌铜的回收

工艺流程：锌净化渣（包括一净渣和二净渣）先进行中性浸出，中浸液回收钴、锌和镉。中浸渣再进行高酸洗涤，高酸洗涤液返回中性浸出，铜渣进行水洗、过滤得铜精矿，滤液返回高酸洗涤。

锌冶炼净化渣先进行高温浸出，使锌、钴、镉等有价金属进入浸出液，而铜留在渣中，所得铜渣再经高酸浸出及水洗后得到铜精矿。从净化渣中回收高品位铜精矿的最佳高温浸出条件为：液固比6.5∶1，始酸浓度100 g/L，终点pH值为3，温度为80~85 ℃，浸出8 h；高酸浸出最佳条件为：液固比5∶1，终点酸度50 g/L，温度为70~80 ℃，浸出60~90 min，高酸洗涤后的铜精矿最后经过水洗工序后可得到铜品位在65%以上的铜精矿[9]。

7.2.6.2　火法炼锌铜的回收

铜在锌精矿中呈铜硫化物形式存在，在烧结焙烧温度下，发生铜硫化物分解放热反应生成氧化亚铜。铜在烧结过程留在烧结块中，主要以氧化亚铜和 $Cu_2O \cdot SiO_2$形式存在，少量以硫化亚铜形式存在[10]。

硫化亚铜在熔炼过程中不发生化学变化，直接进入铜锍中。氧化亚铜与一氧化碳可发生还原反应生成铜，其中一部分进入粗铅，一部分与硫化锌反应生成硫化亚铜进入铜锍中。一部分铜与砷结合成砷化铜（Cu_3As），分别溶解在粗铅和砷铜锍中，没有被还原的硅酸铜则进入炉渣。经过密闭鼓风炉熔炼，烧结块中的铜有 80%～85%进入粗铅，10%～12%进入炉渣，1%进入铜锍，5%进入蓝粉和浮渣，0.7%进入粗锌。粗铅经熔析除铜和加硫除铜，98%以上的铜进入浮渣。反射炉处理铜浮渣过程中，有 90%～95%的铜进入铜锍。铜锍经过铜铅分离炉还原熔炼和连续吹炼，最终得到粗铜，铜的回收率可达 97%。

参考文献

[1] 沈庆峰. 低压催化氧化处理铅阳极泥工艺研究［D］. 昆明：昆明理工大学，2003.

[2] 李涛. 高铋、锑和银的铅阳极泥火法处理工艺设计［J］. 世界有色金属，2015（5）：42-44.

[3] 易飞鸿，奚长生. 稀散元素的回收与应用［J］. 益阳师专学报，2001（6）：34-37.

[4] 李波，李贵，赵振波，等. 一种从铅冶炼系统中富集回收铊的方法：中国，111088433A［P］. 2020-05-01.

[5] 蒋继穆. 中国铅锌冶炼技术盘点［J］. 中国有色金属，2012（3）：32-33.

[6] 殷勤生，于建忠，鲁兴武. 火法炼锌伴生元素分布及综合回收分析［J］. 中国有色冶金，2019，48（1）：34-38.

[7] 阳伦庄，黄光. 锌冶炼稀散金属富集渣综合回收的工艺设计［J］. 湖南有色金属，2015，31（4）：42-46.

[8] 邓孟俐，谢冰. 锌冶炼工艺过程中铟、锗的综合回收［J］. 稀有金属与硬质合金，2007（2）：21-24.

[9] 郭新玲. 从锌冶炼净化渣中回收高品位铜精矿［J］. 有色金属（冶炼部分），2013（10）：4-6，38.

[10] 于建忠，张康龙. 高铜锌精矿对铅锌冶炼工艺能耗的影响［J］. 中国有色冶金，2012，41（5）：23-25.